致远 交大致远教材系列

信息时代的计算机科学理论

Computer Science Theory for the Information Age

[美] 约翰·霍普克罗夫特 拉文德兰·坎南 著

阮娜 龙宇 刘卫东 张镭 译

上海交通大学出版社
SHANGHAI JIAO TONG UNIVERSITY PRESS

内容提要

本书是上海交通大学致远教材系列之一，主要内容包括高维空间、随机图、奇异值分解、随机行走和马尔可夫链、学习算法和VC维、大规模数据问题的算法、聚类、图形模型和置信传播等，书后有附录及索引。本书可作为计算机及相关专业高年级本科生或研究生的教材，也可供相关专业技术人员参考。

图书在版编目(CIP)数据

信息时代的计算机科学理论 / (美) 霍普克罗夫特(Hopcroft, J.), (美) 坎南(Kannan, R.)著;阮娜等译. —上海: 上海交通大学出版社, 2014
ISBN 978-7-313-11109-8

Ⅰ. ①信… Ⅱ. ①霍… ②坎… ③阮… Ⅲ. ①计算机科学—理论—高等学校—教材 Ⅳ. ①TP3-0

中国版本图书馆CIP数据核字(2014)第077759号

信息时代的计算机科学理论

著　　者: [美]约翰·霍普克罗夫特　拉文德兰·坎南
译　　者: 阮　娜　龙　宇　刘卫东　张　镭
出版发行: 上海交通大学出版社
地　　址: 上海市番禺路951号
邮政编码: 200030
电　　话: 021-64071208
出 版 人: 韩建民
印　　制: 上海万卷印务有限公司
经　　销: 全国新华书店
开　　本: 710 mm×1000 mm　1/16
印　　张: 25.25
字　　数: 445千字
版　　次: 2014年6月第1版
印　　次: 2014年6月第1次印刷
书　　号: ISBN 978-7-313-11109-8/TP
定　　价: 60.00元

为天下英才成就梦想
——原书序一

致远系列教材将由交大出版社出版。本书是其中的第一部。作为交大校长兼致远学院院长，我愿做序以推广成才阶梯，尤其是见证过去5年来全体致远人的办学经历。这是一段充满激情与梦想的岁月。

“致远”得名于江泽民学长出席交大校庆时的题词：思源致远。“思源”是交大的校训，“致远”是交大人的目标。

致远学院是一个培养创新型拔尖人才的地方。在这里，汇聚了一群充满激情的追求者和坚持不懈的梦想家。在他们当中，既有国内外知名的学者教授，也有一批批出类拔萃的同学。这些人的共同特征，是有献身科学事业的梦想和激情。他们集聚在这里，用百折不挠的毅力和上下求索的精神，探索着一条中国特色创新型拔尖人才的成长道路。

回首来路，难忘创业同仁。2008年7月，国际知名数学家鄂维南教授、蔡申瓯教授和我聚首交大，一起深入讨论了创新型拔尖人才的培养问题。我们达成的共识是：拔尖人才需要优质教育。上海交通大学有责任为热爱科学事业并有志于科学研究的莘莘学子，率先营造世界一流的成才环境。我们的愿景，是为中国的未来培养科学大师。三个月后，“上海交大理科班”项目正式启动。2010年1月，在理科班基础上，学校成立了基础学科拔尖创新人才培养特区——“致远学院”，致力于培养热爱科学研究，具有创新意识、质疑精神和社会责任感的创新型拔尖人才。同年12月，以致远学院为依托，上海交通大学“基础学科拔尖学生培养试验计划”正式纳入教育部国家教育体制改革试点项目。从理科班到致远学院，交大的老师和同学们付出了巨大的努力，同时赢得了无数的荣誉和赞赏，办学初见成效。尤其令人欣慰的是，我们看到激情、梦想、求实、卓越，已经成为致远人的内在追求。

这本《信息时代的计算机科学理论》得以成为“致远系列”的首部教材，同样令致远人倍感骄傲。教材由图灵奖获得者、康奈尔大学教授 John Hopcroft 和微软研究院首席研究员、卡耐基梅隆大学兼职教授 Ravindran Kannan 共同编撰。其实早在 2012 年 5 月，John 教授第一次来致远学院授课时，该书的内容已经作为讲义在师生间广泛流传。听说交大正在策划致远系列教材方案，John 和 Ravi 欣然同意将这本讲义在中国的版权交给了上海交通大学出版社。

既为序，不能不提到我与 John Hopcroft 教授近乎传奇般的相识经历。2011 年初夏，一个偶然的机会，我从一位好友那里得知 John 正在重庆讲学。John 是享誉世界的计算机科学家和教育专家。1986 年，基于他在算法及数据结构设计和分析方面的成就，他被授予计算机科学领域的世界最高荣誉——图灵奖。当时我的第一个念头是，如果能邀请到这样一位大师级人物加盟致远学院，并为交大整个计算机学科进行规划，那将带来多么珍贵的发展契机。于是，我第一时间与 John 取得了联系。得知他所下榻的宾馆之后，我从上海专程飞赴重庆登门拜访。当 John 打开房门看到我时的惊讶神情，至今留在我的脑海里。我介绍了致远、交大，以及我对发展交大计算机学科的设想。John 不仅表现出浓厚的兴趣，而且立刻接受了我的访问邀请。2011 年 6 月，John 正式加盟致远学院，亲自为本科生授课。自 2011 年 12 月以来，他不远万里，每年坚持两个月来校上课。为了致远的学生，他放弃了与子女圣诞团聚的机会，放弃了夏天计划中的旅行。说心里话，能坐在课堂上聆听图灵奖获得者当面授课，对于本科生而言，确实机会难得。一位致远学院的同学课后这样说，“能听到一位如此杰出的科学家亲自授课，是我之前从未想到的事情。John Hopcroft 教授真正关注的，是激发我们对科学研究的兴趣。他鼓励我们从简单问题着手，找到我们真正感兴趣的科学问题。我想他做到了。现在，我对科学研究充满了激情。”

除此之外，John 还以他个人的感召力，汇聚了另外 10 位世界级计算机科学家，成立了致远首批讲座教授组，极大地提升了致远学院计算机科学本科教学的水平。2012 年 5 月，他接受我的邀请，开始担任校长特别顾问，承担起交大计算机学科高层次人才引进的全球招募任务。为了做好这项工作，他倾注了大量的时间和心血，在我们共同追求梦想的过程中，我们成为了无话不谈的好朋友。在此，我要代表全体交大人，特别是致远人，向 John Hopcroft 教授表示衷心的感谢。同时，也要向 Ravindran Kannan 先生的理解和支持，表示诚挚的谢意。

梦想是生活的动力。致远学院的梦想，就是汇聚世界名师，成就天下英才。感谢所有与我们一起为梦想奋斗的人！我相信，这本教材的出版，将成为记录在致远人追梦道路上的一块丰碑。正如一名致远学子毕业时所言：“求学致远的最大收获，是找到了一个充满梦想和激情的地方。这里有的是大师，有的是题目，有的是空间，有的是机会。四年来做致远人的耳濡目染，使我更加坚定地走上了献身科学、献身事业的路。我确信，这条路通向梦想!”

愿致远学院和交通大学，为天下英才成就梦想。

原书序二(译)

致远学院的主要目标之一，是发展新兴科学领域的课程体系。数据科学就是这样的一个领域。当“大数据”成为一个家喻户晓的名词时，数据科学注定会成为下一个科学前沿。这不但会影响数学、计算机科学、生物学、医学、社会科学、经济学和其他许多学科，也会进而给我们的日常生活带来根本性的变化。

数据科学植根于数学和计算机科学。数学和计算机科学为其提供了收集、储存和分析数据的基本原理。在很大程度上，数据科学的成功依赖于数学家和计算机科学家的共同努力。

在处理数据时，有四个基本的挑战：大数据量、高维数据空间、复杂数据类型和无处不在的噪声。为处理这些问题，需要培养对高维空间的基本直观认识，熟悉用概率的方式思考问题，并且能够同步建模和设计算法。这需要对传统的计算机科学或数学的教学体系做重大改进。

这本由两位顶尖理论计算机科学家撰写的专著的出版，恰逢国际科学界急需此类教材之时。本书用计算机科学理论来讲述，其重点在于数据科学的数学基础。最重要的是，它奠定了一个计算机科学家和数学家可以共同讨论的从数据中提取信息时所遇到的关键问题的框架。本书集中讨论了概率方法，而非传统的离散数学方法。对高维空间、随机图、奇异值分解、Markov 链等的基本特点和分类、聚类、实时取样、置信转播等的基本模型和算法，给出了简明而又具体的介绍。对其他当前研究课题如压缩感知、稀疏性和低秩性质等也有论及。

Hopcroft 教授和 Kannan 教授为科学界作出了杰出的贡献,为大家提供了一份宝贵的资源。

鄂维南

目录

第 1 章　引言

自 20 世纪 60 年代起，计算机科学开始形成自身的理论规范，重点包括程序语言、编译器、操作系统及支持这些领域的数学理论。理论计算机科学的课程覆盖了有限自动机、正则表达式、上下文无关语言及可计算性。在 70 年代，理论研究中又纳入了算法这一重要组成部分。其重点是提高计算机的可用性。目前，该领域发生了基础性的变化，人们更着重于对应用的研究。有许多因素导致了这一改变，计算与通信的融合是一个重要的原因。此外，自然科学、商业及其他领域中日益增强的观察、收集和存储数据的能力也要求人们改变对数据及其在现代环境中处理的理解。Web 和社交网络成为目前最大的数据和数据处理架构，这为理论研究带来了机遇和挑战。

虽然计算机科学的传统领域非常重要且仍需要专业人士进行相关研究，但是绝大多数研究者都将致力于利用计算机来理解和使用应用中所产生的大量数据，而不仅是研究计算机在特定的问题中的可用性。基于该思路，本书的写作目的是展示在未来 40 年中将继续发挥作用的理论知识，正如自动机理论、算法及其相关课题在过去 40 年中对学生所发挥的作用。本书的重点由离散数学转移到概率、统计和数值途径，这也是本书的主要变革之一。

本书适用于本科及研究生理论课程。本科生所需的数学背景知识见附录，其中也包含了一些作业。

本书以高维几何作为开始，用具有大量组成元素的向量方便地对信息处理、搜索、机器学习等不同领域中出现的现代数据进行刻画。这也适用于向量表达

注：各章译者分工如下：第 7，8，9，10 章为阮娜译；第 1，3，6 章为龙宇译；第 2，11 章为刘卫东译；第 4，5 章为张镭译。

非直观首选的一些情形。在第 2 章中读者可以发现,在二维和三维空间中的直观印象并不适用于高维空间,该章为理解这些差异奠定了基础。这一章(以及本书)的主旨在于理解数学基础,而非专注于具有简要描述的特殊应用。

与高维数据处理最相关的数学领域包括矩阵代数和算法。本书着重于奇异值分解这一主要工具,并在第 4 章给出了基于第一性原理(first-principles)的描述。奇异值分解可以用于主成分分析(这是一种广泛应用的技术)以及概率密度、离散最优化等统计混合应用,本书将给出具体描述。

要理解诸如 Web 和社交网络等大规模架构,其核心在于构造能准确描述这些架构主要性质的模型。最简单的模型是采用 Erdös 和 Rényi 所提出的随机图,本书将详细证明这些架构在仅具有局部选择时的一些全局性能,如大规模连通分支等。此外,还将阐述随机图的其他模型。

在过去的 20 年中,计算机科学领域的一大突破是使用“领域无关方法”来成功解决不同领域中的问题,一个好的例子是机器学习。本书描述了机器学习的基础知识,既包括从给定训练样本中学习,也包括 Vapnik-Chervonenkis 维理论。后者展示了机器学习中所需训练样本的个数。另一个重要的“领域无关技术”为 Markov 链。本书将在关于 Markov 链的章节中重点讲述相关数学的基础理论以及其与电子网络的关联。

在算法领域中,总是假设问题的输入数据被存储在随机访问存储器中,算法可以反复访问这些数据。然而,该假设在现代问题中并不成立。人们构造了流模型等模型来描述该问题。在此环境下必须进行动态采样,因此采样成为关键问题。在第 7 章中,阐述了如何有效采样以及如何利用这些样本对统计量和线性代数量进行预判。

聚类是现代工具包中的重要工具,目的是将数据中的相似对象划分成群。本书将阐述聚类的基本方法,包括 k 均值算法等。本书着重于对基本算法的新研究并涉及一些新的算法。在章末将给出对聚类准则的研究。

本书还包括了图模型、置信传播、评价投票、稀疏向量、压缩感知等内容。附录部分包括其他所需背景知识。

本书大部分内容均使用了特定的标记,仅有少数例外。粗斜体字母代表向量和矩阵,英文字母中靠前的小写字母一般表示常量,靠中间的小写字母(如 i, j, k 等)一般表示求和中的指数,n 和 m 代表整数,x, y, z 代表变量。本书也沿用其他文献中惯用的符号,这可能导致与前述原则相悖。对于向量空间中的点集合及子空间,本书用 n 代表点的数量,d 代表空间维数,k 代表子空间维数。

第 2 章　高维空间

在许多应用中数据都是向量形式。在应用中若数据不是向量形式，用向量表示也是十分有用的。*Vector Space Model*[1] 一书就是一个很好的例子。在向量空间模型中，一个文档可以表示为一个向量，向量的每个元素对应一个特定项在文档中出现的次数。英语中有 25 000 个单词或术语，因此每个文档可以由一个 25 000 维的向量表示。n 个文档组成的文档集可由 n 个向量组成的向量集表示，每个向量代表一个文档。这个向量集可以按列组成一个 $25\,000\times n$ 的矩阵，如图 2.1 所示。一个查询也可表示为这种空间的一个向量，向量中每一个元素对应查询中的一项，这些元素指定了该项在查询中的重要性。为了找到有关汽车而非赛车的文档，一个查询向量会用较大的正数对应单词“汽”、“引擎”以及“门”，而用负数对应“比赛”、“赌博”等词。

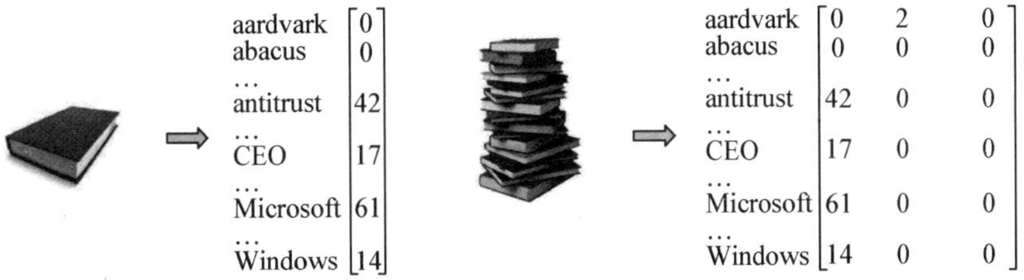

图 2.1　一个文档与文档集的向量表示

我们需要给出查询向量与文档向量之间的相关性或相似度的度量方法，向量点积与夹角余弦是两种常用的相似的度量方法。查询时，分别计算每个文档向量与查询向量之间的内积或夹角余弦，返回这些量取值较高的文档。尽管并不清楚这种方法在信息检索问题中是否行之有效，但许多实证研究已经证实了这种一般化方法的有效性。

当在模型中引进几何时，就会产生另一问题即如何在大型的文档集合中对文档的重要性按降序排序。对于大型集合，仅有人们对文档的理解是不够的，相反，我们需要能够对文档进行排序的自动化程序。每个文档用向量表示，这些向量按列组成一个矩阵 $\mathbf{A}$，用向量的点积定义文档之间的相似性，所有成对相似性的信息都包含在矩阵 $\mathbf{A}^{\mathrm{T}}\mathbf{A}$ 中。若假设一个文档集合的中心是那些与其他文档有较高相似度的文档，则计算 $\mathbf{A}^{\mathrm{T}}\mathbf{A}$ 就能创建一个排序。向量信息已知时，一个更好的排序方法是找到一个单位向量 $\boldsymbol{u}$，使得其他向量到 $\boldsymbol{u}$ 的垂直距离的平方和最小（“最适合的方向”），如图 2.2 所示。然后，可根据它们与 $\boldsymbol{u}$ 的点积进行排序，线性代数对此有充分的研究。第 4 章会有完善的理论和有效的排序算法以及这些理论和算法在许多其他领域的应用。

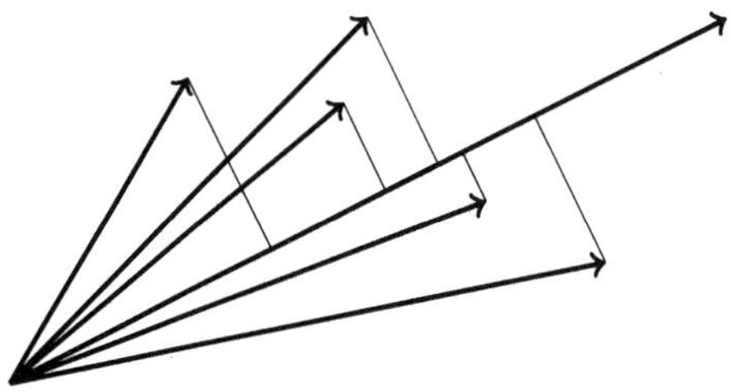

图 2.2　最适合方向为垂直平方和最小的方向

在向量空间中，向量的点积、距离和正交性等属性，通常有自然直观的解释，更重要的是使得向量不仅仅是数据的一种表示方法。例如，表示网页链接的两个 0－1 向量之间的平方距离代表只与两个网页之一有链接的网页数量。在图 2.3中，网页 4 和 5 都分别链接网页 1，3，6；网页 5 还链接网页 2，因此，两个向量的平方距离是 1。我们已经看到，点积度量相似性。两个非负向量正交说明他们是不相关的，因此，对于一个文档集合，如某一特定年份的所有新闻文章，包含的文档涉及两个或更多不同的主题，如政治、汽车、娱乐等，不同主题对应的文档应该是近似正交的。

尽管距离、点积、夹角余弦等都是对相似或不相似的度量，它们却有重要的数学和算法差异。本章的随机投影定理指出，一组向量可以被投影到一个较低

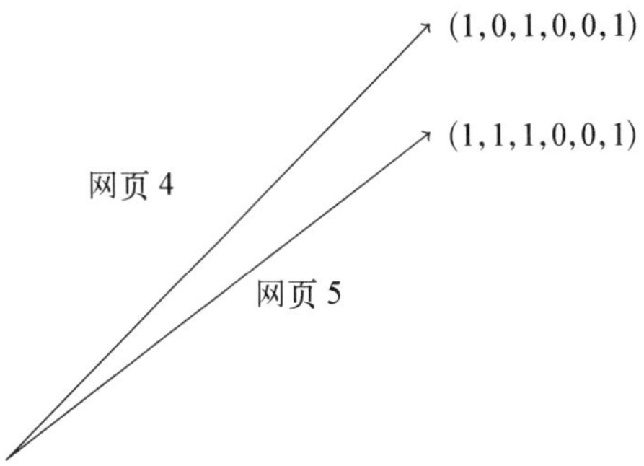

图 2.3　两个 0-1 向量表示的网页

维空间且近似保留两两之间的距离。因此，计算集合中向量之间的距离可以在投影下的较低维空间中计算，并能够节约时间。然而，使用简单的投影计算向量之间的点积却不可能那样节省时间。

本书的目标在于向读者呈现处理高维数据需要的数学基础。其中有两个重要部分：其一是高维几何，包括向量、矩阵、线性代数；其二为上述内容与概率论的结合，这部分内容更现代。

高维度是许多模型的一个常见特性，为此我们在本章中投入大量篇幅介绍高维几何空间，这个空间与我们直观理解的二维和三维空间有很大的不同。我们首先关注高维几何对象（如超球）的体积和表面积，在本书中没有列出应用的具体细节，而是展示一些在应用中较有用的基本理论。

如果我们对数据知之甚少，或我们要求算法对任何可能的数据都要有效，那么，许多问题的计算将会十分困难。为此，我们引入了概率。在实际应用中，专家经常利用专业知识建立数据的随机模型。例如，在客户-产品数据里，一个共同的假设是：每个客户购买的货物是相互独立的。有时也假设顾客购买的货物满足一定的概率准则，如数量上服从高斯分布。为与本书的宗旨保持一致，我们不讨论具体的随机模型，而是呈现一些基本原理。一个重要的基本定律是大数定律，即在客户独立的假设下，每种商品的消费量非常接近其均值。中心极限定理说明了类似的性质。实际上，从高维空间的几何对象（如超球体）中选取的随机点显示出几乎相同的性质，可以称这种现象为“高维定律”。在讨论 Chernoff 边界与独立随机变量和的相关定理之前，我们先给出一些相关的几何性质。

2.1 高维空间的性质

我们对空间的直觉基于二维或三维空间，然而这些直觉容易在高维空间中误导我们。在一个单位正方形内随机均匀放置100个点，每个点各坐标的取值相互独立且均服从[0, 1]上的均匀分布。选择一个点，测量该点到所有其他点的距离，观察距离的分布，然后增加维数，在一个100维的立方体内产生随机均匀分布的点。距离的分布集中于某个平均距离附近，原因很容易理解，假设 $\boldsymbol{x}$ 和 $\boldsymbol{y}$ 是 d 维空间中的两个向量点，两者之间的距离为

$$|\boldsymbol{x}-\boldsymbol{y}|=\sqrt{\sum_{i=1}^{d}(x_i-y_i)^2}$$

其中 $\sum_{i=1}^{d}(x_i-y_i)^2$ 是方差有界的一列独立随机变量的和，由大数定律知 $|\boldsymbol{x}-\boldsymbol{y}|^2$ 集中分布在其期望值附近，而在二维或三维中，距离的分布是分散的。

再如，考虑分别从 d 维空间的单位球体和单位立方体中随机选取一个均匀分布的点，随机点到球心的距离以很大的概率在 $1-\frac{c}{d}$ 和1之间，其中 c 是独立于 d 的常数。进一步，该点的第一个坐标 x_1 很可能在 $-\frac{c}{\sqrt{d}}$ 和 $+\frac{c}{\sqrt{d}}$ 之间，我们也可以说，球体大部分质量位于赤道附近。垂直于轴 x_1 的赤道为集合 $\{\boldsymbol{x} \mid x_1=0\}$。我们将在本章中证明这些结论。

2.2 高维球体

关于高维单位球体，一个有趣的事实是，随着维数的增加，球体的体积将趋于0，这一点有重要的意义。同时，高维球体的体积几乎包含在赤道附近的一个狭窄的带内，同时也几乎包含在球面附近一个狭窄的环内。对高维球体而言，基本上没有内部体积，同样地，表面积几乎集中在赤道附近。这些结论与我们在二维和三维空间的认识是相违背的，可以通过积分法来证明这些结论。

2.2.1 高维空间的球体和立方体

考虑随着空间维数 d 的增加，单位立方体的体积与单位球体体积的区别。随着维数的增加，单位立方体的体积总是 1，且立方体上两点之间的最大距离增加至$\sqrt{d}$；与之相比，随着维数的增加，单位球体的体积趋于 0，但球体上两点之间的最大距离始终是 2。2，4，d 维球体与立方体之间的关系如图 2.4 所示。

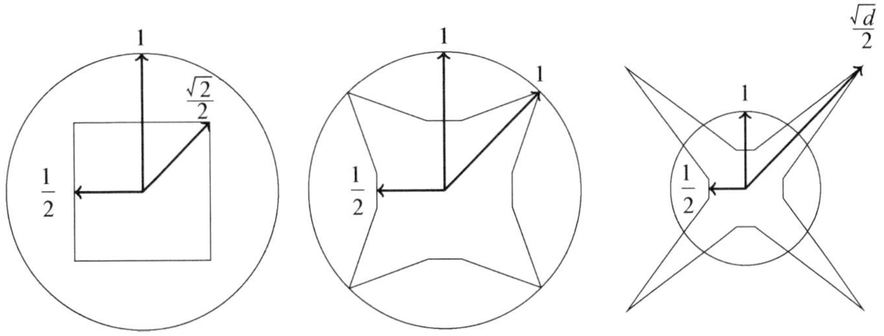

图 2.4　2,4, d 维球体与立方体的关系

注意，当 $d = 2$ 时，以原点为中心的单位正方形完全位于以原点为中心的单位圆内。正方形顶点到原点的距离平方为

$$\sqrt{\left(\frac{1}{2}\right)^2+\left(\frac{1}{2}\right)^2}=\frac{\sqrt{2}}{2}\approx 0.707$$

因此，单位正方形位于单位圆内。而 $d = 4$ 时，对以圆点为中心的单位立方体，其顶点到原点的距离平方为

$$\sqrt{\left(\frac{1}{2}\right)^2+\left(\frac{1}{2}\right)^2+\left(\frac{1}{2}\right)^2+\left(\frac{1}{2}\right)^2}=1$$

此时，立方体的顶点位于相同维数的单位球体上。随着维数 d 的增加，中心在原点的单位立方体的顶点到原点的距离增加至$\frac{\sqrt{d}}{2}$。因此对于较大的 d，立方体的顶点远在单位球体之外。图 2.5 表明，立方体的顶点至原点的距离为$\frac{\sqrt{d}}{2}$，且

当 d 较大时顶点位于单位球体之外。另一方面，立方体每一面的中点到原点的距离为 1/2，因此该中点位于单位球体内。当 d 较大时，单位立方体几乎全落在单位球体之外。

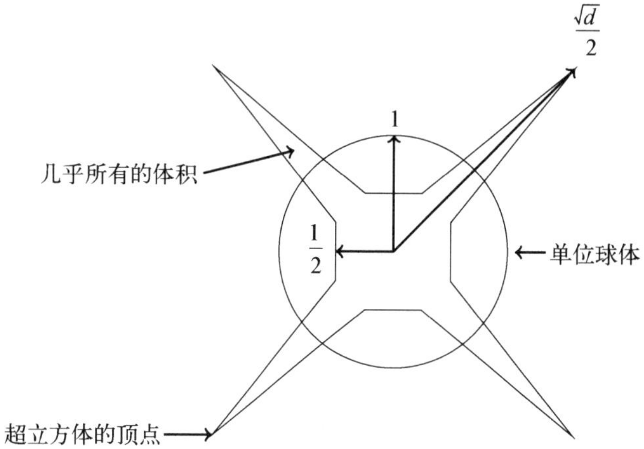

图 2.5　球体与立方体

2.2.2　单位球体的体积和表面积

若给定维数 d，球体的体积是半径的函数，为 r^d 的常数倍。若给定半径 r，球体的体积是空间维数的函数。有趣的是，随着空间维数的增加，球体的体积将趋于 0。为计算球体的体积，我们可在笛卡儿坐标或极坐标下进行积分。在笛卡儿坐标下，单位球体的体积为

$$V(d)=\int_{x_1=-1}^{x_1=1}\int_{x_2=-\sqrt{1-x_1^2}}^{x_2=\sqrt{1-x_1^2}}\cdots\int_{x_d=-\sqrt{1-x_1^2-\cdots-x_{d-1}^2}}^{x_d=\sqrt{1-x_1^2-\cdots-x_{d-1}^2}}\mathrm{d}x_d\cdots\mathrm{d}x_2\mathrm{d}x_1$$

计算该积分的极限比较复杂，此时若采用极坐标较为方便。在极坐标下，$V(d)$ 的表达式为

$$V(d)=\int_{S^d}\int_{r=0}^{1}r^{d-1}\mathrm{d}\Omega\mathrm{d}r$$

式中，$r^{d-1}\mathrm{d}\Omega$ 是单位球体中某固定角对应的球体表面无穷小块的表面积。如

图 2.6所示，凸壳 $\mathrm{d}\Omega$ 和原点组成一个圆锥体。当半径为 r 时，该圆锥体顶部的凸壳的表面积为 $r^{d-1}\mathrm{d}\Omega$，这是因为该区域是 $d-1$ 维的，而每个维度的半径为 r。球体中的无穷小块的体积等于底乘高，而球体表面上的每一点都与半径垂直，因此高就是上式积分中的 $\mathrm{d}r$。

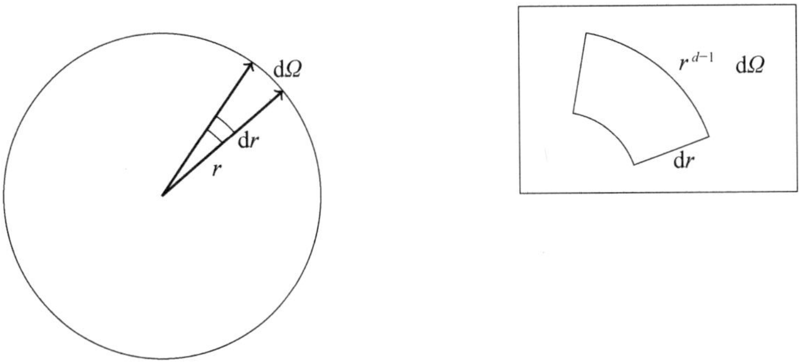

图 2.6 d 维单位球体的体积微元

Ω 和 r 的取值互不影响，因此有

$$V(d)=\int_{S^d}\mathrm{d}\Omega\int_{r=0}^{1}r^{d-1}\mathrm{d}r=\frac{1}{d}\int_{S^d}\mathrm{d}\Omega=\frac{A(d)}{d}$$

问题是，如何确定表面积 $A(d)=\int_{S^d}\mathrm{d}\Omega$？

考虑另外一个积分

$$I(d)=\int_{-\infty}^{\infty}\int_{-\infty}^{\infty}\cdots\int_{-\infty}^{\infty}\mathrm{e}^{-(x_1^2+x_2^2+\cdots+x_d^2)}\mathrm{d}x_d\cdots\mathrm{d}x_2\mathrm{d}x_1$$

首先，$I(d)$可在笛卡儿坐标下计算得到。另外，在极坐标下计算 $I(d)$，可将其与 $A(d)$联系起来。两种积分方式得到的 $I(d)$相等，由此可计算出 $A(d)$。

首先，在笛卡儿坐标下计算积分 $I(d)$。

$$I(d)=\left[\int_{-\infty}^{\infty}\mathrm{e}^{-x^2}\mathrm{d}x\right]^d=(\sqrt{\pi})^d=\pi^{\frac{d}{2}}$$

$\left(\text{这里，我们用到了等式}\int_{-\infty}^{\infty}\mathrm{e}^{-x^2}\mathrm{d}x=\sqrt{\pi}\text{，证明见附录。}\right)$ 接下来，在极坐标下计算积分 $I(d)$，微元的体积是 $r^{d-1}\mathrm{d}\Omega\mathrm{d}r$。因此，

$$I(d)=\int_{S^d}\mathrm{d}\Omega\int_0^{\infty}\mathrm{e}^{-r^2}r^{d-1}\mathrm{d}r$$

积分 $\int_{S^d}\mathrm{d}\Omega$ 为单位球体的表面积 $A(d)$。因此，$I(d)=A(d)\int_0^{\infty}\mathrm{e}^{-r^2}r^{d-1}\mathrm{d}r$ 计算余下部分

$$\int_0^{\infty}\mathrm{e}^{-r^2}r^{d-1}\mathrm{d}r=\frac{1}{2}\int_0^{\infty}\mathrm{e}^{-t}t^{\frac{d}{2}-1}\mathrm{d}t=\frac{1}{2}\Gamma\left(\frac{d}{2}\right)$$

因此，$I(d)=A(d)\ \frac{1}{2}\Gamma\left(\frac{d}{2}\right)$，其中伽马函数 $\Gamma(x)$ 为阶乘函数。$\Gamma(x)=(x-1)\Gamma(x-1)$，$\Gamma(1)=\Gamma(2)=1$，且 $\Gamma\left(\frac{1}{2}\right)=\sqrt{\pi}$。对于整数值 x，$\Gamma(x)=(x-1)!$。

由 $I(d)=\pi^{\frac{d}{2}}$ 与 $I(d)=A(d)\ \frac{1}{2}\Gamma\left(\frac{d}{2}\right)$ 可得

$$A(d)=\frac{\pi^{\frac{d}{2}}}{\frac{1}{2}\Gamma\left(\frac{d}{2}\right)}$$

由此我们可以得到如下引理。

引理 2.1 *d 维空间的单位球体的表面积 $A(d)$ 和体积 $V(d)$ 分别为*

$$A(d)=\frac{2\pi^{\frac{d}{2}}}{\Gamma\left(\frac{d}{2}\right)},\ V(d)=\frac{2}{d}\ \frac{\pi^{\frac{d}{2}}}{\Gamma\left(\frac{d}{2}\right)}$$

为了检验上述单位球体的体积公式，注意 $V(2)=\pi$，$V(3)=\frac{2}{3}\ \frac{\pi^{\frac{3}{2}}}{\Gamma\left(\frac{3}{2}\right)}=\frac{4}{3}\pi$，这与二维和三维空间的单位球体的体积相符。同理可验证表面积公式，如 $A(2)=2\pi$，$A(3)=\frac{2\pi^{\frac{3}{2}}}{\frac{1}{2}\sqrt{\pi}}=4\pi$，分别与二维和三维空间的单位球体的表面积相符。注意 $\pi^{\frac{d}{2}}$ 的指数部分是 $\frac{d}{2}$，而 $\Gamma\left(\frac{d}{2}\right)$ 随着 $\frac{d}{2}$ 的增大而增大。这也就意味着 $\lim\limits_{d\to\infty}V(d)=0$，这一结论我们已在前文中指出。

引理 2.1 的证明表明了单位球体表面积与实数上的高斯概率密度 $\frac{1}{\sqrt{2\pi}}e^{-x^2/2}$ 的关系。这一关系十分重要且将在本章中多次用到。

2.2.3 体积在赤道附近

考虑 d 维空间的单位球体，把北极固定在 x_1 轴的 $x_1 = 1$ 处。通过平面 $x_1 = 0$ 将球体分为两部分，该平面与球体的交界处形成了一个 $d-1$ 维的区域，即 $\{\boldsymbol{x} \mid |\boldsymbol{x}| \leqslant 1,\ x_1 = 0\}$，这就是我们所说的赤道。这个交界处为一个 $d-1$ 维的球体，记其体积为 $V(d-1)$，如，当维数为 3 时，该区域是一个圆；维数为 4 时，该区域是一个三维球体。

事实上，上半球的质量几乎集中在两个平行面 $x_1 = 0$ 与 $x_1 = \varepsilon$ 之间。问题在于 ε 取多大可使得单位球体的质量几乎集中在 $x_1 = 0$ 与 $x_1 = \varepsilon$ 之间？答案和维数有关，当维数为 d 时，ε 的取值应为 $O\left(\frac{1}{\sqrt{d-1}}\right)$。为证明该结论，首先计算球体位于在 $x_1 = 0$ 和 $x_1 = \varepsilon$ 之间的体积。定义 $T = \{\boldsymbol{x} \mid |\boldsymbol{x}| \leqslant 1,\ x_1 \geqslant \varepsilon\}$，则 T 表示了球体中平面 $x_1 = \varepsilon$ 以上的部分。为计算 T 的体积，对 x_1 从 ε 到 1 进行积分。体积增量为一个圆盘，该圆盘宽为 $\mathrm{d}x_1$，底面是半径为 $\sqrt{1-x_1^2}$ 的 $d-1$ 维单位球体（见图 2.7）。因此，该圆盘的表面积为

$$(1-x_1^2)^{\frac{d-1}{2}}V(d-1)$$

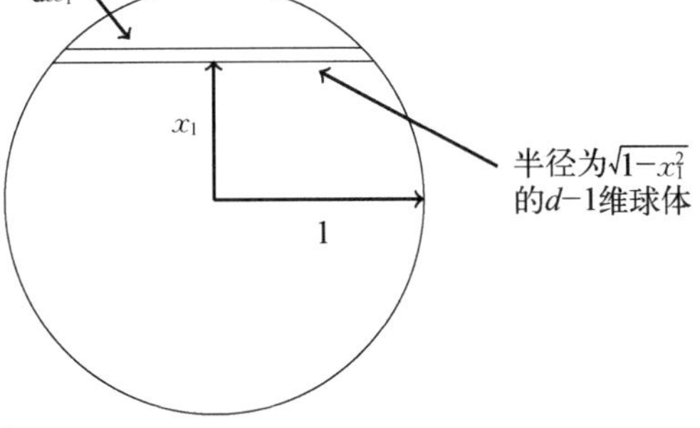

图 2.7 d 维球体的横截面

从而，

$$Vol(T)=\int_{\varepsilon}^{1}(1-x_1^2)^{\frac{d-1}{2}}V(d-1)\mathrm{d}x_1=V(d-1)\int_{\varepsilon}^{1}(1-x_1^2)^{\frac{d-1}{2}}\mathrm{d}x_1$$

注意$V(d)$表示d维单位球体的体积，对于空间中其他集合T的体积，我们用$Vol(T)$表示。

上述积分比较难计算，因此我们需要用到一些近似。首先，利用不等式$1+x\leqslant \mathrm{e}^x$进行放缩，并将上述积分的上限放大为无穷大。又由于上述积分的下限大于ε，我们可把x_1/ε嵌入到积分中进行进一步放缩。

$$Vol(T)\leqslant V(d-1)\int_{\varepsilon}^{\infty}\mathrm{e}^{-\frac{d-1}{2}x_1^2}\mathrm{d}x_1\leqslant V(d-1)\int_{\varepsilon}^{\infty}\frac{x_1}{\varepsilon}\mathrm{e}^{-\frac{d-1}{2}x_1^2}\mathrm{d}x_1$$

又$\int x_1\mathrm{e}^{-\frac{d-1}{2}x_1^2}\mathrm{d}x_1=-\frac{1}{d-1}\mathrm{e}^{-\frac{d-1}{2}x_1^2}$，因此，

$$Vol(T)\leqslant\frac{1}{\varepsilon(d-1)}\mathrm{e}^{-\frac{d-1}{2}\varepsilon^2}V(d-1)\tag{2.1}$$

接下来我们将给出整个上半球体积的一个下界。显然，上半球的体积大于其在两平面$x_1=0$与$x_1=\frac{1}{\sqrt{d-1}}$之间的体积，这部分体积又大于半径为$\sqrt{1-\frac{1}{d-1}}$，高为$\frac{1}{\sqrt{d-1}}$的圆柱体的体积。该圆柱体的体积是高$1/\sqrt{d-1}$乘以底$R=\left\{\boldsymbol{x}\,\middle|\,|\boldsymbol{x}|\leqslant 1;\ x_1=\frac{1}{\sqrt{d-1}}\right\}$的体积。这里$R$是一个半径为$\sqrt{1-\frac{1}{d-1}}$的$d-1$维球体，它的体积是

$$Vol(R)=V(d-1)\left(1-\frac{1}{d-1}\right)^{(d-1)/2}$$

利用不等式$(1-x)^a\geqslant 1-ax$放缩可进一步得到

$$Vol(R)\geqslant V(d-1)\left(1-\frac{1}{d-1}\ \frac{d-1}{2}\right)=\frac{1}{2}V(d-1)$$

因此，上半球的体积的下界为$\frac{1}{2\sqrt{d-1}}V(d-1)$。又根据前面已有的结论，

上半球中平面 $x_1=\varepsilon$ 以上部分的体积的一个上界为$\dfrac{1}{\varepsilon(d-1)}\mathrm{e}^{-\frac{d-1}{2}\varepsilon^2}V(d-1)$，两者的比值即为上半球中平面 $x_1=\varepsilon$ 以上部分占上半球体积的比例的一个上界，该上界为$\dfrac{2}{\varepsilon\sqrt{(d-1)}}\mathrm{e}^{-\frac{d-1}{2}\varepsilon^2}$。为此，我们有如下引理。

引理 2.2 对任意的 $c>0$，上半球中平面 $x_1=\dfrac{c}{\sqrt{d-1}}$ 以上部分的体积占上半球体积的比例小于$\dfrac{2}{c}\mathrm{e}^{-c^2/2}$。

证明 令 ε 等于$\dfrac{c}{\sqrt{d-1}}$即可得。

对较大的常数 c，$\dfrac{2}{c}\mathrm{e}^{-c^2/2}$很小。值得注意的一点是，半径为 r 的 d 维球体的体积主要集中在赤道附近宽为$O(r/\sqrt{d})$的狭窄区域内。如图 2.8 所示。

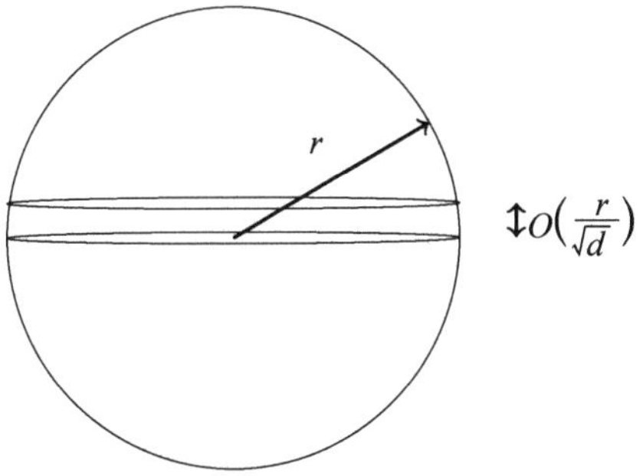

图 2.8 半径为 *r* 的 *d* 维球体的体积主要集中在赤道附近

当$c\geqslant 2$时，上半球中平面$x_1=\dfrac{c}{\sqrt{d-1}}$以上部分的体积占上半球体积的比例小于 $\mathrm{e}^{-2}\approx 0.14$，当 $c\geqslant 4$ 时，这个比值小于$\dfrac{1}{2}\mathrm{e}^{-8}\approx 3\times 10^{-4}$。实际上，球体的质量主要集中在赤道附近一个狭窄的带内。注意，在前面的讨论中，我们选择 x_1 方向为北极，将赤道定义为垂直于北极的$(d-1)$维平面 $x_1=0$ 与球体的交界区域。然而，我们可以选择任意一个方向为北极，并定义出相应的赤道，此时可得出相同的结论：球体的体积主要集中在赤道附近的一个窄带内。

2.2.4　体积在一个狭窄的环内

d 维空间中半径为 $1-\varepsilon$ 的球体的体积与单位球体的体积之比是

$$\frac{(1-\varepsilon)^d V(d)}{V(d)} = (1-\varepsilon)^d$$

固定 ε，当 d 趋于无穷时，该比率趋于 0。在高维空间中，球体的体积集中在一个狭窄的环内。

实际上，$(1-\varepsilon)^d \leqslant e^{-\varepsilon d}$，因此，若取 $\varepsilon = \frac{c}{d}$，对一个较大的常数 c，只有 e^{-c} 倍球体的体积在宽为 c/d 圆环之外。值得注意的是，d 维空间中半径为 $r < 1$ 的球体的体积大部分都包含在球面附近、宽为 $1-O(r/d)$ 的圆环内，如图 2.9 所示。

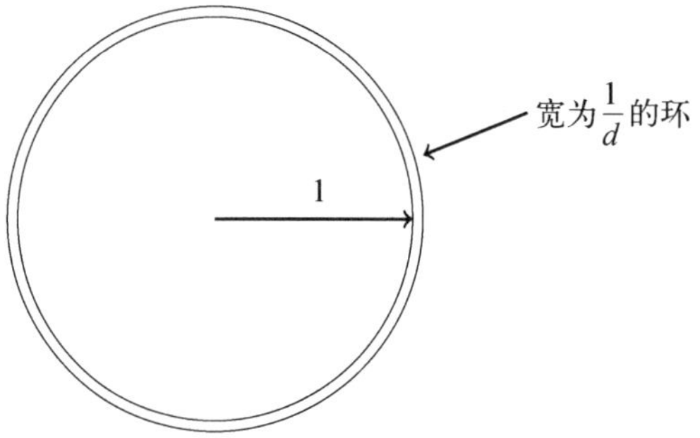

图 2.9　半径为 r 的 d 维球体的体积大部分都包含在球面附近宽为 $1-O(r/d)$ 的圆环内

2.2.5　表面积在赤道附近

正如二维空间中的圆有周长和面积、三维空间中的球体有体积和表面积一样，d 维空间中的球体也有体积和表面积。d 维单位球体的表面区域为集合 $\{\boldsymbol{x} \mid |\boldsymbol{x}|=1\}$，赤道为集合 $S=\{\boldsymbol{x} \mid |\boldsymbol{x}|=1,\ x_1=0\}$，这是一个 $d-1$ 维球体的表面区域，例如三维球体的赤道为二维的圆。与体积的情形类似，高维空间中球体的表面积主要集中在赤道附近。为了证明该结论，计算球体在两个平行面

$x_1=0$ 与 $x_1=\varepsilon$ 之间区域的表面积。

令 $S=\{\boldsymbol{x} \mid |\boldsymbol{x}|=1,\ x_1\geqslant\varepsilon\}$，为了计算 S 的表面积，对 x_1 从 ε 到 1 进行积分，面积增量微元是宽为 $\mathrm{d}x_1$ 的带的表面积，其边界是半径为 $\sqrt{1-x_1^2}$ 的 $d-1$ 维球体。因此，该 $(d-1)$ 维球体的表面积是

$$A(d-1)(1-x_1^2)^{\frac{d-2}{2}}$$

其中 $A(d-1)$ 是 $d-1$ 维单位球体的表面积。因此，

$$\mathrm{Area}(S)=A(d-1)\int_{\varepsilon}^{1}(1-x_1^2)^{\frac{d-2}{2}}\mathrm{d}x_1$$

上述积分较难计算，与体积的计算类似，我们利用近似估计进行放缩可以得到

$$\mathrm{Area}(S)\leqslant\frac{1}{\varepsilon(d-2)}\mathrm{e}^{-\frac{d-2}{2}\varepsilon^2}A(d-1) \tag{2.2}$$

接下来，我们估计整个上半球表面积的下界。很显然，上半球表面积大于底面半径为 $\sqrt{1-\frac{1}{d-2}}$、高为 $\frac{1}{\sqrt{d-2}}$ 的圆柱体侧面的面积。上述圆柱体的侧面积通过高 $\frac{1}{\sqrt{d-2}}$ 乘以底面的表面积 $A(d-1)\left(1-\frac{1}{d-2}\right)^{\frac{d-2}{2}}$ 得到。利用不等式 $(1-x)^a\geqslant1-ax$ 进行放缩计算：

$$\begin{aligned}\frac{1}{\sqrt{d-2}}\left(1-\frac{1}{d-2}\right)^{\frac{d-2}{2}}A(d-1)&\geqslant\frac{1}{\sqrt{d-2}}\left(1-\frac{d-2}{2}\frac{1}{d-2}\right)A(d-1)\\&\geqslant\frac{1}{2\sqrt{d-2}}A(d-1)\end{aligned} \tag{2.3}$$

由式(2.2)中 S 的表面积的上界和式(2.3)中上半球表面积的下界可以看出，球体表面在带 $\{\boldsymbol{x} \mid |\boldsymbol{x}|=1,\ 0\leqslant x_1\leqslant\varepsilon\}$ 以上部分的表面积占上半球表面积的比例小于 $\frac{2}{\varepsilon\sqrt{d-2}}\mathrm{e}^{-\frac{d-2}{2}\varepsilon^2}$，据此有如下引理。

引理 2.3 对任意的 $c>0$，球体表面在平面 $x_1=\frac{c}{\sqrt{d-2}}$ 以上的部分占上半球表面积的比例小于或等于 $\frac{2}{c}\mathrm{e}^{-\frac{c^2}{2}}$。

证明 取 ε 等于 $\frac{c}{\sqrt{d-2}}$ 即可得。

到目前为止，我们考虑的是 d 维空间的单位球体。现固定空间维数 d，用 $V(d, r)$ 和 $A(d, r)$ 分别表示 d 维空间中半径为 r 的球体的体积和表面积，则有

$$V(d, r) = \int_{x=0}^{r} A(d, x)\mathrm{d}x$$

因此，表面积是体积关于半径的导数。如，在二维空间中，圆的体积为 πr^2，周长为 $2\pi r$；三维空间中，球体的体积为 $\frac{4}{3}\pi r^3$，表面积为 $4\pi r^2$。

2.3 其他立方体的体积

只有很少一部分立方体可以用闭集表示，如下述长方体的体积是各边长的乘积，

$$R = \{\boldsymbol{x} \mid l_1 \leqslant x_1 \leqslant u_1, l_2 \leqslant x_2 \leqslant u_2, \cdots, l_d \leqslant x_d \leqslant u_d\}$$

也即，$Vol = \prod_{i=1}^{d}(u_i - l_i)$。

平行六面体可用

$$P = \{\boldsymbol{x} \mid \boldsymbol{l} \leqslant \boldsymbol{A}\boldsymbol{x} \leqslant \boldsymbol{u}\}$$

表示，其中 $\boldsymbol{A}$ 是 $d \times d$ 的可逆矩阵，$\boldsymbol{l}$ 和 $\boldsymbol{u}$ 分别是上界向量和下界向量。$\boldsymbol{l} \leqslant \boldsymbol{A}\boldsymbol{x}$ 和 $\boldsymbol{A}\boldsymbol{x} \leqslant \boldsymbol{u}$ 可以确定 $2d$ 个不等式。平行六面体是平行四边形的一般化形式，容易看出，P 是长方体 R 在一个可逆线性变换下的像。

$$R = \{\boldsymbol{y} \mid \boldsymbol{l} \leqslant \boldsymbol{y} \leqslant \boldsymbol{u}\}$$

映射 $\boldsymbol{x} = \boldsymbol{A}^{-1}\boldsymbol{y}$ 把 R 映成 P。这也意味着

$$Vol(P) = |\det(\boldsymbol{A}^{-1})| Vol(R)$$

单形为另一类体积方便计算的立方体。考虑顶点为 $\{(0, 0), (1, 0), (1, 1)\}$ 的三角形，该三角形也可以表示为 $\{(x, y) \mid 0 \leqslant y \leqslant x \leqslant 1\}$，两个这样的直角三角形可以构成一个单位正方形，因此其面积为 $1/2$。单形为三角形的

推广，考虑 d 维空间中由如下 $d+1$ 个顶点

$$\{(0, 0, \cdots, 0), (1, 0, 0, \cdots, 0), (1, 1, 0, 0, \cdots, 0), \cdots, (1, 1, \cdots, 1)\}$$

组成的单形，其集合也可以表示为

$$S = \{\boldsymbol{x} \mid 1 \geqslant x_1 \geqslant x_2 \geqslant \cdots \geqslant x_d \geqslant 0\}$$

在单位立方体 $\{\boldsymbol{x} \mid 0 \leqslant x_i \leqslant 1\}$ 内可以放置多少个这样的单形呢？正方体内的每个点的坐标均有一种特定的排序，而一共有 $d!$ 种排序，这使得单位立方体中可以放置 $d!$ 个这样的单形。因此，每个单形的体积是 $1/d!$。现考虑顶点由 d 个单位向量 $(1, 0, 0, \cdots, 0), (0, 1, 0, \cdots, 0), \cdots, (0, 0, 0, \cdots, 0, 1)$ 和原点组成的直角单形 R，通过映射 $x_d = y_d$；$x_{d-1} = y_d + y_{d-1}$；$\cdots$；$x_1 = y_1 + y_2 + \cdots + y_d$，可以将 R 中的向量 $\boldsymbol{y}$ 映射为 S 中的 $\boldsymbol{x}$。这是行列式为 1 的可逆变换，因此 R 的体积为 $1/d!$，与前文讨论的结果一致。

一般的单形可以通过对直角单形进行平移变换及可逆线性变换得到。实际上，平面上的三角形都可以通过平移直角三角形并对其进行可逆的线性变换得到。对于平行六面体应用线性变换 $\boldsymbol{A}$ 后，体积应乘以 $\boldsymbol{A}$ 的行列式，而平移不改变体积。

因此，若单形 $\boldsymbol{T}$ 的顶点为 $\boldsymbol{v}_1, \boldsymbol{v}_2, \cdots, \boldsymbol{v}_{d+1}$，通过 $-\boldsymbol{v}_{d+1}$ 可把其顶点平移至 $\boldsymbol{v}_1 - \boldsymbol{v}_{d+1}, \boldsymbol{v}_2 - \boldsymbol{v}_{d+1}, \cdots, \boldsymbol{v}_d - \boldsymbol{v}_{d+1}, 0$。令 $\boldsymbol{A}$ 为 $d \times d$ 的矩阵，各列分别为 $\boldsymbol{v}_1 - \boldsymbol{v}_{d+1}$，$\boldsymbol{v}_2 - \boldsymbol{v}_{d+1}, \cdots, \boldsymbol{v}_d - \boldsymbol{v}_{d+1}$，则 $\boldsymbol{A}^{-1}\boldsymbol{T} = \boldsymbol{R}$，即 $\boldsymbol{AR} = \boldsymbol{T}$，因此，$\boldsymbol{T}$ 的体积为 $\frac{1}{d!} \mid \det(A) \mid$。

2.4 在球体表面随机生成均匀分布的点

考虑在单位球体的表面随机生成均匀分布的点。首先考虑二维情形，用如下的方法可以生成单位圆周上的随机点。在两个坐标上分别生成 $[-1, 1]$ 上均匀分布的随机数，组合得到一个随机点。这种方法生成的点分布在一个足够包含单位圆的正方形上。现在把每个点投射到圆周上，考虑两个线段，原点到正方形顶点的连线与原点到正方形单边中点的连线，由于长度不同，投射过程中落在前者上的点将多于落在后者上的点，因此，投射后单位圆周上的点不服从均匀分布。为了解决这个问题，我们先抛弃所有单位圆外的点，再将余下的点投射到单位圆周上。

我们可将这种方法推广到高维情形。然而，随着维数的增大，d 维单位球体的体积与 d 维单位立方体的体积的比例迅速减小，这使得该方法在高维情形不可行，因为几乎没有点会落在球体内部。如何解决这个问题呢？可以假设随机点$(x_1, x_2, \cdots, x_d)$的每个坐标为相互独立的高斯分布，其概率分布为球对称的，表示如下：

$$p(x_1, x_2, \cdots, x_d) = \frac{1}{(2\pi)^{\frac{d}{2}}} e^{-\frac{x_1^2+x_2^2+\cdots+x_d^2}{2}}$$

将向量 $\boldsymbol{x} = (x_1, x_2, \cdots, x_d)$ 标准化为一个单位向量能够给出单位球体球面上的均匀分布。注意，向量被标准化后，它的坐标不再是相互独立的。

2.5　高维中的高斯分布

一维高斯分布的质量都集中在原点附近，然而，随着维数的增加，情形会发生一些变化。期望为 0、方差为 σ 的 d 维高斯分布的密度函数为

$$p(\boldsymbol{x}) = \frac{1}{(2\pi)^{d/2}\sigma^d} \exp\left(-\frac{|\boldsymbol{x}|^2}{2\sigma^2}\right)$$

高斯密度函数的最大值在原点，但是原点周围的体积却很小。当 $\sigma=1$ 时，概率密度在以原点为中心的单位球体上的积分趋于 0，因为这样一个球体的体积是微不足道的。实际上，我们需要将球体的半径增加到$\sqrt{d}$，才能使球体的体积显著大于 0，因而才能得到一个非零的概率质量。但是应当注意，如果半径大于$\sqrt{d}$，积分将不再增大，这是因为体积虽然在变大，但概率密度以更快的速度在变小。相应地，对非标准的高斯分布而言，要求球体半径为 $\sigma\sqrt{d}$。

1) 点到高斯中心的平方距离的期望

考虑中心在原点、方差为 σ^2 的 d 维高斯分布。对于服从高斯分布的随机点 $\boldsymbol{x} = (x_1, x_2, \cdots, x_d)$，其长度平方的期望是

$$E(x_1^2 + x_2^2 + \cdots + x_d^2) = dE(x_1^2) = d\sigma^2$$

对于较大的 d，$\boldsymbol{x}$ 长度的平方集中在均值附近。我们称上述期望的平方根(即

$\sigma\sqrt{d}$）为高斯半径。在本节的余下部分，我们考虑 $\sigma=1$ 的球形高斯分布；对非标准的高斯分布，所得的结果都可乘以 σ。

考虑单位方差高斯分布，以高斯中心为原点、半径为 r 的球体表面的概率质量为 $r^{d-1}e^{-r^2/2}$ 乘以一个标准化的常数因子，其中 r 是到中心的距离，d 是空间维数。概率质量函数取最大值时对应的 r 为$\sqrt{d-1}$，这可以通过取导数等于 0 得到。

$$\frac{\partial}{\partial r}r^{d-1}e^{-\frac{r^2}{2}}=(d-1)r^{d-2}e^{-\frac{r^2}{2}}-r^d e^{-\frac{r^2}{2}}=0$$

求解可得出 $r^2=d-1$。

2）圆环宽度的计算

我们现在证明高斯分布的大部分质量在半径为 $\sqrt{d-1}$、宽为常数的圆环内。高斯分布在以高斯中心为原点、半径为 r 的球体表面上的概率质量是 $g(r)=r^{d-1}e^{-r^2/2}$。为确定在宽度为多少的环内 $g(r)$是不可忽略的，考虑其对数：

$$f(r)=\ln g(r)=(d-1)\ln r-\frac{r^2}{2}$$

对 $f(r)$求导，得

$$f'(r)=\frac{d-1}{r}-r \quad f''(r)=-\frac{d-1}{r^2}-1\leqslant -1$$

注意当 $r=\sqrt{d-1}$ 时，$f'(r)=0$，且对所有的 r，$f''(r)<0$。$f(r)$ 在 $\sqrt{d-1}$ 处的泰勒展开式为

$$f(r)=f(\sqrt{d-1})+f'(\sqrt{d-1})(r-\sqrt{d-1})+\frac{1}{2}f''(\sqrt{d-1})(r-\sqrt{d-1})^2+\cdots$$

因此，

$$f(r)=f(\sqrt{d-1})+f'(\sqrt{d-1})(r-\sqrt{d-1})+\frac{1}{2}f''(\zeta)(r-\sqrt{d-1})^2$$

ζ 在 $\sqrt{d-1}$和 r 之间[1]。因为 $f'(\sqrt{d-1})=0$，上述公式的第二项消失了，因而有

$$f(r)=f(\sqrt{d-1})+\frac{1}{2}f''(\zeta)(r-\sqrt{d-1})^2$$

由于二阶导数总是小于-1，

$$f(r)\leqslant f(\sqrt{d-1})-\frac{1}{2}(r-\sqrt{d-1})^2$$

又 $g(r)=\mathrm{e}^{f(r)}$，因此，

$$g(r)\leqslant \mathrm{e}^{f(\sqrt{d-1})-\frac{1}{2}(r-\sqrt{d-1})^2}=g(\sqrt{d-1})\mathrm{e}^{-\frac{1}{2}(r-\sqrt{d-1})^2}$$

令 c 为正实数，I 为区间 $[\sqrt{d-1}-c,\sqrt{d-1}+c]$。我们先计算区间之外的概率质量的上界与区间之内的概率质量的下界，区间 I 之外的概率质量的一个上界为

$$\begin{aligned}\int_{r\notin I}g(r)\mathrm{d}r&\leqslant\int_{r=0}^{\sqrt{d-1}-c}g(\sqrt{d-1})\mathrm{e}^{-(r-\sqrt{d-1})^2/2}\mathrm{d}r+\int_{r=\sqrt{d-1}+c}^{\infty}g(\sqrt{d-1})\mathrm{e}^{-(r-\sqrt{d-1})^2/2}\mathrm{d}r\\&\leqslant 2g(\sqrt{d-1})\int_{r=\sqrt{d-1}+c}^{\infty}\mathrm{e}^{-(r-\sqrt{d-1})^2/2}\mathrm{d}r\\&=2g(\sqrt{d-1})\int_{y=c}^{\infty}\mathrm{e}^{-y^2/2}\mathrm{d}y\\&\leqslant 2g(\sqrt{d-1})\int_{y=c}^{\infty}\frac{y}{c}\mathrm{e}^{-y^2/2}\mathrm{d}y\\&=\frac{2}{c}g(\sqrt{d-1})\mathrm{e}^{-c^2/2}\end{aligned}$$

为了得到区间 $[\sqrt{d-1}-c,\sqrt{d-1}+c]$ 内的概率质量的一个下界，考虑子区间 $\left[\sqrt{d-1},\sqrt{d-1}+\frac{c}{2}\right]$。当 r 属于子区间 $\left[\sqrt{d-1},\sqrt{d-1}+\frac{c}{2}\right]$时，$f''(r)\geqslant-2$ 且

$$f(r)\geqslant f(\sqrt{d-1})-(r-\sqrt{d-1})^2\geqslant f(\sqrt{d-1})-\frac{c^2}{4}$$

因此，

$$g(r)=\mathrm{e}^{f(r)}\geqslant\mathrm{e}^{f\sqrt{d-1}}\mathrm{e}^{-\frac{c^2}{4}}=g(\sqrt{d-1})\mathrm{e}^{\frac{c^2}{4}}$$

进而有 $\int_{\sqrt{d-1}}^{\sqrt{d-1}+\frac{c}{2}} g(r)\mathrm{d}r \geqslant \frac{c}{2} g(\sqrt{d-1})\mathrm{e}^{-c^2/4}$。因此，区间之外的概率质量占整体概率质量的一个上界为

$$\frac{\frac{2}{c}g(\sqrt{d-1})\mathrm{e}^{-c^2/2}}{\frac{c}{2}g(\sqrt{d-1})\mathrm{e}^{-c^2/4}+\frac{2}{c}g(\sqrt{d-1})\mathrm{e}^{-c^2/2}} = \frac{\frac{2}{c^2}\mathrm{e}^{-\frac{c^2}{4}}}{\frac{c}{2}+\frac{2}{c^2}\mathrm{e}^{-\frac{c^2}{4}}} = \frac{\mathrm{e}^{-\frac{c^2}{4}}}{\frac{c^2}{4}+\mathrm{e}^{-\frac{c^2}{4}}}$$

$$\leqslant \frac{4}{c^2}\mathrm{e}^{-\frac{c^2}{4}}$$

由此我们可得到如下引理。

引理 2.4 对于 d 维空间中方差为 1 的球形高斯分布，至多 $\frac{4}{c^2}\mathrm{e}^{-c^2/4}$ 倍的质量不在环 $\sqrt{d-1}-c \leqslant r \leqslant \sqrt{d-1}+c$ 内，其中 $c>0$。

3) 区分不同的高斯分布

高斯分布经常用来对数据建模。一个常用的随机模型为混合模型，模型中假设数据来自一些简单概率密度的凸组合。一个常见的例子是数据来自两个高斯分布 $F_1(\boldsymbol{x})$ 和 $F_2(\boldsymbol{x})$ 的混合分布 $F(\boldsymbol{x}) = w_1F_1(\boldsymbol{x})+w_2F_2(\boldsymbol{x})$，其中 w_1 和 w_2 是正的权重值，二者和为 1。假设 F_1 和 F_2 是单位方差的球形分布，如果它们的均值非常接近，对来自混合分布的数据点，我们很难分辨其是来自哪个密度函数。问题在于，两个期望值的间隔要多大才能区分数据中的点是来自哪个分布？接下来我们将说明应要求这个间隔为 $\Omega(d^{1/4})$。稍后我们将介绍在一个更复杂的算法下，$\Omega(1)$的间隔也是可以的。

考虑两个单位方差的球形高斯分布。由引理 2.4 知，高斯分布的概率质量大部分落在宽为 $O(1)$、半径为 $\sqrt{d-1}$的圆环内部。$\mathrm{e}^{-|\boldsymbol{x}|^2/2}$ 可分解为$\prod_i \mathrm{e}^{-x_i^2/2}$，且几乎所有的质量都在两个平行面$\{\boldsymbol{x} \mid -c \leqslant x_1 \leqslant c\}$ 之间，其中 $c \in O(1)$。从第一个高斯分布中选取点 $\boldsymbol{x}$，旋转坐标系使得第一个坐标指向 $\boldsymbol{x}$。接着在第一个高斯分布中选取第二个点 $\boldsymbol{y}$，且要求 $\boldsymbol{x}$ 与 $\boldsymbol{y}$ 独立。高斯分布几乎所有的质量都在赤道附近的区域$\{\boldsymbol{x} \mid -c \leqslant x_1 \leqslant c,\ c \in O(1)\}$ 内，因此可以说 $\boldsymbol{y}$ 沿 $\boldsymbol{x}$ 方向的分量以很大的概率取到 $O(1)$，因此，$\boldsymbol{y}$ 几乎和 $\boldsymbol{x}$ 垂直。所以，$|\boldsymbol{x}-\boldsymbol{y}| \approx \sqrt{|\boldsymbol{x}|^2+|\boldsymbol{y}|^2}$，如图 2.10。更准确地说，坐标系经过旋转后，$\boldsymbol{x}$ 是在北极，$\boldsymbol{x} = (\sqrt{(d)} \pm O(1), 0, \cdots)$。又由于 $\boldsymbol{y}$ 几乎在赤道上，进一步旋转坐标系使得 $\boldsymbol{y}$ 的垂直于北极的分量

为第二坐标系，则有 $\boldsymbol{y}=(O(1),\sqrt{(d)}\pm O(1),\cdots)$。从而，

$$(\boldsymbol{x}-\boldsymbol{y})^2=d\pm O(\sqrt{d})+d\pm O(\sqrt{d})=2d\pm O(\sqrt{d})$$

及 $|\boldsymbol{x}-\boldsymbol{y}|=\sqrt{(2d)}\pm O(1)$。

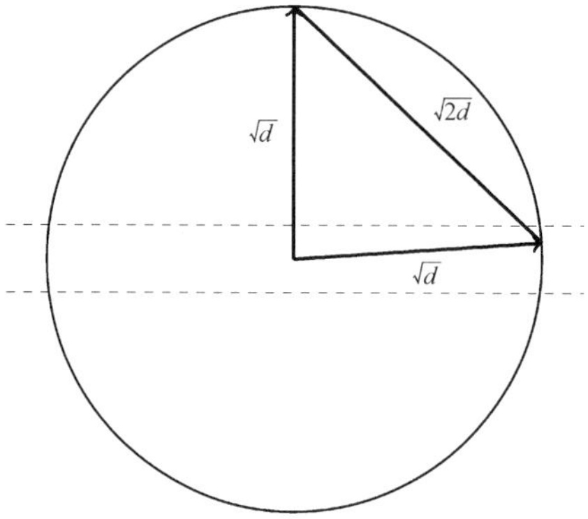

图 2.10 高维空间中的两个随机点近乎垂直

有两个中心分别在 $\boldsymbol{p}$ 和 $\boldsymbol{q}$ 的单位方差的球形高斯分布，两个中心的距离是 δ，分别从两个分布中随机选取点 $\boldsymbol{x}$ 和点 $\boldsymbol{y}$，两者的距离接近 $\sqrt{\delta^2+2d}$，这是因为 $\boldsymbol{x}-\boldsymbol{p}$，$\boldsymbol{p}-\boldsymbol{q}$ 和 $\boldsymbol{q}-\boldsymbol{y}$ 几乎是相互垂直的。为了说明这个结论，选取点 $\boldsymbol{x}$，旋转坐标系使得 $\boldsymbol{x}$ 在北极方向。令 $\boldsymbol{z}$ 是与第二个高斯分布近似的球体的北极。现在选择 $\boldsymbol{y}$，第二个高斯分布的大部分质量在垂直于 $\boldsymbol{q}-\boldsymbol{z}$ 的赤道附近宽为 $O(1)$ 的区域内。同样地，两个高斯分布的大部分质量也都在各自垂直于 $\boldsymbol{q}-\boldsymbol{p}$ 的赤道附近宽为 $O(1)$ 的区域内。因此，

$$\begin{aligned}|\boldsymbol{x}-\boldsymbol{y}|^2&\approx\delta^2+|\boldsymbol{z}-\boldsymbol{q}|^2+|\boldsymbol{q}-\boldsymbol{y}|^2\\&=\delta^2+2d\pm O(\sqrt{d})\end{aligned}$$

为了确保来自同一高斯分布的两点的距离比不同高斯分布的两点的距离更近，我们可以要求来自同一高斯分布的两点距离的上界最多为不同高斯分布两点距离的下界。也即要求当 $\delta\in\Omega(d^{1/4})$ 时，$\sqrt{2d}+O(1)\leqslant\sqrt{2d+\delta^2}-O(1)$ 或者 $2d+O(\sqrt{d})\leqslant 2d+\delta^2$ 成立。从而，若两个高斯分布的中心距离大于 $d^{\frac{1}{4}}$，则它们的混合高斯分布可以被区分开来。实际上，我们可以区分开中心距离更近的两个高斯分布。在第 4 章，我们将给出一个算法，这个算法能够分开中心距离更

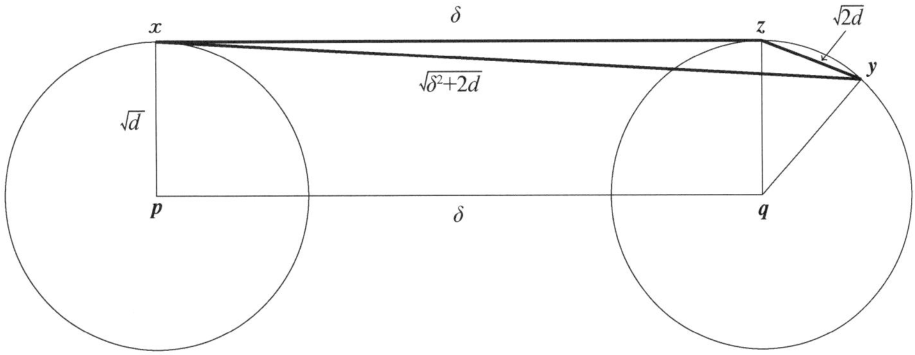

图 2.11 不同单位球体(分别近似两个高斯分布)上的随机点的距离

近的 k 个球形高斯分布。

4）分离两个高斯分布的算法

计算任意两点之间的距离,距离最小的一群点肯定来自同一分布,移除这些点,并重复这个过程。

5）为数据找到一个合适的球形高斯分布

给定 d 维空间的 n 个随机向量样本点 $\boldsymbol{x}_1, \boldsymbol{x}_2, \cdots, \boldsymbol{x}_n$，我们想找到关于这 n 个点最合适的球形高斯分布。令 $\boldsymbol{F}$ 为未知的高斯分布,其均值为 $\boldsymbol{\mu}$、在每个方向的方差为 σ^2。按分布 F 抽样,选到这些点的概率为

$$c\exp\left(-\frac{(\boldsymbol{x}_1-\boldsymbol{\mu})^2+(\boldsymbol{x}_2-\boldsymbol{\mu})^2+\cdots+(\boldsymbol{x}_n-\boldsymbol{\mu})^2}{2\sigma^2}\right)$$

其中标准化常数 c 是 $\left[\int e^{-\frac{(\boldsymbol{x}-\boldsymbol{\mu})^2}{2\sigma^2}}\mathrm{d}x\right]$ 的倒数。积分范围为$-\infty$到∞,因此 c 也等于 $\left[\int e^{-\frac{|\boldsymbol{x}|^2}{2\sigma^2}}\mathrm{d}x\right]^{-n}$，其与 $\boldsymbol{\mu}$ 独立。

给定点 $\boldsymbol{x}_1, \boldsymbol{x}_2, \cdots, \boldsymbol{x}_n$, $\boldsymbol{F}$ 的极大似然估计(MLE)是使得上述概率为最大时的 $\boldsymbol{F}$。

引理 2.5 令 $\{\boldsymbol{x}_1, \boldsymbol{x}_2, \cdots, \boldsymbol{x}_n\}$ 是 d 维空间中的点集。从而当 $\boldsymbol{\mu}$ 是 $\boldsymbol{x}_1, \boldsymbol{x}_2, \cdots, \boldsymbol{x}_n$ 的形心,也即 $\boldsymbol{\mu}=\frac{1}{n}(\boldsymbol{x}_1+\boldsymbol{x}_2+\cdots+\boldsymbol{x}_n)$ 时,$(\boldsymbol{x}_1-\boldsymbol{\mu})^2+(\boldsymbol{x}_2-\boldsymbol{\mu})^2+\cdots+(\boldsymbol{x}_n-$

$\boldsymbol{\mu})^2$ 达到最小。

证明　令 $(\boldsymbol{x}_1-\boldsymbol{\mu})^2+(\boldsymbol{x}_2-\boldsymbol{\mu})^2+\cdots+(\boldsymbol{x}_n-\boldsymbol{\mu})^2$ 的导数等于0，则有

$$-2(\boldsymbol{x}_1-\boldsymbol{\mu})-2(\boldsymbol{x}_2-\boldsymbol{\mu})-\cdots-2(\boldsymbol{x}_d-\boldsymbol{\mu})=0$$

求解得到 $\boldsymbol{\mu}=\frac{1}{n}(\boldsymbol{x}_1+\boldsymbol{x}_2+\cdots+\boldsymbol{x}_n)$。

因此，就 $\boldsymbol{F}$ 的极大似然估计而言，$\boldsymbol{\mu}$ 的估计为样本的质心，接下来我们说明 σ 的估计为样本的标准差。令 $\nu=\frac{1}{2\sigma^2}$，$a=(\boldsymbol{x}_1-\boldsymbol{\mu})^2+(\boldsymbol{x}_2-\boldsymbol{\mu})^2+\cdots+(\boldsymbol{x}_n-\boldsymbol{\mu})^2$，将二者代入上述式子中，得到样本 $\boldsymbol{x}_1$，$\boldsymbol{x}_2$，$\cdots$，$\boldsymbol{x}_n$出现的概率为

$$\frac{\mathrm{e}^{-a\nu}}{\left[\int_{\boldsymbol{x}}\mathrm{e}^{-|\boldsymbol{x}|^2\nu}\mathrm{d}\boldsymbol{x}\right]^n}$$

现在，已确定了 a，还需确定 ν，对上式取对数得

$$-a\nu-n\ln\left[\int_{\boldsymbol{x}}\mathrm{e}^{-\nu|\boldsymbol{x}|^2}\mathrm{d}\boldsymbol{x}\right]$$

为找到最大值，对 ν 求导并令导数等于0，求解 σ。该导数为

$$-a+n\frac{\int_{\boldsymbol{x}}|\boldsymbol{x}|^2\mathrm{e}^{-\nu|\boldsymbol{x}|^2}\mathrm{d}\boldsymbol{x}}{\int_{\boldsymbol{x}}\mathrm{e}^{-\nu|\boldsymbol{x}|^2}\mathrm{d}\boldsymbol{x}}$$

在上述式子中，令 $\boldsymbol{y}=\sqrt{\nu}\boldsymbol{x}$，得到

$$-a+\frac{n}{\nu}\frac{\int_{\boldsymbol{y}}|\boldsymbol{y}|^2\mathrm{e}^{-|\boldsymbol{y}|^2}\mathrm{d}\boldsymbol{y}}{\int_{\boldsymbol{y}}\mathrm{e}^{-|\boldsymbol{y}|^2}\mathrm{d}y}$$

由于上述两个积分之比是标准差为 $\frac{1}{\sqrt{2}}$ 的 d 维球形高斯分布的点到其中心的距离平方的期望，也就是$\frac{d}{2}$，因此上式又等于 $-a+\frac{nd}{2\nu}$。用 σ^2 替换$\frac{1}{2\nu}$ 得到 $-a+nd\sigma^2$。令 $-a+nd\sigma^2=0$ 可得 $\sigma=\frac{\sqrt{a}}{\sqrt{nd}}$。注意这个量为样本到其均值的距离在各坐标方向上的平均值，也就是样本标准差。从而，我们可以得到如下引理。

引理 2.6 对一组样本的球形高斯分布的极大似然估计 F，F 的中心为样本均值，标准差为样本标准差。

令 $\boldsymbol{x}_1, \boldsymbol{x}_2, \cdots, \boldsymbol{x}_n$ 是高斯概率分布的一组样本点，$\boldsymbol{\mu} = \frac{1}{n}(\boldsymbol{x}_1 + \boldsymbol{x}_2 + \cdots + \boldsymbol{x}_n)$ 是分布期望的一个无偏估计。然而，在估计方差时，若将期望的估计值而非真实值代入计算，我们无法得到方差的无偏估计，这是因为样本均值和样本集不独立。所以，估计方差时，我们应当采用 $\boldsymbol{\mu} = \frac{1}{n-1}(\boldsymbol{x}_1 + \boldsymbol{x}_2 + \cdots + \boldsymbol{x}_n)$，见附录。

2.6 尾概率的界限

对于实数上的高斯密度，远离期望 c 倍标准差或更远的区域的概率为 $\mathrm{e}^{-O(c)}$，这种区域称作分布的尾部。引理 2.4 也是对 $x_1^2 + x_2^2 + \cdots + x_d^2$ 的尾概率的一种表述，其中，$x_1, x_2, \cdots, x_d$ 为相互独立的高斯随机变量。

对于非负随机变量 x，马尔科夫不等式给出了一个仅基于期望的尾概率。即，当 $\alpha > 0$ 时，

$$\mathrm{Prob}(x > \alpha) \leqslant \frac{E(x)}{\alpha}$$

当 α 增大时，上界按 $1/\alpha$ 的速度减小。

如果同时已知二阶矩的信息，则可运用切比雪夫定理(此定理不需要 x 非负)得到一个按 $1/\alpha^2$ 的速度减少的上界。

$$\mathrm{Prob}(|x - E(x)| \geqslant \alpha) \leqslant \frac{E((x - E(x))^2)}{\alpha^2}$$

利用上述两个定理，还可利用更高阶矩的信息得到其他上界。例如，若 r 是任意非负偶数，则 x^r 始终为非负随机变量。对 x^r 运用马尔科夫不等式，得

$$\mathrm{Prob}(|x| \geqslant \alpha) = \mathrm{Prob}(x^r \geqslant \alpha^r) \leqslant \frac{E(x^r)}{\alpha^r}$$

该上界按 $1/\alpha^r$ 的速度减小。r 越大，速率减少得越快。

很多时候我们比较关心，当 n 趋于无穷时，n 个独立随机变量 $x_1, x_2, \cdots, x_n$ 和 x 的情形。例如，x_i 可为第 i 个顾客在商场的购物数量，或者为第 i 个网络

发送的信息的长度，再或者为大型数据库中第 i 个记录是否具有某种性质的示性变量。每个 x_i 用一个简单的概率分布建模。常用的分布有高斯分布、指数分布（概率密度为 $e^{-t}, t>0$）和二项分布。如果 x_i 服从 0-1 二项分布，则有一系列关于 $x=x_1+x_2+\cdots+x_n$ 尾概率的切诺夫界定理，这些定理可以通过矩母函数方法证明（见附录）。但是，指数分布和高斯分布的随机变量是无界的，所以上述方法不再适用。对于这两个分布，它们的矩有很多较好的上界。实际上，对任意整数 $s>0$，$s!$同时为标准高斯分布和指数分布的 s 阶矩的上界。并且，若 $s!$是随机变量 x 的 s 阶矩的上界，下面的定理给出了 x 的尾概率上界。它适用于上述三个分布及其他分布，其类似于二项分布的切诺夫界。

关于尾概率有一个很好的定理，即中心极限定理，该定理是：若 x_i 是独立同分布随机变量，且 $E(x_i)=0$，$\mathrm{var}(x_i)=\sigma^2$，则当 $n\to\infty$ 时，$(x_1+x_2+\cdots+x_n)/\sqrt{n}$ 服从期望为 0、方差为 σ^2 的高斯分布。放宽点讲，在极限情形下，x 的尾概率可由方差为 $n\sigma^2$ 的高斯分布的尾概率来限定。但是，这个定理仅是极限下的情况，我们将给出并证明一个适用于所有 n 的上界。

定理 2.7 令 $x=x_1+x_2+\cdots+x_n$，其中，$x_1, x_2, \cdots, x_n$ 是期望为 0，方差至多为 σ^2 的独立随机变量。若 $|E(x_i^s)|\leqslant\sigma^2 s!$，$s=2, 3, \cdots$ 则有

$$\mathrm{Prob}(|x_1+x_2+\cdots+x_n|\geqslant\alpha)\leqslant 8\max\left(\exp\left(-\frac{\alpha^2}{75n\sigma^2}\right), \exp\left(-\frac{\alpha}{18}\right)\right)\quad \forall\alpha>0$$

证明 首先，我们先证明 $E(x^r)$ 的一个上界，其中 r 是偶数，然后利用马尔科夫不等式：$\mathrm{Prob}(|x|\geqslant\alpha)\leqslant E(x^r)/\alpha^r$，将 $(x_1+x_2+\cdots+x_n)^r$ 展开，为此令 $r_1, r_2, \cdots, r_n$ 均为非负整数 r_i，和为 r。由 x_i 之间的独立性有，

$$\begin{aligned}E(x^r) &= \sum\binom{r}{r_1, r_2, \cdots, r_n}E(x_1^{r_1}x_2^{r_2}\cdots x_n^{r_n})\\ &= \sum\frac{r!}{r_1!r_2!\cdots r_n!}E(x_1^{r_1})E(x_2^{r_2})\cdots E(x_n^{r_n})\end{aligned}$$

若某一项中有 $r_i=1$，则由 $E(x_i)=0$ 可得该项为 0。为此，假设每个非零的 r_i 都大于等于 2，则至多有 $r/2$ 个非零的 r_i。由于 $|E(x_i^{r_i})|\leqslant\sigma^2 r_i!$，我们可得到

$$E(x^r)\leqslant r!\sum_{(r_1, r_2, \cdots, r_n)}\sigma^{2(\text{非零}r_i\text{的个数})}$$

我们将有 t 个非零 r_i 的数 $\{r_1, r_2, \cdots, r_n\}$ 放在一起组成子集 S。假设有 T 种分法可将 r 分成 t 个非零数相加，则 T 至多为 $\binom{r+1}{t-1}$，即将 r 分成 t 部分相加的分法

个数。则子集 S 的个数应为 $\binom{n}{t}\cdot T\leqslant\binom{n}{t}\cdot\binom{r+1}{t-1}$。

又 $\binom{r+1}{t-1}\leqslant 2^{r+t}\leqslant 2^{3r/2}$。因此，我们得到：

$$E(x^r)\leqslant r!2^{3r/2}\sum_{t=1}^{r/2}\binom{n}{t}\sigma^{2t}\leqslant\sqrt{2\pi r}\left(\frac{2\sqrt{2}r}{\mathrm{e}}\right)^r\sum_{t=1}^{r/2}\frac{(n\sigma^2)^t}{t!}$$
$$\leqslant\max((12rn\sigma^2)^{r/2},(6r)^r) \qquad (2.4)$$

其中，最后一个不等式是基于如下两种情形的考虑：如果 $r>n\sigma^2$，有 $\sum_{t=1}^{r/2}\frac{(n\sigma^2)^t}{t!}\leqslant\mathrm{e}^{n\sigma^2}\leqslant\mathrm{e}^r$。如果 $r\leqslant n\sigma^2$，随着 t 从 1 增加到 $r/2$，$\frac{(n\sigma^2)^t}{t!}$ 每次至少增加 2 倍，也即 $\frac{2(n\sigma^2)^t}{t!}\leqslant\frac{(n\sigma^2)^{(t+1)}}{(t+1)!}$。因此，$\sum_{t=1}^{r/2}\frac{(n\sigma^2)^t}{t!}\leqslant\frac{2(n\sigma^2)^{r/2}}{(r/2)!}\leqslant\frac{2(2\mathrm{e}n\sigma^2)^{r/2}}{\sqrt{\pi r}r^{r/2}}$。再运用马尔科夫不等式有：

$$\mathrm{Prob}(|x|\geqslant\alpha)\leqslant E(x^r)/\alpha^r\leqslant\max\left(\left(\frac{(12rn\sigma^2)}{\alpha^2}\right)^{r/2},\frac{(6r)^r}{\alpha^r}\right)$$

由于这对于每个 r 都成立，我们可以选择使上述上界最小的 r。首先，假设 r 可为任意的正实数，我们得到（运用取对数和求导）$(12rn\sigma^2/\alpha^2)^{r/2}$ 在 $r=\alpha^2/12\mathrm{e}n\sigma^2$ 处取到最小值 $\mathrm{e}^{-r/2}$。同理，$(6r)^r/\alpha^r$ 在 $r=\alpha/6\mathrm{e}$ 取到最小值 e^{-r}。选择满足 $r\leqslant\min(\alpha^2/12\mathrm{e}n\sigma^2,\alpha/6\mathrm{e})$ 的最大偶数 r，再通过 $\mathrm{e}^2\leqslant 8$ 放缩，定理得证。

2.7 随机投影和 Johnson-Lindenstrauss 定理

许多高维问题，如最近邻问题，可以通过将数据投影到低维子空间中解决，这样效率更高。对此，如果我们能找到投影使得投影后的距离不变或者变化很小，这种方法将十分方便。令人兴奋的是，Johnson 和 Lindenstrauss 的一个定理表明到随机低维子空间的投影满足这个性质。本节中我们将证明 Johnson-Lindenstrauss 定理，并介绍一些应用。

一维的随机子空间是过原点的一条随机直线。k 维随机子空间可以通过如下方法获得，先随机选取一条过原点的直线，然后随机选择第二条直线，使其过原点且与第一条直线垂直，再选择第三条直线使其过原点且与前两条直线垂直，依次进行下去。由这些直线生成的子空间即为一个随机子空间。

把 d 维空间中一个固定的单位向量投影到一个随机的 k 维子空间中，运用勾股定理，向量长度的平方就是每个元素的平方之和。因此，我们期望投影长度为$\frac{\sqrt{k}}{\sqrt{d}}$。接下来的定理告诉我们，投影长度以很高的概率接近于这个数值，反之，投影长度与该数值相差较大的概率为 $e^{-O(k)}$。

定理 2.8(随机投影定理) 令 $\boldsymbol{v}$ 是 d 维空间中固定的单位向量，W 是一个随机 k 维子空间。令向量 $\boldsymbol{w}$ 是 $\boldsymbol{v}$ 在 W 上的投影。$\forall\, 0 \leqslant \varepsilon \leqslant 1$，

$$\operatorname{Prob}\left(\left|\,|\boldsymbol{w}|^2 - \frac{k}{d}\right| \geqslant \varepsilon\frac{k}{d}\right) \leqslant 4e^{-\frac{k\varepsilon^2}{64}}$$

证明 处理随机子空间是比较麻烦的。然而，将一个固定向量投影到一个随机子空间和将一个随机向量投影到一个固定子空间是一样的。若记前 k 个坐标向量生成的固定子空间为 U，在原空间中随机选择一个单位向量 $\boldsymbol{z}$ 并将其投影到子空间 U 上，该投影向量的概率分布与定理中 $\boldsymbol{w}$ 的概率分布相同。这是因为我们可以旋转坐标系使得 W 的一组基向量是前 k 个坐标轴。

选择独立同分布的高斯随机变量 $x_1, x_2, \cdots, x_d$，其中，均值为 0，方差为 1。令 $\boldsymbol{x} = (x_1, x_2, \cdots, x_d)$，取 $\boldsymbol{z} = \boldsymbol{x}/|\boldsymbol{x}|$。$\boldsymbol{z}$ 即为单位长度的随机向量。

令 $\tilde{\boldsymbol{z}}$ 是 $\boldsymbol{z}$ 在 U 上的投影。我们将证明，$|\tilde{\boldsymbol{z}}| \approx \frac{\sqrt{k}}{\sqrt{d}}$。记 $|\tilde{\boldsymbol{z}}| = \frac{a}{b}$，其中，

$$a = \sqrt{x_1^2 + x_2^2 + \cdots + x_k^2},\ b = \sqrt{x_1^2 + x_2^2 + \cdots + x_d^2}$$

如果 $k\varepsilon^2 < 64$，则 $4e - \frac{k\varepsilon^2}{64} > 1$，此时，定理中的概率上界是大于 1 的，定理自然成立。若 $k\varepsilon^2 \geqslant 64$，则意味着 $\varepsilon \geqslant \frac{8}{\sqrt{k}}$。定义 $c = \varepsilon\sqrt{k}/4$，由 $\varepsilon \geqslant \frac{8}{\sqrt{k}}$ 可知 $c \geqslant 2$。

应用两次引理 2.4，如下两个不等式以至少 $1 - 2e^{-k\varepsilon^2/64}$ 的概率同时成立

$$\sqrt{k-1} - c \leqslant a \leqslant \sqrt{k-1} + c \tag{2.5}$$

$$\sqrt{d-1} - c \leqslant b \leqslant \sqrt{d-1} + c \tag{2.6}$$

由(2.5)和(2.6)，

$$\frac{\sqrt{k-1} - c}{\sqrt{d-1} + c} \leqslant \frac{a}{b} \leqslant \frac{\sqrt{k-1} + c}{\sqrt{d-1} - c}$$

通过建立不等式

$$\frac{\sqrt{k-1}-c}{\sqrt{d-1}+c} \geqslant (1-\varepsilon)\,\frac{\sqrt{k}}{\sqrt{d}},\ \frac{\sqrt{k-1}+c}{\sqrt{d-1}-c} \leqslant (1+\varepsilon)\,\frac{\sqrt{k}}{\sqrt{d}}$$

即可完成证明。具体运算如下：

利用 $c=\varepsilon\sqrt{k}/4$ 和 $1/d \leqslant 1/k \leqslant \varepsilon/64$ 有，

$$\frac{\sqrt{k-1}-c}{\sqrt{d-1}+c} = \frac{\sqrt{k}}{\sqrt{d}}\left(\frac{\sqrt{1-(1/k)}-\dfrac{c}{\sqrt{k}}}{\sqrt{1-(1/d)}+\dfrac{c}{\sqrt{d}}}\right) \geqslant \frac{\sqrt{k}}{\sqrt{d}}\left(\frac{1-(\varepsilon/64)-(\varepsilon/4)}{1+(\varepsilon/4)}\right)$$

$$\geqslant \frac{\sqrt{k}}{\sqrt{d}}(1-\varepsilon)$$

类似地，

$$\frac{\sqrt{k-1}+c}{\sqrt{d-1}-c} = \frac{\sqrt{k}}{\sqrt{d}}\left(\frac{\sqrt{1-(1/k)}+\dfrac{c}{\sqrt{k}}}{\sqrt{1-(1/d)}-\dfrac{c}{\sqrt{d}}}\right) \leqslant \frac{\sqrt{k}}{\sqrt{d}}\left(\frac{1+(\varepsilon/4)}{1-(\varepsilon/64)-(\varepsilon/4)}\right)$$

$$\leqslant \frac{\sqrt{k}}{\sqrt{d}}(1+\varepsilon)$$

随机投影定理表明，向量的投影长度与其期望值显著不同的概率为 $\mathrm{e}^{-O(k)}$，k 为目标子空间的维数。由事件并的概率不等式可知，若 $k\varepsilon^2$ 为 $\Omega(\ln n)$，则 n 个向量中任意两者之间的距离与其期望值有显著差异的概率是非常小的。因此，到随机子空间的投影保持了 n 个点中任意两点的距离，这就是 Johson-Lindenstrauss 定理。

定理 2.9(Johnson-Lindenstrauss 定理) 对任意的 $0<\varepsilon<1$ 和任意的整数 n，令 $k\in\Omega(\ln n/\varepsilon^2)$ 且满足 $k\geqslant\dfrac{256\ln n}{\varepsilon^2}+4$。对 R^d 中的任意包含 n 个点的点集 P，随机投影 $f\colon R^d\rightarrow R^k$ 有如下性质，$\forall\,\boldsymbol{u},\ \boldsymbol{v}\in P$，下式以至少 9/10 的概率成立，

$$(1-\varepsilon)\,\frac{k}{d}\mid \boldsymbol{u}-\boldsymbol{v}\mid^2 \leqslant \mid f(\boldsymbol{u})-f(\boldsymbol{v})\mid^2 \leqslant (1+\varepsilon)\,\frac{k}{d}\mid \boldsymbol{u}-\boldsymbol{v}\mid^2$$

证明 应用随机投影定理2.8,对任意固定的$\boldsymbol{u}$和$\boldsymbol{v}$,$|f(\boldsymbol{u})-f(\boldsymbol{v})|$在

$$\left[(1-\varepsilon)\frac{k}{\beta}|\boldsymbol{u}-\boldsymbol{v}|^2,\ (1+\varepsilon)\frac{k}{\beta}|\boldsymbol{u}-\boldsymbol{v}|^2\right]$$

之外的概率最多是

$$4\mathrm{e}^{-\frac{k\varepsilon^2}{64}}=\mathrm{e}^{-4\ln n}=\frac{1}{n^4}$$

由事件并的概率不等式可知,在n个点中,存在某对点投影前后的距离有较大偏差的概率小于$\binom{n}{2}\times\frac{1}{n^4}\leqslant\frac{1}{n}$。

注记2.1 值得注意的是,定理2.9的结论是针对P中所有的$\boldsymbol{u}$和$\boldsymbol{v}$均成立,而不只是大多数$\boldsymbol{u}$和$\boldsymbol{v}$。使结论对于大多数$\boldsymbol{u}$和$\boldsymbol{v}$成立是没有用的,因为我们不知道哪个$\boldsymbol{v}$是离$\boldsymbol{u}$最近的点。若结论只是对大多数点成立,则这些点未必包含一些特殊的$\boldsymbol{v}$。有意义的是,定理要求的投影的维数只依赖于n的对数,由于通常k远小于d,因此称之为降维技术。

对于最近邻问题,如果数据库中有n_1个点且有n_2个查询有待执行,令$n=n_1+n_2$,将数据库投影到一个随机的k子维空间,其中$k\geqslant\frac{64\ln n}{\varepsilon^2}$。一旦接收到一个查询,将其投影到相同的子空间,计算周围的点。上述定理指出,对任意查询,这种方法都能以较高的概率给出正确的回答。注意,定理2.8中e^{-ck}概率上界在这里是很有用的,它使得k只依赖于$\ln n$,而不是n。

文献标记

向量模型由Salton提出[1]。泰勒级数的相关内容可以在文献[2]中找到。关于高斯分布的性质及其抽样有很多的文章,读者可以根据自己的背景阅读相应水平和深度的文章。对于切诺夫界限及其应用,见文献[3]或者文献[4]。这里的证明及定理在厚尾分布的应用是文献[5]中相关内容的简化。Johnson和Lindenstrauss的随机投影定理的原始证明是比较复杂的。一些学者用高斯分布简化了证明,定理的细节和应用见文献[6]。这里的证明依据来自Das Gupta和Gupta的文章[7]。

练习

2.1 假设 x 和 y 为独立同分布的随机变量，服从[0, 1]上的均匀分布。求下述期望值 $E(x)$，$E(x_2)$，$E(x-y)$，$E(xy)$ 及 $E((x-y)^2)$？

2.2 在区间[0, 1]上随机选取两点，两者的距离服从什么分布？如果是单位正方形呢？100 维的单位立方体呢？

2.3 在 d 维单位立方体内随机选取两点，则两点距离的期望值是多少？单位球体中呢？如果立方体和球体都以原点为中心，两向量夹角的余弦是多少？

2.4 考虑高维空间中两个随机的 0－1 向量，其夹角是多少？夹角小于 45°的概率为多少？

2.5 将 d 维空间中半径为$\sqrt{d}$的球体的表面区域投影到一条过中心的直线上。当 d 为 2 与 3 时，分别写出投影区域关于直线的变化方程。从直观上说明，当 d 很大时，投影区域服从高斯分布。

2.6 已知 d 维空间中的两个单位球体，其中一个球心在$(-2, 0, 0, \cdots, 0)$，另一个球心在$(2, 0, 0, \cdots, 0)$。试给出过原点的随机线和球体相交的一个概率上界。

2.7 （球体的重叠）设 $\boldsymbol{x}$ 为来自 d 维空间中以原点为中心的单位球体的随机样本。

(1) 随机向量 $\boldsymbol{x}$ 的均值是多少？$\boldsymbol{E}(\boldsymbol{x})$表示均值向量，它的第 i 个元素为 $E(x_i)$。

(2) $\boldsymbol{x}$ 的分量的方差是多少？

(3) 对于任意单位向量 $\boldsymbol{u}$，实值随机变量 $\boldsymbol{u}^{\mathrm{T}}\boldsymbol{x}$ 的方差是 $\sum_{i=1}^{d} u_i^2 E(x_i^2)$，运用(2)，简化 $\boldsymbol{x}$ 的方差表达式。

(4)* d 维空间两个单位球体，中心相距为 a，证明它们相交部分的体积最多为

$$\frac{4\mathrm{e}^{-\frac{a^2(d-1)}{8}}}{a\sqrt{d-1}}$$

乘以单个球体的体积。提示：将交叉处的体积与一个球冠的体积联系起来；然后利用引理 2.2。

(5) 由(4)证明，如果两个半径为 r 的球体的中心相距$\Omega(r/\sqrt{d})$，则它们共同部分的质量是很少的。从理论上讲，在这个距离下，若从两个分布

随机产生一些点，每个点在其中一个球体内，则可以分辨每个点是属于哪个球体。将这些点分成两部分，则每一部分基本上就是来自同一球体的随机点，实际的操作需要一个有效的算法。注意，若固定半径，这里要求的中心间距随着 d 的增大而趋于 0。因此，在高维空间中更容易分辨相同半径的不同球体。

(6)* 在这一部分，将进行与高斯分布相关的练习。首先，重新证明两个球体的公共部分的质量是 $\int_{x\in \text{space}} \min(f(x),\ g(x))\mathrm{d}x$，其中 f 和 g 是每个球体相应的均匀分布的密度函数。给出关于两个球形高斯分布的公共部分的质量的类似定义。并利用这个证明，对在每个方向上标准差为 σ，且中心相距 a 的两个球形高斯分布，它们公共部分的质量最多为 $(c_1/a)\exp(-c_2a^2/\sigma^2)$，其中 c_1 和 c_2 是常数。这可以表述为“如果两个球形高斯分布的中心距离为 $\Omega(\sigma)$，则它们的公共部分质量非常少”。请解释这一结论。

2.8 给出 $\int_{x=\alpha}^{\infty} \mathrm{e}^{-x^2}\mathrm{d}x$ 的一个上界，其中 α 是一个正实数。讨论 α 为何值时，这是一个比较好的上界。

提示：利用不等式 $\mathrm{e}^{-x^2} \leqslant \frac{x}{\alpha}\mathrm{e}^{-x^2}$，$x \geqslant \alpha$。

2.9 现有三维空间的单位球体和以球体中心为顶点的圆锥体，当用极坐标计算球体含于圆锥体那部分的表面积时，面积增量微元的公式是什么？积分公式又是什么？如果锥体是 36°，积分是多少？

2.10 当 d 为何值时，d 维单位球体的体积 $V(d)$ 达到最大值？

提示：考虑比率 $\frac{V(d)}{V(d-1)}$。

2.11 随着空间维数的增加，半径为 2 的球体的体积如何变化？如果半径为大于 2 且与 d 独立的常数呢？对半径为 r 的球体，若当空间维数增加时球体的体积近似于常数，半径 r 关于空间维数 d 应当有什么样的函数关系？

2.12 考虑 d 维空间中以原点为中心、宽为 2 的立方体，其顶点是 $(\pm 1,\ \pm 1,\ \cdots,\ \pm 1)$。在每个顶点上置一个单位球体，立方体的宽为 2，所以各个球体互不相交。在立方体内随机选取一点，证明当 d 趋于无穷时，该点落在这些球体中的概率趋于 0。

2.13 考虑在非负实数上的幂律概率密度

$$p(x)=\frac{c}{\max(1,\ x^2)}=\begin{cases}c, & 0\leqslant x\leqslant 1\\ \dfrac{c}{x^2}, & x>1\end{cases}$$

(1) 确定常数 c。

(2) 对于密度函数为 $p(x)$的非负随机变量 x，$E(x)$和 $E(x^2)$是否存在？

2.14 考虑 d 维空间与正象限上的密度函数：

$$p(\boldsymbol{x})=\frac{c}{\max(1,\ |\boldsymbol{x}|^{\alpha})}$$

证明 $\alpha>d$ 是上述 $p(\boldsymbol{x})$ 为密度函数的必要条件。证明 $\alpha>d+1$ 是服从上述密度函数的随机向量 $\boldsymbol{x}$ 有期望值 $E(|\boldsymbol{x}|)$ 的必要条件。$E(|\boldsymbol{x}|^2)$ 存在的必要条件又是什么？

2.15 考虑 d 维空间中的单位球体的上半球。在该半球内放入一个圆柱体，当该圆柱体体积最大时，其对应的高为多少？当高度增加时，为了让圆柱体含于上半球内，需要减少圆柱体的半径。

2.16 d 维空间中半径为 r、高为 h 的圆柱体的体积是多少？

2.17 1 000 维空间中，对中心在原点的单位球体，平面 $x_1=0.1$ 以上部分的体积占上半球体积的比例是多少？平面 $x_1=0.01$ 以上呢？

2.18 高维空间中，球体的体积几乎都集中在赤道附近的一条狭带内。然而，这个狭带由球体表面指向北极的点确定。试解释如果给北极选择几个不同的位置，情形又如何？

2.19 试解释为何高维球体的体积集中在赤道附近的一个窄带内，又同时集中在球体表面附件的一个窄环内？

2.20 ε 为多大时，d 维单位球体 99%的体积都在球体表面厚为 ε 的环内？

2.21 (1) 试给出一个程序，生成 n 个随机点，随机点均匀分布在单位球体的表面；

(2) 在 50 维的单位球体表面生成 200 个点；

(3) 产生几条过原点的随机直线，将这些随机点投影到每条直线上，画出每条直线上点的分布；

(4) 从(3)可以得出球体的表面积与这些直线有什么样的关联？对应到每条直线上，球体的表面积集中在哪里？

2.22 若在 d 维空间中产生一些点，点的每个坐标均为单位方差的高斯分布，这些点近似地落在半径为$\sqrt{d}$的球体表面。

(1) 若把这些点投影到一条过原点的随机直线上，投影后的分布是什么？

(2) 如果高斯分布的方差是4，这些点会落在哪里？

2.23 在50维单位球体的表面随机均匀生成500个点，再随机产生5个点。对5个点中的每个点，假设其为北极，计算赤道附近的一个窄带，因此分别有5个赤道及其各自对应的窄带。分别计算500个点中有多少落入每个窄带中？又有多少点同时落入5个窄带中？

2.24 我们已经知道球体上随机产生的点在赤道附近，无论北极在哪。这个结论对立方体也成立吗？为了检验这个结论，在128维的空间中随机产生10个± 1值的向量。可指定10个中的任意一个为北极方向，然后再产生一些± 1值的向量。原来的向量有多少个是与新产生的向量都近似垂直的？也即，有多少个赤道与新产生的向量很接近？

2.25 在一个100维空间的球体中，现有两个平行于赤道且到赤道距离相等的平面，若要两个平面之间的部分包含球体95%的表面区域，球体中心到平面的距离占半径的比例应为多少？

2.26 将n个点随机地放在d维单位球体上，假设d很大，选择一个随机向量，用它定义原点两侧到原点等距的两个平行的超平面。若要没有点落在两个平面之内的概率为0.99，超平面之间的距离至多为多少？

2.27 考虑高维空间中的两个随机向量。假设每个向量已被标准化，因而长度为1，因此它们的终点都落在单位球体上，假设其中一个向量是北极。证明：随着维数趋于无穷，轴在北极、角度固定（如取为45°）的圆锥的表面积与半球的表面积之比趋于零，因此，两个随机向量的夹角至多为45°的概率趋于0。这与球体的大部分体积在赤道附近有什么关联？

2.28 将一个高维立方体的顶点投影到点$(0, 0, \cdots, 0)$与点$(1, 1, \cdots, 1)$的连线上。该连线上（单位长度）投影点的“密度”近似高斯分布，方差为$O(1)$，中心为连线的中点。

2.29 (1) d维单位立方体的表面积是多少？

(2) 单位立方体的表面积是否集中在赤道$\left\{\boldsymbol{x}:\ \sum_{i=1}^{d} x_i = \frac{d}{2}\right\}$附近？

2.30* 考虑单形

$$S = \left\{\boldsymbol{x} \mid x_i \geqslant 0,\ 1 \leqslant i \leqslant d;\ \sum_{i=1}^{d} x_i \leqslant 1\right\}$$

随机选取服从S上的均匀分布的随机点$\boldsymbol{x}$，计算$E(x_1 + x_2 + \cdots + x_d)$并

找出 S 的形心。

2.31 如何从六面体

$$P=\{\boldsymbol{x}\mid 0\leqslant A\boldsymbol{x}\leqslant 1\}$$

中随机均匀抽样，其中 $\boldsymbol{A}$ 是非奇异矩阵？如果是单形

$$\{\boldsymbol{x}\mid 0\leqslant(\boldsymbol{A}\boldsymbol{x})_1\leqslant(\boldsymbol{A}\boldsymbol{x})_2\cdots\leqslant(\boldsymbol{A}\boldsymbol{x})_d\leqslant 1\}$$

又如何抽样？要求用多项式速度的算法。

2.32 分别在三维和一百维的单位球体表面上生成 100 个随机点。分别画出任意两点距离的直方图。

2.33 我们已经知道，在高维空间中以原点为中心的单位方差的高斯分布在以原点为中心的单位球体上的概率质量基本为 0。证明随着方差的减小，越来越多的质量在球体内。当方差为多少时有 0.99 的质量在球体内？

2.34 考虑 d 维空间中的两个单位球体，两个球体的中心相距 δ，其中 δ 为独立于 d 的常数。令 $\boldsymbol{x}$ 和 $\boldsymbol{y}$ 分别是两个球体表面的随机点，证明 $|\boldsymbol{x}-\boldsymbol{y}|^2$ 大于 $2+\delta^2+a$ 的概率呈指数减少。

2.35* 一维柯西分布的密度函数为 $\text{Prob}(x)=\dfrac{1}{c+x^2}$。如果我们想通过公式 $\text{Prob}(r)=\dfrac{1}{1+r^2}$ 把这个分布拓展到高维空间，情形会是怎样？其中，r 是到原点的距离。当我们确定标准化常数 c 时会遇到什么问题？

2.36* 从下面 d 维空间的集合中随机均匀地选取点 $\boldsymbol{x}$：

$$K=\{\boldsymbol{x}\mid x_1^4+x_2^4+\cdots+x_d^4\leqslant 1\}$$

(1) 证明：$x_1^4+x_2^4+\cdots+x_d^4\leqslant\dfrac{1}{2}$ 的概率为$\dfrac{1}{2^{d/4}}$；

(2) 证明：以较大的概率有 $x_1^4+x_2^4+\cdots+x_d^4\geqslant 1-O(1/d)$；

(3) 证明：以较大的概率有 $|x_1|\leqslant O(1/d^{1/4})$。

2.37* 假设有一个物体在直线上匀速运动，若每分钟接收到的 GPS 坐标信息受到高斯噪声的干扰，如何确定物体现在的位置？

2.38 随机生成服从均值为 0、方差为 1 的高斯分布的 10 个点，这些点的均值决定的中心是多少？方差是多少？分别用真实的中心和估计的中心估计方差。在用估计的中心估计方差时，分别计算 $n=10$ 和 $n=9$ 时的结果，如何对这 3 个估计进行对比？

2.39* 现估计各方向方差均为1的 d 维高斯分布的中心。证明：对期望 μ 的估计$\tilde{\mu}$，为保证以99/100的概率，有

$$|\mu-\tilde{\mu}|_\infty \leqslant \varepsilon$$

需要 $O(\log d/\varepsilon^2)$ 个随机样本，又样本量为多少才能保证

$$|\mu-\tilde{\mu}| \leqslant \varepsilon$$

2.40 令 G 为 d 维球形高斯分布，方差为$\frac{1}{2}$、中心在原点。计算服从 G 的随机点到原点距离平方的期望值。

2.41 令 x 是概率密度为 $f(x)=\frac{1}{2}$ 的随机变量，其中 $0 \leqslant x \leqslant 2$；当 x 为其他点时，$f(x)=0$。用马尔科夫不等式给出 $x>2$ 时的概率上界。然后利用 $\text{Prob}(|x|>a)=\text{Prob}(x^2>a^2)$ 得出一个更严格的上界。

2.42 证明 $f(t)=(\sqrt{1-2t\beta k})^{(d-k)}(\sqrt{1-2t(\beta k-d)})^k$ 在 $t=\frac{1-\beta}{2\beta(d-k\beta)}$ 处取得最大值。

提示：对 $f(t)$ 先取对数后求导。

2.43 现有半径为100的1 000维球体，随机生成20个随机点，随机点服从球体上的均匀分布。计算任意两点之间的距离，然后，将这些点投影到维数为 $k=100, 50, 10, 5, 4, 3, 2, 1$ 的子空间上，计算两点之间的$\frac{k}{d}$倍原始距离与投影后两点距离的误差平方和。

2.44 给定 n 维空间中的两个点集 P 和 Q，每个点集分别含有 n 个点。找到两个点集中相距最近的一对点，也即，找出 P 中的 $\boldsymbol{x}$ 和 Q 中的 $\boldsymbol{y}$ 使得 $|\boldsymbol{x}-\boldsymbol{y}|$ 最小。

(1) 证明只需要 $O(n^3)$ 次计算就可以得出结果；

(2) 若要在 $O(n^2\ln n)$ 次计算内得出结果，且相对误差为0.1%，该如何做？也即，必须找到 P 中的 $\boldsymbol{x}$ 和 Q 中的 $\boldsymbol{y}$，使得两点之间的距离至多为1.001倍可能的最小距离。如果最小距离为0，则必须找出 $\boldsymbol{x}=\boldsymbol{y}$ 的点。

2.45 给定 d 维空间中的 n 个点，找出一个由 k 个点组成的子集使得向量和的长度最小。总共有$\binom{n}{k}$个子集，每个子集需要计算 $O(kd)$ 次，总共需要

$O\left(\binom{n}{k}kd\right)$次计算。证明若要相对误差为 0.02%，可用 $O(k\ln n)$代替上式中的 d。

2.46[*] 为了保持 d 维空间中的 n 个点两两之间的距离，我们将这些点投影到一个随机的 $O(\ln n/\varepsilon^2)$维空间。为了方便，我们试图投影到由稀疏向量（只有少数分量为非零）张成的空间。例如，随机选择 $O(\ln n/\varepsilon^2)$个向量，每个向量只有 100 个非零元素，将原来的点投影到由这些稀疏向量张成的空间中，这样能近似地保持任意两点的距离吗？为什么？

2.47 列出你认为高维空间中最重要的五件事情。

2.48 写一篇能激发大一新生学习高维空间兴趣的短文。

第3章　随机图

在万维网、Internet、社交网络、期刊引用及其他领域都涉及大型图。对大型图的研究与对传统图论和图算法的研究存在区别：前者更致力于对这些大型图的统计特性的研究，而非给出某问题的精确解答。这类似于19世纪物理学研究中所经历的从力学到统计力学的转换。类似于物理学家，人们构造出清晰、抽象的图模型。尽管这些模型并非在任何环境中总与现实完全一致，但它们对真实环境中所发生的情形给出了良好的数学预期。这些模型中最基础的是随机图 $G(n, p)$ 模型。本章将研究 $G(n, p)$ 模型及其他模型的性质。

3.1　$G(n, p)$模型

$G(n, p)$由 Erdös 和 Rényi 提出，模型中含两个参数 n 和 p。其中 n 代表图的顶点个数，p 代表边概率。对每一对不同顶点 v 和 w，边(v, w)存在的概率是 p。每条边均与其他所有边统计独立。用 $G(n, p)$表示具有这些参数的图所定义的随机变量。用"图 $G(n, p)$"表示该随机变量的一个实现。在很多情况下 p 是 n 的函数，如 $p=d/n$(d 是某常数)。在这种情况下，该图的各个顶点度数的期望值为 $d\,\frac{n-1}{n} \approx d$。$G(n, p)$ 模型的有趣之处在于：虽然边的选择是彼此独立、"无预谋" 的，这种无关选择所构造的图仍具有特定的全局性质。比如对于小的 p，若满足 $p=d/n$，$d<1$，则图中的各个连通分支也小。若 $d>1$，则存在由顶点的常数分量所组成的巨型连通分支(giant component)。此外,在阈值 $d=1$ 时存在快速切换。在该阈值以下,存在巨型分支的可能性很小;而在阈值以上,存在巨型分支的概率接近于1。

上述现象,即在阈值 $d=1$ 附近,分支的尺寸由非常小的 $o(n)$ 规模跨越到尺寸为 $\Omega(n)$ 规模的巨型分支,有一种简便的理解方式:假设每个顶点代表一个人,每条边代表该边所连接的两个人彼此认识。若存在一条关系链:如 A 认识 B, B 认识 C, C 认识 D, ……, Y 认识 Z,则我们称 A 间接认识 Z。因此,图的连通分支中的所有人均彼此间接认识。假设其中每对成员都独立抛币,且抛币结果为正面的概率为 $p=d/n$。若抛币结果为正面,则他们彼此认识;若抛币结果为反面,则他们不认识。d 可被解释为每一个人直接认识的人数的期望。现在的问题是,间接认识的人所组成的集合的尺寸是多大?

若每个人直接认识的人数的期望值超过1,则存在一个由彼此间接认识的人所组成的巨型分支,该分支是所有参与者的一个常量部分。另一方面,若每个人直接认识的人数的期望数少于1,则由彼此间接认识的人所组成的最大分支仅占所有参与者的微小部分。该现象分别出现在 d 略小于1和 d 略大于1时。如图3.1所示。值得注意的是,这里并不需要对成员关系进行全局协调,仅要求每对成员独立决定是否认识。

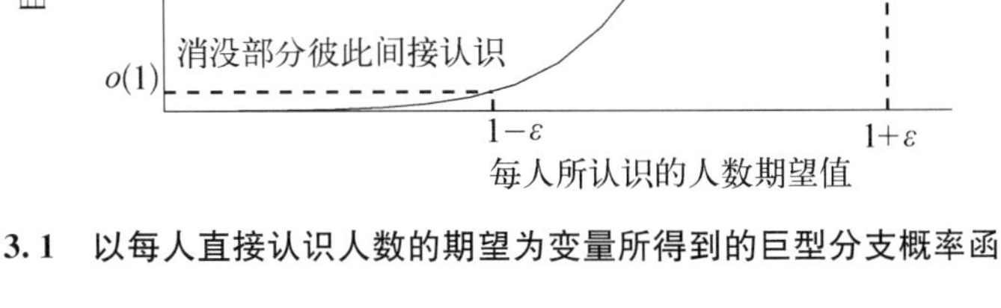

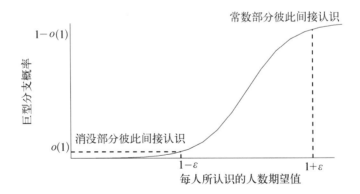

图3.1 以每人直接认识人数的期望为变量所得到的巨型分支概率函数

事实上,在现实世界中,许多平均度数为常量的大型图都具有巨型分支,这可能是它们最重要的全局性质。

3.1.1 度数分布

在真实图中，很容易观察给定度数的顶点的个数，称其为顶点度数分布。在 $G(n, p)$ 中研究这些分布也很简单，因为每个顶点的度等于 $n-1$ 个独立随机变量的和，其结果是一个二项分布。由于我们的研究对象是顶点个数 n 很大的图，故此后我们将使用 n 来替代 $n-1$，以简化描述。

例： 在 $G\left(n, \frac{1}{2}\right)$ 中，每个顶点的度均接近于 $n/2$。事实上，对任意的 $\varepsilon>0$，各个顶点的度数几乎都在 $1\pm\varepsilon$ 乘以 $n/2$ 的范围内。这是因为一个顶点度数为 k 的概率是

$$\text{Prob}(k)=\binom{n-1}{k}\left(\frac{1}{2}\right)^{k}\left(\frac{1}{2}\right)^{n-k}\approx\binom{n}{k}\left(\frac{1}{2}\right)^{k}\left(\frac{1}{2}\right)^{n-k}=\frac{1}{2^n}\binom{n}{k}$$

此概率分布的均值为 $m=n/2$，方差为 $\sigma^2=n/4$。这是因为度数 k 是 n 个指示变量求和，且每个指示变量在边存在时取值为 1，否则取值为 0。和的期望是期望之和，和的方差是方差之和。

在均值附近，二项分布可被正态分布 $\frac{1}{\sqrt{2\pi\sigma^2}}e^{-\frac{1}{2}\frac{(k-m)^2}{\sigma^2}}$ 或 $\frac{1}{\sqrt{\pi n/2}}e^{-\frac{(k-n/2)^2}{n/2}}$ 很好地逼近，详见附录。正态分布的标准偏差是 $\frac{\sqrt{n}}{2}$，从本质而言，所有的概率值都处于 $n/2\pm c\sqrt{n}$ 的范围内，其中 c 是常数。因此只要 n 足够大，概率值均处于 $n/2$ 乘以 $1\pm\varepsilon$ 的范围内。在后文中我们将使用 Chernoff 界来对此给出更广义的证明。

对于一般的 p 值，$G(n, p)$ 的度数分布也是二项分布。这是因为 p 代表一条边出现的概率，顶点的期望度数为 $d\approx pn$。实际度数分布为

$$\text{Prob}(\text{顶点度数为 } k)=\binom{n-1}{k}p^k(1-p)^{n-k-1}\approx\binom{n}{k}p^k(1-p)^{n-k}$$

式中 $\binom{n-1}{k}$ 代表从可能的 $n-1$ 条边中选择 k 条边的方法数；$p^k(1-p)^{n-k-1}$ 代表 k 条被选中的边均出现，且剩余的 $n-k-1$ 条边均不出现的概率。此外，由于 n 值很大，可用 $n-1$ 取代 n。

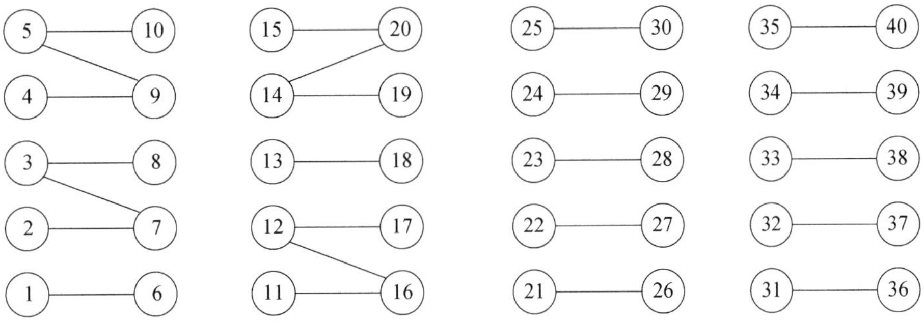

一张有40个顶点和24条边的图

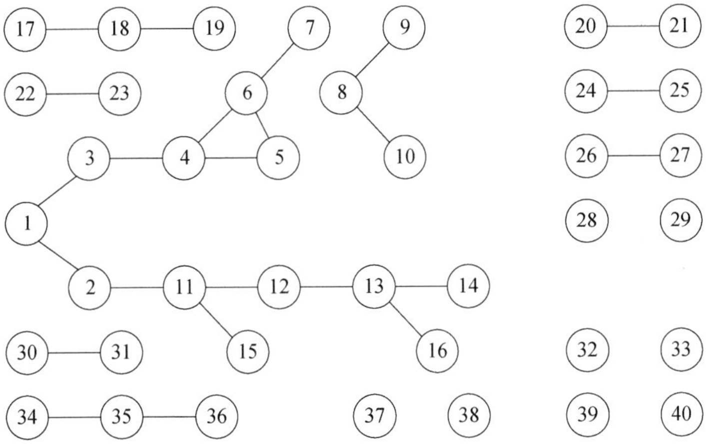

随机生成的有40个顶点和24条边的一张$G(n,p)$图

图 3.2 两张均具有 40 个顶点和 24 条边的图

第二张图是设 $p=1.2/n$ 时利用$G(n, p)$模型随机生成的图。在$G(n, p)$模型中几乎不可能随机生成与第一张类似的一张图，却几乎可以确定会生成类似第二张的图。可注意到第二张图是由一个巨型分支和其他一些小的树分支所组成。

二项分布从均值开始以指数量级下降。然而，很多实际应用中图的度数分布不会出现这样显著的变化，其分布相对更宽。这也被称为重尾分布。“尾”意味着随机变量的取值远离均值，通常用各种标准差来度量。因此，虽然 $G(n, p)$ 具有重要数学价值，仍需考查能表达真实环境中的图的其他复杂模型。

下面考虑一个航空线路图。该图的度数范围很广，小城市的度数可能为 1 或 2，大航空中心的度数可能为 100 甚至更高。该度数分布不是二项分布。在许多应用中出现的大型图的度数呈幂律分布。幂律度数分布是指具有给定度数

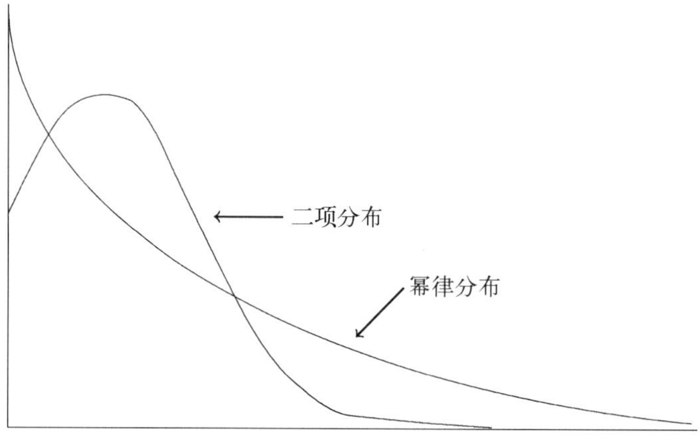

图 3.3　二项分布和幂律分布图

的顶点个数以度数的幂指数级下降，如：

$$\text{个数}(\text{度数为 } k \text{ 的顶点}) = c\,\frac{n}{k^r}$$

式中 r 为小的正实数，通常略小于 3。在后面，我们将讨论可形成此度数分布的一个随机图模型。

下面的定理将说明随机图 $G(n,\ p)$ 的度数分布紧密地集中在期望值附近。换言之，顶点度数与期望值 np 偏差大于 $\lambda\sqrt{np}$ 的概率随着 λ 呈指数下降。

定理 3.1　设 v 是随机图 $G(n,\ p)$ 的一个顶点。对于任意正实数 c，

$$\text{Prob}(\mid np - \deg(v) \mid \geqslant \mathbf{c}^2\sqrt{np}) \leqslant c_1 \max(\mathrm{e}^{-c_2 c^2},\ \mathrm{e}^{-c_3 c\sqrt{np}})$$

式中 c_1，c_2 和 c_3 为常数。

证明　$\deg(v)$ 是 $n-1$ 个独立 Bernoulli 随机变量的和。因此借助 Chernoff 界可证该定理。

该定理针对一个顶点，下面的推论则针对所有顶点。

推论 3.2　设 ε 为正常数。若 p 等于 $\Omega(\ln n/(n\varepsilon^2))$，则几乎所有顶点的度数均在 $(1-\varepsilon)np \sim (1+\varepsilon)np$ 的范围内。

证明　若 p 为 $\Omega(\ln n/(n\varepsilon^2))$，那么 $\mathrm{e}^{-c_2 c^2} \leqslant e^{-c_3 c\sqrt{np}}$ 且极大值的首项大于第二项。设 $c^2\sqrt{np} = \varepsilon n$ 或 $c^2 = \sqrt{\dfrac{n}{p}}$ 且

$$\text{Prob}(|np-\deg(v)|\geqslant \varepsilon n)\leqslant c_1 e^{-c_2\sqrt{\frac{n}{p}}}$$

则由于一致界，任意顶点在范围$[(1-\varepsilon)np, (1+\varepsilon)np]$之外的概率是$nc_1 e^{-c_2\sqrt{nk}}$，该值随着$n$无限增大而趋近于0。

值得注意的是，此处必须假设p为$\Omega(\ln n/(n\varepsilon^2))$。譬如，若$p$取值为$d/n$，$d$是常数，则的确可能存在度数不在此范围内的顶点。

当p是常数时，$G(n, p)$中顶点的期望度数随n值上升。例如，在$G\left(n, \frac{1}{2}\right)$中，顶点的期望度数是$n/2$。在很多实际应用中，我们将考虑$G(n, p)$，$p=d/n$且$d$为常数的情形，例如期望度数为与$n$无关的常量$d$的图。$d=np$保持为常数，而$n$值可无限增大，则此时的二项分布

$$\text{Prob}(k)=\binom{n}{k}p^k(1-p)^{n-k}$$

将趋近泊松分布

$$\text{Prob}(k)=\frac{(np)^k}{k!}e^{-np}=\frac{d^k}{k!}e^{-d}$$

可通过如下计算得到该结论。设$k=o(n)$。使用近似值$n-k\approx n$，$\binom{n}{k}\approx\frac{n^k}{k!}$以及$\left(1-\frac{1}{n}\right)^{n-k}\approx e^{-1}$对二项分布进行近似估算：

$$\lim_{n\to\infty}\binom{n}{k}p^k(1-p)^{n-k}=\frac{n^k}{k!}\left(\frac{d}{n}\right)^k\left(1-\frac{d}{n}\right)^{n-k}=\frac{d^k}{k!}e^{-d}$$

注意到d为与n无关的常数，二项分布式的概率在$k>d$时将急剧下降，对有限个k值以外的其他值该概率均大致为0。这说明$k=o(n)$的假设是合理的。因此泊松分布成为良好的近似。

例 在$G\left(n, \frac{1}{n}\right)$中有许多顶点度数为1，但并非全部顶点度数均为1。一些顶点的度数为0，另一些顶点的度数则大于1。事实上，很可能存在度数为$\Omega(\log n/\log\log n)$的顶点。一个给定顶点的度数为$k$的概率是

$$\text{Prob}(k)=\binom{n}{k}\left(\frac{1}{n}\right)^k\left(1-\frac{1}{n}\right)^{n-k}\approx\frac{e^{-1}}{k!}$$

若 $k=\log n/\log\log n$，

$$\log k^k = k\log k \approx \frac{\log n}{\log\log n}(\log\log n - \log\log\log n) \approx \log n$$

所以 $k^k \approx n$。因为 $k! \leqslant k^k \approx n$，顶点度数为 $k=\log n/\log\log n$ 的概率至少为 $\frac{1}{k!}\mathrm{e}^{-1} \geqslant \frac{1}{\mathrm{e}n}$。若顶点的度数为彼此独立的随机变量，则可以说存在度数为 $\log n/\log\log n$ 的顶点的概率至少为 $1-\left(1-\frac{1}{\mathrm{e}n}\right)^n = 1-\mathrm{e}^{-\frac{1}{\mathrm{e}}} \approx 0.31$。但事实上，当一条边被加入到图中时，将影响两个顶点的度数，因此顶点的度数并非完全独立。这是一个可以被回避的小技术点。

3.1.2　图 $G(n, d/n)$ 中的三角形

当 d 为常数时，$G\left(n, \frac{d}{n}\right)$ 中三角形个数的期望值是多少？人们可能会认为三角形的个数会随着顶点个数的上升而上升，但事实并非如此。虽然顶点所组成的三角形个数以 n^3 上升，但两个特定顶点间存在边的概率却随着 n 线性下降。因此，三个顶点中任意一对顶点间均存在边的概率以 n^{-3} 下降，正好抵消了三角形的增长率。

具有 n 个顶点且边概率为 d/n 的随机图中三角形个数的期望值为 $d^3/6$，与 n 无关。三顶点的取法共 $\binom{n}{3}$ 种。每个三元组以 $\left(\frac{d}{n}\right)^3$ 的概率形成三角形。虽然三角形的存在并非统计独立，但期望的线性性质并不要求变量相互独立，即总有随机变量求和的期望值等于期望值的求和。因此，三角形的期望个数为

$$E(\text{三角形个数}) = \binom{n}{3}\left(\frac{d}{n}\right)^3 \approx \frac{d^3}{6}$$

虽然每个图平均拥有 $\frac{d^3}{6}$ 个三角形，但这并不意味着任意图中存在三角形的概率很高。一个例子是，若一半的图有 $\frac{d^3}{3}$ 个三角形，而另一半图不存在三角形，这样

所有图中存在的三角形个数的平均值仍然为$\frac{d^3}{6}$。但在这种情况下，一个随机选择的图中不存在三角形的概率达到 1/2。另一种情况是，若 $1/n$ 的图具有$\frac{nd^3}{6}$个三角形而其他图没有三角形，则随着 n 不断增大，任意一个图中存在三角形的概率趋近于 0。

下面我们将说明当 $p=\frac{d}{n}$ 时，$G(n, p)$ 以一个非零的概率具有至少一个三角形。在二阶矩讨论中将排除上述后一种情形，即不考虑图中的一小部分具有大量的三角形而其他图中没有三角形。计算$E(x^2)$，其中 x 是三角形的个数。将 x 记为 $x=\sum_{ijk}\Delta_{ijk}$，其中 Δ_{ijk} 是图中出现顶点为 i, j, k 的三角形的指示变量，即表示边(i, j)，(j, k) 及(k, i) 均在图中出现。扩展平方项：

$$E(x^2)=E\Big(\sum_{i,j,k}\Delta_{ijk}\Big)^2=E\sum_{i,j,k,i',j',k'}\Delta_{ijk}\Delta_{i'j'k'}$$

将上面的求和公式拆为三部分。第一部分中，i, j, k 和 i', j', k' 共享至多一个顶点，因此所得的两个三角形没有公共边。在此情况下，Δ_{ijk} 与 $\Delta_{i'j'k'}$ 相互独立，有

$$E\sum_{i,j,k,i',j',k'}\Delta_{ijk}\Delta_{i'j'k'}=E\Big(\sum_{i,j,k}\Delta_{ijk}\Big)E\Big(\sum_{i',j',k'}\Delta_{i'j'k'}\Big)=E^2(x)$$

在第二部分中，i, j, k 与 i', j', k' 共享两个顶点，即共享一条边。如图 3.4 所示，包含了 4 个顶点和 5 条边。共有最多$\binom{n}{4}\in O(n^4)$个 4 顶点子集，以及$\binom{4}{2}$种方式将 4 顶点子集划分为两个具有公共边的三角形。两个三角形的全部

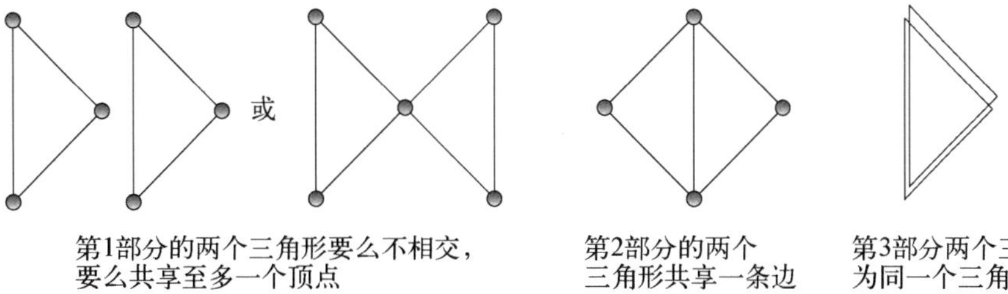

或
第1部分的两个三角形要么不相交，要么共享至多一个顶点
第2部分的两个三角形共享一条边
第3部分两个三角形为同一个三角形

图 3.4 对 $G\left(n, \frac{d}{n}\right)$ 中三角形的二阶矩讨论中的第 1 和第 2、第 3 部分中的三角形

5条边均出现的概率为 p^5，因此第二部分求和的结果为 $O(n^4p^5)=O(d^5/n)$ 即 $o(1)$。在第三部分中，i, j, k 与 i', j', k' 为同一集合，因此第三部分对 $E(x^2)$ 求和式的贡献为 $\binom{n}{3}p^3=\frac{d^3}{6}$。综上所述，

$$E(x^2)\leqslant E^2(x)+\frac{d^3}{6}+o(1)$$

这意味着

$$\mathrm{var}(x)=E(x^2)-E^2(x)\leqslant\frac{d^3}{6}+o(1)$$

现在

$$\mathrm{Prob}(x=0)\leqslant\mathrm{Prob}(|x-E(x)|\geqslant E(x))$$

因此，根据 Chebychev 不等式，

$$\mathrm{Prob}(x=0)\leqslant\frac{\mathrm{var}(x)}{E^2(x)}\leqslant\frac{d^3/6+o(1)}{d^6/36}\leqslant\frac{6}{d^3}+o(1)\qquad(3.1)$$

因此，对于 $d>\sqrt[3]{6}\approx1.8$，$\mathrm{Prob}(x=0)<1$ 且 $G(n, p)$ 中存在三角形的概率非零。

3.2　相变

随机图的边概率在阈值附近浮动时，图的属性会发生结构性变化。这类似于物理学中随着温度或压力增加而产生的突变。典型的例子包括当 p 接近 $1/n$ 时 $G(n, p)$ 中会出现环，而当 p 达到 $\frac{\log n}{n}$ 时图中的独立顶点将消失。其中最重要的变化是巨型分支的出现，即在 $d=1$ 时会出现大小为 $\Theta(n)$ 的连通分支，此处可回顾图 3.1。

随机图的许多性质都与阈值相关，即跨越阈值时将出现从无该性质到有该性质的突变。若存在函数 $p(n)$ 满足当 $\lim\limits_{n\to\infty}\frac{p_1(n)}{p(n)}=0$ 时，则 $G(n, p_1(n))$ 几乎确定不拥有该性质；而当 $\lim\limits_{n\to\infty}\frac{p_2(n)}{p(n)}=\infty$ 时，$G(n, p_2(n))$ 几乎确定拥有该性质，则我们称在阈值 $p(n)$ 处发生了相变。注意，$G(n, p)$"几乎确定不拥有该性质"的含义是随着 n 无限增大，该性质存在的概率无限趋近于0。下面我们将观察

到，每个递增的性质都有阈值。这不仅成立于 $G(n, p)$ 的递增性质中，而且对任何组合结构中的递增性质均成立。若满足：$cp(n)$ 在 $c<1$ 时，图几乎确定不具有该性质；而 $cp(n)$ 在 $c>1$ 时，图几乎确定具有该性质，则称此时的 $p(n)$ 是一个锐变阈值。巨型分支的存在与否取决于锐变阈值 $1/n$，稍后给予证明。

在建立相变时，常使用变量 $x(n)$ 表示随机图中某项的出现次数。若当 n 趋向无穷大时，$x(n)$ 的期望值趋近 0，则该项在随机选择的图中几乎确定不出现。这是由 Markov 不等式推知的：由于 x 是非负随机变量，有 $\text{Prob}(x \geqslant a) \leqslant \frac{1}{a}E(x)$，这意味着 $x(n) \geqslant 1$ 的概率最多为 $E(x(n))$。换言之，若某项在图中出现次数的期望值接近于 0，则该项在一个随机选择的图中出现至少一次的概率也趋近于 0。这也被称为一阶矩方法。图 3.5 给出了 $\frac{1}{n}$ 处相变。

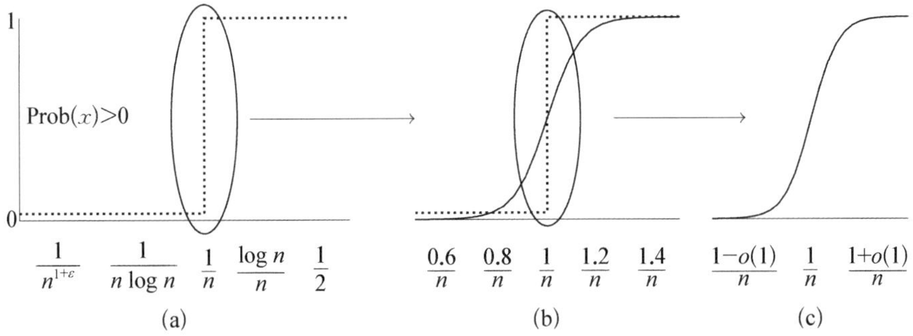

图 3.5 (a) 展示了在 $\frac{1}{n}$ 处的相变。点线展示了从 0 到 1 的 Prob(x)的突变。对任意小于 $\frac{1}{n}$ 的渐近函数，Prob(x)$>$0 等于 0；而对于任意大于 $\frac{1}{n}$ 的渐近函数，Prob(x)$>$0 为 1。 (b) 扩展了规模并展示出概率的相对缓和突变，但需排除点线所代表的相变阶段。 (c) 为进一步扩展，锐变变得更加平滑。

上一小节中已说明三角形的出现阈值为 $p(n) = 1/n$。事实上若边概率 $p_1(n)$ 为 $o(1/n)$，则三角形个数的期望值接近于 0，由一阶矩方法可进一步推断出该图几乎一定没有三角形。然而，若边概率 $p_2(n)$ 满足 $np_2(n) \to \infty$，则由式(3.1)可知不存在三角形的概率至多为 $6/d^3 + o(1) = 6/(np_2(n))^3 + o(n)$，也接近于 0。我们称后一种情况为二阶矩方法。一阶和二阶矩方法均被广泛使用，下面将对二阶矩方法进行更广义的描述。

当某项出现次数的期望值 $x(n)$ 趋向无限大时，不能就此认定随机选择的图都以大概率含有该项的一个拷贝。这是因为这些项可能都集中出现在一小部分图中。此时可借助二阶矩方法，其思想来源于 Chebysev 不等式。

定理 3.3(二阶矩方法)　设 $x = x(n)$ 为满足 $E(x) > 0$ 的随机变量。若

$$\operatorname{var}(x) = o[E^2(x)]$$

则 x 几乎确定大于零。

证明

$$\text{Prob}(x \leqslant 0) \leqslant \text{Prob}[\,|\, x - E(x)\,| \geqslant E(x)]$$

由 Chebyshev 不等式

$$\text{Prob}[\,|\, x - E(x)\,| \geqslant E(x)] \leqslant \frac{\operatorname{var}(x)}{E^2(x)} \to 0$$

所以 $\text{Prob}(x \leqslant 0) \to 0$。

推论 3.4　设 x 为满足 $E(x) > 0$ 的随机变量。如果

$$E(x^2) \leqslant E^2(x)(1 + o(1))$$

则 x 几乎确定大于零。

证明　如果 $E(x^2) \leqslant E^2(x)(1 + o(1))$，则有

$$\operatorname{var}(x) = E(x^2) - E^2(x) \leqslant E^2(x)o(1) = o(E^2(x))$$

如图 3.6 所示。

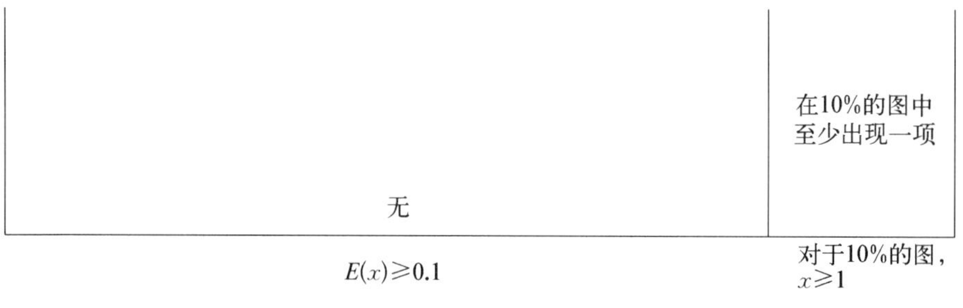

图 3.6　若某项在一组图中的一部分图上出现的期望值不为 0，则这些项在每个图中出现次数的期望 $E(x)$ 也不为 0。假设该项在 10% 的图中出现至少一次，则每个图中的期望值至少为 0.1。因此，尽管 $E(x) = 0$ 代表图中该项出现一次的概率趋近于 0，另一方向的研究却非如此简单。当 $E(x)$ 不为 0 时，需要借用二阶矩方法来判定该项在随机选择的图中出现一次的概率是否非零，这是因为该项可能大量集中地出现于全部图的一个微小子集中。二阶矩方法说明了对于满足 $E(x)>0$ 的非零随机变量 x，若 $\operatorname{var}(x)$ 是 $o(E^2(x))$，或者 $E(x^2) \leqslant E^2(x)(1+o(1))$，则几乎确定 $x>0$。

直径为 2 的图的阈值

下面给出性质相变的第一个例子。通过略微提高接近阈值的边概率 p，将实现从几乎确定没有该性质到几乎确定有该性质的转变。这里的性质指随机图直径小于或等于 2。图的直径定义为图上任一对结点间最短路径的最大长度。

我们首先考虑一个比较简单的情况，即考虑直径为 1 的图。当且仅当所有边均存在时，图直径为 1。易知直径为 1 的阈值是 $p=1$，这是一个平凡的结论。但当图直径为 2 时，情况将变得有趣。当且仅当任意一对顶点 i 和 j 之间要么存在边、要么存在另一个顶点 k 与 i 和 j 均存在边时，图的直径为 2。i 的邻接点集与 j 的邻接点集都是随机子集，其基数的期望值均为 np。这两个子集若相交，则要求 $np \approx \sqrt{n}$ 或 $p \approx \dfrac{1}{\sqrt{n}}$（可纳入"生日悖论"范畴）。下面将证明阈值为 $O(\sqrt{\ln n}/\sqrt{n})$。附加因子 $\sqrt{\ln n}$ 确保所有 $\binom{n}{2}$ 个 i，j 顶点对均有公共邻接点。

当 $p = c\sqrt{\dfrac{\ln n}{n}}$ 时，若 $c < \sqrt{2}$ 则图的直径几乎肯定大于 2，若 $c > \sqrt{2}$ 则图的直径几乎肯定小于等于 2。

定理 3.5 随机图 $G(n,\ p)$ 的直径为 2 这一性质的锐变阈值是 $p = \sqrt{2}\sqrt{\dfrac{\ln n}{n}}$。

证明 若 G 直径大于 2，则存在一对非邻接顶点 i 和 j，且 G 的其他顶点均不与 i 和 j 同时邻接。称这样一对顶点为坏对。

引入指示随机变量 I_{ij} 表示每一对顶点 $(i,\ j)$，其中 $i<j$。当且仅当 $(i,\ j)$ 为坏对时，I_{ij} 定义为 1。设

$$x = \sum_{i<j} I_{ij}$$

代表顶点坏对的个数，其中 $i<j$ 确保每个顶点对 $(i,\ j)$ 只被计算一次。则当且仅当图中不含有坏对时图直径至多为 2，等价于 $x=0$。因此，若 $\lim\limits_{n\to\infty} E(x)=0$，则对于足够大的 n，图中几乎没有坏对，此时图直径最多为 2。

给定顶点与顶点对 $(i,\ j)$ 均相邻接的概率为 p^2。因此该顶点与 $(i,\ j)$ 均不

邻接的概率为 $1-p^2$。其他所有顶点均与(i, j)不邻接的概率为 $(1-p^2)^{n-2}$，i 与 j 不相邻接的概率为 $1-p$。共有 $\binom{n}{2}$ 个顶点对，因此坏对的期望数量为

$$E(x) = \binom{n}{2}(1-p)(1-p^2)^{n-2}$$

设 $p = c\sqrt{\frac{\ln n}{n}}$，

$$\begin{aligned}E(x) &\approx \frac{1}{2}n^2\left(1-c\sqrt{\frac{\ln n}{n}}\right)\left(1-c^2\frac{\ln n}{n}\right)^n \\ &\approx \frac{1}{2}n^2 \mathrm{e}^{-c^2\ln n} \\ &\approx \frac{1}{2}n^{2-c^2}\end{aligned}$$

对于 $c>\sqrt{2}$，$\lim\limits_{n\to\infty}E(x)\to 0$。依据一阶矩方法，当 $p = c\sqrt{\frac{\ln n}{n}}$ 且 $c>\sqrt{2}$ 时，$G(n, p)$ 几乎确定不含坏对，此时图直径最大为 2。

接下来考查 $c<\sqrt{2}$ 的情形，此时 $\lim\limits_{n\to\infty}E(x)\to\infty$。可借用二阶矩方法来说明图中几乎确定存在坏对，因此图直径大于 2。

$$E(x^2) = E\Big(\sum_{i<j}x_{ij}\Big)^2 = E\Big(\sum_{i<j}x_{ij}\sum_{k<l}x_{kl}\Big) = E\Big(\sum_{\substack{i<j\\k<l}}x_{ij}x_{kl}\Big) = \sum_{\substack{i<j\\k<l}}E(x_{ij}x_{kl})$$

求和部分可以依据 i, j, k 及 l 这四个指数的不同数来分为三个子求和部分。称该数为 a。

$$E(x^2) = \underbrace{\sum_{\substack{i<j\\k<l}}E(x_{ij}x_{kl})}_{a=4} + \underbrace{\sum_{\substack{i<j\\i<k}}E(x_{ij}x_{ik})}_{a=3} + \underbrace{\sum_{i<j}E(x_{ij}^2)}_{a=2} \tag{3.2}$$

首先考查 $a=4$ 即 i, j, k 与 l 均不相同的情形。若 $x_{ij}x_{kl}=1$，则(i, j) 和 (k, l) 均为坏对，对于任一 $u\notin\{i, j, k, l\}$ 也成立。边(i, u) 和(j, u) 中有一个不存在，且边(k, u) 和(l, u) 中也有一个不存在。对 $u\notin\{i, j, k, l\}$，出现此情况的概率为$(1-p^2)^2$。u 可取遍非$\{i, j, k, l\}$ 的其他所有 $n-4$ 个顶点，且该遍历过程为相互独立的事件。因此，

$$E(x_{ij}x_{kl}) \leqslant (1-p^2)^{2(n-4)} \leqslant \left(1-c^2\ \frac{\ln n}{n}\right)^{2n} \leqslant n^{-2c^2}(1+o(1))$$①

第一个子求和为

$$\sum_{\substack{i<j\\k<l}} E(x_{ij}x_{kl}) \leqslant n^{4-2c^2}(1+o(1))$$

对第二个子求和，我们注意到当 $x_{ij}x_{ik}=1$ 时，对所有不等于 i, j 或 k 的顶点 u，要么 i 与 u 之间没有边，要么边(i, u)存在且边(j, u)与边(k, u)均不存在。对于一个顶点 u，出现这种情况的概率为

$$1-p+p(1-p)^2 = 1-2p^2+p^3 \approx 1-2p^2$$

因此，对于全部 u，其概率为 $(1-2p^2)^{n-3}$。用 $c\sqrt{\frac{\ln n}{n}}$ 代替 p 并计算

$$\left(1-\frac{2c^2 \ln n}{n}\right)^{n-3} \approx \mathrm{e}^{-2c^2 \ln n} = n^{-2c^2}$$

该式给出了 $a=3$ 时一组 i, j, k 及 l 的 $E(x_{ij}x_{kl})$ 的上界。对所有不同的三元组求和得到 n^{3-2c^2}，这是式(3.2)中的第二个子求和结果。

对第三个子求和，由于 x_{ij} 的值为 0 或 1，可得 $E(x_{ij}^2)=E(x_{ij})$。因此，

$$\sum_{ij} E(x_{ij}^2) = E(x)$$

所以，$E(x^2) \leqslant n^{4-2c^2}+n^{3-2c^2}+n^{2-c^2}$ 且 $E(x) \approx n^{2-c^2}$，进一步推出 $E(x^2) \leqslant E^2(x)(1+o(1))$。由二阶矩方法的引理 3.4，图中几乎确定至少存在一个坏对，因此图直径大于 2。至此，证明了随机图 $G(n, p)$的直径小于或等于 2 的锐变阈值为 $p=\sqrt{2}\sqrt{\frac{\ln n}{n}}$。

独立顶点的消失性

在 $G(n, p)$中，独立顶点的消失性的锐变阈值是$\frac{\ln n}{n}$。在此阈值之上，巨型分支吸纳全部小分支，独立顶点消失，形成连通图。

---

① $\left(1-c^2\frac{\ln n}{n}\right)^{2n-4}+\left(1-c^2\frac{\ln n}{n}\right)^{2n}\left(1-c^2\frac{\ln n}{n}\right)^{-4}=n^{-2c^2}\left(1-c^2\frac{\ln n}{n}\right)^{-4}=n^{-2c}(1+o(n))$

定理 3.6 随机图 $G(n, p)$ 中独立顶点消失性的锐变阈值是 $\frac{\ln n}{n}$。

证明 设 x 为 $G(n, p)$ 中的独立顶点数。则有,

$$E(x) = n(1-p)^{n-1}$$

由于我们相信阈值为 $\frac{\ln n}{n}$,故考虑 $p = c\frac{\ln n}{n}$。则有

$$\lim_{n\to\infty} E(x) = \lim_{n\to\infty} n\left(1-\frac{c\ln n}{n}\right)^n = \lim_{n\to\infty} n\mathrm{e}^{-c\ln n} = \lim_{n\to\infty} n^{1-c}$$

若 $c>1$,则独立顶点个数的期望值趋近于 0;若 $c<1$,则独立顶点个数的期望值趋近于无限大。若独立顶点的期望个数趋近于 0,则几乎所有图均没有独立顶点;若独立顶点的期望个数趋近于无穷大,可借助二阶矩方法说明几乎所有图均存在独立顶点,且独立顶点并不仅集中在图的一个微小子集中。

假定 $c<1$,记 $x = x_1 + x_2 + \cdots + x_n$,其中 x_i 为指示 i 是否为独立顶点的指示变量。可得 $E(x^2) = \sum_{i=1}^{n} E(x_i^2) + 2\sum_{i\leqslant j} E(x_i x_j)$。由于 x_i 等于 0 或 1,$x_i^2 = x_i$,所以求和的第一部分等于 $E(x)$。由于求和的第二部分中的所有元素均等于

$$\begin{aligned} E(x^2) &= E(x) + n(n-1)E(x_1 x_2) \\ &= E(x) + n(n-1)(1-p)^{2(n-1)-1} \end{aligned}$$

指数 $2(n-1)-1$ 中的减 1 是避免重复计算顶点 1 和顶点 2 之间的边。由此可得

$$\begin{aligned} \frac{E(x^2)}{E^2(x)} &= \frac{n(1-p)^{n-1} + n(n-1)(1-p)^{2(n-1)-1}}{n^2(1-p)^{2(n-1)}} \\ &= \frac{1}{n(1-p)^{n-1}} + \left(1-\frac{1}{n}\right)\frac{1}{1-p} \end{aligned}$$

对于 $p = c\frac{\ln n}{n}$ 及 $c<1$,$\lim_{n\to\infty} E(x) = \infty$ 且

$$\lim_{n\to\infty} \frac{E(x^2)}{E^2(x)} = \lim_{n\to\infty}\left[\frac{1}{n^{1-c}} + \left(1-\frac{1}{n}\right)\frac{1}{1-c\frac{\ln n}{n}}\right] = 1 + o(1)$$

由二阶矩方法的推论 3.4,$x=0$ 的概率趋近于 0 意味着几乎所有图均有独立顶

点。因此$\frac{\ln n}{n}$是独立顶点消失的锐变阈值。对于$p=c\frac{\ln n}{n}$，当$c>1$时几乎确定不存在独立顶点，而当$c<1$时几乎确定存在独立顶点。

Hamilton 回路

在$G(n, p)$模型中讨论独立顶点消失性等项的相变时，使用随机变量x来代表该项的出现次数。随后给出了x的期望值由0到无穷大时的概率p。对于$E(x)=0$的p值，则随机生成的图中x出现的概率为1。对于使得$E(x)\rightarrow\infty$的p，由二阶矩方法可得随机图中的x出现的概率为1。换言之，使得$E(x)$为无穷大的事件并非集中于图集合的一个微小部分。人们可能会问，在$G(n, p)$模型中是否存在集中于图集合的微小部分的项，使得$E(x)$从0到无穷大的p值不再是阈值？Hamilton 回路问题给出了该情况的一个例子。

用x表示$G(n, p)$中的 Hamilton 回路个数，设$p=\frac{d}{n}$，d为常数。图中共有$\frac{1}{2}(n-1)!$种可能的 Hamilton 回路取法，每种取法以$\left(\frac{d}{n}\right)^n$的概率组成真正的 Hamilton 回路。因此，

$$\begin{aligned}E(x) &= \frac{1}{2}(n-1)!\left(\frac{d}{n}\right)^n \\ &\approx \left(\frac{n}{\mathrm{e}}\right)^n\left(\frac{d}{n}\right)^n \\ &= \begin{cases}0, & d<\mathrm{e} \\ \infty, & d>\mathrm{e}\end{cases}\end{aligned}$$

这意味着当d为 Euler 常量 e 时，得到 Hamilton 回路出现阈值，但这并不符合事实。这是因为此时图中仍有独立顶点，即$p=\frac{\mathrm{e}}{n}$时这些顶点仍然不相连。因此，必须使用二阶矩方法。Hamilton 回路的实际阈值为$\mathrm{d}\omega(\log n+\log\log n)$。对任何渐近且大于$\log n+\log\log n$的$p(n)$而言，$G(n, p)$以概率1存在 Hamilton 回路。

3.3 巨型分支

考查p上升时的$G(n, p)$。当$p=0$时，图包含n个顶点和0条边。随着p

的增加,图中的边也随之增加,形成树组成的森林。当 p 为 $o(1/n)$ 时几乎可以确定图由树所组成森林所构成,即图中没有回路。当 p 等于 d/n(d 为常数)时,图中出现回路。若 $d<1$,不存在顶点个数渐近大于 $\log n$ 的连通分支。含有单个回路的分支数量为与 n 无关的常数。因此图由树所组成的一个森林和多个含有单个回路的分支所组成,且没有 $\Omega(\log n)$ 大小的分支。

当 p 等于 $1/n$ 时,出现巨型分支的相变。该变化过程由两步所组成。在 $p=1/n$ 时,出现有 $n^{2/3}$ 个顶点的分支,这些分支几乎肯定是树。在 $p=d/n$ 且 $d>1$ 时,产生顶点数与 n 成比例的真正的巨型分支。这是随机图理论中的一个重要结论,也是本小节的重点。巨型分支也大量出现于真实世界的图中。在此读者可能想看看真实世界中大型图问题的实例:一个例子是从部分互联网信息中找到最大连通分支。

当考查不同语义下的大型图中的连通分支时,经常能发现一个非常大的分支。例如以顶点代表蛋白质,以边代表一对蛋白质之间的相互作用,这样可依据千变万化的数据库来构造出一张图。此处相互作用是指两个相关联的氨基酸链因某功能而产生联系。该图有 2 735 个顶点和 3 602 条边。当观察数据库时,表 3.1 给出了该图中不同尺寸分支的数量。大量的分支尺寸很小,仅一个分支尺寸超过 16。该分支是一个尺寸为 1 851 的巨型分支。若在数据库中加入更多的蛋白质,该巨型分支可能进一步扩张,并终将所有的小分支纳入其中。

表 3.1　蛋白质间相互作用图中的分支尺寸

分支尺寸	1	2	3	4	5	6	7	8	9	10	11	12	…	15	16	…	1 851
分支数量	48	179	50	25	14	6	4	6	1	1	1	0	0	0	1	0	1

巨型分支不仅存在于蛋白质数据集中,对任意数据集合,若能将其转换为图,且图中的边和顶点的比率为大于 1 的小值时,该图中就很可能存在巨型分支。表 3.2 给出了两个例子。在大量真实世界图中都存在巨型分支,这是一个值得研究的现象。

表 3.2　由数据集所构造的两个图中的分支尺寸

ftp://ftp.cs.rochester.edu/pub/u/joel/papers.lst

顶点代表论文,边代表两篇论文中存在共同作者。

1	2	3	4	5	6	7	8	14	27 488
2 712	549	129	51	16	12	8	3	1	1

http://www.gutenberg.org/etext/3202
顶点代表单词,边代表所连接的顶点为同义词。

1	2	3	4	5	14	16	18	48	117	125	128	30 242
7	1	1	1	0	1	1	1	1	1	1	1	1

回到 $G(n, p)$ 中,随着 p 值在 d/n 上继续上升,所有的非独立顶点被吸纳入巨型分支中。在 $p = \frac{1}{2}\frac{\ln n}{n}$ 时,图仅由独立顶点和一个巨型分支组成。在 $p = \frac{\ln n}{n}$ 时,成为全连通图。在 $p = 1/2$,图不仅连通且非常稠密,且对任意 $\varepsilon > 0$ 均含有一个尺寸为 $(2-\varepsilon)\log n$ 的团。本章将对这些事实给出证明。

为计算 $G(n, p)$ 的连通分支的尺寸,可以从分支的任意顶点开始执行宽度优先搜索,并仅在搜索过程中需要知道某条边的存在性时产生该边。从任一顶点开始执行,并将该顶点标记为已发现且未被访问过。一般步骤是:选择一个已经被发现且未被访问过的顶点 v,再对此顶点进行访问。对每个未被发现的顶点 u,以概率 $p=d/n$ 独立判定边 (v, u) 是否在其中。若是,将 u 标记为已发现且未访问。随后,将 v 标记为已访问。将已发现但未访问的顶点称为边界。该算法在边界为空集时,找到整个连通分支。如图 3.7 所示。

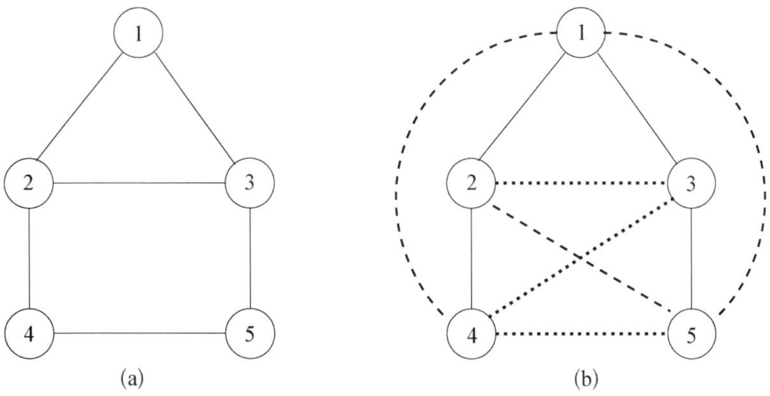

图 3.7 图(a)及对该图的宽度优先搜索(b)。在顶点 1 处,算法查询了所有边。实线边为真实边,虚线边为被查询但不存在的边。在顶点 2 处,算法查询尚未被发现的所有可能边。此时算法不查询边(2, 3)是否存在,因为算法在顶点 2 时已发现了顶点 3。点线表示潜在但未被查询的边。

对于除初始顶点外的其他各个顶点 u，在前 i 步(一步是指对一个顶点进行完全访问)中均未发现 u 的概率为 $\left(1-\frac{d}{n}\right)^i$。以 z_i 代表在搜索的前 i 步中被发现顶点的个数。则 z_i 的分布满足二项分布 $\text{Binomial}\left(n-1,\ 1-\left(1-\frac{d}{n}\right)^i\right)$。

考虑 $d>1$ 时的情形。对于所有的小值 i，

$$\left(1-\frac{d}{n}\right)^i \approx 1-\frac{id}{n}$$

因此，被发现顶点的期望个数以 id 上升，且边界的期望尺寸以 $(d-1)i$ 上升。随着被发现顶点部分的增加，新发现顶点的期望增长率将下降。这是由于很多与当前搜索顶点相邻接的顶点已被发现。当 $\frac{d-1}{d}n$ 个顶点被发现后，新发现顶点的增长将降低到每步一个。最终，当 $d>1$ 时，新发现顶点的增长将少于每步一个，边界也开始萎缩。对于 $d<1$，$(d-1)i$，边界的期望尺寸为负值。增长率的期望值从一开始就小于 1。

容易给出 $d<1$ 时的更加严格的讨论，几乎可以确定不存在尺寸为 $\Omega(\ln n)$ 的连通分支。我们将在处理更复杂的 $d>1$ 的情形前，给出此讨论。

定理 3.7　设 $p=d/n$，其中 $d<1$。则 $G(n,\ p)$ 中具有尺寸大于 $c\frac{\ln n}{(1-d)^2}$ 的分支的概率最多为 $1/n$，其中 c 为基于 d 且与 n 无关的常数。

证明　仅当从顶点 v 开始执行的广度优先搜索算法在执行到第 k 步之前边界均不为空时，存在尺寸至少为 k 且包含该点 v 的连通分支。用 z_k 表示在 k 步后所发现的顶点数量。则 v 处于一个尺寸大于等于 k 的连通分支的概率小于等于 $\text{Prob}(z_k>k)$。z_k 的分布满足二项分布 $(n-1,\ 1-(1-(d/n))^k)$。由于 $(1-(d/n))^k \geqslant 1-(dk/n)$，二项分布 $(n-1,\ 1-(1-(d/n))^k)$ 的均值小于等于二项分布 $\left(n,\ \frac{dk}{n}\right)$ 的均值。由于二项分布 $\left(n,\ \frac{dk}{n}\right)$ 的均值为 dk，所以 z_k 的均值最多为 dk，其中 $d<1$。由 Chernoff 界，z_k 大于 k 的概率最多为 e^{-c_0k}，$c_0>0$ 为常数。若 c 足够大使得 $k \geqslant c\ln n$，则该概率最多为 $1/n^2$。这给出了单个顶点 v 的界。在此界上乘以 n 得到一致界，定理得证。

现在假定 $d>1$。边界的实际尺寸是随机变量。则边界的实际尺寸与边界的期望尺寸之间的差异足够大以致边界的实际尺寸为 0 的概率为多少？为解决该问题，首先分析前 i 步所发现的顶点数量的分布。当 i 值很小时，一个顶点被发现

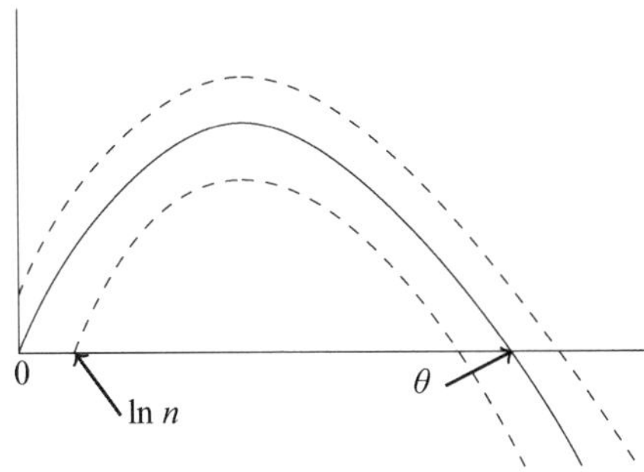

图 3.8 实线为边界的期望尺寸,两条虚线表示边界实际尺寸的可能范围

的概率为 $1-(1-(d/n))^i \approx id/n$,且被发现顶点个数的二项分布 $\left(n, \frac{id}{n}\right)$ 可以用具有同样均值 id 的泊松分布(Poisson distribution)来逼近。在 i 步中发现 k 个顶点的概率大致为 $e^{-di}\frac{(di)^k}{k!}$。对于恰好具有 i 个顶点的连通分支而言,边界必定在第 i 步时首次为零。其必要条件是在前 i 步中必须正好发现 i 个顶点。该逼近的概率等于

$$e^{-di}\frac{(di)^i}{i!} = e^{-di}\frac{d^i i^i}{i^i}e^i = e^{-(d-1)i}d^i = e^{-(d-1-\ln d)i}$$

当 $d>1$ 时,$\ln d \leqslant d-1$,可得 $d-1-\ln d>0$。因此,概率随着 i 指数下降。对于 $i>c\ln n$ 及足够大的 c,从固定顶点开始的宽度优先搜索终止于一个尺寸为 i 的分支的概率为 $o(1/n)$,前提是泊松逼近有效。在该逼近范围内,从任意顶点开始的宽度优先搜索算法终止于 i 个顶点的概率均为 $o(1)$。直观上,若在 $\Omega(\ln n)$ 步之内该分支并未停止扩张,则该分支将持续扩大直到边界尺寸的期望值变小。当边界的期望值很大时,其实际尺寸与期望尺寸的差异很大以致边界实际尺寸接近于 0 的概率非常微小。

在定理 3.9 中已证明存在一个尺寸为 $\Omega(\ln n)$ 的巨型分支和一系列尺寸为 $O(\ln n)$ 的小分支。下面将首先证明一个技术引理来说明顶点位于一个小分支内的概率严格小于 1,因此一定存在巨型分支。

引理 3.8 设 $d>1$。对顶点 v 而言,则 $cc(v)$ 很小的概率最多为严格小于 1 的常量。

证明 $cc(v)$ 值小的概率是指从顶点 v 开始的宽度优先搜索树在发现 $c_1\log n$ 个顶点前终止。下面对宽度优先搜索算法略作修改。若在宽度优先搜索算

法中对顶点 u 进行访问时有 m 个未被发现的顶点，从二项分布 $\left(m, \frac{d}{n}\right)$ 中选取将与 u 相邻接的顶点中的第 k 个。k 确定后，从 $\binom{m}{k}$ 种 m 个未发现顶点子集中选择一个，每个子集是以相同概率与 u 相邻接的顶点所组成的集合，且其余 $m-k$ 个顶点与 u 不邻接。显然，该过程与从 u 中以概率 d/n 随机独立选择各边所得的分布相同。随着算法执行，m 将降低，但只要假设 $cc(v)$ 很小，不等式 $m \geqslant n - c_1 \log n = n(1-o(1))$ 始终成立。对此算法作进一步改进：每一步均从二项分布 $\text{Binomial}\left(n - c_1 \log n, \frac{d}{n}\right)$ 中选择 k。其均值为 $d(n-c_1 \log n)/n$，该值为大于 1 的常量。易知改进算法在 $c_1 \log n$ 个顶点被发现前终止的概率至少与原算法相同，这是因为改进算法仅仅降低了每次新找到未发现顶点的个数。

该修订后的算法也称为分支过程。分支过程是产生随机树的一种方法。定义整数随机变量 y，代表当前节点的子节点数量。首先，树的根节点依据 y 的分布选择 y 的值并生成相应个数的子节点。每个子节点依据与 y 相同的分布独立选择一个值，并生成相应数量的子节点，如此重复。当所有顶点生成子节点后，分支过程终止。分支过程在人类学研究中得到广泛应用。若该过程停止，则称该过程已“消亡”。我们将在下一节中证明分支过程的核心理论，该理论申明若 $E(y)>1$，则消亡的概率严格小于 1。该理论符合人们的直观，即若每个双亲节点的平均子节点数大于 1，则该种族将以非 0 的概率永远延续。这也证明了该引理，因为 $cc(v)$ 为小值的概率最多为修改宽度优先搜索所得的分支过程的消亡概率。事实上，若 $cc(v)$ 很小，则分支树将于 $c_1 \log n$ 步之前终止。

说明 3.1

对于 i 值很小的执行步，在 i 时刻发现的顶点集合尺寸的概率分布为 $p(k) = \mathrm{e}^{-di} \frac{(di)^k}{k!}$，且其期望值为 di。因此，边界的期望尺寸为 $(d-1)i$。若要边界为空集，则要求被发现的顶点集合的尺寸比其期望值小 $(d-1)i$。这就要求被发现的顶点集合尺寸为 $di-(d-1)i=i$。出现该事件的概率为

$$\mathrm{e}^{-di} \frac{(di)^i}{i!} = \mathrm{e}^{-di} \frac{d^i i^i}{i^i} \mathrm{e}^i = \mathrm{e}^{-(d-1)^i} d^i = \mathrm{e}^{-(d-1-\ln d)i}$$

当 $d>1$ 时，该值随着 i 指数下降。由于 $d-1-\ln d$ 为常数 $c>0$，该概率为 e^{-ci} 且 $i=\ln n$ 时为 $e^{-c\ln n}=\frac{1}{n^c}$。因此，图的小分支中最大者尺寸至多为 $\ln n$ 的概率很高。

定理 3.9 设 $p=d/n$ 且 $d>1$。

(1) 存在常数 c_1 和 c_2，使得存在尺寸为 $c_1\log n$ 到 $c_2 n$ 范围内的连通分支的概率至多 $1/n$。

(2) 在尺寸为 $O(\ln n)$ 的分支内的顶点个数几乎确定最多为 cn，其中 $c<1$。因此，存在尺寸为 $\Omega(n)$ 的连通分支的概率为 $1-o(1)$。

(3) 存在尺寸均大于 $n^{2/3}$ 的两个及以上的连通分支的概率至多为 $1/n$。

证明 容易看出，只要有适当的 c_2 使得 $i\leqslant c_2 n$ 成立，则可有效使用近似 $(1-(d/n))^i\approx 1-(id/n)$。这是因为该近似中的误差项为 $O(i^2d^2/n^2)$，该项在 $i\leqslant c_2 n$ 时至多为 id/n 乘以一个小常数。因此(1)得证，下面考虑(2)。给定顶点 v，用 $cc(v)$ 代表包含 v 的连通分支中的顶点集合。由(1)可知，对任意 v 而言都几乎可以肯定 $cc(v)$ 为尺寸至多 $c_1\log n$ 的小集合，或者是尺寸至少为 $c_2 n$ 的大集合。证明(2)的核心在于顶点处于小分支中的概率严格小于引理 3.8 中的结论。

引理 3.8 意味着，随机变量 x 与小连通分支中的顶点个数相等的期望最多为 $c_3 n$，c_3 为严格小于 1 的常数。但现在需要说明这类顶点的实际数量至多为 n 乘以某严格小于 1 的常数。为此需借用二阶矩方法。在此情况中容易证明 x 的方差为 $o(E^2(x))$。用 x_i 作为事件“$cc(i)$ 为小值”的指示随机变量。用 S 和 T 遍历所有小集合。注意到对于 $i\neq j$，$cc(i)$ 和 $cc(j)$ 要么相同，要么不相交。

$$
\begin{aligned}
E(x^2) &= E\Big(\big(\sum_{i=1}^{n}x_i\big)^2\Big)=\sum_{i,\,j}(x_i x_j)=\sum_{i}E(x_i^2)+\sum_{i\neq j}E(x_i x_j)\\
&= E(x)+\sum_{i\neq j}\sum_{S}\mathrm{Prob}(cc(i)=cc(j)=S)+\\
&\quad \sum_{i\neq j}\sum_{\substack{S,\,T\\ \text{disjoint}}}\mathrm{Prob}(cc(i)=S;\ cc(j)=T)\\
&= E(x)+\sum_{i\neq j}\sum_{S}\mathrm{Prob}(cc(i)s=cc(j)=S)+\\
&\quad \sum_{i\neq j}\sum_{\substack{S,\,T\\ \text{disjoint}}}\mathrm{Prob}(cc(i)=S)\mathrm{Prob}(cc(j)=T)(1-p)^{-|S||T|}
\end{aligned}
$$

$$\leqslant O(n)+(1-p)^{-|S||T|}\Big(\sum_{S}\mathrm{Prob}(cc(i)=S)\Big)\Big(\sum_{T}\mathrm{Prob}(cc(j)=T)\Big)$$

$$\leqslant O(n)+(1+o(1))(E(x))(E(x))$$

在倒数第二行中，若包含 i 的 S 与包含 j 的 T 不相交，则两事件“S 是连通分支”与“T 是连通分支”取决于除 S 的顶点和 T 的顶点间的 $|S||T|$ 条边之外的其他两组不相邻的边。

为证明(3)，假设 u 与 v 为分别属于不同连通分支的一对顶点，且此两连通分支的尺寸至少是 $n^{2/3}$。将证明这两个分支会有很大概率合并为一个分支，从而产生矛盾。首先，从 v 开始运行 $\frac{1}{2}n^{2/3}$ 步宽度优先搜索过程。由于 v 属于尺寸为 $n^{2/3}$ 的连通分支，边界顶点数量为 $\Omega(n^{2/3})$。边界的期望尺寸将持续上升直到 n 的某常数倍，且边界的真实尺寸与其期望值差别不大。分支尺寸也随着 n 线性上升。因此，边界的尺寸为 $n^{\frac{2}{3}}$。参见练习 3.54。根据假定，u 不属于 v 所在的连通分支。现在暂停从 v 开始的宽度优先搜索树，并开始执行从 u 开始的宽度优先搜索树，同样执行 $\frac{1}{2}n^{2/3}$ 步。需特别注意的是，改变构造 $G(n, p)$ 的顺序并不会改变图的最终结果。可以以任意顺序选择边，因为顺序不会影响独立性和条件。从 u 开始的宽度优先搜索以很大的概率有 $\Omega(n^{2/3})$ 个边界顶点。进一步增大 u 树。两个边界集合之间的边均不被纳入的概率为 $(1-p)^{\Omega(n^{4/3})}\leqslant e^{-\Omega(dn^{1/3})}$，其收敛于 0。因此几乎可以确定，两个边界集合之间有一条边被计入，这使得 u 和 v 被纳入同一连通分支。这说明对于给定顶点对 u 和 v，它们属于不同大连通分支的概率非常小。可使用一致界来说明全部 $\binom{n}{2}$ 对顶点中任意一对顶点属于不同大连通分支的概率均很小。其细节留给读者自行证明。

3.4 分支过程

分支过程是一种产生随机树的方法。从根节点开始，各个节点以一定的概率分布产生其子节点个数。根节点标记为双亲节点，其后代为子节点，子节点的后代为根节点的孙子节点。根节点的子节点为第一代，它们的子节点为第二代，如此继续。分支过程不仅可以被应用到人类学研究中,也可被用于探索随机图的连通分支。

下面对分支过程的一个简单情况进行研究,其中树的各个节点的子节点数量分布相同。基本问题是树有限的概率是多少? 或者说分支过程以多大概率停止? 这也被称为消亡概率。

该理论给出了消亡概率以及基于消亡的分支期望尺寸。与直观相符,基于消亡的分支尺寸的期望为 $O(1)$。换言之,在 $d>1$ 时,$G\left(n, \frac{d}{n}\right)$ 中存在尺寸为 $\Omega(n)$ 的巨型分支,而其他分支尺寸的期望值为 $O(\ln n)$,且小分支尺寸的期望为 $O(1)$。

分支过程研究中的重要工具为生成函数。对于一个非负的整数随机变量 y,其生成函数为 $f(x)=\sum_{i=0}^{\infty} p_i x^i$,其中 p_i 为 y 等于 i 的概率。附录中有关于生成函数的更详细介绍。

用随机变量 z_j 表示第 j 代子节点生成所得的子节点个数,用 $f_j(x)$ 代表 z_j 的生成函数。则 $f_1(x)=f(x)$ 为第一代生成函数。第二代生成函数为 $f_2(x)=f(f(x))$。一般而言,第 $j+1$ 代生成函数可用 $f_{j+1}(x)=f_j(f(x))$ 表示。可从两方面得到该结论。首先,对两个分布完全相同的整数随机变量 x_1 和 x_2 而言,其和的生成函数是它们生成函数的平方:

$$f^2(x)=p_0^2+(p_0p_1+p_1p_0)x+(p_0p_2+p_1p_1+p_2p_0)x^2+\cdots$$

若 x_1+x_2 值为 0,则 x_1 和 x_2 均必须为 0;若 x_1+x_2 值为 1,则 x_1 和 x_2 中有且仅有一个为 1 而另一个为 0,依此类推。一般而言,若有 i 个生成函数均为 $f(x)$ 的独立随机变量,其和的生成函数为 $f^i(x)$。其次可观察到,$f_j(x)$ 中 x^i 的系数为第 j 代中生成 i 个子节点的概率。若第 j 代中生成 i 个子节点($z_j=i$),则第 $j+1$ 代所生成的子节点个数为 i 个生成函数为 $f(x)$ 的独立随机变量的和。因此,给定第 j 代生成的 i 个节点,第 $j+1$ 代的生成函数为 $f^i(x)$。$j+1$ 代的生成函数为

$$f_{j+1}(x)=\sum_{i=0}^{\infty}\text{Prob}(z_j=i)f^i(x)$$

若 $f_j(x)=a_0+a_1x+\cdots$,则可用 $f^i(x)$ 替代 $f_j(x)$ 中的 x_i,得到 f_{j+1}。

由于 $f(x)$ 以及 f_2, f_3, …均为关于 x 且系数非负的多项式,它们都是单调递增的,且在单位区间内为凸函数。由于顶点的子节点数量的概率和为 1,若 $p_0<1$, $f(x)$ 中 x 的某个幂次的系数不为 0,且 $f(x)$ 严格单调递增。

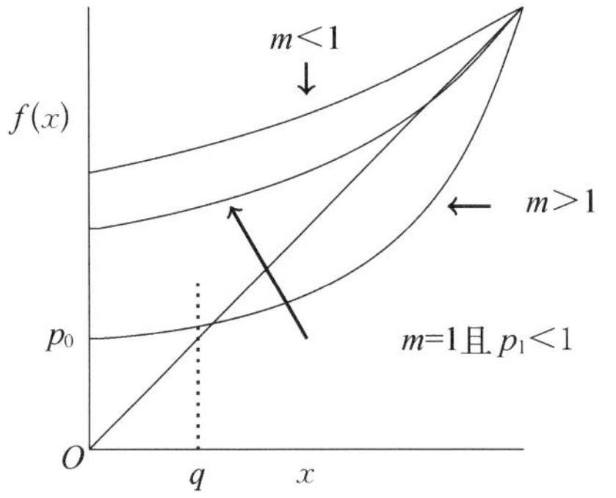

图 3.9 等式 $f(x)=x$ 在区间[0, 1]的根图示

下面考查等式 $f(x)=x$ 在区间$[0, 1]$内的根。$x=1$ 总是等式 $f(x)=x$ 的一个根,这是因为 $f(1)=\sum_{i=0}^{\infty} p_i=1$。现在的问题是:是否存在非负的更小的根?对 $f(x)$ 在 $x=1$ 处求导,结果为 $f'(1)=p_1+2p_2+3p_3+\cdots$。设 $m=f'(1)$,因此,m 是节点的子节点数量的期望。若 $m>1$,由于 j 时刻的每个节点预期产生超过一个子节点,人们可能认为该树会一直生长。但这并不意味着消亡概率一定为 0。事实上,若 $p_0>0$,根节点以非零的概率不存在子节点,此时树的生长过程立刻消亡。回顾前文,对于 $G\left(n, \dfrac{d}{n}\right)$而言,子节点的期望个数为 d,因此参数 m 可扮演 d 的角色。

若 $m<1$,则 $f(x)$ 在 $x=1$ 时的斜率小于 1。结合 $f(x)$ 的凸性可得,当 x 属于$[0, 1)$时,$f(x)>x$。

若 $m=1$ 且 $p_1<1$,则由凸性亦可推出当 $x\in[0, 1)$ 时 $f(x)>x$,且在区间$[0, 1)$内 $f(x)$ 无根。若 $m=1$ 且 $p_1=1$,则 $f(x)$ 为直线 $f(x)=x$。

若 $m>1$,则在 $x=1$ 时 $f(x)$ 的斜率大于 x 的斜率。结合 $f(x)$ 的凸性可得,在$[0, 1)$内 $f(x)=x$ 有唯一根。当 $p_0=0$ 时,此根在 $x=0$ 处。

设 q 为等式 $f(x)=x$ 的最小非负根。对于 $m<1$, $m=1$ 及 $p_0<1$, q 等于 1;对于 $m>1$, q 严格小于 1。我们将发现 q 就是分支过程的消亡概率,而 $1-q$ 是永生概率。换言之,q 是使得某个第 j 代的子节点数量 z_j 为 0 的概率。为得到该结论,需注意到对于 $m>1$,有 $\lim\limits_{j\to\infty} f_j(x)=q(0<x<1)$。图 3.10 解释了引理 3.10 中的证明。类似地,当 $m<1$ 或 $m=1$ 且 $p_0<1$ 时,$f_j(x)$ 随着 j 趋于无穷大而接近于 1。

引理 3.10 设 $m>1$。用 q 代表 $f(x)=x$ 在[0, 1) 内的唯一根。随着 j 趋于无穷大，对于范围[0, 1) 内的 x，$f_j(x)=q$。

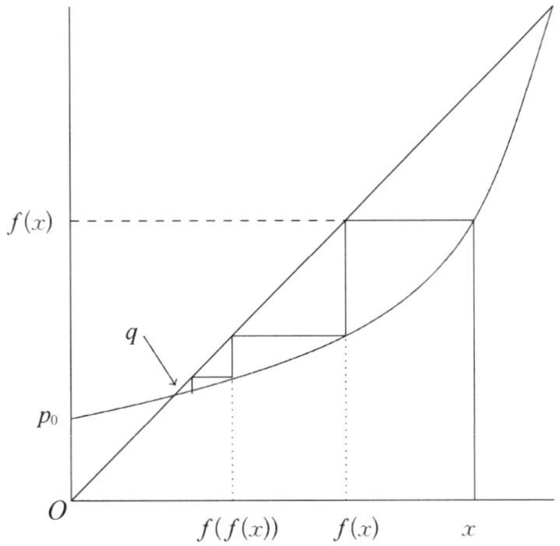

图 3.10 迭代序列 $f_1(x)$，$f_2(x)$，…收敛至 q 的图示

证明 若 $0\leqslant x\leqslant q$，则 $x<f(x)\leqslant f(q)$，且可迭代得到如下不等式

$$x<f_1(x)<f_2(x)<\cdots<f_j(x)<f(q)=q$$

该序列显然收敛且必定收敛于一个满足 $f(x)=x$ 的固定点。类似地，若 $q\leqslant x<1$，则 $f(q)\leqslant f(x)<x$ 且可迭代得到不等式

$$x>f_1(x)>f_2(x)>\cdots>f_j(x)>f(q)=q$$

在 j 趋近于无穷大的极限情况下，对于所有 $0\leqslant x<1$ 区间内的 x 都有 $f_j(x)=q$。

回顾 $f_j(x)$ 为生成函数 $\sum_{i=0}^{\infty}\text{Prob}(z_j=i)x^i$。极限情况下生成函数等于常量 q 而不是 x 的函数这个事实说明，对于所有有限非零值 i，$\text{Prob}(z_j=0)=q$ 且 $\text{Prob}(z_j=i)=0$。剩余概率为一个非有限成分的概率。因此，当 $m>1$ 时 q 为消亡概率，$1-q$ 为 z_j 无界生长的概率或称为永生概率。

定理 3.11 考查分支过程所生成的树。用 $f(x)$ 代表各个节点的子节点数量的生成函数。

(1) 若各个节点的期望子节点个数小于等于 1，则消亡概率为 1。但需排除各节点以概率 1 有一个子节点的情况。

(2) 若各个节点的期望子节点个数大于 1，则消亡概率为 $f(x)=x$ 在

$[0, 1)$ 内的唯一解。

证明 用 p_i 表示各个节点的有 i 个子节点的概率。则 $f(x) = p_0 + p_1 x + p_2 x^2 + \cdots$ 为各个节点的子节点数量的生成函数，$f'(1) = p_1 + 2p_2 + 3p_3 + \cdots$ 是 $f(x)$ 在 $x = 1$ 处的求导。注意到 $f'(1)$ 为各个节点期望的子节点个数。

由于各个节点的子节点数的期望值是 $f(x)$ 在 $x = 1$ 处的导数，若子节点期望数小于等于1，则 $f(x)$ 在 $x = 1$ 处的导数小于等于1且 $f(x) = x$ 在$(0, 1]$内的唯一根为 $x = 1$。但需排除 $p_1 = 1$ 的情况，此时 $f(x) = x$ 对应树为一条无限的链。因此，若 $p_1 \neq 1$，消亡概率为1。若 $f(x)$ 在 $x = 1$ 处的导数大于1，则消亡概率为 $f(x) = x$ 在$[0, 1)$ 内的唯一根。

$m < 1$ 或 $m = 1$ 且 $p_1 < 1$ 时分支过程以概率1终结。若 $m = 1$ 且 $p_1 = 1$，则分支过程为无限链，不含扇形展开。若 $m > 1$，则分支过程以小于1的概率终结，但需排除 $p_0 = 0$ 的情况。最后一种情况下，由于每个节点均至少有一个后代，分支过程不会终结。

值得注意的是，分支过程相当于在无限图中找到一个组件的尺寸。在有限图中，随着图节点不断被发现，后代节点的概率分布不是常量。

这里所定义的简单分支过程要么终止要么趋于无限。在生物系统中还存在其他因素，导致物种繁衍过程趋向稳定。一个可能原因是子节点的后代节点数的概率分布与当前时刻已存在的总数是相关的。

消亡族的期望尺寸

下面我们给出 $m \neq 1$ 时消亡族的期望尺寸一定是有限的。出现消亡时，尺寸必定为有限值。然而，若消亡概率的衰退不够快则消亡时的期望尺寸可能为无限。为阐述有限随机变量的期望值为无限，我们用 x 代表整数值随机变量。用 p_i 表示 $x = i$ 的概率。若 $\sum_{i=1}^{\infty} p_i = 1$，则 x 以概率1为有限值。然而 x 的期望可能是无限值，换言之，$\sum_{i=0}^{\infty} i p_i = \infty$。例如，若对于 $i > 0$，$p_i = \frac{6}{\pi} \frac{1}{i^2}$，则有 $\sum_{i=1}^{\infty} p_i = 1$，但是 $\sum_{i=1}^{\infty} i p_i = \infty$。随机变量 x 的值为有限，但其期望值为无限。除斜率 $m = f'(1)$ 等于1且 $p_1 \neq 1$ 的特殊情况，分支过程中不会发生该现象。

引理 3.12 若斜率 $m = f'(1)$ 不等于1，则消亡族的尺寸期望值为有限。若斜率 m 等于1且 $p_1 = 1$，则树是度为1的无限链，且不存在消亡族。若 $m = 1$ 且 $p_1 < 1$，则消亡族的期望尺寸为无限值。

证明 以 z_i 代表第 i 代尺寸所对应的随机变量，以 q 表示消亡概率。则一个具有 k 个子节点的树在第一代消亡的概率为 q^k，因为各个子节点的消亡概率均为 q。注意到消亡树的 z_1 期望值(第一代期望尺寸)将小于所有树的 z_1 期望值，这是因为当根节点的子节点数大于平均值时，该树更可能是无限的。

由 Bayes 法则得

$$\text{Prob}(z_1 = k \mid \text{消亡}) = \text{Prob}(z_1 = k)\,\frac{\text{Prob}(\text{消亡} \mid z_1 = k)}{\text{Prob}(\text{消亡})} = p_k\,\frac{q^k}{q} = p_k\,q^{k-1}$$

在消亡时，已知 z_1 的概率分布，可计算出消亡时 z_1 的期望尺寸：

$$E(z_1 \mid \text{消亡}) = \sum_{k=0}^{\infty} k p_k q^{k-1} = f'(q)$$

下面证明，根据独立性可得消亡时第 i 代的期望尺寸为

$$E(z_i \mid \text{消亡}) = (f'(q))^i$$

在 $i = 2$ 时，z_2 为 z_1 个独立随机变量的和，这些随机变量均与随机变量 z_1 相独立。因此，$E(z_2 \mid z_1 = j) = E(j\text{ 个 }z_1\text{ 拷贝之和}) = jE(z_1)$。对所有 j 值求和，得

$$E(z_2) = \sum_{j=1}^{\infty} E(z_2 \mid z_1 = j)\text{Prob}(z_1 = j) = \sum_{j=1}^{\infty} jE(z_1)\text{Prob}(z_1 = j)$$

$$= E(z_1)\sum_{j=1}^{\infty} j\text{Prob}(z_1 = j) = E^2(z_1)$$

因为 $E(z_1 \mid \text{消亡}) = f'(q)$，$E(z_2 \mid \text{消亡}) = (f'(q))^2$。类似地，$E(z_i \mid \text{消亡}) = (f'(q))^i$。树的期望尺寸为各代期望尺寸之和。即

$$\text{给定消亡树的期望尺寸} = \sum_{i=0}^{\infty} E(z_i \mid \text{消亡}) = \sum_{i=0}^{\infty} (f'(q))^i = \frac{1}{1 - f'(q)}$$

再根据 $m \neq 1$ 时 $f'(q) < 1$，所以消亡族的期望尺寸为有限的。

图 3.9 展示了 $f'(q) < 1$ 的事实。若 $m < 1$，则 $q = 1$ 且 $f'(q) = m$ 小于 1。若 $m > 1$，则 $q \in [0, 1)$ 且亦有 $f'(q) < 1$，这是因为 q 是 $f(x) = x$ 的解。此外由于曲线 $f(x)$ 跨过线 x，$f'(q)$ 必定小于 1。因此，对于 $m < 1$ 或 $m > 1$，$f'(q) < 1$ 且树的期望尺寸 $\frac{1}{1 - f'(q)}$ 为有限值。对于 $m = 1$ 及 $p_1 < 1$，可得 $q = 1$，所以有 $f'(q) = 1$ 及分叉树的期望尺寸公式。

3.5 回路和全连通

本节考查回路及全连通图。为研究这两个问题，我们针对每个 k 顶点子集研究它们将在何种情况下形成回路或连通分支。

3.5.1 回路的出现

对 $G(n, p)$而言，当 p 渐近等于 $1/n$ 时，回路的出现存在阈值。

定理 3.13 *$G(n, p)$中存在回路的阈值为 $p = 1/n$。*

证明 用 x 代表 $G(n, p)$中回路的个数。为得到长度为 k 的回路，可按照 $\binom{n}{k}$种方式选择顶点。给定回路的 k 个顶点，可对这些顶点排序：任意选定一点作为起始顶点，再以 $k-1$ 种方式选择第二个顶点，以 $k-2$ 种方式选择第三个顶点，等等。由于回路及其逆序为同一个回路，因此需除以 2。因此，共有 $\binom{n}{k}\frac{(k-1)!}{2}$个长度为 k 的回路，且有

$$E(x) = \sum_{k=3}^{n}\binom{n}{k}\frac{(k-1)!}{2}p^k \leqslant \sum_{k=3}^{n}\frac{n^k}{2k}p^k \leqslant \sum_{k=3}^{n}(np)^k$$
$$= (np)^3\ \frac{1-(np)^{n-2}}{1-np} \leqslant 2(np)^3$$

前提是 $np < 1/2$。当 p 渐近小于 $1/n$ 时，$\lim\limits_{n\to\infty} np = 0$ 且 $\lim\limits_{n\to\infty}\sum_{k=3}^{n}(np)^k$ 等于 0。可得 $E(x) \to 0$。因此，由一阶矩方法可几乎确定该图没有回路。可使用二阶矩方法说明当 $p=d/n$ 且 $d>1$ 时，图中有回路的概率接近于 1。

上述讨论并没有给出锐变阈值。仅在 $np \to 0$ 的情况下对 $E(x) \to 0$ 进行了讨论。而锐变阈值则要求 $E(x) \to 0$，其中 $p = d/n$ 且 $d < 1$。

对 $p = d/n$ 且 d 为常量进行更详细的考查。

$$E(x) = \sum_{k=3}^{n}\binom{n}{k}\frac{(k-1)!}{2}p^k$$

$$= \frac{1}{2}\sum_{k=3}^{n}\frac{n(n-1)\cdots(n-k+1)}{k!}(k-1)!p^k$$
$$= \frac{1}{2}\sum_{k=3}^{n}\frac{n(n-1)\cdots(n-k+1)}{n^k}\frac{d^k}{k}$$

$E(x)$ 在 $d<1$ 时收敛，在 $d\geqslant 1$ 时发散。若 $d<1$, $E(x)\leqslant \frac{1}{2}\sum_{k=3}^{n}\frac{d^k}{k}$ 且 $\lim_{n\to\infty}E(x)$ 为不为 0 的常量；若 $d=1$, $E(x)=\frac{1}{2}\sum_{k=3}^{n}\frac{n(n-1)\cdots(n-k+1)}{n^k}\frac{1}{k}$。仅考查求和中的前 $\log n$ 项。

$$E(x)\geqslant \frac{1}{2}\sum_{k=3}^{\log n}\frac{n(n-1)\cdots(n-k+1)}{n^k}\frac{1}{k}\geqslant \frac{1}{4}\sum_{k=3}^{\log n}\frac{1}{k}$$

随着 n 趋于无穷大，

$$\lim_{n\to\infty}E(x)\geqslant \lim_{n\to\infty}\frac{1}{4}\sum_{k=3}^{\log n}\frac{1}{k}\geqslant \lim_{n\to\infty}(\log\log n)=\infty$$

对于 $p=d/n$, $d<1$, $E(x)$ 收敛于非零常量，且图以非零概率包含常数个回路，回路的个数与图尺寸无关。对于 $d>1$，图具有无限多个回路，且回路的个数随 n 上升。表 3.3 给出了图的特性。

表 3.3 图的特性

性 质	阈 值
回 路	$1/n$
巨型分支	$1/n$
巨型分支+独立顶点	$\frac{1}{2}\frac{\ln n}{n}$
连通性，独立顶点消失性	$\frac{\ln n}{n}$
直径 2	$\sqrt{\frac{2\ln n}{n}}$

3.5.2 全连通性

随着 p 从 $p=0$ 开始增大，小分支逐渐形成。在 $p=1/n$ 时出现巨型分支，并从相对较大的分支开始吸纳其他小分支。该过程结束于巨型分支吸入独立顶点，并在 $p=\frac{\ln n}{n}$ 时形成单个连通分支，此时图连通。下面以一个引理作为开始。

引理 3.14 在 $G(n,\ p)$ 中尺寸为 k 的连通分支的数量的期望值最多为

$$\binom{n}{k}k^{k-2}p^{k-1}(1-p)^{kn-k^2}$$

证明 k 个顶点形成连通分支的概率等于两个概率的乘积。第一个概率是 k 个顶点连通的概率，第二个概率是该连通分支与除该分支外的图之间不存在边相连的概率。第一个概率的最大值为对应这 k 个顶点所有可能生成的树中，各对应边均出现的生成树的概率之和。引理中“最多”的含义为，由于 $G(n,\ p)$ 可能包含多于一棵关于这些节点的生成树，此时一致界高于实际概率。k 个节点共有 k^{k-2} 棵生成树。参见附录。一棵生成树的所有 $k-1$ 条边均出现的概率为 p^{k-1}，不存在将 k 个顶点与图的其他部分相连的边的概率为 $(1-p)^{k(n-k)}$。因此，k 个特定顶点形成连通分支的概率最多为 $k^{k-2}p^{k-1}(1-p)^{kn-k^2}$。

定理 3.15 设 $p=c\frac{\ln n}{n}$。对于 $c>1/2$，几乎确定仅存在独立节点及一个巨型分支。对于 $c>1$，几乎确定图连通。

证明 我们将证明 $c>1/2$ 时对于任意满足 $2\leqslant k\leqslant n/2$ 的 k，几乎确定不存在具有 k 个顶点的连通分支。这给出了该定理第一部分的证明，因为若存在两个及以上均不是独立节点的分支，则其中必定有一个的尺寸介于 2 和 $n/2$ 之间。定理第二部分，对于 $c>1$，可由定理 3.6 中独立顶点在 $c=1$ 时消失来推导出。

首先证明当 $p=c\frac{\ln n}{n}$ 时，尺寸为 k 的分支的期望数量小于 n^{1-2c}（其中 $2\leqslant k\leqslant n/2$），因此 $c>1/2$ 时不存在除独立顶点外和巨型分支外的分支。用 x_k 代表尺寸为 k 的连通分支的期望数量。将 $p=c\frac{\ln n}{n}$ 代入 $\binom{n}{k}k^{k-2}p^{k-1}(1-p)^{kn-k^2}$，并利用 $\binom{n}{k}\leqslant(en/k)^k$，$1-p\leqslant e^{-p}$，$k-1<k$，且 $x=e^{\ln x}$，可得

$$E(x_k)\leqslant\exp\left(\ln n+k+k\ln\ln n-2\ln k+k\ln c-ck\ln n+ck^2\frac{\ln n}{n}\right)$$

注意到上式中关于 k 的项在 k 很大时主要取决于最后两项，且在 $k=n$ 时，此两项彼此抵消，因此说明当 $c\geqslant 1$ 时存在尺寸为 n 的分支。设

$$f(k)=\ln n+k+k\ln\ln n-2\ln k+k\ln c-ck\ln n+ck^2\frac{\ln n}{n}$$

关于 k 求导，得

$$f'(k)=1+\ln\ln n-\frac{2}{k}+\ln c-c\ln n+\frac{2ck\ln n}{n}$$

且

$$f''(k)=\frac{2}{k^2}+\frac{2c\ln n}{n}>0$$

因此，函数 $f(k)$ 在 $[2,\ n/2]$ 范围内的最大值出现于点 2 或 $n/2$ 处。当 $k=2$ 时，$f(2)\approx(1-2c)\ln n$；在 $k=n/2$ 时，$f(n/2)\approx -c\dfrac{n}{4}\ln n$。因此 $f(k)$ 的最大值出现于 $k=2$。当 $k=2$ 时，$x_k=\mathrm{e}^{f(k)}$ 大致为 $\mathrm{e}^{(1-2c)\ln n}=n^{1-2c}$，当 k 从 2 开始增加时，该值几何量级下降。从某时刻 x_k 开始上升，但不超过 $n^{-\frac{c}{4}n}$。因此，对于 $2\leqslant k\leqslant n/2$，尺寸为 k 的分支数量之和的期望为

$$E\left(\sum_{k=2}^{n/2}x_k\right)=O(n^{1-2c})$$

该期望值在 $c>1/2$ 时接近于 0，一阶矩方法显示出几乎不存在尺寸介于 2 和 $n/2$ 之间的分支。定理 3.15 证毕。

3.5.3 直径 $O(\ln n)$ 的阈值

接下来我们将说明，在图连通性阈值的某常数因子范围内，该图不仅连通，且图直径为 $O(\ln n)$。换言之，若 p 为 $\Omega(\ln n/n)$，则 $G(n,\ p)$ 的直径为 $O(\ln n)$。

考查特定顶点 v。设 S_i 为与 v 的距离为 i 的顶点集合。下面将证明，当 i 上升时，$|S_1|+|S_2|+\cdots+|S_i|$ 以常数因子上升至 $n/1\,000$。这意味着在 $O(\ln n)$ 步中，至少有 $n/1\,000$ 个顶点与 v 相连。随之易得，分别与两个不同顶点 v 和 w 相连的两个尺寸为 $n/1\,000$ 的子集之间存在一条边。

引理 3.16 对于足够大的 n 和 $p=c\ln n/n$（c 为任意正值），考查 $G(n,\ p)$。设 S_i 表示距离固定顶点 v 为 i 的顶点集合。若 $|S_1|+|S_2|+\cdots+|S_i|\leqslant$

$n/1\,000$，则有

$$\text{Prob}(|S_{i+1}| < 2(|S_1| + |S_2| + \cdots + |S_i|) \leqslant e^{-10|S_i|}$$

证明　设 $|S_i| = k$。对每个不在 $S_1 \cup S_2 \cup \cdots \cup S_i$ 内的顶点 u，u 不属于 S_{i+1} 的概率为 $(1-p)^k$，且事件间相互独立。因此，$|S_{i+1}|$ 为 $n-(|S_1| + |S_2| + \cdots + |S_i|)$ 个独立 Bernoulli 随机变量之和，各个随机变量以概率

$$1-(1-p)^k \geqslant 1 - e^{(-ck\ln n)/n}$$

为 1。设 $\alpha = \dfrac{k}{n}$。注意到 $n-(|S_1| + |S_2| + \cdots + |S_i|) \geqslant 999n/1\,000$。因此，

$$E(|S_{i+1}|) \geqslant \frac{999n}{1\,000}(1 - e^{-c\alpha\ln n})$$

两边各减去 $200k$，$n - \dfrac{3}{2}k \geqslant \dfrac{n}{2}$

$$E(|S_{i+1}|) - 200k \geqslant \frac{n}{2}(1 - e^{-c\alpha\ln n} - 400\alpha)$$

设 $f(\alpha) = 1 - e^{-c\alpha\ln n} - 400\alpha$。由差分 $f''(\alpha) \leqslant 0$ 可得 f 为凹函数且 f 在区间 $[0, 1/1\,000]$ 的两个端点之一处为最小值。易得对于足够大的 n，$f(0)$ 和 $f(1/1\,000)$ 均大于等于 0。因此，f 在该区间上非负，证明了 $E(|S_{i+1}|) \geqslant 200|S_i|$。由 Chernoff 界，定理得证。

定理 3.17　对于 $p \geqslant c\ln n/n$，其中 c 为足够大常量，则几乎可以确定 $G(n, p)$ 的直径为 $O(\ln n)$。

证明　由推论 3.2，各个顶点的度几乎确定为 $\Omega(np) = \Omega(\ln n)$，当 c 足够大时该值至少为 $20\ln n$。当此前提成立时，对于固定顶点 v，引理 3.16 中定义的 S_1 满足 $|S_1| \geqslant 20\ln n$。

用 i_0 代表满足 $|S_1| + |S_2| + \cdots + |S_i| > n/1\,000$ 的最小 i。由此理 3.16 和一致界，存在满足 $1 \leqslant i \leqslant i_0 - 1$ 的 i，使得 $|S_{i+1}| < 2(|S_1| + |S_2| + \cdots + |S_i|)$ 的概率最多为 $\sum\limits_{k=20\ln n}^{n/1\,000} e^{-10k} \leqslant 1/n^4$。因此，各个 S_{i+1} 至少以概率 $1-(1/n^4)$ 大于以往 S_j 的和的两倍。这意味着在 $O(\ln n)$ 步中，可得 $i_0 + 1$。

考查任意其他顶点 w。希望找到 v 和 w 之间长度为 $O(\ln n)$ 的短路径。与上述讨论类似，与 w 距离为 $O(\ln n)$ 的顶点数量至少有 $n/1\,000$ 个。下面只需证明此两集合要么不相交，要么相交则存在从 v 到 w 的长度为 $O(\ln n)$ 的路径。

在前一种情况下，两者之间以很高概率存在边。给定两个尺寸均大于等于 $n/1\,000$的不相交集合，两者间可能有 $n^2/10^6$ 或更多条边，这些边全部不出现的概率至多为 $(1-p)^{n^2/10^6}=\mathrm{e}^{-\Omega(n\ln n)}$。最多有 2^{2n} 对集合对，因此存在这样的集合对且无边的概率为 $\mathrm{e}^{-\Omega(n\ln n)+O(n)}\to 0$。注意这里不需讨论条件概率，因为考虑了所有集合对的情况。请读者自行考虑该结论对于距离特定顶点至多为 $O(\ln n)$的 n 个顶点子集是否成立。

3.6 单调性的相变

图连通性、无独立顶点、回路存在性等性质的出现概率均随着图中边数量的增加而增加。称此类性质为递增性质：设 Q 是 G 的递增性质，是指若 G 拥有该性质，则通过向 G 添加边所获得的所有其他图也具有该性质。本节将证明所有递增性质均有阈值，但该阈值不一定为锐变阈值。

递增性的定义与边添加有关。引理 3.18 说明当 Q 为递增性质时，$G(n,\ p)$ 中 p 的增加将导致性质 Q 的概率提升。

引理 3.18 *若 Q 为递增性质且 $0\leqslant p\leqslant q\leqslant 1$，则 $G(n,\ p)$ 具有性质 Q 的概率小于等于 $G(n,\ q)$ 具有性质 Q 的概率。*

证明 该证明需利用 $G(n,\ p)$ 与 $G(n,\ q)$ 之间的关系。利用如下步骤产生 $G(n,\ q)$。首先生成 $G(n,\ p)$。即以边概率 p 生成具有 n 个顶点的图。随后独立生成另一个图 $G\left(n,\ \frac{q-p}{1-p}\right)$并对此两图取并集，方法为若前面两个图之一有某边则将该边加入。所得图命名为 H。图 H 与$G(n,\ q)$ 的分布相同，这是因为 H 中的边概率为 $p+(1-p)\frac{q-p}{1-p}=q$ 且 H 中的边显然相互独立。则只要 $G(n,\ p)$ 有性质 Q，H 就一定拥有该性质 Q，引理得证。

下面引入复制的概念。$G(n,\ p)$ 的 m 层复制为随机图，具体生成方法如下。首先生成 $G(n,\ p)$ 的 m 个独立拷贝。当且仅当一条边处于 $G(n,\ p)$ 的 m 个拷贝中的一个时，将该边加入到 m 层复制图中。所得的随机图与 $G(n,\ q)$ 具有相同的分布，其中 $q=1-(1-p)^m$，这是因为特定边不属于 m 层复制的概率等于该边不属于 $G(n,\ p)$ 的任意拷贝的概率的乘积。若 $G(n,\ p)$ 的 m 层复制不具有性质 Q，则 $G(n,\ p)$ 的 m 个拷贝均不具有该性质。但是反过来的结论并不成立。若

每个拷贝均不具有某性质，其并集仍可能拥有该性质。显然，

$$\text{Prob}(G(n,\ q)\ \text{不具有}\ Q) \leqslant (\text{Prob}(G(n,\ p)\ \text{不具有}\ Q))^m$$

现有 $q = 1-(1-p)^m \leqslant 1-(1-mp) = mp$，由于 Q 是递增性质

$$\text{Prob}(G(n,\ mp)\ \text{具有}\ Q) \geqslant \text{Prob}(G(n,\ q)\ \text{具有}\ Q) \tag{3.3}$$

如图 3.11 所示。

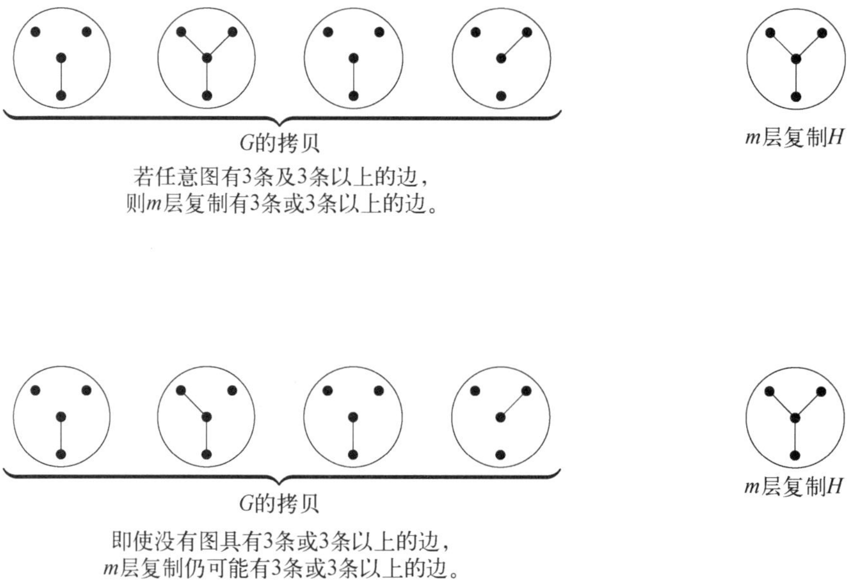
G的拷贝
m层复制H
若任意图有3条及3条以上的边，
则m层复制有3条或3条以上的边。
G的拷贝
m层复制H
即使没有图具有3条或3条以上的边，
m层复制仍可能有3条或3条以上的边。

图 3.11　性质"G 中拥有 3 条及 3 条以上的边"是递增性质。用 H 代表 G 的 m 层复制。若 G 的任意拷贝中含有 3 条及 3 条以上的边，H 就具有 3 条或 3 条以上的边。然而，即使 G 的任意拷贝中均不具有 3 条及 3 条以上的边，H 仍可以拥有 3 条及 3 条以上的边。

定理 3.19　$G(n,\ p)$ 的任意单调性质 Q 在 $p(n)$ 时存在相变，对于不同 n，$p(n)$ 为使得 $G(n,\ a_n)$ 具有性质 Q 的概率为 1/2 的最小实数 a_n。

证明　设 $p_0(n)$为任意函数，且该函数满足

$$\lim_{n\to\infty}\frac{p_0(n)}{p(n)} = 0$$

可断言 $G(n,\ p_0)$ 几乎确定不具有性质 Q。假设该断言不成立，则 $G(n,\ p_0)$ 具有性质 Q 的概率不收敛于 0。由极限的定义，在 n 的无限集 I 上，存在 $\varepsilon > 0$，使得

$G(n, p_0)$ 具有性质 Q 的概率至少为 ε。设 $m=[(1/\varepsilon)]$。令 $G(n, q)$ 是 $G(n, p_0)$ 的 m 层复制。则对于任意 $n \in I$, $G(n, q)$ 不具有 Q 的概率最多为 $(1-\varepsilon)^m \leqslant e^{-1} \leqslant 1/2$。对于这些 n, 由式(3.3)得

$$\mathrm{Prob}(G(n, mp_0)\text{ 具有 }Q) \geqslant \mathrm{Prob}(G(n, q)\text{ 具有 }Q) \geqslant 1/2$$

由于 $p(n)$ 是使 $G(n, a_n)$ 以 1/2 的概率具有性质 Q 的最小实数 a_n, 必有 $mp_0(n) \geqslant p(n)$。这意味着 $\frac{p_0}{p(n)}$ 至少为 $1/m$ 无限次,与 $\lim\limits_{n\to\infty} \frac{p_0(n)}{p(n)}=0$ 的假定相悖。类似可证明对任意满足 $\lim\limits_{n\to\infty} \frac{p(n)}{p_1(n)} \to 0$ 的 $p_1(n)$,几乎可以确定 $G(n, p_1)$ 拥有性质 Q。

3.7 CNF可满足性的相变

相变不仅发生于随机图中,也发生在其他随机结构中。一个重要的例子是布尔表达式的合取范式的可满足性。

随机产生具有 n 个变量,m 个子句,且每个子句有 k 个字的CNF公式 f。为形成子句,从 $2n$ 个可能的字中均匀随机选择 k 个字形成该子句,所得子句相互独立。设 n 可为无穷大,m 为 n 的函数,k 为固定常量。k 的一个合理取值为 $k=3$。每个字均为一个变量或其取反。由于加入子句不改变不可满足性,不可满足性是递增性质。与上节类似,该性质存在相变。换言之,存在函数 $m(n)$ 满足若 $m_1(n)$ 为 $o(m(n))$,则具有 $m_1(n)$ 个子句的公式几乎确定可满足;而对于满足 $m_2(n)/m(n) \to \infty$ 的 $m_2(n)$,公式几乎确定不可满足。推测存在与 n 无关的常量 r_k 使得 $r_k n$ 为锐变阈值。

下面确定 r_k 的上界和下界。r_k 的上界容易求得。一个确定的真值指派满足随机 k 个子句的概率为 $1-\frac{1}{2^k}$: 子句的 k 个变量的全部 2^k 种真值指派中仅1种不能满足该子句,故该子句不满足的概率为 $\frac{1}{2^k}$;相应地该子句满足的概率为 $1-\frac{1}{2^k}$。设 $m=cn$。则该确定指派同时满足 cn 个独立子句的概率为 $\left(1-\frac{1}{2^k}\right)^{cn}$。由

于共 2^n 种真值指派，对具有 cn 个子句的公式，满足该公式的指派的期望数量为 $2^n\left(1-\frac{1}{2^k}\right)^{cn}$。若 $c=2^k\ln 2$，满足该公式指派的期望数量为

$$2^n\left(1-\frac{1}{2^k}\right)^{n2^k\ln 2}$$

$\left(1-\frac{1}{2^k}\right)^{2^k}$ 最多为 1/e，并在极限情况下达到 1/e。因此，

$$2^n\left(1-\frac{1}{2^k}\right)^{n2^k\ln 2}\leqslant 2^n\mathrm{e}^{-n\ln 2}=2^n2^{-n}=1$$

对 $c>2^k\ln 2$，满足公式的指派期望数量随着 $n\to\infty$ 接近于0。该期望取决于所选择的随机子句，而非真值指派。由一阶矩方法，具有 cn 个子句的随机公式几乎确定不可满足。因此，$r_k\leqslant 2^k\ln 2$。

然而，要给出 r_k 的下界并不容易。下面均针对 $k=3$ 的情形，所给出的算法及讨论均可拓展至 $k\geqslant 4$ 的情形但需使用不同常量。由于方差太大，无法使用二阶矩方法直接给出 r_3 的下界。可使用另一个简单算法来解决此问题，称为最短子句启发式算法(smallest clause heuristic，SC)。该算法在 $c<\frac{2}{3}$ 时以接近 1 的概率给出可满足指派，从而证明了 $r_3\geqslant\frac{2}{3}$。还可利用更复杂的分析算法，来提高 r_3 的下界。

SC 算法重复执行以下步骤：将随机最小长度子句中的随机字赋值为真。若存在只含 1 个字的子句，则随机选择该 1 字子句，并设该字为真。若不存在 1 字子句，则选择 2 字子句，再选择 2 个字中的一个并赋值为真。否则选择 3 字子句，并将其中的一个字赋值为真。若有长度为 0 的子句，则找不到满足指派；否则找到了一个满足指派。

另一个相关的启发式算法被称为单位子句启发式算法(unit clause heuristic)。该算法随机选择具有 1 个字的子句。若该子句存在则设该字为真；否则选择一个目前仍未被赋值的字并赋值为真。“纯字(pure literal)”启发式算法在存在“纯字”时，将随机“纯字”(指其取反不出现在任意子句中的字)设为真；否则将随机字赋值为真。

当字 w 被设为真时含有 w 的子句满足，将其全部删除，同时从包含 $\bar{w}$ 的所有子句中删除 $\bar{w}$。若某子句长度降为 0(无字)，则该算法未找到该公式的满足

指派。事实上，该公式可能是可满足的，只是算法没找到。

例　考查具有 n 个变量和 cn 个子句的 3－CNF 公式。由于变量及其补对应不同的字，n 个变量共构成 $2n$ 个字。可计算各个字出现次数的期望值如下：每个子句有 3 个字，因此 $2n$ 个字每个平均出现 $\frac{3cn}{2n}=\frac{3}{2}c$ 次。设 $c=5$，则每个字平均出现 7.5 次。若设某字为真，则该字平均满足 7.5 个子句。然而此过程不可重复，这是因为设定某字为真后，公式不再随机。

定理 3.20　若随机 3－CNF 公式中的子句个数随 cn 上升(c 为小于 2/3 的常量)，则最短子句启发算法以概率 $1-o(1)$ 找到一个满足指派。

本节余下部分将证明该定理。在很多问题中，需要证明简单算法可解决问题的随机实例时，其普遍障碍是"条件"(conditioning)。最初，输入为随机因此具有随机实例的性质。但随着算法执行，数据不再随机，而是基于该算法已执行的步骤或称当前条件。在用于寻找布尔公式的满足指派的 SC 及其他启发式算法中，很容易处理当前条件。

在给出详细证明前给出一些直观结论。假定维持一个 1 和 2 子句的队列。对于 3 子句，当其中的一个字被置为假时该 3 子句成为 2 子句，将该新 2 子句加入队列。若存在 1 和 2 子句，则 SC 选择其一并将其中的一个字设为真。在每一步骤中只要 1 和 2 子句的总数大于 0，则从队列中去除一个子句。考虑该队列的进入期望值，或称抵达率。在 t 时刻若某特定子句进入该队列(成为 2 子句)，则必定是因为在 t 时刻某字的求反被置为真。它可能包含任意其他两个目前未被赋值的字。此类子句共 $\binom{n-t}{2}2^2$ 个。因此，在 t 时刻特定子句进入队列的概率最多为

$$\frac{\binom{n-t}{2}2^2}{\binom{n}{3}2^3}\leqslant\frac{3}{2(n-2)}$$

由于共有 cn 个子句，抵达率为 $\frac{3c}{2}$，该值在 $c<2/3$ 时严格小于 1。不同子句进入队列为相互独立的事件(引理 3.21)，队列的抵达率严格小于 1，且只要队列非空则队列中至少缺失 1 个子句。这意味着该队列不会含有太多的子句。略复杂的分析将展示在 $\Omega(\ln n)$ 步后不再有 1 和 2 子句(引理 3.22)。这意味着出现长度为 1 的对立子句(长度为 0 的子句的前驱)的概率很小。

引理 3.21 *以 T_i 代表子句 i 首次变为 2 子句的时刻。若子句 i 在成为 2 子句前满足，则 T_i 为 ∞。T_i 间彼此独立，且对于任意 t，*

$$\mathrm{Prob}(T_i = t) \leqslant \frac{3}{2(n-2)}$$

证明 为证明该结论，以另一种方式产生子句。该方法被称为“延迟判定”，其要点在于该方法所产生的输入公式的分布与原方法相同。延迟判定方法与 SC 算法紧密相连，其步骤如下。在任何时刻，各个子句的长度（字的个数）为算法的全部已知量；未选择各个子句中的字。起初，各个子句的长度均为 3 且 SC 均匀随机选择一个子句。随后，SC 试图选择该子句的 3 个字中的一个并置为真，但目前仍不知该子句中有哪些字。此时，从 $2n$ 个可能的字中均匀随机选取一个。例如，选择 $\bar{x}_{102}$。将字 $\bar{x}_{102}$ 放入子句，并置为真。则字 x_{102} 为假。也必须处理该字及其求反在其他子句中出现的情形，但和前述一样，此时仍不知道这两个字会出现在哪些子句中。现在需对此作出判定。在每个子句中以概率 $3/n$ 独立纳入变量 x_{102} 或 $\bar{x}_{102}$。若纳入，则以 1/2 的概率将字 $\bar{x}_{102}$ 纳入子句，以另外 1/2 的概率纳入该字的求反即 x_{102}。在两种情况下，该子句的剩余长度均降低 1。算法删除该子句，因为该子句已满足，不需考查该子句中的其他字。若纳入的是该字的求逆（或称反码），则只需删除该反码，并将子句长度减 1。

在通用步骤中，假设已确定 i 个变量，剩余 $n-i$ 个变量尚未确定。各个子句的剩余长度为已知。在尚未被满足的子句中，随机选择长度最短的一个子句。在剩余的 $n-i$ 个变量中均匀随机选择一个，并将其或其求反作为新字。在此子句中加入该字以满足此子句。由于此子句已满足，算法删除该子句。对剩余子句执行类似操作。若其剩余长度为 l，以概率 $l/(n-i)$ 将该新变量纳入子句，则该变量以 1/2 的概率为变量本身或其求反。随后，将 l 减 1。

为什么此方式所得分布与原方式相同？首先注意到延迟判定中变量的选择顺序与子句无关，仅为 n 个变量的随机置换。观察任意一个子句。需顺序决定该变量或其求反是否出现在该子句中。因此对于特定子句和特定三元组 i，j，$k(i<j<k)$，以延迟判定所决定的顺序，该子句包含第 i 个、第 j 个、第 k 个字（或它们的取反）的概率为

$$\left(1-\frac{3}{n}\right)\left(1-\frac{3}{n-1}\right)\cdots\left(1-\frac{3}{n-i+2}\right)\frac{3}{n-i+1}$$
$$\left(1-\frac{2}{n-i}\right)\left(1-\frac{2}{n-i-1}\right)\cdots\left(1-\frac{2}{n-j+2}\right)\frac{2}{n-j+1}$$

$$\left(1-\frac{1}{n-j}\right)\left(1-\frac{1}{n-j-1}\right)\cdots\left(1-\frac{1}{n-k+2}\right)\frac{1}{n-k+1}=\frac{3}{n(n-1)(n-2)}$$

式中因子(1—…)表示不纳入当前变量或其求反，其他因子表示纳入当前变量或其求反。子句独立性来源于对任意子句中出现/不出现任意变量的判定均不影响其他子句中的相关判定。

现在，可利用延迟判定来产生公式以证明引理。当且仅当延迟判定法不在第 1, 2, …, $t-1$ 步中将当前字纳入第 i 个子句而是在第 t 步纳入该字的求反时，有 $T_i=t$ 成立。因此，概率为

$$\frac{1}{2}\left(1-\frac{3}{n}\right)\left(1-\frac{3}{n-1}\right)\cdots\left(1-\frac{3}{n-t+2}\right)\frac{3}{n-t+1}\leqslant\frac{3}{2(n-2)}$$

这与前述一致。由于延迟判定中对不同子句的处理相互独立，T_i 也是相互独立的。

引理 3.22 在 $\Omega(\ln n)$步后不存在包含 2 或 1 子句的概率为 $1-o(1)$。例如，一旦 3 子句成为 2 子句，该子句在 $O(\ln n)$步内要么满足要么退化为 0 子句。

证明 不失一般性地，可针对第一个子句进行研究。设其在第 s_1 步成为 2 子句，且在第 s 步之前均为 2 或 1 子句。假设 $s-s_1\geqslant c_2\ln n$。设 r 代表进入 s 前不存在 2 或 1 子句的最后时刻。由于在时刻 0，无 2 或 1 子句，故 r 的定义有效，有 $s-r\geqslant c_2\ln n$。在 r 到 s 区间内，任意一步都至少有一个 2 或 1 子句。由于 SC 算法在 1 或 2 子句的总数量大于 0 时，总会将该值减 1，因此在 r 和 s 之间必定至少产生 $s-r$ 个新 2 子句。为每个 3 子句定义一个指示随机变量，该变量当该子句在 r 和 s 之间变为 2 子句时取值为 1。由引理 3.21，这些变量相互独立，且 3 子句在时间 t 变为 2 子句的概率最多为 $3/(2(n-2))$。对 r 和 s 之间的所有 t 求和。

$$\text{Prob(在}[r,\ s]\text{之间一个 3 子句转为 2 子句)}\leqslant\frac{3(s-r)}{2(n-2)}$$

因共有 cn 个子句，指示随机变量和的期望为 $cn\dfrac{3(s-r)}{2(n-2)}\approx\dfrac{3c(s-r)}{2}$。注意到 $3c/2<1$，意味着 2 和 1 子句队列的抵达率为严格小于 1 的常量。由 Chernoff 界，在 r 到 s 之间，多于 $s-r$ 个子句变为 2 子句的概率最多为 $o(1/n^5)$。这是对子句、对 s_1、对 s_1 的 $O(\ln n)$ 内 r 与 s 的一种选择。对子句的 $O(n^3)$ 种选择、对 s_1 的 $O(n)$ 种选择、对 r 和 s 的 $O(\ln n)^2$ 种选择运用一致界，可得在 $\Omega(\ln n)$ 步后任意子句仍为 2 或 1 子句的概率为 $o(1)$。

现在假定 SC 算法终止于“失败”。则在某 t 时刻，算法产生了 0 子句。在$t-1$

时刻，该子句必定为1子句，设该子句由字 w 组成。由于在 $t-1$ 时刻，至少有一个1子句，依据SC的最短子句规则选择一个1子句，并设该子句中的字为真。其他子句中必含有 $\bar{w}$。设在 t_1 时刻，w 或 $\bar{w}$ 这两个子句中的任意一个首次为2子句，则有 $t-t_1 \in O(\ln n)$。显然，在时刻 t 之前，SC算法不会选择两个子句中的任意一个。因此，在此期间内被置为真的字的选择与这些子句独立。例如一开始的两个子句为 $w+x+y$ 与 $\bar{w}+u+v$。在 t_1 到 t 步中，x，y，u 及 v 必定均为置为真的字的求反。因此，仅有 $O((\ln n)^4)$ 种 x，y，u，v 的选择方式。w 有 $O(n)$ 种选择，$O(n^2)$ 种2个输入子句成为 w 和 $\bar{w}$ 的选择及 n 种 t_1 的选择。因此，子句有 $O(n^4(\ln n)^4)$ 种选法。因此这些选法的概率为 $O(n^4(\ln n)^4/n^6)=o(1)$，与结论相同。

3.8　随机图的非均匀模型和成长模型

3.8.1　非均匀模型

目前所研究的随机图 $G(n, p)$ 中所有顶点的期望度数均相同，顶点度数集中接近于期望值。然而，真实世界中的大型图的分布接近于幂律分布。在幂律分布中，度数为 d 的顶点个数 $f(d)$ 为由 d 所决定的函数，且满足 $f(d)\leqslant c/d^{\alpha}$，其中 α 和 c 为常量。

为产生这样的图，约定度数为 d 的顶点有 $f(d)$ 个，这些顶点是从满足此度数分布的图集合中随机选择的。显然在此模型下图的边不彼此独立，对其进行分析更加困难。但研究具有任意度数分布的随机图的相变发生仍是有趣的课题。本节研究在顶点度数非均匀分布的情况下，随机图中何时出现巨型分支的问题。本节及后续章节中将更多使用直观证明而非严格推理。

3.8.2　给定度数分布的随机图中的巨型分支

Molloy和Reed解决了度数非均匀分布的随机图中的巨型分支问题。用 λ_i 代表度数为 i 的顶点部分。当且仅当 $\sum_{i=0}^{\infty} i(i-2)\lambda_i > 0$ 时，存在巨型分支。

为从直观上理解该公式的正确性，以给定种子顶点作为起始对图的分支进行探索。度数为 0 的顶点不会出现，除非该顶点即为起始顶点。若遇到度数为 1 的顶点，则以与该顶点相关的边来结束该访问过程。因此，我们不希望遇到太多度数为 1 的顶点。度数为 2 的顶点可被视为处于中间，方法是由一条边进入该顶点，再由另一条边离开该顶点。边界无净增长。度数为 $i(i>2)$ 的顶点则以 $i-2$ 条边扩大边界。从一条边进入该顶点，相应有 $i-1$ 条边连通到边界上的新顶点，边界的净增长为 $i-2$。$i(i-2)\lambda_i$ 中的 $i\lambda_i$ 对应于找到度数为 i 的顶点的概率，$i-2$ 代表找到度数为 i 的顶点时边界尺寸的变化。

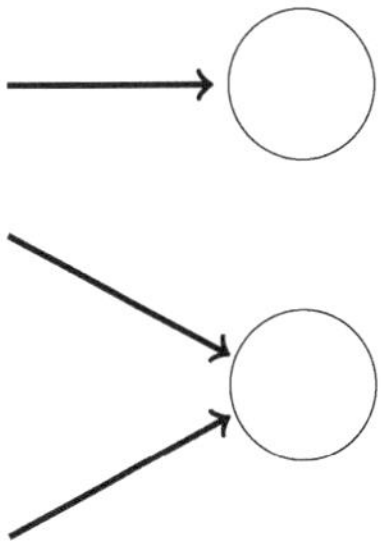

考虑一张图：该图中一半的顶点度数为 1，另一半顶点度数为 2，若随机选择一个顶点，则该顶点度数为 1 或 2 的可能性是相同的。然而，若随机选择一条边并到达该边的终点，则该顶点度数为 2 的概率比度数为 1 的概率大一倍。在很多图形算法中，是通过先随机选择一条边再通过该边到达其终点的方式来到达一个顶点。在此情况下，到达度数为 i 的顶点的概率与 $i\lambda_i$ 成正比，其中 $i\lambda_i$ 是度数为 i 的顶点的比率。

图 3.12 沿着图的一条通路找到度数为 d 的顶点的概率

例 考查对 $G(n,p)$ 模型使用 Molloy Reed 条件。式子 $\sum_{i=0}^{n} i(i-2)p_i$ 在 $p=1/n$ 时值为 0，此时发生相变。当 $p=1/n$ 时，各个顶点的平均度数为 1，共 $n/2$ 条边。然而，顶点的实际度分布满足二项分布，顶点度数为 i 的概率为 $p_i=\binom{n}{i}p^i(1-p)^{n-i}$。下面将说明 $p=1/n$ 时，对于 $p_i=\binom{n}{i}p^i(1-p)^{n-i}$，有 $\lim_{n\to\infty}\sum_{i=0}^{n} i(i-2)p_i=0$。

$$\lim_{n\to\infty}\sum_{i=0}^{n} i(i-2)\binom{n}{i}\left(\frac{1}{n}\right)^i\left(1-\frac{1}{n}\right)^{n-i}$$

$$=\lim_{n\to\infty}\sum_{i=0}^{n} i(i-2)\ \frac{n(n-1)\cdots(n-i+1)}{i!n^i}\left(1-\frac{1}{n}\right)^{n-i}$$

$$=\frac{1}{\mathrm{e}}\lim_{n\to\infty}\sum_{i=0}^{n} i(i-2)\ \frac{n(n-1)\cdots(n-i+1)}{i!n^i}\left(\frac{n}{n-1}\right)^i$$

$$\leqslant\sum_{i=0}^{\infty}\frac{i(i-2)}{i!}$$

为说明 $\sum_{i=0}^{\infty} \frac{i(i-2)}{i!} = 0$，需注意到

$$\sum_{i=0}^{\infty} \frac{i}{i!} = \sum_{i=1}^{\infty} \frac{i}{i!} = \sum_{i=1}^{\infty} \frac{1}{(i-1)!} = \sum_{i=0}^{\infty} \frac{1}{i!}$$

且

$$\begin{aligned}\sum_{i=0}^{\infty} \frac{i^2}{i!} &= \sum_{i=1}^{\infty} \frac{i^2}{i!} = \sum_{i=1}^{\infty} \frac{i}{(i-1)!} = \sum_{i=0}^{\infty} \frac{i+1}{i!} \\ &= \sum_{i=0}^{\infty} \frac{i}{i!} + \sum_{i=0}^{\infty} \frac{1}{i!} = 2\sum_{i=0}^{\infty} \frac{1}{i!}\end{aligned}$$

因此，

$$\sum_{i=0}^{\infty} \frac{i(i-2)}{i!} = \sum_{i=0}^{\infty} \frac{i^2}{i!} - 2\sum_{i=0}^{\infty} \frac{i}{i!} = 0$$

3.9 增长模型

3.9.1 无优先连接的增长模型

真实世界中的图往往开始于小图，并随着时间逐渐增大。在此类图模型中，顶点和边均随着时间被加入到图中。在此模型中，可以多种方式选择顶点以纳入新的边。方式之一是从现有顶点集合中随机均匀选择两个顶点。另一种方法是依据顶点度数的比例来决定选择此两顶点的概率。后一种方法被称为优先连接(preferential attachment)。该方法的一个变形为：在每单位时间加入一个新顶点并以概率 δ 纳入一条边，该边的一个顶点为此新顶点，另一个顶点为依据度数比例所决定的概率来选择的顶点。

考虑无优先连接的随机图增长模型。在 0 时刻顶点数为 0。在每单位时刻生成一个新的顶点。随机选择的两个顶点以概率 δ 由一条边相连。此两顶点间可能已存在一条边，在此情况下需加入第二条边。因此所得结构为多重图，而非一个图。但由于 t 时刻有 t 个顶点，而在 t^2 对顶点间，边的数量的期望值为 $O(\delta t)$。因此出现多重边的概率很小。

可计算增长模型的度数分布如下。t 时刻度数为 k 的顶点个数为随机变量。用 $d_k(t)$ 代表 t 时刻度数为 k 的顶点个数的期望。独立顶点的个数在每单位时

间增加 1，且需减去被选为新边端点的独立顶点个数 $b(t)$。$b(t)$的值可以为 0，1 或 2。计算期望

$$d_0(t+1) = d_0(t) + 1 - E(b(t))$$

至此 $b(t)$为两个 0 - 1 值随机变量的和，此两随机变量的取值等于新边所选择的两个端点各自度数为 0 的顶点个数。尽管此两随机变量并非相互独立，$b(t)$的期望为此两变量期望的和，等于 $2\delta\dfrac{d_0(t)}{t}$。因此，

$$d_0(t+1) = d_0(t) + 1 - 2\delta\frac{d_0(t)}{t}$$

若在度数为 $k-1$ 的顶点上加入一条新边，度数为 k 的顶点个数就上升；而若在度数为 k 的顶点上加上一条新边，则度数为 k 的顶点个数就下降。类似可得

$$d_k(t+1) = d_k(t) + 2\delta\frac{d_{k-1}(t)}{t} - 2\delta\frac{d_k(t)}{t} \tag{3.4}$$

请注意该公式和本节的其他公式均不是很精确。例如，同一顶点可能被选择两次，因此新边为自环。当 $k \ll t$ 时，此问题仅导致小误差。本节将 k 限定为固定常量，并设 $t \to \infty$ 以回避该问题。假设上述公式完全有效，显然可得 $d_0(1) = 1$ 且 $d_1(1) = d_2(1) = \cdots = 0$。对 t 进行归纳，由于给定全部 $d_k(t)$ 后(即给出了所有 k 值所对应的 $d_k(t)$) 该等式确定了 $d_k(t+1)$，因此式子(3.4) 有唯一解。解形如 $d_k(t) = p_k t$，在 k 为定值且 $t \to \infty$ 时，p_k 只与 k 相关而与 t 无关。此结论也非精确结论，若 $d_1(1) = 0$ 且 $d_1(2) > 0$ 则显然与此“存在形为 $d_1(t) = p_1 t$ 的解”的结论相悖。

设 $d_k(t) = p_k t$，则有

$$(t+1)\,p_0 = p_0 t + 1 - 2\delta\frac{p_0 t}{t}$$

$$p_0 = 1 - 2\delta p_0$$

$$p_0 = \frac{1}{1+2\delta}$$

且

$$(t+1)\,p_k = p_k t + 2\delta\frac{p_{k-1}t}{t} - 2\delta\frac{p_k t}{t}$$

$$\begin{aligned} p_k &= 2\delta p_{k-1} - 2\delta p_k \\ p_k &= \frac{2\delta}{1+2\delta} p_{k-1} \\ &= \left(\frac{2\delta}{1+2\delta}\right)^k p_0 \\ &= \frac{1}{1+2\delta}\left(\frac{2\delta}{1+2\delta}\right)^k \end{aligned} \tag{3.5}$$

因此,该模型将产生度数分布为依度数指数下降的图。

分支尺寸生成函数

以 $n_k(t)$表示 t 时刻尺寸为 k 的分支的期望数量。则 $n_k(t)$与随机选择的分支的尺寸为 k 的概率成比例。这与含有随机选择的顶点的分支不同(见图3.13)。事实上,含有随机选择顶点的分支的尺寸为 k 的概率与 $kn_k(t)$成比例。下面将证明 $n_k(t)$存在形为 a_kt 的解,其中 a_k是与 t 无关的常量。随后将针对结果为 $ka_k(t)$的生成函数 $g(x)$,用 $g(x)$研究巨型分支的阈值。

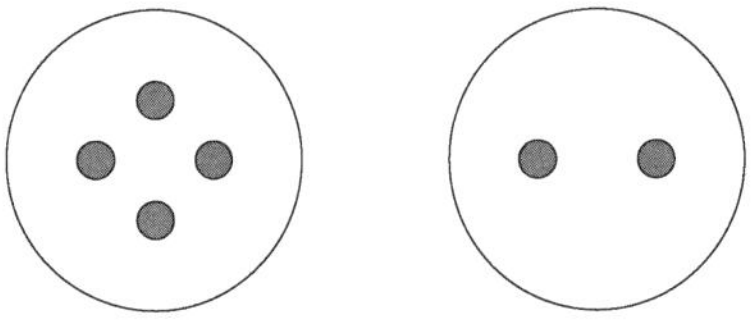

图 3.13 在随机选择一个分支时,此两个分支被选中的概率相同。在选择含有随机顶点的分支时,选中较大分支的概率 2 倍于较小分支。

考查 t 时刻独立顶点的期望数量 $n_1(t)$。每单位时间,图中加入一个独立顶点,被选入的独立顶点个数的期望值为$\frac{2\delta n_1(t)}{t}$,剩余的为独立顶点。因此,

$$n_1(t+1) = n_1(t) + 1 - 2\delta \frac{n_1(t)}{t}$$

对于 $k>1$ 的情形,$n_k(t)$ 值在两个尺寸和为 k 的较小的分支由一条边相连时增加,在尺寸为 k 的分支内的顶点被选中时降低。随机选择的顶点处于尺寸为 k 的分支内的概率为$\frac{kn_k(t)}{t}$。因此,

$$n_k(t+1)=n_k(t)+\delta\sum_{j=1}^{k-1}\frac{jn_j(t)}{t}\frac{(k-j)n_{k-j}(t)}{t}-2\delta\frac{kn_k(t)}{t}$$

为精确起见，需考虑不同尺寸分支的实际个数而非期望值。此外，若边的两个端点位于同一个 k 顶点分支内，则 $n_k(t)$并不会下降。但可忽略这些情况所带来的微小不精确量。

考虑形为 $n_k(t)=a_kt$ 的解。注意到 $n_k(t)=a_kt$ 意味着尺寸为k 的连通分支内的顶点数量为 ka_kt。由于 t 时刻的顶点总数为t，ka_k 是随机顶点位于尺寸为k 的连通分支内的概率。仅当 $t\to\infty$ 且 k 固定时，递归有效。因此$\sum_{k=0}^{\infty}ka_k$ 可能小于 1，此时存在尺寸为无限的分支，其尺寸随 t 增长。求解 a_k 可得 $a_1=\frac{1}{1+2\delta}$ 且 $a_k=\frac{\delta}{1+2k\delta}\sum_{j=1}^{k-1}j(k-j)a_j\,a_{k-j}$。

考查分支尺寸的分布函数为 $g(x)$的情形，这里 x^k的系数等于随机选择的顶点处于尺寸为 k 的分支内的概率

$$g(x)=\sum_{k=1}^{\infty}ka_k\,x^k$$

此时，$g(1)=\sum_{k=0}^{\infty}ka_k$ 为随机选择的顶点在有限尺寸分支内的概率。当$\delta=0$时，由于所有顶点都处于尺寸为 1 的分支内，该概率值显然为 1。另一方面，当 $\delta=1$ 时，在 1 时刻产生的顶点的期望度数为 $\log n$，因此它处于尺寸为无限大的分支内。这意味着对于$\delta=1$，$g(1)<1$ 且存在尺寸为无限的分支。假设连续性成立，则存在 δ_{critical}，使得在其以上 $g(1)<1$ 成立。由 a_i的公式，可得差分等式

$$g=-2\delta xg'+2\delta xgg'+x$$

随后使用 g 的等式来判定δ 取何值时出现无限尺寸分支的相变。

$g(x)$的推导

由

$$a_1=\frac{1}{1+2\delta}$$

及

$$a_k = \frac{\delta}{1+2k\delta} \sum_{j=1}^{k-1} j(k-j)a_j a_{k-j}$$

推导出等式

$$a_1(1+2\delta)-1=0$$

且

$$a_k(1+2k\delta)=\delta\sum_{j=1}^{k-1} j(k-j)a_j a_{k-j}$$

式中 $k \geqslant 2$。将第 k 个等式乘以 kx^k，并对所有 k 求和，得到生成函数为

$$-x+\sum_{k=1}^{\infty} ka_k x^k + 2\delta x \sum_{k=1}^{\infty} a_k k^2 x^{k-1} = \delta \sum_{k=1}^{\infty} kx^k \sum_{j=1}^{k-1} j(k-j)a_j a_{k-j}$$

注意到

$$g(x)=\sum_{k=1}^{\infty} ka_k x^k \text{ 与 } g'(x)=\sum_{k=1}^{\infty} a_k k^2 x^{k-1}$$

因此，

$$-x+g(x)+2\delta x g'(x)=\delta\sum_{k=1}^{\infty} kx^k \sum_{j=1}^{k-1} j(k-j)a_j a_{k-j}$$

处理等式右侧

$$\delta\sum_{k=1}^{\infty} kx^k \sum_{j=1}^{k-1} j(k-j)a_j a_{k-j} = \delta x \sum_{k=1}^{\infty}\sum_{j=1}^{k-1} j(k-j)(j+k-j)x^{k-1} a_j a_{k-j}$$

将 $j+k-j$ 拆为两部分求和，

$$\delta x \sum_{k=1}^{\infty}\sum_{j=1}^{k-1} j^2 a_j x^{j-1}(k-j)a_{k-j}x^{k-j} + \delta x \sum_{k=1}^{\infty}\sum_{j=1}^{k-1} j a_j x^j (k-j)^2 a_{k-j} x^{k-j-1}$$

注意到第二部分求和是以 $k-j$ 来替代第一部分求和中的 j，两项均为 $\delta x g' g$。因此，

$$-x+g(x)+2\delta x g'(x)=2\delta x g'(x)g(x)$$

所以，

$$g' = \frac{1}{2\delta}\,\frac{1-\dfrac{g}{x}}{1-g}$$

无限分支的相变

生成函数 $g(x)$ 中包含着图的有限分支的信息。有限分支的尺寸为 1，2，…，与 t 无关。注意到 $g(1)=\sum_{k=0}^{\infty} ka_k$，因此 $g(1)$ 为随机选择的顶点处于有限分支内的概率。若 $g(1)=1$ 则不存在无限分支。当 $g(1)\neq 1$，则 $1-g(1)$ 代表处于无限分支内的顶点期望部分。可能有许多个无限分支。但可以与定理 3.8 的第三部分类似地证明，两个非常大的分支将会合二为一。设 t 时刻有两个连通分支，其尺寸均大于等于 $t^{4/5}$。考查它们各自所产生的最初$\frac{1}{2}t^{4/5}$ 个顶点。这些顶点必然至少存在于产生后的$\frac{1}{2}t^{4/5}$ 时间内。任意时刻，属于不同分支的两顶点间形成一条边的概率至少是 $\delta\Omega(t^{-2/5})$，因此不形成这样的边的概率最多为$\left(1-\delta t^{-2/5}\right)^{t^{4/5}/2}\leqslant e^{-\Omega(\delta t^{2/5})}\rightarrow 0$。因此这两个分支以高概率合并。但仍需解决存在尺寸为 t^{ε}，$(\ln t)^2$ 或其他随 t 缓慢增长的函数的多个分支的问题。

计算出现无限分支相变时的 δ 值。由于 $g(x)$生成函数满足

$$g'(x)=\frac{1}{2\delta}\frac{1-\dfrac{g(x)}{x}}{1-g(x)}$$

若 δ 大于某个 δ_{critical}，则有 $g(1)\neq 1$。此时可对上面的公式进行简化，方法是从分子、分母中消掉$1-g(1)$，仅保留 $1/(2\delta)$。由于ka_k 为随机选择的顶点处于尺寸为 k 的分支内的概率，有限分支的平均尺寸为 $g'(1)=\sum_{k=1}^{\infty} k^2 a_k$。由此可得

$$g'(1)=\frac{1}{2\delta} \tag{3.6}$$

对所有大于 δ_{critical} 的 δ。若 δ 小于 δ_{critical}，则所有顶点都在有限分支内。此时 $g(1)=1$ 且分子分母均趋近于 0。应用 L'Hopital 准则

$$\lim_{x\to 1} g'(x)=\frac{1}{2\delta}\left.\frac{\dfrac{xg'(x)-g(x)}{x^2}}{g'(x)}\right|_{x=1}$$

或

$$(g'(1))^2 = \frac{1}{2\delta}(g'(1) - g(1))$$

二次方程 $(g'(1))^2 - \frac{1}{2\delta}g'(1) + \frac{1}{2\delta}g(1) = 0$ 的解为

$$g'(1) = \frac{\frac{1}{2\delta} \pm \sqrt{\frac{1}{4\delta^2} - \frac{4}{2\delta}}}{2} = \frac{1 \pm \sqrt{1-8\delta}}{4\delta} \tag{3.7}$$

当 $\delta > 1/8$ 时，式(3.7)值为复数，因此该等式仅在 $0 \leqslant \delta \leqslant 1/8$ 时有效。对于 $\delta > 1/8$，唯一解为 $g'(1) = \frac{1}{2\delta}$，存在无限分支。随着 δ 降低，在 $\delta = 1/8$ 时有奇异点；在 $\delta < 1/8$ 时有 3 个解，其中一个为式(3.6)代表巨型分支，另两个为式(3.7)代表没有巨型分支。为决定三个解中正确的解，考虑极限 $\delta \to 0$。因为没有边，在此极限情况中所有分支尺寸均为 1。仅式(3.7)中的减号对应值给出了正确解

$$g'(1) = \frac{1-\sqrt{1-8\delta}}{4\delta} = \frac{1-\left(1-\frac{1}{2}\times 8\delta - \frac{1}{4}\times 64\delta^2 + \cdots\right)}{4\delta} = 1 + 4\delta + \cdots = 1$$

对 g' 积分所得结果如图 3.14 所示。在 $g'(x)$ 处于区间 $0 \leqslant \delta < 1/8$ 内，不针对其他行为进行分析，可得到式(3.7)的减号式给出了 $0 \leqslant \delta < 1/8$ 的正确解的结论，因此 δ 的相变关键值为 1/8。下面将发现这与静态情形不相符。

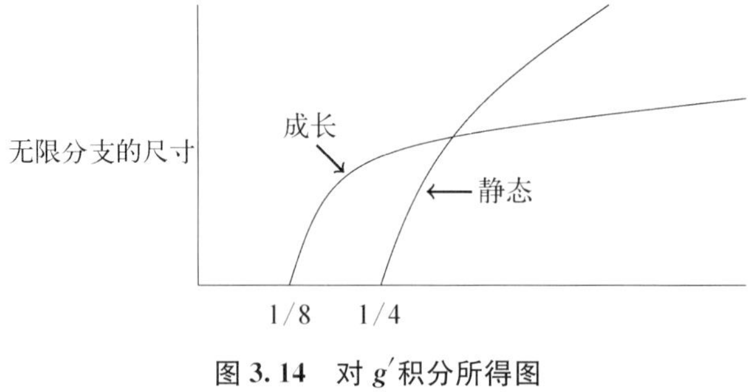

图 3.14 对 g' 积分所得图

随着 δ 值上升，有限分支的平均尺寸由 1 上升到

$$\left.\frac{1-\sqrt{1-8\delta}}{4\delta}\right|_{\delta=1/8} = 2$$

此时 δ 上升至关键值 1/8。当 $\delta = 1/8$ 时，有限分支的平均尺寸跳变至 $\left.\frac{1}{2\delta}\right|_{\delta=1/8}=4$，且随着巨型分支从较大的有限分支开始逐渐吸纳，有限分支的平均尺寸以 $\frac{1}{2\delta}$ 下降。

与静态随机图的比较

考查与增长模型度数分布相同的静态随机图。设 p_k 为顶点度数为 k 的概率。由式(3.5)

$$p_k = \frac{(2\delta)^k}{(1+2\delta)^{k+1}}$$

回顾在用 Molloy Reed 分析给定度数分布的随机图中，已断言相变发生在 $\sum_{i=0}^{\infty} i(i-2)p_i = 0$。使用该结论，容易发现 $\delta = 1/4$ 时发生相变。当 $\delta = 1/4$ 时，

$$p_k = \frac{(2\delta)^k}{(1+2\delta)^{k+1}} = \frac{\left(\frac{1}{2}\right)^k}{\left(1+\frac{1}{2}\right)^{k+1}} = \frac{\left(\frac{1}{2}\right)^k}{\frac{3}{2}\left(\frac{3}{2}\right)^k} = \frac{2}{3}\left(\frac{1}{3}\right)^k$$

且

$$\begin{aligned}\sum_{i=0}^{\infty} i(i-2)\frac{2}{3}\left(\frac{1}{3}\right)^i &= \frac{2}{3}\sum_{i=0}^{\infty} i^2\left(\frac{1}{3}\right)^i - \frac{4}{3}\sum_{i=0}^{\infty} i\left(\frac{1}{3}\right)^i \\ &= \frac{2}{3}\times\frac{3}{2} - \frac{4}{3}\times\frac{3}{4} = 0\end{aligned}$$

注意 $1+a+a^2+\cdots = \frac{1}{1-a}$，$a+2a^2+3a^3\cdots = \frac{a}{(1-a)^2}$，$a+4a^2+9a^3\cdots = \frac{a(1+a)}{(1-a)^3}$。

关于静态图中巨型分支尺寸 S_{static} 的计算可参见本章参考文献。其结论为

$$S_{\text{static}} = \begin{cases} 0, & \delta \leqslant \frac{1}{4} \\ 1 - \frac{1}{\delta + \sqrt{\delta^2 + 2\delta}}, & \delta > \frac{1}{4} \end{cases}$$

3.9.2　具有优先连接的增长模型

考虑具有优先连接的增长模型。在各单元时间，图中加入一个顶点。则边的一端以概率 δ 与新顶点相连，另一端为随机顶点且其概率与该顶点度数成正比例。

用 $d_i(t)$ 代表 t 时刻所选择的第 i 个顶点的期望度数。则 t 时刻所有顶点的度数和为 $2\delta t$，因此一条边在 t 时刻与顶点 i 相连的概率为 $\frac{d_i(t)}{2\delta t}$。顶点 i 的度数由如下等式决定

$$\frac{\partial}{\partial t}d_i(t) = \delta\frac{d_i(t)}{2\delta t} = \frac{d_i(t)}{2t}$$

式中 δ 为 t 时刻加入一条边的概率，$\frac{d_i(t)}{2\delta t}$ 为顶点 i 被选为该边的另一端顶点的概率。

上式分母中的 2 确定了形如 $at^{\frac{1}{2}}$ 的解。a 的值由 $t=i$ 时的初始条件 $d_i(t)=\delta$ 决定。因此，$\delta = ai^{\frac{1}{2}}$ 或 $a=\delta i^{-\frac{1}{2}}$。所以，$d_i(t)=\delta\sqrt{\frac{t}{i}}$。

下一步给出顶点度数的概率分布。若 $i>\frac{\delta^2}{d^2}t$，则 $d_i(t)$ 小于 d。若 $i>\frac{\delta^2}{d^2}t$，则 t 时刻度数小于 d 的 t 个顶点占 $1-\frac{\delta^2}{d^2}$。因此，顶点度数小于 d 的概率为 $1-\frac{\delta^2}{d^2}$。概率密度 $P(d)$ 满足

$$\int_0^d P(d)\partial d = \mathrm{Prob}(\text{度数} < d) = 1-\frac{\delta^2}{d^2}$$

可由对 Prob(度数$<d$)积分得到。

$$P(d) = \frac{\partial}{\partial d}\left(1-\frac{\delta^2}{d^2}\right) = 2\frac{\delta^2}{d^3}$$

这是一个幂律分布。t 时刻第 i 个顶点度数图示见图 3.15 所示。

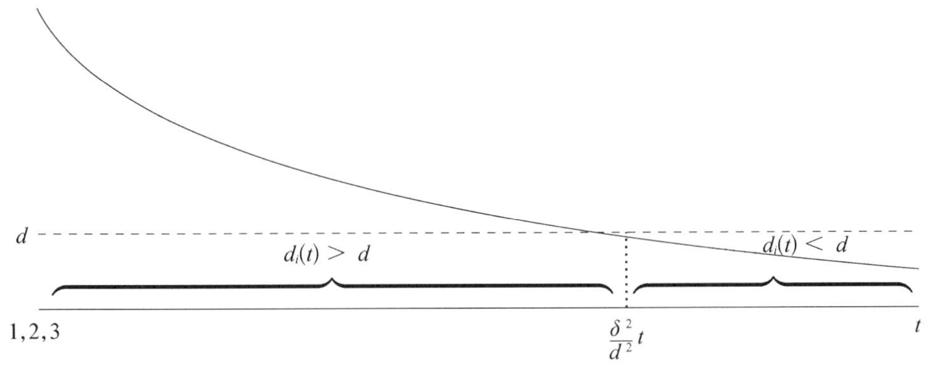

图 3.15 t 时刻第 i 个顶点度数图示。在 t 时刻,编号为 1 到 $\frac{\delta^2}{d^2}t$ 的顶点的度数大于 d。

3.10 小世界效应图

在 20 世纪 60 年代,Stanley Milgram 通过实验证明任意两个美国人可以由很少的熟人序列建立联系。在实验中,Milgram 让一个住在内布拉斯加州的人给另一个住在马萨诸塞州的人写信。内布拉斯加州的人可获得目标者的基本信息,包括其地址、职业。要求内布拉斯加州的这个人依据目标者的名字选择最可能实现任务的亲友并将信件给他,目的是以尽可能少的步骤将信件送达。收到该信的每个人都会收到同样的指示。在成功的实验中,平均需要五至六个人来送达信件。该实验产生了名词"六度分隔",并激发了社会科学中关于人们的内部联系的后继研究。令人吃惊的是,过去没有人研究过如何仅使用局部信息来找到最短路径。

在很多情况下用图对现象建模时,图的边可以分为本地边和远程边。此处采用 Kleinberg 所提出的有向图的简单模型,该模型中有本地边和远程边。考查一个二维的 $n\times n$ 网格,每个顶点与其他四个相邻顶点相连。在这些本地边外,每个顶点还连有 1 条远程边。从顶点 u 出发的边终止于顶点 $v(v\neq u)$ 的概率是 u 到 v 的距离 $d(u, v)$ 的函数。此处"距离"的含义为仅由本地格边所组成的最短路径。此概率与 $1/d^r(u, v)$ 成正比,r 为常量。这就给出了一族单参数的随机图。当 r 等于 0 时,对于所有 u 和 v 均有 $1/d^0(u, v)=1$,因此 u 的远程边的终点在所有顶点上均匀分布,与距离无关。随着 r 增加,远程边的期望长度下降。随着 r 趋于无穷大,远程边不存在,因此不存在比格路径更短的通路。最有趣的地方在于，当 r 小于 2 时总是有短路径，但却没能找到这些路径的局部算法。局部算法中仅允许记忆源信息、目标信息、算法当前位置，并可查询图以获得当前位置的远程边。基于这些信息，算法可决定路径下一个顶点。

当 $r<2$ 时，由于远程边的端点倾向于在格的所有顶点上均匀分布，因此很难在短路径上找到终点接近于目的地的远程边。当 r 等于 2 时，存在着这样的短路径，也存在简单算法，该算法可保证每一步都选中最接近目的地的边从而最后找到短路径。当 r 大于 2 时，也不存在可以找到短路径的局部算法。事实上，在最后一种情况短路径不存在的概率很大。

从 u 到 v 的远程边的概率与 $d^{-r}(u, v)$ 成正比。值得注意的是，该比例常量会随顶点 u 改变，此变化基于 u 在何处与 $n \times n$ 格的边界相连。然而，与 u 的距离正好为 k 的顶点个数最多为 $4k$ 个，且在 $k \leqslant n/2$ 时最少为 k 个。用 $c_r(u) = \sum_v d^{-r}(u, v)$ 代表正规化常量，其为比率的倒数。

对于 $r > 2$，$c_r(u)$ 的下界为

$$c_r(u) = \sum_v d^{-r}(u, v) \geqslant \sum_{k=1}^{n/2}(k)k^{-r} = \sum_{k=1}^{n/2} k^{1-r} \geqslant 2\sum_{k=1}^{n/2} k^{-2} = O(1)$$

对于 $r = 2$，正规化常量 $c_r(u)$的上界为

$$c_r(u) = \sum_v d^{-r}(u, v) \leqslant \sum_{k=1}^{2n}(4k)k^{-2} \leqslant 4\sum_{k=1}^{2n}\frac{1}{k} = \theta(\ln n)$$

对于 $r < 2$，正规化常量 $c_r(u)$的下界为

$$c_r(u) = \sum_v d^{-r}(u, v) \geqslant \sum_{k=1}^{n/2}(k)k^{-r} \geqslant \sum_{k=n/4}^{n/2} k^{1-r}$$

求和 $\sum_{k=n/4}^{n/2} k^{1-r}$ 中有$\frac{n}{4}$ 项，其中的最小项为$\left(\frac{n}{4}\right)^{1-r}$。因此，

$$c_r(u) \geqslant \frac{n}{4}\theta(n^{1-r}) = \theta(n^{2-r})$$

当 $r>2$ 时短路径不存在

当 $r>2$时，首先证明长度大于$n^{\frac{r+2}{2r}}$ 的边的期望数量趋近于0。注意到从 u 到 v 的边的概率为$d^{-r}(u, v)/c_r(u)$，其中 $c_r(u)$ 的下界为常数。因此，一条长边的长度大于等于$n^{\frac{r+2}{2r}}$ 的概率为$\Theta((n^{\frac{r+2}{2r}})^{-r}) = \Theta(n^{-(\frac{r+2}{2})})$。由于共有 n^2 条长边，长度

至少为 $n^{\frac{r+2}{2r}}$ 的长边的期望数量最多为 $\Theta(n^2 n^{-\frac{(r+2)}{2}}) = \Theta(n^{\frac{2-r}{2}})$，该值在 $r > 2$ 时趋近于 0。由一阶矩方法，几乎可以确定不存在这样的边。

对于至少一半的顶点对而言，这些顶点间只使用格边的格距离大于等于 $n/4$。它们间的任意路径至少包括 $\frac{1}{4}n/n^{\frac{r+2}{2r}} = \frac{1}{4}n^{\frac{r-2}{2r}}$ 条边，因此不存在长度为多项式对数的路径。

$r=2$ 时的算法

当 $r=2$ 时，选中距离目的地 t 最近的边的局部算法所找到路径的期望长度为 $O((\ln n)^3)$。假设某时刻该算法处于顶点 u，该顶点离目标 t 的距离为 k。则在步数期望值为 $O((\ln n)^2)$ 内，算法可抵达与 t 距离最多为 $k/2$ 处。其原因在于与 t 相距至多为 $k/2$ 的顶点有 $\Omega(k^2)$ 个。其中任一顶点与 u 的距离最多 $k+k/2=O(k)$（见图 3.16）。注意正规化常量 c_r 的上界为 $\Theta(\ln n)$，因此该比率常数为 $\Omega(1/\ln n)$。从 u 开始的远程边抵达其中一个顶点的概率至少为

$$\Omega(k^2 k^{-r}/(\ln n)) = \Omega(1/\ln n)$$

考查从 u 开始的 $\Omega((\ln n)^2)$ 步路径。在这些步骤中，对所访问顶点的远程边的选择是相互独立的，每条边在 $k/2$ 步内到达 t 的概率为 $\Omega(1/\ln n)$。因此它们均无法抵达 t 的概率为

$$(1-\Omega(1/\ln n))^{c(\ln n)^2} = O(\mathrm{e}^{-\ln n}) = O(1/n)$$

对于一个恰当选择的常量，上述等式成立。因此，每 $O((\ln n)^2)$ 步后到 t 的距离将折半。进一步可得，算法抵达 t 的期望步数为 $O((\ln n)^3)$。

$r<2$ 时不存在可找到短路径的局部算法

下面证明当 $r<2$ 时，不存在可以找到短路径的多项式对数时间算法。为证明该结论，首先讨论 $r=0$ 的特殊情况，再给出 $r<2$ 的证明。

当 $r=0$ 时，所有顶点均以相同概率为远程边的端点。因此，距离终点 $\sqrt{n}$ 的 n 个顶点为一条远程边的端点的概率均为 $1/n$。在长度为 $\sqrt{n}$ 的路径上，该路径中不遇到这样的边的概率为 $(1-1/n)^{\sqrt{n}}$。现有

$$\lim_{n\to\infty}\left(1-\frac{1}{n}\right)^{\sqrt{n}} = \lim_{n\to\infty}\left(1-\frac{1}{n}\right)^{n\frac{1}{\sqrt{n}}} = \lim_{n\to\infty}\mathrm{e}^{-\frac{1}{\sqrt{n}}} = 1$$

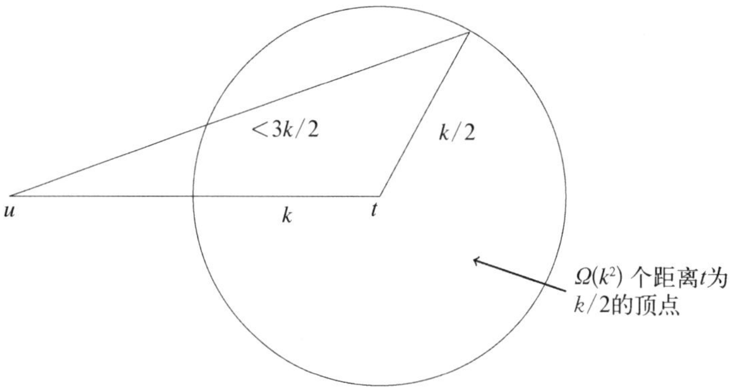

图 3.16　小世界现象

由于起始点距离目的点至少为 $n/4$ 的概率为 $1/2$；在$\sqrt{n}$步内，该路径不遇到这样一条边：该边对于至少一半的起始顶点而言距离目的点在$\sqrt{n}$以内，路径长度至少为$\sqrt{n}$。因此，时间期望值至少为$\frac{1}{2}\sqrt{n}$，不在多项式对数时间内。

对于一般的 $r<2$ 情形，我们将证明局部算法不能找到长度为 $O(n^{(2-r)/4})$ 的路径。设 $\delta=(2-r)/4$ 并设算法找到了具有最多 n^{δ} 条边的路径。则该路径上必然存在远程边，且终止于距 t 为 n^{δ} 处；否则该路径将终止于 n^{δ} 条格边因而会太长。距离 t 为 n^{δ} 的顶点有 $O(n^{2\delta})$ 个，从该路径中一个顶点开始的远程边终止于这些顶点中之一的概率最多为 $n^{2\delta}\left(\frac{1}{n^{2-r}}\right)=n^{(r-2)/2}$。可以从正规化常量的下界为 $\theta(n^{2-r})$ 中得出此结论，因此远程边命中 v 的概率的上界为 $\theta\left(\frac{1}{n^{2-r}}\right)$，与 v 的位置无关。因此，开始于路径的 n^{δ} 个顶点的远程边命中 $n^{2\delta}$ 个顶点(距离 t 不超过 n^{δ} 的顶点)中任意一个的概率为 $n^{2\delta}\frac{1}{n^{2-r}}=n^{\frac{r-2}{2}}$。该事件发生在路径上的 n^{δ} 个顶点中任意一个顶点的概率最多为 $n^{\frac{r-2}{2}}n^{\delta}=n^{\frac{r-2}{2}}n^{\frac{2-r}{4}}=n^{(r-2)/4}=o(1)$，这与申明相符。

$r<2$ 时短路径存在

最后，我们将证明当 $r<2$ 时，在 s 和 t 之间有长度为 $O(\ln n)$ 的短路径。该证明过程与定理 3.17 中说明当 $p=\Omega(\ln n/n)$ 时 $G(n, p)$ 的直径为 $O(\ln n)$ 的证明类似。所以此处不给出全部证明细节。仅针对 $r=0$ 的情况给出证明。

对特定顶点 v，设 S_i 表示距离 v 为 i 的顶点集合。仅使用本地边，若 i 为 $O(\sqrt{\ln n})$，则有 $|S_i|$ 为 $\Omega(\ln n)$。对更大的 i，与定理 3.17 中结论类似，有随着 S_i 尺寸上升的常数因子。只要 $|S_1|+|S_2|+\cdots+|S_i|\leqslant n^2/2$，则对 $n^2/2$ 个顶点中任意一个或其外的更多顶点而言，该顶点不属于 S_{i+1} 的概率为 $\left(1-\frac{1}{n^2}\right)^{|S_i|}\leqslant 1-\frac{|S_i|}{2n^2}$，这是由于 S_i 中任意顶点的远程边随机选择远程邻居结点。因此 S_{i+1} 的期望尺寸至少为 $|S_i|/4$。使用 Chernoff 界可得增长至 $n^2/2$ 的常数因子。因此，对任意两个顶点 v 和 w，距离它们均为 $O(\ln n)$ 的顶点至少有 $n^2/2$ 个。基数至少为 $n^2/2$ 的两个集合必定相交，从而给出了从 v 到 w 长度为 $O(\ln n)$ 的路径。

文献标记

$G(n,\ p)$随机图模型来自于 Erdös Rényi[8]。关于随机图的更多性质，读者可以参考 Palmer[9]，Jansen，Luczak 与 Ruciński[10]，或是 Bollobás[11]的著作。相变相关文献参见文献[12]。关于 CNF 的相变起源于 Chao 和 Franco 的工作[13]，文献[14]，[15]，[16]等对此进行了进一步研究。当子句数为 cn 且 $c<\frac{2}{3}$ 时，SC 算法求解的证明来自文献[17]。

本章关于巨型分支的资料来源于文献[18]及[19]。分支过程的资料来源于文献[20]。给定度数分布的随机图的巨型分支相变则参考了 Molloy 和 Reed[21]的工作。

增长模型的相关资料很多，本章主要基于文献[22]及[23]。小世界效应部分主要基于 Kleinberg[24]的工作，该工作发展了 Watts 和 Strogatz[25]的早期相关工作。

练习

3.1　对万维网进行搜索，找到可机器识别的真实世界图并计算其度数分布，对图进行描述。

3.2 找到真实世界中一些大型图的平均度数。

3.3 在 $G(n, p)$ 中，顶点度数为 k 的概率为 $\binom{n}{k}p^k(1-p)^{n-k}$。通过直接计算，证明期望度数为 np。二项分布体现在何处？该模式为概率取极大值的结果。直接计算该分布的方差。

3.4 (1) 画出 $G(1\,000, 0.003)$ 的度数分布。
(2) 画出 $G(1\,000, 0.030)$ 的度数分布。

3.5 $G\left(n, \frac{1}{n}\right)$ 中存在度数为 $\log n$ 的顶点的概率是多少？给出准确计算公式并进行简单逼近。

3.6 3.1.1 节中的例子表明若 $G\left(n, \frac{1}{n}\right)$ 的度数彼此独立，则几乎可以确定存在度数为 $\log n/\log\log n$ 的顶点。然而，顶点度数并非彼此独立。给出克服该问题的方法。

3.7 $f(n)$ 为小于 n 的渐近函数。类似函数包括 $1/n$，常量 d，$\log n$ 或 $n^{\frac{1}{3}}$。证明

$$\lim_{n\to\infty}\left(1+\frac{f(n)}{n}\right)^n = e^{f(n)}$$

3.8 对 $\left(1-\frac{1}{n}\right)^{n\log n}$ 进行简化。

3.9 证明 $1+x \leqslant e^x$ 对所有实数 x 均成立。当 x 取何值时 $1+x \approx e^x$ 为良好近似？

3.10 对 $n=1\,000$，且 $d=2, 3, 6$ 分别生成图 $G\left(n, \frac{d}{n}\right)$。计算各个图中的三角形个数。在 $n=100$ 时重复该实验。

3.11 $G\left(n, \frac{d}{n}\right)$ 中方形(4 回路)的期望个数是多少？$G\left(n, \frac{d}{n}\right)$ 中 4 团的期望数量是多少？

3.12 类比对图中三角形的研究，证明 $p=\frac{1}{n^{2/3}}$ 是出现 4 团的阈值。在 4 团中，4 个顶点之间的 $\binom{4}{2}$ 条边全部出现。

3.13 设 x 为从 $\{1, 2, \cdots, n\}$ 中均匀随机选取的整数。计算 n 的不同素因子个

数。该练习目的是证明素因子个数几乎确定为$\Theta(\ln\ln n)$。其中 p 为 2 与 n 之间的一个素数。

(1) 对固定素数 p，用 I_p 代表事件“p 整除 x”的指标函数。证明 $E(I_p)=\frac{1}{p}+O\left(\frac{1}{n}\right)$。已知$\sum_{p\leqslant n}\frac{1}{p}=\ln\ln n$ 式成立。

(2) 将随机选择的整数 x 的素因子个数看作一个随机变量，即 $y=\sum_{p}I_p$。证明 y 的方差是$O(\ln\ln n)$。为此，可利用小于等于 n 的素数共有 $O(n/\ln n)$ 个这一已知结论。为给出 y 的方差边界，需要考虑当 $p\neq q$ 均为素数时 $E(I_pI_q)$ 是多少？

(3) 利用(1)和(2)来证明素因子个数几乎确定为$\Theta(\ln\ln n)$。

3.14 $G\left(n,\frac{d}{n}\right)$中长度为 3，$\log\log n$，$\log n$ 的路径的期望个数分别是多少？当 $g(n)$是 n 的缓慢增长函数时，长度为 $g(n)$的路径的期望个数又是多少？

3.15 考虑通过抛两个硬币来生成一张随机图。一个硬币的抛币结果为正面的概率为 p_1，另一个硬币的抛币结果为正面的概率为 p_2。若此两硬币中有一个出现正面，则将边加入图中。求此方式所生成的图 $G(n, p)$的 p 值是多少？

3.16 数独游戏由 9×9 的方格组成。这些方格又可组成 9 个 3×3 的小方块。在每个方格中填入 1～9 之间的一个整数，使得每行、每列及每个 3×3 方块中的整数都不重复(即 9 个整数均出现且仅出现一次)。初始时刻板面上的小方块中已填入了一些整数，使得仅有一种方式可以填满剩下的方格。可以构建填满余下方格的一些简单规则，例如包含某小方块的行与列中已出现除 1 外的其他整数，则应将 1 加入到该小方块中。

从一个 9×9 的数独游戏开始，各个小方块均包含 1 到 9 之间的一个数，且满足行、列或 3×3 小方块中没有整数重复。

(1) 在保证数独游戏的结果唯一的前提下，可以随机删除多少个整数？

(2) 构建一组填写小方块的简单规则，比如若一行中不包含指定整数且若除某一列外(该列与前面行相交处的小方块为空白)的其他列均包含此整数，则将该整数填入到该行中。为保证所构造的规则完全有效，可以随机删除多少个整数？

3.17 将数独游戏扩展到规模为 $n^2\times n^2$的一般情形。设计一组完成游戏的简单规则。规则的一个例子是，若一行中不包含给定整数，且若除一列(该列与前面行相交处的小方块为空白)外的所有列均包含此整数,则将该整数填入到该行的剩余空白中。最初时所有空格都被填满,随后随机删除 k 个格子中的整数。

(1) 所设计的规则的有效性是否有阈值?即是否存在阈值 k,当仅有 k 个空格被清空后,仍可以利用这些规则找到一个解。

(2) 通过实验找到 n 取一些较大值时的 k 值。

3.18 补全定理 3.13 中使用二阶矩方法的证明,以说明当 $p=\frac{d}{n}$ 且 $d>1$ 时几乎可以确定图中存在回路。

提示:若两个回路共享 1 条及以上的边,则此二回路的联合至少比顶点的联合大 1。

3.19 设 x_i, $1\leqslant i\leqslant n$,为具有同样概率分布的一组指示变量集合。令 $x=\sum_{i=1}^{n}x_i$ 并假设 $E(x)\to\infty$。证明若 x_i 统计独立,则 $\text{Prob}(x=0)\to 0$。

3.20 当 $p=\frac{1}{2}\frac{\ln n}{n}$ 时,$G(n, p)$ 中独立顶点个数的期望是多少?

3.21 定理 3.17 证明了对某些 $c>0$ 且 $p=c\ln n/n$, $G(n, p)$ 的直径为 $O(\log n)$。加强该证明,给出 c 的尽可能小的值。

3.22 设 $G(n, p)$为随机图,以随机变量 x 代表未排序的非相邻顶点对(u, v)的个数,G 中没有其他顶点与 u 和 v 同时邻接。证明当 $\lim\limits_{n\to\infty}E(x)=0$ 时,对于大的 n 而言几乎没有非连通图。换言之 $\text{Prob}(x=0)\to 1$,因此 $\text{Prob}(G$ 连通$)\to 1$。事实上,早在满足此条件之前,图已连通。

3.23 画一棵有 10 个顶点的树,并以 1~10 的整数唯一标记每个顶点。构造该树的 Prüfer 序列(参见附录)。并在给定 Prüfer 序列时重构该树。

3.24 构造满足如下 Prüfer 序列的树(参见附录):

(1) 113 663(1, 2),(1, 3),(1, 4),(3, 5),(3, 6),(6, 7)及(6, 8)

(2) 552 833 226

请参见维基百科的 Kirchhoff 定理,以了解关于生成树个数的更多有趣资料。

3.25 找到一个可被机器识别为图的数据库,该图的期望边数是多少?若该图为 $G(n, p)$图,则 p 值为多少?找到不同尺寸分支的个数。检验小分支中是否含有回路。

3.26 对几个不同 p 值随机生成$G(50, p)$。最初设 $p=\frac{1}{50}$。

(1) p 为何值时首次出现回路？

(2) p 为何值时独立顶点消失且图连通？

3.27 设 $p=\frac{1}{3n}$。则几乎可以确定不存在长度为 10 的回路。

(1) 使用二阶矩方法证明几乎可以确定存在长度为 10 的路径。

(2) 若我们将结论中的“几乎确定不存在长度为 10 的回路”修改为“几乎确定不存在长度为 10 的路径”，原证明中什么地方会出现问题？

3.28 对于不同的 p 值，$G(n, p)$的直径是多少？

3.29 在证明所有单调性质都有阈值时，我们定义了 $G(n, p)$ 的 m 层复制，并对 $G(n, p)$ 的 m 个拷贝进行联合。给出一个例子，说明即使所有拷贝中都不具有某性质 Q，其联合仍可能具有该性质。

3.30 考查整数$\{1, 2, \cdots, n\}$的随机子集 $N(n, p)$的模型，这里 $N(n, p)$将$\{1, 2, \cdots, n\}$中的每个整数以概率 p 独立随机纳入该集合中。给出 $N(n, p)$的“递增性质”的定义。并证明 $N(n, p)$的每个递增性质均有阈值。

3.31 考查整数$\{1, 2, \cdots, n\}$的随机子集 $N(n, p)$的模型，这里 $N(n, p)$将$\{1, 2, \cdots, n\}$中的每个整数以概率 p 独立随机纳入该集合中。则 $N(n, p)$包含以下成分时的阈值为多少？

(1) 一个完美平方数；

(2) 一个完美立方数；

(3) 一个偶数；

(4) 包含三个数字使得 $x+y=z$ 成立。

3.32 修订 $G(n, p)$中关于单调性质均有阈值的证明，以适用于 3－CNF 可满足性问题。

3.33 在 $n\times n$ 的方形网格中，对于全部 $O(n^2)$ 条边，以概率 p 决定该边是否出现(边不出现的概率为 $1-p$)。考查一个递增性质，即存在从底部左侧角到顶部右侧角的路。证明该性质的阈值为 $p=1/2$。并说明这实际上是一个锐变阈值。

3.34 阈值性质看似与均匀分布相关，那么在其他分布中结论如何？考虑以概率$\frac{c(n)}{i}$从集合$\{1, 2, \cdots, n\}$中取得 i 的模型。是否存在出现完美平方数的阈值？是否存在算数数列的阈值？

3.35 证明性质“$N(n, p)$含有整数 1”存在阈值，并给出该阈值。

3.36 考查 $G(n, p)$。

(1) 2-着色的相变发生于何处？提示：当 $p=d/n$ 且 $d<1$，$G(n, p)$ 为无环图，因此它是二分的，存在2着色。当 $pn\to\infty$，三角形的期望数量趋于无穷大。证明几乎可以确认存在三角形。在2着色中结论如何？

(2) 3着色中结论如何？

3.37 实验验证以下问题。对于 $G\left(n, \frac{1}{2}\right)$，$k$ 取何值时存在顶点覆盖？k 取何值时存在 k 顶点集合，使得每条边都有一个顶点在此集合内？

3.38 是否存在条件使得任意满足该条件的性质均具有锐变阈值？例如，单调性是否属于该类条件？

3.39 (1) 列举 $G(n, p)$ 的5个递增性质；

(2) 列举5个非递增性质。

3.40 (生日问题)从 n 个整数的集合中抽取整数(每次抽取后均将所得数回放入此集合中)，抽取多少次后几乎可以确定有某整数被抽中两次？

3.41 设某社交网络图中有10 000个顶点，现有从随机种子出发生成一个社团的程序。在执行该算法时可得到数千个社团，因此算法执行者想知道该图中的社团总数为多少个。最后，当算法执行者发现第10 000个社团时，其已出现在之前发现的社团中。

(1) 使用生日问题给出社团数量的下界；

(2) 为什么只能得到下界，而非好的预测？

3.42 对于 $k=3, 5, 7$ 计算 $\left(1-\frac{1}{2^k}\right)^{2^k}$ 的值。其与 $1/e$ 的差距为多少？

3.43 考虑生成布尔函数合取范式 f 的随机过程。以概率 p 设置 n 个随机变量来生成各个 c 子句，补变量的概率为1/2。则当 $p=3/n$，1/2或其他值时，子句尺寸的分布如何？通过实验判定使得 f 不可满足的 p 的阈值。

3.44 对具有 n 个变量和 cn 个子句的随机3-CNF公式，可满足指派的期望数量为多少？

3.45 对SC算法做如下修改，其中哪一个满足定理3.21？

(1) 在所有长度最短的子句中，根据它们在式子中出现的顺序选择第一个子句；

(2) 将在大多数子句中与长度独立出现的字设置为1。

3.46 设服务器需要为一系列任务提供服务。系统中共有 n 件任务。在 t 时刻，剩余任务以概率 $p=d/n$($d<1$ 是常数)各自独立决定加入队列以取

得服务。每件任务所需服务时间为 1，且服务器在队列非空时每次服务于一件任务。证明当任务加入到队列后，任一任务的等待时间均不超过 $\Omega(\ln n)$ 的概率很高。

3.47 考虑图的 3-着色。随机生成图的边，以产生边数的函数来计算解的个数以及解集的连通分支个数，会有什么结论？

3.48 随机生成 3-CNF 中布尔式的子句。以所产生子句个数的函数来计算解的个数以及解集合中连通分子的个数，会有什么结论？

3.49 构造一个可满足式的实例，但要求用 SC 启发式不能找到一个可满足指派。

3.50 在 $G(n, p)$ 中，设 x_k 为尺寸为 k 的连通分支个数。用 x_k 表示随机选择的顶点 x 处于尺寸为 k 的连通分支内的概率，写出 x_k 的表达式。并写出含有一个随机选择顶点的连通分支的期望尺寸。

3.51 在对 $G\left(n, \dfrac{d}{n}\right)$ 的宽度优先搜索算法中，用 s 表示用步数 t 的函数所表示的被发现顶点的期望数量。写出对 s 尺寸期望值的微分方程。证明其解为 $s = d\left(1 - \dfrac{s}{n}\right)$。证明 f 边界的标准化尺寸为 $f(x) = 1 - e^{-dx} - x$，其中 $x = \dfrac{t}{n}$ 为标准化时间。

3.52 对于 $d > 1$，设 θ 为 $1 - e^{-dx} - x$ 在 $(0, 1)$ 的唯一根。证明边界的尺寸期望值随着 i 线性增大，i 为 θ 的邻近值。

3.53 考虑二项分布 $Binomial\left[n, 1 - \left(1 - \dfrac{d}{n}\right)^i\right]$，其中 $d > 1$。证明随着 $n \to \infty$，该分布对所有 i 均趋近于 0，但要排除 i 在区间 $[0, c_1 \log n]$ 和 $[\theta n - c_2\sqrt{n}, \theta n + c_2\sqrt{n}]$ 的情形。

3.54 对于 $f(x) = 1 - e^{-dx} - x$，$x_{\max} = \mathrm{argmax} f(x)$ 的值为多少？$f(x_{\max})$ 值为多少？在 $G\left(n, \dfrac{d}{n}\right)$ 的宽度搜索中边界的期望值在何处成为 n 的函数？

3.55 假如有人在随机图 $G\left(n, \dfrac{1}{2}\right)$ 中"隐藏"一个尺寸为 k 的团。换言之，在随机图中选择具有 k 个顶点的子集 S，补足缺失边使得 S 成为团。随后将修改后的图作为满足要求的图，现在来找 S。S 越大则其越容易被发现。事实上，当 k 大于 $c\sqrt{n\ln n}$ 时，存在该团的可追踪信号，可以通过寻找度数最大的k个顶点来找到S。试用定理3.1证明该结论。当k较小(如$O(n^{1/3})$)时，如何找到团仍是一个没有解决的公开问题。

3.56 图的团问题为找到最大尺寸的团。已知这个问题是NP-Hard，因此人们倾向于认为该问题不存在多项式时间算法。在随机图中可构造类似的问题。例如，在图$G\left(n, \frac{1}{2}\right)$中，对任意$\varepsilon>0$，几乎可以确定存在尺寸为$(2-\varepsilon)\log n$的团。但目前仍不知如何在多项式时间内找到团。

(1) 证明在$G\left(n, \frac{1}{2}\right)$中，几乎可以确定不存在尺寸为$(2+\varepsilon)\log_2 n$的团；

(2) 使用二阶矩方法证明$G\left(n, \frac{1}{2}\right)$中，几乎确定有尺寸为$(2-\varepsilon)\log_2 n$的团；

(3) 对任意$\varepsilon>0$，证明可以在$n^{O(\ln n)}$时间内找到$G\left(n, \frac{1}{2}\right)$中的尺寸为$(2-\varepsilon)\log n$的团；

(4) 给出在$G(n, 1/2)$中找到尺寸为$\Omega(\log n)$的团，且复杂度为$O(n^2)$的算法。提示：使用贪心算法。将该算法应用到$G\left(1\,000, \frac{1}{2}\right)$中，所得团尺寸为多少？

(5) 图中的独立顶点集合是指该集合中顶点中的任意两个之间均不存在边。给出在$G\left(n, \frac{1}{2}\right)$中找到尺寸为$\Omega(\log n)$的独立集合的多项式时间算法。

3.57 若y与z为独立的非负随机变量，则求和式$y+z$的生成函数为y和z的生成函数的乘积。证明该结论来源于$E(x^{y+z})=E(x^y x^z)=E(x^y)E(x^z)$。

3.58 当$m>1$，q为方程$f(x)=x$的根时，考虑分支过程，这里$f(x)$是一个顶点子节点数量的生成函数。证明当$0<x<1$时，$\lim\limits_{j\to\infty} f_j(x)=q$。

3.59 当$m>1$时，已证明对于$0<x<1$及分支过程生成函数f，有$\lim\limits_{j\to\infty} f_j(x)=q$。在极限情况下，这意味着$\mathrm{Prob}(z_j=0)=q$且$\mathrm{Prob}(z_j=i)=0$，$i$为全部非零有限值。为什么此二概率的和不为1，且不导致矛盾？

3.60 构造一个概率分布，该分布随着当前人口而变化，使得未来人类既不会消亡也不会出现人口数为无限大。

3.61 d 为严格大于 1 的常量。对于子节点个数满足二项分布 $Binomial\left(n-c_1n^{2/3},\ \frac{d}{n}\right)$ 的分支过程，证明生成函数在(0, 1) 内的根最多为严格小于 1 的常数。换句话说，该值不会大于 $1-(1/n)$。

3.62 考查 $G(n,\ p)$。对于渐近大于 $\frac{1}{n}$ 的 p，证明：$\sum_{i=0}^{\infty} i(i-2)\lambda_i > 0$。

3.63 如下定义图的全局聚类系数。d_v 是顶点 v 的度数，e_v 是将与 v 邻接的顶点与之相连的边数，则全局聚类参数为

$$c = \sum_v \frac{2e_v}{d_v(d_v-1)}$$

例如，在社交网络中可以度量朋友对中哪些人又互为朋友。若很多都是朋友，聚类系数会很高。具有 $p=\frac{d}{n}$ 的随机图的 c 为多少？对更稠密的图 c 为多少？将该值与社交网络进行比较。

3.64 考察结构图(如格或回路)，逐渐增加边或者随机改变边。设 L 为图中全部顶点对之间的平均距离，设 C 为三角形与具有三顶点的连通集的比率。以引入的随机值来刻画 L 和 C。

3.65 考查平面上的 $n\times n$ 的格。

(1) 对任意顶点 u，证明至少有 k 个距离为 k 的顶点，$1\leqslant k\leqslant n/2$；

(2) 对任意顶点 u，证明至多有 $4k$ 个距离为 k 的顶点；

(3) 证明在顶点对中，有一半顶点对间的距离至少为 $n/4$。

3.66 证明当 $r\leqslant 2$ 时，小世界效应图以高概率存在短路径。$r=0$ 的证明已在本章中给出。

3.67 对小世界效应图做如下改动。从一个 $n\times n$ 的格出发，该格中的每个顶点都以一条远程边与一个均匀随机选择的顶点相连。这与 $r=0$ 时的远程边完全相同。但格边并未出现。取而代之的是，对每个顶点均有 $\Theta(t^2)$ 个距离为 t 的顶点与之相邻接，此处 $t\leqslant n$。证明几乎可以确定图直径为 $O(\ln n)$。

3.68 给定 n 节点有向图，每个节点有两条随机的“出”边。随机选定 2 个顶点 s 和 t，证明从 s 到 t 存在长度最多为 $O(\ln n)$ 的路径的概率很高。

3.69 若图由一条回路组成，则加入一些随机长度的边以后，图直径将如何变化？本问题旨在回答需要加入多少随机性，才能得到小世界效应。

3.70 在小世界效应下思想与疾病的传播速度都很快。试问社会传染的速度如

何？疾病在人与人接触时即以一定概率传播，社会传染则需要接触多人。若传染的散播需要2个邻接节点，则一个人在一开始必须向多少个节点散播社会传染？

3.71 需要多少边才能割断小世界效应图？此处“割断”意味着分割为至少2个尺寸合理的碎片。这与巨型分支的出现是否有关？

3.72 在小世界效应模型中，若算法可探索任意节点上的边，代价为每个顶点一次，这对算法是否有帮助？

3.73 考查本节内关于小世界效应图的 $n\times n$ 格。若从 u 出发到 v 的边的概率与 $d^{-r}(u,\ v)$ 成正比，证明比率常数 $c_r(u)$ 为

$$\begin{array}{ll} \text{若 } r>2 & \theta(n^{2-r}) \\ \text{若 } r=2 & \theta(\ln n) \\ \text{若 } r<2 & \theta(1) \end{array}$$

3.74 在 $n\times n$ 格中证明，至少一半顶点对之间的距离大于等于 $n/4$。

第4章　奇异值分解(SVD)

一个矩阵 $\boldsymbol{A}$ 的奇异值分解是指将 $\boldsymbol{A}$ 分解为三个矩阵的乘积，即 $\boldsymbol{A}=\boldsymbol{U}\boldsymbol{D}\boldsymbol{V}^{\mathrm{T}}$，其中 $\boldsymbol{U}$ 和 $\boldsymbol{V}$ 的列单位正交，矩阵 $\boldsymbol{D}$ 为对角阵且对角元为正。SVD 有许多实际应用。在很多实际问题中，数据矩阵 $\boldsymbol{A}$ 接近于一个低阶矩阵，因此找到一个 $\boldsymbol{A}$ 的低阶逼近非常有用。对任意 k，$\boldsymbol{A}$ 的奇异值分解就给出了 $\boldsymbol{A}$ 的最佳 k 阶逼近。

奇异值分解可以对所有矩阵定义，而更常用的特征值分解则需要矩阵 $\boldsymbol{A}$ 是方阵及某些其他条件以确保特征向量的正交性。与之相比，在奇异值分解中，$\boldsymbol{V}$ 的列，称为 $\boldsymbol{A}$ 的右奇异向量，总是构成一个(单位)正交集，且不需要任何假设。$\boldsymbol{U}$ 的列称为左奇异向量，也会构成一个(单位)正交集。对可逆方阵 $\boldsymbol{A}$，(单位)正交性的一个简单推论是，$\boldsymbol{A}$ 的逆等于 $\boldsymbol{V}\boldsymbol{D}^{-1}\boldsymbol{U}^{\mathrm{T}}$。

为了深入了解 SVD，将一个 $n\times d$ 矩阵 $\boldsymbol{A}$ 的行视为 d 维空间中的 n 个点，考虑如下问题：如何找到这个点集的最佳拟合 k 维子空间。此处最佳意味着最小化这些点到这个子空间垂直距离的平方之和。我们从特殊情况开始，即 $k=1$，该子空间为一维(通过原点的一条直线)。稍后我们将看到，可以通过 k 次最佳直线拟合来找到最佳拟合 k 维子空间，这被称为最佳最小二乘拟合问题。

考虑将点 $\boldsymbol{x}_i=(x_{i1},x_{i2},\cdots,x_{id})$ 投影到一条通过原点的直线，如图 4.1 所示。那么

$$x_{i1}^2+x_{i2}^2+\cdots+{}_{id}^2=(\text{投影长度})^2+(\text{点到直线的距离})^2$$

因此

$$(\text{点到直线的距离})^2=x_{i1}^2+x_{i2}^2+\cdots+x_{id}^2-(\text{投影长度})^2$$

由于 $\sum\limits_{i=1}^{n}(x_{i1}^2+x_{i2}^2+\cdots+x_{id}^2)$ 是一个独立于这条直线的常数，最小化到此直

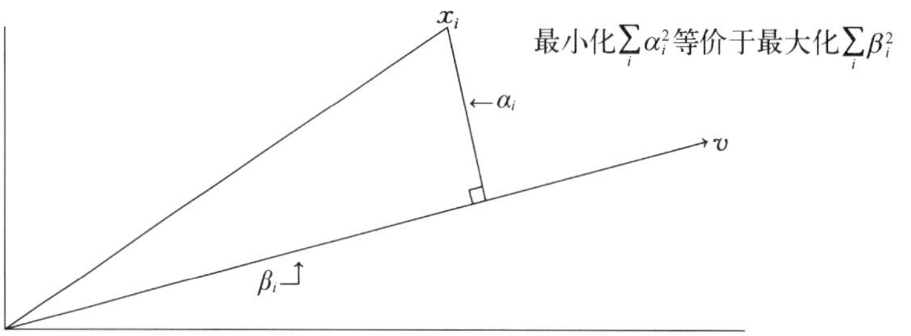

图 4.1　点 x_i 在经过原点的 v 方向上直线的投影

线的距离平方之和等价于最大化在此直线上的投影长度的平方和。类似的，对最佳拟合子空间，最大化子空间上投影长度的平方和即最小化到此子空间距离的平方和。

读者可能想知道为什么我们最小化到直线的垂直距离的“平方”和。或者，我们是否可以定义最佳拟合直线为最小化到该直线垂直距离之和的那条直线。可以举例说明，这两种定义给出不同的答案。选择距离的平方和为目标函数似乎是随意的，且在某种程度上也确实如此。但是，平方有很多很好的数学性质，首先，我们可以利用毕达哥拉斯定理说明最小化距离的平方和等价于最大化投影的平方和。

4.1　奇异向量

我们现在定义一个 $n\times d$ 矩阵 $\boldsymbol{A}$ 的奇异向量。将 $\boldsymbol{A}$ 的行作为 d 维空间的 n 个点，考虑通过原点的最佳拟合直线。令 $\boldsymbol{v}$ 为这条直线上的单位向量，$\boldsymbol{A}$ 的第 i 行 $\boldsymbol{a}_i$ 在 $\boldsymbol{v}$ 上的投影长度，是 $|\boldsymbol{a}_i\cdot\boldsymbol{v}|$。从这里我们可以看到投影长度的平方和是 $|\boldsymbol{Av}|^2$，最佳拟合直线是最大化 $|\boldsymbol{Av}|^2$，从而最小化这些点到这条直线的距离平方和的那一条直线。

考虑到这一点，定义 $\boldsymbol{A}$ 的第一奇异向量 $\boldsymbol{v}_1$ 为将 $\boldsymbol{A}$ 的行看作 d 维空间中的 n 个点时，通过原点的最佳拟合直线的(单位)方向所对应的列向量，即

$$\boldsymbol{v}_1=\arg\max_{|\boldsymbol{v}|=1}|\boldsymbol{Av}|$$

$\sigma_1(\boldsymbol{A})=|\boldsymbol{Av}_1|$ 被称为 $\boldsymbol{A}$ 的第一奇异值。注意 $\sigma_1^2=\sum_{i=1}^{n}(\boldsymbol{a}_i\cdot\boldsymbol{v}_1)^2$ 即为 $\boldsymbol{A}$ 所

代表的点集到由 $\boldsymbol{v}_1$ 决定的直线的距离平方和。

寻找矩阵 $\boldsymbol{A}$ 的最佳二维拟合子空间可以用如下的贪婪算法，取 $\boldsymbol{v}_1$ 作为二维子空间的第一个基向量，然后找到包含 $\boldsymbol{v}_1$ 的最佳二维子空间，这时在定义中取距离平方和就有用了。对每一个包含 $\boldsymbol{v}_1$ 的二维子空间，子空间上投影长度的平方和等于在 $\boldsymbol{v}_1$ 上投影的平方和，加上这个子空间中垂直于 $\boldsymbol{v}_1$ 的某个向量上投影的平方和。这样，我们可以找一个垂直于 $\boldsymbol{v}_1$，且在所有这样的单位向量中最大化 $|\boldsymbol{Av}|^2$ 的单位向量 $\boldsymbol{v}_2$，而不是直接找包含 $\boldsymbol{v}_1$ 的最佳二维子空间。用同样的贪婪算法可以找最佳的三维以至更高维的子空间，类似的，可以定义 $\boldsymbol{v}_3, \boldsymbol{v}_4, \cdots$。这一点可以在以下定义中彰显。没有任何先验的保证贪婪算法可以给出最佳拟合。但是事实上，贪婪算法确实奏效，正如我们将要揭示的，它可以得到每个维数的最佳拟合子空间。

第二奇异向量 $\boldsymbol{v}_2$，可被定义为垂直于 $\boldsymbol{v}_1$ 的最佳拟合直线的单位方向。

$$\boldsymbol{v}_2 = \mathop{\arg\max}_{\substack{\boldsymbol{v} \perp \boldsymbol{v}_1 \\ |\boldsymbol{v}|=1}} |\boldsymbol{Av}|$$

称 $\sigma_2(\boldsymbol{A}) = |\boldsymbol{Av}_2|$ 为 $\boldsymbol{A}$ 的第三奇异值。第三奇异向量 $\boldsymbol{v}_3$ 及第三奇异值 $\sigma_3(\boldsymbol{A})$ 可以类似定义为

$$\boldsymbol{v}_3 = \mathop{\arg\max}_{\substack{\boldsymbol{v} \perp \boldsymbol{v}_1, \boldsymbol{v}_2 \\ |\boldsymbol{v}|=1}} |\boldsymbol{Av}|$$

和

$$\sigma_3(\boldsymbol{A}) = |\boldsymbol{Av}_3|$$

这个过程可以一直继续，直到找到奇异向量 $\boldsymbol{v}_1, \boldsymbol{v}_2, \cdots, \boldsymbol{v}_r$，奇异值 $\sigma_1, \sigma_2, \cdots, \sigma_r$，和

$$\max_{\substack{\boldsymbol{v} \perp \boldsymbol{v}_1, \boldsymbol{v}_2, \cdots, \boldsymbol{v}_r \\ |\boldsymbol{v}|=1}} |\boldsymbol{Av}| = 0$$

才停止。

如果不用贪婪算法先找到最大化 $|\boldsymbol{Av}|$ 的 $\boldsymbol{v}_1$，然后再找包含 $\boldsymbol{v}_1$ 的最佳拟合二维子空间，我们就可以直接找到最佳拟合二维子空间，那我们也许可以做得更好。但是这并非实际情况。现在，我们给出贪婪算法确实可以得到每个维数的最佳子空间的一个简单证明。

定理 4.1 令 $\boldsymbol{A}$ 为一个 $n \times d$ 的矩阵，其奇异向量为 $\boldsymbol{v}_1, \boldsymbol{v}_2, \cdots, \boldsymbol{v}_r$。令 $1 \leqslant k \leqslant r$，$\boldsymbol{V}_k$ 为 $\boldsymbol{v}_1, \boldsymbol{v}_2, \cdots, \boldsymbol{v}_k$ 张成的子空间。那么对每个 k，$\boldsymbol{V}_k$ 是 $\boldsymbol{A}$ 的最佳拟合 k 维子空间。

证明　结论对 $k=1$ 正确是显然的。

对 $k=2$，令 $\boldsymbol{W}$ 为 $\boldsymbol{A}$ 的最佳拟合二维子空间。对 $\boldsymbol{W}$ 的任何基$(\boldsymbol{w}_1,\boldsymbol{w}_2)$，$|\boldsymbol{A}\boldsymbol{w}_1|^2+|\boldsymbol{A}\boldsymbol{w}_2|^2$ 是 $\boldsymbol{A}$ 的行在 $\boldsymbol{W}$ 上投影长度的平方和。取 $\boldsymbol{W}$ 的一组基$(\boldsymbol{w}_1,\boldsymbol{w}_2)$ 使得 $\boldsymbol{w}_2$ 正交于 $\boldsymbol{v}_1$。如果 $\boldsymbol{v}_1$ 正交于 $\boldsymbol{W}$，任何 $\boldsymbol{W}$ 中的单位向量都可以作为 $\boldsymbol{w}_2$。如若不然，取 $\boldsymbol{w}_2$ 为在 $\boldsymbol{W}$ 中且正交于 $\boldsymbol{v}_1$ 在 $\boldsymbol{W}$ 上的投影的单位向量，从而有 $\boldsymbol{w}_2$ 正交于 $\boldsymbol{v}_1$。

由于 $\boldsymbol{v}_1$ 最大化 $|\boldsymbol{A}\boldsymbol{v}|^2$，可得 $|\boldsymbol{A}\boldsymbol{w}_1|^2\leqslant|\boldsymbol{A}\boldsymbol{v}_1|^2$。因为 $\boldsymbol{v}_2$ 在所有正交于 $\boldsymbol{v}_1$ 的 $\boldsymbol{v}$ 中最大化 $|\boldsymbol{A}\boldsymbol{v}|^2$，可得 $|\boldsymbol{A}\boldsymbol{w}_2|^2\leqslant|\boldsymbol{A}\boldsymbol{v}_2|^2$。因此

$$|\boldsymbol{A}\boldsymbol{w}_1|^2+|\boldsymbol{A}\boldsymbol{w}_2|^2\leqslant|\boldsymbol{A}\boldsymbol{v}_1|^2+|\boldsymbol{A}\boldsymbol{v}_2|^2$$

$\boldsymbol{V}_2$ 至少是和 $\boldsymbol{W}$ 同样好，也是一个最佳拟合二维子空间。

对于一般的 k，可以做归纳法。由归纳法的假设，$\boldsymbol{V}_{k-1}$ 是一个最佳拟合 $k-1$ 维子空间。如果 $\boldsymbol{W}$ 是一个最佳拟合 k 维子空间，选择 $\boldsymbol{W}$ 的一组基 $\boldsymbol{w}_1,\boldsymbol{w}_2,\cdots,\boldsymbol{w}_k$，使得 $\boldsymbol{w}_k$ 垂直于 $\boldsymbol{v}_1,\boldsymbol{v}_2,\cdots,\boldsymbol{v}_{k-1}$。从而有

$$|\boldsymbol{A}\boldsymbol{w}_1|^2+|\boldsymbol{A}\boldsymbol{w}_2|^2+\cdots+|\boldsymbol{A}\boldsymbol{w}_k|^2\leqslant|\boldsymbol{A}\boldsymbol{v}_1|^2+|\boldsymbol{A}\boldsymbol{v}_2|^2+\cdots+|\boldsymbol{A}\boldsymbol{v}_{k-1}|^2+|\boldsymbol{A}\boldsymbol{w}_k|^2$$

因为 $\boldsymbol{V}_{k-1}$ 是一个最佳 $k-1$ 维子空间，且 $\boldsymbol{w}_k$ 垂直于 $\boldsymbol{v}_1,\boldsymbol{v}_2,\cdots,\boldsymbol{v}_{k-1}$，由 $\boldsymbol{v}_k$ 的定义可得 $\boldsymbol{v}_k$，$|\boldsymbol{A}\boldsymbol{w}_k|^2\leqslant|\boldsymbol{A}\boldsymbol{v}_k|^2$。从而由

$$\begin{aligned}&|\boldsymbol{A}\boldsymbol{w}_1|^2+|\boldsymbol{A}\boldsymbol{w}_2|^2+\cdots+|\boldsymbol{A}\boldsymbol{w}_{k-1}|^2+|\boldsymbol{A}\boldsymbol{w}_k|^2\\ \leqslant&|\boldsymbol{A}\boldsymbol{v}_1|^2+|\boldsymbol{A}\boldsymbol{v}_2|^2+\cdots+|\boldsymbol{A}\boldsymbol{v}_{k-1}|^2+|\boldsymbol{A}\boldsymbol{v}_k|^2\end{aligned}$$

可以得出 $\boldsymbol{V}_k$ 至少与 $\boldsymbol{W}$ 一样好，所以是最佳的。

注意到 n 完全向量 $\boldsymbol{A}\boldsymbol{v}_i$ 的各分量是 $\boldsymbol{A}$ 的各个行在 $\boldsymbol{v}_i$ 上(带有符号的)投影长度。那么 $|\boldsymbol{A}\boldsymbol{v}_i|=\sigma_i(\boldsymbol{A})$ 可以看作是矩阵 $\boldsymbol{A}$ 在 $\boldsymbol{v}_i$ 上的"分量"。为了让这种解释说得通，$\boldsymbol{A}$ 在每一个 $\boldsymbol{v}_i$ 上分量的平方加起来，应该可以得到矩阵"$\boldsymbol{A}$ 的全部内容"(即所有元素)的平方。而情况确实如此，这可以视为向量正交分解的矩阵类比。

考虑 $\boldsymbol{A}$ 的一行 $\boldsymbol{a}_j$。因为 $\boldsymbol{v}_1,\boldsymbol{v}_2,\cdots,\boldsymbol{v}_r$ 张成了 $\boldsymbol{A}$ 的行空间，对所有垂直于 $\boldsymbol{v}_1,\boldsymbol{v}_2,\cdots,\boldsymbol{v}_r$ 的 $\boldsymbol{v}$，$\boldsymbol{a}_j\cdot\boldsymbol{v}=0$。从而，对每一行 $\boldsymbol{a}_j$，$\sum_{i=1}^{r}(\boldsymbol{a}_j\cdot\boldsymbol{v}_i)^2=|\boldsymbol{a}_j|^2$。对所有行相加

$$\sum_{j=1}^{n}|\boldsymbol{a}_j|^2=\sum_{j=1}^{n}\sum_{i=1}^{r}(\boldsymbol{a}_j\cdot\boldsymbol{v}_i)^2=\sum_{i=1}^{r}\sum_{j=1}^{n}(\boldsymbol{a}_j\cdot\boldsymbol{v}_i)^2=\sum_{i=1}^{r}|\boldsymbol{A}\boldsymbol{v}_i|^2=\sum_{i=1}^{r}\sigma_i^2(\boldsymbol{A})$$

但是，$\boldsymbol{A}$ 的所有元素的平方和是 $\sum_{j=1}^{n}|\boldsymbol{a}_j|^2=\sum_{j=1}^{n}\sum_{k=1}^{d}a_{jk}^2$。从而，$\boldsymbol{A}$ 的奇异值的平

方和确实是“**A** 的全部内容”的平方和，即所有元素的平方和。与这个量有关的一个重要的范数，**A** 的 Frobenius 范数，记作 $\|\boldsymbol{A}\|_{\mathrm{F}}$，可以定义为

$$\|\boldsymbol{A}\|_{\mathrm{F}}=\sqrt{\sum_{j,k}a_{jk}^{2}}$$

引理 4.2 *对任意矩阵 **A**，奇异值的平方和等于它的 Frobenius 范数的平方。即 $\sum\sigma_i^2(\boldsymbol{A})=\|\boldsymbol{A}\|_{\mathrm{F}}^2$。*

证明 由之前讨论即得。

令 $\boldsymbol{v}_1$ 为使 $|\boldsymbol{A}\boldsymbol{v}|$ 最大的向量 $\boldsymbol{v}$，对任意 $i>1$，令 $\boldsymbol{v}_i$ 垂直于 $\boldsymbol{v}_1,\boldsymbol{v}_2,\cdots,\boldsymbol{v}_{i-1}$，且使 $|\boldsymbol{A}\boldsymbol{v}|$ 最大。向量组 $\boldsymbol{v}_1,\boldsymbol{v}_2,\cdots,\boldsymbol{v}_r$ 被称为右奇异向量组。向量组 $\boldsymbol{A}\boldsymbol{v}_i$ 构成一个基本组，且可归一化为

$$\boldsymbol{u}_i=\frac{1}{\sigma_i(\boldsymbol{A})}\boldsymbol{A}\boldsymbol{v}_i$$

稍后我们会说明，类似的，向量左乘 **A** 时，存在 $\boldsymbol{u}_1,\boldsymbol{u}_2,\cdots,\boldsymbol{u}_r$ 可以最大化 $|\boldsymbol{u}^{\mathrm{T}}\boldsymbol{A}|$，称为左奇异向量组。

显然，由定义，右奇异向量组是正交的。现在来证明左奇异向量组也是正交的。对矩阵 **A** 的秩作归纳，假设秩为 k 的矩阵 **A** 的左奇异向量组是正交的，对秩为 $k+1$ 的矩阵 **A** 和左奇异向量组 $\boldsymbol{u}_1,\boldsymbol{u}_2,\cdots,\boldsymbol{u}_{k+1}$，$\boldsymbol{B}=\boldsymbol{A}-\sigma_1\boldsymbol{u}_1\boldsymbol{v}_1^{\mathrm{T}}$ 的秩为 k 且有左奇异向量组 $\boldsymbol{u}_2,\boldsymbol{u}_3,\cdots,\boldsymbol{u}_{k+1}$，由归纳法假设，它们是正交的，且 $\boldsymbol{u}_1$ 正交于 $\boldsymbol{u}_2,\boldsymbol{u}_3,\cdots,\boldsymbol{u}_{k+1}$。从而 **A** 的左奇异向量组是正交的。

定理 4.3 *假设 **A** 是秩为 r 的矩阵，且有右奇异向量组 $\boldsymbol{v}_1,\boldsymbol{v}_2,\cdots,\boldsymbol{v}_r$。那么，**A** 的左奇异向量组 $\boldsymbol{u}_1,\boldsymbol{u}_2,\cdots,\boldsymbol{u}_r$ 正交。*

证明 对 r 做归纳法。当 $r=1$ 时，只有一个向量 $\boldsymbol{u}_i$，结论自然成立。

对归纳部分，考虑矩阵

$$\boldsymbol{B}=\boldsymbol{A}-\sigma_1\boldsymbol{u}_1\boldsymbol{v}_1^{\mathrm{T}}$$

将奇异值分解的定义所蕴含的算法用在 **B** 上，与用这个算法求 **A** 的第二及之后的奇异向量和奇异值是一样的。为了得出这个结论，首先观察到，$\boldsymbol{B}\boldsymbol{v}_1=\boldsymbol{A}\boldsymbol{v}_1-\sigma_1\boldsymbol{u}_1\boldsymbol{v}_1^{\mathrm{T}}\boldsymbol{v}_1=0$。所以，**B** 的第一个右奇异向量，记作 $\boldsymbol{z}$，垂直于 $\boldsymbol{v}_1$，因为如果它有一个沿 $\boldsymbol{v}_1$ 的分量 $\boldsymbol{z}_1$，那么 $\left|\boldsymbol{B}\frac{\boldsymbol{z}-\boldsymbol{z}_1}{|\boldsymbol{z}-\boldsymbol{z}_1|}\right|=\frac{|\boldsymbol{B}\boldsymbol{z}|}{|\boldsymbol{z}-\boldsymbol{z}_1|}>|\boldsymbol{B}\boldsymbol{z}|$，与 $\boldsymbol{z}$ 依定义是 arg max 相矛盾。但是对任意垂直于 $\boldsymbol{v}_1$ 的 $\boldsymbol{v}$，有 $\boldsymbol{B}\boldsymbol{v}=\boldsymbol{A}\boldsymbol{v}$。因此，**B** 的奇异向量确实是 **A** 的第二奇异向量。重复以上论述可得，对 **B** 运行奇异值分

解算法与对 $\boldsymbol{A}$ 求其第二及之后的奇异向量和奇异值的算法是相同的。这将留作一个练习题。

因此，以上算法可以找到 $\boldsymbol{B}$ 的右奇异向量组 $\boldsymbol{v}_2, \boldsymbol{v}_3, \cdots, \boldsymbol{v}_r$ 和相应的左奇异向量组 $\boldsymbol{u}_2, \boldsymbol{u}_3, \cdots, \boldsymbol{u}_r$。由归纳法假设，$\boldsymbol{u}_2, \boldsymbol{u}_3, \cdots, \boldsymbol{u}_r$ 是正交的。

剩下还需要证明 $\boldsymbol{u}_1$ 垂直于其他的 $\boldsymbol{u}_i$。如若不然，对某些 $i \geqslant 2, \boldsymbol{u}_1^{\mathrm{T}}\boldsymbol{u}_i \neq 0$，不失一般性，可假设 $\boldsymbol{u}_1^{\mathrm{T}}\boldsymbol{u}_i > 0$。对 $\boldsymbol{u}_1^{\mathrm{T}}\boldsymbol{u}_i < 0$ 情形的证明是对称的。现在，对充分小的 $\varepsilon > 0$，向量

$$\boldsymbol{A}\left(\frac{\boldsymbol{v}_1 + \varepsilon\boldsymbol{v}_i}{|\boldsymbol{v}_1 + \varepsilon\boldsymbol{v}_i|}\right) = \frac{\sigma_1\boldsymbol{u}_1 + \varepsilon\sigma_i\boldsymbol{u}_i}{\sqrt{1+\varepsilon^2}}$$

的模至少跟它在 $\boldsymbol{u}_1$ 方向分量的长度相同，即

$$\boldsymbol{u}_1^{\mathrm{T}}\left(\frac{\sigma_1\boldsymbol{u}_1 + \varepsilon\sigma_i\boldsymbol{u}_i}{\sqrt{1+\varepsilon^2}}\right) = (\sigma_1 + \varepsilon\sigma_i\boldsymbol{u}_1^{\mathrm{T}}\boldsymbol{u}_i)\left(1 - \frac{\varepsilon^2}{2} + O(\varepsilon^4)\right) = \sigma_1 + \varepsilon\sigma_i\boldsymbol{u}_1^{\mathrm{T}}\boldsymbol{u}_i - O(\varepsilon^2) > \sigma_1$$

矛盾！所以，$\boldsymbol{u}_1, \boldsymbol{u}_2, \cdots, \boldsymbol{u}_r$ 是互相垂直的。

4.2　奇异值分解(SVD)

令 $\boldsymbol{A}$ 是一个 $n \times d$ 矩阵，具有奇异向量组 $\boldsymbol{v}_1, \boldsymbol{v}_2, \cdots, \boldsymbol{v}_r$ 和相应的奇异值 $\sigma_1, \sigma_2, \cdots, \sigma_r$。$\boldsymbol{A}$ 的左奇异向量组为 $\boldsymbol{u}_i = \frac{1}{\sigma_i}\boldsymbol{A}\boldsymbol{v}_i$，其中 $\sigma_i\boldsymbol{u}_i$ 是一个向量，其分量与 $\boldsymbol{A}$ 的行向量在 $\boldsymbol{v}_i$ 上的投影对应。每个 $\sigma_i\boldsymbol{u}_i\boldsymbol{v}_i^{\mathrm{T}}$ 是秩 1 矩阵，它的列是 $\sigma_i\boldsymbol{u}_i$ 的加权，权重正比于 $\boldsymbol{v}_i$ 的分量。

现在来证明 $\boldsymbol{A}$ 可以被分解成秩 1 矩阵的和：

$$\boldsymbol{A} = \sum_{i=1}^{r}\sigma_i\boldsymbol{u}_i\boldsymbol{v}_i^{\mathrm{T}}$$

先来证明一个简单的引理：如果对所有 $\boldsymbol{v}, \boldsymbol{A}\boldsymbol{v} = \boldsymbol{B}\boldsymbol{v}$，那么两个矩阵 $\boldsymbol{A}$ 和 $\boldsymbol{B}$ 相等。

引理 4.4　矩阵 $\boldsymbol{A}$ 和 $\boldsymbol{B}$ 是相等的，当且仅当对所有向量 $\boldsymbol{v}, \boldsymbol{A}\boldsymbol{v} = \boldsymbol{B}\boldsymbol{v}$。

证明　显然，若 $\boldsymbol{A} = \boldsymbol{B}$，对所有 $\boldsymbol{v}$ 有 $\boldsymbol{A}\boldsymbol{v} = \boldsymbol{B}\boldsymbol{v}$。反过来，假设对所有 $\boldsymbol{v}$ 有 $\boldsymbol{A}\boldsymbol{v} =$

$\boldsymbol{Bv}$。令 $\boldsymbol{e}_i$ 是第 i 个元素为 1、其他元素都为 0 的向量，$\boldsymbol{Ae}_i$ 是 $\boldsymbol{A}$ 的第 i 列。如果对每个 i，有 $\boldsymbol{Ae}_i = \boldsymbol{Be}_i$，那么显然有 $\boldsymbol{A} = \boldsymbol{B}$。

定理 4.5 令 $\boldsymbol{A}$ 是一个 $n \times d$ 矩阵，且有右奇异向量组 $\boldsymbol{v}_1, \boldsymbol{v}_2, \cdots, \boldsymbol{v}_r$，左奇异向量组 $\boldsymbol{u}_1, \boldsymbol{u}_2, \cdots, \boldsymbol{u}_r$ 和相应的奇异值 $\sigma_1, \sigma_2, \cdots, \sigma_r$。则

$$\boldsymbol{A} = \sum_{i=1}^{r} \sigma_i \boldsymbol{u}_i \boldsymbol{v}_i^{\mathrm{T}}$$

证明 将 $\boldsymbol{A}$ 和 $\sum_{i=1}^{r} \sigma_i \boldsymbol{u}_i \boldsymbol{v}_i^{\mathrm{T}}$ 分别乘以 $\boldsymbol{v}_j$，可得等式

$$\sum_{i=1}^{r} \sigma_i \boldsymbol{u}_i \boldsymbol{v}_i^{\mathrm{T}} \boldsymbol{v}_j = \sigma_j \boldsymbol{u}_j = \boldsymbol{A}\boldsymbol{v}_j$$

因为任意向量 $\boldsymbol{v}$ 可以表示为奇异向量组的线性组合加上一个垂直于所有 $\boldsymbol{v}_i$ 的向量。对任意 $\boldsymbol{v}$，有 $\boldsymbol{Av} = \sum_{i=1}^{r} \sigma_i \boldsymbol{u}_i \boldsymbol{v}_i^{\mathrm{T}} \boldsymbol{v}$。由引理 4.4，$\boldsymbol{A} = \sum_{i=1}^{r} \sigma_i \boldsymbol{u}_i \boldsymbol{v}_i^{\mathrm{T}}$。

分解 $\boldsymbol{A} = \sum_i \sigma_i \boldsymbol{u}_i \boldsymbol{v}_i^{\mathrm{T}}$ 被称为 $\boldsymbol{A}$ 的奇异值分解(SVD)，记为 $\boldsymbol{A} = \boldsymbol{UDV}^{\mathrm{T}}$，其中 $\boldsymbol{U}$ 和 $\boldsymbol{V}$ 的列分别是左奇异向量组和右奇异向量组，$\boldsymbol{D}$ 是一个对角矩阵，其对角元是 $\boldsymbol{A}$ 的奇异值。如图 4.2 所示。

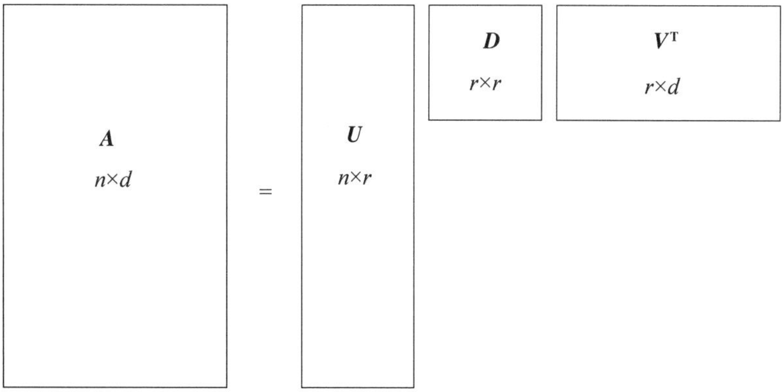

图 4.2 $n \times d$ 矩阵的奇异值分解

对任意矩阵 $\boldsymbol{A}$，奇异值序列是唯一的，若奇异值各不相同，则奇异向量组也是唯一的。然而，如果其中一些奇异值相等，相应的奇异向量可以张成某个子空间。任何可张成此子空间的正交向量组都可以用来作为奇异向量。

4.3 最佳 k 阶逼近

Frobenius 范数,记作 $\| A \|_F$ 和 2 范数,记作 $\| A \|_2$,是两个非常重要的矩阵范数。矩阵 $\boldsymbol{A}$ 的 2 范数由

$$\max_{|\boldsymbol{v}|=1} |\boldsymbol{A}\boldsymbol{v}|$$

给出,从而等于矩阵的最大奇异值。

令 $\boldsymbol{A}$ 是一个 $n \times d$ 矩阵,视 $\boldsymbol{A}$ 的行向量为 d 维空间的 n 个点。$\boldsymbol{A}$ 的 Frobenius 范数是这些点到原点距离平方和的平方根;2 范数是这些点在沿某个方向到原点的距离平方和最大值的平方根。也就是说,2 范数是这些向量在第一奇异向量上的投影的平方和的平方根,即第一奇异值 σ_1。

令

$$\boldsymbol{A} = \sum_{i=1}^{r} \sigma_i \boldsymbol{u}_i \boldsymbol{v}_i^{\mathrm{T}}$$

为 $\boldsymbol{A}$ 的 SVD 分解。对 $k \in \{1, 2, \cdots, r\}$,令

$$\boldsymbol{A}_k = \sum_{i=1}^{k} \sigma_i \boldsymbol{u}_i \boldsymbol{v}_i^{\mathrm{T}}$$

为其 k 项截断。显然 $\boldsymbol{A}_k$ 的秩为 k。接下来我们证明,无论误差以 2 范数或者 Frobenius 范数来度量,$\boldsymbol{A}_k$ 都是 $\boldsymbol{A}$ 的秩 k 最佳逼近。

引理 4.6 $\boldsymbol{A}_k$ 的行是 $\boldsymbol{A}$ 在由 $\boldsymbol{A}$ 的前 k 个奇异向量张成的子空间 $\mathbf{V}_k$ 上的投影。

证明 令 $\boldsymbol{a}$ 为一任意行向量。因为 $\boldsymbol{v}_i$ 是单位正交的,向量 $\boldsymbol{a}$ 在 $\mathbf{V}_k$ 上的投影可由 $\sum_{i=1}^{k} (\boldsymbol{a} \cdot \boldsymbol{v}_i) \boldsymbol{v}_i^{\mathrm{T}}$ 给出。所以,$\boldsymbol{A}$ 的行在 $\mathbf{V}_k$ 上的投影组成的矩阵可表示为 $\sum_{i=1}^{k} \boldsymbol{A}\boldsymbol{v}_i \boldsymbol{v}_i^{\mathrm{T}}$。这个表达式可简化为

$$\sum_{i=1}^{k} \boldsymbol{A}\boldsymbol{v}_i \boldsymbol{v}_i^{\mathrm{T}} = \sum_{i=1}^{k} \sigma_i \boldsymbol{u}_i \boldsymbol{v}_i^{\mathrm{T}} = \boldsymbol{A}_k$$

矩阵 $\boldsymbol{A}_k$ 是 $\boldsymbol{A}$ 在 Frobenius 范数和 2 范数下的最佳秩 k 逼近。首先来证明矩阵 $\boldsymbol{A}_k$ 是 $\boldsymbol{A}$ 在 Frobenius 范数下的最佳秩 k 逼近。

定理 4.7 对于秩至多为 k 的矩阵 $\boldsymbol{B}$,

$$\| \boldsymbol{A} - \boldsymbol{A}_k \|_F \leqslant \| \boldsymbol{A} - \boldsymbol{B} \|_F$$

证明 令 $\boldsymbol{B}$ 是所有秩小于或等于 k 的矩阵中最小化 $\|\boldsymbol{A}-\boldsymbol{B}\|_F^2$ 的矩阵。令 $\boldsymbol{V}$ 是由 $\boldsymbol{B}$ 的行张成的空间，$\boldsymbol{V}$ 的维度最多为 k。因为 $\boldsymbol{B}$ 使得 $\|\boldsymbol{A}-\boldsymbol{B}\|_F^2$ 最小，$\boldsymbol{B}$ 的每一行必定是 $\boldsymbol{A}$ 的相应行在 $\boldsymbol{V}$ 上的投影，否则，用 $\boldsymbol{A}$ 的行在 $\boldsymbol{V}$ 上的投影来代替 $\boldsymbol{B}$ 的行不会改变 $\boldsymbol{V}$ 与 $\boldsymbol{B}$ 的秩，却会减小 $\|\boldsymbol{A}-\boldsymbol{B}\|_F^2$。因为 $\boldsymbol{B}$ 的每一行是 $\boldsymbol{A}$ 的相应行的投影，所以 $\|\boldsymbol{A}-\boldsymbol{B}\|_F^2$ 是 $\boldsymbol{A}$ 的行到 $\boldsymbol{V}$ 的距离的平方和。因为 $\boldsymbol{A}_k$ 最小化了 $\boldsymbol{A}$ 的行到任意 k 维子空间距离的平方和，由定理 4.1，可得 $\|\boldsymbol{A}-\boldsymbol{A}_k\|_F \leqslant \|\boldsymbol{A}-\boldsymbol{B}\|_F$。

下面我们来处理 2 范数。首先证明 $\boldsymbol{A}-\boldsymbol{A}_k$ 的 2 范数的平方等于 $\boldsymbol{A}$ 的第 $(k+1)$ 个奇异值。

引理 4.8 $\|\boldsymbol{A}-\boldsymbol{A}_k\|_2^2=\sigma_{k+1}^2$。

证明 令 $\boldsymbol{A}=\sum_{i=1}^{r}\sigma_i\boldsymbol{u}_i\boldsymbol{v}_i^{\mathrm{T}}$ 是 $\boldsymbol{A}$ 的奇异值分解。那么 $\boldsymbol{A}_k=\sum_{k=1}^{k}\sigma_i\boldsymbol{u}_i\boldsymbol{v}_i^{\mathrm{T}}$ 且 $\boldsymbol{A}-\boldsymbol{A}_k=\sum_{i=k+1}^{r}\sigma_i\boldsymbol{u}_i\boldsymbol{v}_i^{\mathrm{T}}$，令 $\boldsymbol{v}$ 为 $\boldsymbol{A}-\boldsymbol{A}_k$ 的第一个奇异向量。将 $\boldsymbol{v}$ 表达为 $\boldsymbol{v}_1, \boldsymbol{v}_2, \cdots, \boldsymbol{v}_r$ 的线性组合，记为 $\boldsymbol{v}=\sum_{i=1}^{r}\alpha_i\boldsymbol{v}_i$。则

$$
\begin{aligned}
|(\boldsymbol{A}-\boldsymbol{A}_k)\boldsymbol{v}| &= \left|\sum_{i=k+1}^{r}\sigma_i\boldsymbol{u}_i\boldsymbol{v}_i^{\mathrm{T}}\sum_{j=1}^{r}\alpha_j\boldsymbol{v}_j\right| = \left|\sum_{i=k+1}^{r}\alpha_i\sigma_i\boldsymbol{u}_i\boldsymbol{v}_i^{\mathrm{T}}\boldsymbol{v}_i\right| \\
&= \left|\sum_{i=k+1}^{r}\alpha_i\sigma_i\boldsymbol{u}_i\right| = \sqrt{\sum_{i=k+1}^{r}\alpha_i^2\sigma_i^2}
\end{aligned}
$$

当 $\alpha_{k+1}=1$ 和其余的 α_i 都为 0 时，$\boldsymbol{v}$ 最大化上面最后一个量，且满足约束条件 $|\boldsymbol{v}|^2=\sum_{i=1}^{r}\alpha_i^2=1$。因此，$\|\boldsymbol{A}-\boldsymbol{A}_k\|_2^2=\sigma_{k+1}^2$，引理得证。

最后，我们证明 $\boldsymbol{A}_k$ 是 2 范数下 $\boldsymbol{A}$ 的最佳秩 k 逼近。

定理 4.9 令 $\boldsymbol{A}$ 为一 $n\times d$ 矩阵。对任意秩至多为 k 的矩阵 $\boldsymbol{B}$，有

$$\|\boldsymbol{A}-\boldsymbol{A}_k\|_2 \leqslant \|\boldsymbol{A}-\boldsymbol{B}\|_2$$

证明 若 $\boldsymbol{A}$ 的秩小于或等于 k，因为 $\|\boldsymbol{A}-\boldsymbol{A}_k\|_2=0$，定理显然成立。

假设 $\boldsymbol{A}$ 的秩大于 k。由引理 4.8，$\|\boldsymbol{A}-\boldsymbol{A}_k\|_2^2=\sigma_{k+1}^2$。假设存在某个最大秩为 k 的矩阵 $\boldsymbol{B}$ 在 2 范数下比 $\boldsymbol{A}_k$ 更好地逼近 $\boldsymbol{A}$。也就是说，$\|\boldsymbol{A}-\boldsymbol{B}\|_2<\sigma_{k+1}$。那么 $\boldsymbol{B}$ 的零空间，即满足 $\boldsymbol{B}\boldsymbol{v}=0$ 的向量 $\boldsymbol{v}$ 所组成的集合之维数至少为 $d-k$。令 $\boldsymbol{v}_1, \boldsymbol{v}_2, \cdots, \boldsymbol{v}_{k+1}$ 为 $\boldsymbol{A}$ 的前 $k+1$ 个奇异向量。考虑维数可知，存在 $\boldsymbol{z}\neq 0$ 属于

$$\mathrm{Null}(\boldsymbol{B}) \cap \mathrm{Span}\{\boldsymbol{v}_1, \boldsymbol{v}_2, \cdots, \boldsymbol{v}_{k+1}\}$$

令 $\boldsymbol{u}_1,\boldsymbol{u}_2,\cdots,\boldsymbol{u}_{d-k}$ 为零空间 Null(B) 中的 $d-k$ 个独立的向量。现在,$\boldsymbol{u}_1$,$\boldsymbol{u}_2,\cdots,\boldsymbol{u}_{d-k},\boldsymbol{v}_1$ 和 $\boldsymbol{v}_2,\cdots,\boldsymbol{v}_{k+1}$ 是d维空间中的$d+1$个向量,因此必线性相关。设有 $\alpha_1,\alpha_2,\cdots,\alpha_{d-k}$ 和$\beta_1,\beta_2,\cdots,\beta_k$ 使得$\sum_{i=1}^{d-k}\alpha_i\boldsymbol{u}_i=\sum_{i=1}^{k}\beta_j\boldsymbol{v}_j$。令 $\boldsymbol{z}=\sum_{i=1}^{d-k}\alpha_i\boldsymbol{u}_i$。归一化 $\boldsymbol{z}$ 使得 $|\boldsymbol{z}|=1$。我们现在可以证明,向量 $\boldsymbol{z}$ 落在由 $\boldsymbol{A}$ 的前$k+1$个奇异向量张成的空间中,且有 $(\boldsymbol{A}-\boldsymbol{B})\boldsymbol{z}\geqslant\sigma_{k+1}$。所以 $\boldsymbol{A}-\boldsymbol{B}$ 的 2 范数至少是 σ_{k+1},与假设 $\|\boldsymbol{A}-\boldsymbol{B}\|_2<\sigma_{k+1}$ 矛盾。首先

$$\|\boldsymbol{A}-\boldsymbol{B}\|_2^2\geqslant|(\boldsymbol{A}-\boldsymbol{B})\boldsymbol{z}|^2$$

由 $\boldsymbol{Bz}=0$,

$$\|\boldsymbol{A}-\boldsymbol{B}\|_2^2\geqslant|\boldsymbol{Az}|^2$$

又因为 $\boldsymbol{z}$ 属于 Span$\{\boldsymbol{v}_1,\boldsymbol{v}_2,\cdots,\boldsymbol{v}_{k+1}\}$

$$|\boldsymbol{Az}|^2=\left|\sum_{i=1}^{n}\sigma_i\boldsymbol{u}_i\boldsymbol{v}_i^{\mathrm{T}}\boldsymbol{z}\right|^2=\sum_{i=1}^{n}\sigma_i^2(\boldsymbol{v}_i^{\mathrm{T}}\boldsymbol{z})^2=\sum_{i=1}^{k+1}\sigma_i^2(\boldsymbol{v}_i^{\mathrm{T}}\boldsymbol{z})^2\geqslant\sigma_{k+1}^2\sum_{i=1}^{k+1}(\boldsymbol{v}_i^{\mathrm{T}}\boldsymbol{z})^2=\sigma_{k+1}^2$$

从而,

$$\|\boldsymbol{A}-\boldsymbol{B}\|_2^2\geqslant\sigma_{k+1}^2$$

与假设 $\|\boldsymbol{A}-\boldsymbol{B}\|_2<\sigma_{k+1}$ 矛盾。定理得证。

4.4 计算奇异值分解的幂方法

奇异值分解的计算是数值分析的重要分支,在长期发展中涌现出许多复杂方法。我们介绍一种"理论上可行"的方法,可以在多项式时间内得到矩阵 A 的近似 SVD 分解。欲知详情,读者可以参考数值分析教材与专著。这里介绍的幂方法比较简单,它事实上是很多算法在概念上的起点。令矩阵 $\boldsymbol{A}$ 的 SVD 分解为 $\sum_i\sigma_i\boldsymbol{u}_i\boldsymbol{v}_i^{\mathrm{T}}$。考虑对称方阵 $\boldsymbol{A}^{\mathrm{T}}\boldsymbol{A}$。因为 $\boldsymbol{u}_i^{\mathrm{T}}\boldsymbol{u}_j$ 是两个向量的点乘且除 $i=j$ 外都等于0,直接相乘可得

$$\begin{aligned}\boldsymbol{B}=\boldsymbol{A}^{\mathrm{T}}\boldsymbol{A}&=\Big(\sum_i\sigma_i\boldsymbol{v}_i\boldsymbol{u}_i^{\mathrm{T}}\Big)\Big(\sum_j\sigma_j\boldsymbol{u}_j\boldsymbol{v}_j^{\mathrm{T}}\Big)\\&=\sum_{i,j}\sigma_i\sigma_j\boldsymbol{v}_i(\boldsymbol{u}_i^{\mathrm{T}}\cdot\boldsymbol{u}_j)\boldsymbol{v}_j^{\mathrm{T}}=\sum_i\sigma_i^2\boldsymbol{v}_i\boldsymbol{v}_i^{\mathrm{T}}\end{aligned}$$

矩阵 $\boldsymbol{B}$ 为对称方阵，且有相同的左右奇异向量组。如果 $\boldsymbol{A}$ 本身是对称方阵，它也会有相同的左右奇异向量组，即 $\boldsymbol{A}=\sum_i \sigma_i v_i v_i^{\mathrm{T}}$，那么计算 $\boldsymbol{B}$ 将是不必要的。

现在来计算 $\boldsymbol{B}^2$

$$\boldsymbol{B}^2=\left(\sum_i \sigma_i^2 \boldsymbol{v}_i \boldsymbol{v}_i^{\mathrm{T}}\right)\left(\sum_j \sigma_j^2 \boldsymbol{v}_j \boldsymbol{v}_j^{\mathrm{T}}\right)=\sum_{ij} \sigma_i^2 \sigma_j^2 \boldsymbol{v}_i(\boldsymbol{v}_i^{\mathrm{T}} \boldsymbol{v}_j) \boldsymbol{v}_j^{\mathrm{T}}$$

当 $i \neq j$ 时，由正交性，点乘 $\boldsymbol{v}_i^{\mathrm{T}} \boldsymbol{v}_j$ 等于 0。但是“外积”$\boldsymbol{v}_i \boldsymbol{v}_j^{\mathrm{T}}$ 是一个矩阵且即使 $i \neq j$ 也不等于 0。所以，$\boldsymbol{B}^2=\sum_{i=1}^{r} \sigma_i^4 \boldsymbol{v}_i \boldsymbol{v}_i^{\mathrm{T}}$。计算 $\boldsymbol{B}$ 的 k 次幂时，所有交叉点乘仍为 0，故有

$$\boldsymbol{B}^k=\sum_{i=1}^{r} \sigma_i^{2k} \boldsymbol{v}_i \boldsymbol{v}_i^{\mathrm{T}}$$

如果 $\sigma_1>\sigma_2$，则

$$\frac{1}{\sigma_1^{2k}} \boldsymbol{B}^k \rightarrow \boldsymbol{v}_1 \boldsymbol{v}_1^{\mathrm{T}}$$

我们预先不知道 σ_1，所以无法算出这个极限。如果取 $\boldsymbol{B}^k$ 且被 $\|\boldsymbol{B}^k\|_{\mathrm{F}}$ 除使其 Frobenius 范数归一化为 1，那么矩阵将会收敛到秩 1 矩阵 $\boldsymbol{v}_1 \boldsymbol{v}_1^{T}$，从而 $\boldsymbol{v}_1$ 可以通过把第一列正交化为一个单位向量来得到。

上述方法的困难是 $\boldsymbol{A}$ 可能是一个很大的稀疏矩阵，比方说一个有 10^9 个非零元素的 $10^8 \times 10^8$ 矩阵。在这种情况，$\boldsymbol{B}$ 将会是一个 $10^8 \times 10^8$ 矩阵，但不再是稀疏阵。我们可能都无法存储 $\boldsymbol{B}$，更不用说计算乘积 $\boldsymbol{B}^2$。即使 $\boldsymbol{A}$ 是中等大小，计算矩阵乘积也非常耗时。所以，我们需要更加有效的方法。

不同于计算 $\boldsymbol{B}^k$，可以选取一个随机向量 $\boldsymbol{x}$，计算乘积 $\boldsymbol{B}^k\boldsymbol{x}$。向量 $\boldsymbol{x}$ 可以通过 $\boldsymbol{B}$ 的奇异向量张成的完备基 $\boldsymbol{x}=\sum c_i \boldsymbol{v}_i$ 来表达。从而

$$\boldsymbol{B}^k \boldsymbol{x}=(\sigma_1^{2k} \boldsymbol{v}_1 \boldsymbol{v}_1^{\mathrm{T}})\left(\sum_{i=1}^{n} c_i \boldsymbol{v}_i\right)=\sigma_1^{2k} c_1 \boldsymbol{v}_1$$

归一化上述向量可得 $\boldsymbol{v}_1$，$\boldsymbol{A}$ 的第一个奇异向量。通过计算一系列矩阵向量乘积来计算 $\boldsymbol{B}^k\boldsymbol{x}$，而非矩阵乘积。$\boldsymbol{B}\boldsymbol{x}=\boldsymbol{A}(\boldsymbol{A}\boldsymbol{x})$ 且 $\boldsymbol{B}^k\boldsymbol{x}=(\boldsymbol{A}\boldsymbol{B}^{i-1}\boldsymbol{x})$。这样，我们做了 $2k$ 个向量与稀疏矩阵相乘运算。

当一个矩阵的第一与第二奇异值之间没有显著差距时会发生一个问题，这

时幂方法不会快速收敛到第一左奇异向量，有一些方法可以解决这个问题。定理 4.11 表明，即便出现两个相同奇异值，幂方法还是会收敛到对应那些“几乎最高”的奇异值的奇异向量所张成的空间。

我们从定理证明所需的一个技术性引理开始。

引理 4.10　令 $(x_1, x_2, \cdots, x_d)$ 为一随机从集合 $\{\boldsymbol{x} \mid |\boldsymbol{x}| \leqslant 1\}$ 中选取的 d 维单位向量。则 $|x_1| \geqslant \dfrac{1}{20\sqrt{d}}$ 的概率至少为 9/10。

证明　先证明对于满足 $|\boldsymbol{v}| \leqslant 1$ 的随机向量 $\boldsymbol{v}$，$v_1 \geqslant \dfrac{1}{20\sqrt{d}}$ 的概率至少是 9/10。然后令 $\boldsymbol{x} = \boldsymbol{v}/|\boldsymbol{v}|$。这只会增加 v_1 的值，从而可得引理的结论。

令 $\alpha = \dfrac{1}{20\sqrt{d}}$，$|v_1| \geqslant \alpha$ 的概率等于 1 减去 $|v_1| \leqslant \alpha$ 的概率。$|v_1| \leqslant \alpha$ 的概率等于单位球中 $|v_1| \leqslant \alpha$ 的部分所占的比值。考虑将底面半径为 1，高为 α 的圆柱的体积扩大至两倍，可得 $|v_1| \leqslant \alpha$ 球体体积的上界。球与 $|v_1| \leqslant \alpha$ 相交部分的体积小于或等于 $2\alpha V(d-1)$（符号见第 2 章）且

$$\mathrm{Prob}(|v_1| \leqslant \alpha) \leqslant \frac{2\alpha V(d-1)}{V(d)}$$

单位球的体积至少是高为 $\dfrac{1}{\sqrt{d-1}}$，底面半径为 $\sqrt{1-\dfrac{1}{d-1}}$ 的圆柱体积的两倍，即

$$V(d) \geqslant \frac{2}{\sqrt{d-1}} V(d-1)\left(1-\frac{1}{d-1}\right)^{\frac{d-1}{2}}$$

又因为 $(1-x)^a \geqslant 1-ax$，有

$$V(d) \geqslant \frac{2}{\sqrt{d-1}} V(d-1)\left(1-\frac{d-1}{2}\,\frac{1}{d-1}\right) \geqslant \frac{V(d-1)}{\sqrt{d-1}}$$

且

$$\mathrm{Prob}(|v_1| \leqslant \alpha) \leqslant \frac{2\alpha V(d-1)}{\dfrac{1}{\sqrt{d-1}} V(d-1)} \leqslant \frac{\sqrt{d-1}}{10\sqrt{d}} \leqslant \frac{1}{10}$$

所以，$v_1 \geqslant \dfrac{1}{20\sqrt{d}}$ 的概率至少为 9/10。如图 4.3 所示。

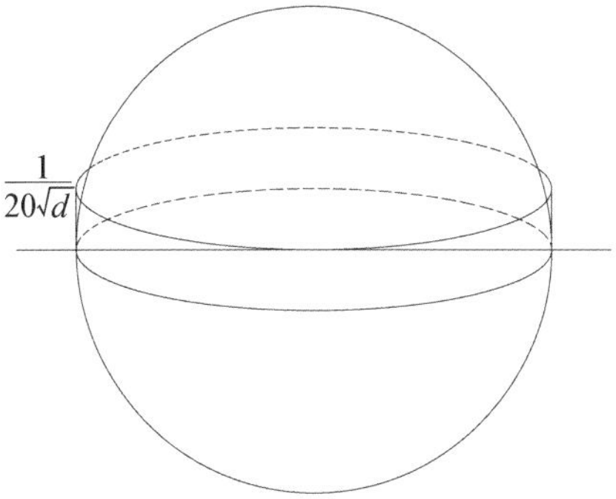

图 4.3 高度为$\dfrac{1}{20\sqrt{d}}$的圆柱体的体积是半球在 $x_1 = \dfrac{1}{20\sqrt{d}}$ 以下部分体积的上界

定理 4.11 $\boldsymbol{A}$ 是一个 $n \times d$ 矩阵，且 $\boldsymbol{x}$ 是一个随机的单位长度向量，$\boldsymbol{V}$ 是由 $\boldsymbol{A}$ 的大于 $(1-\varepsilon)\sigma_1$ 的奇异值所对应的左奇异向量张成的空间。取 k 为 $\Omega\left(\dfrac{\ln(d/\varepsilon)}{\varepsilon}\right)$，令 $\boldsymbol{w}$ 为用幂方法 k 次迭代后所得的单位向量，即

$$\boldsymbol{w} = \frac{(\boldsymbol{A}\boldsymbol{A}^{\mathrm{T}})^k \boldsymbol{x}}{|(\boldsymbol{A}\boldsymbol{A}^{\mathrm{T}})^k \boldsymbol{x}|}$$

则 $\boldsymbol{w}$ 垂直于 $\boldsymbol{V}$ 的分量至少为 ε 的概率最多是 1/10。

证明 令

$$\boldsymbol{A} = \sum_{i=1}^{r} \sigma_i \boldsymbol{u}_i \boldsymbol{v}_i^{\mathrm{T}}$$

是 $\boldsymbol{A}$ 的 SVD。如果 $\boldsymbol{A}$ 的秩小于 d，则将 $\{\boldsymbol{u}_1, \boldsymbol{u}_2, \cdots, \boldsymbol{u}_r\}$ 扩张成 d 维空间的一组基 $\{\boldsymbol{u}_1, \boldsymbol{u}_2, \cdots, \boldsymbol{u}_d\}$。将 $\boldsymbol{x}$ 在基 $\boldsymbol{u}_i$ 中记作

$$\boldsymbol{x} = \sum_{i=1}^{n} c_i \boldsymbol{u}_i$$

由 $(\boldsymbol{A}\boldsymbol{A}^{\mathrm{T}})^k = \sum_{i=1}^{d} \sigma_i^{2k} \boldsymbol{u}_i \boldsymbol{u}_i^{\mathrm{T}}$，可得 $(\boldsymbol{A}\boldsymbol{A}^{\mathrm{T}})^k \boldsymbol{x} = \sum_{i=1}^{d} \sigma_i^{2k} c_i \boldsymbol{u}_i$。对于与 A 不相关，随机选取的单位向量 $\boldsymbol{x}$，$\boldsymbol{u}_i$ 是固定向量组，且随机选取 $\boldsymbol{x}$ 与随机选取 c_i 等价。由引理 4.10，$|c_1| \geqslant \dfrac{1}{20\sqrt{d}}$ 的概率至少为 9/10。

假设 $\sigma_1, \sigma_2, \cdots, \sigma_m$ 是 $\boldsymbol{A}$ 大于或等于 $(1-\varepsilon)\sigma_1$ 的奇异值，$\sigma_{m+1}, \cdots, \sigma_n$ 是小于

$(1-\varepsilon)\sigma_1$ 的奇异值。那么

$$|(\boldsymbol{A}\boldsymbol{A}^{\mathrm{T}})^k\boldsymbol{x}|^2=\left|\sum_{i=1}^{n}\sigma_i^{2k}c_i\boldsymbol{u}_i\right|^2=\sum_{i=1}^{n}\sigma_i^{4k}c_i^2\geqslant\sigma_1^{4k}c_1^2\geqslant\frac{1}{400d}\sigma_1^{4k}$$

的概率至少为 9/10。

这里我们用到了这样一个事实：正的量的和至少与第一个分量一样大，且第一个分量大于等于$\frac{1}{400d}\sigma_1^{4k}$的概率至少是 9/10。如果我们一开始没有随机选取 $\boldsymbol{x}$ 并使用引理 4.10，c_1 本可以是 0，那么这个论证就无效了。

$|(\boldsymbol{A}\boldsymbol{A}^{\mathrm{T}})^k\boldsymbol{x}|^2$ 垂直于空间 $\boldsymbol{V}$ 的分量是

$$\sum_{i=m+1}^{d}\sigma_i^{4k}c_i^2\leqslant(1-\varepsilon)^{4k}\sigma_1^{4k}\sum_{i=m+1}^{d}c_i^2\leqslant(1-\varepsilon)^{4k}\sigma_1^{4k}$$

因为 $\sum_{i=1}^{n}c_i^2=|\boldsymbol{x}|=1$，所以，$\boldsymbol{w}$ 的垂直于 $\boldsymbol{V}$ 的分量最多为

$$\frac{(1-\varepsilon)^{2k}\sigma_1^{2k}}{\frac{1}{20\sqrt{d}}\sigma_1^{2k}}=O(\sqrt{d}(1-\varepsilon)^{2k})=O(\sqrt{d}\mathrm{e}^{-2\varepsilon k})=O(\sqrt{d}\mathrm{e}^{-\Omega(\ln(d/\varepsilon))})=O(\varepsilon)$$

得证。

4.5　奇异值分解的应用

4.5.1　主元分析

主元分析(PCA)是 SVD 的一个传统应用。PCA 可以用一个顾客-产品数据问题分析来说明，如图 4.4 所示。设有 n 个顾客购买 d 种产品，令矩阵 $\boldsymbol{A}$ 的元素 a_{ij} 表示第 i 位顾客购买第 j 种产品的概率。假设仅有 k 个潜在的基本因素，例如年龄、收入、家庭规模等决定顾客的购买行为。单个顾客的购买行为由这些潜在因素的某种加权组合决定。也就是，一个顾客的购买行为可以由一个 k 维向量来刻画，其中 k 远远小于 n 或 d。向量的分量就是各个基本因素的权重。与每个基本因素相关的是一个概率向量，每个分量是当购买行为仅由那个因素

决定时，某个顾客购买一个给定产品的概率。更抽象地来说，**A** 是一个 $n\times d$ 矩阵，可表示为两个矩阵 **U** 和 **V** 的乘积，其中 **U** 是一个 $n\times k$ 矩阵，表示对每位顾客各个基本因素的权重，而 **V** 是一个 $k\times d$ 矩阵，表示对应于那个基本因素的产品购买概率。用 SVD 找到最佳秩 k 逼近 $\mathbf{A}_k$，给出了这样的 **U** 和 **V**。这里会有一点小偏差，**A** 可能不精确等于 **UV**，但是非常接近。因为在实际情况中会出现噪声或随机扰动，在此情况下可视 **A**−**UV** 为噪声。

在上述的问题设置下，**A** 完全是已知的，我们希望找到 **U** 和 **V** 以确定基本因子。如果 n 和 d 都非常大，如上千甚至是百万量级，那么估计或者存贮 **A** 都不大可能。如果出现这种情况，可以假设给定了 **A** 的一些元素以给出 **A** 的估计。如果 **A** 是一个任意大的 $n\times d$ 矩阵，则要求 $\Omega(nd)$ 条信息，不可能通过几个元素完成。但可以再次对 **A** 做假设，设其为一个秩较低且带有噪声的矩阵。如果现在我们还假设给定的元素是从某个已知分布中随机抽取的，那么用 SVD 估计出整个 **A** 仍是可能的。这个领域被称为协同过滤(collaborative filtering)，它的一个应用就是基于一两次购买行为向一位顾客定位投放广告，此处不再详述。

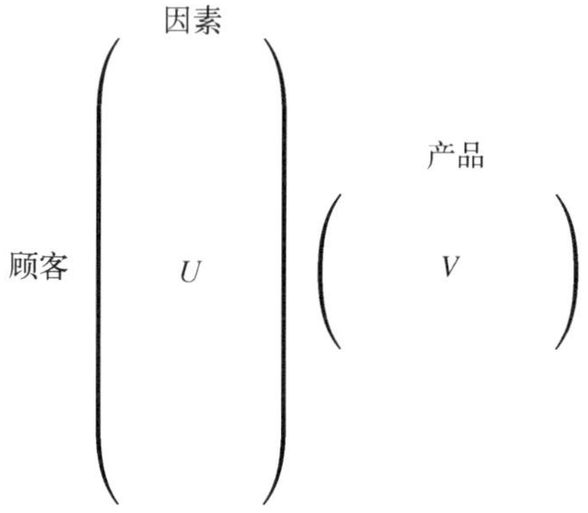

图 4.4 顾客-产品数据

4.5.2 球形正态混合的聚类分析

聚类分析，是把 d 维空间的一个点集分成 k 个子集或聚类，其中每个聚类包含“相邻”的点。聚类分得“好”的不同定义会导致不同的解。聚类分析是一个很重要的领域，我们将会在第 8 章中详细讨论，这里我们将会看到如何用奇异值分解解决一个特殊的聚类问题。

通常，对任何聚类分析问题，一个解是与 k 个用于定义这 k 个聚类的聚类中心(cluster centers)一起提出的。一个聚类是最邻近某个特定聚类中心的点集，因此聚类中心的 Voronoi 单胞决定了聚类。利用这一观察对二维或三维空间点集进行聚类分析相对简单，高维空间的聚类分析就不那么容，易了。然而许多实际问题就既有高维数据也同时需要对数据进行聚类分析。

聚类分析问题是 NP 困难的，因此没有多项式时间算法求解。一种想法是假设输入数据满足随机模型，再由这些模型设计算法来对数据分类。混合模型是非常重要的一类随机模型。一个混合(概率密度或分布)是简单概率密度的加权和所形成的概率密度或分布，形式上为 $w_1p_1+w_2p_2+\cdots+w_kp_k$，其中 p_1，p_2，…，p_k 是基本概率密度，w_1，w_2，…，w_k 是和为 1 的正权重。显然，$w_1p_1+w_2p_2+\cdots+w_kp_k$ 是一个积分为 1 的概率密度。

模型拟合问题是根据 n 个样本来拟合一个有 k 个基本密度的混合密度，每个样本都根据相同的混合分布抽样所得。基本密度的类型已知，但是各个参数诸如它们的均值和混合密度的权重未知。这里，我们处理基本密度都是球形正态分布的情形。样本可以这样生成，从赋以概率 w_1，w_2，…，w_k 的集合 $\{1,2,\cdots,k\}$ 中选出一个整数 i，然后再根据 p_i 选出一个样本，这样重复 n 次。这个过程即可根据混合概率模型产生 n 个样本，其中样本集可以自动分为 k 个集合，每个集合与一个 p_i 相关。

模型拟合问题包含两个子问题。第一个子问题是把样本分为 k 个子集，其中每个子集与一个基本密度相关。第二个子问题是把各个子集拟合为一个分布，这里只讨论前一个问题。把一个点集中的数据拟合为单一正态分布的问题已在第 2 章 2.5 节讨论过。

如果混合模型中的基本正态分布的中心靠得很近，那么聚类问题是很难解的。在极限情况，如果两个基础密度是相同的，那它们是无法区分开的。那么，对中心之间的距离施加什么条件，就可以保证清楚无误地分类呢？首先观察一维的例子，显然中心间距需要以标准差为单位来度量，因为密度是到均值的偏差与标准差的比值的函数。在一维情形，如果两个正态分布的中心间距至少为最大标准差的 3 倍，它们几乎不会重叠。那么，这个命题在高维空间的类推是什么呢？

对一个在各个方向的标准差都为 σ 的 d 维球形正态分布①，容易看出，到中

① 因为一个球形正态分布在每个方向有相同的标准差，我们把这个标准差称作该正态分布的标准差。

心距离平方的期望为 $d\sigma_2$。定义正态分布的半径 r 为到中心的平均距离平方的平方根,所以 r 为$\sqrt{d}\sigma$。如果两个半径为 r 的球形正态分布的中心间距至少为 $2r=2\sqrt{d}\sigma$,容易看出这两个密度几乎不会重叠。但是这种对中心间距的要求会随着 d 而增大。对 d 很大的问题,这种要求在实践中不能满足。这里,我们主要的目标就是可以确定无疑地回答下述问题:对于很大的 d,能将一维命题类推到高维吗?对 d 维空间 k 个球形正态分布的混合分布,如果每一对基本正态分布的中心间距为 $\Omega(1)$ 个标准差,那么我们就能够对于 $k\in O(1)$,将样本点分成 k 个子集。

解决这个问题的核心思想是这样的:假设我们能够找到由 k 个中心张成的子空间,且将样本点投射到这个子空间上。由下面的引理 4.12,一个标准差为 σ 的球形正态分布的投影仍然是一个标准差为 σ 的球形正态分布,而且中心间距在投影下保持不变。所以经过投影,如果在整个空间中,中心间距是 $\Omega(\sqrt{k}\sigma)$ 的话,正态分布就是不同的,当 $k\ll d$ 时中心间距远小于 $\Omega(\sqrt{d}\sigma)$。有趣的是,由这 k 个中心点张成的子空间本质上是由奇异值分解得到的最佳拟合 k 维子空间。

引理 4.12 *假设 p 是一个 d 维球形正态分布,且其中心为 μ 而标准差为 σ。那么 p 在一个 k 维子空间 $\mathbf{V}$ 上投影的密度是一个具有相同标准差的球形正态分布。*

证明 旋转坐标系使得 $\mathbf{V}$ 由前 k 个坐标向量张成。那么尽管坐标中心发生变化,正态分布仍保持球形且具有标准差 σ。

对某一点 $\boldsymbol{x}=(x_1,x_2,\cdots,x_d)$,使用记号 $\boldsymbol{x}'=(x_1,x_2,\cdots,x_k)$ 和 $\boldsymbol{x}''=(x_{k+1},x_{k+2},\cdots,x_n)$。投影到点$(x_1,x_2,\cdots,x_k)$上的正态分布密度为

$$c\mathrm{e}^{-\frac{|\boldsymbol{x}'-\boldsymbol{\mu}'|^2}{2\sigma^2}}\int_{\boldsymbol{x}''}\mathrm{e}^{-\frac{|\boldsymbol{x}''-\boldsymbol{\mu}''|^2}{2\sigma^2}}\mathrm{d}\boldsymbol{x}''=c'\mathrm{e}^{-\frac{|\boldsymbol{x}'-\boldsymbol{\mu}'|^2}{2\sigma^2}}$$

引理显然得证。

现在我们来证明 k 个中心的空间即由 SVD 分解产生的前 k 个奇异向量所张成。首先,将最佳拟合的概念延伸到概率分布。然后证明对单一的中心不在原点的球形正态分布,最佳拟合一维子空间是一条过正态分布中心和原点的直线。之后,证明对单一的中心不在原点的正态分布,最佳拟合 k 维子空间是任意包含通过正态分布中心点和原点的直线的 k 维子空间。最后,对 k 个球形正态分布,最佳拟合 k 维子空间是包含它们中心点的子空间。这样,SVD 就找到了包含这些中心点的子空间。如图 4.5 所示。

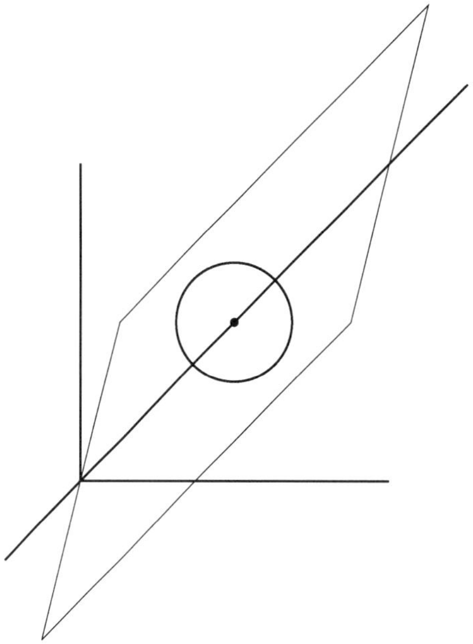

(1) 一个球形正态分布的最佳拟合一维子空间是通过其中心和原点的直线。
(2) 任何包含这条直线的 k 维子空间是正态分布的最佳拟合 k 维子空间。
(3) k 个球形正态分布的最佳拟合 k 维子空间是包含它们的中心的子空间。

图 4.5　球形正态分布的最佳拟合子空间

对一个点集,最优拟合直线是通过原点且到这些点的距离平方和最小的那条直线,这个定义可以扩展到概率密度函数。

定义 4.1　如果 p 是 d 维空间的一个概率密度函数,p 的最优拟合直线是通过原点且到这条直线的垂直距离平方的期望最小的直线 l,也就是

$$\int \text{dist}(\boldsymbol{x},l)^2 p(\boldsymbol{x})\text{d}\boldsymbol{x}$$

回想点集的最佳拟合子空间的定义,如果到一个 k 维子空间的距离平方和最小,或等价地,到它的投影长度的平方和最大,那么该子空间是最佳拟合子空间。如上所述,可以再次将定义扩展到概率密度。

定义 4.2　假设 p 是 d 维空间的一个概率密度且 $\mathbf{V}$ 是一个子空间,那么 p 到 $\mathbf{V}$ 的垂直距离平方的期望,记作 $f(\mathbf{V},p)$,由下式给出

$$f(\mathbf{V},\ p) = \int (\text{dist}(\boldsymbol{x},\ \mathbf{V}))^2 p(\boldsymbol{x})\text{d}\boldsymbol{x}$$

式中,$\text{dist}(\boldsymbol{x},\ \mathbf{V})$表示 $\boldsymbol{x}$ 到子空间 $\mathbf{V}$ 的垂直距离。

对以中心为原点的单位圆上的均匀密度函数,容易看出任一过原点的直线是这个概率分布的最优拟合直线。下一个引理会证明对一个中心为 $\boldsymbol{\mu}\neq 0$ 的球

形正态分布，最优拟合直线是通过 $\boldsymbol{\mu}$ 和原点的直线。

引理 4.13 令 p 是一个中心为 $\boldsymbol{\mu} \neq 0$ 的球形正态分布的概率密度，那么最优拟合一维子空间是过 $\boldsymbol{\mu}$ 和原点的直线。

证明 对一个依密度 p 随机选取的 $\boldsymbol{x}$ 和一个固定的单位长度向量 $\boldsymbol{v}$，有

$$
\begin{aligned}
E[(\boldsymbol{v}^{\mathrm{T}}\boldsymbol{x})^2] &= E[(\boldsymbol{v}^{\mathrm{T}}(\boldsymbol{x}-\boldsymbol{\mu})+\boldsymbol{v}^{\mathrm{T}}\boldsymbol{\mu})^2] \\
&= E[(\boldsymbol{v}^{\mathrm{T}}(\boldsymbol{x}-\boldsymbol{\mu}))^2+2(\boldsymbol{v}^{\mathrm{T}}\boldsymbol{\mu})(\boldsymbol{v}^{\mathrm{T}}(\boldsymbol{x}-\boldsymbol{\mu}))+(\boldsymbol{v}^{\mathrm{T}}\boldsymbol{\mu})^2] \\
&= E[(\boldsymbol{v}^{\mathrm{T}}(\boldsymbol{x}-\boldsymbol{\mu}))^2]+2(\boldsymbol{v}^{\mathrm{T}}\boldsymbol{\mu})E[\boldsymbol{v}^{\mathrm{T}}(\boldsymbol{x}-\boldsymbol{\mu})]+(\boldsymbol{v}^{\mathrm{T}}\boldsymbol{\mu})^2 \\
&= E[(\boldsymbol{v}^{\mathrm{T}}(\boldsymbol{x}-\boldsymbol{\mu}))^2]+(\boldsymbol{v}^{\mathrm{T}}\boldsymbol{\mu})^2 \\
&= \sigma^2+(\boldsymbol{v}^{\mathrm{T}}\boldsymbol{\mu})^2
\end{aligned}
$$

因为 $E[(\boldsymbol{v}^{\mathrm{T}}(\boldsymbol{x}-\boldsymbol{\mu}))^2]$ 是在 $\boldsymbol{v}$ 方向的方差，并且 $E(\boldsymbol{v}^{\mathrm{T}}(\boldsymbol{x}-\boldsymbol{\mu}))=0$。由下面的事实：最佳拟合直线 $\boldsymbol{v}$ 是最大化 $(\boldsymbol{v}^{\mathrm{T}}\boldsymbol{u})^2$ 的直线，且当 $\boldsymbol{v}$ 和中心 $\boldsymbol{\mu}$ 方向相同时取到最大值，引理得证。

引理 4.14 对一个中心为 $\boldsymbol{\mu}$ 的球形正态分布，一个 k 维子空间是最佳拟合子空间，当且仅当它包含 $\boldsymbol{\mu}$。

证明 由对称性，这个球形正态分布到每个包含 $\boldsymbol{\mu}$ 的 k 维子空间有相同的距离平方和。由 SVD 分解的过程可得，最佳拟合 k 维子空间包含这条最佳拟合直线，也就是包含 $\boldsymbol{\mu}$，引理得证。

这将导致下面定理。

定理 4.15 若 p 是 k 个球形正态分布的混合密度，那么这 k 个正态分布的中心可以张成一个 k 维子空间，最佳拟合 k 维子空间即为此子空间。

证明 令 p 是混合密度 $w_1p_1+w_2p_2+\cdots+w_kp_k$，令 $\mathbf{V}$ 是任意维度小于或等于 k 的子空间，则 p 到 $\mathbf{V}$ 的垂直距离平方的期望是

$$
\begin{aligned}
f(\mathbf{V},\ p) &= \int \mathrm{dist}^2(\boldsymbol{x},\ \mathbf{V})p(\boldsymbol{x})\mathrm{d}\boldsymbol{x} \\
&= \sum_{i=1}^{k} w_i \int \mathrm{dist}^2(\boldsymbol{x},\ \mathbf{V})p_i(\boldsymbol{x})\mathrm{d}\boldsymbol{x} \\
&\geqslant \sum_{i=1}^{k} w_i(p_i\ \text{到其最佳}\ k\ \text{维子空间距离的平方})
\end{aligned}
$$

取 $\mathbf{V}$ 为由密度 p_i 的中心张成的空间。由引理 4.14，最后一个不等式成为等式，定理得证。

对一个根据混合密度抽取的无穷点集，k 维 SVD 子空间可以准确给出中心张成的空间。实际问题中，我们只有依据混合密度所抽取的许多样本。然而，在

直觉上下面的事情是清楚的，当样本数增大时，样本点集逼近概率密度，并且因此样本的SVD子空间接近于由中心张成的空间。这两者之间有多接近，且其接近程度如何表为样本数量的函数需要一些专业技巧，这里不再详述。

4.5.3　应用SVD于一个离散优化问题

在上个例子中，SVD被用来作为一个降维的技巧。它找到了一个d维空间的k维子空间(中心空间)，且通过把数据投射到这个子空间上使正态分布的聚类问题变得相对容易。不同于让模型来拟合数据，我们在这个例子中有一个优化问题，此时对数据运用降维技巧也会使问题变得相对简单。运用SVD去求解离散优化问题是一个相对新的课题且有很多应用。我们从有向图$G(V, E)$的最大截问题，一个重要的NP困难问题开始。

最大截问题是将一个有向图的顶点集V分割成两个子集S和$\bar{S}$，使得从S到$\bar{S}$的边数最大。令$\boldsymbol{A}$为有向图的邻接矩阵。每个顶点i带有一个指示变量x_i。若$i \in S$，变量x_i等于1，若$i \in \bar{S}$，x_i等于0。向量$\boldsymbol{x}=(x_1, x_2, \cdots, x_n)$是未知的，我们尝试找到它或等价地找到截，以最大化跨过截的边数。确切地说，跨过截的边数为

$$\sum_{i,j} x_i(1-x_j)a_{ij}$$

这样，最大截问题可以表述为优化问题

$$\text{Max} \sum_{i,j} x_i(1-x_j)a_{ij} \quad x_i \in \{0, 1\}$$

用矩阵符号表示，有

$$\sum_{i,j} x_i(1-x_j)a_{ij} = \boldsymbol{x}^{\mathrm{T}}\boldsymbol{A}(\boldsymbol{1}-\boldsymbol{x})$$

其中$\boldsymbol{1}$表示全1向量。问题可以重新表述为

$$\text{Max}\ \boldsymbol{x}^{\mathrm{T}}\boldsymbol{A}(\boldsymbol{1}-\boldsymbol{x}) \quad x_i \in \{0, 1\} \tag{4.1}$$

SVD可以近似解决这个问题。计算$\boldsymbol{A}$的SVD，且用$\boldsymbol{A}_k = \sum_{i=1}^{k} \sigma_i \boldsymbol{u}_i \boldsymbol{v}_i^{\mathrm{T}}$来代替式(4.1)中的$\boldsymbol{A}$，可以得到

$$\operatorname{Max} \boldsymbol{x}^{\mathrm{T}} \boldsymbol{A}_k(\boldsymbol{1}-\boldsymbol{x}) \quad x_i \in \{0, 1\} \tag{4.2}$$

注意矩阵 $\boldsymbol{A}_k$ 不再是一个 0-1 相邻矩阵。

我们将会证明：

(1) 对任意 0-1 向量 $\boldsymbol{x}$，$\boldsymbol{x}^{\mathrm{T}}\boldsymbol{A}_k(\boldsymbol{1}-\boldsymbol{x})$ 和 $\boldsymbol{x}^{\mathrm{T}}\boldsymbol{A}(\boldsymbol{1}-\boldsymbol{x})$ 最多相差 $\dfrac{n^2}{\sqrt{k+1}}$。所以，(4.1)和(4.2)中的最大值也最多相差这个数量。

(2) 可以通过利用 $\boldsymbol{A}_k$ 的低秩性来找到(4.2)的一个近似最优 $\boldsymbol{x}$，由第 1 个结论它也是(4.1)的近似最优，这里近似最优意味着最多 $\dfrac{n^2}{\sqrt{k+1}}$ 的误差。

首先证明第一个结论。因为 $\boldsymbol{x}$ 和 $\boldsymbol{1}-\boldsymbol{x}$ 都是 0-1 n-向量，每个长度最大为 $\sqrt{n}$。由 2 范数的定义，$|(\boldsymbol{A}-\boldsymbol{A}_k)(\boldsymbol{1}-\boldsymbol{x})| \leqslant \sqrt{n}\,\|\boldsymbol{A}-\boldsymbol{A}_k\|_2$。又因为 $\boldsymbol{x}^{\mathrm{T}}(\boldsymbol{A}-\boldsymbol{A}_k)(\boldsymbol{1}-\boldsymbol{x})$ 是向量 $\boldsymbol{x}$ 和向量 $(\boldsymbol{A}-\boldsymbol{A}_k)(\boldsymbol{1}-\boldsymbol{x})$ 的点乘

$$|\boldsymbol{x}^{\mathrm{T}}(\boldsymbol{A}-\boldsymbol{A}_k)(\boldsymbol{1}-\boldsymbol{x})| \leqslant n\,\|\boldsymbol{A}-\boldsymbol{A}_k\|_2$$

由引理 4.8 $\|\boldsymbol{A}-\boldsymbol{A}_k\|_2 = \sigma_{k+1}(\boldsymbol{A})$。不等式

$$(k+1)\sigma_{k+1}^2 \leqslant \sigma_1^2 + \sigma_2^2 + \cdots + \sigma_{k+1}^2 \leqslant \|A\|_{\mathrm{F}}^2 = \sum_{i,j} a_{ij}^2 \leqslant n^2$$

表明 $\sigma_{k+1}^2 \leqslant \dfrac{n^2}{k+1}$，从而 $\|\boldsymbol{A}-\boldsymbol{A}_k\|_2 \leqslant \dfrac{n}{\sqrt{k+1}}$，第一条结论得证。

接下来看第二条结论。考虑特殊情况 $k=1$ 和 $\boldsymbol{A}$ 由秩 1 矩阵 $\boldsymbol{A}_1$ 近似是有指导意义的。一个更特殊的情形是左右奇异向量组 $\boldsymbol{u}$ 和 $\boldsymbol{v}$ 是相同的，此时精确求解已经是 NP 困难的了，因为它包含了这个子问题：对于一个 n 个整数 $\{a_1, a_2, \cdots, a_n\}$ 的集合，是否可以将这个集合划分为两个子集，使得这两个子集中的元素和相等。所以，我们要寻找近似解决最大截问题的算法。

要证第二条结论，我们要在 0-1 向量组 $\boldsymbol{x}$ 上最大化 $\sum\limits_{i=1}^{k}\sigma_i(\boldsymbol{x}^{\mathrm{T}}\boldsymbol{u}_i)(\boldsymbol{v}_i^{\mathrm{T}}(\boldsymbol{1}-\boldsymbol{x}))$。引入下面的记号，对任意 $S \subseteq \{1, 2, \cdots, n\}$，记 $\boldsymbol{u}_i(S)$ 为与集合 S 中元素相关的向量 $\boldsymbol{u}_i$ 与 $\boldsymbol{v}_i$ 的分量的和。即 $\boldsymbol{u}_i(S) = \sum\limits_{j \in S} u_{ij}$，我们将会用动态规划来最大化 $\sum\limits_{i=1}^{k}\sigma_i \boldsymbol{u}_i(S)\boldsymbol{v}_i(\bar{S})$。

对 $\{1, 2, \cdots, n\}$ 的一个子集 S，定义 $2k$ 维向量

$$\boldsymbol{w}(S) = (\boldsymbol{u}_1(S), \boldsymbol{v}_1(\bar{S}), \boldsymbol{u}_2(S), \boldsymbol{v}_2(\bar{S}), \cdots, \boldsymbol{u}_k(S), \boldsymbol{v}_k(\bar{S}))$$

如果我们有所有这样的向量的列表，我们可以对其中每一个找到 $\sum_{i=1}^{k}\sigma_i\boldsymbol{u}_i(S)\boldsymbol{v}_i(\bar{S})$ 并取最大值。存在 2^n 个子集 S，但某些 S 可以有相同的 $\boldsymbol{w}(S)$，在那种情况下只需列出其中一个即可。将每个 $\boldsymbol{u}_i$ 的每个坐标分量四舍五入到 $\frac{1}{nk^2}$ 的整数倍，称这个四舍五入后的向量为 $\tilde{\boldsymbol{u}}_i$。类似可得 $\tilde{\boldsymbol{v}}_i$。令 $\tilde{\boldsymbol{w}}(S)$ 表示向量 $(\tilde{\boldsymbol{u}}_1(S),\ \tilde{\boldsymbol{v}}_1(\bar{S}),\ \tilde{\boldsymbol{u}}_2(S),\ \tilde{\boldsymbol{v}}_2(\bar{S}),\ \cdots,\ \tilde{\boldsymbol{u}}_k(S),\ \tilde{\boldsymbol{v}}_k(\bar{S}))$。

我们将会构建向量 $\tilde{\boldsymbol{w}}(S)$ 所有可能值的列表。同样，如果几个不同的 S 会得出同一向量 $\tilde{\boldsymbol{w}}(S)$，我们只保留其中之一。这个列表会用动态规划来构建。动态规划的迭代步是这样的，假设对 $S\subseteq\{1,\ 2,\ \cdots,\ i\}$ 已经有了一个所有这种向量的列表，且希望对 $S\subseteq\{1,\ 2,\ \cdots,\ i+1\}$ 来构造此列表。每个 $S\subseteq\{1,\ 2,\ \cdots,\ i\}$ 会导致两种可能的 $S'\subseteq\{1,\ 2,\ \cdots,\ i+1\}$，也就是 S 和 $S\cup\{i+1\}$。在第一种情况下，向量 $\tilde{\boldsymbol{w}}(S')=(\tilde{\boldsymbol{u}}_1(S),\ \tilde{\boldsymbol{v}}_1(\bar{S})+\tilde{v}_{1,\ i+1},\ \tilde{\boldsymbol{u}}_2(S),\ \tilde{\boldsymbol{v}}_2(\bar{S})+\tilde{v}_{2,\ i+1},\ \cdots)$。在第二种情况下，则是 $\tilde{\boldsymbol{w}}(S')=(\tilde{\boldsymbol{u}}_1(S)+\tilde{u}_{1,\ i+1},\ \tilde{\boldsymbol{v}}_1(\bar{S}),\ \tilde{\boldsymbol{u}}_2(S)+\tilde{u}_{2,\ i+1},\ \tilde{\boldsymbol{v}}_2(\bar{S}),\ \cdots)$。我们用这两个向量来代替之前列表中的相应向量，关键是我们消除了相同的向量。

假设 k 是常数。我们证明误差如之前所论断的，最多为 $\frac{n^2}{\sqrt{k+1}}$。因为 $\boldsymbol{u}_i$，$\boldsymbol{v}_i$ 是单位向量，$|\boldsymbol{u}_i(S)|$，$|\boldsymbol{v}_i(\bar{S})|\leqslant\sqrt{n}$。同时 $|\tilde{\boldsymbol{u}}_i(S)-\boldsymbol{u}_i(S)|\leqslant\frac{n}{nk^2}=\frac{1}{k^2}$ 且对 $\boldsymbol{v}_i$ 也类似。为了给出误差的界，我们使用一个基本事实：若 a，b 是实数且 $|a|$，$|b|\leqslant M$，用 a' 来估计 a，用 b' 来估计 b' 使得 $|a-a'|$，$|b-b'|\leqslant\delta\leqslant M$，那么，在下述意义下 $a'b'$ 是 ab 的一个估计：

$$
\begin{aligned}
|ab-a'b'| &= |a(b-b')+b'(a-a')| \\
&\leqslant |a||b-b'|+(|b|+|b-b'|)|a-a'| \\
&\leqslant 3M\delta
\end{aligned}
$$

由此可得：

$$
\left|\sum_{i=1}^{k}\sigma_i\tilde{\boldsymbol{u}}_i(S)\ \tilde{\boldsymbol{v}}_i(\bar{S})-\sum_{i=1}^{k}\sigma_i\boldsymbol{u}_i(S)\boldsymbol{v}_i(S)\right|\leqslant 3k\sigma_1\sqrt{n}/k^2\leqslant 3n^{3/2}/k\leqslant n^2/k
$$

且这正是所求的误差上界。

接下来，我们证明运行时间有多项式上界。$|\tilde{\boldsymbol{u}}_i(S)|$，$|\tilde{\boldsymbol{v}}_i(S)|\leqslant 2\sqrt{n}$。因为 $\tilde{\boldsymbol{u}}_i(S)$，$\tilde{\boldsymbol{v}}_i(S)$ 都是 $1/(nk^2)$ 的整数倍，$\tilde{\boldsymbol{u}}_i(S)$，$\tilde{\boldsymbol{v}}_i(S)$ 最多有 $2/\sqrt{n}k^2$ 个可能的值，

那么$\tilde{w}(S)$的列表中不会有超过$(1/\sqrt{n}k^2)^{2k}$个向量，从而对任一固定的k，是有多项式上界的。

我们总结一下所得结论。

定理 4.16 给定一个有向图$G(V, E)$，对任意固定k，可以在多项式时间n内计算出一个尺寸至少为最大截减去$O\left(\frac{n^2}{\sqrt{k}}\right)$的截。

如果一个算法可以在对n和k的多项式时间内达到同样的精度会是令人惊讶的，因为这将在多项式时间内给出精确的最大截。

4.5.4 谱分解

令$\boldsymbol{B}$为一方阵。如果向量$\boldsymbol{x}$和标量λ满足$\boldsymbol{Bx}=\lambda\boldsymbol{x}$，那么$\boldsymbol{x}$是矩阵$\boldsymbol{B}$的特征向量且$\lambda$是相应的特征值。这里，我们对特殊情形的$\boldsymbol{B}$给出一个谱分解定理，即对某个可能的长方阵$\boldsymbol{A}$，$\boldsymbol{B}$具有形式$\boldsymbol{B}=\boldsymbol{AA}^{\mathrm{T}}$。如果$\boldsymbol{A}$是一个实矩阵，那么$\boldsymbol{B}$是对称正定的。即对所有非零向量$\boldsymbol{x}$，$\boldsymbol{x}^{\mathrm{T}}\boldsymbol{Bx}>0$。在更加一般的情形谱分解定理也成立，感兴趣的读者可以参考线性代数方面的教材。

定理 4.17（谱分解） 若$\boldsymbol{B}=\boldsymbol{AA}^{\mathrm{T}}$，那么$\boldsymbol{B}=\sum_i \sigma_i^2\boldsymbol{u}_i\boldsymbol{u}_i^{\mathrm{T}}$，其中$\boldsymbol{A}=\sum_i \sigma_i\boldsymbol{u}_i\boldsymbol{v}_i^{\mathrm{T}}$是$\boldsymbol{A}$的奇异值分解。

证明

$$\begin{aligned}\boldsymbol{B}=\boldsymbol{AA}^{\mathrm{T}} &= \Big(\sum_i \sigma_i\boldsymbol{u}_i\boldsymbol{v}_i^{\mathrm{T}}\Big)\Big(\sum_j \sigma_j\boldsymbol{u}_j\boldsymbol{v}_j^{\mathrm{T}}\Big)^{\mathrm{T}} \\ &= \sum_i\sum_j \sigma_i\sigma_j\boldsymbol{u}_i\boldsymbol{v}_i^{\mathrm{T}}\boldsymbol{v}_j\boldsymbol{u}_j^{\mathrm{T}} \\ &= \sum_i \sigma_i^2\boldsymbol{u}_i\boldsymbol{u}_i^{\mathrm{T}}\end{aligned}$$

当σ_i各不相同时，$\boldsymbol{u}_i$是$\boldsymbol{B}$的特征向量，而σ_i^2是相应的特征值。如果σ_i不是各不相同，那么对应相同特征值的那些$\boldsymbol{u}_i$的任意线性组合也是$\boldsymbol{B}$的特征向量。

4.5.5 奇异向量和文件评级

文件收集中一个重要的任务是根据与文件集的内在相关性来给文件评级。

一个好的备选是文件在术语-文件(term-document)向量的最佳拟合方向的投影,也就是在术语-文件矩阵的第一左奇异向量的投影。直观的原因是这个方向有文件集的最大投影平方和,从而可以被视为一个最好的代表文件集的虚构术语-文件向量。

可以用幂方法来很好地阐释利用每个文件的项目向量在最优拟合方向投影的评级方法。为此,考虑一个不同的例子:具有超文本链接的网页。万维网可以用一个有向图来表示,结点对应网页,有向边对应网页间的超文本链接。某些网页,称为权威(authorities),是一个给定话题的最重要的信息来源。其他网页称作枢纽(hubs),用于识别某话题的权威的。权威页面被许多枢纽网页指向,而枢纽页面指向许多权威网页。这似乎成了循环定义:枢纽是指向许多权威的网页,而权威是被许多枢纽指向的网页。

可以给网络上每个结点赋予枢纽权重和权威权重。如果有 n 个结点,那么枢纽权重构成了一个 n 维向量 $\boldsymbol{u}$,权威权重也构成了一个 n 维向量 $\boldsymbol{v}$。假设 $\boldsymbol{A}$ 是有向图的邻接矩阵。这里若存在一个超文本链接从页面 i 指向页面 j,则 a_{ij} 等于 1,否则等于 0。给定枢纽向量 $\boldsymbol{u}$,权威向量 $\boldsymbol{v}$ 可由下式计算得到

$$\boldsymbol{v}_j = \sum_{i=1}^{d} u_i a_{ij}$$

等式右侧是所有指向结点 j 的结点的枢纽权重之和。用矩阵表示:

$$\boldsymbol{v} = \boldsymbol{A}^{\mathrm{T}}\boldsymbol{u}$$

类似地,给定一个权威向量 $\boldsymbol{v}$,那么枢纽向量 $\boldsymbol{u}$ 可以由 $\boldsymbol{u} = \boldsymbol{A}\boldsymbol{v}$ 得到。当然,在开始时,我们没有两者中任何向量的值。但是上述讨论提示了一个幂迭代算法。从任意 $\boldsymbol{v}$ 开始,取 $\boldsymbol{u} = \boldsymbol{A}\boldsymbol{v}$;然后令 $\boldsymbol{v} = \boldsymbol{A}^{\mathrm{T}}\boldsymbol{u}$,并重复这个过程。由幂方法可知,这个过程收敛到左右奇异向量。所以经过充分多次迭代后,可以用左向量 $\boldsymbol{u}$ 作为枢纽权重向量,把 $\boldsymbol{A}$ 的每一列投影到这个方向上,然后根据投影值给各列(权威)评级。但是投影只是形成了向量 $\boldsymbol{A}^{\mathrm{T}}\boldsymbol{u}$,且等于 $\boldsymbol{v}$。所以我们只需根据 v_j 的次序来评级。这就是所谓 HITS 算法的基础,这是给网页评级的一种早期算法。

现在,一种称为网页评级(page rank)的不同评级方法被广泛使用。它基于在上面提到的有向图上的随机游走。我们将在第 5 章中详细讨论随机游走。

文献注记

奇异值分解对数值分析和线性代数具有基本的重要意义。有许多关于这些

主题的专著，有兴趣的读者可以研究。一本很好的参考书是文献[26]。第4.5.2节中关于混合正态分布聚类分析的材料来自文献[27]。用混合正态分布来对数据建模是统计学中的标准工具。几个为人熟知的启发式算法如期望最小化算法等利用该混合模型来学习（拟合）数据。最近，在理论计算机科学中，关于混合模型学习的可证明多项式时间算法取得了一定的进展，参见[28]，[29]，[30]，[31]。对离散优化问题的应用引自文献[32]。关于文件/网页评级那一节来自两篇很有影响力的文章，一篇是 Jon Kleinberg 关于枢纽和权威的文章[33]，另一篇是 Page，Brin，Motwani 和 Winograd[34] 关于网页评级的文章。

练习

4.1 （最佳拟合函数对最佳最小二乘拟合）在很多实验中需要收集一个参数在不同时间点的值。令 y_i 为参数 y 在时刻 x_i 的值。假设我们希望构造数据在最小化均方差的意义下的最佳线性逼近。这里的误差由纵向度量（y 方向）而不是垂直于直线。推导 m 和 b 满足的公式，使其最小化 $\{(x_i, y_i) \mid 1 \leqslant i \leqslant n\}$ 到直线 $y = mx + b$ 的均方差。

4.2 给定 n 个人的 5 个观测量：身高、体重、年龄、收入和血压，如何找到满足如下形式的最佳最小二乘拟合子空间

$$a_1(\text{身高}) + a_2(\text{体重}) + a_3(\text{年龄}) + a_4(\text{收入}) + a_5(\text{血压}) = 0$$

这里，$a_1, a_2, \cdots, a_5$ 是未知参数。如果存在一个好的最佳拟合四维子空间，则可以认为这些点落在一个四维超平面附近而不是散布在五维空间中。为什么用到子空间的垂直距离比用到子空间的纵向距离好呢？这里到子空间的纵向距离是沿着与对应于其中一个未知量的坐标轴度量的。

4.3 以下每组点的最优拟合直线分别是什么？

(1) $\{(0, 1), (1, 0)\}$

(2) $\{(0, 1), (2, 0)\}$

(3) 下面矩阵的行

$$\begin{pmatrix} 17 & 4 \\ -2 & 26 \\ 11 & 7 \end{pmatrix}$$

4.4　令 $\boldsymbol{A}$ 为一 $n\times n$ 方阵，其行向量单位正交。证明 $\boldsymbol{A}$ 的列向量也是单位正交的。

4.5　假设 $\boldsymbol{A}$ 是一个 $n\times n$ 矩阵，带有 k 个相同大小的块状对角结构，其中第 i 块的所有元素为 a_i 且 $a_1>a_2>\cdots>a_k>0$。证明 $\boldsymbol{A}$ 恰有 k 个非零奇异向量 $\boldsymbol{v}_1,\boldsymbol{v}_2,\cdots,\boldsymbol{v}_k$，其中 $\boldsymbol{v}_i$ 在与第 i 块相关的分量处取值为 $\left(\dfrac{k}{n}\right)^{1/2}$，其他分量取值为0。也就是说，奇异向量可以准确地显示出块状对角结构。如果 $a_1=a_2=\cdots=a_k$ 会发生什么？若 a_i 都相等，那么所有可能的奇异向量的集合具有什么结构？

提示：由对称性，第一奇异向量的元素在每个块中必定是常数。

4.6　证明 $\boldsymbol{A}$ 的左奇异向量组是 $\boldsymbol{A}^{\mathrm{T}}$ 的右奇异向量组。

4.7　说明文件-术语矩阵的第一右奇异向量和第一左奇异向量的含义。

4.8　验证 r 个秩1矩阵的和 $\sum_{i=1}^{r}\sigma_i\boldsymbol{u}_i\boldsymbol{v}_i^{\mathrm{T}}$ 可以写成 $\boldsymbol{UDV}^{\mathrm{T}}$ 的形式，其中 $\boldsymbol{u}_i$ 是 $\boldsymbol{U}$ 的列，而 $\boldsymbol{v}_i$ 是 $\boldsymbol{V}$ 的列。要得到这个结论，首先验证对任意两个矩阵 $\boldsymbol{P}$ 和 $\boldsymbol{Q}$，有

$$\boldsymbol{PQ}^{\mathrm{T}}=\sum_i\boldsymbol{p}_i\boldsymbol{q}_i^{\mathrm{T}}$$

其中 $\boldsymbol{p}_i$ 是 $\boldsymbol{P}$ 的第 i 列，$\boldsymbol{q}_i$ 是 $\boldsymbol{Q}$ 的第 i 列。

4.9　(1) 如果 r 是使得 $\underset{\substack{\boldsymbol{v}\perp\boldsymbol{v}_1,\boldsymbol{v}_2,\cdots,\boldsymbol{v}_i\\|\boldsymbol{v}|=1}}{\arg\max}|\boldsymbol{Av}|=0$ 成立的最小的 i，证明 $\boldsymbol{A}$ 的秩为 r。

(2) 证明 $|\boldsymbol{u}_1^{\mathrm{T}}\boldsymbol{A}|=\max\limits_{|\boldsymbol{u}|=1}|\boldsymbol{u}^{\mathrm{T}}\boldsymbol{A}|=\sigma_1$。

提示：用SVD。

4.10　如果 $\sigma_1,\sigma_2,\cdots,\sigma_r$ 是 $\boldsymbol{A}$ 的奇异值且 $\boldsymbol{v}_1,\boldsymbol{v}_2,\cdots,\boldsymbol{v}_r$ 是相应的右奇异向量，证明：

(1) $\boldsymbol{A}^{\mathrm{T}}\boldsymbol{A}=\sum_{i=1}^{r}\sigma_i^2\boldsymbol{v}_i\boldsymbol{v}_i^{\mathrm{T}}$；

(2) $\boldsymbol{v}_1,\boldsymbol{v}_2,\cdots,\boldsymbol{v}_r$ 是 $\boldsymbol{A}^{\mathrm{T}}\boldsymbol{A}$ 的特征向量组；

(3) 假设一个矩阵的特征向量组是唯一的，那么这个矩阵的奇异值组也是唯一的。

特征向量组的定义见附录。

4.11　令 $\boldsymbol{A}$ 为一个矩阵。给定一个找到

$$\boldsymbol{v}_1=\underset{|\boldsymbol{v}|=1}{\arg\max}|\boldsymbol{Av}|$$

的算法。描述一个找到 A 的 SVD 的算法。

4.12 计算矩阵的奇异值分解：

$$\boldsymbol{A}=\begin{pmatrix}1 & 2\\ 3 & 4\end{pmatrix}$$

4.13 写程序实现用幂方法计算一个矩阵的第一奇异向量。运用你的程序于矩阵

$$\boldsymbol{A}=\begin{pmatrix}1 & 2 & 3 & \cdots & 9 & 10\\ 2 & 3 & 4 & \cdots & 10 & 0\\ \vdots & \vdots & \vdots & & & \vdots\\ 9 & 10 & 0 & \cdots & 0 & 0\\ 10 & 0 & 0 & \cdots & 0 & 0\end{pmatrix}$$

4.14 修正幂方法如下来找到矩阵 $\boldsymbol{A}$ 的前 4 个奇异向量。随机选择 4 个向量，找到由这 4 个向量张成的空间的一组标准正交基。然后将每个基向量乘以 $\boldsymbol{A}$，找到所得的 4 个向量张成的空间的一组新的标准正交基。用你的方法找到习题 4.13 中的矩阵 $\boldsymbol{A}$ 的前 4 个奇异向量。

4.15 矩阵 $\boldsymbol{B}$ 是非负定的，如果对所有 $\boldsymbol{x}$，$\boldsymbol{x}^{\mathrm{T}}\boldsymbol{B}\boldsymbol{x}\geqslant 0$。令 $\boldsymbol{A}$ 为一实矩阵，证明 $\boldsymbol{B}=\boldsymbol{A}\boldsymbol{A}^{\mathrm{T}}$ 是非负定的。

4.16 证明一个实对称矩阵的特征根是实的。

4.17 假设 $\boldsymbol{A}$ 是一个可逆方阵且 $\boldsymbol{A}$ 的 SVD 为 $\boldsymbol{A}=\sum_i \sigma_i \boldsymbol{u}_i \boldsymbol{v}_i^{\mathrm{T}}$。证明 $\boldsymbol{A}$ 的逆为 $\sum_i \frac{1}{\sigma_i}\boldsymbol{v}_i \boldsymbol{u}_i^{\mathrm{T}}$。

4.18 假设 $\boldsymbol{A}$ 是一个方阵但不一定可逆，且有 SVD 为 $\boldsymbol{A}=\sum_{i=1}^{r}\sigma_i \boldsymbol{u}_i \boldsymbol{v}_i^{T}$，令 $\boldsymbol{B}=\sum_{i=1}^{r}\frac{1}{\sigma_i}\boldsymbol{v}_i \boldsymbol{u}_i^{\mathrm{T}}$。证明对所有在 $\boldsymbol{A}$ 的右奇异向量组所张成的空间中的 $\boldsymbol{x}$，有 $\boldsymbol{B}\boldsymbol{x}=\boldsymbol{x}$。因为这个原因，$\boldsymbol{B}$ 有时被称为 $\boldsymbol{A}$ 的拟逆且在很多应用中起到 $\boldsymbol{A}^{-1}$ 的作用。

4.19 (1) 对任意矩阵 $\boldsymbol{A}$，证明 $\sigma_k \leqslant \frac{\|\boldsymbol{A}\|_{\mathrm{F}}}{\sqrt{k}}$；

(2) 证明存在一个秩最多为 k 的矩阵 $\boldsymbol{B}$，使得 $\|\boldsymbol{A}-\boldsymbol{B}\|_2 \leqslant \frac{\|\boldsymbol{A}\|_{\mathrm{F}}}{\sqrt{k}}$；

(3) (2)中不等式左侧的 2 范数可以用 Frobenius 范数代替吗？

4.20 假设给定一个 $n\times d$ 矩阵 $\boldsymbol{A}$ 且允许对 $\boldsymbol{A}$ 进行预处理。然后给出许多 d 维向量 $\boldsymbol{x}_1,\boldsymbol{x}_2,\cdots,\boldsymbol{x}_m$，且对其中每个向量都需要在如下意义下近似地找到向量 $\boldsymbol{A}\boldsymbol{x}_i$，即：找到 $\boldsymbol{u}_i$ 满足 $|\boldsymbol{u}_i-\boldsymbol{A}\boldsymbol{x}_i|\leqslant\varepsilon\|\boldsymbol{A}\|_F|\boldsymbol{x}_i|$。此处 $\varepsilon>0$ 是一个给定的误差上界。不考虑预处理时间，描述一个可以在时间 $O\left(\frac{d+n}{\varepsilon^2}\right)\Big/\boldsymbol{x}_i$ 内完成这个任务的算法。

4.21 (用 SVD 限制最小二乘问题)给定 $\boldsymbol{A}$,$\boldsymbol{b}$ 和 m，用 SVD 算法去找到一个满足 $|\boldsymbol{x}|<m$ 的向量 $\boldsymbol{x}$ 来最小化 $|\boldsymbol{A}\boldsymbol{x}-\boldsymbol{b}|$。这个问题可以作为程度较高学生的自学练习。提示/答案可参考 Golub 和 van Loan 的第 12 章。

4.22 (文件-术语矩阵)：假设有一个 $m\times n$ 文件-术语矩阵，其中每行对应一个文件，且行被归一化到单位长度。用点乘来定义两个这样的文件之间的“相似性”。

(1) 考虑一个“虚构”的文件，它与矩阵中所有文件之间相似性的平方和尽可能大。这个虚构文件是什么，如何找到它？

(2) (1)中的虚构文件与所有文件的重心有何区别？

(3) 以(1)作为构造基础，给定一个正整数 k，找到一个有 k 个虚构文件的集合，使得矩阵中各个文件与各个虚构文件之间的 mk 个相似性的平方和最大。为了避开挑选 k 个(1)中虚构文件的复制品所产生的平凡解，要求这 k 个虚构文件是彼此正交的。将这些虚构文件与奇异向量建立联系。

(4) 假设这些文件可以被分为 k 个子集(通常被称为聚类)，其中同一个聚类中的文件是相似的，不同聚类中的文件不怎么相似。考虑分离出这些聚类的计算问题，这通常是个很难的问题。但是，假设这些术语也可以被分为 k 个聚类，使得当 $i\neq j$ 时，第 i 个(术语)聚类中的术语不会出现在第 j 个(文件)聚类中的文件中。如果这些聚类是已知的且将它们中的行和列重排使其相邻，那么矩阵将会是一个块对角矩阵。当然这些聚类是未知的。文件-术语矩阵的一个“块”，是指与第 i 个文件聚类对应的行和与第 i 个术语聚类对应的列所组成的子矩阵。我们也能够把任意的长度为 n 的向量分成块。证明矩阵的任意右奇异向量必定有如下性质：它的每个块都是这个文件-术语矩阵所对应的块的一个右奇异向量。

(5) 假设所有块以及块与块之间的奇异值都不相同，解释如何解聚类问题。

提示：(4) 利用以下事实，右奇异向量组必定是 $\boldsymbol{A}^T\boldsymbol{A}$ 的特征向量组，证明

$\mathbf{A}^{\mathrm{T}}\mathbf{A}$ 也是块对角的且使用特征向量的性质可以得出结论。

4.23 根据一维正态的混合分布生成许多样本。当中心越来越靠近时会发生什么？或者，当中心固定而标准差增大时会发生什么？

4.24 证明当 $x_i \in \{0, 1\}$ 时，最大化 $\boldsymbol{x}^{\mathrm{T}}\boldsymbol{u}\boldsymbol{u}^{\mathrm{T}}(\mathbf{1}-\boldsymbol{x})$ 等价于把 $\boldsymbol{u}$ 的分量分割为两个子集，其中每个子集中元素的和相等。

4.25 读取一幅照片中的数据并转化为一个矩阵。对这个矩阵做奇异值分解，仅用 10%，25%，50%的奇异值来重建这幅照片。

(1) 打印这幅重建的照片，重建后照片的质量如何？

(2) 在每种情形下获得了多少百分比的 Frobenius 范数？

提示：使用 Matlab 读取照片的指令是 imread。可以读取的文件格式由 informants 给出。打印文件用 imprint 指令。打印使用 jpeg 格式。为了之后访问文件需要加上 .jpg 的扩展名。指令 imread 将会按 uint8 格式读取文件，你需要将其转换为 double 格式来调用 SVD 程序。之后再转换回 uint8 来写文件。如果是彩色照片，你会对 3 种基本色得到 3 个对应的矩阵。

4.26 收集一批照片，或者绘画，或者图表，试用 SVD 压缩来处理这些数据，并说明这个方法的效果如何？

4.27 建立一个含有 100 个 100×100 矩阵的集合，这些矩阵的元素是 0 到 1 之间的随机数，且使得相邻的元素高度相关。求 A 的 SVD 分解。A 的 Frobenius 范数可以有多大比例被前 100 个奇异向量取得？需要多少个奇异向量才能取得 95%的 Frobenius 范数？

4.28 建立一个含有 100 个 100×100 矩阵的集合，这些矩阵的元素是 0 到 1 之间的随机数，且使得相邻的元素高度相关，如何找到 100 个向量作为所有 100 个矩阵的一个好的基组？如果生成一个新矩阵，该矩阵 Frobenius 范数的多大比例能够被这组基取得？

4.29 证明第 4.5.3 节中最大截算法的运行时间是 $O(n^3 + \mathrm{poly}(n)k^k)$，其中 poly 是某个多项式。

4.30 令 $\boldsymbol{x}_1, \boldsymbol{x}_2, \cdots, \boldsymbol{x}_n$ 为 d 维空间中的 n 个点，令 $\boldsymbol{X}$ 为 $n \times d$ 矩阵且它的行是这 n 个点。假设我们只知道两点间距离的矩阵 $\boldsymbol{D}$ 而非这些点的坐标。因为任意坐标系的平移、旋转或反射可以让距离保持不变，给出距离矩阵 D 的点集 $\boldsymbol{x}_1, \boldsymbol{x}_2, \cdots, \boldsymbol{x}_n$ 是不唯一的。固定坐标系的原点，使得点集的质心在原点，也就是说，$\sum_{i=1}^{n} \boldsymbol{x}_i = 0$。

(1) 证明 $\boldsymbol{X}\boldsymbol{X}^{\mathrm{T}}$的元素由下式给出

$$\boldsymbol{x}_i\boldsymbol{x}_j^{\mathrm{T}} = -\frac{1}{2}\left[d_{ij}^2 - \frac{1}{n}\sum_{j=1}^{n} d_{ij}^2 - \frac{1}{n}\sum_{i=1}^{n} d_{ij}^2 + \frac{1}{n^2}\sum_{i=1}^{n}\sum_{j=1}^{n} d_{ij}^2\right]$$

(2) 矩阵 $\boldsymbol{X}$ 的行是 $\boldsymbol{x}_i$，描述一个确定 $\boldsymbol{X}$ 的算法。

4.31 (1) 考虑如下 20 个美国城市的两两距离矩阵。利用练习 4.30 中的算法来将这些城市放在一张美国地图上。

(2) 假设你有全球 50 个城市的空中航线距离，你能用这些距离构造一幅世界地图吗?

	BOS	BUF	CHI	DAL	DEN	HOU	LA	MEM	MIA	MIM
Boston	—	400	851	1 551	1 769	1 605	2 596	1 137	1 255	1 123
Buffalo	400	—	454	1 198	1 370	1 286	2 198	803	1 181	731
Chicago	851	454	—	803	920	940	1 745	482	1 188	355
Dallas	1 551	1 198	803	—	663	225	1 240	420	1 111	862
Denver	1 769	1 370	920	663	—	879	831	879	1 726	700
Houston	1 605	1 286	940	225	879	—	1 374	484	968	1 056
Los Angeles	2 596	2 198	1 745	1 240	831	1 374	—	1 603	2 339	1 524
Memphis	1 137	803	482	420	879	484	1 603	—	872	699
Miami	1 255	1 181	1 188	1 111	1 726	968	2 339	872	—	1 511
Minneapolis	1 123	731	355	862	700	1 056	1 524	699	1 511	—
New York	188	292	713	1 374	1 631	1 420	2 451	957	1 092	1 018
Omaha	1 282	883	432	586	488	794	1 315	529	1 397	290
Philadelphia	271	279	666	1 299	1 579	1 341	2 394	881	1 019	985
Phoenix	2 300	1 906	1 453	887	586	1 017	357	1 263	1 982	1 280
Pittsburgh	483	178	410	1 070	1 320	1 137	2 136	660	1 010	743
Saint Louis	1 038	662	262	547	796	679	1 589	240	1 061	466
Salt Lake City	2 099	1 699	1 260	999	371	1 200	579	1 250	2 089	987
San Francisco	2 699	2 300	1 858	1 483	949	1 645	347	1 802	2 594	1 584
Seattle	2 493	2 117	1 737	1 681	1 021	1 891	959	1 867	2 734	1 395
Washington D. C.	393	292	597	1 185	1 494	1 220	2 300	765	923	934

	NY	OMA	PHI	PHO	PIT	StL	SLC	SF	SEA	DC
Boston	188	1 282	271	2 300	483	1 038	2 099	2 699	2 493	393
Buffalo	292	883	279	1 906	178	662	1 699	2 300	2 117	292
Chicago	713	432	666	1 453	410	262	1 260	1 858	1 737	597
Dallas	1 374	586	1 299	887	1 070	547	999	1 483	1 681	1 185
Denver	1 631	488	1 579	586	1 320	796	371	949	1 021	1 494

	NY	OMA	PHI	PHO	PIT	StL	SLC	SF	SEA	DC
Houston	1 420	794	1 341	1 017	1 137	679	1 200	1 645	1 891	1 220
Los Angeles	2 451	1 315	2 394	357	2 136	1 589	579	347	959	2 300
Memphis	957	529	881	1 263	660	240	1 250	1 802	1 867	765
Miami	1 092	1 397	1 019	1 982	1 010	1 061	2 089	2 594	2 734	923
Minneapolis	1 018	290	985	1 280	743	466	987	1 584	1 395	934
New York	—	1 144	83	2 145	317	875	1 972	2 571	2 408	230
Omaha	1 144	—	1 094	1 036	836	354	833	1 429	1 369	1 014
Philadelphia	83	1 094	—	2 083	259	811	1 925	2 523	2 380	123
Phoenix	2 145	1 036	2 083	—	1 828	1 272	504	653	1 114	1 973
Pittsburgh	317	836	259	1 828	—	559	1 668	2 264	2 138	192
Saint Louis	875	354	811	1 272	559	—	1 162	1 744	1 724	712
Salt Lake City	1 972	833	1 925	504	1 668	1 162	—	600	701	1 848
San Francisco	2 571	1 429	2 523	653	2 264	1 744	600	—	678	2 442
Seattle	2 408	1 369	2 380	1 114	2 138	1 724	701	678	—	2 329
Washington D. C.	230	1 014	123	1 973	192	712	1 848	2 442	2 329	—

第 5 章 随机行走和 Markov 链

图上的随机行走是由这样的过程产生的一个顶点序列，从一个起始顶点出发，选取一条边，通过这条边到达一个新顶点，然后重复这个过程。当图上的一个随机行走满足一些简单条件时，它在图上各个顶点所停留的时间将会收敛到一个平稳的概率。

在有向图中，可能存在没有出边的顶点，因此从此点出发不可能抵达其他顶点。类似的，如果某些顶点在图的某个强连通分支且从图的其他部分没有入边可以抵达该强连通分支，那么除非起始点就在此强连通分支中，随机行走不可能到达这些顶点。因此，大多数随机行走的应用只涉及强连通图。另一个问题是，当所有环长度的最大公约数大于 1 时，如二分图，那么随机行走的概率分布将不会收敛到一个稳定值，而是在一组概率分布的集合中交替变化。如果所有环长度的最大公约数是 1，一个图被称为是非周期的。我们将主要讨论强连通、非周期的有向图或者强连通、非周期的无向图。

从 x_0 出发开始一个随机行走，起始的概率分布可以视为在 x_0 点放置概率质量 1，而其他点的概率质量为 0。更一般地，可以从任意概率分布 $\boldsymbol{p}$ 出发，$\boldsymbol{p}$ 是一个具有非负分量且和为 1 的行向量，p_x 为从 x 点出发的概率。在 $t+1$ 时刻位于 x 点的概率是对所有下面情形的求和，即对于每一个 x 的邻接点 y，在 t 时刻位于 y，且下一步从 y 转移到 x。令 $\boldsymbol{p}^{(t)}$ 为一行向量，对每一顶点，存在一个分量对应其在 t 时刻位于该顶点的概率质量，而 $\boldsymbol{p}^{(t+1)}$ 则是 $t+1$ 时刻的概率行向量。在矩阵记号下①

$$\boldsymbol{p}^{(t)}\boldsymbol{P} = \boldsymbol{p}^{(t+1)}$$

① 为简化如此处方程中的符号，概率向量由行向量表示。

这里矩阵 $\boldsymbol{P}$ 的 ij 元素是随机行走在顶点 i 处选取通向顶点 j 的边的概率。

一个随机行走的基本性质是，在极限意义下，处于一个特定顶点的长期平均概率是独立于起始顶点或者起始概率分布的，只需假设对应的图是强连通的。极限概率称为平稳概率。下节将给出这个基本定理的证明。

我们将研究无向图上的随机行走与电路网络的重要联系。击中时(hitting time)，即从顶点 x 出发到达另一顶点 y 的预期时间，和覆盖时(cover time)，即遍访每一个顶点的预期时间是一些与随机行走相关的基本量。定量来说，这些量的上界由顶点数的多项式所给出。这些事实的证明依赖于随机行走和电路网络的类比。

在计算机科学的文献中，随机行走的理论在一个重要的应用领域不断发展，即如何由其平稳概率来定义万维网上网页的排名。此前在统计学文献中，一个等价的概念即 Markov 链已经被建立起来。一个 Markov 链具有有限个数的状态，对任何两个状态 x 和 y，存在从 x 到 y 的转换概率 p_{xy}。Markov 链中的随机行走可以从某个状态开始，在给定的时间步，如果随机行走在状态 x，下一个状态 y 通过概率 p_{xy} 随机选出。一个 Markov 链可以通过一个有向图来表示，每个顶点表示一个状态，并且给从顶点 x 到顶点 y 的边赋以权重 p_{xy}。称 Markov 链是连通的，如果其所对应的有向图是强连通的，也就是说，如果从每个顶点到其他任何顶点存在一个有向路径，具有元素 p_{xy} 的矩阵 $\boldsymbol{P}$ 称为该链的转移矩阵。名词“随机行走”和“Markov 链”可以交换使用。随机行走和 Markov 链的术语之间的对应关系可见表 5.1。

表 5.1　随机行走和 Markov 链的术语之间的对应关系

随机行走	Markov 链
顶点	状态
强连通	常返
非周期	非周期
强连通和非周期	遍历性
无向图	时间可逆性

如果 Markov 链的某个状态一旦到达过，随机行走就会以概率 1 返回这个状态，那么这个状态称为常返(persistent)的。这等价于这个状态位于一个没有出边的强连通分支。对这一章中的大部分内容，我们假设其对应的有向图是强连通的。这里，我们简要讨论一下没有强连通性的情形。考虑图 5.1(b)中的有向图，它具有三个强连通分支，A, B 和 C。从 A 中的任意一个顶点出发，最终到

达 A 中的任意一个顶点的概率是非零的。然而，返回 A 中一个顶点的概率比 1 小，因此 A 中的顶点，类似的 B 中的顶点不是常返的。而从 C 中的任意顶点出发，随机行走就最终会以概率 1 返回该顶点，因为游动不可能离开分支 C。所以，C 中的顶点是常返的。

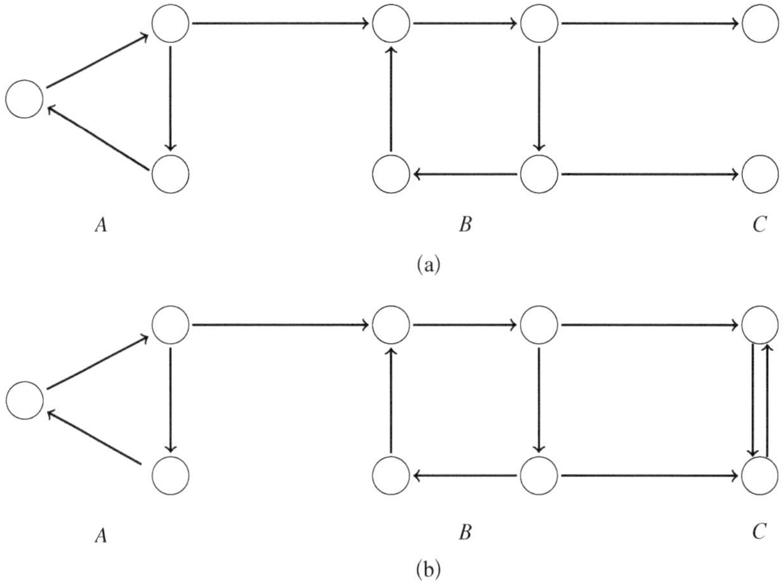

图 5.1　(a) 一个有没有出边的顶点和一个没有入边的强连通分支 A 的有向图
(b) 一个有三个强连通分支的有向图

当用于预测系统未来的所有信息可以用当前状态来表示时，这样的情形就可以用 Markov 链来建模。一个典型的例子是语音，当 k 较小时，当前状态编码了讲话人所说的后面 k 个音节。给定当前状态，每个音节以一定的概率随着被说出，这可以用于计算转移概率。另一个例子是赌徒的财产，也可以用 Markov 链来建模，其中当前状态是赌徒现在手上的钱。仅当赌徒下注只依赖于当前的财产，而非过去的财产时，这个模型是有效的。

在这一章的后面，我们会研究广泛应用的 Markov 链 Monte Carlo 方法（MCMC）。这里的目标是根据某个概率分布 p 来对一个很大的空间取样。空间中的元素个数可以非常大，如 10^{100}。我们可以设计一个 Markov 链使其状态对应于空间中的元素。链的转移概率可以如此设计，使得链的平稳分布是我们想要取样的概率分布 p。我们可以开始一个随机行走直到其概率分布与链的平稳分布接近，然后取该随机行走所在的点。继续做很多步随机行走直到其概率分布不再依赖于所选的第一个元素。这时可以选取第二个点，依此类推。尽管在计算机中不可能存储对应的图，因为它有 10^{100} 个顶点。做随机行走时我们只需要存储随机行走所在的顶点，并根据某个算法生成与之邻近的顶点。这里的关键问题是随机行走的概率收敛到平稳概率的时间是对数依赖于状态数的。

我们讨论两个启发性的例子。第一个是根据一个概率密度函数，如正态分布，来估计 d 维空间中区域 R 的概率。我们可以放置一个网格，使得 R 中的每个格点成为 Markov 链的一个状态。给定概率密度函数 p，可以设计 Markov 链的转移概率，使其平稳分布恰为 p。一般地，状态数随维数 d 指数增长，但是收敛到平稳分布的时间随 d 却是线性的。

第二个例子从物理中来。考虑平面中的一个 $n\times n$ 网格，在每个格点有一个粒子，每个粒子有自旋± 1。这样就有 2^{n^2} 个自旋构型。一个构型的能量是自旋的函数。统计力学的中心问题是如何根据与能量相关的概率密度函数来对自旋构型取样。可以容易地构造一个 Markov 链，使得每个自旋构型是一个链的一个状态，且具有与状态能量相关的平稳分布。如果一个随机行走依时间 n 而非 2^{n^2} 趋近于平稳概率，那么我们就能够根据与能量相关的概率密度函数来对自旋构型取样。

混合时(mixing time)，可以粗略地定义为趋近于平稳分布所需的时间，通常它比状态数要小得多。在 5.7 中，我们把混合时与一个称为归一化电导(normalized conductance)的组合概念联系了起来，在许多情形可以推导出混合时较好的上界。

5.1 平稳分布

令 $\boldsymbol{p}^{(t)}$ 为随机行走在 t 步后的概率分布，定义长期概率分布 $\boldsymbol{a}^{(t)}$ 为

$$\boldsymbol{a}_{(t)} = \frac{1}{t}(\boldsymbol{p}^{(0)} + \boldsymbol{p}^{(1)} + \cdots + \boldsymbol{p}^{(t-1)})$$

Markov 链的基本定理断言一个连通的 Markov 链的长期概率分布收敛到一个唯一的概率向量，记作 $\boldsymbol{\pi}$。从这个极限分布再做一步随机行走，我们会回到同样的分布。在矩阵记号下，$\boldsymbol{\pi P} = \boldsymbol{\pi}$，其中 $\boldsymbol{P}$ 是转移概率矩阵。事实上，存在唯

一的概率向量(分量非负且和为1)满足 $\boldsymbol{\pi P}=\boldsymbol{\pi}$,且此向量就是极限向量。而且,因为一步随机行走不会改变这个分布,那么任意多步也不会改变它。由于这个原因,$\boldsymbol{\pi}$ 被称为平稳分布。

我们首先证明存在唯一的单位向量 $\boldsymbol{\pi}$ 使得 $\boldsymbol{\pi P}=\boldsymbol{\pi}$。我们可以验证当 t 趋于无穷大时,$\boldsymbol{a}^{(t)}$ 的长期平均值满足 $\boldsymbol{a}^{(t)}\boldsymbol{P}=\boldsymbol{a}^{(t)}$,因此 $\boldsymbol{a}^{(t)}$ 必定收敛于 $\boldsymbol{\pi}$。注意尽管长期分布收敛,这并不意味着随机行走的概率分布收敛。事实上,如果图不是非周期的,概率分布可能会在几个分布之间循环。

引理 5.1　*存在唯一的单位向量 $\boldsymbol{\pi}$ 满足 $\boldsymbol{\pi P}=\boldsymbol{\pi}$。*

证明　如果存在两个单位向量满足 $\boldsymbol{\pi P}=\boldsymbol{\pi}$,那么它们都满足 $\boldsymbol{\pi}(\boldsymbol{P}-\boldsymbol{I})=0$,从而矩阵 $\boldsymbol{P}-\boldsymbol{I}$ 的阶数至多是 $n-2$,其中 n 是 Markov 链的状态数。因为列空间和行空间具有相同的维数,那么就存在两个单位向量满足$(\boldsymbol{P}-\boldsymbol{I})\boldsymbol{x}=0$。因为 $\boldsymbol{P}$ 的每一行的和都为1,其中之一是由全1向量做适当归一化得到的。令 $\boldsymbol{x}$ 为第二个解。那么 $x_i=\sum\limits_{j=1}^{n}p_{ij}x_j$ 是 $\boldsymbol{x}$ 的分量的加权平均。其中最大分量只可能是具有同样值的分量的平均值。这个事实以及图的连通性意味着所有 $\boldsymbol{x}$ 的分量都相等,因此归一化后的 $\boldsymbol{x}$ 也必定是做了适当归一化的全1向量。读者会注意到 $\boldsymbol{x}$ 其实是一个调和函数,这会在稍后讨论。

引理 5.2　*如果 Markov 链是连通的,那么长期概率分布收敛到某个满足 $\boldsymbol{\pi P}=\boldsymbol{\pi}$ 的 $\boldsymbol{\pi}$。*

证明　注意长期平均 $\boldsymbol{a}^{(t)}$ 的分量是非负的且其和为1,所以它也是一个概率向量。从长期分布 $\boldsymbol{a}^{(t)}$ 开始运行 Markov 链一步,那么此步之后的分布是 $\boldsymbol{a}^{(t)}\boldsymbol{P}$。计算由于这一步所造成的改变。注意 $\boldsymbol{a}^{(t)}\boldsymbol{P}$ 并不等于 $\boldsymbol{a}^{(t+1)}$。

$$
\begin{aligned}
\boldsymbol{a}^{(t)}\boldsymbol{P}-\boldsymbol{a}^{(t)} &= \frac{1}{t}[\boldsymbol{p}^{(0)}\boldsymbol{P}+\boldsymbol{p}^{(1)}\boldsymbol{P}+\cdots+\boldsymbol{p}^{(t-1)}\boldsymbol{P}]-\frac{1}{t}[\boldsymbol{p}^{(0)}+\boldsymbol{p}^{(1)}+\cdots+\boldsymbol{p}^{(t-1)}] \\
&= \frac{1}{t}[\boldsymbol{p}^{(1)}+\boldsymbol{p}^{(2)}+\cdots+\boldsymbol{p}^{(t)}]-\frac{1}{t}[\boldsymbol{p}^{(0)}+\boldsymbol{p}^{(1)}+\cdots+\boldsymbol{p}^{(t-1)}] \\
&= \frac{1}{t}(\boldsymbol{p}^{(t)}-\boldsymbol{p}^{(0)})
\end{aligned}
$$

那么,$|\boldsymbol{a}^{(t)}\boldsymbol{P}-\boldsymbol{a}^{(t)}|\leqslant\frac{2}{t}$ 且当 t 趋于无穷时趋于0。这意味着 $\boldsymbol{a}^{(t)}$ 满足 $\boldsymbol{a}^{(t)}\boldsymbol{P}=\boldsymbol{a}^{(t)}$,从而 $\boldsymbol{a}^{(t)}$ 必定是唯一满足 $\boldsymbol{\pi P}=\boldsymbol{\pi}$ 的长期向量 $\boldsymbol{\pi}$。

定理 5.3(Markov 链基本定理)　*如果马尔科夫链是连通的,存在唯一概率向量 $\boldsymbol{\pi}$ 满足 $\boldsymbol{\pi P}=\boldsymbol{\pi}$。而且,对任意初始分布,$\lim\limits_{t\to\infty}\boldsymbol{a}^{(t)}$ 存在且等于 $\boldsymbol{\pi}$。*

证明 由引理 5.1 和引理 5.2 立即可得。

我们在此引入下列引理来结束这一节,该引理可以用来确定一个概率分布是一个连通有向图上随机行走的平稳概率分布。

引理 5.4 对一个强连通的有向图上的随机行走,如果向量 $\boldsymbol{\pi}$ 满足对所有 x 和 y, $\pi_x p_{xy} = \pi_y p_{yx}$,且 $\sum_x \pi_x = 1$,那么 $\boldsymbol{\pi}$ 是该随机行走的平稳分布。

证明 因为 $\boldsymbol{\pi}$ 满足 $\pi_x p_{xy} = \pi_y p_{yx}$,两边求和可得 $\pi_x = \sum_y \pi_y p_{yx}$,从而 $\boldsymbol{\pi}$ 满足 $\boldsymbol{\pi} = \boldsymbol{\pi P}$。由定理 5.3 可知,$\boldsymbol{\pi}$ 是唯一的平稳分布。

5.2 电路网络和随机行走

在下面几节中,我们研究电路网络和无向图上的随机行走的关系。图在每条边上有非负的权重。从当前顶点可以根据正比于这个权重的概率随机选取一条边,并且经过这条边走一步到下一个顶点。

一个电路网络是一个连通的无向图,其中每条边(x, y)上有电阻 $r_{xy} > 0$。在以下的内容中,处理电导会比电阻更容易些,电导定义为电阻的倒数,即 $c_{xy} = \frac{1}{r_{xy}}$。通过赋予从顶点 x 发出的边(x, y),概率 $p_{xy} = \frac{c_{xy}}{c_x}$,电路网络可与其对应的图上的随机行走建立联系,其中归一化常数 c_x 等于 $\sum_y c_{xy}$。注意尽管 c_{xy} 等于 c_{yx},概率 p_{xy} 和 p_{yx} 是可以不相等的,因为归一化需要让每个顶点处的概率之和为 1,故归一化常数未必相等。我们将很快看到电路网络中的电流和对应的图上的随机行走是有关系的。

假设无向图是连通的。由定理 5.3 存在唯一的平稳概率分布。那么平稳概率分布是 $\boldsymbol{\pi}$,其中 $\pi_x = \frac{c_x}{c_0}$。这是因为

$$\pi_x p_{xy} = \frac{c_x}{c_0}\frac{c_{xy}}{c_x} = \frac{c_{xy}}{c_0} = \frac{c_y}{c_0}\frac{c_{yx}}{c_y} = \pi_y p_{yx}$$

由引理 5.4,$\boldsymbol{\pi}$ 是唯一平稳概率。

调和函数

对于推导电路网络和无向图上的随机行走的关系,调和函数是十分有用的

概念。给定一个无向图，指定一个非空顶点集作为边界顶点，余下的顶点是内点。顶点上的调和函数 g 是这样一个函数，其边界点上的值是某些固定的边界值，g 在任何内点 x 上的值是其邻接点 y 上的值的加权平均，对每个 x，权重 p_{xy} 满足 $\sum_y p_{xy}=1$。这样，如果在每个内点 x，对某组满足 $\sum_y p_{xy}=1$ 的权重 p_{xy}，有 $g_x=\sum_y g_y p_{xy}$，那么 g 就是一个调和函数。

例 把一个具有电导 c_{xy} 的电路网络变成一个加权的、具有概率 p_{xy} 的无向图。令 $\boldsymbol{f}$ 为满足 $\boldsymbol{fP}=\boldsymbol{f}$ 的函数，此处 $\boldsymbol{P}$ 为概率矩阵。从而可得函数 $g_x=\dfrac{f_x}{c_x}$ 是调和函数。

$$
\begin{aligned}
g_x &= \frac{f_x}{c_x}=\frac{1}{c_x}\sum_y f_y p_{yx}=\frac{1}{c_x}\sum_y f_y \frac{c_{yx}}{c_y} \\
&= \frac{1}{c_x}\sum_y f_y \frac{c_{xy}}{c_y}=\sum_y \frac{f_y}{c_y}\frac{c_{xy}}{c_x}=\sum_y g_y p_{xy}
\end{aligned}
$$

连通图的调和函数在边界取最大值和最小值，假设最大值不在边界上取到。令 S 为取到最大值的内点的集合。由于 S 不包含边界点，$\bar{S}$非空。连通性意味着至少有一条边(x, y)使得 $x\in S$和$y\in\bar{S}$。那么 x 点的函数值是它的邻点上函数值的平均，而邻点的函数值都小于或等于 x 点的函数值，并且 y 点的函数值严格小于 x 点的函数值，矛盾！对最小值情形的证明是相同的。

存在最多一个满足一组给定的方程和边界条件的调和函数。假设有两个解 $f(x)$和 $g(x)$。那么这两个解的差也是调和的。因为 $h(x)=f(x)-g(x)$ 是调和的且其边界值为 0，由最小值 / 最 大值原理其函数值应处处为 0，从而有$f(x)=g(x)$。

电路网络和随机行走的类比

电路网络和无向图上的随机行走之间有着重要的联系。选取两个顶点 a 和 b，令电压 v_b 等于参考值 0，在 a 和 b 之间添加一个电流源，使得电压 v_a 等于 1。固定电压 v_a和 v_b，所有其他顶点上的电压和通过电路网络的边上的电流可以随之导出。电路网络和随机行走的类比如下：固定在顶点 a 和 b 的电压后，在任意顶点 x 处的电压等于一个起始于 x 的随机行走在到达 b 之前到达 a 的概率。如果调整电压 v_a 使得进入 a 的电流可以对应于一个随机行走的话，那么流过一条边的电流是从 a 到 b 的随机行走在到达 b 之前穿过这条边的净频率。

电压的概率解释

要证明任意顶点 x 的电压等于一个从 x 开始的随机行走在到达 b 之前到达 a 的概率，我们首先证明电压是一个调和函数。令 x 和 y 为邻接顶点，i_{xy} 为流过从 x 到 y 的边的电流。由欧姆定律

$$i_{xy}=\frac{v_x-v_y}{r_{xy}}=(v_x-v_y)c_{xy}$$

由基尔霍夫定律，流出每个顶点的电流之和为 0：

$$\sum_y i_{xy}=0$$

将上面求和中的电流代换为电压差乘以电导得到

$$\sum_y (v_x-v_y)c_{xy}=0$$

或者

$$v_x\sum_y c_{xy}=\sum_y v_y c_{xy}$$

观察到 $\sum_y c_{xy}=c_x$ 且 $p_{xy}=\frac{c_{xy}}{c_x}$，可得 $v_x c_x=\sum_y v_y p_{xy} c_x$。因此，$v_x=\sum_y v_y p_{xy}$。从而，每个顶点 x 处的电压是相邻顶点处电压的加权平均。所以，电压构成了一个以$\{a, b\}$为边界点的调和函数。调和函数示意见图 5.2。

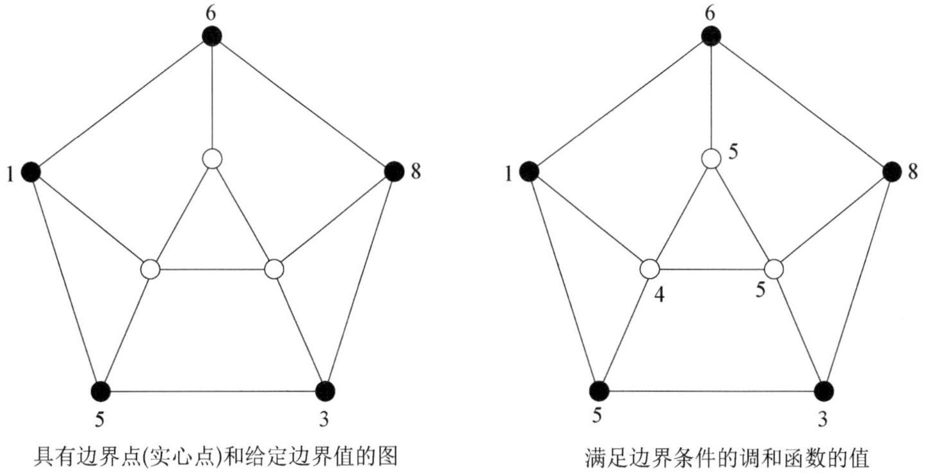

图 5.2　调和函数示意图

现在令 p_x 为一个随机行走从顶点 x 出发在到达 b 之前到达 a 的概率。显然有 $p_a=1$ 且 $p_b=0$。由于 $v_a=1$ 且 $v_b=0$，可知 $p_a=v_a$ 且 $p_b=v_b$。进一步的，随机行走从 x 出发，在到达 b 之前到达 a 的概率是这样一个对所有与 x 相邻的 y 的求和，求和项是随机行走从 x 到 y，然后再从 y 出发在到达 b 之前到达 a 的概率。也就是说

$$p_x=\sum_y p_{xy}p_y$$

这样，p_x 是与电压 v_x 相同的调和函数，且 $\boldsymbol{v}$ 和 $\boldsymbol{p}$ 在 a 和 b 处满足相同的边界条件，这样，它们是同一个函数。这个随机行走从 x 出发在抵达 b 之前抵达 a 的概率就是电压 v_x。

电流的概率解释

下面，我们会设定在 a 点进入网络的电流的值，使之等价于一个随机行走。然后我们会证明电流 i_{xy} 是一个从 a 到 b 的随机行走在到达 b 之前经过边 xy 的净频率。令 u_x 为一个从 a 到 b 的随机行走在到达 b 之前访问顶点 x 的次数的期望值。显然，$u_b=0$。每次随机行走访问 a 以外的顶点 x 时，它必须从某个顶点 y 到达 x。这样，在到达 b 之前访问 x 的预期次数是一个对所有 y 的求和，求和项是在到达 b 之前对 y 的预期访问次数 u_y 乘以从 y 到 x 的概率 p_{yx} 之和。对不同于 b 或 a 的顶点 x，有

$$u_x=\sum_{y\neq b}u_y\,p_{yx}$$

由于 $u_b=0$，

$$u_x=\sum_y u_y\,\frac{c_x\,p_{xy}}{c_y}$$

由此可知 $\frac{u_x}{c_x}=\sum_y\frac{u_y}{c_y}p_{xy}$，从而 $\frac{u_x}{c_x}$ 是以 a 和 b 作为边界的调和函数，边界条件为 $u_b=0$，而 u_a 等于其正确的值，即在到达 b 前访问 a 的预期次数。现在，$\frac{u_b}{c_b}=0$，调整进入 a 的电流使得 v_a 等于 $\frac{u_a}{c_a}$。现在 $\frac{u_x}{c_x}$ 和 v_x 满足相同的调和条件，因此是相同的调和函数。令进入 a 的电流对应于一个随机行走。注意如果这个游动从 a 开始，结束于 b，那么随机行走离开 a 的次数和进入 a 的次数的差的期望值是 1。这就对应着进入 a 的电流应设为 1，从而可以给出 v_a 和 u_a 的值。

这也意味着进入 a 的电流的量确实对应于一个随机行走。

下面我们需要证明电流 i_{xy} 是一个随机行走通过边 xy 的净频率。

$$i_{xy}=(v_x-v_y)c_{xy}=\left(\frac{u_x}{c_x}-\frac{u_y}{c_y}\right)c_{xy}=u_x\frac{c_{xy}}{c_x}-u_y\frac{c_{xy}}{c_y}=u_x p_{xy}-u_y p_{yx}$$

$u_x p_{xy}$ 是从 x 到 y 通过边 xy 的预期次数，$u_y p_{yx}$ 是从 y 到 x 通过边 xy 的预期次数。这样，电流 i_{xy} 是从 x 到 y 通过边 xy 的净次数的期望。

等效电阻和逃逸概率

令 $v_a=1$，$v_b=0$，令 i_a 为从顶点 a 流入网络且从顶点 b 流出的电流。定义 a 与 b 之间的等效电阻(effective resistance) r_{eff} 为 $r_{\text{eff}}=\frac{v_a}{i_a}$，等效电导(effective conductance) c_{eff} 为 $c_{\text{eff}}=\frac{1}{r_{\text{eff}}}$。定义逃逸概率(escape probability) p_{escape} 为一个随机行走从 a 开始在回到 a 之前到达 b 的概率。我们现在证明逃逸概率等于 $\frac{c_{\text{eff}}}{c_a}$。方便起见，我们假设 a 和 b 不相邻，略微改变一下我们的论证就可以证明 a 和 b 相邻的情形。

$$i_a=\sum_y (v_a-v_y)c_{ay}$$

由于 $v_a=1$

$$\begin{aligned}i_a&=\sum_y c_{ay}-c_a\sum_y v_y\frac{c_{ay}}{c_a}\\&=c_a\left[1-\sum_y p_{ay}v_y\right]\end{aligned}$$

对每个与顶点 a 相邻的顶点 y，p_{ay} 是随机行走从顶点 a 到顶点 y 的概率。早些时候我们证明了 v_y 是一个随机行走从 y 开始，在到 b 之前到 a 的概率。这样，$\sum\limits_y p_{ay}v_y$ 是一个随机行走从 a 开始，在到达 b 之前回到 a 的概率，而 $1-\sum\limits_y p_{ay}v_y$ 就是随机行走从 a 开始，在回到 a 之前到达 b 的概率。从而 $i_a=c_a p_{\text{escape}}$。由于 $v_a=1$ 且 $c_{\text{eff}}=\frac{i_a}{v_a}$，可得 $c_{\text{eff}}=i_a$。因此 $c_{\text{eff}}=c_a p_{\text{escape}}$，即 $p_{\text{escape}}=\frac{c_{\text{eff}}}{c_a}$。

对一个有限连通图，逃逸概率总是非零的。现在考虑一个无限图，如空间点阵中一个从某个顶点 a 开始的随机行走。对于越来越大的 d，通过合并与 a 的距离为 d 或者更大的所有顶点为一个顶点 b，可以构成一系列的有限图。当 d 趋于无穷时，p_{escape} 是随机行走不会回到 a 的概率。如果 $p_{escape} \to 0$，那么最终任何随机行走都会回到 a。如果 $p_{escape} \to q$，而 $q>0$，那么一部分随机行走将不会回归。这也是为什么 p_{escape} 被称为逃逸概率。

5.3　具有单位边权重的无向图上的随机行走

现在我们集中讨论具有均匀边权重的无向图上的随机行走。在每个顶点上，随机行走具有相同的可能性取任何由此顶点出发的边。这就对应了一个电路网络，其中所有边的电阻为1。假设这个图是连通的。我们可以考虑这样的问题，诸如一个开始于 x 的随机行走到达目标顶点 y 的预期时间，随机行走回到起始顶点的预期时间和到达所有顶点的预期时间。

击中时(hitting time)

击中时(hitting time)h_{xy}，有时又叫发现时(discovery time)，是一个从顶点 x 开始的随机行走到达顶点 y 的预期时间。有时可以给出一个更一般性的定义，其中击中时是从一个给定的概率分布出发到达顶点 y 的预期时间。

一个有趣的事实，是取决于特定的情况在一个图中增加边会增加或者减少 h_{xy}。增加一条边可以减少从 x 到 y 的距离从而减少 h_{xy}，有时这条边可以增加随机行走去往图的某些更远部分的概率从而增加 h_{xy}。另一个有趣的事实是击中时是不对称的。在一个无向图中从一个顶点 x 到达另一个顶点 y 的预期时间可以迥异于从 y 到 x 的预期时间。

我们从两个技术性的引理开始。第一个引理讲的是，穿过一个 n 顶点的路径的预期时间是 $\Theta(n^2)$。

引理5.5　一个随机行走，从一个 n 个顶点的路径的一端出发，抵达另一端的预期时间是 $\Theta(n^2)$。

证明　考虑只包含一条从顶点1到顶点 n 的路径的 n 个顶点的图上的随机行走。令 h_{ij}，$i<j$，为从 i 出发抵达 j 的击中时，我们有 $h_{12}=1$ 和

$$h_{i,i+1}=\frac{1}{2}+\frac{1}{2}(1+h_{i-1,i+1})=1+\frac{1}{2}(h_{i-1,i}+h_{i,i+1})\quad 2\leqslant i\leqslant n-1$$

解出 $h_{i,\,i+1}$ 可得递推关系

$$h_{i,\,i+1} = 2 + h_{i-1,\,i}$$

解此递推关系可得

$$h_{i,\,i+1} = 2i - 1$$

要得到 1 到 n 的击中时，可以先得到 1 到 2 的时间，2 到 3 的时间，等等。从而

$$\begin{aligned} h_{1,\,n} &= \sum_{i=1}^{n-1} h_{i,\,i+1} = \sum_{i=1}^{n-1}(2i-1) \\ &= 2\sum_{i=1}^{n-1} i - \sum_{i=1}^{n-1} 1 \\ &= 2\,\frac{n(n-1)}{2} - (n-1) \\ &= (n-1)^2 \end{aligned}$$

这个引理等于是说，如果我们在一条线上做随机行走，每一步有相等的可能性向右或向左，那么 n 步后我们最远会离开起点 $\Theta(\sqrt{n})$。

下一个引理是说在一个从 1 到 n，共 n 个顶点的链中，一个从顶点 1 到顶点 n 的随机行走停留在顶点 i 上的时间的期望是 $2(i-1)(2 \leqslant i \leqslant n-1)$。

引理 5.6 考虑一个 n 个顶点的链上从顶点 1 到顶点 n 的随机行走。令 $t(i)$ 为停留在顶点 i 上的时间的期望。那么

$$t(i) = \begin{cases} n-1, & i = 1 \\ 2(n-i), & 2 \leqslant i \leqslant n-1 \\ 1, & i = n \end{cases}$$

证明 由于到达顶点 n 时随机行走停止，有 $t(n) = 1$。当随机行走在顶点 $n-1$ 时，会有一半的可能性走到顶点 n，于是 $t(n-1) = 2$。对 $3 \leqslant i < n-1$，有 $t(i) = \frac{1}{2}[t(i-1) + t(i+1)]$，且 $t(1)$ 和 $t(2)$ 满足 $t(1) = \frac{1}{2}t(2) + 1$ 和 $t(2) = t(1) + \frac{1}{2}t(3)$。对 $3 \leqslant i < n-1$ 解 $t(i+1)$ 可得

$$t(i+1) = 2t(i) - t(i-1)$$

对 $4 \leqslant i < n-1$，其解为 $t(i) = 2(n-i)$。然后解 $t(2)$ 和 $t(1)$ 可得 $t(2) = 2(n-2)$ 和 $t(1) = n-1$。由此可知，花在顶点上的总时间为

$$n-1+2(1+2+\cdots+n-2)+1=(n-1)+2\frac{(n-1)(n-2)}{2}+1$$
$$=(n-1)^2+1$$

比 h_{1n} 恰多 1，由此可验证其正确性。

在一个图中添加边可以或者增加或者减少击中时 h_{xy}。考虑只包含一条 n 个顶点的路径的图。在此图中增加边可以得到图 5.3 中的图，由一个大小为 $n/2$ 的团与一个 $n/2$ 个顶点的路径连接在一起得到。增加更多的边可以得到一个大小为 n 的团。令 x 为原来路径的中点（为包含 $n/2$ 个顶点的路径的一个端点），并且令 y 为包含 $n/2$ 个顶点的路径的另一端点，如图 5.3 所示。

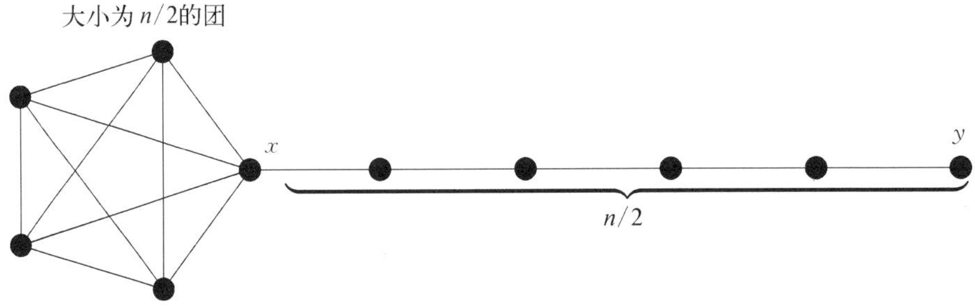

图 5.3　在图中增加边可以增大或者减少击中时大小为 n/2 的团

在第一个图中只包含了一个单一的长度为 n 的路径，$h_{xy}=\Theta(n^2)$。在第二个图中包含了一个 $n/2$ 尺寸的团和一个长度为 $n/2$ 的路径，$h_{xy}=\Theta(n^3)$。要明白这个结论，注意从 x 开始，随机行走会沿着路径向 y 走，在第一次到达 y 之前会平均回到 x $n/2$ 次。每次随机行走在路径中回到 x，它会以概率 $(n/2-1)/(n/2)$ 进入团，且在重新走进路径之前平均进入团 $\Theta(n)$ 次。每次它进入团，会在回到 x 之前在团内停留 $\Theta(n)$ 时间。这样，每次随机行走从路径回到 x，在重新开始沿路径走向 y 之前，它会在团内停留 $\Theta(n^2)$ 时间。从而，在到达 y 之前，总的时间的期望就是 $\Theta(n^3)$。在第三个图中，即大小为 n 的团中，$h_{xy}=\Theta(n)$。从这些讨论可知，增加边，首先会使 h_{xy} 从 n^2 增加到 n^3，然后再减少到 n。

即使对无向图击中时也不是对称的。在图 5.3 中，随机行走从 x 到 y 的预期时间 h_{xy} 是 $\Theta(n^3)$，其中 x 是链的一个端点且是子图的顶点，而 y 是链的另一端点。然而，h_{yx} 是 $\Theta(n^2)$。

通勤时

通勤时间 commute(x, y)是一个开始于 x 的随机行走到达 y 然后回到 x 的预期时间。所以 commute(x, y) $= h_{xy} + h_{yx}$。想想从家到办公室然后回家的路程。我们现在把通勤时间与一个电路的量,即有效电阻相联系。在一个电路网络中,两点 x 和 y 间的等效电阻是当一个单位的电流从 x 进入,从 y 离开时,x 和 y 间的电压差。

定理 5.7 给定一个无向图,将图的每条边换为一个欧姆电阻,考虑所得的电路网络。给定顶点 x 和 y,通勤时间 commute(x, y)等于 $2mr_{xy}$,其中 r_{xy} 是从 x 到 y 的等效电阻,且 m 是图中边的条数。

证明 在每个顶点 i 接入对应其度数 d_i 的电流。接入的总电流为 $2m$,其中 m 是边数。这 $2m$ 电流从某一个特定顶点 j 流出。v_{ij} 是 i 和 j 之间的电压差。进入顶点 i 的电流分别进入与 i 相连的 d_i 个电阻中。通过每个电阻的电流正比于这个电阻两端的电压。令 k 为与 i 邻接的顶点。那么通过连接 i 和 k 的电阻的电流为 $v_{ij} - v_{kj}$,即跨过电阻的电压差。流出 i 的电流总和一定等于 d_i,即注入 i 的电流。

$$d_i = \sum_{k\text{与}i\text{相邻}} (v_{ij} - v_{kj}) = d_i v_{ij} - \sum_{k\text{与}i\text{相邻}} v_{kj}$$

求解 v_{ij},可得

$$v_{ij} = 1 + \sum_{k\text{与}i\text{相邻}} \frac{1}{d_i} v_{kj} = \sum_{k\text{与}i\text{相邻}} \frac{1}{d_i}(1 + v_{kj}) \tag{5.1}$$

从 i 到 j 的击中时是从 i 到与 i 邻接的 k,然后再继续从 k 到 j 的所有路径的平均时间。这由下式给定

$$h_{ij} = \sum_{k\text{与}i\text{相邻}} \frac{1}{d_i}(1 + h_{kj}) \tag{5.2}$$

从式(5.1)中减去式(5.2),可得 $v_{ij} - h_{ij} = \sum_{k\text{与}i\text{相邻}} \frac{1}{d_i}(v_{kj} - h_{kj})$。从而,函数 $v_{ij} - h_{ij}$ 是调和的。指定顶点 j 作为唯一的边界顶点。因为 v_{jj} 和 h_{jj} 都为 0,当 $i = j$ 时,边界值 $v_{ij} - h_{ij}$,即 $v_{jj} - h_{jj}$ 等于 0。所以函数 $v_{ij} - h_{ij}$ 一定处处为 0。也就是说,电压 v_{ij} 等于从 i 到 j 的预期时间 h_{ij}。

要完成证明,注意 $h_{ij} = v_{ij}$ 是当电流从图的所有顶点流入且从顶点 j 流出时从 i 到 j 的电压。如果电流从 i 流出而非从 j 流出,那么电压将有所改变且在新的

设定下 $v_{ji}=h_{ji}$。最后，在后面一步逆转所有的电流方向。电压再一次改变且对新电压 $-v_{ji}=h_{ji}$。由于 $-v_{ji}=v_{ij}$，我们得到 $h_{ji}=v_{ij}$。

这样，当每个顶点流入的电流等于该点的度数且电流由 j 流出时，这个设定下的电压 v_{ij} 等于 h_{ij}。当电流从 i 流出而非从 j 流出，然后再逆转所有电流方向时，在这个新的设定下，电压 v_{ij} 等于 h_{ji}。现在，将这两种设定叠加，即将所有的电流和电压叠加。由线性可加性，所得的电压 $v_{ij}=h_{ij}+h_{ji}$。除了流入 i 的 $2m$ 和流出 j 的 $2m$ 电流，所有其他点的电流彼此抵消。从而有 $2mr_{ij}=v_{ij}=h_{ij}+h_{ji}=\text{commute}(i,\ j)$ 或者 $\text{commute}(i,\ j)=2mr_{ij}$，其中 r_{ij} 是从 i 到 j 的等效电阻。图 5.4 为定理 5.7 的证明示意图。

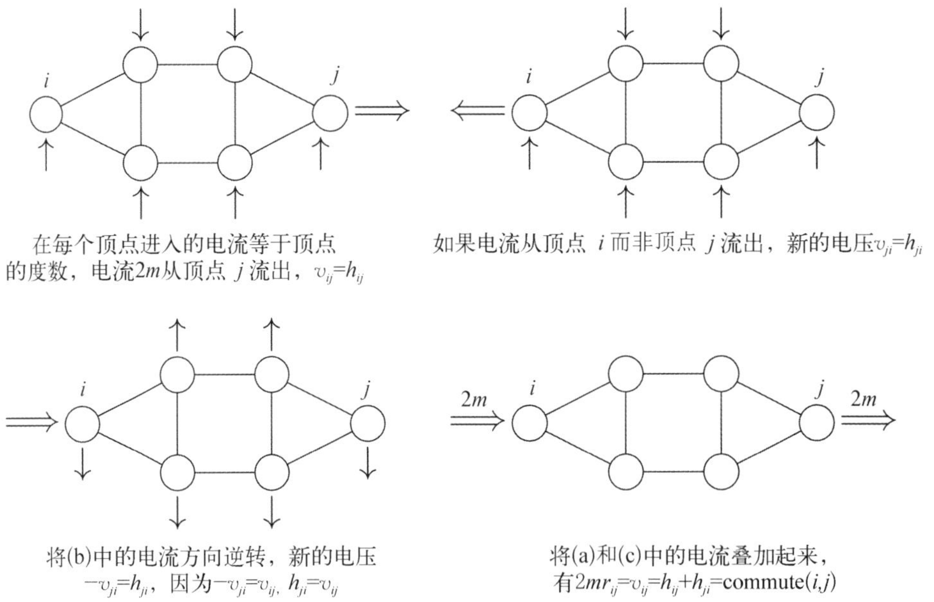
i
j
在每个顶点进入的电流等于顶点的度数，电流2m从顶点 j 流出，$v_{ij}=h_{ij}$
如果电流从顶点 i 而非顶点 j 流出，新的电压$v_{ji}=h_{ji}$
将(b)中的电流方向逆转，新的电压$-v_{ji}=h_{ji}$，因为$-v_{ji}=v_{ij}$，$h_{ji}=v_{ij}$
2m
将(a)和(c)中的电流叠加起来，有$2mr_{ij}=v_{ij}=h_{ij}+h_{ji}$=commute(i,j)

图 5.4　$\text{commute}(x,\ y)=2mr_{xy}$ 的证明示意图，其中 m 是无向图中的边数，r_{xy} 是 x 和 y 间的等效电阻

因为当 u 和 v 由一条边连接时，等效电阻 r_{uv} 小于或等于 1，下面的推论可由定理 5.7 得出。

引理 5.8　如果顶点 x 和 y 由一条边连接，那么 $h_{xy}+h_{yx}\leqslant 2m$，其中 m 是图中边的条数。

证明　如果 x 和 y 由一条边连接，那么等效电阻 r_{xy} 小于或等于 1。

引理 5.9 对一个 n 个顶点的图中的顶点 x 和 y，通勤时 $\text{commute}(x, y)$ 小于或等于 n^3。

证明 由定理 5.7，通勤时间由公式 $\text{commute}(x, y) = 2mr_{xy}$ 给出，其中 m 是边的个数。在一个 n 个顶点的图中存在一个从 x 到 y 长度至多为 n 的路径，r_{xy} 不可能比从 x 到 y 的路径上的电阻更大，这意味着 $r_{xy} \leqslant n$。边的数目最大为 $\binom{n}{2}$，从而有

$$\text{commute}(x, y) = 2mr_{xy} \leqslant 2\binom{n}{2}n \approx n^3$$

类似地，增加边到一个图可以增大或者减少通勤时间。要看出这一点，考虑只包括一个 n 个顶点的链的图，如图 5.3 以及 n 个顶点的团。

覆盖时

覆盖时(cover time)$\text{cover}(x, G)$是图 G 中从顶点 x 开始的随机行走至少到达每个顶点一次的预期时间。没有歧义时，可记作 $\text{cover}(x)$。一个无向图 G 的覆盖时记作 $\text{cover}(G)$，是指

$$\text{cover}(G) = \max_x \text{cover}(x, G)$$

对于一个无向图的覆盖时间，增加边数可以依不同情况增加或减少覆盖时间。再次考虑 3 个图，一个长度为 n 的链，其覆盖时间为 $\Theta(n^2)$，图 5.3 中的图的覆盖时间为 $\Theta(n^3)$，n 个顶点的团的覆盖时间为 $\Theta(n\log n)$。给长度为 n 的链增加边可以得到图 5.3 中的图，其覆盖时间从 n^2 增加到 n^3，增加更多的边可以得到团，而覆盖时间却减少为 $n\log n$。

注释：一个团的覆盖时间为 $\Theta(n\log n)$，因为这是从 n 个整数中每次随机选取一个整数以得到一个随机序列，使得这个序列包括从 1 到 n 中每一个整数的预期次数。这个问题被称为折扣券收集问题(coupon collector problem)。一条直线的覆盖时间为 $\Theta(n^2)$，因为与击中时相同。对于图 5.3 中的图，覆盖时间为 $\Theta(n^3)$，这是因为从所有初始状态中选出相应的覆盖时的最大值可得 $\text{cover}(x, G) = \Theta(n^3)$，其中 x 是其中团子图的顶点。

定理 5.10 令 G 为一个有 n 个顶点和 m 条边的连通图。那么一个随机行走覆盖图 G 所有顶点的预期时间的上界为 $4m(n-1)$。

证明 考虑从图 G 某个顶点 z 开始的深度优先搜索(dfs)，令 T 为 G 的 dfs 生成树，dfs 覆盖了每个顶点。考虑按照深度优先搜索的访问次序覆盖每个顶点

的预期时间。显然这给出了 G 从顶点 z 开始的覆盖时间的上界。注意到 T 的每条边被通过两次，每个方向一次。从而有，

$$\mathrm{cover}(z, G) \leqslant \sum_{(x, y) \in T} h_{xy}$$

如果(x, y)是 T 中的一条边，那么 x 和 y 相邻，从而由引理 5.8 可知 $h_{xy} \leqslant 2m$。因为 dfs 树中有 $n-1$ 条边，且每条边被通过两次，每个方向一次，所以 $\mathrm{cover}(z) \leqslant 4m(n-1)$。这对所有起始顶点 z 都成立，由此可知，$\mathrm{cover}(G) \leqslant 4m(n-1)$。

定理对具有 $n/2$ 链的 $n/2$ 团，给出了正确答案 n^3。对 n 团给出了上界 n^3，而其实际覆盖时为 $n\log n$。

令 r_{xy} 是从 x 到 y 的等效电阻。定义图 G 的电阻 $r_{\mathrm{eff}}(G)$ 为 $r_{\mathrm{eff}}(G) = \max\limits_{x, y}(r_{xy})$。

定理 5.11 令 G 为有 m 条边的无向图。那么 G 的覆盖时的上界由以下不等式给出

$$mr_{\mathrm{eff}}(G) \leqslant \mathrm{cover}(G) \leqslant 2\mathrm{e}^3 mr_{\mathrm{eff}}(G)\ln n + n$$

其中 $\mathrm{e} = 2.71$ 是欧拉常数且 $r_{\mathrm{eff}}(G)$是 G 的电阻。

证明 由定义 $r_{\mathrm{eff}}(G) = \max\limits_{x, y}(r_{xy})$。令 u 和 v 为 G 的顶点，使得 r_{xy} 取到此最大值，即 $r_{\mathrm{eff}}(G) = r_{uv}$。由定理 5.7，$\mathrm{commute}(u, v) = 2mr_{uv}$，从而 $mr_{uv} = \dfrac{1}{2}\mathrm{commute}(u, v)$。显然，从 u 到 v 再回到 u 的通勤时间小于 $\max(h_{uv}, h_{vu})$ 的两倍，而 $\max(h_{uv}, h_{vu})$ 显然小于 G 的覆盖时。考虑所有这些事实可得

$$mr_{\mathrm{eff}}(G) = mr_{uv} = \frac{1}{2}\mathrm{commute}(u, v) \leqslant \max(h_{uv}, h_{vu}) \leqslant \mathrm{cover}(G)$$

对定理中的第二个不等式，由定理 5.7 可得，对任意 x 和 y，通勤时间 $\mathrm{commute}(x, y)$等于 $2mr_{xy}$，小于或等于 $2mr_{\mathrm{eff}}(G)$，这意味着 $h_{xy} \leqslant 2mr_{\mathrm{eff}}(G)$。因为从任意 x 开始到达 y 的预期时间小于 $2mr_{\mathrm{eff}}(G)$，由 Markov 不等式，从 x 开始在 $2mr_{\mathrm{eff}}(G)\mathrm{e}^3$ 步内没有到达 y 的概率最大为$\dfrac{1}{\mathrm{e}^3}$。因为长度 $2\mathrm{e}^3 mr(G)\log n$ 的随机行走是 $\log n$ 个独立的随机行走，且每个长度为 $2\mathrm{e}^3 mr(G)r_{\mathrm{eff}}(G)$，所以在 $2\mathrm{e}^3 mr_{\mathrm{eff}}(G)\log n$ 步内不能到达某个顶点 y 的概率最大为$\dfrac{1}{\mathrm{e}^3}^{\ln n} = \dfrac{1}{n^3}$。假设经过一个 $2\mathrm{e}^3 mr_{\mathrm{eff}}(G)\log n$ 步的随机行走后，还没有到达顶点 $v_1, v_2, \cdots, v_l$。继续进行随机行走直到到达 v_1，然后到达 v_2，等等。由引理 5.9，每一次到达的预期时间为

n^3，但是因为每一次发生的概率仅为 $1/n^3$，对每个 v_i 所用的等效时间为 $O(1)$，总时间最多为 n。更精确地说，

$$\begin{aligned}\text{cover}(G) &\leqslant 2\mathrm{e}^3 m r_{\text{eff}}(G) + \sum_v \text{Prob}(v\text{ 在前 }2\mathrm{e}^3 m r_{\text{eff}}(G)\text{ 步没有被访问})n^3 \\ &\leqslant 2\mathrm{e} m r_{\text{eff}}(G) + \sum_v \frac{1}{n^3} n^3 \leqslant 2\mathrm{e} m r_{\text{eff}}(G) + n\end{aligned}$$

5.4 欧几里得空间中的随机行走

许多物理过程例如 Brownian 运动都可以用随机行走来建模。d 维欧几里得(Euclidean)空间中的随机行走具有与坐标轴平行的固定步长，实际上就是 d 维空间点阵上的随机行走，且是图上随机行走的一个特例。对图上的随机行走，在每个时间单位，随机选出从当前顶点出发的一条边，随机行走通过这条边前进到邻接顶点。我们先来讨论点阵上的随机行走。

点阵上的随机行走

我们现在来把随机行走和电流之间的类比应用到点阵上。考虑从原点开始的一维点阵的有限部分 $-n,\cdots,-1, 0, 1, 2,\cdots,n$ 上的随机行走。这个随机行走会回到原点吗？或者它会以某个概率逃逸，即在返回原点之前到达边界吗？在返回到原点之前到达边界的概率被称为逃逸概率，我们会对当 n 趋向于无穷大时这个量的极限感兴趣。

把点阵转换为一个电路网络，用一个 1 欧姆的电阻代替每条边。那么逃逸概率是一个从原点开始的随机行走在返回原点之前到达 n 或 $-n$ 的概率，由下式给定

$$p_{\text{escape}} = \frac{c_{\text{eff}}}{c_a}$$

式中，c_{eff} 是原点到边界点之间的等效电导，c_a 是原点处的电导总和。在一个 d 维点阵中，假设电阻的值为 1，有 $c_a = 2d$。对 d 维点阵，

$$p_{\text{escape}} = \frac{1}{2d\, r_{\text{eff}}}$$

在一维空间中，电路网络是由两组串联电阻并联而成，其中每组串联电阻由 n 个 1 Ω 的电阻串联而成。当 n 趋向于无穷大时，r_{eff}趋向于无穷大，从而逃逸概率趋向于 0。所以，无界的一维点阵上的随机行走会以概率 1 返回到原点。这等价于掷一枚均匀的硬币，持续记录正面朝上的次数减去反面朝上的次数，这个数量差会有无穷次回到零点。

二维

对二维点阵，考虑一个越来越大的以原点为中心的正方形，其边界如图 5.5(a)所示，当正方形变大时考虑 r_{eff}的极限。在每个同心正方形上将电阻短路只可能减小 r_{eff}。将电阻短路可得如图 5.5(b)所示的线性网络。离原点越远时，并联电阻的数目也在增加。因此在顶点 i 和 $i+1$ 之间的电阻数目实际上形成了并联的 $O(i)$个单位电阻，其等效电阻是 $1/O(i)$。因此，

$$r_{\mathrm{eff}} \geqslant \frac{1}{4}+\frac{1}{12}+\frac{1}{20}+\cdots=\frac{1}{4}\left(1+\frac{1}{3}+\frac{1}{5}+\cdots\right)=\Theta(\ln n)$$

因为上式给出了等效电阻的下界，可得等效电阻趋于正无穷，也就是说对二维点阵逃逸概率趋于 0。

三维

在三维情形，沿着到无穷远处的任意路径，路径上的电阻趋于无穷大，但是与此同时并联的路径数目也趋于无穷大。结果是 r_{eff}仍是有限的，从而有非零逃逸概率。现在我们会证明这一点。首先注意短路任一条边可以降低电阻，因为我们现在尝试去证明一个等效电阻的上界，所以我们在这个证明中用不着短路。相反的，我们需要移除某些边来增大它们的电阻到无穷大，从而增大等效电阻以给出其上界。

用于三维的构造可以更容易地先在二维中来解释。画出散点对角线 $x+y=2^n-1$。考虑两条起始于原点的路径，一条向上另一条向右。每次一条路径碰到一条散点对角线时，在交点(分叉点)将此路径一分为二，一条向右另一条向上。当两条路径相交时，将此交点一分为二以使两条路径分离。基于对称性，分开这个交点不会改变网络的电阻。除了位于这些路径上的电阻，去除所有其他电阻。因为移除一个电阻等价于增加其电阻到无穷大，原来网络的等效电阻会比通过这个过程得到的树的等效电阻更小。

给定原点和无穷远处的电位时，对应于同一条散点对角线的分叉点都是等

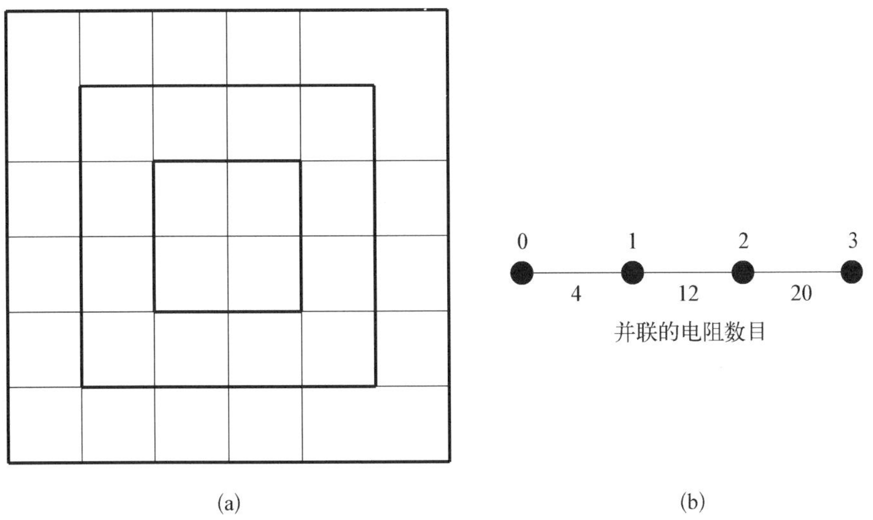

图 5.5 二维点阵和通过将中心在原点的同心正方形的边短路所得的线性电路网络

电位的,因此可以视为同一个点。分叉点之间的距离会越来越大,且为 1, 2, 4,⋯ 在每个分叉点并行的路径数加倍,如图 5.6。因此,在这个二维的例子中,到无穷远处的电阻是

$$\frac{1}{2}+\frac{1}{4}\times 2+\frac{1}{8}\times 4+\cdots=\frac{1}{2}+\frac{1}{2}+\frac{1}{2}+\cdots=\infty$$

在类似的三维构造中,路径可以向上、向右、和向纸面外。路径在 $x+y+z=2^n-1$ 上给出的平面处一分为三。每次路径分叉,其并行线段的总数成为原来的三倍。在分叉之间路径段的长度为 1, 2, 4,⋯每段的电阻等于其长度。对于这样的树,到无穷远处的电阻是

$$\frac{1}{3}+\frac{1}{9}\times 2+\frac{1}{27}\times 4+\cdots=\frac{1}{3}\left(1+\frac{2}{3}+\frac{4}{9}+\cdots\right)=\frac{1}{3}\frac{1}{1-\frac{2}{3}}=1$$

三维点阵的电阻更小。检查这些路径的边不相交的是很重要的,因为只有这样这个树才是点阵的子图。得到一个子图等价于删除边,从而只会增加电阻,这也是为什么点阵的电阻比树的电阻要低。因此,在三维情形,逃逸概率是非零的。而 r_{eff} 的上界可以给出逃逸概率的下界

$$p_{\mathrm{escape}}=\frac{1}{2d}\frac{1}{r_{\mathrm{eff}}}\geqslant\frac{1}{6}$$

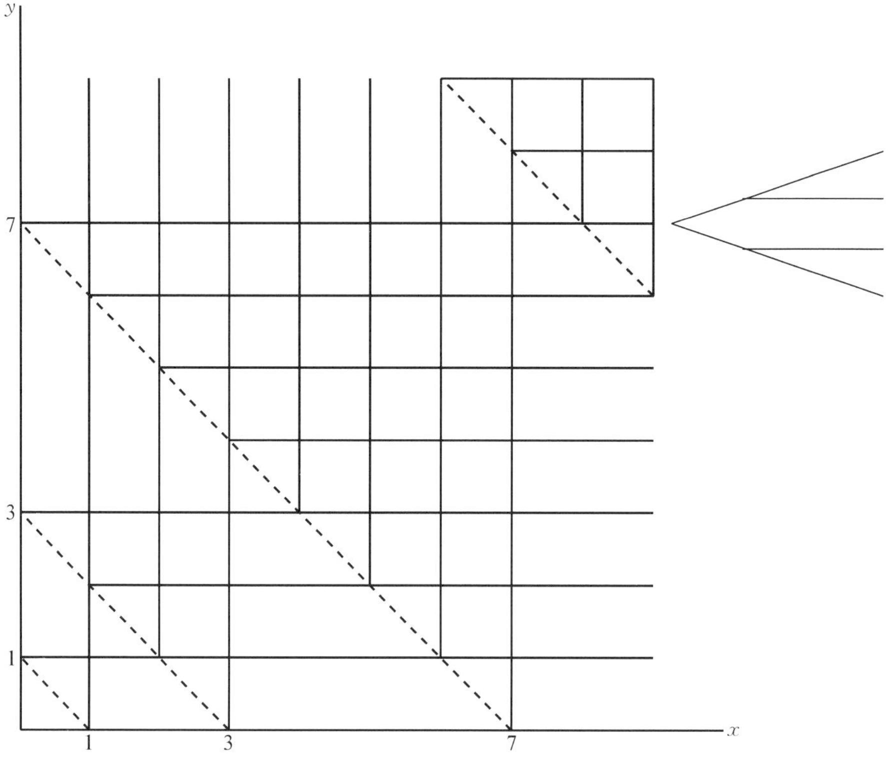

图 5.6　将三维的构造应用于二维点阵所得的路径

r_{eff}的下界会给出 p_{escape} 的上界。要得到 p_{escape} 的上界，把距离原点 1，2，3，… 的同心方体表面的所有电阻短路，可得，

$$r_{\text{eff}} \geqslant \frac{1}{6}\left[1+\frac{1}{9}+\frac{1}{25}+\cdots\right] \geqslant \frac{1.23}{6} \geqslant 0.2$$

这就给出了

$$p_{\text{escape}} = \frac{1}{2d}\,\frac{1}{r_{\text{eff}}} \leqslant \frac{5}{6}$$

5.5　作为 Markov 链的万维网

有向图上随机行走的一个现代应用来自评估万维网上网页的重要性。做到

这一点的方法之一是将万维网看做一个有向图，边对应于每个超链接，在万维网上做随机行走，根据其平稳分布来对网页排名。一个连通的无向图是强连通的，随机行走可以从任何顶点出发到达其他任何顶点，并且返回。有向图常常不是强连通的，如果有一个顶点没有出边，就会发生困难，当随机行走到达这个顶点时，游动就消失了。另一个困难是，一个没有入边的顶点或是强连通分支可能会从来没有到达过。解决这些困难的方法之一是引入随机重启条件。在每一步，以一定的概率 r 跳转到某一个随机均匀选取的顶点，而以概率 $1-r$ 随机选择一条原来所在的顶点所连接的边走过。如果某一个顶点没有出边，该顶点处 r 的值可被设为 1。这样做，使原图被转换成一个强连通图，从而存在平稳概率。

网页排名和击中时

有向图中的一个顶点的网页排名是该顶点的平稳分布，这里我们假设一个正的重启概率，如 $r=0.15$。重启可以确保该图是强连通的。一个网页的排名是该页面在一段很长的时间内被访问的分数频率。如果网页的排名是 p，那么两次访问之间的预期时间或返回时间就是 $1/p$。这可以从引理 5.3 得到。值得注意的是，可以通过减少返回时间来提高网页的排名，而这可以通过创建短循环来做到。

考虑顶点 i，它只有一条从顶点 j 出发的入边，且只有一条从 i 出发的出边。平稳概率 $\boldsymbol{\pi}$ 满足 $\boldsymbol{\pi}P=\boldsymbol{\pi}$，因此

$$\pi_i = \pi_j p_{ji}$$

在 i 增加一个自回路，可得一个新方程

$$\pi_i = \pi_j p_{ji} + \frac{1}{2}\pi_i$$

或

$$\pi_i = 2\pi_j p_{ji}$$

当然，π_j 也会改变，但是现在可以忽略这一点。网页排序会通过增加一个自环路倍增。增加 k 个自环路导致方程

$$\pi_i = \pi_j p_{ji} + \frac{k}{k+1}\pi_i$$

再次无视 π_j 的变化，我们现在有 $\pi_i=(k+1)\pi_j p_{ji}$。什么可以阻止我们任意提高

一个网页的排名呢？答案是重新启动。我们忽略了可以有0.15的概率随机重启。如果考虑重新启动，当没有自回路时，π_i的方程是

$$\pi_i = 0.85\pi_j p_{ji}$$

而当有k个自回路时，方程是

$$\pi_i = 0.85\pi_j p_{ji} + 0.85\frac{k}{k+1}\pi_i$$

解出π_i可得

$$\pi_i = \frac{0.85k+0.85}{0.15k+1}\pi_j P_{ji}$$

式中当$k=1$时$\pi_i = 1.48\pi_j P_{ji}$，当取极限$k\to\infty$时$\pi_i = 5.67\pi_j P_{ji}$。增加一个单一自回路，网页排名只增长到1.48倍，而增加k个自回路时，对任意大的k，网页排名最多增长到5.67倍。如图5.7所示。

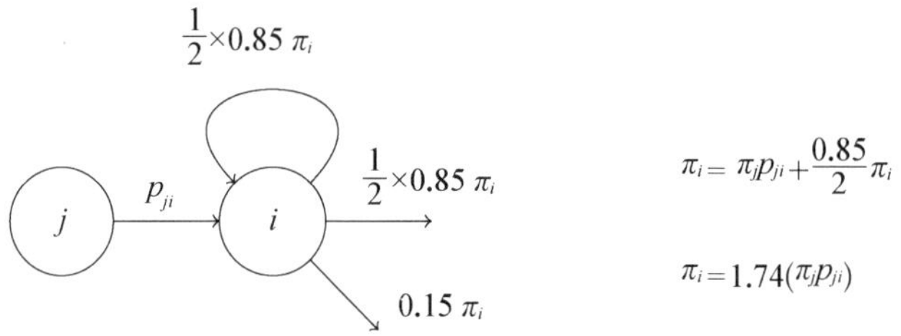

图5.7 增加自回路对网页排名的影响

击中时

与页面排名相关的是击中时。击中时与返回时，即页面排名的倒数密切相关。返回一个顶点v的一个方法是通过图中的一条路径由v出发回到v。另一个方法是开始于一条从v出发的路径，遇到一个重启，然后取一条从重启后的顶点回到v的路径。重启后到达v的时间是击中时。这样，返回时显然小于到重启发生的预期时间再加上击中时。因为自回路在计算页面排名时被忽略了，那么长度为2的环路将是最快的返回。如果r是重启的概率值，那么环路被通过的概率至多为$(1-r)^2$。依概率$r+(1-r)r=(2-r)r$将会重启然后击中v。因此，返回时至少是$2(1-r)^2+(2-r)r\times$(击中时)。综上可得

$$2(1-r)^2+(2-r)rE(\text{击中时})\leqslant E(\text{返回时})\leqslant E(\text{击中时})$$

可以用返回时和击中时的关系来看出一个顶点是否有很多短回路。然而，与返回时不同，没有有效的方法来对所有顶点计算击中时。对单独一个顶点 v，可以通过移除从 v 出发的边然后对新的图运行页面排名算法来计算击中时。v 的击中时是 v 在去除从 v 出发的边后所得的图中的页面排名的倒数。由于对每个顶点计算击中时需要去除不同的边，这个算法每次只能给出一个顶点的击中时。由于人们可能只对有低击中时的顶点感兴趣，存在一个替代的算法，可以用随机行走来估计低击中时顶点的击中时。

Spam

假设某人有一个网页，且想要通过创建一些其他网页指向该网页的链接来提高其页面排名。抽象的问题如下：给定一个有向图 G 和一个顶点 v，我们想提高该顶点的排名。可以给这个图增加一些新顶点并且从 v 或者从新顶点向任何我们想要的顶点增加边，还可以从 v 删除边，但不能在其他顶点增加出边。

v 的网页排名是顶点 v 在随机重启下的平稳分布。如果我们删除所有现存的从 v 出发的边，创建一个新顶点 u 和边 (v, u) 与 (u, v)，那么因为任何时刻到达 v 的随机行走会被环路 $v\to u\to v$ 所捕捉到，v 的页面排名会增加。一个搜索引擎可以通过更频繁的随机重启来对抗这个策略。

第二个增加网页排名的方法是创建一个中心为顶点 v 的星形结构以及许多新顶点，每一个新顶点有一条有向边到 v。这些新的顶点有时会被选为随机行走的目标，于是这些顶点就增加了随机行走到达 v 的概率。这第二个方法的效果可以通过减少随机重启的频率来抵消。

注意第一个捕获随机行走的技巧增加了页面排名但是并没有影响击中时，我们可以通过增加随机重启的频率来抵消其影响。第二个技巧创建了一个星形结构来增加页面排名，这是由于随机重启以及击中时的减少。如果页面的排名高而击中时低，我们就可以检查其页面排名是否是由人工通过短环路捕捉随机行走以使其虚高的。

个性化的页面排名

在计算页面排名时，在每一步，我们有一个重启的概率，如取 0.15 来均匀地随机取一个顶点，而不是在图中选取一条边来走一步。在个性化的页面排名中，不同于均匀地随机选取一个顶点，我们会根据一个个性化的概率分布来取点。

通常分布可取对某一顶点为概率1,这样无论何时随机行走重启,都会从这个顶点开始。

计算个性化页面排名的算法

首先,考虑正常的页面排名。令 α 为随机行走可以跳到任何一个顶点的重启概率。依概率 $1-\alpha$ 随机行走可以从邻点中均匀选取一个顶点,令 $\boldsymbol{p}$ 为一个表示页面排名的行向量,并令 $\boldsymbol{G}$ 为其行的和归一化为1的邻接矩阵。那么

$$\boldsymbol{p}=\frac{\alpha}{n}(1,\ 1,\cdots,1)+(1-\alpha)\boldsymbol{pG}$$

$$\boldsymbol{p}[I-(1-\alpha)\boldsymbol{G}]=\frac{\alpha}{n}(1,\ 1,\cdots,1)$$

或者

$$\boldsymbol{p}=\frac{\alpha}{n}(1,\ 1,\cdots,1)[\boldsymbol{I}-(1-\alpha)\boldsymbol{G}]^{-1}$$

因此,理论上 $\boldsymbol{p}$ 可以通过计算 $[\boldsymbol{I}-(1-\alpha)\boldsymbol{G}]^{-1}$ 的逆来得到。对整个互联网来说,我们必须处理具有几十亿个行和列的矩阵,因此这远非一个实际的方法。一个更加实际的方法是运行随机行走,并且利用第4章中幂方法的基础知识来观察随机行走的过程是否收敛到解 $\boldsymbol{p}$。

在个性化的页面排名中,随机行走不是在一个任意的顶点重启,而是在某一个特定的顶点重启。更一般性的,它可以在某些特定的邻域重启。假设用概率分布 s 选择了一个重启顶点。那么,在上面的计算中将用向量 $\boldsymbol{s}$ 替换向量 $\frac{1}{n}(1,1,\cdots,1)$。类似的,这个计算也可以通过随机行走来完成。因为个性化页面排序的随机行走计算需要重复来做,我们希望尽可能快地完成这个计算。这一点是可以做到的,尽管我们在这里不加详述。

5.6 Markov 链 Monte Carlo 方法

Markov 链 Monte Carlo 方法是一个对多变量概率 $p(\boldsymbol{x})$ 分布采样的方法,其中 $\boldsymbol{x}=(x_1,x_2,\cdots,x_d)$ 是变量的集合。给定概率分布 $p(\boldsymbol{x})$,我们也许想要计

算其边际分布

$$p(x_1) = \sum_{x_2, \cdots, x_d} p(x_1, \cdots, x_d)$$

或者某个函数的期望 $f(\boldsymbol{x})$

$$E(f) = \sum_{x_1, \cdots, x_d} f(x_1, \cdots, x_d) p(x_1, \cdots, x_d)$$

这些计算的困难是需要对个数指数增长的数值来求和。如果每一个 x_i 可以从 $\{1, 2, \cdots, n\}$ 个值中取值，那么对 $\boldsymbol{x}$ 就有 n^d 个可能的值。如果 $n = 10$ 和 $d = 100$，值的个数会是 10^{100}。我们可以根据概率 $p(\boldsymbol{x})$ 生成一个 $\boldsymbol{x} = (x_1, \cdots, x_d)$ 的样本集来计算答案的近似值。这可以通过设计一个状态对应于 $\boldsymbol{x}$ 的可能取值，且其平稳概率恰为 $p(x_1, x_2, \cdots, x_d)$ 的 Markov 链来实现。$E(f)$ 可以通过取 f 在 Markov 链的充分长的运行中所见状态上的平均值来近似。运行所需的步数必须要足够大，使得状态的概率接近于平稳分布。在这节余下的部分，我们会证明在某些较弱的条件下，所需的步数只是多项式增长的，尽管总的状态数随 d 是指数增长的。

一个经典的例子是计算面积和体积。考虑由图 5.8 中曲线所定义的区域。一个估计此区域面积的方法是将其包含在一个矩形中，通过在矩形中选取随机点，用在该区域中落点的比例来估计此区域的面积与矩形区域面积的比值。这样的方法在高维是行不通的，即使对高维的一个球体，一个包含此球的方体会有指数大的体积，这样需要用指数多的样本来估计球的体积。

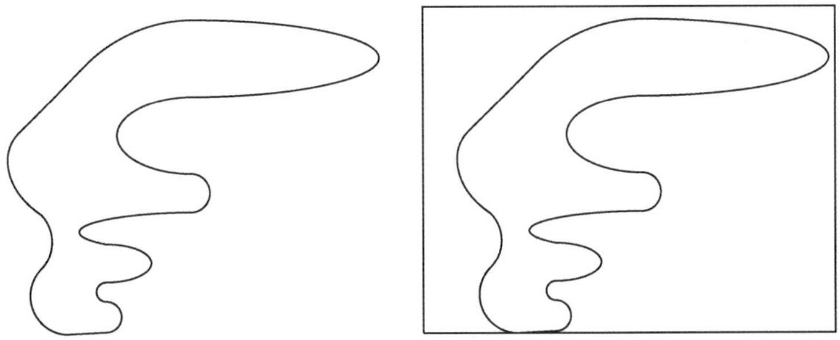

图 5.8　曲线包围的面积

估计体积的问题可以简化为在区域中均匀取样的问题。当体积越来越小时，这需要一个十分复杂的算法，我们将不给出这个简化的具体细节。一个从 d

维区域均匀取样的方法是将一个网格置于此区域上，在网格点上做随机行走。每次取当前网格点的 $2d$ 个坐标邻点之一，每个具有概率 $1/(2d)$。如果还在区域内就走到此邻点；如若不然，就停在原地并重复选取邻点。如果在 d 个坐标方向的每一个方向都至多有 M 个网格点，所有网格点的总数至多为 M^d，指数依赖于 d。尽管如此，通过 Markov 链可以得到一个从有界 d 维凸区域中均匀取样的多项式时间算法。

假设我们希望从一个区域中根据某个概率分布 $p(\boldsymbol{x})$ 来取样本点。为解释方便起见，假设变量 $(x_1, x_2, \cdots, x_d)$ 从某个有限集中取值。造一个有向图，每个 $\boldsymbol{x} = (x_1, x_2, \cdots, x_d)$ 的可能值对应于一个顶点。可以设计这个图上的随机行走，以使其平稳分布为 $p(\boldsymbol{x})$。这个设计可以通过以某种方式给定从一个顶点到另一个顶点的转移概率来得到想要的平稳分布。两个常用的设计随机行走的技巧是 Metropolis-Hastings 算法和 Gibbs 取样。在充分长步数的随机行走之后所得的顶点序列提供了一个该分布的好的取样。所需的随机行走的步数依赖于其收敛到平稳分布的收敛速度。这个收敛率与一个自然的量有关，即所谓归一化电导。

我们用 $\boldsymbol{x} \in \boldsymbol{R}^d$ 来强调分布是多变量的。从 Markov 链的角度来看，每个可取的值 $\boldsymbol{x}$ 是一个状态，也即随机行走所对应的图的一个顶点。我们会用下标 i，j，k，…来表示状态，用 p_i 而非 $p(x_1, x_2, \cdots, x_d)$ 来表示对应于一组给定变量的状态概率。回忆在 Markov 链的术语中，图的顶点称为状态。

回忆记号 $\boldsymbol{p}^{(t)}$ 是随机行走在时间 t 位于各个状态（图的顶点）的概率组成的行向量。所以，$\boldsymbol{p}^{(t)}$ 有状态数那么多的分量，且其第 i 个元素，$p_i^{(t)}$，是状态 t 在时间 t 的概率。回忆长期 t 步平均概率为

$$\boldsymbol{a}^{(t)} = \frac{1}{t}[\boldsymbol{p}^{(0)} + \boldsymbol{p}^{(1)} + \cdots + \boldsymbol{p}^{(t-1)}] \tag{5.3}$$

函数 f 在概率分布 $\boldsymbol{p}$ 下的期望值是 $E(f) = \sum_i f_i p_i$，其中 f_i 是 f 在状态 i 上的值。我们用 f 在一个 t 步随机行走所见到的状态的平均值来估计这个量。称这个估计为 a，显然 a 的期望值为

$$E(a) = \sum_i f_i\left(\frac{1}{t}\sum_{j=1}^{t}\text{Prob}(\text{在时间 } j\text{、状态 } i \text{ 下的行走})\right) = \sum_i f_i a_i^{(t)}$$

这里的期望是在对这个算法“掷硬币”，而不是对相应的分布 p 来求的。令 $f_{\max}$ 表示 f 的最大绝对值。容易看出

$$\left|\sum_i f_i p_i - E(a)\right| \leqslant f_{\max} \sum_i \left| p_i - a_i^{(t)} \right| = f_{\max} \left| \boldsymbol{p} - \boldsymbol{a}^{(t)} \right|_1 \tag{5.4}$$

其中量 $|\boldsymbol{p}-\boldsymbol{a}^{(t)}|_1$ 是概率分布 $\boldsymbol{p}$ 与 $\boldsymbol{a}^{(t)}$ 的 l_1 距离，常被称为分布间的“全变差距离”。我们将要建立 $|\boldsymbol{p}-\boldsymbol{a}^{(t)}|_1$ 的上界。由于 $\boldsymbol{p}$ 是平稳分布，使得 $|\boldsymbol{p}-\boldsymbol{a}^{(t)}|_1$ 变小的 t 由 Markov 链收敛到平稳状态的速率来决定。

下面的推论常常很有用。

推论 5.12 对两个概率分布 $\boldsymbol{p}$ 和 $\boldsymbol{q}$，有

$$|\boldsymbol{p}-\boldsymbol{q}|_1 = 2\sum_i (p_i - q_i)^+ = 2\sum_i (q_i - p_i)^+$$

其中，如果 $x \geqslant 0$，$x^+ = x$，如果 $x < 0$，$x^+ = 0$。

证明留作习题。

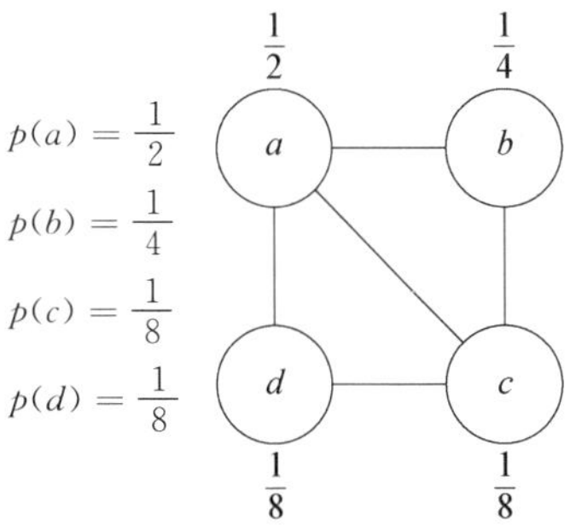

$a \to b \quad \frac{1}{3}\times\frac{1}{4}\times\frac{2}{1}=\frac{1}{6}$

$a \to c \quad \frac{1}{3}\times\frac{1}{8}\times\frac{2}{1}=\frac{1}{12}$

$a \to d \quad \frac{1}{3}\times\frac{1}{8}\times\frac{2}{1}=\frac{1}{12}$

$a \to a \quad 1-\frac{1}{6}-\frac{1}{12}-\frac{1}{12}=\frac{2}{3}$

$b \to a \quad \frac{1}{3}$

$b \to c \quad \frac{1}{3}\times\frac{1}{8}\times\frac{4}{1}=\frac{1}{6}$

$b \to b \quad 1-\frac{1}{3}-\frac{1}{6}=\frac{1}{2}$

$c \to a \quad \frac{1}{3}$

$c \to b \quad \frac{1}{3}$

$c \to d \quad \frac{1}{3}$

$c \to c \quad 1-\frac{1}{3}-\frac{1}{3}-\frac{1}{3}=0$

$d \to a \quad \frac{1}{3}$

$d \to c \quad \frac{1}{3}$

$d \to d \quad 1-\frac{1}{3}-\frac{1}{3}=\frac{1}{3}$

$$\begin{aligned}
p(a) &= p(a)p(a\to a)+p(b)p(b\to a)+p(c)p(c\to a)+p(d)p(d\to a)\\
&= \frac{1}{2}\times\frac{2}{3}+\frac{1}{4}\times\frac{1}{3}+\frac{1}{8}\times\frac{1}{3}+\frac{1}{8}\times\frac{1}{3}=\frac{1}{2}\\
p(b) &= p(a)p(a\to b)+p(b)p(b\to b)+p(c)p(c\to b)\\
&= \frac{1}{2}\times\frac{1}{6}+\frac{1}{4}\times\frac{1}{2}+\frac{1}{8}\times\frac{1}{3}=\frac{1}{4}\\
p(c) &= p(a)p(a\to c)+p(b)p(b\to c)+p(c)p(c\to c)+p(d)p(d\to c)\\
&= \frac{1}{2}\times\frac{1}{12}+\frac{1}{4}\times\frac{1}{6}+\frac{1}{8}\times 0+\frac{1}{8}\times\frac{1}{3}=\frac{1}{8}\\
p(d) &= p(a)p(a\to d)+p(c)p(c\to d)+p(d)p(d\to d)\\
&= \frac{1}{2}\times\frac{1}{12}+\frac{1}{8}\times\frac{1}{3}+\frac{1}{8}\times\frac{1}{3}=\frac{1}{8}
\end{aligned}$$

图 5.9 利用 Metropolis-Hastings 算法给定一个随机行走的转移概率，使其平稳概率为所求的概率分布。

5.6.1　Metropolis-Hastings 算法

Metropolis-Hastings 算法是一个设计 Markov 链，使其平稳分布为给定的目标分布 p 的一般性方法。从状态集上一个连通的无向图 G 开始。如果状态是 $\boldsymbol{R}^d$ 中的格点 $(x_1, x_2, \cdots, x_d)$ 且 $x_i \in \{0, 1, 2, \cdots, n\}$，那么 G 是一个格点图，且在每个内点上有 $2d$ 个坐标边。一般地，令 r 为 G 任何顶点的最大度数。可如下定义 Markov 链的转移概率，在状态 i 依概率 $\frac{1}{r}$ 选取邻点 j，由于 i 的度数可能比 r 小，有一定的概率没有边被选中，这时随机行走会停留在 i。如果一个邻点 j 被选取且 $p_j \geqslant p_i$，就走到 j。如果 $p_j < p_i$，就依概率 p_j/p_i 走到 j，依概率 $1 - \frac{p_j}{p_i}$ 留在 i。直观上讲，这有利于具有高的概率 p 值的"更重"的状态。因此，当状态 $i \neq j$ 且在 G 中相邻时，有

$$p_{ij} = \frac{1}{r}\min\left(1,\ \frac{p_j}{p_i}\right)$$

且有

$$p_{ii} = 1 - \sum_{j \neq i} p_{ij}$$

因此，

$$p_i p_{ij} = \frac{p_i}{r}\min\left(1,\ \frac{p_j}{p_i}\right) = \frac{1}{r}\min(p_i,\ p_j) = \frac{p_j}{r}\min\left(1,\ \frac{p_i}{p_j}\right) = p_j p_{ji}$$

由引理 5.4，平稳分布确实如所求，是 $p(\boldsymbol{x})$。

例　考虑图 5.9 中的图。用 Metropolis-Hasting 算法设定转移概率，使其平稳概率为 $p(a) = \frac{1}{2}$，$p(b) = \frac{1}{4}$，$p(c) = \frac{1}{8}$，且 $p(d) = \frac{1}{8}$。任何顶点的最大度数为 3，因此在 a，取边 $(a,\ b)$ 的概率是 $\frac{1}{3} \times \frac{1}{4} \times \frac{2}{1}$ 或 $\frac{1}{6}$，取边 $(a,\ c)$ 的概率是 $\frac{1}{3} \times \frac{1}{8} \times \frac{2}{1}$ 或 $\frac{1}{12}$，取边 $(a,\ d)$ 的概率是 $\frac{1}{3} \times \frac{1}{8} \times \frac{2}{1}$ 或 $\frac{1}{12}$。从而留在 a 的概率是 $\frac{2}{3}$，取从 b 到 a 的边的概率是 $\frac{1}{3}$，取从 c 到 a 的边的概率是 $\frac{1}{3}$，且取从 d 到 a 的边的概率是

$\frac{1}{3}$。于是，a 的平稳分布是$\frac{1}{4}\times\frac{1}{3}+\frac{1}{8}\times\frac{1}{3}+\frac{1}{8}\times\frac{1}{3}+\frac{1}{2}\times\frac{2}{3}=\frac{1}{2}$，即所要的概率分布。

5.6.2 Gibbs 取样

Gibbs 取样是另一种从多变量概率分布取样的 Markov 链 Monte Carlo 方法。令 $p(\boldsymbol{x})$为目标分布，其中 $\boldsymbol{x}=(x_1,\cdots,x_d)$。Gibbs 取样包括了一个随机行走，其对应的图是一个顶点对应于 $\boldsymbol{x}=(x_1,\cdots,x_d)$ 的取值的无向图。从 $\boldsymbol{x}$ 到 $\boldsymbol{y}$ 有一条边，如果 $\boldsymbol{x}$ 与 $\boldsymbol{y}$ 只有一个坐标不同，这样，其对应的图是一个 d 维的点阵。

要根据目标分布 $p(\boldsymbol{x})$ 来生成 $\boldsymbol{x}=(x_1,\cdots,x_d)$ 的样本，Gibbs 取样算法重复下面的步骤。选取某一个变量 x_i 来更新。固定其他变量，新的值可以根据 x_i 的边际分布来选取。有两种常用的方式来决定更新哪一个 x_i，一个方式是随机选择 x_i，另一个是从 x_1 到 x_d 依次选取 x_i。

假设 $\boldsymbol{x}$ 和 $\boldsymbol{y}$ 是两个仅有一个分量不同的状态，不失一般性令这个分量是第一个。那么，在随机选取更新分量的方式下，从 $\boldsymbol{x}$ 到 $\boldsymbol{y}$ 的概率 p_{xy} 是

$$p_{xy}=\frac{1}{d}p(y_1\mid x_2,x_3,\cdots,x_d)$$

归一化常数是 $1/d$，是因为对给定的 i，概率分布 $p(y_i\mid x_1,x_2,\cdots,x_{i-1},x_{i+1},\cdots,x_d)$ 之和为 1，因此对 i 在 d 维求和可得 d。类似地，

$$\begin{aligned}p_{yx}&=\frac{1}{d}p(x_1\mid y_2,y_3,\cdots,y_d)\\&=\frac{1}{d}p(x_1\mid x_2,x_3,\cdots,x_d)\end{aligned}$$

这里利用了当 $j\neq i$ 时，$x_j=y_j$ 的事实。

可以看出这个链有正比于 $p(\boldsymbol{x})$的平稳分布。重写 p_{xy} 为

$$\begin{aligned}p_{xy}&=\frac{1}{d}\frac{p(y_1\mid x_2,x_3,\cdots,x_d)p(x_2,x_3,\cdots,x_d)}{p(x_2,x_3,\cdots,x_d)}\\&=\frac{1}{d}\frac{p(y_1,x_2,x_3,\cdots,x_d)}{p(x_2,x_3,\cdots,x_d)}\\&=\frac{1}{d}\frac{p(\boldsymbol{y})}{p(x_2,x_3,\cdots,x_d)}\end{aligned}$$

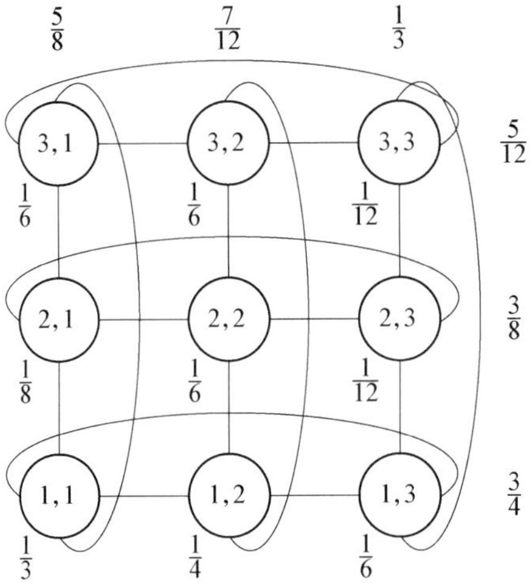

$$p(1,1)=\frac{1}{3}$$
$$p(1,2)=\frac{1}{4}$$
$$p(1,3)=\frac{1}{6}$$
$$p(2,1)=\frac{1}{8}$$
$$p(2,2)=\frac{1}{6}$$
$$p(2,3)=\frac{1}{12}$$
$$p(3,1)=\frac{1}{6}$$
$$p(3,2)=\frac{1}{6}$$
$$p(3,3)=\frac{1}{12}$$

$$p_{(11)(12)}=\frac{1}{d}p_{12}/(p_{11}+p_{12}+p_{13})=\frac{1}{2}\times\frac{1}{4}\Big/\left(\frac{1}{3}+\frac{1}{4}+\frac{1}{6}\right)=\frac{1}{2}\times\frac{1}{4}\Big/\frac{9}{12}=\frac{1}{2}\times\frac{1}{4}\times\frac{4}{3}=\frac{1}{6}$$

计算边概率 $p_{(11)(12)}$

$$p_{(11)(12)}=\frac{1}{2}\times\frac{1}{4}\times\frac{4}{3}=\frac{1}{6}\qquad p_{(12)(11)}=\frac{1}{2}\times\frac{1}{3}\times\frac{4}{3}=\frac{2}{9}$$
$$p_{(13)(11)}=\frac{1}{2}\times\frac{1}{3}\times\frac{4}{3}=\frac{2}{9}\qquad p_{(21)(22)}=\frac{1}{2}\times\frac{1}{6}\times\frac{8}{3}=\frac{2}{9}$$
$$p_{(11)(13)}=\frac{1}{2}\times\frac{1}{6}\times\frac{4}{3}=\frac{1}{9}\qquad p_{(12)(13)}=\frac{1}{2}\times\frac{1}{6}\times\frac{4}{3}=\frac{1}{9}$$
$$p_{(13)(12)}=\frac{1}{2}\times\frac{1}{4}\times\frac{4}{3}=\frac{1}{6}\qquad p_{(21)(23)}=\frac{1}{2}\times\frac{1}{12}\times\frac{8}{3}=\frac{1}{9}$$
$$p_{(11)(21)}=\frac{1}{2}\times\frac{1}{8}\times\frac{8}{5}=\frac{1}{10}\qquad p_{(12)(22)}=\frac{1}{2}\times\frac{1}{6}\times\frac{12}{7}=\frac{1}{7}$$
$$p_{(13)(23)}=\frac{1}{2}\times\frac{1}{12}\times\frac{3}{1}=\frac{1}{8}\qquad p_{(21)(11)}=\frac{1}{2}\times\frac{1}{3}\times\frac{8}{5}=\frac{4}{15}$$
$$p_{(11)(31)}=\frac{1}{2}\times\frac{1}{6}\times\frac{8}{5}=\frac{2}{15}\qquad p_{(12)(32)}=\frac{1}{2}\times\frac{1}{6}\times\frac{12}{7}=\frac{1}{7}$$
$$p_{(13)(33)}=\frac{1}{2}\times\frac{1}{12}\times\frac{3}{1}=\frac{1}{8}\qquad p_{(21)(31)}=\frac{1}{2}\times\frac{1}{6}\times\frac{8}{5}=\frac{2}{15}$$

边概率

$$p_{11}p_{(11)(12)}=\frac{1}{3}\times\frac{1}{6}=\frac{1}{4}\times\frac{2}{9}=p_{12}p_{(12)(11)}$$
$$p_{11}p_{(11)(13)}=\frac{1}{3}\times\frac{1}{9}=\frac{1}{6}\times\frac{2}{9}=p_{13}p_{(13)(11)}$$
$$p_{11}p_{(11)(21)}=\frac{1}{3}\times\frac{1}{10}=\frac{1}{8}\times\frac{4}{15}=p_{21}p_{(21)(11)}$$

在几条边上验证

注意，从诸如(1, 1)的状态出发的边概率之和不等于1，即，依一定概率随机行走会停留在它所在状态，如：

$$p_{(11)(11)}=p_{(11)(12)}+p_{(11)(13)}+p_{(11)(21)}+p_{(11)(31)}=1-\frac{1}{6}-\frac{1}{24}-\frac{1}{32}-\frac{1}{24}=\frac{9}{32}。$$

图 5.10 用 Gibbs 算法来设定随机行走的概率，使其平稳分布为所要的概率

对 $j \neq i$，再一次利用 $x_j = y_j$。类似地有

$$p_{yx} = \frac{1}{d} \frac{p(\boldsymbol{x})}{p(x_2, x_3, \cdots, x_d)}$$

从而可得 $p(\boldsymbol{x})p_{xy} = p(\boldsymbol{y})p_{yx}$。由引理 5.4 随机行走的平稳分布为 $p(\boldsymbol{x})$。

5.7 无向图上随机行走的收敛性

Metropolis-Hastings 算法和 Gibbs 采样都涉及随机行走。随机行走的起始的若干状态与其初始状态高度相关。注意这两个随机行走都是在边上加权的无向图上的随机行走。我们早些时候看到这样的 Markov 链可以从电路网络推导出来。让我们回忆我们这一节中用到的记号：我们有一个电阻网络，边(x, y)的电导可以记为 c_{xy}，令 $c_x = \sum_y c_{xy}$，那么 Markov 链有转移概率 $p_{xy} = c_{xy}/c_x$，我们假设链是连通的。由于

$$c_x p_{xy} = c_c c_{xy}/c_x = c_{xy} = c_{yx} = c_y c_{yx}/c_y = c_y p_{xy}$$

平稳概率正比于 c_x。

一个重要的问题是这个随机行走多快可以开始反映 Markov 过程的平稳概率。如果收敛所需的时间与状态数成正比，那么因为状态数是指数大的，这个算法将不会太有用。

存在连通 Markov 链的例子，可以清楚看到某些 Markov 链要花费很长时间才收敛。如图 5.11 所示的具有瓶颈的 Markov 链，由于随机行走不太可能到达两半之间的狭窄通道，而且两半都非常大，这个链要花很长时间才收敛。有意思的是，反过来也是对的。如果没有瓶颈，那么 Markov 链会收敛得很快。

一个函数是单峰的，如果它只有一个最大值，也就是说，它先增大再减小。一个单峰函数，如正态密度函数，没有瓶颈来阻止一个随机行走从一个大集合走出，而一个双峰函数就可以有瓶颈。有趣的是，许多通用的多元分布和一元概率分布如正态和指数分布都是单峰的，可以用这里的方法来根据这些分布采样。

一个自然的问题是根据正态分布来估计 d 维空间一个凸区域的概率。可以用拒绝采样(rejection sampling)来解这个问题。令 R 为不等式 $x_1 + x_2 + \cdots + x_{d/2} \leqslant x_{d/2+1} + \cdots + x_d$ 所定义的区域。根据正态分布来取一个样本，如果它满足

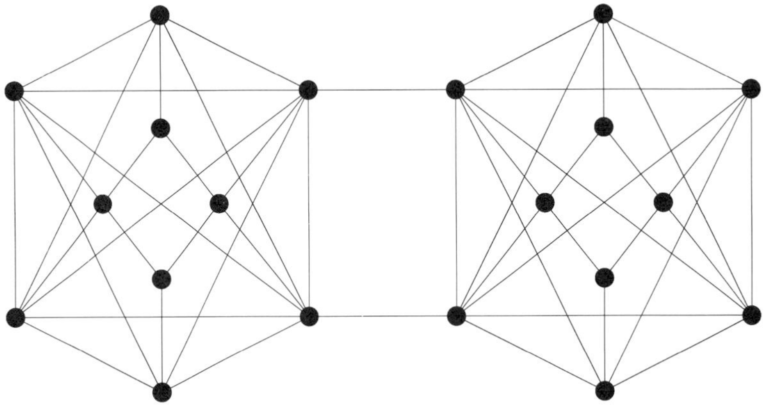

图 5.11　一个具有瓶颈的网络

不等式的话就接受此样本。如果不满足就拒绝此样本，并且再次尝试直到得到许多满足该不等式的样本。这个区域的概率可以被近似为满足不等式的取样的分数比值。然而，如果假设 R 是区域 $x_1+x_2+\cdots+x_{d-1}\leqslant x_d$ 的话，这个区域的概率是对 d 指数小的。这时拒绝采样就碰到了问题，在我们接受哪怕一个样本之前我们可能需要取指数多的样本。第二种情况是典型的，想象计算一个系统的失效概率，系统设计的目标是使得该系统更可靠，因此失效概率可能会是非常低的，用拒绝采样来估计失效概率将会花很长时间。

通常来说，瓶颈会阻止快速收敛到平稳概率。然而，如果集合在任何维数是凸的，那么就没有瓶颈，且有快速收敛，尽管这一事实的证明不在本书考虑范围之内。

下面我们定义度量 Markov 链的瓶颈的一个组合量，称为归一化电导，并且将这个量与到平稳概率的收敛速率联系起来。一个避免像上图中那样的瓶颈的方法是规定离开状态集的每一个子集 S 到 $\bar{S}$ 的边的总电导足够高。但是如果 S 自己比较小甚至是空集的话，这是不可能的。所以在下文中我们通过 S 中 c_x，$x\in S$ 之和来度量 S 的大小，并以之来“归一化”离开 S 的边的总电导。

定义 1　对顶点集的子集 S，定义 S 的归一化电导 $\Phi(S)$ 为所有从 S 到 $\bar{S}$ 的边的总电导除以 c_x 之和，$x\in S$。如图 5.12 所示。

假定在 S 中从平稳概率分布 $\boldsymbol{\pi}$ 开始，S 的归一化电导[①]是从 S 走到 S 之外

① 我们常常去掉“归一化”，只说“电导”。

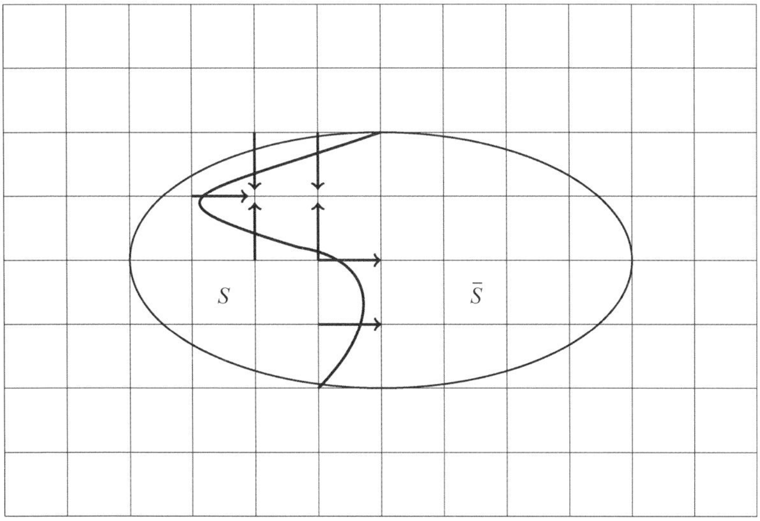

图 5.12 椭圆中的每个网格点是一个状态，椭圆中状态的集合可以由曲线分成两个集合，S 和 $\bar{S}$，从 S 到 $\bar{S}$ 的转换可以归为 $\boldsymbol{\Phi}(S)$，由箭头来标记

的概率。假定 x 在 S 中，其平稳分布是

$$\frac{\pi_x}{\boldsymbol{\pi}(S)} = \frac{c_x}{\sum_{x\in S} c_x}$$

Markov 链的归一化电导记为 Φ，可以定义为

$$\Phi = \min_S \Phi(S)$$
$$\boldsymbol{\pi}(S) \leqslant 1/2$$

Φ 的定义限制在 $\boldsymbol{\pi} \leqslant 1/2$ 的集合上是自然的。Φ 的定义保证了如果 Φ 比较大，那么从 S 到 $\bar{S}$ 的概率就比较高，所以如果 $\boldsymbol{\pi}(S) \leqslant \frac{1}{2}$，就不可能被阻塞在 S 中。如果 $\boldsymbol{\pi}(S) = \frac{3}{4}$，容易看出 $\Phi(S) = \Phi(\bar{S})/3$（因为对每条边 $\pi_i p_{ij} = \pi_j p_{ji}$），由于 $\Phi(\bar{S}) \geqslant \Phi$，我们仍然可以有至少 $\Phi/3$ 的概率离开 S。$\boldsymbol{\pi}(S)$越大，离开的可能性越小。这也是理所应当的，我们不可能离开整个集合！我们也不容易逃离大的子集。注意，瓶颈意味着小的 Φ。

定义 2 固定 $\varepsilon > 0$，一个 Markov 链的 ε-混合时是对任意初始分布 $\boldsymbol{p}^{(0)}$，使

得 t 步运行的平均概率分布[①]和平稳分布之间的1范数距离至多是 ε 的最小整数 t。

下面的定理说明，如果 Φ 较大，那么运行平均概率会快速收敛。直观上来看，如果 Φ 较大，那么随机行走会快速离开状态集的任何子集。后面我们会看到混合时比覆盖时小得多的例子，也就是说，一个随机行走到达一个与初始状态无关的随机状态所需的步数，比覆盖所有状态所平均需要的步数小得多。事实上，对某些图，称为扩张图(expanders)，混合时只有状态数的对数量级。

定理 5.13　一个无向图上随机行走的 ε-混合时具有如下量级

$$O\left(\frac{\ln(1/\pi_{\min})}{\Phi^2\varepsilon^3}\right)$$

式中 $\pi_{\min}$ 是任何状态的最小平稳概率值。

证明　令

$$t=\frac{c\ln(1/\pi_{\min})}{\Phi^2\varepsilon^2}$$

为一个适当的常数 c，令 $\boldsymbol{a}=\boldsymbol{a}_{(t)}$ 为对这个 t 值的运行平均分布。我们需要证明 $|\boldsymbol{a}-\boldsymbol{\pi}|\leqslant\varepsilon$。

对状态 i，令 v_i 表示其在时间 t 的长期平均概率与其平稳分布的比值，那么，$v_i=\dfrac{a_i}{\pi_i}$。重新标记状态使得 $v_1\geqslant v_2\geqslant\cdots$。一个 $v_i>1$ 的状态 i 有比其平稳概率更大的概率。从概率 $\boldsymbol{a}$ 开始执行 Markov 链一步，这步之后的概率向量是 $\boldsymbol{aP}$。现在，$\boldsymbol{a}-\boldsymbol{aP}$ 是每个状态由于这一步产生的概率净损失。令 k 为任何满足 $v_k>1$ 的整数，令 $A=\{1,2,\cdots,k\}$。A 是一个由满足 $a_i\geqslant\pi_i$ 的状态组成的“重的”集合。如定理5.2的证明，集合 A 的各个状态在一步中的概率净损失是 $\sum_{i=1}^{k}(a_i-(\boldsymbol{aP})_i)\leqslant\dfrac{2}{t}$。

另一个计算 A 的概率净损失的方法是取从 A 到 $\bar{A}$ 和从 $\bar{A}$ 到 A 的概率流的差异。对 $i<j$，有

$$\begin{aligned}\text{net-flow}(i,j)&=\text{flow}(i,j)-\text{flow}(j,i)=\pi_i p_{ij}v_i-\pi_j p_{ji}v_j\\&=\pi_j p_{ji}(v_i-v_j)\geqslant 0\end{aligned}$$

---

① 回忆 $\boldsymbol{a}^{(t)}=\dfrac{1}{t}(\boldsymbol{p}^{(0)}+\boldsymbol{p}^{(1)}+\cdots+\boldsymbol{p}^{(t-1)})$ 称为运行平均分布(running average distribution)。

因此,对任何 $l \geqslant k$,从 A 到 $\{k+1, k+2,\cdots,l\}$ 的流减去从 $\{k+1, k+2,\cdots,l\}$ 到 A 的流是非负的。在每一步,"重" 的集合会失去概率。由于对 $i \leqslant k$ 和 $j > l$,我们有 $v_i \geqslant v_k$ 和 $v_j \leqslant v_{l+1}$,A 的净损失至少是

$$\sum_{\substack{i \leqslant k \\ j > l}} \pi_j p_{ji}(v_i - v_j) \geqslant (v_k - v_{l+1}) \sum_{\substack{i \leqslant k \\ j > l}} \pi_j p_{ji}$$

因此

$$(v_k - v_{l+1}) \sum_{\substack{i \leqslant k \\ j > l}} \pi_j p_{ji} \leqslant \frac{2}{t}$$

如果这些当前概率比平稳概率小的状态的总平稳概率 $\pi(\{i \mid v_i \leqslant 1\})$ 比 $\varepsilon/2$ 小,那么

$$|\boldsymbol{a} - \boldsymbol{\pi}|_1 = 2 \sum_{\substack{i \\ v_i \leqslant 1}} (1 - v_i)\pi_i \leqslant \varepsilon$$

这样我们就可以完成证明了。假设 $\pi(\{i \mid v_i \leqslant 1\}) > \varepsilon/2$,使得 $\pi(A) \geqslant \varepsilon \min(\pi(A), \pi(\bar{A}))/2$。选取 l 为大于或等于 k 的最大整数,使得

$$\sum_{j=k+1}^{l} \pi_j \leqslant \varepsilon \Phi \pi(A)/2$$

因为

$$\sum_{i=1}^{k} \sum_{j=k+1}^{l} \pi_j p_{ji} \leqslant \sum_{j=k+1}^{l} \pi_j \leqslant \varepsilon \Phi \pi(A)/2$$

由 Φ 的定义

$$\sum_{i \leqslant k < j} \pi_j p_{ji} \geqslant \Phi \min(\pi(A), \pi(\bar{A})) \geqslant \varepsilon \Phi \pi(A)$$

因此 $\sum_{\substack{i \leqslant k \\ j > l}} \pi_j p_{ji} \geqslant \varepsilon \Phi \pi(A)/2$,代入上面不等式可得

$$v_k - v_{l+1} \leqslant \frac{8}{t \varepsilon \Phi \pi(A)} \tag{5.5}$$

这个不等式是说,当我们从 k 到 $l+1$ 时,v 不会降低太多,但是另一方面,因为 $\pi_1 + \pi_2 + \cdots + \pi_{l+1} \geqslant \rho(\pi_1 + \pi_2 + \cdots + \pi_k)$,其中,$\rho = 1 + \frac{\varepsilon \Phi}{2}$,$\pi$ 的累计总和已经增加了。我们可以重复地用这一点来证明总的 v 不会降低太多。但是如果这是

对的(例如在极端情况,所有 v_i 都是1),那么直观上来说,我们有 $\boldsymbol{a}\approx\boldsymbol{\pi}$,这就是我们要证明的结论。不幸的是,这个论证在技术上有一点乱,我们必须将 $\{1, 2,\cdots, n\}$ 分成组,并且考虑当我们从一组移动到另一组时 v 的降低,然后再加起来。现在我们做这件事情。

我们把 $\{1, 2,\cdots\}$ 按如下方式分组:第一组 G_1 为 $\{1\}$,一般地,如果第 r 组 G_r 开始于状态 k,下一组 G_{r+1} 开始于状态 $l+1$,其中 l 的定义如上。令 i_0 为满足 $v_{i_0}>1$ 的最大整数。如果 G_{m+1} 开始于一个 $i>i_0$ 的话,就在 G_m 停止。如果组 G_r 开始于 i,定义 $u_r=v_i$。

$$
\begin{aligned}
|\boldsymbol{a}-\boldsymbol{\pi}|_1 \leqslant 2\sum_{i=1}^{i_0}\pi_i(v_i-1) &\leqslant \sum_{r=1}^{m}\pi(G_r)(u_r-1) \\
&= \sum_{r=1}^{m}\pi(G_1\cup G_2\cup\cdots\cup G_r)(u_r-u_{r+1})
\end{aligned}
$$

其中最后一步用到了分布求和公式(分部积分的求和类比),并且使用约定 $u_{m+1}=1$。由于 $u_r-u_{r+1}\leqslant 8/\varepsilon\Phi\pi(G_1\cup\cdots\cup G_r)$,这个和最多是 $8m/t\varepsilon\Phi$。又由于 $\pi_1+\pi_2+\cdots+\pi_{l+1}\geqslant\rho(\pi_1+\pi_2+\cdots+\pi_k)$

$$
m\leqslant \ln_\rho(1/\pi_1)\leqslant \ln(1/\pi_1)/(\rho-1)
$$

那么对于一个合适选择的 c, $|\boldsymbol{a}-\boldsymbol{\pi}|_1\leqslant O(\ln(1/\pi_{\min})/t\Phi^2\varepsilon^2)\leqslant\varepsilon$,这样就完成了证明。

用归一化电导证明收敛性

我们现在给出一些例子,定理 5.13 可以用于给出归一化电导的界,从而说明其快速收敛的性质。我们的第一个例子是简单的图。这些图没有快速收敛,但其简单性有助于说明怎样给出归一化电导的界,从而给出收敛率。

一个一维点阵

考虑一个无向图上的随机行走,该无向图包含一个有 n 个顶点的路径,且在两端有自回路,这会使平稳分布在所有顶点上都是 $\dfrac{1}{n}$。具有最小归一化电导的集合是具有最大数目的顶点且有最小数量的边离开的集合。这个集合包括前 $n/2$ 个顶点,从 S 到 $\bar{S}$ 的边的总电导是 $\pi_{n/2}p_{n/2,\ 1+n/2}=\Omega\left(\dfrac{1}{n}\right)$,且 $\pi(S)=\dfrac{1}{2}$。从而

$$\Phi(S) = 2\pi_{\frac{n}{2}} p_{\frac{n}{2}, \frac{n}{2}+1} = \Omega(1/n)$$

由定理 5.13，当 ε 为常数如 1/100 时，在 $O(n^2 \log n)$ 步后，$|\boldsymbol{a}^{(t)} - \boldsymbol{\pi}|_1 \leqslant 1/100$。这个图没有快速收敛，击中时和覆盖时都是 $O(n^2)$。在很多有意思的情形，混合时会比覆盖时小得多。稍后我们会看到这样一个例子。

一个二维点阵

考虑平面上的 $n \times n$ 点阵，从各个点出发，可以依概率 1/4 转移到其各个坐标邻居。在边界上有概率 1－(近邻数)/4 取自回路。容易看出这个链是连通的。由于 $p_{ij} = p_{ji}$，函数 $f_i = 1/n^2$ 满足 $f_i p_{ij} = f_j p_{ji}$ 且由引理 5.4 是平稳分布。考虑 S 任何包含至多一半状态的子集，将状态依其 x 和 y 坐标标号，对 S 中至少一半的状态，或者行 x 或者列 y 与 $\bar{S}$ 相交(习题 5.43)。S 中与 $\bar{S}$ 中的状态相邻的状态为流 $(S, \bar{S})$ 贡献了 $\Omega(1/n^2)$。这样，离开 S 的边的总电导是

$$\sum_{i \in S} \sum_{j \notin S} \pi_i p_{ij} \geqslant \frac{\boldsymbol{\pi}(S)}{2} \frac{1}{n^2}$$

这意味着 $\Phi \geqslant \frac{1}{2n}$，由定理 5.13，在 $O(n^2 \ln n/\varepsilon^2)$ 步后，$|\boldsymbol{a}^{(t)} - \boldsymbol{\pi}|_1 \leqslant 1/100$。

d 维点阵

接下来考虑在 d 维空间中的 $n \times n \times \cdots \times n$ 点阵，在每个边界点有一个概率为 1－(近邻数)/2d 的自回路。自回路使所有 π_i 等于 n^{-d}。将点阵视为无向图，考虑在这个无向图上的随机行走。由于有 n^d 个状态，覆盖时至少是 n^d，从而指数依赖于 d。可以说明(习题 5.5.7)Φ 是 $\Omega(1/dn)$。因为所有 π_i 都等于 n^{-d}，混合时间是 $O(d^3 n^2 \ln n/\varepsilon^2)$，多项式依赖于 n 和 d。

一个连通无向图

接下来考虑一个连通的 n 点无向图上的随机行走，在每个顶点上的所有边有相等的概率。一个顶点的平稳概率等于这个顶点的度数除以度数之和(等于边数的两倍)。顶点的度数之和最大为 n^2，因此每个顶点的平稳概率至少是 $\frac{1}{n^2}$。由于一个顶点的度数至多是 n，在各个顶点处，每条边的概率至少是 $\frac{1}{n}$。

对任何 S，离开 S 的边的总电导 $\geqslant \frac{1}{n^2} \frac{1}{n} = \frac{1}{n^3}$

由于 Φ 至少是 $\frac{1}{n^3}$，又由于 $\pi_{\min} \geqslant \frac{1}{n^2}$，$\ln \frac{1}{\pi_{\min}} = O(\ln n)$，混合时间是 $O(n^6(\ln n)/\varepsilon^2)$。

区间[−1，1]上的高斯分布

考虑区间 $[-1, 1]$。令 δ 为一个稍后指定的"网格尺寸"且令 G 为包含一条由 $\frac{2}{\delta}+1$ 个顶点 $\{-1, -1+\delta, -1+2\delta, \cdots, 1-\delta, 1\}$ 组成的路径，且在两端有自回路的图。对 $x \in \{-1, -1+\delta, -1+2\delta, \cdots, 1-\delta, 1\}$，令 $\pi_x = c\mathrm{e}^{-\alpha x^2}$，其中 $\alpha > 1$，且可调整 c 使得 $\sum_x \pi_x = 1$。

我们现在描述一个简单的 Markov 链使得 π_x 为其平稳概率且可证明其快速收敛性。由 Metropolis-Hastings 构造，其转移概率是

$$p_{x,\, x+\delta} = \frac{1}{2}\min\left(1,\ \frac{\mathrm{e}^{-\alpha(x+\delta)^2}}{\mathrm{e}^{-\alpha x^2}}\right) \quad 且\ p_{x,\, x-\delta} = \frac{1}{2}\min\left(1,\ \frac{\mathrm{e}^{-\alpha(x-\delta)^2}}{\mathrm{e}^{-\alpha x^2}}\right)$$

令 S 为状态集的任何子集，且满足 $\boldsymbol{\pi}(S) \leqslant \frac{1}{2}$。考虑下面的情形，对 $k \geqslant 1$，S 是一个区间 $[k\delta, 1]$。容易看出

$$\begin{aligned}
\boldsymbol{\pi}(S) &\leqslant \int_{x=(k-1)\delta}^{\infty} c\mathrm{e}^{-\alpha x^2}\,\mathrm{d}x \\
&\leqslant \int_{(k-1)\delta}^{\infty} \frac{x}{(k-1)\delta} c\mathrm{e}^{-\alpha x^2}\,\mathrm{d}x \\
&= O\left(\frac{c\mathrm{e}^{-\alpha((k-1)\delta)^2}}{\alpha(k-1)\delta}\right)
\end{aligned}$$

现在从 S 到 $\bar{S}$ 只有一条边，离开 S 的边的总电导是

$$\sum_{i \in S} \sum_{j \notin S} \pi_i p_{ij} = \pi_{k\delta} p_{k\delta,\, (k-1)\delta} = \min(c\mathrm{e}^{-\alpha k^2\delta^2},\ c\mathrm{e}^{-\alpha(k-1)^2\delta^2}) = c\mathrm{e}^{-\alpha k^2\delta^2}$$

利用 $1 \leqslant k \leqslant 1/\delta$ 和 $\alpha \geqslant 1$，

$$\begin{aligned}
\Phi(S) = \frac{\mathrm{flow}(S,\ \bar{S})}{\boldsymbol{\pi}(S)} &\geqslant c\mathrm{e}^{-\alpha k^2\delta^2} \frac{\alpha(k-1)\delta}{c\mathrm{e}^{-\alpha((k-1)\delta)^2}} \\
&\geqslant \Omega(\alpha(k-1)\delta\mathrm{e}^{-\alpha\delta^2(2k-1)}) \geqslant \Omega(\delta\mathrm{e}^{-O(\alpha\delta)})
\end{aligned}$$

对 $\delta < \frac{1}{\alpha}$，我们有 $\alpha\delta < 1$，从而有 $e^{-O(\alpha\delta)} = \Omega(1)$，因此，$\Phi(S) \geqslant \Omega(\delta)$。又由 $\pi_{\min} \geqslant ce^{-\alpha} \geqslant e^{-1/\delta}$，可得 $\ln(1/\pi_{\min}) \leqslant 1/\delta$。

如果 S 不是一个形如$[k, 1]$或$[-1, k]$的区间，那么因为有多于一个“边界”点对 $\text{flow}(S,\bar{S})$有贡献，情况只会更好。我们将不在此给出这个证明。由定理 5.13，在 $\Omega(1/\delta^3\varepsilon^2)$步内，随机行走将趋近到平稳状态分布的 ε 距离之内。

在这些例子中，我们选择了简单的概率分布，这些方法可以延伸到更复杂的情况。

文献注记

关于无向图上的随机行走与电路网络之间的类比以及欧氏空间中随机行走的材料取自文献[35]。关于 Markov 链的附加材料可以从文献[4]，[3]和[36]找到。Markov 链 Monte Carlo 方法的材料可见于文献[37]和[38]。

利用归一化电导来证明 Markov 链的收敛性是由 Sinclair 和 Jerrum[39] 与 Alon[40]得到的。Dyer，Frieze 和 Kannan[41]发展了一个基于 Markov 链估计凸集体积的多项式时间算法。

练习

5.1 一个连通的 Markov 链称为非周期的，如果有向环长度的最大公约数是 1。可以知道(尽管我们不在此证明)对连通的非周期链，$\boldsymbol{p}^{(t)}$ 收敛到平稳分布。基本定理证明了对一个连通的 Markov 链，其长期平均分布 $\boldsymbol{a}^{(t)}$ 收敛到一个平稳分布。那么第 t 步的分布 $\boldsymbol{p}^{(t)}$ 也对每个连通的 Markov 链收敛吗？考虑下面的例子：

(1) 一个两个状态的链，其中 $p_{12} = p_{21} = 1$；

(2) 一个三个状态的链，其中 $p_{12} = p_{23} = p_{31} = 1$ 且其他 $p_{ij} = 0$，推广这些例子到具有多个状态的 Markov 链。

一个连通的 Markov 链被称为非周期的，如果其有向环长度的最大公约数是 1，已知（尽管我们不在此证明）对连通的非周期链，$\boldsymbol{p}^{(t)}$ 收敛到平稳分布。

5.2 （1）如果只有内点，没有边界点来提供边界条件，一个连通图上可能的调和函数所组成的集合是什么？

（2）令 q_x 为顶点 x 在一个无向图上随机行走中的平稳分布，其中一个顶点处的所有边是等概率的，令 d_x 为顶点 x 的度数。证明 $\frac{q_x}{d_x}$ 为一个调和函数。

（3）如果当没有边界点时存在多个调和函数，为什么一个无向图上的随机行走的平稳分布却是唯一的？

（4）一个无向图上随机行走的平稳分布是什么？

5.3 考虑图 5.13 中由通过电阻相连的顶点构成的电阻网络，基尔霍夫定律说明每个顶点的电流之和为 0。欧姆定律说明跨越一个电阻的电压等于电阻与通过该电阻的电流的乘积，用这些定律来计算网络的等效电阻。

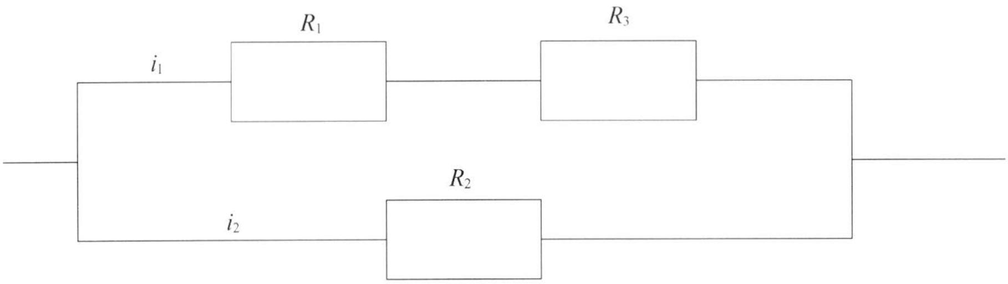

图 5.13　一个电阻网络

5.4 给定一个只包含一条 5 个顶点的路径的图，顶点从 1 到 5 排序，当从顶点 4 出发时，在到达顶点 5 之前到达顶点 1 的概率是多少？

5.5 考虑图 5.14 中的电路网络。

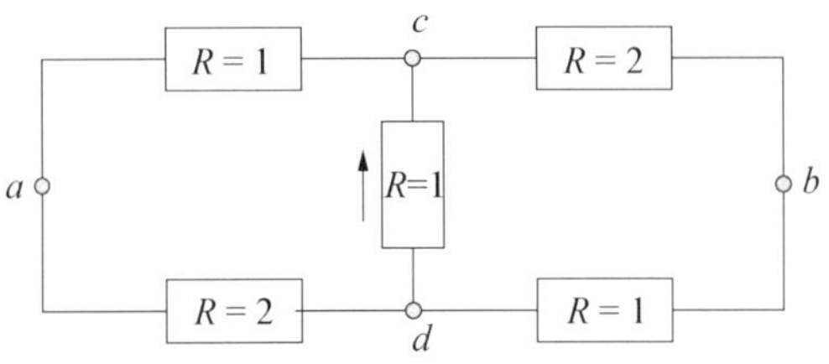

图 5.14　一个电阻网络

(1) 设 a 点的电压为 1，b 点为 0，c 和 d 的电压是多少？

(2) a 到 c，a 到 d，c 到 d，c 到 b 和 d 到 b 的边上的电流分别是多少？

(3) a 和 b 之间的等效电阻是多少？

(4) 将电路网络转换为一个图，各个顶点处的边概率分别是多少？

(5) 一个开始于 c 的随机行走在到达 b 之前到达 a 的概率是多少？如果开始于 d 呢？

(6) 一个从 a 到 b 的随机行走通过从 c 到 d 的边的净频率是多少？

(7) 一个开始于 a 的随机行走在到达 b 之前回到 a 的概率是多少？

5.6 考虑对应于具有顶点 a 和 b 的电路网络的图。直接证明 $\frac{c_{\text{eff}}}{c_a}$ 一定小于或等于 1。我们知道这是逃逸概率，因此至多为 1。但是在这个练习中不要利用这个事实。

5.7 证明降低网络中的一个电阻的值不可能增加网络的等效电阻。证明增加一个电阻的值不可能降低等效电阻。

5.8 在一个电路网络中，一条边 xy 上的电阻耗散的能量由 $i_{xy}^2 r_{xy}$ 给出。网络上总的能量耗散是 $E = \frac{1}{2}\sum_{x,y} i_{xy}^2 r_{xy}$，其中 $\frac{1}{2}$ 意味着每条边上的耗散在求和时计数了两次。证明实际的电流分布是满足 Ohm 定律的分布，从而最小化了能量的耗散。

5.9 在一个长度为 n 的环上，两个相邻顶点的击中时 h_{uv} 是多少？如果边 (u, v) 被去掉，h_{uv} 是多少？

5.10 在图 5.15 的三个图中，击中时 h_{uv} 是多少？

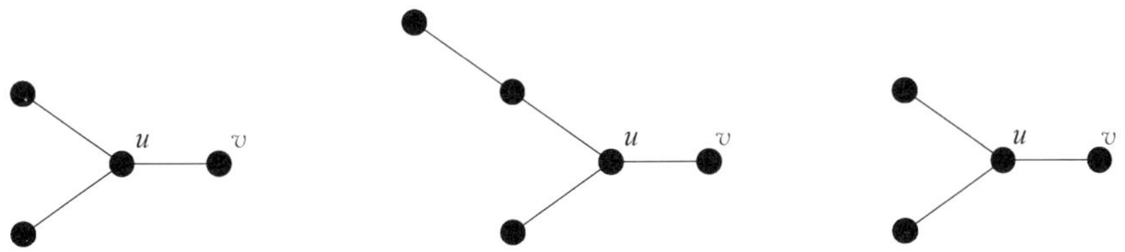

图 5.15　求 3 个图中的击中时 h_{uv}

5.11 考虑图 5.16 中的 n 点连通图，它包含一条边 (u, v) 和一个有 $n-1$ 个顶点和一些边的连通子图。证明 $h_{uv} = 2m+1$，其中 m 是 $n-1$ 点子图中边的条数。

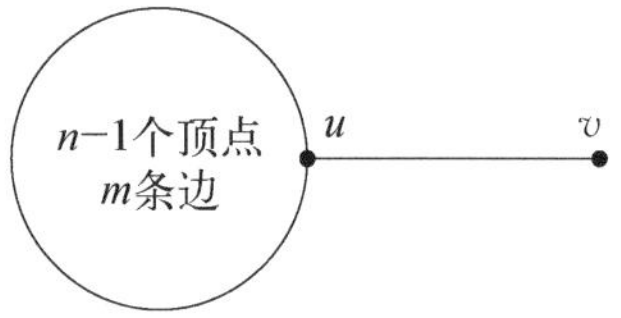

图 5.16　一个包含 $n-1$ 个顶点和 m 条边的连通子图以及一条单一边(u, v)的连通图

5.12　差分方程 $t(i+2)-5t(i+1)+6t(i)=0$ 的一般解是什么？你需要多少边界条件来定出唯一解？

5.13　给定差分方程 $a_k t(i+k)+a_{k-1}t(i+k-1)+\cdots+a_1 t(i+1)+a_0 t(i)=0$,多项式 $a_k t^k+a_{k-i}t^{k-1}+\cdots+a_1 t+a_0=0$ 称为特征多项式。

(1) 如果特征多项式的解集有 r 个不同的根,差分方程解的最一般形式是什么？

(2) 如果特征多项式的根不是单根,解的最一般形式是什么？

(3) 解空间的维数是多少？

(4) 如果差分方程不是齐次的,$f(i)$是非齐次差分方程的一个特解,差分方程的所有解是什么？

5.14　考虑整数集$\{1, 2,\cdots,n\}$。每次抽取其中一个且可重复,预期在第几次所有整数都可抽到？

5.15　考虑在一个大小为 n 的团上的随机行走。在到达某一个给定的顶点前所要走的步数的期望是多少？

5.16　通过计算图 5.17 中三个图的 h_{24},说明增加一条边可以增加或是减小击中时。

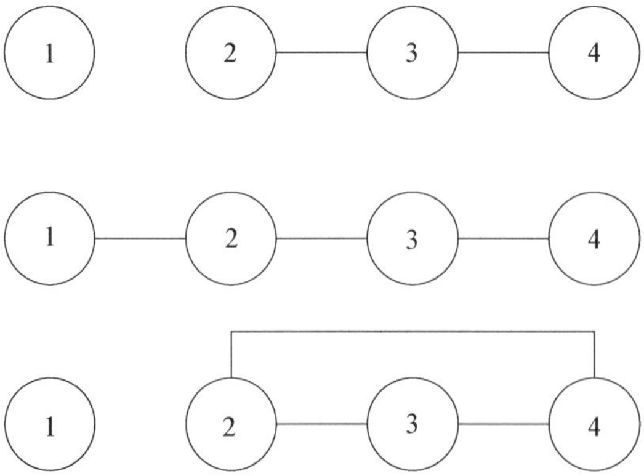

图 5.17　计算 3 个图的 h_{24}

5.17 说明在图中增加一条边可以或者增加，或者减少通勤时。

5.18 给定从 1 到 n 的整数，每次从中抽取一个且可重复抽取，预期在第几次抽到 1？

5.19 对下面三个图中的每一个，从顶点 A 开始的返回时是多少？将你的答案表示为顶点个数 n 的函数，然后再把它表示为边的条数 m 的函数。

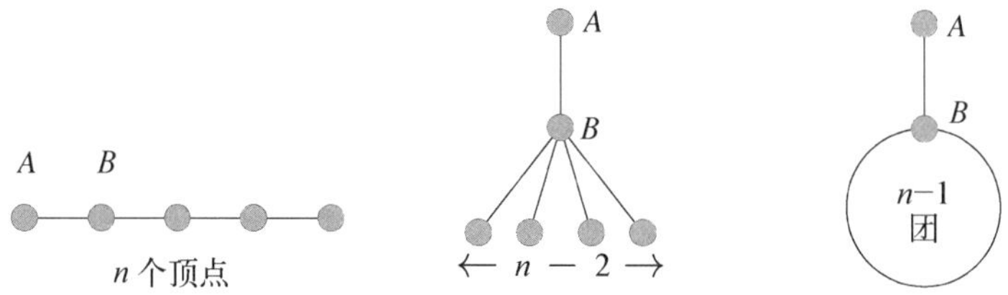

(a)　(b)　(c)

5.20 假设练习 5.19 中的团是一个有 $m-1$ 条边的任意图。用总的边数 m 来表达，到 A 的返回时是多少？

5.21 假设在练习 5.19 中的团是一个有 $m-d$ 条边的任意子图，并且有 d 条边从 A 连到这个子图。从 A 出发到 A 结束的一条随机路径，在返回 A 恰好 d 次后，其长度的期望值是多少？

5.22 给定一个无向图，其一个分支只包含一条边，求出其 Laplacian $\boldsymbol{L}=\boldsymbol{D}-\boldsymbol{A}$ 的两个特征值，其中 $\boldsymbol{D}$ 是一个对角矩阵，对角元为顶点的度数，A 是图的邻接矩阵。

5.23 一个研究人员感兴趣于确定一个无向图中不同边的重要程度。他计算了图上一个随机行走的平稳分布，令 p_i 为顶点 i 的概率。如果顶点 i 的度数是 d_i，从 i 到 j 通过边 (i, j) 的频率是 $\frac{1}{d_i}p_i$，而从相反方向通过这条边的频率是 $\frac{1}{d_j}p_j$。因此，他赋给这条边重要性的值为 $\left|\frac{1}{d_i}p_i-\frac{1}{d_j}p_j\right|$。他的想法错在哪里？

5.24 证明一个二维点阵上，两个独立的随机行走将会以概率 1 相遇。

5.25 假设两个人掷均匀的硬币，每个人都记录自己投到正面的次数减去投到反面的次数。会不会两个人的计数同时回到 0？

5.26 考虑二维点阵，在每个方格增加两条对角的边。所得图的逃逸概率是多少？

5.27　通过模拟来确定三维点阵的逃逸概率。

5.28　一个开始于二叉树根节点的随机行走的逃逸概率是多少?

5.29　考虑正半数轴上的随机行走,顶点为整数 0,1,2,3,…在原点,永远向右移动一步。在所有其他整数点依概率 2/3 向右移动,概率 1/3 向左移动。逃逸概率是多少?

5.30**　一个无限大的平面图上的随机行走,回到起始点的概率是多少?

5.31　如同一个平面图类似于一个二维点阵,对一个类似于三维点阵的图,创建一个随机行走模型。在这个模型中,回到起始点的概率是多少?

5.32　考虑图 5.18 中的图。计算每个图上的随机行走的平稳分布和通过每条边的流。在无向图上对通过边的流有什么条件?在有向图上呢?

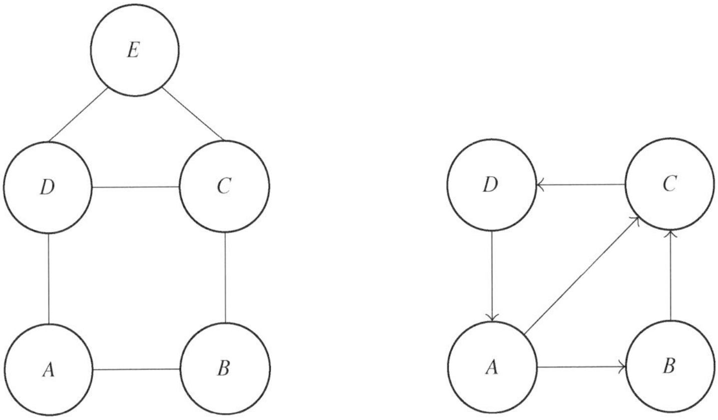

图 5.18　一个无向图和一个有向图

5.33　创建一个有 200 个顶点和每个顶点大约有 8 条边的随机有向图。增加 k 个新顶点,对有与没有从这 k 个新增点到顶点 1 的有向边这两种情况,计算页面排序。对不同的 k 值和重启频率,增加 k 条边会怎样改变顶点的排序?在顶点 1 增加一个自回路会怎样改变顶点排序?要仔细地做这个实验,我们需要考虑被研究的顶点的原有排序值。如果它的原有排序比较低,那么通过图的改变,其排序值可能会增加不少。

5.34　重复练习 5.33 中的实验来研究击中时。

5.35　搜索引擎在计算页面排序时忽略自回路。因此,我们需要考虑长度为 2 的回路来增加页面排名。通过增加许多长度为 2 的回路,可以怎样提高一个页面的排名？

5.36 在一个有向图中，我们可以通过在离某个顶点 v 一定距离之外做一些事来提高 v 的页面排名吗？如果有一条长而狭窄的链通向 v，而且没有边离开这条链，那么答案是肯定的。如果没有这样的链呢？

5.37 考虑通过如下方式来改变个性化网页排名。从一个均匀的重启分布开始，计算平稳状态概率。然后利用计算得到的平稳分布而不是均匀分布来运行个性化页面排名算法。重复这个过程直到收敛。那么，我们得到一个平稳概率分布，使得如果我们用平稳概率分布作为重启分布的话，我们会回到平稳概率分布。这个过程收敛吗？所得的分布是什么？当图包含两个顶点 u 和 v 且只有一条边从 u 到 v 时，我们得到什么分布？

5.38 将一个图的顶点排序为$\{1, 2, \cdots, n\}$，定义击中时为从顶点 1 到某顶点的预期时间。在(2)中假设环中的顶点是依次排序的。

(1) 在一个有自回路的完全有向图中，一个顶点的击中时是什么？

(2) 在一个有 n 个顶点的有向环中，一个顶点的击中时是多少？

5.39 用浏览器打开一个网页，看一下 html 源文件。如果你在网络上"爬行"的话，怎样从网页上取出所有超链接的 url 地址？Internet Explorer 用户可以点击菜单"view"下的"source"来查看网页的 html 源码。Firefox 用户可以点击菜单"view"菜单下的"page source"。

5.40 简略说明一个万维网"爬行"算法。在你发送命令开始加载一个网页和你实际上接收到这个网页之间会有时间延迟，有时候会中断，有时候会失败。因此，你不能等到一个网页到达了再开始另一个加载。你可以发送很多加载的请求，然后处理那些成功返回的网页。在做研究的时候，有一些必须遵守的约定，比如可以等待多长时间或者哪些文件可以被搜索。可以在一个有经验的人指导下尝试着做实际的搜索。

5.41 证明推论 5.12，即对两个概率分布 $\boldsymbol{p},\boldsymbol{q}$，$|\boldsymbol{p}-\boldsymbol{q}|_1 = 2\sum_i (p_i - q_i)^+$。

5.42 假设 S 是 $n\times n$ 点阵中一个至多 $n^2/2$ 个点的子集。证明

$$|\{(i, j)\in S \mid \text{所有元素行 } i \text{ 的元素和所有列 } j \text{ 的元素属于 } S\}| \leqslant |S|/2$$

5.43 证明在 Gibbs 采样中所描述的 Markov 链的平稳概率是正确的 p。

5.44 如果对所有 i 和 j，$p_{ij} = p_{ji}$，那么 Markov 链被称为是对称的。一个连通且对称的链的平稳分布是什么？证明你的答案。

5.45 你怎样在某个区域上积分一个多变量多项式分布？

5.46 给定一个时间可逆的 Markov 链，改变此链如下。在当前状态，以概率

1/2停留不动。以余下的 1/2 概率,像原来的链一样进行。在这个改变下,收敛时间会怎样变化?

5.47 用 Metropolis-Hasting 算法来创建一个 Markov 链,使其有如下表所给定的平稳分布。

x_1x_2	00	01	02	10	11	12	20	21	22
Prob	1/16	1/8	1/16	1/8	1/4	1/8	1/16	1/8	1/16

5.48 令 $\boldsymbol{p}$ 为一个连通图顶点上的概率向量(分量非负且和为 1)。对所有在图中相互邻接的 $i \neq j$,设 p_{ij}(从 i 到 j 的转移概率) 为 p_j,证明链的平稳概率向量是 $\boldsymbol{p}$。运行这个 Markov 链是不是一个根据接近 $\boldsymbol{p}$ 的分布取样的有效方式?例如,考虑图 G 为 $n \times n \times n \times \cdots \times n$ 网格。

5.49 构造一个三状态 Markov 链的边概率,其中每对状态由一条边连接,使得其平稳概率为$\left(\frac{1}{2}, \frac{1}{3}, \frac{1}{6}\right)$。

5.50 考虑一个具有平稳概率$\left(\frac{1}{2}, \frac{1}{3}, \frac{1}{6}\right)$的三状态 Markov 链,考虑 Metropolis-Hastings 算法,其中图 G 为这三个顶点上的完全图。我们实际上会沿某一个选定的边移动的概率是多少?

5.51 在 $p(x) = \begin{pmatrix} \frac{1}{2} & 0 \\ 0 & \frac{1}{2} \end{pmatrix}$上尝试 Gibbs 采样,会发生什么?Metropolis Hastings 算法呢?

5.52 考虑 $p(\boldsymbol{x})$,其中 $\boldsymbol{x} = (x_1, \cdots, x_{100})$, $p(\boldsymbol{0}) = \frac{1}{2}$, $p(\boldsymbol{x}) = \frac{1}{2^{100}}$ $\quad x \neq 0$。Gibbs 采样的行为会是怎样的?

5.53 构造一个算法,通过在一个网格间距为 0.1 的 20 维网格上进行随机行走,来计算 20 维的单位球的体积。

5.54 给定一个图 G 和整数 k,你怎样生成 G 的 k 顶点连通子图,且这些顶点具有与其在该子图中的边数正比的概率?这些概率不必与边数严格成正比,你也不需要证明你对这个问题的算法。

5.55 下面团的混合时为何?

(1) 一个团?

(2) 两个仅由一条边连接的团?

5.56 证明对 d 维空间中的 $n\times n\times\cdots\times n$ 网格,归一化电导是 $\Omega(1/dn)$。

提示:这是练习 5.42 中的论证的一个推广。证明对任何包含至多 1/2 网格点的子集 S,对 S 中至少 1/2 的网格点,在过该点的 d 条坐标线中,至少有一条与 $\bar{S}$ 相交。

第 6 章　学习及 VC 维

6.1　学习

学习算法是一类通用工具，可在无特定领域知识的前提下解决多领域中的问题。这些算法已被证明适用于大量的语境。学习算法的任务在于学习如何将一组对象分类。可通过如下例子来解释其作用：希望构造一个算法来区分不同种类的机动车辆，如轿车、卡车、拖拉机等。利用关于机动车辆的领域知识，可构造出一组特征。可能的特征实例包括车轮数量、发动机动力、车门数量、车辆长度等。若有 d 个特征，则可将每个对象刻画为一个 d 维向量，或称特征向量。向量的每一个元素给出了一个特征的值。现在的目标为设计一个"预测"算法，算法输入为向量，随后算法将正确预测该车辆的类型。对此问题的早期途径为基于规则的系统，方法是利用领域知识获得一组规则。例如规则"若车轮数量为 4 个，则该车辆为轿车"，随后通过检验该规则来实现预测。

学习方法与上述方法不同。在学习方法中构造预测规则的过程并不依赖于特定领域，而是自动化地实现。在学习中使用领域专家系统对特征的选择做出判定，将问题规约到一个分类特征向量中。进一步，调用领域专家系统对一组特征向量进行分类，该过程被称为"训练样本"，并将其输入到学习算法中。专家系统的作用至此全部完成。

学习算法的输入为一组带标号的训练样本（特征向量），对这些具有正确标号的向量生成一组适用规则。如在机动车案例中，学习算法不需知道领域的任何信息，而是以一组 d 维空间内的向量为输入，生成将 d 维空间划分为多个区域的一条规则。每个领域分别与"轿车"、"卡车"等相对应。

因此,学习算法的任务是输出一组规则,这些规则可以对所有的训练样本做出正确标号。在这个受限任务中,可以输出规则"对各个训练实例,直接使用专家系统已提供的标号"。但根据"奥卡姆剃刀理论(Occam's razor principle)",算法输出的规则必须比所有标号训练样本所组成的表更简洁。这类似于构造科学理论用以阐释大量科学观察:理论必须比仅仅罗列观察数据要来得简洁。

然而,一般来说学习算法的目的不仅在于可以对训练样本做出正确回应,而应可得到能正确预测未来实例的标号的学习规则。直观上讲,若对分类器进行了足够多的样本训练,则该分类器很可能在全部实例所组成的空间中都将正确发挥作用。随后我们将看到 Vapnik-Chervonenkis 维(Vapnik-Chervonenkis dimension,简称 VC 维)理论肯定了该直观结论的正确性。现在暂只注重于如何获得一组简洁的规则集合,能对训练样本做出正确的分类,称此为"学习"。

一般而言,线性和凸规划等最优化技术在学习算法中起到重要作用。本章假设标号均以二进制表示。不难看出,多类型分类问题可被规约至二元分类问题。例如可通过分为"轿车"与"非轿车",或是"摩托车"与"非摩托车"等来确定机动车类型。因此假设训练样本被给予的标号为+1 或−1。图 6.1 给出了一个图示,依据两个特征将实例分为二维。空心环代表标号为−1 的实例,实心环代表标号为+1 的实例。图 6.1 的右图给出了算法可以生成的一条规则:实线以上的均为−1,实线以下的均为+1。

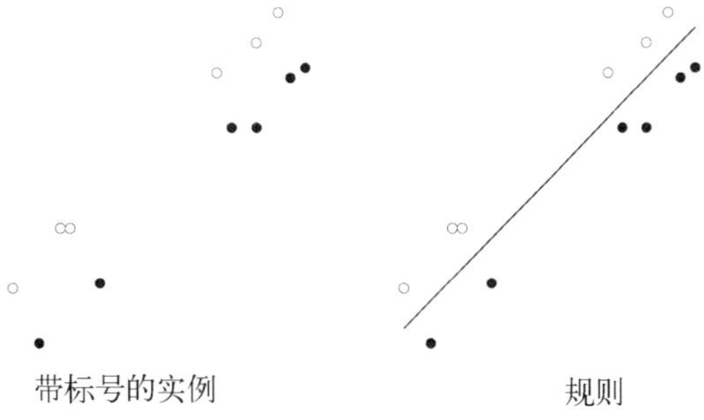

图 6.1 训练集及学习到的规则

d 维空间中的最简单规则是产生平面中的一条线,或称为半空间。在门限门中可使用规则"特征值的权重和是否超过阈值?"。该规则可以用门限门来实现。该门限门以特征值为输入,计算它们的权重之和,并依据该和是否大于该阈值来输出"是"或者"否"。也可参考由相互连接的门限门所组成的神经网络。门限门也被称为“感知器”，这是因为人类感官的模型之一为由大脑神经网络来控制感官。

6.2　线性分类器、感知器算法、边缘

本节考查对半空间的学习，或者是在 d 维空间内的具有 n 个标号的样本 $\boldsymbol{a}_1, \boldsymbol{a}_2, \cdots, \boldsymbol{a}_n$ 的线性分类器的学习。任务是找到一个 d 维向量 $\boldsymbol{w}$（若存在）以及阈值 b，使得

$$\begin{aligned} &\boldsymbol{w} \cdot \boldsymbol{a}_i > b \text{ 对所有 } \boldsymbol{a}_i \text{ 标号为 } +1 \\ &\boldsymbol{w} \cdot \boldsymbol{a}_i < b \text{ 对所有 } \boldsymbol{a}_i \text{ 标号为 } -1 \end{aligned} \tag{6.1}$$

称满足上述不等式的向量-阈值对($\boldsymbol{w}, b$)为一个线性分类器。

上述过程是在未知 $\boldsymbol{w}$ 和 b 中执行的线性规划（linear program，LP），可利用一般的线性规划算法来解决。虽然线性规划为多项式时间可解决的，但在可能的解 $\boldsymbol{w}$ 具有较多选择或是边缘时，使用更简单的感知器学习算法可更快解决此问题。虽然该算法的时间复杂度并不总是在多项式界内的。

首先为每个 $\boldsymbol{a}_i$ 和 $\boldsymbol{w}$ 加入一个额外坐标，分别记为 $\hat{\boldsymbol{a}}_i = (\boldsymbol{a}_i, 1)$ 以及 $\hat{\boldsymbol{w}} = (\boldsymbol{w}, -b)$。假设 l_i 是关于 $\boldsymbol{a}_i$ 的 ± 1 标号。则(6.1)中的不等式可重写为

$$(\hat{\boldsymbol{w}} \cdot \hat{\boldsymbol{a}}_i) l_i > 0, \quad 1 \leqslant i \leqslant n$$

由于不等式右侧为 0，可调整 $\hat{\boldsymbol{a}}_i$ 使得 $|\hat{\boldsymbol{a}}_i| = 1$。加入额外坐标使得维数加 1，但现在的分类器包含了原来的分类器。为标记简单起见，本节余下部分中均省略帽形标记，直接用 $\boldsymbol{a}_i$ 和 $\boldsymbol{w}$ 分别代表 $\hat{\boldsymbol{a}}_i$ 和 $\hat{\boldsymbol{w}}$。

感知器学习算法

感知器学习算法简洁而又优美。尝试找到下式的一个解 $\boldsymbol{w}$：

$$(\boldsymbol{w} \cdot \boldsymbol{a}_i) l_i > 0, \quad 1 \leqslant i \leqslant n \tag{6.2}$$

式中 $|\boldsymbol{a}_i| = 1$。首先研究 $\boldsymbol{w} = l_1 \boldsymbol{a}_1$，任意选择 $\boldsymbol{a}_i$ 且满足 $(\boldsymbol{w} \cdot \boldsymbol{a}_i) l_i \leqslant 0$，用 $\boldsymbol{w} + l_i \boldsymbol{a}_i$ 替代 $\boldsymbol{w}$。重复此过程，直到对于所有 i 都有 $(\boldsymbol{w} \cdot \boldsymbol{a}_i) l_i > 0$。

直观上，该算法通过增加 $\boldsymbol{a}_i l_i$ 对 $\boldsymbol{w}$ 进行修订。每一步使得新的 $(\boldsymbol{w} \cdot \boldsymbol{a}_i) l_i$ 的值升高。升高的量为 $\boldsymbol{a}_i \cdot \boldsymbol{a}_i l_i^2 = |\boldsymbol{a}_i|^2 = 1$。这有利于 $\boldsymbol{a}_i$，但此改变可能对其他 $\boldsymbol{a}_j$

有害。下面将证明此简单过程快速地给出了 $\boldsymbol{w}$ 的一个解，前提是解存在且具有好的边缘。

定义 对于式(6.2)的解 $\boldsymbol{w}$，其中所有样本的 $|\boldsymbol{a}_i|=1$，边缘被定义为超平面 $\{\boldsymbol{x} \mid \boldsymbol{w}\cdot\boldsymbol{x}=0\}$ 到任意 $\boldsymbol{a}_i$ 的最小距离，即 $\min_i \dfrac{(\boldsymbol{w}\cdot\boldsymbol{a}_i)l_i}{|\boldsymbol{w}|}$。

若不要求式(6.2)中的所有 $|\boldsymbol{a}_i|=1$，则可通过按比例增加 $\boldsymbol{a}_i$ 来提高边缘。若在边缘的定义中不加入"除以 $|\boldsymbol{w}|$"，则亦可通过按比例提高 $\boldsymbol{w}$ 来增大边缘。最有趣的地方在于算法的执行步数只与任意解所能达到的最好边缘相关，而与 n 或者 d 均无关。感知器学习算法在实际中很好用。

定理 6.1 设式(6.2)有解为 $\boldsymbol{w}^*$，且解的边缘为 $\delta>0$。则感知器学习算法最多迭代 $\dfrac{1}{\delta^2}-1$ 次，就可以找到对所有 i 均满足 $(\boldsymbol{w}\cdot\boldsymbol{a}_i)l_i>0$ 的解 $\boldsymbol{w}$。

证明 不失一般性，调整 $\boldsymbol{w}^*$ 使得 $|\boldsymbol{w}^*|=1$。考查当前向量 $\boldsymbol{w}$ 和 $\boldsymbol{w}^*$ 之间夹角的余弦函数值，即 $\dfrac{\boldsymbol{w}\cdot\boldsymbol{w}^*}{|\boldsymbol{w}|}$。在算法的每一步，分式的分子至少增加 δ，这是因为

$$(\boldsymbol{w}+\boldsymbol{a}_i l_i)\cdot\boldsymbol{w}^* = \boldsymbol{w}\cdot\boldsymbol{w}^* + l_i\boldsymbol{a}_i\cdot\boldsymbol{w}^* \geqslant \boldsymbol{w}\cdot\boldsymbol{w}^* + \delta$$

另一方面，分母的平方至多增加 1，这是因为

$$\begin{aligned}|\boldsymbol{w}+\boldsymbol{a}_i l_i|^2 &= (\boldsymbol{w}+\boldsymbol{a}_i l_i)\cdot(\boldsymbol{w}+\boldsymbol{a}_i l_i) = |\boldsymbol{w}|^2 + 2(\boldsymbol{w}\cdot\boldsymbol{a}_i)l_i + |\boldsymbol{a}_i|^2 l_i^2 \\ &\leqslant |\boldsymbol{w}|^2+1\end{aligned}$$

由于 $\boldsymbol{w}\cdot\boldsymbol{a}_i l_i\leqslant 0$，交叉项非正。

在 t 步迭代后，由于初始 $\boldsymbol{w}\cdot\boldsymbol{w}^* = l_1(\boldsymbol{a}_1\cdot\boldsymbol{w}^*)\geqslant\delta$ 且每步中 $\boldsymbol{w}\cdot\boldsymbol{w}^*$ 至少增加 δ，所以 $\boldsymbol{w}\cdot\boldsymbol{w}^*\geqslant(t+1)\delta$。类似可证明 t 步迭代后 $|\boldsymbol{w}|^2\leqslant t+1$，这是因为初始 $|\boldsymbol{w}|=|\boldsymbol{a}_1|\leqslant 1$ 且每步中 $|\boldsymbol{w}|^2$ 最多增加 1。因此，$\boldsymbol{w}$ 与 $\boldsymbol{w}^*$ 之间夹角的余弦至少为 $\dfrac{(t+1)\delta}{\sqrt{t+1}}$ 且不会超过 1。因此，算法必定在 $\dfrac{1}{\delta^2}-1$ 步迭代前停止，且算法终止时对所有 i 都有 $(\boldsymbol{w}\cdot\boldsymbol{a}_i)l_i>0$ 成立。定理得证。

"存在边缘至少为 δ 的分类器"，这个假设有多强？假设在单位超球面的表面均匀密度中选择 $\boldsymbol{a}_i$。在第 2 章中已看到，对于经过原点的任意固定超平面，单位球面的大部分均位于距离超平面 $O(1/\sqrt{d})$ 的范围内。因此，固定超平面的边缘大于 $c/\sqrt{d}$ 的概率很低。但是，这并不意味着不存在具有大边缘的超平面。根

据一致界，只可断言具有大边缘的超平面的概率最多为：具有大边缘的一个特定超平面的概率乘以超平面的数量(无限值)。稍后将使用 VC 维来证明，如果样本是从超球面随机选择的，则超平面具有大边缘的概率的确很低。因此，在最简单的随机模型中，“存在大边缘分类器”这个假设不一定有效。但直观上，若需要被学习的对象(如某事物是否是轿车)不是很难，则根据模型中的足够特征，将不会出现很多容易与轿车混淆的“接近于轿车”，也不会出现很多“接近于非轿车”。在此类真实问题中，均匀密度为无效假设。此时存在大边缘分类器，因此定理有效。图 6.2 为线性分类器的边缘。

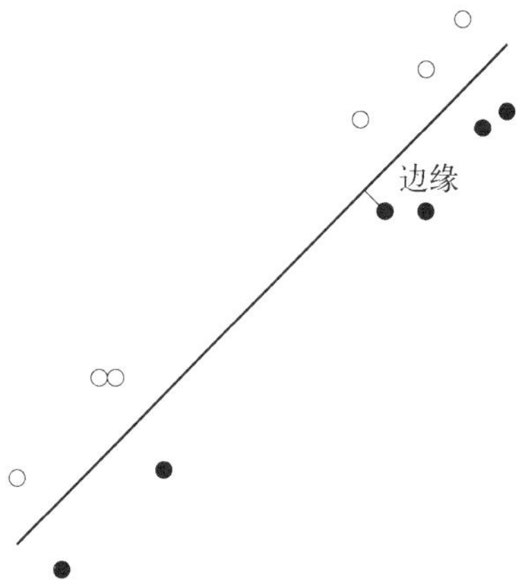

图 6.2　线性分类器的边缘

现在的问题是，边缘可以有多小？设样本 $\boldsymbol{a}_1, \boldsymbol{a}_2, \cdots, \boldsymbol{a}_n$ 为具有 d 个坐标分量的向量，每个坐标值为 0 或 1。下面是对样本进行标号的判定规则。

若样本的第一个坐标为奇数，则将该样本标号为 $+1$

若样本的第一个坐标为偶数，则将该样本标号为 -1

此规则可表示为判定规则：

$$(a_{i1}, a_{i2}, \cdots, a_{in}) \cdot \left(1, -\frac{1}{2}, \frac{1}{4}, -\frac{1}{8}, \cdots\right) = a_{i1} - \frac{1}{2}a_{i2} + \frac{1}{4}a_{i3} - \frac{1}{8}a_{i4} + \cdots > 0$$

然而，此处样本的边缘可能小到指数量级。事实上若样本 $\boldsymbol{a}$ 的前 $d/10$ 个坐标均为 0，则边缘为 $O(2^{-d/10})$。不同边缘的分类器如图 6.3 所示。

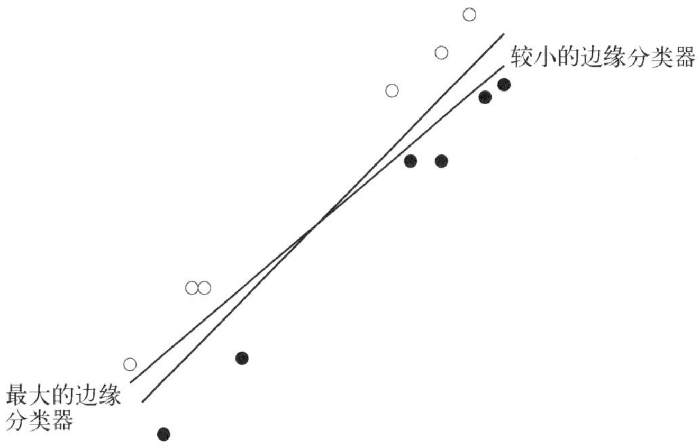

图 6.3 不同边缘的分类器

最大化边缘

本节将给出一个找到最大边缘分类器的算法。关于 $(\boldsymbol{w}^{\mathrm{T}}\boldsymbol{a}_i)l_i > 0$，$1 \leqslant i \leqslant n$ 的解 $\boldsymbol{w}$ 的边缘为 $\delta = \min_i \dfrac{l_i(\boldsymbol{w} \cdot \boldsymbol{a}_i)}{|\boldsymbol{w}|}$，其中 $|\boldsymbol{a}_i| = 1$。由于它不是关于 $\boldsymbol{w}$ 的凹函数，因此难以计算。

一般而言，凸规划技术只能用于处理凹函数的最大值或者是凸函数在凸集合上的最小值。然而可通过修改权重向量，将最优化问题转化为具有凹对象函数的问题。注意到

$$l_i\left(\frac{\boldsymbol{w} \cdot \boldsymbol{a}_i}{|\boldsymbol{w}|\delta}\right) > 1$$

上式针对全部 $\boldsymbol{a}_i$。用 $\boldsymbol{v} = \dfrac{\boldsymbol{w}}{\delta|\boldsymbol{w}|}$ 表示修订后的权重向量。则 δ 的最大化等价于对 $|\boldsymbol{v}|$ 的最小化。因此最优化问题为：

$$\text{在 } \forall i,\ l_i(\boldsymbol{v} \cdot \boldsymbol{a}_i) > 1 \text{ 条件下最小化 } |\boldsymbol{v}|\text{。}$$

尽管 $|\boldsymbol{v}|$ 为关于 $\boldsymbol{v}$ 的坐标的凸函数，但由于 $|\boldsymbol{v}|^2$ 是可微分的，因此用于最小化的更好凸函数为 $|\boldsymbol{v}|^2$。因此需要重新描述该问题。

最大边缘问题

$$\text{在 } l_i(\boldsymbol{v} \cdot \boldsymbol{a}_i) \geqslant 1 \text{ 条件下最小化 } |\boldsymbol{v}|^2\text{。}$$

人们对凸规划问题已进行过大量研究。利用该问题的特殊结构，存在比一般凸规划方法更有效的算法。在此不讨论这些改进算法。该问题的最优解 $\boldsymbol{v}$ 具有如下性质。设 V 是实例 $\boldsymbol{a}_i$ 所张成的空间，有 $l_i(\boldsymbol{v}\cdot\boldsymbol{a}_i)=1$。则可宣称 $\boldsymbol{v}$ 在 V 中。否则，$\boldsymbol{v}$ 具有与 V 正交的元素。对此元素进行微小降低将不会破坏任意不等式：由于是沿着完全可满足约束的正交方向移动，且这一改变不会降低 $|\boldsymbol{v}|$，而这与最优性相悖。若 V 为全维，则有 d 个等式成立的独立样本。此 d 个等式具有唯一解，即为 $\boldsymbol{v}$。称这些实例为支持向量。d 个支撑向量唯一确定了最大边缘分类器。

可正确划分大多数实例的线性分类器

一类可能的问题是，线性分类器适用于几乎所有样本，但对一小部分样本不适用。回到式(6.2)，是否存在可以满足式(6.2)的 n 个不等式中的 $(1-\varepsilon)n$ 个不等式的 $\boldsymbol{w}$？遗憾的是，该问题属于 NP-hard 问题，不存在有效求解算法。思考该问题的好思路是，对每个错误分类的点而言允许“损失”其中的一个，并将此损失最小化。但是此损失函数是非连续的，在 0 到 1 之间跳跃。然而，可用更好的损失函数来解决该问题。可能的方法为引入松弛变量 y_i，$i=1,2,\cdots,n$。y_i 用于度量 $\boldsymbol{a}_i$ 被错误分类的程度。随后将松弛变量纳入将被最小化的目标函数：

$$\begin{aligned}&\text{最小化}\ |\boldsymbol{v}|^2+c\sum_{i=1}^{n}y_i\\&\text{条件是}\quad \left.\begin{aligned}&(\boldsymbol{v}\cdot\boldsymbol{a}_i)l_i\geqslant 1-y_i\\&y_i\geqslant 0\end{aligned}\right\}i=1,2,\cdots,n\end{aligned}\tag{6.3}$$

若某 i 满足 $l_i(\boldsymbol{v}\cdot\boldsymbol{a}_i)\geqslant 1$，则将 y_i 设为其最低值(比如 0)，这是因为各个 y_i 在代价函数中均有正系数。但如果 $l_i(\boldsymbol{v}\cdot\boldsymbol{a}_i)<1$，则设 $y_i=1-l_i(\boldsymbol{v}\cdot\boldsymbol{a}_i)$，因此 y_i 为不等式冲突数量。因此，目标函数试图将冲突总量最小化为 1/margin。易知这等于对下式做最小化：

$$|\boldsymbol{v}|^2+c\sum_{i}(1-l_i(\boldsymbol{v}\cdot\boldsymbol{a}_i))^{+}\text{①}$$

受上述限制，第二项是所有冲突的和。

---

① $x^{+}=\begin{cases}0, & x\leqslant 0\\ x, & x>0\end{cases}$

6.3 非线性分类器、支持向量机、核

一类问题是，不存在线性区分器但是存在非线性区分器。例如，可能存在多项式 $p(\cdot)$对所有$+1$标号样本均满足 $p(\boldsymbol{a}_i)>1$，对所有-1标号样本均满足 $p(\boldsymbol{a}_i)<1$。一个简单例子是将单位正方形分为4个小块，且右上和左下的小块为$+1$区域、右下和左上为-1区域。对所有$+1$样本有 $x_1x_2>0$，对所有-1样本有 $x_1x_2<0$。因此，多项式 $p(\cdot)=x_1x_2$ 对这些区域做出划分。图6.4中的检测边界为更复杂的例子，其中$+1$和-1块交替出现。

−1	+1	−1	+1
+1	−1	+1	−1
−1	+1	−1	+1
+1	−1	+1	−1

图 6.4 检测边界模式

若已知存在度数①最多为 D 的多项式，使得当且仅当 $p(\boldsymbol{a})>0$ 时样本 $\boldsymbol{a}$ 标号为$+1$。现在的问题在于如何找到这样一个多项式。注意到满足 $i_1+i_2+\cdots+i_d\leqslant D$的每个$d$元整数组$(i_1,i_2,\cdots,i_d)$都可构造出一个不同单项式$x_1^{i_1}x_2^{i_2}\cdots x_d^{i_d}$。因此多项式$p$中的单项式个数最多为将$d-1$个区分器插入到具有$D+d-1$个位置的序列中的方法数，即$\binom{D+d-1}{d-1}\leqslant(D+d-1)^{d-1}$个。设$m=(D+d-1)^{d-1}$为单项式个数上界。

通过置单项式系数为未知，可以构造 m 变量的线性规划，其解为所需多项式。设多项式 p 为

① 此处的度数为总度数。单项式的度数为单项式中各个变量指数的和，多项式的度数为单项式度数的最大值。

$$p(x_1, x_2, \cdots, x_d) = \sum_{\substack{i_1, i_2, \cdots, i_d \\ i_1+i_2+\cdots+i_d \leqslant D}} w_{i_1, i_2, \cdots, i_d} x_1^{i_1} x_2^{i_2} \cdots x_d^{i_d}$$

则“$p(\boldsymbol{a}_i) > 0$”就是 $w_{i_1, i_2, \cdots, i_d}$ 的线性不等式($\boldsymbol{a}_i$ 为 d 向量)。人们可能尝试解决该线性规划。然而由于变量个数为指数多个,即使 D 的值恰当,该方法仍不可行。但是该理论方法仍然有用。首先以一个实例阐明上述讨论。设 $d = 2$ 且 $D = 2$。则 (i_1, i_2) 的可能取值构成集合 $\{(1, 0), (0, 1), (2, 0), (1, 1), (0, 2)\}$。虽 $(0, 0)$ 对也应当被纳入,但在有单独常量项(称为 b)时比较容易说清。记为

$$p(x_1, x_2) = b + w_{10}x_1 + w_{01}x_2 + w_{11}x_1x_2 + w_{20}x_1^2 + w_{02}x_2^2$$

每个样本 $\boldsymbol{a}_i$ 都是2元向量 (a_{i1}, a_{i2})。线性规划为

$$b + w_{10}a_{i1} + w_{01}a_{i2} + w_{11}a_{i1}a_{i2} + w_{20}a_{i1}^2 + w_{02}a_{i2}^2 > 0,\ i\text{ 的标号为 } +1$$
$$b + w_{10}a_{i1} + w_{01}a_{i2} + w_{11}a_{i1}a_{i2} + w_{20}a_{i1}^2 + w_{02}a_{i2}^2 < 0,\ i\text{ 的标号为 } -1$$

注意到我们对 $a_{i1}a_{i2}$ 进行了“预计算”,因此不会导致非线性成分。线性不等式的未知量包括 $\boldsymbol{w}$ 和 b。

上面的方法可以视为将 d 维空间内的样本 $\boldsymbol{a}_i$ 嵌入到 m 维空间中,后者中每个 $i_1, i_2, \cdots, i_d$ 的一个坐标的和最大为 D(但排除 $(0, 0, \cdots, 0)$),且若 $\boldsymbol{a}_i = (x_1, x_2, \cdots, x_d)$,该坐标为 $x_1^{i_1} x_2^{i_2} \cdots x_d^{i_d}$。称此嵌入为 $\boldsymbol{\varphi}(\boldsymbol{x})$。当 $d = D = 2$(如上例)时,$\boldsymbol{\varphi}(\boldsymbol{x}) = (x_1, x_2, x_1^2, x_1x_2, x_2^2)$。若 $d = 3$ 且 $D = 2$,

$$\boldsymbol{\varphi}(\boldsymbol{x}) = (x_1, x_2, x_3, x_1x_2, x_1x_3, x_2x_3, x_1^2, x_2^2, x_3^2)$$

以此类推。现在我们尝试找到 m 维向量 $\boldsymbol{w}$,要求标号为 $+1$ 时向量 $\boldsymbol{w}$ 与 $\boldsymbol{\varphi}(\boldsymbol{a}_i)$ 的点乘为正数,否则为负数。注意这里的 $\boldsymbol{w}$ 不一定是 d 维空间内某向量的 $\boldsymbol{\varphi}$。

现在尝试寻找 $\boldsymbol{w}$ 最大化边缘,而不是 $\boldsymbol{w}$。类似前文,将式子写为

$$\min |\boldsymbol{w}|^2 \text{ 条件是:对于所有 } i \text{ 有} (\boldsymbol{w} \cdot \boldsymbol{\varphi}(\boldsymbol{a}_i)) l_i \geqslant 1$$

此处的主要问题在于是否可以避免直接计算嵌入 $\boldsymbol{\varphi}$ 和向量 $\boldsymbol{w}$。事实上也只需要隐式使用 $\boldsymbol{\varphi}$ 和 $\boldsymbol{w}$。这来源于一个简单但关键的观察结论,即以上凸规划问题的任何最优解 $\boldsymbol{w}$ 均是 $\boldsymbol{\varphi}(\boldsymbol{a}_i)$ 的线性组合。若 $\boldsymbol{w} = \sum_i y_i \boldsymbol{\varphi}(\boldsymbol{a}_i)$,则可以在不知道 $\boldsymbol{\varphi}(\boldsymbol{a}_i)$ 仅知道乘积 $\boldsymbol{\varphi}(\boldsymbol{a}_i) \cdot \boldsymbol{\varphi}(\boldsymbol{a}_j)$ 的情况下,计算出 $\boldsymbol{w}^{\mathrm{T}} \boldsymbol{\varphi}(\boldsymbol{a}_j)$。

引理 6.2 以上凸规划的任意最优解 $\boldsymbol{w}$ 都是 $\boldsymbol{\varphi}(\boldsymbol{a}_i)$ 的线性组合。

证明 若 $\boldsymbol{w}$ 含有垂直于所有 $\boldsymbol{\varphi}(\boldsymbol{a}_i)$ 的元素,则将该元素排除。一方面,由于 $\boldsymbol{w} \cdot \boldsymbol{\varphi}(\boldsymbol{a}_i)$ 不改变,所有不等式仍成立;另一方面,$|\boldsymbol{w}|^2$ 减少,故与 $\boldsymbol{w}$ 是最优解

相悖。

假设 $\boldsymbol{w}$ 是 $\boldsymbol{\varphi}(\boldsymbol{a}_i)$的线性组合。记为 $\boldsymbol{w}=\sum_i y_i\boldsymbol{\varphi}(\boldsymbol{a}_i)$，其中 y_i 为实变量。注意到

$$|\boldsymbol{w}|^2=\Big(\sum_i y_i\boldsymbol{\varphi}(\boldsymbol{a}_i)\Big)\cdot\Big(\sum_j y_j\boldsymbol{\varphi}(\boldsymbol{a}_j)\Big)=\sum_{i,j} y_i y_j\boldsymbol{\varphi}(\boldsymbol{a}_i)\cdot\boldsymbol{\varphi}(\boldsymbol{a}_j)$$

将凸规划重写为

$$\text{最小化}\sum_{i,j} y_i y_j\boldsymbol{\varphi}(\boldsymbol{a}_i)\cdot\boldsymbol{\varphi}(\boldsymbol{a}_j) \tag{6.4}$$

$$\text{条件是 } l_i\Big(\sum_j y_j\boldsymbol{\varphi}(\boldsymbol{a}_j)\cdot\boldsymbol{\varphi}(\boldsymbol{a}_i)\Big)\geqslant 1,\quad \forall i \tag{6.5}$$

重点需注意到不需要使用 $\boldsymbol{\varphi}$ 本身，只需要所有 i 和 j（包括 $i=j$）对应的 $\boldsymbol{\varphi}(\boldsymbol{a}_i)$和 $\boldsymbol{\varphi}(\boldsymbol{a}_j)$的点积。则如下定义的核矩阵 $\boldsymbol{K}$ 为

$$k_{ij}=\boldsymbol{\varphi}(\boldsymbol{a}_i)\cdot\boldsymbol{\varphi}(\boldsymbol{a}_j)$$

已足够满足需要。这是因为可将凸规划重写为

$$\text{最小化}\sum_{ij} y_i y_j k_{ij}\quad \text{条件是}\quad l_i\sum_j k_{ij}y_j\geqslant 1 \tag{6.6}$$

称此凸规划为支持向量机(support vector machine, SVM)，尽管它并不是一个机器(machine)。其优势在于 $\boldsymbol{K}$ 只有 n^2 个项，而每个 $\boldsymbol{\varphi}(\boldsymbol{a}_i)$有 $O(d^D)$项。下面给出如何从 $\boldsymbol{a}_i$ 中得到 $\boldsymbol{K}$，而不给出 $\boldsymbol{\varphi}(\boldsymbol{a}_i)$。通常使用闭型来进行阐述。例如，"Gaussian(高斯)核"为

$$k_{ij}=\boldsymbol{\varphi}(\boldsymbol{a}_i)\cdot\boldsymbol{\varphi}(\boldsymbol{a}_j)=\mathrm{e}^{-c|\boldsymbol{a}_i-\boldsymbol{a}_j|^2}$$

下面简要证明这的确是一个核函数。

需首先解决的重要问题是，给定矩阵 $\boldsymbol{K}$(例如上面 Gaussian 核矩阵)，如何得知该矩阵来源于对 $\boldsymbol{\varphi}(\boldsymbol{a}_i)$进行逐对点乘的嵌入 $\boldsymbol{\varphi}$? 下面的引理对此给出了解答。

引理 6.3 *矩阵 $\boldsymbol{K}$ 是核矩阵，即存在嵌入 $\boldsymbol{\varphi}$ 使得 $k_{ij}=\boldsymbol{\varphi}(\boldsymbol{a}_i)\cdot\boldsymbol{\varphi}(\boldsymbol{a}_j)$，当且仅当 $\boldsymbol{K}$ 为半正定的。*

证明 若 $\boldsymbol{K}$ 为半正定，则可将其表示为 $\boldsymbol{K}=\boldsymbol{B}\boldsymbol{B}^{\mathrm{T}}$。定义 $\boldsymbol{\varphi}(\boldsymbol{a}_i)$ 是 $\boldsymbol{B}$ 的第 i 行。则 $k_{ij}=\boldsymbol{\varphi}(\boldsymbol{a}_i)^{\mathrm{T}}\boldsymbol{\varphi}(\boldsymbol{a}_j)$。反之，若存在嵌入 $\boldsymbol{\varphi}$ 满足 $k_{ij}=\boldsymbol{\varphi}(\boldsymbol{a}_i)^{\mathrm{T}}\boldsymbol{\varphi}(\boldsymbol{a}_j)$，则用 $\boldsymbol{\varphi}(\boldsymbol{a}_i)$ 作为矩阵 $\boldsymbol{B}$ 的行，可得 $\boldsymbol{K}=\boldsymbol{B}\boldsymbol{B}^{\mathrm{T}}$，故 $\boldsymbol{K}$ 为半正定的。

回顾前文，当且仅当 $\boldsymbol{K}$ 为半正定，形如 $\sum_{ij} y_i y_j k_{ij} = \boldsymbol{y}^{\mathrm{T}}\boldsymbol{K}\boldsymbol{y}$ 的函数是凸的。因此支持向量机问题是凸规划。可使用任意半正定矩阵作为核矩阵。

下面给出核矩阵的一个重要例子。考查一组向量 $\boldsymbol{a}_1, \boldsymbol{a}_2, \cdots$ 并设 $k_{ij} = (\boldsymbol{a}_i \cdot \boldsymbol{a}_j)^p$，其中 p 为正整数。将证明元素为 k_{ij} 的矩阵 $\boldsymbol{K}$ 是半正定的。设 $\boldsymbol{u}$ 为任意的 n 维向量。须证明 $\boldsymbol{u}^{\mathrm{T}}\boldsymbol{K}\boldsymbol{u} = \sum_{ij} k_{ij} u_i u_j \geqslant 0$。

$$\begin{aligned}\sum_{ij} k_{ij} u_i u_j &= \sum_{ij} u_i u_j (\boldsymbol{a}_i \cdot \boldsymbol{a}_j)^p \\ &= \sum_{ij} u_i u_j \Big(\sum_k a_{ik} a_{jk}\Big)^p \\ &= \sum_{ij} u_i u_j \Big(\sum_{k_1, k_2, \cdots, k_p} a_{ik_1} a_{ik_2} \cdots a_{ik_p} a_{jk_1} \cdots a_{jk_p}\Big) \text{（使用扩展可得该式①）}\end{aligned}$$

注意 $k_1, k_2, \cdots, k_p$ 不需彼此不同。交换加法，简化可得

$$\begin{aligned}\sum_{ij} u_i u_j \Big(\sum_{k_1, \cdots k_2, \cdots, k_p} a_{ik_1} a_{ik_2} \cdots a_{ik_p} a_{jk_1} \cdots a_{jk_p}\Big) &= \sum_{k_1, k_2, \cdots, k_p} \sum_{ij} u_i u_j a_{ik_1} a_{ik_2} \cdots a_{ik_p} a_{jk_1} \cdots a_{jk_p} \\ &= \sum_{k_1, k_2, \cdots, k_p} \Big(\sum_i u_i a_{ik_1} a_{ik_2} \cdots a_{ik_p}\Big)^2\end{aligned}$$

最后一项是平方的和因此是非负的，证明了 $\boldsymbol{K}$ 为半正定。

由此容易看出，对任意向量集合 $\boldsymbol{a}_1, \boldsymbol{a}_2, \cdots$ 及任意大于等于0的 $c_1, c_2, \cdots$，对于具有绝对收敛幂级数扩展的 $k_{ij} = \sum_{p=0}^{\infty} c_p (\boldsymbol{a}_i \cdot \boldsymbol{a}_j)^p$，其组成的 $\boldsymbol{K}$ 是半正定的。对任意 $\boldsymbol{u}$

$$\boldsymbol{u}^{\mathrm{T}}\boldsymbol{K}\boldsymbol{u} = \sum_{ij} u_i k_{ij} u_j = \sum_{ij} u_i \Big(\sum_{p=0}^{\infty} c_p (\boldsymbol{a}_i \cdot \boldsymbol{a}_j)^p\Big) u_j = \sum_{p=0}^{\infty} c_p \sum_{i,j} u_i u_j (\boldsymbol{a}_i \cdot \boldsymbol{a}_j)^p \geqslant 0$$

引理 6.4 对任意向量集合 $\boldsymbol{a}_1, \boldsymbol{a}_2, \cdots$，由 $k_{ij} = \mathrm{e}^{-|\boldsymbol{a}_i - \boldsymbol{a}_j|^2/(2\sigma^2)}$ 给出的矩阵 $\boldsymbol{K}$ 对于任意 σ 值都是半正定的。

证明

$$\mathrm{e}^{-|\boldsymbol{a}_i - \boldsymbol{a}_j|^2/2\sigma^2} = \mathrm{e}^{-|\boldsymbol{a}_i|^2/2\sigma^2} \mathrm{e}^{-|\boldsymbol{a}_j|^2/2\sigma^2} \mathrm{e}^{\boldsymbol{a}_i^{\mathrm{T}}\boldsymbol{a}_j/\sigma^2} = (\mathrm{e}^{-|\boldsymbol{a}_i|^2/2\sigma^2} \mathrm{e}^{-|\boldsymbol{a}_j|^2/2\sigma^2}) \sum_{t=0}^{\infty} \left(\frac{(\boldsymbol{a}_i^{\mathrm{T}}\boldsymbol{a}_j)^t}{t!\sigma^{2t}}\right)$$

---

① 此处 a_{ik} 代表向量 $\boldsymbol{a}_i$ 的第 k 个坐标。

$l_{ij} = \sum_{t=0}^{\infty}\left(\frac{(\boldsymbol{a}_i^{\mathrm{T}}\boldsymbol{a}_j)^t}{t!\sigma^{2t}}\right)$ 所给出的矩阵 $\boldsymbol{L}$ 是半正定的。将 $\boldsymbol{K}$ 写作 $\boldsymbol{DLD}^{\mathrm{T}}$，其中 $\boldsymbol{D}$ 是以 $\mathrm{e}^{-|\boldsymbol{a}_i|^2/2\sigma^2}$ 作为第(i, i)项的对角线矩阵。因此 $\boldsymbol{K}$ 是半正定的。

例 （使用 Gaussian 核） 考虑样本为平面上两条并列曲线（图 6.5 上的实线曲线和虚线曲线）上的点的情形，第一条曲线上的点标号为 $+1$，第二条曲线上的点标号为 -1。假定在各曲线上以间距 δ 取得样本，且此两曲线间的最小距离为 $\Delta \gg \delta$。显然，在此平面上不存在可正确区分样本的半空间。由于曲线间有较大内部缠绕，直观上而言，任意能将其正确区分的多项式必定度数很高。考虑 Gaussian 核 $\mathrm{e}^{-|\boldsymbol{a}_i-\boldsymbol{a}_j|^2/\delta^2}$。对于此核，$K$ 对于同一曲线上的相邻点有 $k_{ij} \approx 1$，对任意其他点对有 $k_{ij} \approx 0$。对样本重排序，首先顺序列出实线上的所有样本，再顺序列出虚线上的所有样本。对 K 分块后形如：$K = \begin{pmatrix} K_1 & 0 \\ 0 & K_2 \end{pmatrix}$，其中 K_1 和 K_2 的尺寸大致相同，都是以 1 为对角线的分块矩阵。与主对角线距离为 1 的对角线上为较小的常数，随着与对角线距离增大值将指数级下降。

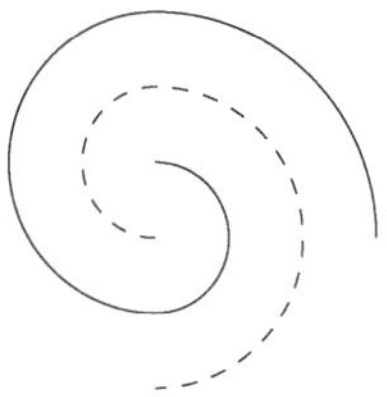

图 6.5 两条曲线

容易看出 SVM 本质上形为

$$\begin{aligned} &\text{最小化} \quad \boldsymbol{y}_1^{\mathrm{T}}\boldsymbol{K}_1\boldsymbol{y}_1 + \boldsymbol{y}_2^{\mathrm{T}}\boldsymbol{K}_2\boldsymbol{y}_2 \\ &\text{条件是} \quad \boldsymbol{K}_1\boldsymbol{y}_1 \geqslant I \text{ 与 } \boldsymbol{K}_2\boldsymbol{y}_2 \leqslant -I \end{aligned}$$

其可分为两个规划，一部分为 $\boldsymbol{y}_1$，另一部分为 $\boldsymbol{y}_2$。基于 $\boldsymbol{K}_1 = \boldsymbol{K}_2$ 的事实，解包含 $\boldsymbol{y}_2 = -\boldsymbol{y}_1$。在曲线终点以外，此结构本质上而言均相同，即 $\boldsymbol{y}_1$ 中的元素本质上都与 $\boldsymbol{y}_2$ 中的元素相同。因此，$\boldsymbol{y}_1$ 中的元素均为 1，$\boldsymbol{y}_2$ 中的元素均为 -1。用 l_i 表示这些点的 ± 1 标号。则 y_i 值可实现良好的简单分类：$l_i y_i > 1$。

6.4 强与弱学习-推进

强学习器是一种算法，该算法以 n 个标号样本为输入，输出一个能为所有输入样本正确标号的区分器。由于学习器已知 n 个样本的标号，且学习器只需为这些给定的训练样本标号，这似乎是一个平凡任务：只需在一张表中存入样本和标号，随后在请求某个样本的标号时，对此表进行查询。然而，依据奥卡姆剃刀理论，学习器所生成的分类器应当比该表简洁得多。学习器所需的时间、分类器输出的长度/复杂性均为度量该学习器的参数。下面将对另一方面进行探讨。“强”的含义为算法所输出的分类器必须对所有给定样本给出正确标号，不允许出现任何错误。

弱学习器则允许出错。弱学习器中，只要求对严格大多数$\left(\text{比如占总数}\left(\frac{1}{2}+\gamma\right)\text{以上的实例，其中 }\gamma\text{ 是正实数}\right)$的实例输出正确标号。这个要求看似很弱。但借助对弱学习的轻微拓展，并使用“助推”(Boosting)技术，即可以用弱学习器实现强学习。

定义　弱学习器　*设 $U=\{\boldsymbol{a}_1,\boldsymbol{a}_2,\cdots,\boldsymbol{a}_n\}$ 为 n 个标号样本。弱学习器是这样一个算法，该算法以这些样本、样本的标号以及每个样本 $\boldsymbol{a}_i$ 的非负实数权重 w_i 为输入。算法输出一个分类器，该分类器可为总权重为 $\left(\frac{1}{2}+\gamma\right)\sum_{i=1}^{n}w_i$ 的样本子集给出正确标号。*

可利用“推进”方法，对弱学习器进行 $O(\log n)$ 次调用，得到一个强学习器。助推的直观思路为若某样本被错误分类，则需要对该样本给予更多关注。

例　理解推进算法

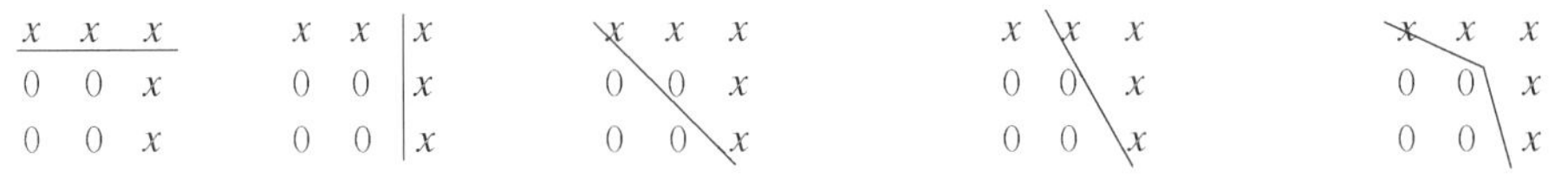

从0里学习 x。线的上面或右侧的被归类为 x。

1	1	1	1	1	1	1+ε	1+ε	1	1+ε	1+ε	1	(1+ε)2	1+ε	1
1	1	1	1	1	1+ε	1	1	1+ε	1	1+ε	1+ε	1	1+ε	1+ε
1	1	1	1	1	1+ε	1	1	1+ε	1	1	1+ε	1	1	1+ε

一段时间后各个实例的重量

0 0 0	1 1 0	1 1 0	2 1 0	2 1 0
0 0 1	0 0 1	0 1 1	0 1 1	0 1 1
0 0 1	0 0 1	0 0 1	0 0 1	0 0 1

错误分类的次数

最上面一行代表弱学习器的结果,中间一行代表对各个实例使用的权重。在第一个应用中,弱学习器对最右列的最下面两个元素进行了错误分类。因此,在下一个应用中此二项的权重由 1 升至 $1+\varepsilon$。矩阵的最下方一行表明了元素被错误分类的频率。由于在五次中没有元素被错误分类超过二次,使用这种方法对各个实例进行标号,取较多的标号结果即可为所有元素正确标号。

推进算法

首先考虑全部 w_i 均为 1 的弱学习器。

在 $t+1$ 时刻,将上一时刻被错误分类的各个样本的权重乘以 $1+\varepsilon$,其他样本的权重不变。调用弱学习器。

执行 T 步后,停止并输出如下分类器:

用对弱学习器的大多数调用中所给出的标号来标记各个样本 $\{\boldsymbol{a}_1, \boldsymbol{a}_2, \cdots, \boldsymbol{a}_n\}$。

假设 T 为奇数,则"大多数"有良好定义。

设 m 为最后所得的分类器出错的样本数。这 m 个样本中,每个样本均至少 $T/2$ 次被错误分类,因此其权重至少为 $(1+\varepsilon)^{T/2}$。即总权重至少为 $m(1+\varepsilon)^{T/2}$。另一方面,在 $t+1$ 时刻仅提高在上一时刻中被错误分类的样本的权重。由弱学习的性质,在 t 时刻被错误分类的样本的总权重最多只占总权量的 $f=\left(\frac{1}{2}-\gamma\right)$。随后,

$$
\begin{aligned}
\text{权重}(t+1) &\leqslant [(1+\varepsilon)f+(1-f)]\times\text{权重}(t)\\
&=(1+\varepsilon f)\times\text{权重}(t)\\
&\leqslant\left(1+\frac{\varepsilon}{2}-\gamma\varepsilon\right)\times\text{权重}(t)
\end{aligned}
$$

因此,由于权重 $(0)=n$

$$m(1+\varepsilon)^{T/2}\leqslant\text{最终的总权重}\leqslant n\left(1+\frac{\varepsilon}{2}-\gamma\varepsilon\right)^{\mathrm{T}}$$

取对数

$$\ln m+\frac{T}{2}\ln(1+\varepsilon)\leqslant\ln n+T\ln\left(1+\frac{\varepsilon}{2}-\gamma\varepsilon\right)$$

由一阶近似，当 δ 很小时 $\ln(1+\delta)\approx\delta$。设 ε 为小常量，如 $\varepsilon=0.01$。则有 $\ln m\leqslant\ln n-T\gamma\varepsilon$。设 $T=(1+\ln n)/\gamma\varepsilon$。则有 $\ln m\leqslant-1$ 以及 $m\leqslant\frac{1}{\mathrm{e}}$。因此，被错误分类的项的数量 m 小于 1，必定为 0。

6.5　预测中所需样本个数：VC 维

训练和预测

迄今为止，探讨的对象均为训练样本，研究重点在于如何构造适用于这些样本的分类器。然而，我们的最终目标是对未来样本的标号进行预测。在前述轿车/非轿车例子中，我们希望分类器可以将未来的特征向量区分为轿车或非轿车，且无需人为干预。显然，不可能期望分类器对任意样本均作出正确预测。为度量分类器的性能，在样本空间上加入概率分布，并对错误分类的概率进行度量。加入概率分布是希望分类器可以正确区分出现概率较大的样本，对几乎不出现的样本则给予相对少的关注。

第二个问题是，分类器至少需要获得多少个训练样本，并对这些样本全部作出正确判断(强学习器)后，该分类器作出错误预测的概率(用与选择训练样本同样的概率分布来度量)大于 ε 的值才会小于 δ？理想情况下，我们希望该值适用于所有未知概率分布。VC 维理论对此作出了回答。

采样动机

VC 维的概念是学习理论的基础和支柱，且适用于许多其他环境。第一个启发来自数据库案例。考查由公司雇员的工资和年纪所组成的数据库，且有一组形为“年纪在 35～45 岁的员工中有多少人工资处于 \$60 000 与 \$70 000 之间?”的查询。用平面上的一个点来代表一个雇员，坐标为年纪和工资。此查询等价于“有多少个点落在与某个坐标轴平行矩形中?”。在查询之前，可能考虑选择数据的一个固定样本，并基于矩形中样本点数量来估算查询矩形中的点数。首先，该估算是不可行的。使用一致界可得：存在不适用于该样本的矩形的概率，至多为该样本不适用于特定矩形的概率乘以可能的矩形个数。但是可能的矩形有无限多个。因此若简单使用一致界，不能给出该样本不适用的矩形存在概率的有限上界。

称两个与坐标轴平行的矩形是等价的，是指它们含有相同的数据点。若有 n 个数据点，其 2^n 个子集中仅有 $O(n^4)$ 个与一个矩形中的点集合对应。为证明此结论，考查任意矩形 R。若该矩形的一条边与该矩形内的 n 个点均不相交，则平行移动该边直到该边首次经过矩形内的 n 个点中的一个。显然，由于我们没有“跨过”任意顶点，R 中的点集与新矩形相同。使用类似步骤修订全部四条边，使得矩形的每条边上都至少有一个点。现在每条边至少有一个点的矩形的个数最多为 $O(n^4)$。指数 4 非常重要，这是与坐标轴平行矩形的 VC 维。

设 U 是平面上 n 个点的集合，每个点与一个雇员的工资和年纪相对应。$\varepsilon>0$为给定的误差值。从 U 中随机选择尺寸为 s 的样本 S。当收到查询矩形 R 的请求，用$\frac{n}{s}|R\cap S|$估算$|R\cap U|$。由于我们选择的样本尺寸为 s 而不是 n，这是比例为$\frac{n}{s}$的样本中的雇员数。下面希望断言对于任意 R，相对误差至多为 ε。换言之，

$$\text{对于所有 } R,\left|\,|R\cap U|-\frac{n}{s}\,|R\cap S|\,\right|\leqslant \varepsilon n$$

当然，该断言非绝对成立。存在样本不规则的小概率，例如未从具有很多点的矩形 R 中选择任意一点。只能说上述断言成立的概率很高，或说与该断言相反的情况存在的概率很低：

$$\text{Prob}\left(\text{对于某些 } R,\left|\,|R\cap U|-\frac{n}{s}\,|R\cap S|\,\right|>\varepsilon n\right)\leqslant \delta \tag{6.7}$$

式中 $\delta>0$ 为另一个误差参数。值得注意的是，“样本 S 适用于所有可能的查询”是非常重要的，这是因为我们无法预知未来可能的查询。

需要多少个样本才能确保式(6.7)成立？从 U 的 n 个点中随机均匀选取 s 个样本。对于确定的 R，R 中样本数量为随机变量，等于 s 个取值为 0-1 的独立随机变量的和，各个随机变量取值为 1 的概率是 $q=\frac{|R\cap U|}{n}$。因此 $|R\cap S|$ 满足二项分布 Binomial(s, q)。使用 Chernoff 界，对于 $0\leqslant\varepsilon\leqslant 1$ 有：

$$\text{Prob}\left(\left|\,|R\cap U|-\frac{n}{s}\,|R\cap S|\,\right|>\varepsilon n\right)\leqslant 2\mathrm{e}^{-\varepsilon^2 s/(3q)}\leqslant 2\mathrm{e}^{-\varepsilon^2 s/3}$$

使用一致界，并注意到仅有 $O(n^4)$种可能的 $R\cap U$ 集合，可得

$$\text{Prob}\left(\text{对于某些 } R,\left|\,|R\cap U|-\frac{n}{s}|R\cap S|\,\right|>\varepsilon n\right)\leqslant cn^4\mathrm{e}^{-\varepsilon^2 s/3}$$

对于某足够大的 c。设

$$s\geqslant\frac{3}{\varepsilon^2}\left(5\ln n+\ln\frac{1}{\delta}\right)$$

则在 n 足够大时式(6.7)成立。事实上，稍后甚至可以取消关于 n 的对数部分。使用 VC 维，只要 s 至少为基于误差 ε 和集合形状的 VC 维的某个值，式(6.7)就成立。

在另一类情况下，假定未知平面概率分布 p，并希望知道查询矩形 R 中的概率块 $p(R)$是怎样的？可能可以通过如下方法来对概率块进行估算：首先在 s 个独立实验中依据 p 提取尺寸为 s 的样本 S，并希望知道样本估算 $|S\cap R|/s$ 与概率块 $p(R)$的差距为多少。这里也同样希望该估算适用于各个矩形。该问题比需预测$|R\cap U|$的第一个问题更具一般性。第一个问题是 U 由平面上的 n 个点所组成的特殊情况，且 n 个点中每个点的概率分布 p 均为 $\frac{1}{n}$。此时有 $\frac{1}{n}|R\cap U|=p(R)$。

在此一般问题下，没有可以将矩形数量限制为 $O(n^4)$个的简单证明。对矩形四边进行平移也无效，因为这可能改变所包含的概率块。进一步，p 可能为连续分布使得 n 类推无限。因此无法借助与上面类似的一致界方法来解决此问题。借用 VC 维可为此类一般化问题提供所需的解。

非矩形的其他形状中的类似问题也很有趣。d 维中的半空间也是一类重要“形状”，它们与门限门相关。半空间、矩形等区域都存在被称为“VC 维”的参数，可以对样本估算和所允许形状的 VC 维意义下的概率块之间差异的概率进行限制。即出现

$$|\text{概率块}-\text{估值}|<\varepsilon$$

的概率为 $1-\delta$，其中 δ 基于 ε 和 VC 维。

总之，我们希望在未知未来查询的情况下生成数据库的一个样本，而我们仅知道可能的查询族比如矩形。总是希望样本适用于该类的所有可能查询。这是引入 VC 维并将其与学习相联系的动机。

6.6 Vapnik-Chervonenkis(VC)维

集合系统$(U,\mathbb{S})$由一个集合 U 及该集合的子集所组成的集合$\mathbb{S}$ 所组成。集合 U 可能是有限集也可能是无限集。集合系统的一个例子是平面上的点集 $U=R^2$，$\mathbb{S}$ 为所有与坐标轴平行的矩形所组成的集合(将每个矩形视为其所包含的点的集合)。如图 6.6 所示。

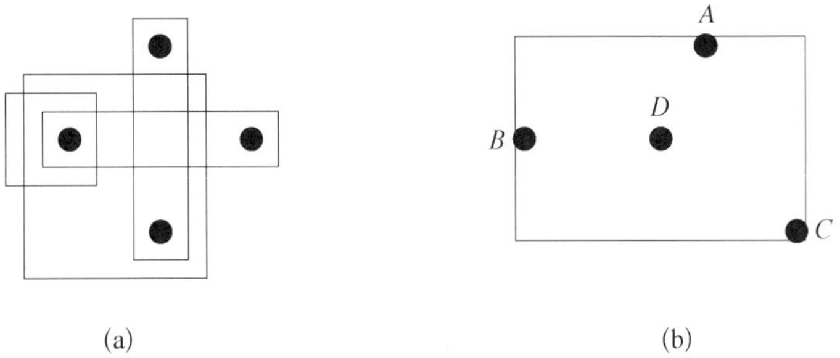

图 6.6 (a) 为一个四点集合及可将其粉碎的一些矩形；(b) 图展示并非任意四点集合都是可粉碎的。任意包含 A, B, C 点的矩形必然包含 D。任意五点集合都不能被与坐标轴平行的矩形所粉碎。任意三个同轴点均不能被粉碎，这是由于任意包含两个端点的矩形必然包含中间点。一般而言，由于矩形为凸形，若某顶点集合中有一个顶点处于其他顶点所组成的凸形之内，该集合不能被矩形所粉碎。

设$(U,\mathbb{S})$为一个集合系统。$A\subseteq U$ 为 U 的子集，若 A 的每个子集均可被表示为$\mathbb{S}$ 的一个元素与 A 的交集，则称 A 被$\mathbb{S}$ 所粉碎。集合系统$(U,\mathbb{S})$的 VC 维是$\mathbb{S}$ 所粉碎的 U 的子集的最大尺寸。

6.6.1 集合系统及其 VC 维实例

与坐标轴平行的矩形

存在一类四顶点集合，可以被与坐标轴平行的矩形所粉碎。一个例子是菱形的 4 个顶点。然而与坐标轴平行的矩形不能粉碎任意五顶点集合。可通过反证来验证此结论。假设存在可以被与轴平行的矩形族所粉碎的五点集合。找到包含此五点的最小矩形。对每条边,至少有一个点阻止其前进。为每条边找到这样一个点。若一个点位于最小封闭矩形的转角处,则该点可能阻止两条边。若有两个及以上点阻止一条边,则指定其中一个为阻止该边的点。至此为止,最多选定 4 个点。任意包含选定点的矩形必定包含未选定点。因此,指定点所组成的子集不能被表示为矩形与该五个点的交集。因此与轴平行矩形的 VC 维是 4。

实数间隔

实数线上的间隔可粉碎任意两点的集合,但不能粉碎三点集合。这是因为在三点集合中,第一点和最后一点的子集不能被区分出来。因此间隔的 VC 维是 2。

实数间隔对

考查间隔对所组成的族,一个间隔对是指至少处于两个间隔中的一个的顶点的集合,即集合的并。存在尺寸为 4 且可被粉碎的集合,但不存在尺寸为 5 的可粉碎集合。这是因为在后者中,第一、第三和最后一个点不能被区分出来。因此,间隔对的 VC 维是 4。

凸多边形

考查平面上所有凸多边形所组成的系统。n 为任意正整数,在单位圆上放置 n 个点。点的任意子集为一个凸多边形的顶点。显然此多边形不包含任意不属于此子集的点。这说明凸多边形可粉碎任意大的集合,因此 VC 维为无限大。

d 维半空间

半空间被定义为处于超平面的一边的全部点,例如形如 $\{\boldsymbol{x} \mid \boldsymbol{a} \cdot \boldsymbol{x} \geqslant a_0\}$ 的集合。d 维中的半空间的 VC 维为 $d+1$。

存在尺寸为 $d+1$ 且可被半空间粉碎的集合。选择 d 个单位坐标向量和原点为 $d+1$ 个点。设 A 是此 $d+1$ 个点的任意子集。不失一般性可设原点在集合 A 中。选择 0 - 1 向量 $\boldsymbol{a}$,令其恰在不属于集合 A 的向量的坐标处取 1。显然,A 处于半空间 $\boldsymbol{a} \cdot \boldsymbol{x} \leqslant 0$ 内,而 A 的补集处于补半空间内。

下面说明任意含有 $d+2$ 个点的集合均不能被半空间粉碎。为此,我们首先说明任意 $d+2$ 个点的集合可以被分为两个不相交子集,其所对应的凸包是相交的。设 convex(A)代表 A 的点集所构成的凸包。首先考虑二维中的 4 个点。若其中任意 3 个点处于直线上，则中间点位于其他 2 点所构成的凸包内。因此假设不存在 3 点共线。则选择三个点，必然构成三角形。将三角形的边扩张到无限大，则此三条线将平面划分为七个区域。其中一个为有限区域，其他六个区域无限。将第四个点放入该平面内。若被放入三角形内，则它与三角形的凸包相交。若第四个点被放到一个无限区域内且该区域有 2 边界定，则该点及该三角形反方向的两个点所组成的凸包包含了三角形的第三个点。若第四个点被放到一个无限区域内且该区域有 3 边界定，则该点与该三角形反方向的一个点的凸轮廓与三角形的另外两个点的凸轮廓相交。在更高维度中，一般情况下超平面形如超四面体。无限区域包含有限区域的一个顶点、一条边、一面等。称有限区域与无限区域的相遇部分为该超四面体的一个面。设该面上的顶点为一个子集，四面体的其他顶点和无限区域中的某点为另一个子集。则此两个子集中的凸包相交。此处给出代数证明，读者可以考虑给出该思路的几何证明。

定理 6.5(Radon) 任意集合 $S\subseteq \mathbf{R}^d$ 且 $|S|\geqslant d+2$，可以被分为两个不相交子集 A 和 B，并满足 $\text{convex}(A)\cap\text{convex}(B)\neq\phi$。

证明 此处对该定理进行代数而非几何的证明。不失一般性，设 $|S|=d+2$。构造一个 $d\times(d+2)$ 矩阵，每列代表 S 的一个点。称该矩阵为 $\boldsymbol{A}$。加入取值均为 1 的一行以得到$(d+1)\times(d+2)$ 矩阵 $\boldsymbol{B}$。显然，由于矩阵的秩最多为 $d+1$，各列线性相关。$\boldsymbol{x}=(x_1,x_2,\cdots,x_{d+2})$ 是非零向量且满足 $\boldsymbol{Bx}=0$。对列重排序以满足 $x_1,x_2,\cdots,x_s\geqslant 0$ 且 $x_{s+1},x_{s+2},\cdots,x_{d+2}<0$。对 $\boldsymbol{x}$ 规范化，使得 $\sum_{i=1}^{s}|x_i|=1$。设 $\boldsymbol{b}_i$(相应有 $\boldsymbol{a}_i$) 为 $\boldsymbol{B}$(相应有 $\boldsymbol{A}$) 的第 i 列。则有，$\sum_{i=1}^{s}|x_i|\boldsymbol{b}_i=\sum_{i=s+1}^{d+2}|x_i|\boldsymbol{b}_i$。由此可得 $\sum_{i=1}^{s}|x_i|\boldsymbol{a}_i=\sum_{i=s+1}^{d+2}|x_i|\boldsymbol{a}_i$ 以及 $\sum_{i=1}^{s}|x_i|=\sum_{i=s+1}^{d+2}|x_i|$。由于 $\sum_{i=1}^{s}|x_i|=1$ 且 $\sum_{i=s+1}^{d+2}|x_i|=1$，等式 $\sum_{i=1}^{s}|x_i|\boldsymbol{a}_i=\sum_{i=s+1}^{d+2}|x_i|\boldsymbol{a}_i$ 的两边都是对 $\boldsymbol{A}$ 的列的凸组合，定理得证。因此，S 可以被分为两个集合，第一个集合包含重排序后的前 s 个点，第二个集合包含重排序后的第 $s+1$ 到第 $d+2$ 个点。它们的凸包是相交的。

由 Radon 定理可直接推出 d 维中的半空间不能粉碎任意 $d+2$ 个点的集合。将此 $d+2$ 个点的集合划分为集合 A 与集合 B，且 $\text{convex}(A)\cap\text{convex}(B)\neq\phi$。若某半空间将 A 与 B 分开，则该半空间包含 A 且其补空间包含 B。这意味着此半空间包含 A 的凸包，且其补空间包含了 B 的凸包。因此

$\mathrm{convex}(A)\cap\mathrm{convex}(B)=\varnothing$，出现矛盾。因此任意 $d+2$ 个点的集合都不能被 d 维的半空间所粉碎。

d 维球

d 维中的球由形为 $\{\boldsymbol{x} \mid |\boldsymbol{x}-\boldsymbol{x}_0| \leqslant r\}$ 的顶点集合组成。其 VC 维是 $d+1$，与半空间相同。首先可证明任意 $d+2$ 个点的集合都不能被球所粉碎。设存在有 $d+2$ 个顶点的集合 S 可以被粉碎。则对 S 的任意划分 A_1 及 A_2，都有球 B_1 和 B_2 满足 $B_1\cap S=A_1$ 且 $B_2\cap S=A_2$。B_1 与 B_2 可能相交，但 S 的点均不在交集上。容易看出，存在一条超平面垂直于两个球心的连接线，使得 A_1 均在该线的一边而 A_2 均在该线的另一边，这意味着该半空间可粉碎 S，形成矛盾。因此任意 $d+2$ 个顶点都不能被超平面所粉碎。

此外，同样不难看出单位坐标点和原点所组成的 $d+1$ 个点的集合可以被球粉碎。假设 A 为含 $d+1$ 个点的集合。设 a 为 A 中的单位向量个数。球心 $\boldsymbol{a}_0$ 是 A 中所有向量之和。对 A 中的任意单位向量而言，其距离球心为 $\sqrt{|a|-1}$；对 A 之外的任意单位向量而言，其距离球心为 $\sqrt{|a|+1}$。原点距离球心为 $\sqrt{|a|}$。因此，可选择半径以满足 A 的顶点在超球面内。

有限集

实数所组成的有限集系统可粉碎任意实数有限集，因此有限集的 VC 维是无限大。

6.6.2　粉碎函数

考查有限 VC 维为 d 的系统 $(U,\mathbb{S})$。对于 $n\leqslant d$，存在子集 $A\subseteq U$，$|A|=n$，使得 A 可以被粉碎为 2^n 个碎片。接下来的问题是当 $|A|=n$，$n>d$，可将 A 表达为 $S\cap A$，$S\in\mathbb{S}$ 的最大子集个数是多少？可以看出该最大值至多为关于 n 的度数为 d 的多项式。

集合系统 $(U,\mathbb{S})$ 的粉碎函数 $\pi_{\mathbb{S}}(n)$ 是由 $\mathbb{S}$ 中的子集与 U 的 n 元子集 A 相交所定义的子集最大个数。因此

$$\pi_{\mathbb{S}}(n)=\max_{\substack{A\subseteq U\\|A|=n}}|\{A\cap S \mid S\in\mathbb{S}\}|$$

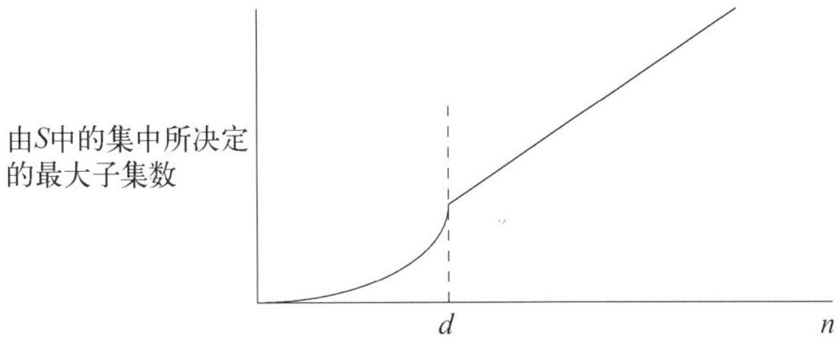

图 6.7 一个 VC 维为 d 的集合系统的粉碎函数

当 n 值很小时，$\pi_{\mathbb{S}}(n)$ 随 2^n 上升。若 n 等于$\mathbb{S}$ 的 VC 维时，则增长得更慢。可以将 VC 维的定义重写为 $\dim(\mathbb{S})=\max\{n \mid \pi_{\mathbb{S}}(n)=2^n\}$。奇怪的是，$\pi_{\mathbb{S}}(n)$的增长与 n 要么多项式相关要么指数相关。若是指数增长，则 S 的 VC 维无限大。

集合系统及其粉碎函数实例

例：平面上的半空间与环的 VC 维是 3。因此，它们的粉碎函数在 $n=1$，2，3 时为 2^n；对于 $n>3$，其粉碎函数随 n 多项式增长。与轴平行矩形的 VC 维是 4，因此其粉碎函数在 $n=1,2,3,4$ 时为 2^n；对于 $n>4$，其粉碎函数随 n 多项式增长。

前文已知，平面上与轴平行的矩形中，n 元素集合中至多有 $O(n^4)$个子集与矩形相交。讨论中使用了可移动矩形边直到每条边都被一个顶点所“锁定”的技巧。此外，也已见到与轴平行四边形的 VC 维是 4。后面将发现 n 指数中及 VC 维中均出现 4 并不是巧合。此外，与矩形相关的参数中还有一个 4，即需要 4 个参数来确定一个与轴平行的矩形。虽然集合组合的 VC 维常常与自由参数紧密相关，但最后一个 4 是巧合。

6.6.3 有界 VC 维集合系统的粉碎函数

对任意 VC 维为 d 的集合系统$(U,\mathbb{S})$，值

$$\sum_{i=0}^{d}\binom{n}{i}=\binom{n}{0}+\binom{n}{1}+\cdots+\binom{n}{d}\leqslant 2n^d$$

界定了粉碎函数 $\pi_{\mathbb{S}}(n)$。如图 6.7 所示。换言之，$\sum_{i=0}^{d}\binom{n}{i}$的值给出了 U 的任意 n 点、且可被表示为与$\mathbb{S}$ 的某集合的交集的子集个数。因此粉碎函数 $\pi_{\mathbb{S}}(n)$ 要么为 2^n(d 为无限)，要么界于一个度数为 d 的多项式内。

引理 6.6　对任意 VC 维最多为 d 的集合系统$(U,\mathbb{S})$，对于所有 n，$\pi_{\mathbb{S}}(n)\leqslant\sum_{i=0}^{d}\binom{n}{i}$。

证明　证明是通过对 d 和 n 进行归纳。在基本情形中需处理所有$(d,\ n)$对，要么 $n\leqslant d$，要么 $d=0$。对于一般的$(d,\ n)$情形，将利用对$(d-1,\ n-1)$和$(d,\ n-1)$的归纳假设。

对于 $n\leqslant d$，$\sum_{i=0}^{d}\binom{n}{i}=\sum_{i=0}^{n}\binom{n}{i}=2^n$ 且 $\pi_{\mathbb{S}}(n)=2^n$。对于 $d=0$，集合系统$(U,\mathbb{S})$的$\mathbb{S}$ 中最多只有一个集合，这是因为若$\mathbb{S}$ 中有两个集合，则存在由一个元素所组成的集合 A，A 包含于两个集合中的一个，而不包含在另一个可被粉碎的集合中。若$\mathbb{S}$ 仅包含一个集合，则对于所有 n，有 $\pi_{\mathbb{S}}(n)=1$，且对于 $d=0$，有 $\sum_{i=0}^{d}\binom{n}{i}=1$。

考虑一般情况下的 d 和 n。设 A 是 U 的子集且尺寸为 n，满足 A 的 $\pi_{\mathbb{S}}(n)$ 个子集可以被表达为 $A\cap S$，其中 S 在$\mathbb{S}$ 中。不失一般性可设 $U=A$，并通过删除重复集合将每个 $S\in\mathbb{S}$集合替换为$S\cap A$。例如，若 $S_1\cap A=S_2\cap A$，其中 S_1 和 S_2 属于$\mathbb{S}$，则只保留其中一个。现在$\mathbb{S}$ 中的每个集合均对应于 A 的一个子集，且有 $\pi_{\mathbb{S}}(n)=|\mathbb{S}|$。因此，为证明 $\pi_{\mathbb{S}}(n)\leqslant\sum_{i=0}^{d}\binom{n}{i}$，只需证明 $|\mathbb{S}|\leqslant\sum_{i=0}^{d}\binom{n}{i}$。

从集合 A 和$\mathbb{S}$ 的各个集合中移除某元素 u。考虑集合系统 $\mathbb{S}_1=(A-\{u\},\{S-\{u\}\mid S\in\mathbb{S}\})$。对于 $S\subseteq A-\{u\}$，若 S 与 $S\cup\{u\}$ 中恰好只有一个在$\mathbb{S}$中，集合 S 为$\mathbb{S}$ 和$\mathbb{S}_1$各贡献一个集合。然而，若 S 与 $S\cup\{u\}$ 均在$\mathbb{S}$中，则两者为$\mathbb{S}$贡献了两个集合，而为$\mathbb{S}_1$仅贡献一个集合。因此$|\mathbb{S}_1|$比$|\mathbb{S}|$小，数量为同时出现在$\mathbb{S}$ 中且仅有一个元素 u 不同的集合对的个数。为计算此差异，定义一个新的集合系统

$$\mathbb{S}_2=(A-\{u\},\{S\mid S\text{ 与 }S\cup\{u\}\text{ 都在}\mathbb{S}\text{ 内}\})$$

那么

$$|\mathbb{S}|=|\mathbb{S}_1|+|\mathbb{S}_2|=\pi_{\mathbb{S}_1}(n-1)+\pi_{\mathbb{S}_2}(n-1)$$

或者

$$\pi_{\mathbb{S}}(n)=\pi_{\mathbb{S}_1}(n-1)+\pi_{\mathbb{S}_2}(n-1)$$

使用了两个事实

(1) $\mathbb{S}_1$的维最多为 d。

(2) $\mathbb{S}_2$的维最多为 $d-1$。

(1)源于若$\mathbb{S}_1$粉碎了基数为 $d+1$ 的集合,则$\mathbb{S}$也粉碎该集合,这将导致矛盾。(2)源于若$\mathbb{S}_2$粉碎集合 $B\subseteq A-\{u\}$ 且 $|B|\geqslant d$,那么 $B\cup\{u\}$ 可以被 S 粉碎,这里 $|B\cup\{u\}|\geqslant d+1$,也出现矛盾。

通过对$\mathbb{S}_1$的归纳假设,可得 $|\mathbb{S}_1|=\pi_{\mathbb{S}_1}(n-1)\leqslant\sum_{i=0}^{d}\binom{n-1}{i}$。通过对$\mathbb{S}_2$的归纳假设,可得 $|\mathbb{S}_2|=\pi_{\mathbb{S}_2}(n-1)\leqslant\sum_{i=0}^{d-1}\binom{n-1}{i}$。

由于 $\binom{n-1}{d-1}+\binom{n-1}{d}=\binom{n}{d}$ 且 $\binom{n-1}{0}=\binom{n}{0}$

$$\begin{aligned}\pi_{\mathbb{S}}(n)&\leqslant\pi_{\mathbb{S}_1}(n-1)+\pi_{\mathbb{S}_2}(n-1)\\&\leqslant\binom{n-1}{0}+\binom{n-1}{1}+\cdots+\binom{n-1}{d}+\binom{n-1}{0}+\binom{n-1}{1}+\cdots+\binom{n-1}{d-1}\\&\leqslant\binom{n-1}{0}+\left[\binom{n-1}{1}+\binom{n-1}{0}\right]+\cdots+\left[\binom{n-1}{d}+\binom{n-1}{d-1}\right]\\&\leqslant\binom{n}{0}+\binom{n}{1}+\cdots+\binom{n}{d}\end{aligned}$$

6.6.4 交集系统

设 $(U,\mathbb{S}_1)$ 与 $(U,\mathbb{S}_2)$ 为具有相同集合 U 的集合系统。定义新集合系统 $(U,\mathbb{S}_1\cap\mathbb{S}_2)$,称为交集系统,其中 $\mathbb{S}_1\cap\mathbb{S}_2=\{A\cap B\mid A\in\mathbb{S}_1;B\in\mathbb{S}_2\}$。换言之,将$\mathbb{S}_1$的各个集合与$\mathbb{S}_2$的各个集合求交集。一个简单的例子是,若 $U=R^d$,$\mathbb{S}_1$和$\mathbb{S}_2$ 均为全部半空间的集合。则$\mathbb{S}_1\cap\mathbb{S}_2$就是两个半空间的交集所得到的所有集合。这相当于对两个门限门的输出取布尔 AND 操作,是除单门以外最基础的神经网络。可重复此过程至取 k 个半空间的交集。下面的简单引理将有助于对此过程中粉碎函数的增长给出界定。

引理 6.7　设$(U,\mathbb{S}_1)$与$(U,\mathbb{S}_2)$为关于同一集合U的两个集合系统，则有

$$\pi_{\mathbb{S}_1\cap\mathbb{S}_2}(n)\leqslant\pi_{\mathbb{S}_1}(n)\pi_{\mathbb{S}_2}(n)$$

证明　首先注意到，对于$B\subseteq A$，若$A\cap S_1$与$A\cap S_2$为相同集合，则$B\cap S_1$与$B\cap S_2$也必定为相同集合。因此对于$B\subseteq A$，有$|\{B\cap S\mid S\in S\}|\leqslant|\{A\cap S\mid S\in S\}|$。随后由于对于任意$A\subseteq U$而言，形如$A\cap(S_1\cap S_2)$且$S_1\in\mathbb{S}_1$，$S_2\in\mathbb{S}_2$的集合个数最多为形如$A\cap S_1$的集合个数乘以形如$A\cap S_2$的集合个数。这是因为对固定的$S_1$，有$|(A\cap S_1)\cap S_2|\leqslant|A\cap S_2|$。引理得证。

6.7　VC定理

VC理论是用于预估所需标号训练样本个数的基本工具：通过对这些样本的学习，可构造能对将来的未标号样本做出良好判断的预测器。首先，该理论在确定一些定义中很有用。设U为所有可能样本的集合。由于样本一般被表示为向量，U是相关空间中的所有向量的集合。设$(U,\mathbb{H})$为集合系统。设存在子集$H\in\mathbb{H}$并依据该子集来对样本进行标号：即各个$\boldsymbol{x}\in H$标号为$+1$，各个$\boldsymbol{x}\notin H$标号为-1。现在的任务是通过学习，从给定的标号训练集合中得到H的一个表达，从而预测未来样本的标号。在学习理论中H被称为概念，在统计学中H被称为假说。此处将其称为假说，为方便后面的学习。可回顾一个已讨论过的自然例子：$U=\boldsymbol{R}^d$且$\mathbb{H}$由所有半空间组成。U和$\mathbb{H}$都可能是无限的。

给定U中的点集S，依据未知假说$H\in\mathbb{H}$来标号每个顶点。现在的任务是学习H。容易看出，在半空间中不可能通过有限个训练实例准确学习H。因此将任务修改为“学习与H近似相同的假说H'”。这引发了一个新问题：“近似的含义是什么”？如何度量H与H'之间的差异？对于半空间而言，存在角度这个自然而然的概念。对于一般的$(U,\mathbb{H})$而言，可能不存在类似的概念。即使在半空间中，若空间的一些区域比其他区域更重要，角度和距离（在空间中处处相同）可能也不能对“近似”作出正确度量。

Valiant已建立了学习的理论模型，并对此问题作出了良好的回答。在Valiant模型中存在关于U的概率分布p，但学习算法可能不知道此概率分布。依据p，独立同分布地选取训练样本。依据未知假说$H\in\mathbb{H}$将各个训练实例标

号为± 1。学习的目的是得到一个假说$H' \in \mathbb{H}$，在未来，对依据U上的同样的概率分布中，独立同分布地选择出来的测试样本的标号可以使用该假说进行预测。此处的关键点在于选择训练样本时所使用的概率分布与选择测试样本时所使用的概率分布相同。

定义预测误差为一个测试样本的标号被错误预测的概率。预测误差等于$p(H \Delta H')$，这是因为$H \Delta H'$①恰好为真正的假说H与预测器H'作出不同判断的样本集合。由于在学习算法之前，数据仅为训练样本所组成的集合，算法可能输出与所有训练样本相适应的任意假说。因此问题的核心在于：需要多少个训练样本，才能使与所有训练样本相一致的假说在预测中出现误差的概率最多为ε？训练样本需排除所有使得$p(H \Delta H') > \varepsilon$的$H'$。对于此类$H'$中的任意一个，至少有一个训练样本落在$H \Delta H'$内。此时，该训练样本的$H$标号与$H'$标号相反，从而可排除$H'$。下述的VC理论在集合系统$(U, \mathbb{H})$的VC维的意义下，给出了所需训练样本个数的界。首先介绍一个证明中所需的技术引理。

引理 6.8 *若$y \geqslant x \ln x$，则*

$$\frac{2y}{\ln y} \geqslant x$$

前提是$x > 4$。

证明 首先考虑$y = x \ln x$的情形。则有$\ln y = \ln x + \ln \ln x \leqslant 2\ln x$。因此$\frac{2y}{\ln y} \geqslant \frac{2x \ln x}{2\ln x} \geqslant x$。由微分易知，在$y \geqslant x \ln x$且$x > 4$范围内，$\frac{2y}{\ln y}$为关于$y$的单调递增函数，引理得证。

定理 6.9 （Vapnik-Chervonenkis 定理） *设$(U, \mathbb{H})$是VC维$d \geqslant 2$的集合系统，且p为关于U的概率分布。设集合S为依据分布p从U中独立采集的m个样本。对于$\varepsilon \leqslant 1$和$m \geqslant \frac{1\,000 d}{\varepsilon} \ln\left(\frac{d}{\varepsilon}\right)$，则$\mathbb{H}$中存在集合$H$与$H'$且$p(H \Delta H') \geqslant \varepsilon$满足$S \cap (H \Delta H') = \varnothing$的概率最多为$e^{-\varepsilon m/8}$。*

证明 该理论断言实例集合S以概率$p(H \Delta H') \geqslant \varepsilon$与所有$H \Delta H'$相交。对$\mathbb{H}$中特定的$H$和$H'$，容易证明$S$与$H \Delta H'$不相交的概率很低。但$\mathbb{H}$可能含有无穷多个集合。因此使用一致界不足以证明该定理。

首先给出证明技术的直观解释。将S重命名为S_1。$\mathbb{H}$中的特定H_0和H_1，

① 对两个集合H与H'，标记它们的对称差为$H \Delta H'$，即仅属于H或H'中一个集合的元素所组成的集合。

$p(H_0 \Delta H_1) \geqslant \varepsilon$, S_1 与对称差 $H\Delta H'$ 不相交。依据分布 p，与 S_1 相独立地选择 m 个样本组成第二个集合 S_2。则 S_2 以很高的概率至少包含 $\varepsilon m/2$ 个来自集合 $H_0 \Delta H_1$ 的实例，这是因为 $p(H_0 \Delta H_1) \geqslant \varepsilon$。因此，若 $\mathbb{H}$ 中存在 H_0 和 H_1 且 $p(H\Delta H') \geqslant \varepsilon$，与 S_1 不相交，则 $\mathbb{H}$ 中存在 H_0 和 H_1 且 $p(H\Delta H') \geqslant \varepsilon$ 与 S_1 不相交，但 S_2 包含其中的 $\varepsilon m/2$ 个元素。

证明中的关键思路为"双采样"，该方法不是先选择 S_1 再选择 S_2，而是从 U 中依据 p 选择样本，得到一个尺寸为 $2m$ 的集合。称该集合为 W。W 的作用与 $S_1 \cup S_2$ 相同。随后从 W 中随机均匀选择一个基数为 m 的子集，共有 $\binom{2m}{m}$ 种选择法。称所选出的子集合为 S_1，并设 $S_2 = W/S_1$。我们宣称这两个方式所得的 S_1 分布相同，因此在证明中可使用任一方式。事实上证明中的两处的确使用了这两个方式，双采样由此得名。并没有真正地进行两次采样，而只是一种方便证明的思路。

现在考虑选择 W 再从 W 中选择 S_1 和 S_2，即上述第二种方式。方便起见，H 和 H' 所包含的是 $\mathbb{H}$ 中的一般元素，并令 T 代表 $H\Delta H'$。若 $|W \cap T| \geqslant \varepsilon m/2$，则 W 的一个随机 m 子集很可能不会与 T 完全不相交，因此 T 与 S_1 完全不相交但与 S_2 至少相交 $\varepsilon m/2$ 个元素的概率也很低。事实上，使用 Chernoff 界，该概率随着 m 指数下降。证明是否完成了呢？答案是否定的。这是因为这仅适用于一对 H 与 H'。我们仍需解决可能为无限多个集合的一致界问题。但有方法可回避该困难。一旦 W 被选定，则只需考虑 $\mathbb{H}$ 中全部 H 和 H' 的 $(H\Delta H') \cap W$。虽然 H 与 H' 的个数可能为无限多个，但 $H \cap W$ 且 $H \in \mathbb{H}$ 的可能数量最多为 $2m$ 的粉碎函数，其以 $2m$ 随多项式上升，多项式度数等于VC维 d。$(H\Delta H') \cap W$ 的可能个数最多为 $H \cap W$ 的可能个数的平方，这是因为 $(H\Delta H') \cap W = (H \cap W)\Delta(H' \cap W)$。因此，我们只需确认对于各个 H 和 H' 的失败概率，乘以在 $2m$ 内度数为 $2d$ 的多项式，所得结果为 $o(1)$。通过简单计算，$m \in \Omega((d/\varepsilon)\log(d/\varepsilon))$ 满足要求。

更形式化的，定义两个事件 E_1 和 E_2。设事件 E_1 为存在 H 及 H'，且 $T = H\Delta H'$，有 $p(T) \geqslant \varepsilon$ 且所有 S_1 中的点都不在 T 中。

$$E_1 \quad \exists H \text{ 与 } H' \text{ 在 } \mathbb{H} \text{ 中，且 } p(T) \geqslant \varepsilon, \ |T \cap S_1| = \varnothing$$

设事件 E_2 为存在 H 及 H'，有 $p(T) \geqslant \varepsilon$, S_1 中所有点都不在 T 中，且 S_2 与 T 相交于至少 $\varepsilon m/2$ 个点。即

E_2 $\exists H$ 与 H' 在$\mathbb{H}$ 中，且 $p(T) \geqslant \varepsilon$，$|T \cap S_1| = \varnothing$，$|T \cap S_2| \geqslant \frac{\varepsilon}{2}m$

我们希望证明 Prob(E_1) 很低。首先证明 Prob(E_2 | E_1) $\geqslant 1/2$。随后将证明 Prob(E_2) 很低。由于

$$\text{Prob}(E_2) \geqslant \text{Prob}(E_2 \mid E_1)\text{Prob}(E_1)$$

这意味着 Prob(E_1)很低。

现在证明 Prob(E_2 | E_1) $\geqslant 1/2$。给定 E_1，存在集合 H 与 H' 满足 $T \cap S_1 = \varnothing$。对于此对 H 及 H'，$S_2 \cap T \leqslant \varepsilon m/2$ 的概率最多为 1/2，得到 Prob(E_2 | E_1) $\geqslant$ 1/2。

双采样技术给出了 Prob(E_2)的界限。不再先选定 S_1 再选定 S_2，而是选定具有 $2m$ 个样本的集合 W。随后在 W 中选择尺寸为 m 的子集 S_1(被选元素不再放回)，设 $S_2 = W \backslash S_1$。此方式所得 S_1 与 S_2 的分布与直接选择 S_1 与 S_2 的分布相同。

注意到若 E_2 发生，则对于$\mathbb{H}$ 中的一些 H 与 H'，且 $p(T) \geqslant \varepsilon$，我们有 $|T \cap S_1| = 0$ 且 $|T \cap S_2| \geqslant \frac{\varepsilon}{2}m$。由于 $|T \cap S_2| \geqslant \frac{\varepsilon}{2}m$ 且 $S_2 \subseteq W$，可得 $|T \cap W| \geqslant \frac{\varepsilon}{2}m$。但若 $|T \cap W| \geqslant \frac{\varepsilon}{2}m$ 且 S_1 为 W 中的基数为 m 的随机子集，则 $|T \cap S_1| = 0$ 的概率最多为从 $2m - \frac{\varepsilon}{2}m$ 个$\left(\right.$除掉已知属于 T 的$\frac{\varepsilon}{2}m$ 个元素$\left.\right)$元素中选出 m 个元素的概率。此概率最多为

$$\frac{\binom{2m-(\varepsilon/2)m}{m}}{\binom{2m}{m}} \leqslant \frac{m(m-1)\cdots\left(m-\frac{\varepsilon}{2}m+1\right)}{(2m)(2m-1)\cdots\left(2m-\frac{\varepsilon}{2}m+1\right)} \leqslant 2^{-\frac{\varepsilon m}{2}}$$

这是一对 H 与 H'失败的概率。可能的 $W \cap H$ 个数最多为 $\pi_S(2m)$，由引理 6.6 可得对于 $m \geqslant 4$，该值至多为 $2(2m)^d \leqslant m^{2d}$。因此($H \Delta H'$) $\cap W$ 的可能数量最多为 m^{4d}。因此，由一致界，概率最多为 $m^{4d}2^{\varepsilon m/2} \leqslant m^{4d}\mathrm{e}^{-\varepsilon m/4}$。因此需证明 $m^{4d}\mathrm{e}^{-\varepsilon m/4} \leqslant \mathrm{e}^{-\varepsilon m/8}$ 或经一些操作后的$\frac{m}{\ln m} \geqslant \frac{32d}{\varepsilon}$。应用引理 6.8 并设 $y = m$ 且 $x = 64d/\varepsilon$，该定理得证。

文献注记

Leslie Valiant 在文章"A Theory of the learnable"[42]中给出了学习的基础理论。该论文约定，用与训练样本相同的概率分布中所抽取的测试样本，来对学习算法进行度量。Blumer，Ehrenfrucht，Hausler 和 Warmuth[43]建立了 Valiant 的学习模型与更经典的 Vapnik-Chervonekis 维[44]之间的联系。Schapire[45]首次引入推进。在文献[46]这本书中给出了机器学习的一般性介绍，文献[47]则给出了更理论化的介绍。关于支持向量机和使用核学习则参考了文献[48]。推进的基本思想为：结合权重对多个判断进行度量，再使用多数派原则，并基于过往实验对权重进行更新，这已在经济等很多领域得以应用。文献[49]对此方法的应用进行了调研。

练习

6.1 **(布尔 OR 具有线性分类器)**　以$\{0, 1\}^d$内的所有2^d个元素作为样本。若至少有一个坐标为 1，则将该样本标号为+1；若所有坐标均为 0，将该样本标号为−1。这与执行布尔 OR 运算类似，不同之处仅在于坐标为实数的 0 和 1 而不是"Ture"和"False"。证明存在标号样本的线性分类器。证明此问题边缘可达$\Omega(1/d)$。

6.2 对于 AND 函数重复练习 6.1。

6.3 对于大多数(majority)函数和小部分(minority)函数重复练习 6.1。[可以假设该问题中的d为奇数。]

6.4 证明奇偶函数，即当且仅当输入为奇数个数时布尔函数的输出为 1，不能被表示为门限函数。

6.5 设感知器学习算法中初始的w与边缘为δ的解$\mathbf{w}^*$之间的角度为45°。尝试对定理 6.1 的证明进行小改动，证明交互的次数的上界比$\frac{1}{\delta^2}-1$更小。

6.6 定理 6.1 的证明显示，对任意$\mathbf{w}^*$且$l_i(\mathbf{w}^*\cdot\mathbf{a}_i)\geq\delta$，其中$i=1, 2, \cdots, n$，$\mathbf{w}$与$\mathbf{w}^*$的余弦在$t$次交互后至少为$\sqrt{t+1}\delta$(因此，夹角最多为$\cos^{-1}(\sqrt{t+1}\delta)$)。若存在多个$\mathbf{w}^*$对于$i=1, 2, \cdots, n$均满足$l_i(\mathbf{w}^*\cdot\mathbf{a}_i)\geq\delta$，

相应的结论将是怎样的？随后，如何使一个 $\boldsymbol{w}$ 与其他 $\boldsymbol{w}^*$ 之间的夹角都很小？

6.7 设样本为 d 维空间上的坐标为 0，1 的点，当且仅当满足 $x_i=1$ 的最小一个 i 为奇数时，$\boldsymbol{x}\in\{0,1\}^d$ 的标号为 $+1$。否则该样本标号为 -1。证明该规则可用线性门限函数来表示

$$(x_1, x_2, \cdots, x_n)\left(1, -\frac{1}{2}, \frac{1}{4}, -\frac{1}{8}, \cdots\right)^{\mathrm{T}}$$
$$=x_1-\frac{1}{2}x_2+\frac{1}{4}x_3-\frac{1}{8}x_4+\cdots\geqslant 0$$

6.8 证明对于练习 6.7，我们无法找到边缘至少为 $1/f(d)$ 的线性分类器，此处 $f(d)$ 的上界为关于 d 的多项式。

6.9 回顾关于边缘的定义，其中要求线性分类器能够以至少为 δ 的边缘来正确区分所有样本。若将此条件放宽：要求线性分类器正确区分所有样本，且在除 ε 部分样本外的其他所有样本上的边缘为 δ。考查下述修订后的感知器学习算法：

以 $\boldsymbol{w}=(1, 0, 0,\cdots,0)$ 开始重复算法，直到对除 2ε 部分样本以外的其他全部样本都有 $(\boldsymbol{w}\cdot\boldsymbol{a}_i)l_i>0$ 将全部 $\boldsymbol{a}_i l_i$ 的平均增加到 $\boldsymbol{w}$ 上，且$(\boldsymbol{w}\cdot\boldsymbol{a}_i)l_i\leqslant 0$。证明这是该算法的“容噪”版。换言之，证明在放宽后的边缘假设下，找到了一个可正确区分除 2ε 部分样本以外的其他所有样本的线性分类器。给出该算法所需步数的界。若对原始算法使用放宽后的假设，指出将会出现的问题。

提示：回顾定理 6.1 的证明（感知器学习算法的收敛性）并使用其中的技巧。只需修订各步骤中有关分子增长的部分。

6.10 设样本为区间$[0, 1]$内的实数，并设有实数为 $0<a_1<a_2<a_3<\cdots<a_k,1$。当且仅当某样本来自 $0<a_1<a_2<a_3<\cdots<a_k,1$，该样本被标号为 $+1$。证明存在将该区间嵌入到 $O(k)$ 维空间的方法，在此空间内有线性分类器。

6.11 (1) 证明(6.3)可被重写为对下式的无约束最小化

$$|\boldsymbol{v}|^2+c\sum_i(1-l_i(\boldsymbol{v}\cdot\boldsymbol{a}_i))^+$$

(2) 证明 x^+ 为凸函数。

函数 x^+ 在 0 处无导数。函数$(x^+)^2$更加平滑（其在 0 处存在一阶求导），

对下式最小化是更好的选择

$$|\boldsymbol{v}|^2 + c\sum_i((1 - l_i(\boldsymbol{v}\cdot\boldsymbol{a}_i))^+)^2$$

6.12 设图 6.4 的中心为(0, 0)且各个小方块的边长度为 1。证明当且仅当下式成立时,点标号为+1。

$$(x_1+1)x_1(x_1-1)(x_2+1)x_2(x_2-1)\geqslant 0$$

仅考查在小方块内部的样本。

6.13 考查二维中的一组样本,在环 $x_1^2+x_2^2=1$ 内的任意样本都标号为+1;在该环以外的任意样本都标号为−1。构造 φ 函数使得空间 $\varphi(x)$ 内的样本为线性可分离的。

6.14 将处于平面上半径为 1 的圆圈内的点标号为+1,将处于内半径为 2 和外半径为 3 的同心圆环内的点标号为−1。找到函数 φ,将点映射到更高维空间中,在此高维空间中这两个集合是线性可分离的。

6.15 设 p 为具有 d 个变量且度数为 D 的多项式。证明在多项式 p 中单项式的个数最多为

$$\sum_{i=0}^{D}\binom{d+i-1}{d-1}$$

并证明 $\sum_{i=0}^{D}\binom{d+i-1}{d-1}\leqslant D(d+D)^{\min(d-1,\,D)}$。

6.16 生成一个多项式 $p(x,\ y)$,其中 x 和 y 为实数,实数集合 $a_1, a_2, \cdots$ 使得矩阵 $K_{ij}=p(a_i, a_j)$ 为非半正定的。

6.17 对于推进部分所提及的足够多的弱学习器的多数为强学习器,利用不等式(而非一阶近似)给出严格证明。证明 $T=\frac{3+\ln n}{\gamma\varepsilon}+\frac{1}{\varepsilon^2}$ 适用于 $\varepsilon<\gamma/8$。

6.18 假设有 n 个专家在 t 个时间段中预测某特定股票是在涨或跌。每时间段内仅两个输出:涨或者跌。若事先不知道他们的预测及其他任何信息,你能否与其中最好的专家做出几乎相同的选择?证明推进技术将帮助你实现以因子 2 接近最好专家的预测结果。

6.19 通过对弱学习器的推进来构造强学习器时,需要正确的分类信息。在构造强学习器后,该如何利用强学习器来解决无法正确分类时的数据分类问题?

6.20 在第 6.5 节中，若将条件

$$\mathrm{Prob}\left(\left|\,|R\cap U|-\frac{n}{s}\,|R\cap S|\,\right|\leqslant \varepsilon n\ \text{对于所有}\ R\right)\geqslant 1-\delta$$

替换为：

$$\mathrm{Prob}\left(\left|\,|R\cap U|-\frac{n}{s}\,|R\cap S|\,\right|\leqslant \varepsilon n\right)\geqslant 1-\delta,\quad \text{对于所有}\ R$$

将会发生什么情况？

6.21 给定平面上的 n 个点及包含至少 3 个点的环 C_1（换言之，至少有 3 个点在环内或者环上）。证明存在环 C_2，该环圆周上有两个点，且包含了与 C_1 相同的点集合。

6.22 判断下面的结论是正确还是错误的。假设平面上有 n 个点，C_1 为包含至少 3 个点的环。存在环 C_2，有 3 个点在环 C_2 上，或 2 个点在环 C_2 直径上且 C_2 内的点集与 C_1 内的点集相同。若结论正确给出证明，否则给出反例。

6.23 给定平面上的 n 个点，若两个环所包含的点集相同则定义此两环为等价。证明仅有 $O(n^3)$ 个由环所定义的点的等价类，因此 2^n 个子集中仅 $O(n^3)$ 个子集可以被环包围。

6.24 证明圆环的 VC 维是 3。

6.25 考虑一个三维空间。

(1) 具有与坐标轴平行边的矩形盒子的 VC 维是多少？

(2) 球的 VC 维是多少？

6.26 （正方形）证明存在一个三点集合，可以被与轴平行的正方形所粉碎。证明与轴平行的正方形不能粉碎任意 4 点集合。

6.27 证明与坐标轴对齐且直角在左下角的直角三角形的 VC 维是 4。

6.28 证明直角位于左下角且角度分别为 45°，45°，90° 的直角三角形的 VC 维是 4。

6.29 证明任意直角三角形的 VC 维是 7。

6.30 三角形的 VC 维是多少？直角三角形呢？

6.31 证明凸多边形的 VC 维是无限大。

6.32 找出能计算出 VC 维的简单形状，并将它们的 VC 维列入表中。

6.33 若一类仅包含凸集合，证明其不能粉碎“集合内的一部分点处于集合内其他点所组成的凸轮廓内”的任意集合。

6.34 证明6点集合不能被任意位置的正方形所粉碎。

6.35 (一般位置下的正方形)证明平面内的正方形(不一定与轴平行)的VC维是5。

6.36 证明一个正七边形的七个顶点可以被旋转后的矩形所粉碎。

6.37 证明任意八个点的集合不能被旋转后的矩形所粉碎。

6.38 证明矩形(不一定与轴平行)的VC维是7。

6.39 象限角的VC维是多少?一个象限角Q是由以下四类中的一类所组成的点集:

(1) $Q=\{(x, y):(x-x_0, y-y_0)\geqslant(0, 0)\}$;

(2) $Q=\{(x, y):(x_0-x, y-y_0)\geqslant(0, 0)\}$;

(3) $Q=\{(x, y):(x_0-x, y_0-y)\geqslant(0, 0)\}$;

(4) $Q=\{(x, y):(x-x_0, y_0-y)\geqslant(0, 0)\}$。

6.40 当n很大时,该如何在平面上放置n个点,以使得这n个点的子集最大个数由矩形来定义?可以实现$4n$个尺寸为2的子集吗?可以有更多的尺寸为2的子集吗?尺寸为3时如何?尺寸为10呢?

6.41 当n很大时,该如何在平面上放置n个点,以使得这n个点的子集最大个数由

(1) 半空间来定义?

(2) 环来定义?

(3) 与轴平行的矩形来定义?

(4) 其他选定的简单形状来定义?

对于以上各形状而言,尺寸为2, 3及其他的子集个数为多少?

6.42 二维半空间的粉碎函数是什么?即给定平面上的n个点,半空间可定义多少个子集?

6.43 给出VC维等于1的集合系统形态在直观上最普遍的定义。举出该集合系统的一个可生成n个n元素子集的例子。

6.44 粉碎空集的含义是什么?可得多少个子集?

6.45 (Hard)已证明若VC维很小,则粉碎函数也很小。可以证明反向的结论吗?

6.46 若$(U,\mathbb{S}_1),(U,\mathbb{S}_2),\cdots,(U,\mathbb{S}_k)$为基于同一集合$U$的$k$个集合系统。证明$\pi_{\mathbb{S}_1\cap\mathbb{S}_2\cap\cdots\mathbb{S}_k}(n)\leqslant\pi_{\mathbb{S}_1}(n)\pi_{\mathbb{S}_2}(n)\cdots\pi_{\mathbb{S}_k}(n)$。

6.47 在证明Vapnik-Chervonenkis定理的简化版时,我们声称若$p(S_0)\geqslant\varepsilon$,

且为 T 所选择的 U 中的 m 个元素有 $\text{Prob}\left[|S_0 \cap T'| \geq \frac{\varepsilon}{2}m\right]$ 至少为 1/2。给出具体证明细节。

6.48 证明“双采样”过程中，选中一对基数均为 m 的多元集合 T 与 T'，且为先选择 T 再选择 T' 的概率等于选择基数为 $2m$ 的 W，再从 W 中均匀随机选择一个基数为 m 的子集 T，并设 T' 为 $W-T$ 的概率。该练习中，假设所基于的概率分布 p 为离散的。

6.49 从集合 $\{1, 2, \cdots, 2n\}$ 中随机选取 n 个整数且均不放回。当 n 趋于无穷大时，所选整数不出现在集合 $\{1, 2, \cdots, k\}$ 中的概率是多大？分别讨论 k 为与 n 独立的常量的情形以及 $k = \log n$ 的情形。

第 7 章　海量数据问题的算法

本章主要处理海量数据的问题，这种问题的输入数据（图形，矩阵或者其他对象）过大以致很难被存储在随机存取的存储器里面。对应于这样问题的一个模型是流模型，其中数据只能被看到一次。在流模型中，对海量数据的自然处理技术是采样。这里的采样是在动态过程中完成的。由于每份数据都能被接收到，根据抛硬币规则来决定是否将该数据包含在采样数据里面。通常，是否将数据点包含进采样数据是由数据本身的价值决定的。模型认为多次使用的数据也是有价值的，不过使用的次数不可以过大。我们通常假定随机存取存储器(RAM)是有限的，所以 RAM 不可能存储所有数据。

为了介绍动态采样过程的基本特色，考虑如下函数。从 n 个正实数 a_1, a_2, $\cdots$, a_n 中抽取一个采样元素 a_i，采样率与它的价值是成正比的。很容易理解如下的采样方法能够满足这一要求。在知道 a_1, a_2, $\cdots$, a_i 的基础上，跟踪加和 $a=a_1+a_2+\cdots+a_i$ 和采样数据 a_j，抽取 a_j 的概率与它的值成正比。若看到了 a_{i+1}，则依概率 $\frac{a_{i+1}}{a+a_{i+1}}$ 将当前的采样值替换成 a_{i+1}，同时更新 a。

注意到，a_{i+1} 的概率为 $\frac{a_{i+1}}{a+a_{i+1}}$，则 a_j 的概率为

$$\frac{a_j}{a}\left(1-\frac{a_{i+1}}{a+a_{i+1}}\right)=\frac{a_j}{a+a_{i+1}}$$

7.1　数据流的频数距

一类重要的问题是关心数据流的频数距。这里长度为 n 的数据流 a_1,

a_2, …, a_n 由符号 a_i 构成,每个 a_i 来自一个 m 个符号构成的字母表,为了方便表示为{1, 2, …, m}。在本节中,n, m 和 a_i 将有这些含义,s(符号)将表示{1, 2, …, m}中的任一元素。符号 s 的频数 f_s 是流中 s 出现的次数。对于一个非负整数 p,流的第 p 个频数距是

$$\sum_{s=1}^{m} f_s^p$$

注意 $p=0$ 时的频数距对应于流中不同符号的个数。第一个频数距为字符串的长度 n,第二个频数距为 $\sum_s f_s^2$,在计算流的方差时是有用的。

$$\frac{1}{m}\sum_{s=1}^{m}\left(f_s-\frac{n}{m}\right)^2=\frac{1}{m}\sum_{s=1}^{m}\left(f_s^2-2\frac{n}{m}f_s+\left(\frac{n}{m}\right)^2\right)=\frac{1}{m}\sum_{s=1}^{m}f_s^2-\frac{n^2}{m^2}$$

在 p 变大的极限中,$\left(\sum_{s=1}^{m} f_s^p\right)^{1/p}$ 是最常见元素的频率。

我们后面将简单地介绍基于采样的算法来计算这些关于流数据的量。但是,首先注意到这些种种问题的动机。最常见的项或更一般的项的身份和频率、其频率超过 n 的一小部分的项目,在许多应用中显然是重要的。如果此项为在有源目的地址的网络上的数据包,则高频项识别重型带宽需求用户。如果数据是一家超市的销售记录,高频率的项是最畅销的项目。不同的符号数的确定是确定如账户数目、网络用户数,或信用卡持有人数这样事情的抽象版本。在网络数据库和其他应用程序中,二阶距和方差是有用的。由路由器产生的大量网络日志数据可以记录所有通过它们的消息、源地址、目的地址数据包的数量。这种大规模的数据很难排序或为每个源/目标汇总。但重要的是,要知道是否有若干个常见的源-目的对产生大量的流量,其中二阶距是自然的测量方法。

7.1.1 在一个数据流中不同元素的个数

考虑一个有 n 个元素的序列 a_1, a_2, …, a_n,其中每个 a_i 都是一个取值于 1 到 m 的正整数,并假定 n 和 m 都非常大。我们希望确定序列中不同的 a_i 的个数。每一个 a_i 可能代表一个取自于一系列信用卡交易的信用卡号,我们希望确定有多少个不同的信用卡账号。这个模型是一个数据流,其中的符号在某一时刻只会出现一次。我们先给出如下结论:任意确定性算法,如果能确定不同元

素的个数，那么至少要用 m 个比特的内存。

确切确定性算法内存下界

假设我们已经得到前 $k \geqslant m$ 个符号。目前所得到的不同的符号组成的集合可以是$\{1, 2, \cdots, m\}$的 2^m 个子集中的任意一个。在我们的算法中，每个子集最终会达到一个不同的状态，因此至少需要 m 个比特的内存。为了表明这一点，首先假设有着不同符号的两个不同大小的子集会达到同一个状态。那么我们的算法会对这两个输入产生同样多的不同符号的个数，显然这对某一个输入运行出了错误的结果。如果两个有着相同个数的不同元素的序列属于两个不同的子集，他们最终运行到同一个状态，那么当下一次看到某一个新的在序列中出现的符号，并且这个符号没有出现在另一个序列，就得到不同大小的子集，进而就需要不同的状态表示他们。

不同元素的个数的算法

给定序列 $a_1, a_2, \cdots, a_n, a_i \in \{1, 2, \cdots, m\}$。不同元素的个数可以用 $O(\log m)$ 的空间复杂度算出。令集合 $S \subseteq \{1, 2, \cdots, m\}$ 为出现在序列中的元素的集合。假设 S 的元素是随机均匀地取自于$\{1, 2, \cdots, m\}$中。记 min 为 S 中的最小元素。通过知道 S 中的最小元素，我们可以估计 S 的大小。S 中的元素把集合$\{1, 2, \cdots, m\}$划分成 $|S|+1$ 个子集，每个子集的大小大约为 $\frac{m}{|S|+1}$。参见图 7.1。因此，S 中的最小元素的值应该与$\frac{m}{|S|+1}$比较接近。解 $\min = \frac{m}{|S|+1}$，我们得到 $|S| = \frac{m}{\min} - 1$。因为我们可以确定 min 的大小，所以可以这样给出$|S|$的估计。

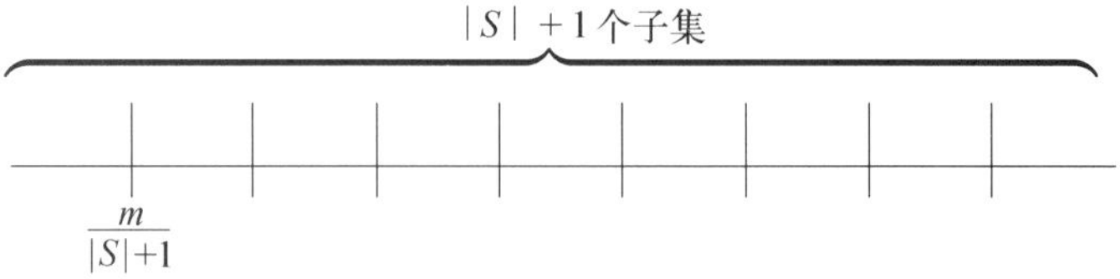

图 7.1　从 S 中最小的元素来估计 S 的大小，其近似值为 $\frac{m}{|S|+1}$。S 中的元素将集合$\{1, 2, \cdots, m\}$划分成 $|S|+1$ 个子集，每个子集大小约为$\frac{m}{|S|+1}$

上面的分析要求 S 中的元素是随机均匀地从集合$\{1, 2, \cdots, m\}$中取出的。而从$\{1, 2, \cdots, m\}$中取出的序列 $a_1, a_2, \cdots, a_n$，通常做不到这一点。很显然，如果 S 的元素是通过从集合$\{1, 2, \cdots, m\}$中选择$|S|$个最小的元素而得到的，那么上面的方法将给出错误的结果。当元素不是随机均匀取出的时候，我们还能估计集合中不同元素的个数吗？为了解决这个问题，我们引入哈希函数 h 满足：

$$h: \{1, 2, \cdots, m\} \rightarrow \{0, 1, 2, \cdots, M-1\}$$

为了计算输入中不同元素的个数，我们统计映射集合$\{h(a_1), h(a_2), \cdots\}$的元素个数。通过这种方式得到的$\{h(a_1), h(a_2), \cdots\}$看起来像一个随机的子集，进而上述用最小元素估计元素个数的启发性的论断也适用。如果我们要求 $h(a_1), h(a_2), \cdots$完全独立，那么存储哈希函数所需的空间将会非常大。值得庆幸的是，我们只需要满足 2 路独立。我们接下来会回顾一下 2 路独立的定义。但是首先让我们回顾一下，对于一个哈希函数，通常是随机取自于一个哈希函数族的，诸如“碰撞概率”的词汇描述的是哈希函数碰撞的概率。

通用哈希函数

一个哈希函数的集合

$$H = \{h \mid h: \{1, 2, \cdots, m\} \rightarrow \{0, 1, 2, \cdots, M-1\}\}$$

是 2-通用的，如果对所有的取自于$\{1, 2, \cdots, m\}$的 x 和 y，其中 $x \neq y$，并且对所有取自$\{0, 1, 2, \cdots, M-1\}$的 z 和 w，我们有

$$\text{Prob}[h(x) = z \text{ 且 } h(y) = w] = \frac{1}{M^2}$$

式中，h 是随机选择的。

哈希函数的 2-通用族的概念是说，给定 x，$h(x)$取值为$\{0, 1, 2, \cdots, M-1\}$中的任意一个元素的可能性是相同的，并且对于 $x \neq y$，$h(x)$和 $h(y)$独立。

下面我们给出一个哈希函数的 2-通用族的例子：方便起见，假定 M 为质数。对任意一对取自区间$[0, M-1]$的整数 a 和 b，定义哈希函数

$$h_{ab}(x) = (ax + b) \bmod (M)$$

为了存储哈希函数 h_{ab}，只需要保存两个整数 a 和 b，这只需要 $O(\log M)$ 的空间。为了说明这个族是 2-通用的，只需注意到 $h(x)=z$ 和 $h(y)=w$ 成立，当且仅当

$$\begin{pmatrix} x & 1 \\ y & 1 \end{pmatrix}\begin{pmatrix} a \\ b \end{pmatrix}=\begin{pmatrix} z \\ w \end{pmatrix}\operatorname{mod}(M)$$

如果 $x\neq y$，那么矩阵 $\begin{pmatrix} x & 1 \\ y & 1 \end{pmatrix}$ 在模 M 的意义下是可逆的，而且对于一组 a 和 b，只有唯一解。因此，对于随机均匀取出的 a 和 b，上式成立的概率恰为 $\frac{1}{M^2}$。

不同元素个数计数算法的一些分析

令 b_1，b_2，…，b_d 为输入中值不同的那些元素。那么 $S=\{h(b_1),h(b_2),\cdots,h(b_d)\}$ 是一个取自集合 $\{0,1,2,\cdots,M-1\}$ 的由 d 个随机且 2 路独立的值构成的集合。我们下面说明 $\frac{M}{min}$ 是一个对输入中不同元素的个数 d 的一个好的估计，其中 $min=\min(S)$。

引理 7.1　假设 $M>100d$。那么以至少 $\frac{2}{3}$ 的概率，使得 $\frac{d}{6}\leqslant\frac{M}{min}\leqslant 6d$，其中 min 是 S 中的最小元素。

证明　首先，我们证明 $\text{Prob}\left[\frac{M}{min}>6d\right]<\frac{1}{6}$：

$$\text{Prob}\left[\frac{M}{min}>6d\right]=\text{Prob}\left[min<\frac{M}{6d}\right]=\text{Prob}\left[\exists k,\ h(b_k)<\frac{M}{6d}\right]$$

对于 $i=1,2,\cdots,d$，定义 0-1 变量

$$z_i=\begin{cases}1,\text{若 } h(b_i)<\dfrac{M}{6d}\\ 0,\text{其他}\end{cases}$$

令 $z=\sum_{i=1}^{d} z_i$。如果 $h(b_i)$ 是随机从 $\{0,1,2,\cdots,M-1\}$ 取出的，那么有 $\text{Prob}[z_i=1]=\frac{1}{6d}$。因此 $E(z_i)=\frac{1}{6d}$ 且 $E(z)=\frac{1}{6}$。现在

$$\begin{aligned}\text{Prob}\left[\frac{M}{min} > 6d\right] &= \text{Prob}\left[min < \frac{M}{6d}\right] \\ &= \text{Prob}\left[\exists kh(b_k) < \frac{M}{6d}\right] \\ &= \text{Prob}(z \geqslant 1) = \text{Prob}[z \geqslant 6E(z)]\end{aligned}$$

根据马尔科夫(Markov)不等式 $\text{Prob}[z \geqslant 6E(z)] \leqslant \frac{1}{6}$。

最后,我们说明 $\text{Prob}\left[\frac{M}{min} < \frac{d}{6}\right] < \frac{1}{6}$。

$$\text{Prob}\left[\frac{M}{min} < \frac{d}{6}\right] = \text{Prob}\left[min > \frac{6M}{d}\right] = \text{Prob}\left[\forall k,\ h(b_k) > \frac{6M}{d}\right]$$

对于 $i = 1, 2, \cdots, d$ 定义 0-1 变量

$$y_i = \begin{cases} 0,\text{如果 } h(b_i) > \dfrac{6M}{d} \\ 1,\text{其他} \end{cases}$$

令 $y = \sum_{i=1}^{d} y_i$。现在 $\text{Prob}(y_i = 1) = \frac{6}{d}$, $E(y_i) = \frac{6}{d}$,且 $E(y) = 6$。对于一个 2 路独立随机变量,他们和的方差是他们方差之和。所以 $\text{var}(y) = d\text{var}(y_1)$。更进一步,我们容易发现由于 y_1 不是 0 就是 1,所以

$$\begin{aligned}\text{var}(y_1) &= E[(y_1 - E(y_1))^2] = E(y_1^2) - E^2(y_1) \\ &= E(y_1) - E^2(y_1) \leqslant E(y_1)\end{aligned}$$

因此 $\text{var}(y) \leqslant E(y)$。根据切比雪夫(Chebyshev)不等式,我们有

$$\begin{aligned}\text{Prob}\left[\frac{M}{min} < \frac{d}{6}\right] &= \text{Prob}\left[min > \frac{6M}{d}\right] = \text{Prob}\left[\forall kh(b_i) > \frac{6M}{d}\right] \\ &= \text{Prob}(y = 0) \leqslant \text{Prob}[\,|\, y - E(y) \,| \geqslant E(y)] \\ &\leqslant \frac{\text{var}(y)}{E^2(y)} \leqslant \frac{1}{E(y)} \leqslant \frac{1}{6}\end{aligned}$$

因为 $\frac{M}{min} > 6d$ 的概率不超过$\frac{1}{6}$, $\frac{M}{min} < \frac{d}{6}$ 的概率不超过$\frac{1}{6}$,所以$\frac{d}{6} \leqslant \frac{M}{min} \leqslant 6d$ 的概率至少为$\frac{2}{3}$。

7.1.2 计算给定元素出现的次数

计算一个元素出现在串中的个数最多需要 $\log n$ 的空间，其中 n 是串长。显然，在实际情况下出现的任意长度的串，我们可以提供 $\log n$ 大小的空间。因此下面的内容虽然不会在实际情况下使用，但是其中的技巧不仅很有意思，还能启发我们去解决其他的一些问题。

考虑一个长度为 n 的 0－1 串，我们希望计算里面出现的 1 的个数。很显然，如果内存大小超过 $\log n$ 比特，我们可以精确地算出 1 的个数。然而我们还可以通过 $\log\log m$ 个比特去估计 1 的个数。

记 m 为序列中 1 的个数。记 k 为使得 2^k 逼近于 m 的数。存储 k 只需要 $\log\log n$ 比特的内存。算法按照如下方式运行：从 0 开始，对于每次出现 1 的时候，我们以 $1/2^k$ 的概率给 k 加 1。运行到字符串最后的时候，2^k-1 的值就是 m 的一个估计。为了得到一个能以 $1/2^k$ 概率投出正面朝上的硬币，我们抛一个公平的硬币，该硬币每次均以 $\frac{1}{2}$ 的概率正面朝上，如此抛 k 次，当所有 k 次试验中该硬币均是正面朝上时则汇报正面朝上。

对于给定的 k，平均来说需要 2^k 个 1 才会让 k 增加，因此，1 的期望的个数为 $1+2+4+\cdots+2^{k-1}=2^k-1$。

7.1.3 统计高频元素

多数频繁算法

首先我们考虑下面这个简单的 n 人投票问题。有 m 个候选人，$\{1, 2, \cdots, m\}$。我们想知道是否有一个候选人拿到了大多数选票，如果有的话是谁。正式定义如下：给定一列数 $a_1, a_2, \cdots, a_n$，每一个 a_i 属于集合 $\{1, 2, \cdots, m\}$，我们想知道是否有一个 $s\in\{1, 2, \cdots, m\}$ 出现了超过 $n/2$ 次，如果是的话 s 是什么。很显然，只读一次数据流，用一个确定性的算法，解决这个问题需要 $\Omega(n)$ 的空间。假设 n 是偶数，前 $n/2$ 个项都不一样而最后 $n/2$ 个项是相同的。当读入前 $n/2$ 个项后，我们需要记住 $\{1, 2, \cdots, m\}$ 中哪些元素出现了。

如果对两个不同的出现在前一半数据流中的集合，内存中的内容是一样的，那么如果后一半的数据流只有一个元素存在一个集合里而不出现在另一个集合里，就会出现错误。因此，$\log_2\binom{m}{n/2}$个比特的内存是必要的，当 $m > n$ 时这个数为$\Omega(n)$。

下面是一个简单的低空间的能找出票王的算法，如果有这样的票王的话。如果没有票王，输出可以是任意的。也就是说，可以有“假的正确结果”，但是不会有“假的错误结果”。

主元素算法

存下 a_1，把计数器置为 1。对于随后的每一个 a_i，如果 a_i 和当前存入的数相同，则计数器加 1。如果不同，且计数器非 0 时，计数器减 1；如果计数器为 0，则存入 a_i 并把计数器置为 1。

为了分析这个算法，把减计数器的步骤当成删掉两个数，这两个数分别是新进来的数和导致计数器上一次增加的数。很显然如果有一个主元素 s，那这个元素一定会留在最后。否则的话，每次出现的 s 都会被删除，但是每次删除也会同时删掉另一个元素，所以对于一个主元素，如果没留在最后，那么我们就会删掉多于 n 个数，矛盾。

下面我们修改上述算法，使得不仅是主元素，包括那些出现频率超过一个特定值的元素也能被找出。我们还将(近似地)保证没有假的正确结果，也没有假的错误结果。下面的算法能找出$\{1, 2, \cdots, m\}$中每个元素出现的频率超过$\frac{n}{k+1}$的元素，空间为 $O(k\log n)$，维护 k 个计数器而不是一个。

频繁算法

维护计入的数的一个列表。一开始这个表是空的。对每个数，如果它和表中某个数相同，那么增加这个计数器 1 次。如果它和表中所有的数都不一样，如果表中的元素个数没有超过 k，那么把这个数加入表中，并置其计数器为 1。如果已经有 k 个数，那么把每个数的计数器减 1，并把计数器为 0 的数从表中删除。

定理 7.2 在频率算法结束后，对每个 $s \in \{1, 2, \cdots, m\}$，表中的计数器上的数至少为 s 在流中出现的个数减去 $n/(k+1)$。特别的，如果对于某些没有出现在表中的 s，其计数器为 0，然后通过定理可以推断出它在数据流中出现的次

数小于 $n/(k+1)$。

证明　把每一步计数器减 1 的步骤当成删掉一些数。一个数如果被删除，那么它是新读进来的 a_i，且已经有 k 个不同于它的数在表中，然后这个数和表中 k 个数一起被删除。则每次删除删掉了 $k+1$ 个数。因此，一个数不会被删除超过 $n/(k+1)$ 次。显然，如果一个数没被删除，那么它最终会在表中出现，定理得证。

定理 7.2 表明，我们可以算出相关频率的真实大小，也就是除 n 后出现的次数，对于每一个 $s \in \{1, 2, \cdots, m\}$，这个频数为$\dfrac{n}{k+1}$。

7.1.4　二阶矩

这一节集中讲了计算数据流的二阶矩方法，其中符号都来自集合$\{1, 2, \cdots, m\}$。定义 f_s 为符号 s 出现在数据流中的次数。数据流的二阶矩定义成 $\sum_{s=1}^{m} f_s^2$。为了计算二阶矩，对每一个符号 s，$1 \leqslant s \leqslant m$，独立地设定一个随机变量 x_s 分别以 1/2 的概率取值 ± 1。每次在数据流中碰到一个字符 s，我们把 x_s 加到总和中。运行到数据流末的时候，得到的总和等于 $\sum_{s=1}^{m} x_s f_s$。通过 x_s 的取值为 ± 1，我们知道总和的期望为 0。

$$E\left(\sum_{s=1}^{m} x_s f_s\right) = 0$$

尽管总和的期望为 0，它的实际值是一个随机变量，其平方的期望如下所示：

$$E\left(\sum_{s=1}^{m} x_s f_s\right)^2 = E\left(\sum_{s=1}^{m} x_s^2 f_s^2\right) + 2E\left(\sum_{s \neq t} x_s x_t f_s f_t\right) = \sum_{s=1}^{m} f_s^2$$

最后一个等式通过对于 $s \neq t$，$E(x_s x_t) = 0$ 来保证。于是

$$a = \left(\sum_{s=1}^{m} x_s f_s\right)^2$$

是一个对于 $\sum_{s=1}^{m} f_s^2$ 的估计。我们后面会提到的一个难点就是，存储所有的 x_i 需要

m 的空间开销，然而我们希望在 $\log m$ 的空间内完成计算。

这个估计的好坏取决于我们下面计算的方差。

$$\operatorname{var}(a) \leqslant E(\sum_{s=1}^{m} x_s f_s)^4 = E(\sum_{1 \leqslant s,\, t,\, u,\, v \leqslant m} x_s x_t x_u x_v f_s f_t f_u f_v)$$

第一个不等号成立是因为方差不会超过二阶矩，而后面的等号成立可通过展开得到。在第二个和式中，因为 x_s 是独立的，如果 s, u, t, v 中的任何一个和其他的不同，那么整个式子的期望就是 0。所以我们只需要处理那些形如 $x_s^2 x_t^2$ 的式子(这时 $t \neq s$) 和形如 x_s^4 的式子。注意到这不需要所有的 x_s 的完整的幂次，只需要 4 路独立性，也就是任意四个 x_s's 是相互独立的。在上面的和式中，有四个下标 s, t, u, v，并且有 $\binom{4}{2}$ 种方式取出其中两个有相同 x 值的数。因此，

$$\begin{aligned}
\operatorname{var}(a) &\leqslant \binom{4}{2} E(\sum_{s=1}^{m} \sum_{t=s+1}^{m} x_s^2 x_t^2 f_s^2 f_t^2) + E(\sum_{s=1}^{m} x_s^4 f_s^4) \\
&= 6 \sum_{s=1}^{m} \sum_{t=s+1}^{m} f_s^2 f_t^2 + \sum_{s=1}^{m} f_s^4 \\
&\leqslant 3(\sum_{s=1}^{m} f_s^2)^2 + (\sum_{s=1}^{m} f_s^2)^2 = 4E^2(a)
\end{aligned}$$

这个方差可以缩小 r 倍，具体方法就是做 r 次独立的试验取平均。通过 r 次独立的试验，方差不会超过$\frac{4}{r}E_2(a)$，所以在估计 $\sum_{s=1}^{m} f_s^2$ 时为了达到相对误差 ε，我们需要做 $O(1/\varepsilon^2)$次独立的试验。

我们这里简单介绍这些独立的试验，以此搞清楚需要多少的独立性。我们不通过对一个随机向量 $\boldsymbol{x} = (x_1, x_2, \cdots, x_m)$ 计算动态和 $\sum_{s=1}^{m} x_s f_s$ 来得到 a，而是在开始的时候通过独立地产生 r 个 m -向量 $\boldsymbol{x}^{(1)}, \boldsymbol{x}^{(2)}, \cdots, \boldsymbol{x}^{(r)}$，然后计算 r 个动态和

$$\sum_{s=1}^{m} x_s^{(1)} f_s,\ \sum_{s=1}^{m} x_s^{(2)} f_s,\ \cdots,\ \sum_{s=1}^{m} x_s^{(r)} f_s$$

令 $a_1 = (\sum_{s=1}^{m} x_s^{(1)} f_s)^2$，$a_2 = (\sum_{s=1}^{m} x_s^{(2)} f_s)^2$，$\cdots$，$a_r = (\sum_{s=1}^{m} x_s^{(r)} f_s)^2$，我们得到的

估计为 $\frac{1}{r}(a_1+a_2+\cdots+a_r)$，这个估计的方差如下：

$$\mathrm{var}\left[\frac{1}{r}(a_1+a_2+\cdots+a_r)\right]=\frac{1}{r^2}[\mathrm{var}(a_1)+\mathrm{var}(a_2)+\cdots+\mathrm{var}(a_r)]$$
$$=\frac{1}{r}\mathrm{var}(a_1)$$

其中我们假定 a_1, a_2, …, a_r 两两独立。在算完 a 的方差后，现在计算 a_1 的方差。注意到计算这个值需要假定 $\boldsymbol{x}^{(1)}$ 坐标间的 4 路独立性。我们这里总结一下所有的假定，后面可能还会用到。

为了得到 $\sum_{s=1}^{m} f_s^2$ 的一个相对误差为 ε 的估计，并且以趋近于 1（比如 0.999 9）的概率得到，需要 $r=O(1/\varepsilon^2)$ 个向量 $\boldsymbol{x}^{(1)}$, $\boldsymbol{x}^{(2)}$, …, $\boldsymbol{x}^{(r)}$，每一个的坐标有 m 个 ± 1，并且

(1) $E(\boldsymbol{x}^{(1)})=E(\boldsymbol{x}^{(2)})=\cdots=E(\boldsymbol{x}^{(r)})=0$；

(2) $\boldsymbol{x}^{(1)}$, $\boldsymbol{x}^{(2)}$, …, $\boldsymbol{x}^{(r)}$ 相互独立，也就是对于任意 r 个有 ± 1 坐标的向量 $\boldsymbol{v}^{(1)}$, $\boldsymbol{v}^{(2)}$, …, $\boldsymbol{v}^{(r)}$，有

$$\mathrm{Prob}(\boldsymbol{x}^{(1)}=\boldsymbol{v}^{(1)},\ \boldsymbol{x}^{(2)}=\boldsymbol{v}^{(2)},\ \cdots,\ \boldsymbol{x}^{(r)}=\boldsymbol{v}^{(r)})=\frac{1}{2^{mr}};$$

(3) $\boldsymbol{x}^{(1)}$ 中的任意四个坐标都独立，同理对 $\boldsymbol{x}^{(2)}$, $\boldsymbol{x}^{(3)}$, …, $\boldsymbol{x}^{(r)}$ 也对。事实上，(1)可以通过(3)导出。读者可以作为练习证明一下。

我们提到这个算法的唯一缺点就是需要在内存中维护 r 个向量 $\boldsymbol{x}^{(1)}$, $\boldsymbol{x}^{(2)}$, …, $\boldsymbol{x}^{(r)}$ 进而算出动态和。这个方法占用的空间太大，我们需要用 m 的对数量级的空间大小解决这个问题，而不是 m 量级。如果 ε 是 $\Omega(1)$ 的，那么 r 是 $O(1)$ 的，所以实验的次数 r 不是问题所在，而是 m。

下一节我们会看到这个计算可以在 $O(\log m)$ 的空间完成，这是利用伪随机向量 $\boldsymbol{x}^{(1)}$, $\boldsymbol{x}^{(2)}$, …, $\boldsymbol{x}^{(r)}$ 而不是真随机向量解决的。伪随机向量满足条件(1)，(2)，(3)就够用了。这个伪随机性和带限制的独立性有很强的联系，我们也将研究这些联系。

纠错码，多项式插值和有限的独立性

考虑一个生成随机的 ± 1 组成的 m -向量 $\boldsymbol{x}$ 的问题，其中四个坐标的任意子集满足两两独立。也就是说，对任意不同的取值于 $\{1, 2, \cdots, m\}$ 的 s, t, u, v，以及任意的取值于 $\{-1, +1\}$ 的 a, b, c, d 都成立：

$$\text{Prob}(x_s^{(1)} = a,\ x_t^{(1)} = b,\ x_u^{(1)} = c,\ x_v^{(1)} = d) = \frac{1}{16}$$

我们将会看到这样的 m 维向量可以通过真实的随机种子得到，该种子只需要 $O(\log m)$ 个互相独立的比特。这样我们只需存储 $\log m$ 比特，当需要时就可以生成任意 m 个坐标。我们仅使用 $\log m$ 比特就可以存储 4 路无关的随机 m - 向量。与此相关的第一个事实就是对任意的 k，有一个恰好有 2^k 个元素的有限域 F，其中的每个元素可以表示为 k 个比特，而这个有限域的算术操作能在 $O(k^2)$ 的时间内完成。这里面 k 是 $\log_2 m$ 的整数部分。我们同时假定另一个基本的关于多项式插值的事实就是：一个多项式的度如果不超过 3，那么在任何域 F 中知道四个点的值可以唯一确定这个多项式。更准确地说，对任意四个不同的点 $a_1, a_2, a_3, a_4 \in F$ 以及四个可能相同的值 $b_1, b_2, b_3, b_4 \in F$，有唯一的多项式 $f(x) = f_0 + f_1 x + f_2 x^2 + f_3 x^3$，其度数不超过 3，使得在 F 的运算下，$f(a_1) = b_1$, $f(a_2) = b_2$, $f(a_3) = b_3$，和 $f(a_4) = b_4$。

现在我们关于满足 4 路独立的伪随机 ± 1 向量的定义就简单了。从 F 中随机取出四个元素 f_0, f_1, f_2, f_3，构造多项式 $f(s) = f_0 + f_1 s + f_2 s^2 + f_3 s^3$。这个多项式以下表示为 $\boldsymbol{x}$。对于 $s = 1, 2, \cdots, m$, x_s 是 $f(s)$ 的 k 比特表示的第一个比特。所以 m 维向量 $\boldsymbol{x}$ 只需要 $O(k)$ 个比特，其中 $k = \lceil \log m \rceil$。

引理 7.3 上面定义的 $\boldsymbol{x}$ 满足 4 路独立。

证明 假设 F 的元素是通过二进制的 ± 1 而不是通常的 0 和 1 表示。设 s, t, u, v 为 $\boldsymbol{x}$ 的任意四个坐标，令 $\alpha, \beta, \gamma, \delta \in \{-1, 1\}$。$F$ 中恰好有 2^{k-1} 个元素，其首位比特为 α，同理对 β, γ 和 δ 都成立。所以恰有 $2^{4(k-1)}$ 个四元组 $b_1, b_2, b_3, b_4 \in F$ 使得 b_1 的首位为 α, b_2 的首位为 β, b_3 的首位为 γ, b_4 的首位为 δ。对每个这样的 b_1, b_2, b_3 和 b_4，恰有一个多项式 f 使得

$$f(s) = b_1,\ f(t) = b_2,\ f(u) = b_3 \text{ 且 } f(v) = b_4$$

就像我们上面看到的一样。所以下式的概率

$$x_s = \alpha,\ x_t = \beta,\ x_u = \gamma \text{ 且 } x_v = \delta$$

恰为 $\dfrac{2^{4(k-1)}}{f\text{ 的总数}} = \dfrac{2^{4(k-1)}}{2^{4k}} = \dfrac{1}{16}$ 印证了前面的推断。

这个引理阐明如何得到一个向量 $\boldsymbol{x}$ 满足 4 路独立。然而，我们需要 $r = O(1/\varepsilon^2)$ 个向量，这些向量需要相互独立。这件事很简单，只需要在开始取 r 个多项式。

为了用尽可能少的空间实现这个算法，我们只需在内存中存入多项式。对于每个多项式需要 $4k = O(\log m)$ 个比特，总共需要 $O(\log m/\varepsilon^2)$ 个比特。当从数据流中读入一个符号 s 的时候，计算 $x_s^{(1)}$，$x_s^{(2)}$，…，$x_s^{(r)}$ 并更新动态和，注意到 x_{s1} 只是 s 中评估的第一个多项式的第一个比特，这个计算可以在 $O(\log m)$ 的时间内完成。因此，我们反复通过"种子"计算 x_s，即多项式的系数。

多项式插值的方法也在别的地方有用到。纠错码就是一个重要的例子。比如我们现在需要在有噪声的信道上传输 n 个比特。我们可以通过增加传输的冗余使得一些信道错误可以被纠正。一个简单的做法就是把传输的 n 个比特看作度数为 $n-1$ 的多项式 $f(x)$ 的系数。现在传输在点 1，2，3，…，$n+m$ 处计算得到的 f 值。在接收端，任意 n 个正确的值足以重建这个多项式，进而得到正确信息。所以最多可以错 m 个比特。但是即使出错的位置数不超过 m，搞清楚哪些值是错误的也不是一件易事。此处不再展开讨论。

7.2 大矩阵概要

现在我们来看如何寻找一个 $m\times n$ 矩阵 $\mathbf{A}$ 的好的 2 范数近似，其中 m 和 n 是大整数，矩阵从外部存储器读入。这个近似由 A 的 s 列和 r 行取样以及一个 $s\times r$ 乘子矩阵构成，如图 7.2 所示。

$$\begin{bmatrix} A \\ n\times m \end{bmatrix} \approx \begin{bmatrix} \text{列取样} \\ n\times s \end{bmatrix}\begin{bmatrix} \text{乘子} \\ s\times r \end{bmatrix}\begin{bmatrix} \text{行取样} \\ r\times m \end{bmatrix}$$

图 7.2 由 s 列和 r 行取样形成的 $\mathbf{A}$ 的近似

问题的关键是以与行或列的平方长度成正比的概率得到取样的行或列。有人马上会想到这可以通过 $\mathbf{A}$ 的 SVD 分解的前 k 个奇异向量得到；但是 SVD 分解会花费更多的计算时间，需要将 $\mathbf{A}$ 全部存储在 RAM 中，且不满足行与列直接从 $\mathbf{A}$ 中取出的要求。然而，SVD 确实会生成最佳 2 范数近似。我们的近似方法的误差界要更弱一些。

我们简要说一下我们的方法的动机。假设 $\mathbf{A}$ 是许多文档对应的文本一项矩阵。我们只需在开始时读取这些文档并存储矩阵概要，以后当有一个查询(用一个向量表示，每项对应一个元素)时，我们在这些文档中查找该查询与每个文

档的相似性。相似性是由点积表示的。在图 7.2 中显然能够看到右边的一个查询的矩阵-向量乘积可以在时间 $O(ns+sr+rm)$内完成,且如果 s 和 r 是 $O(1)$的话,该时间是关于 n 和 m 线性的。要给出这一过程的误差界,我们需要说明 $\boldsymbol{A}$ 与 $\boldsymbol{A}$ 的概要之间的差具有小的 2 范数。注意到一个矩阵 $\boldsymbol{A}$ 的 2 范数 $\|\boldsymbol{A}\|_2$ 也就是 $\max\limits_{|\boldsymbol{x}|=1} \boldsymbol{x}^{\mathrm{T}}\boldsymbol{A}\boldsymbol{x}$。

第二个动机来自推荐系统。这里 $\boldsymbol{A}$ 是一个顾客-商品矩阵,该矩阵的元素 (i, j)表示第 i 个顾客对第 j 个商品的喜好程度。我们的目标是统计 $\boldsymbol{A}$ 的一些取样元素,并基于这些元素得到 $\boldsymbol{A}$ 的一个近似,从而为将来的销售作出推荐。我们的结论表明,如果 $\boldsymbol{A}$ 的一些取样行和取样列是服从长度-平方分布的话,这些取样行(一些顾客的所有喜好)和取样列(所有顾客对一些商品的喜好)就会是 $\boldsymbol{A}$ 的良好近似。

我们首先考虑一个更简单的问题,即两个矩阵乘积。矩阵乘积也使用长度平方取样,而且在我们的概要方法中也会用到。

7.2.1 利用抽样的矩阵乘法

假设 $\boldsymbol{A}$ 是 $m \times n$ 矩阵,$\boldsymbol{B}$ 是一个 $n \times p$ 矩阵,要求矩阵乘法 $\boldsymbol{AB}$。我们给出采样的方法去得到一个近似的乘积,这个方法比传统的乘法快。记 $\boldsymbol{A}(:, k)$ 为 $\boldsymbol{A}$ 的第 k 列。$\boldsymbol{A}(:, k)$ 是一个 $m \times 1$ 矩阵。记 $\boldsymbol{B}(k, :)$ 为 $\boldsymbol{B}$ 的第 k 行,$\boldsymbol{B}(k, :)$ 为一个 $1 \times n$ 的矩阵。显然有

$$\boldsymbol{AB} = \sum_{k=1}^{n} \boldsymbol{A}(:, k)\boldsymbol{B}(k, :)$$

注意到对每个 k, $\boldsymbol{A}(:, k)\boldsymbol{B}(k, :)$是一个 $m \times p$ 矩阵,其中每个元素是 $\boldsymbol{A}$ 和 $\boldsymbol{B}$ 中的元素的乘积。对某些 k 采样,然后对于采样的数据计算 $\boldsymbol{A}(:, k)\boldsymbol{B}(k, :)$,把其对应放缩就得到 $\boldsymbol{AB}$ 的一个估计。结果表明非均匀的采样分布是有用的。定义一个随机变量 z 取遍$\{1, 2, \cdots, n\}$。令 p_k 为 z 取值 k 的概率。p_k 是非负的,总和为 1。定义一个相关的随机矩阵变量,该变量以 p_k 的概率取值为:

$$\boldsymbol{X} = \frac{1}{p_k}\boldsymbol{A}(:, k)\boldsymbol{B}(k, :) \tag{7.1}$$

令 $E(\boldsymbol{X})$ 为按元素计算的期望，则

$$E(\boldsymbol{X}) = \sum_{k=1}^{n} \operatorname{Prob}(z=k) \frac{1}{p_k} \boldsymbol{A}(:,k)\boldsymbol{B}(k,:) = \sum_{k=1}^{n} \boldsymbol{A}(:,k)\boldsymbol{B}(k,:) = \boldsymbol{AB}$$

这解释了在 $\boldsymbol{X}$ 中用 $\frac{1}{p_k}$ 作为缩放比例。

定义 $\boldsymbol{X}$ 的方差为每个元素的方差之和。

$$\begin{aligned}\operatorname{var}(\boldsymbol{X}) &= \sum_{i=1}^{m} \sum_{j=1}^{p} \operatorname{var}(x_{ij}) \leqslant \sum_{ij} E(x_{ij}^2) \leqslant \sum_{i,j} \sum_{k} p_k x_{ij}^2 \\ &= \sum_{ij} \sum_{k} p_k \frac{1}{p_k^2} a_{ik}^2 b_{kj}^2\end{aligned}$$

可以改变求和顺序，进而化简最后一个式子得到

$$\operatorname{var}(\boldsymbol{X}) \leqslant \sum_{k} \frac{1}{p_k} \sum_{i} a_{ik}^2 \sum_{j} b_{kj}^2 = \sum_{k} \frac{1}{p_k} |\boldsymbol{A}(:,k)|^2 |\boldsymbol{B}(k,:)|^2$$

如果 p_k 和 $|\boldsymbol{A}(:,k)|^2$ 成正比，比如 $p_k = \frac{|\boldsymbol{A}(:,k)|^2}{\|\boldsymbol{A}\|_F^2}$，我们可以估出 $\operatorname{var}(\boldsymbol{X})$ 的界如下：

$$\operatorname{var}(\boldsymbol{X}) \leqslant \|\boldsymbol{A}\|_F^2 \sum_{k} |\boldsymbol{B}(k,:)|^2 = \|\boldsymbol{A}\|_F^2 \|\boldsymbol{B}\|_F^2$$

以正比于列长平方的概率选择 $\boldsymbol{A}$ 的列，这样的采样方法广为使用，并被称作“平方长取样”。

为了缩小方差，执行 s 次无关的试验以选择 $k_1, k_2, \cdots, k_s$。然后取对应的 $\boldsymbol{X}$ 的平均。即，$\frac{1}{s}\left(\frac{\boldsymbol{A}(:,k_1)\boldsymbol{B}(k_1,:)}{p_{k_1}} + \frac{\boldsymbol{A}(:,k_2)\boldsymbol{B}(k_2,:)}{p_{k_2}} + \cdots + \frac{\boldsymbol{A}(:,k_s)\boldsymbol{B}(k_s,:)}{p_{k_s}}\right)$，这也可以紧凑地表示为 $\boldsymbol{ADD}^{\mathrm{T}}\boldsymbol{B}$，其中 $\boldsymbol{D}$ 是一个 $n \times s$ 的“列选择”矩阵，$\boldsymbol{D}$ 中的元素为 $d_{k_i,i} = \frac{1}{\sqrt{s p_{k_i}}}$，$i = 1, 2, \cdots, s$，$\boldsymbol{D}$ 的其余元素均为 0。$\boldsymbol{DD}^{\mathrm{T}}$ 的第 k_i 对角元素为 $\frac{1}{s p_{k_i}}$。$\boldsymbol{DD}^{\mathrm{T}}$ 的所有其余元素均为 0。这样，$\boldsymbol{ADD}^{\mathrm{T}}\boldsymbol{B}$ 就由 $\boldsymbol{A}$ 的第 k_i 列与 $\boldsymbol{B}$ 的第 k_i 行的乘积的加权和构成。

$$DD^{\mathrm{T}} = \begin{pmatrix} & d_{13} & & \\ & & & d_{24} \\ d_{31} & & & \\ & d_{42} & & \end{pmatrix} \begin{pmatrix} & & d_{31} & \\ & & & d_{42} \\ d_{13} & & & \\ & d_{24} & & \end{pmatrix} = \begin{pmatrix} d_{13}^2 & & & \\ & d_{24}^2 & & \\ & & d_{31}^2 & \\ & & & d_{42}^2 \end{pmatrix}$$

(a) $\boldsymbol{DD}^{\mathrm{T}}$ 的形式

$$\boldsymbol{ADD}^{\mathrm{T}}\boldsymbol{B} = \begin{pmatrix} \uparrow & \uparrow & \uparrow & \uparrow \\ \boldsymbol{A}(:,1) & \boldsymbol{A}(:,2) & \boldsymbol{A}(:,3) & \boldsymbol{A}(:,4) \\ \downarrow & \downarrow & \downarrow & \downarrow \end{pmatrix} \begin{pmatrix} d_{13}^2 & & & \\ & d_{13}^2 & & \\ & & d_{13}^2 & \\ & & & d_{13}^2 \end{pmatrix} \begin{pmatrix} \leftarrow \boldsymbol{B}(1,:) \rightarrow \\ \leftarrow \boldsymbol{B}(2,:) \rightarrow \\ \leftarrow \boldsymbol{B}(3,:) \rightarrow \\ \leftarrow \boldsymbol{B}(4,:) \rightarrow \end{pmatrix}$$

$$= (d_{13}^2\boldsymbol{A}(:,1),\ d_{24}^2\boldsymbol{A}(:,2),\ d_{31}^2\boldsymbol{A}(:,3),\ d_{42}^2\boldsymbol{A}(:,4)) \begin{pmatrix} \leftarrow \boldsymbol{B}(1,:) \rightarrow \\ \leftarrow \boldsymbol{B}(2,:) \rightarrow \\ \leftarrow \boldsymbol{B}(3,:) \rightarrow \\ \leftarrow \boldsymbol{B}(4,:) \rightarrow \end{pmatrix}$$

$$= d_{13}^2\boldsymbol{A}(:,1)\boldsymbol{B}(1,:) + d_{24}^2\boldsymbol{A}(:,2)\boldsymbol{B}(2,:) + d_{31}^2\boldsymbol{A}(:,3)\boldsymbol{B}(3,:) + d_{42}^2\boldsymbol{A}(:,4)\boldsymbol{B}(\mathbf{4},:)$$

(b) 使用列选择矩阵

图 7.3 列选择矩阵图示

引理 7.4 假设 $\boldsymbol{A}$ 是一个 $m \times n$ 矩阵，$\boldsymbol{B}$ 是一个 $n \times p$ 矩阵。乘积 $\boldsymbol{AB}$ 可以由 $\boldsymbol{ADD}^{\mathrm{T}}\boldsymbol{B}$ 来估计，其中 $\boldsymbol{D}$ 是一个 $n \times s$ 矩阵，$\boldsymbol{D}$ 的每一列有且只有一个非零元素。以与 $|\boldsymbol{A}(:,k)|^2$ 成正比的概率 p_k 选择 d_{k_i} 作为第 i 列的非零元素，且如果选中 d_{k_i} 的话，将它赋值为 $\dfrac{1}{\sqrt{sp_k}}$。该方法的误差界为 $E(\|\boldsymbol{ADD}^{\mathrm{T}}\boldsymbol{B}-\boldsymbol{AB}\|_{\mathrm{F}}^2) \leqslant \dfrac{1}{s}\|\boldsymbol{A}\|_{\mathrm{F}}^2\|\boldsymbol{B}\|_{\mathrm{F}}^2$。

证明 取 s 次无关采样的平均为方差除以 s。

以 $(\boldsymbol{AD})(\boldsymbol{D}^{\mathrm{T}}\boldsymbol{B})$ 的顺序计算 $\boldsymbol{ADD}^{\mathrm{T}}\boldsymbol{B}$，使用直接乘法这一计算可以在 $O[s(mn+np+mp)]$ 的时间内完成。如果 $s \in O(1)$，$m=n=p$，则这一时间是关于 $\boldsymbol{A}$，$\boldsymbol{B}$ 的元素个数的大 O 的关系，而在最坏情况下是 $O(n^2)$。

一个重要的特殊情形是 $\boldsymbol{A}^{\mathrm{T}}\boldsymbol{A}$ 的乘法运算，此时长度-平方分布是最优分布。这时前述定义的 $\boldsymbol{X}$ 的方差就是

$$\sum_{i,j} E(x_{ij}^2) - \sum_{ij} E^2(x_{ij}) = \sum_k \frac{1}{p_k} |\boldsymbol{A}(:,k)|^4 - \|\boldsymbol{A}^{\mathrm{T}}\boldsymbol{A}\|_{\mathrm{F}}^2$$

式中第二项与 p_k 无关。当 p_k 与 $|\boldsymbol{A}(:,k)|^2$ 成正比时，第一项最小，因此，长度-平方分布是对这个估计的方差的最小化。

7.2.2 利用行和列的取样近似矩阵

考虑下面的重要问题。假设 $\boldsymbol{A}$ 是一个大矩阵，$\boldsymbol{A}$ 是由外部存储器读入的，它的概要被保存下来以备进一步计算。一个简单的概要想法是保留该矩阵的行的随机取样和列的随机取样。如果以均匀随机方式取样的话，将得不到一个好的概要。考虑 $\boldsymbol{A}$ 只有很少的行和列是非零的情形。一个小的取样就会漏掉它们，而只存储了零。与这个例子类似的是，$\boldsymbol{A}$ 中有一些行具有比其他元素大得多的绝对值，取样概率需要依赖于这些元素的值。如果我们是做行与列的长度-平方取样，则我们以近似误差界得到 $\boldsymbol{A}$ 的一个近似。注意到这种采样可以通过对矩阵的两次操作实现，第一次是，计算每一行每一列的长度-平方运行和，第二次是抽取采样。只有采样的行与列才需要存储在 RAM 中用于将来的计算，这比完整的存储小得多。算法如下：

(1) 使用长度-平方取样选择 $\boldsymbol{A}$ 的 s 列。令 $\boldsymbol{C}$ 为所选择的列放大 $1/\sqrt{s(\text{被选择列的概率})}$ 倍后构成的 $m\times s$ 矩阵。记 $\boldsymbol{C}=\boldsymbol{AD}$，其中 $\boldsymbol{D}$ 是引理 7.4 中的列选择矩阵。

(2) 使用长度-平方取样选择 $\boldsymbol{A}$ 的 r 行(其中的长度是行的长度)。令 $\boldsymbol{R}$ 为所选择的行放大 $1/\sqrt{r(\text{被选择的列的概率})}$ 倍后构成的 $r\times n$ 矩阵。记 $\boldsymbol{R}=\boldsymbol{D}_1\boldsymbol{A}$，其中 $\boldsymbol{D}_1$ 是一个 $r\times m$ 行选择矩阵。

我们将用 $\boldsymbol{CUR}$ 近似 $\boldsymbol{A}$，其中 $\boldsymbol{U}$ 是一个 $s\times r$ 的乘子矩阵并从 $\boldsymbol{C}$ 和 $\boldsymbol{R}$ 计算而来。就像图 7.2 所示那样，我们以下描述 $\boldsymbol{U}$ 时假设 $\boldsymbol{RR}^{\mathrm{T}}$ 是可逆的。本节余下内容均使用这个假设，这将会起到关键作用。另外，注意到一般来说 r 会远小于 n 和 m，除非 $\boldsymbol{A}$ 是退化矩阵，基于 $\boldsymbol{RR}^{\mathrm{T}}$ 的可逆性，取样 $\boldsymbol{R}$ 中的 r 行有很大可能是线性无关的。

在精确描述 $\boldsymbol{U}$ 是什么之前，我们说一下直观的想法。首先是用 $\boldsymbol{ADD}^{\mathrm{T}}\boldsymbol{I}$ 来近似 $\boldsymbol{A}$，其中 $\boldsymbol{I}$ 是 $n\times n$ 的单位阵。由引理 7.4，乘积 $\boldsymbol{ADD}^{\mathrm{T}}\boldsymbol{I}$ 近似 $\boldsymbol{AI}=\boldsymbol{A}$。注意到我们并不是用采样来做 $\boldsymbol{A}$ 与 $\boldsymbol{I}$ 的乘法，引理 7.4 仅仅是作为一种证明工具使用。引理 7.4 告诉我们

$$E(\|\boldsymbol{A}-\boldsymbol{ADD}^{\mathrm{T}}\boldsymbol{I}\|_F^2)\leqslant\frac{1}{s}\|\boldsymbol{A}\|_F^2\|\boldsymbol{I}\|_F^2=\frac{n}{s}\|\boldsymbol{A}\|_F^2 \tag{7.2}$$

这并不是我们感兴趣的 $s \ll n$。我们并不使用会导致因子 $\|\boldsymbol{I}\|_F^2 = n$ 的单位阵 $\boldsymbol{I}$ 本身，而是基于 $\boldsymbol{R}$ 使用一个类单位阵。

引理 7.5 如果 $\boldsymbol{RR}^T$ 是可逆的，那么 $\boldsymbol{R}^T(\boldsymbol{RR}^T)^{-1}\boldsymbol{R}$ 就是一个在 $\boldsymbol{R}$ 的行空间上的单位矩阵。即对每一个形如 $\boldsymbol{x} = \boldsymbol{R}^T\boldsymbol{y}$ 的向量 $\boldsymbol{x}$（这定义了 $\boldsymbol{R}$ 的行空间），我们有 $\boldsymbol{R}^T(\boldsymbol{RR}^T)^{-1}\boldsymbol{Rx} = \boldsymbol{x}$。

证明 对于 $\boldsymbol{x} = \boldsymbol{R}^T\boldsymbol{y}$，因为 $\boldsymbol{RR}^T$ 是可逆的，所以

$$\boldsymbol{R}^T(\boldsymbol{RR}^T)^{-1}\boldsymbol{Rx} = \boldsymbol{R}^T(\boldsymbol{RR}^T)^{-1}\boldsymbol{RR}^T\boldsymbol{y} = \boldsymbol{R}^T\boldsymbol{y} = \boldsymbol{x}$$

回到用 $\boldsymbol{ADD}^T\boldsymbol{I}$ 近似 $\boldsymbol{A}$ 的出发点。现在，不使用 $\boldsymbol{I}$，而是用 $\boldsymbol{R}^T(\boldsymbol{RR}^T)^{-1}\boldsymbol{R}$，由引理 7.5 知道它在 $\boldsymbol{R}$ 的行空间上是与 $\boldsymbol{I}$ 一样的。与此类似地，我们在(7.2)式的右边得到 $\frac{r}{s}\|\boldsymbol{A}\|_F^2$ 而不是 $\frac{n}{s}\|\boldsymbol{A}\|_F^2$。这正是我们下面要说明的。注意到 $\boldsymbol{C} = \boldsymbol{AD}$，定义 $\boldsymbol{U} = \boldsymbol{D}^T\boldsymbol{R}^T(\boldsymbol{RR}^T)^{-1}$，从而 $\boldsymbol{CUR} = \boldsymbol{ADD}^T(\boldsymbol{R}^T - (\boldsymbol{RR}^T)^{-1}\boldsymbol{R})$。

引理 7.6 令 $\boldsymbol{U} = \boldsymbol{D}^T\boldsymbol{R}^T(\boldsymbol{RR}^T)^{-1}$（假定 $\boldsymbol{RR}^T$ 可逆），则 $\boldsymbol{CUR} = \boldsymbol{ADD}^T\boldsymbol{R}^T(\boldsymbol{RR}^T)^{-1}\boldsymbol{R}$，且如果 $s \geqslant r^{\frac{3}{2}}$ 则

$$E(\|\boldsymbol{A} - \boldsymbol{CUR}\|_2^2) \leqslant \frac{4}{\sqrt{r}}\|\boldsymbol{A}\|_F^2$$

证明 前一结论显然成立。对于第二个结论，令 $\boldsymbol{R}^T(\boldsymbol{RR}^T)^{-1}\boldsymbol{R} = \boldsymbol{W}$。则 $\boldsymbol{CUR} = \boldsymbol{ADD}^T\boldsymbol{W}$。所以，

$$\|\boldsymbol{A} - \boldsymbol{CUR}\|_2 \leqslant \|\boldsymbol{A} - \boldsymbol{AW}\|_2 + \|\boldsymbol{AW} - \boldsymbol{ADD}^T\boldsymbol{W}\|_2$$

从而

$$\|\boldsymbol{A} - \boldsymbol{CUR}\|_2^2 \leqslant 2\|\boldsymbol{A} - \boldsymbol{AW}\|_2^2 + 2\|\boldsymbol{AW} - \boldsymbol{ADD}^T\boldsymbol{W}\|_2^2$$

因此，

$$E(\|\boldsymbol{A} - \boldsymbol{CUR}\|_2^2) \leqslant 2E(\|\boldsymbol{A} - \boldsymbol{AW}\|_2^2) + 2E(\|\boldsymbol{AW} - \boldsymbol{ADD}^T\boldsymbol{W}\|_2^2) \tag{7.3}$$

为确定(7.3)式中第二项的界，我们先尝试求 $\boldsymbol{A}$ 与 $\boldsymbol{W}$ 的乘积并使用上一节的取样方法。我们得到的 $\boldsymbol{AW}$ 的近似是 $\boldsymbol{ADD}^T\boldsymbol{W}$，且由引理 7.4 有

$$E(\|\boldsymbol{AW} - \boldsymbol{ADD}^T\boldsymbol{W}\|_2^2) \leqslant E(\|\boldsymbol{AW} - \boldsymbol{ADD}^T\boldsymbol{W}\|_F^2) \leqslant \frac{1}{s}\|\boldsymbol{A}\|_F^2\|\boldsymbol{W}\|_F^2$$

由引理 7.5 知 $\boldsymbol{W}$ 在一个 r 维空间上相当于一个单位矩阵，且 $\boldsymbol{W}_z = 0$ 对任一与 $\boldsymbol{R}$

的行空间正交的向量 z 都成立。因此，W 的平方奇异值之和 $\|W\|_F^2$ 为 r，从而由 $s \geqslant r^{\frac{3}{2}}$ 有 $E(\|AW - ADD^TW\|_2^2) \leqslant \frac{r}{s}\|A\|_F^2 \leqslant \frac{1}{\sqrt{r}}\|A\|_F^2$。

考虑(7.3)式的第一项 $E(\|A - AW\|_2^2)$，注意到 $\|A - AW\|_2 = \max_{|x|=1}|(A - AW)x|$。如果 x 达到这个最大值，它必定与 R 的行空间正交，由引理7.5，对 R 的行空间中的任一向量 y，W 类似于单位阵，因此 $(A - AW)y$ 为0。对与 R 的行正交的 x，我们有

$$
\begin{aligned}
|(A - AW)x|^2 = |Ax|^2 &= x^TA^TAx \\
&= x^T(A^TA - R^TR)x(\text{由于 } Rx = 0) \\
&\leqslant \|A^TA - A^TD_1^TD_1A\|_2(\text{由于 } R = D_1A) \\
&\leqslant \|A^TA - A^TD_1^TD_1A\|_F
\end{aligned}
$$

我们再次使用引理7.4来给出界定，既然我们在选择 R 时是在选 A^T 的列(即 A 的行)并且我们把 $A^TD_1^TD_1A$ 看作 A^TA 的近似。由引理7.4，(注意到对任一非负随机变量 X 有 $E(X) \leqslant \sqrt{E(X^2)}$)

$$E(\|A^TA - A^TD_1D_1^TA\|_F) \leqslant \frac{1}{\sqrt{r}}\|A\|_F^2$$

从而有 $E(\|A - AW\|_2^2) \leqslant \frac{1}{\sqrt{r}}\|A\|_F^2$。代入(7.3)式即得引理。

7.3 文件概要

假设希望存储所有来自WWW的网页。有数以亿计的网页，我们希望只存储每个页面的一个概要，每个概要只是几百个比特，但足以提供足够的信息以完成想要实现的任务。一个网页或文档是一个序列。我们通过展示如何采样一个集合以及如何把一个采样序列问题转化为一个采样集合问题来开始本节。

考虑大小为1 000的由1到10^6间的正整数构成的子集，假设需要用如下公式计算两个子集 A 和 B 的相似度

$$\text{resemblance}(A, B) = \frac{|A \cap B|}{|A \cup B|}$$

假设我们采样并对比大小为 10 的随机子集，而不用到集合 **A** 和 **B**。这样的估计方法有多精确？一种采样方法就是从 **A** 和 **B** 中随机均匀取出 10 个元素。然而这种方法不太可能产生重叠的样本。另一种方法就是从 **A** 和 **B** 每个集合中均选择 10 个最小的元素。如果集合 **A** 和 **B** 很明显地重叠，我们可以知道从 **A** 和 **B** 取出的 10 个最小的元素组成的集合也会重叠。一个可能碰到的困难就是一些小的正整数可能有别的用处，就会存在于所有的集合里进而影响结果。为了克服这个可能存在的问题，我们可以通过随机置换重命名所有元素。

假设两个大小为 1 000 的子集有 900 个重叠的元素。那么每个子集的最小的十个元素的重叠是什么？我们可以知道 900 个公共的元素中的 9 个最小的元素会出现在每两个子集有 90%的重叠率。那么 resemblance(**A**, **B**)对于大小为 10 的采样是 $9/11 = 0.81$。

另一种方法是对于某个正整数 m 选择模 m 等于 0 的元素。如果采样 $\bmod m$，那么样本的大小会是 n 的一个函数。采样 $\bmod m$ 让我们也能处理容积。

这个问题的另一种形式是，我们拿到的是序列而不是集合。这里我们用所有长度 k 的子序列的集合替代序列从而将序列转化成集合。对应于一个序列有一个长度为 k 的子序列的集合。如果 k 足够大，那么两个序列很可能没有相同的子序列的集合。因此我们已经把一个采样序列的问题转化成了一个采样集合的问题。与保存所有的子列不同的是，我们只需要存一小部分长度为 k 的子序列用于确定一个序列是否与另一个序列比较近。

假设你想知道两个网页中的一个是否由另一个做一些改动得到的，或者一个是由另一个的一部分构成的。取出页面上的单词构成一个序列。然后定义这个序列中的 k 个连续的单词构成的子序列的集合。令 $S(D)$为文件 D 中出现的长度为 k 的子序列的集合。定义 **A** 和 **B** 的相似度为

$$\text{resemblance}(\boldsymbol{A}, \boldsymbol{B}) = \frac{|S(\boldsymbol{A}) \cap S(\boldsymbol{B})|}{|S(\boldsymbol{A}) \cup S(\boldsymbol{B})|}$$

定义容积为

$$\text{containment}(\boldsymbol{A}, \boldsymbol{B}) = \frac{|S(\boldsymbol{A}) \cap S(\boldsymbol{B})|}{|S(\boldsymbol{A})|}$$

令 W 为一个子列的集合。定义 $\min(W)$为 W 中 s 个最小的元素，定义 $\bmod(W)$为元素 w 的集合使得 $w \bmod m = 0$。

令 π 为一个对所有长度为 k 的子序列的随机置换。定义 $F(\mathbf{A})$为 **A** 中 s 个最小的元素，$V(\mathbf{A})$是集合 $\bmod m$ 通过置换定义的顺序。

那么

$$\frac{F(\boldsymbol{A}) \cap F(\boldsymbol{B})}{F(\boldsymbol{A}) \cup F(\boldsymbol{B})}$$

和

$$\frac{|V(\boldsymbol{A}) \cap V(\boldsymbol{B})|}{|V(\boldsymbol{A}) \cup V(\boldsymbol{B})|}$$

是 A 和 B 的相似度无偏的估计。值

$$\frac{|V(\boldsymbol{A}) \cap V(\boldsymbol{B})|}{|V(\boldsymbol{A})|}$$

是一个对于 **A** 和 **B** 容积的无偏的估计。

练习

海量数据问题的算法

7.1　给定一个有 n 个正实数的串 $a_1, a_2, \cdots, a_n$，一旦看到 $a_1, a_2, \cdots, a_i$ 就跟踪总和 $a = a_1 + a_2 + \cdots + a_i$，以及一个以与它的值成正比的概率提取出来的采样 a_j，$j \leqslant i$。当读到 a_{i+1}，以概率 $\frac{a_{i+1}}{a + a_{i+1}}$ 用 a_{i+1} 来代替当前的采样并更新 a。证明算法从流中选择到 a_i 的概率与它的值成比例。

7.2　给定一个串，符号为 $a_1, a_2, \cdots, a_n$。给出一个算法能够从这个串中随机均匀取出一个符号。你的算法需要多大的存储空间？

7.3　给出一个算法从一个字符集为 $a_1, a_2, \cdots, a_n$ 的串里取出 a_i，概率与 a_i^2 成正比。

7.4　如何随机从一个非常大的书中挑选一个词，挑选词的概率正比于这个词在书中出现的次数？

7.5　对于流模型给出一个算法找出 s 个独立的样本，每个出现的概率正比于其值。验证你算法的正确性。

7.6　证明对于一个 2 通用哈希族 $\text{Prob}(h(x) = z) = \frac{1}{M+1}$ 对任意 $x \in \{1,$

$2, \cdots, m\}$ 和 $z \in \{0, 1, 2, \cdots, M\}$ 都成立。

7.7 令 p 为质数。一族哈希函数

$$H = \{h \mid \{0, 1, \cdots, p-1\} \to \{0, 1, \cdots, p-1\}\}$$

是 3-通用的,如果对于所有的 u, v, w, x, y, z 取自于集合 $\{0, 1, \cdots, p-1\}$,

$$\text{Prob}(h(x) = u, h(y) = v, h(z) = w) = \frac{1}{p^3}$$

(1) 哈希函数集合 $\{h_{ab}(x) = ax + b \bmod p \mid 0 \leqslant a, b < p\}$ 是 3-通用的吗?

(2) 给出一个 3-通用的哈希函数集合。

7.8 给出一个不是 2-通用的哈希函数集合的例子。

7.9 (1) 在 7.1.2 节中提到的计算 1 出现的次数并用到 $\log\log n$ 存储空间的方法的方差是多少?

(2) 算法是否可以只用 $\log\log\log n$ 的空间去迭代?这时候方差情况如何?

7.10 考虑一个头朝上概率为 p 的硬币,证明得到一个头朝上的结果需要投 $1/p$ 次。

7.11 随机生成 10^6 的 0-1 串 $x_1x_2\cdots x_n$,其中 x_i 为 1 的概率为 1/2。计算字符串中 1 的个数并用近似计数算法估计 1 的个数。对于 $p = 1/4, 1/8, 1/16$ 重复以上过程。这个近似有多接近?

7.12 构造一个例子,使得主元算法给出一个假的正确解,也就是在最后存了一个非主元的元素。

7.13 构造一个例子,使得频率算法事实上就像定理里说的那么糟糕,也就是说它少给一些元素算了 $n/(k+1)$。

7.14 回顾最基本的统计学关于如何平均独立试验能减少方差,并完成计算 $\sum_{s=1}^{m} f_s^2$ 的相对误差 ε 的分析。

7.15 令 F 为一个域。证明对 F 中任意四个不同的点 a_1, a_2, a_3 和 a_4 以及 F 中任意 4 个可能相同的值 b_1, b_2, b_3, b_4,唯一存在度数不超过 3 的多项式 $f(x) = f_0 + f_1x + f_2x^2 + f_3x^3$ 使得 $f(a_1) = b_1, f(a_2) = b_2, f(a_3) = b_3, f(a_4) = b_4$,并且所有计算都在域 F 上。

7.16 假设我们需要从矩阵中随机取出一行元素,取出行 i 的概率正比于该行元素的平方之和。我们如何在流模型下做这件事?不要假定矩阵里的元素是按照行序给出的。

（1）当矩阵是按照列序给出的时候解决这个问题。

（2）当矩阵有一个稀疏表示的时候解决这个问题。其中稀疏表示是一个三元组(i, j, a_{ij})，顺序任意。

7.17　假设$\boldsymbol{A}$和$\boldsymbol{B}$是两个矩阵。证明$\boldsymbol{AB}=\sum_{k=1}^{n}\boldsymbol{A}(:,k)\boldsymbol{B}(k,:)$。

7.18　生成两个100行100列的矩阵$\boldsymbol{A}$和$\boldsymbol{B}$，里面的值为1～100间的整数。用直接计算和采样计算得到$\boldsymbol{AB}$的乘积。用L_2范数画出两个结果的差值随采样数目变化的函数。当生成矩阵的时候保证它们是不对称的。一种方法如下：首先生成2个100维的向量$\boldsymbol{a}$和$\boldsymbol{b}$，值为1到100。然后生成$\boldsymbol{A}$的第i行，取值于$1\sim a_i$，$\boldsymbol{B}$的第i列，取值于$1\sim b_i$。

7.19　证明$\boldsymbol{ADD}^{\mathrm{T}}\boldsymbol{B}$是

$$\frac{1}{s}\left(\frac{\boldsymbol{A}(:,k_1)\boldsymbol{B}(k_1,:)}{p_{k_1}}+\frac{\boldsymbol{A}(:,k_2)\boldsymbol{B}(k_2,:)}{p_{k_2}}+\cdots+\frac{\boldsymbol{A}(:,k_s)\boldsymbol{B}(k_s,:)}{p_{k_s}}\right)。$$

7.20　假设$a_1, a_2, \cdots, a_m$为非负实数。证明约束条件为$x_k \geqslant 0$和$\sum_k x_k = 1$时$\sum_{k=1}^{m}\frac{a_k}{x_k}$的最小值，在$x_k$正比于$\sqrt{a_k}$的时候得到。

7.21　给定两个整数集A和B，通过采样一个固定大小的子集，是否能确定$A\subseteq B$？

7.22　考虑由数字0到9组成的长度为n的随机序列。用长度为k子列的集合代表一个序列。那么长度为k的子列的集合与两个长度为n的随机序列的相似度在n趋向于无穷而k任意时是多少？

7.23　如果在练习7.22中的序列不是由独立的无关的元素构成的话会怎么样？假设序列是字母串，对于给定的字母跟在另一个的后面有非零概率。结果会变得更好还是更坏？

7.24　考虑一个在大小为100的字母表上取值的长度为10 000的随机序列。

（1）对于$k=3$，给定一个子序列，两个可能的后继的子列出现在序列的子序列的集合中的概率是多少？

（2）对于$k=5$情况如何？

7.25　如何判定两篇文章相互抄袭？

7.26　（找重复网页）假设你有十亿网页然后你想除去重复的，你会怎么做？

7.27　构造两个0-1串，它们有着长度为w相同子列的集合。

7.28　考虑如下诗歌：

When you walk through the storm hold your head up high and don't be afraid of the dark. At the end of the storm there's a golden sky and the sweet silver song of the lark.

Walk on, through the wind, walk on through the rain though your dreams be tossed and blown. Walk on, walk on, with hope in your heart and you'll never walk alone, you'll never walk alone.

k 至少为多大可以通过所有长度为 k 的子列集合恢复这个诗歌？把空格也看作符号。

7.29 附加题：给定一个长序列 s，比如长度为 10^9。还有一个短一些的序列 b，长度为 10^5。我们如何在 a 中找到一个位置，该位置是与 b 非常接近的子序列 b' 的开始位置。这个问题可以通过动态规划解决，但是时间太长。给出一个解决这个问题的高效的做法。

提示：(压缩法)一种可能的方法是从一些短的长度开始，比如 7，然后考虑 a 和 b 按照 7 压挤的结果。如果一个 b 的近似是 a 的子串，对于压挤后也是一样的。这让我们可以找到一个 b 的近似在 a 中的近似位置。最终的算法就能够给出最好的匹配。

第 8 章　聚类

8.1　若干聚类的例子

聚类出现在很多情况下。比如，有人想要将期刊文章分门别类归到若干主题下。于是，首先要将一个文本用一个向量表达出来。这点可以通过使用第 2 章介绍的向量空间模型来完成。每个文本用一个带分量的向量表示，分量中给出该文件中每个限制条件的使用频率。另外，每个文本用一个向量表示，其分量对应到其他文件，第 i 个向量的第 j 个分量是 0 或 1 取决于第 i 个文本是否引用了第 j 个文本。一旦用向量表示文本，那么就得到了向量聚类问题。

另一种情况，集群重要之处是对社交网络社区演变和增长的研究。在这里，人们构造了一个图，其中节点代表个人，如果第一个节点代表的人发送电子邮件或即时消息到第二个节点代表的人，就会产生一条边从一个节点指向另一个节点。一个社区被定义为一组节点的集合，如果该社区的节点集合是一个随机集合，那么该集合内的消息频率是高于期待值的。聚类将图的节点集合划分为若干子集，预期这些节点子集比原始的一个集合能够发送更多的消息。需要注意的是，聚类一般要求严格地划分为若干子集，尽管在现实中类似的情况下，一个节点可能属于若干社区。

在这些聚类的问题中，相似度定义为一对物体之间的相似度测量或者距离的测量(不相似程度的一个定义)。两个矢量 $\boldsymbol{a}$ 和 $\boldsymbol{b}$ 之间相似度的测量是它们夹角的余弦值：

$$\cos(\boldsymbol{a},\ \boldsymbol{b}) = \frac{\boldsymbol{a}^{\mathrm{T}}\boldsymbol{b}}{|\boldsymbol{a}||\boldsymbol{b}|}$$

为了得到距离的测量值,用 1 减去余弦相似度。

$$\mathrm{dist}(\boldsymbol{a},\ \boldsymbol{b}) = 1 - \cos(\boldsymbol{a},\ \boldsymbol{b})$$

另一个距离的测量值是欧氏距离。在余弦相似度和欧氏距离中有一个很明显的关系。如果 $\boldsymbol{a}$ 和 $\boldsymbol{b}$ 是单位矢量,那么

$$|\boldsymbol{a} - \boldsymbol{b}|^2 = (\boldsymbol{a} - \boldsymbol{b})^{\mathrm{T}}(\boldsymbol{a} - \boldsymbol{b}) = |\boldsymbol{a}|^2 + |\boldsymbol{b}|^2 - 2\boldsymbol{a}^{\mathrm{T}}\boldsymbol{b} = 2(1 - \cos(\boldsymbol{a},\ \boldsymbol{b}))$$

在决定使用哪个距离函数之前,知道一些原始数据是非常有用的。在必须对图的节点进行聚类的问题中,每个节点被表达为一个矢量,即作为图的邻接矩阵的行对应的节点。相异度的定义是欧氏距离的平方。对于 0 - 1 的矢量,这就是不同的 1 的数量,然而,点积则是相同的 1 的数量。在很多情况下,有一个如何产生数据的随机模型。客户的行为就是这样的一个例子。假设这里有 d 件产品和 n 位客户。合理的假设就是,每个客户以一个概率分布得出他购买的一篮子商品。每个篮子代表每个已经购买的商品量。一个假设是这儿仅仅有 k 种客户,$k \ll n$。每个客户种类的特征是被那种类别的客户概率密度概括的,用来产生他们的商品篮子。这里的密度一般是有不同中心和协方差矩阵的高斯分布。我们不知道这个概率密度,只知道每个客户买的篮子,这是显见的。我们的任务是将客户聚类为 k 种类型。我们能用客户的篮子来定义客户,每个篮子是一个矢量。使问题数学化的方式之一是通过一个我们可加以优化的聚类准则。一些潜在标准是将客户分为 k 类,以尽量减少① 同一个聚类里面所有客户对间的距离总和;② 所有客户到聚类中心(空间中任意一点可以被指定为聚类中心)的距离之和,或者③ 到集群中心的平方距离之和的最小化。

最后一个被广泛使用的标量是 *k-means*。一个被称作 *k-median* 的变量最小化了到聚类中心的距离总和(不是平方和)。另一个被称作 *k-center* 的概率值用来最小化任意节点到聚类中心的最大距离。

这些被选的准则能够影响最终结果。举例说明,假设我们有一组根据 k 球形高斯密度的同等重量混合物产生的数据,这些密度以 $\boldsymbol{\mu}_1$, $\boldsymbol{\mu}_2$, …, $\boldsymbol{\mu}_k$ 为中心,在每个方向上方差为 1。那么,混合物密度是

$$F(\boldsymbol{x}) = \mathrm{Prob}[\boldsymbol{x}] = \frac{1}{k}\frac{1}{(2\pi)^{d/2}}\sum_{t=1}^{k}\mathrm{e}^{-|\boldsymbol{x}-\boldsymbol{\mu}_t|^2}$$

用 $\boldsymbol{\mu}(\boldsymbol{x})$表示最接近 $\boldsymbol{x}$ 的这个中心。因为这个指数函数快速降落,我们有近似值

$$F(\boldsymbol{x}) \approx \frac{1}{k}\frac{1}{(2\pi)^{d/2}}\mathrm{e}^{-|\boldsymbol{x}-\boldsymbol{\mu}(\boldsymbol{x})|^2}$$

所以,根据混合物给定样本点 $\boldsymbol{x}^{(1)}$, $\boldsymbol{x}^{(2)}$, … $\boldsymbol{x}^{(n)}$,特定 $\boldsymbol{\mu}_1$, $\boldsymbol{\mu}_2$, …, $\boldsymbol{\mu}_k$ 的可能性,即如果 $\boldsymbol{\mu}_1$, $\boldsymbol{\mu}_2$, …, $\boldsymbol{\mu}_k$ 是实际的中心的话生成采样的(后验)概率

$$\frac{1}{k^n}\frac{1}{(2\pi)^{nd/2}}\prod_{i=1}^{n}\mathrm{e}^{-|\boldsymbol{x}^{(i)}-\boldsymbol{\mu}(\boldsymbol{x}^{(i)})|^2}=c\mathrm{e}^{-\sum_{i=1}^{n}|\boldsymbol{x}^{(i)}-\boldsymbol{\mu}(\boldsymbol{x}^{(i)})|^2}$$

因此,最小化到聚类中心的平方距离之和就能得到最大似然值 $\boldsymbol{\mu}_1$, $\boldsymbol{\mu}_2$, …, $\boldsymbol{\mu}_k$,这就给出了一个准则:到聚类中心距离的平方总和。

另一方面,如果生成过程中具有一个指数概率分布,其概率法则为

$$\mathrm{Prob}[(x_1, x_2, \cdots, x_d)]=\frac{1}{2}\prod_{i=1}^{d}\mathrm{e}^{-|x_i-\mu_i|}=\frac{1}{2}\mathrm{e}^{-\sum_{i=1}^{d}|x_i-\mu_i|}=\frac{1}{2}\mathrm{e}^{-|\boldsymbol{x}-\boldsymbol{\mu}|_1}$$

因为概率密度随着离中心距离 L_1 的减少而减少,将使用 L_1 范数(而不是 L_2 或者 L_1 的平方)。直观上,用于聚类数据的距离应与数据的实际分布相关。

选择使用一个距离测度并将相近的点聚类在一起,还是选择使用一个相似度测度并将有高相似度的点聚类在一起,以及使用什么样的特定距离或相似度测量,对具体应用来说都是关键性的。然而关于这些选择并没有太多理论;它们是被特定领域的知识经验决定的。去发现相应的一个普适性理论知识是很有价值的。使用距离的平方而不是距离,平方函数放大到很大值会使得“偏好”离群越多,这意味着一个小的离群值可能会使得一个聚类看起来很糟糕。另一方面,距离的平方有很多数学优势;如推论 3 推断,以距离的平方准则为依据,质心就是正确的聚类中心。广泛使用的 k 均值标准是基于距离平方和的。

到目前为止的方法中,我们用一个数字(如到聚类中心的距离的平方之和)作为一个聚类的好的程度的测度并且我们试着去优化这个数字(根据测度,找到最好的聚类)。这种方法并不总是产生期望的结果,这是因为常常很难精确优化(大多数聚类问题是 NP 难解问题)。通常,有多项式时间算法来找到一个近似最优解。但这样的解可能和最优的(期望的)聚类相差很远。我们将在 8.4 节阐述如何形式化一些实际条件,在这些条件下,一个近似最优解就会给出一个期望的聚类。但首先,我们给出一些简单的算法,以根据一些自然的测度得到一个很好的聚类。

8.2　一个简单的 k 聚类贪婪算法

有很多高维数据的聚类算法。我们从一个简单的开始,假设我们使用 k-中心标准。k-中心标准将点分为 k 个聚类,以极小化任何一点到它的聚类中心的

最大距离。将任何一点到它的聚类中心的最大距离称作这个聚类的半径。有一个半径为 r 的 k 聚类：当且仅当有 k 个区域，每个均以 r 为半径，这些区域在一起就覆盖了所有的点。下面，我们举一个简单的算法用来找到覆盖一个点的集合的 k 个区域。下面的定理表明该算法需要使用一个半径，该半径离最优 k-中心解有最多 2 倍远。

贪婪 k 聚类算法

挑选任意数据点作为第一个聚类中心。在时间 t 时刻，$t=2, 3, \cdots, k$，选取距离一个已存聚类中心在距离 r 以外的任意数据点，作为第 t 个聚类中心。

引理 8.1　如果有一个半径为 $\frac{r}{2}$ 的 k 聚类，那么上面的算法能够找到一个半径最大为 r 的 k 聚类。

证明　假设算法使用半径 r 来寻找 k 聚类失败了，这说明在算法选择 k 个中心之后，仍然有至少一个数据点不在任意一个被选取的中心且半径为 r 的区域。这是唯一可能的失败方式。但后来也有 $k+1$ 个数据点，每对以距离 r 以上相隔。显然，没有两个这样的点可以属于以 $\frac{r}{2}$ 为半径的任一 k 聚类集群中，与假设矛盾。

一般对每个标准来说有两种变体的聚类问题。我们可以要求每个聚类中心为一个数据点或者要求一个聚类中心为空间中的任何点。如果我们要求每个聚类中心是一个数据点，可以以关于数据长度的多项式的 $\binom{n}{k}$ 倍的时间解决问题。首先，穷举有 k 个数据点的集合作为可能的 k 聚类中心集合，然后关联每个点到它最近的中心点，同时选择最佳的聚类。当聚类中心可以是空间中任意点的时候，就没有这样的平凡的枚举程序可用了。但是对于 k 均值问题，推论 8.3 表明，一旦我们能识别出属于一个聚类的数据点，那么这个集群中心的最好选择就是它的质心。需要注意的是，这个质心可能不是一个数据点。

8.3　k 均值聚类的 Lloyd 算法

在 k 均值标准中，在 d 维里面有 n 个点的数据集 $A=\{\boldsymbol{a}_1, \boldsymbol{a}_2, \cdots, \boldsymbol{a}_n\}$ 被划

分为k个聚类$S_1, S_2, \cdots, S_k$，以极小化每个点到聚类中心的平方距离和。也就是，数据集A被划分为聚类$S_1, S_2, \cdots, S_k$，同时每个聚类被分配了一个中心，以极小化

$$d(S_1, S_2, \cdots, S_k) = \sum_{j=1}^{k} \sum_{\boldsymbol{a}_i \in S_j} (\boldsymbol{c}_j - \boldsymbol{a}_i)^2$$

这里$\boldsymbol{c}_j$是聚类j的中心。

假设我们已经确定了聚类或者划分为$S_1, S_2, \cdots, S_k$，聚类的最佳中心点是什么？如下的引理表明答案就是质心即坐标均值。

引理 8.2 令$\{\boldsymbol{a}_1, \boldsymbol{a}_2, \cdots, \boldsymbol{a}_n\}$是一组点集。点$\boldsymbol{a}_i$到任意点$\boldsymbol{x}$的距离平方和等于到质心的距离平方和加上数据点个数乘以点$\boldsymbol{x}$到质心的距离平方。即：

$$\sum_i |\boldsymbol{a}_i - \boldsymbol{x}|^2 = \sum_i |\boldsymbol{a}_i - \boldsymbol{c}|^2 + n|\boldsymbol{c} - \boldsymbol{x}|^2$$

其中，$\boldsymbol{c}$是这个集合的质心。

证明

$$\begin{aligned}\sum_i |\boldsymbol{a}_i - \boldsymbol{x}|^2 &= \sum_i |\boldsymbol{a}_i - \boldsymbol{c} + \boldsymbol{c} - \boldsymbol{x}|^2 \\ &= \sum_i |\boldsymbol{a}_i - \boldsymbol{c}|^2 + 2(\boldsymbol{c} - \boldsymbol{x}) \cdot \sum_i (\boldsymbol{a}_i - \boldsymbol{c}) + n|\boldsymbol{c} - \boldsymbol{x}|^2\end{aligned}$$

因为$\boldsymbol{c}$是质心，$\sum_i (\boldsymbol{a}_i - \boldsymbol{c}) = 0$。所以$\sum_i |\boldsymbol{a}_i - \boldsymbol{x}|^2 = \sum_i |\boldsymbol{a}_i - \boldsymbol{c}|^2 + n\|\boldsymbol{c} - \boldsymbol{x}\|^2$

引理8.2表明质心最小化了距离的平方和，这是因为式中第二项$n\|\boldsymbol{c} - \boldsymbol{x}\|^2$总是正的。

推论 8.3 设$\{\boldsymbol{a}_1, \boldsymbol{a}_2, \cdots, \boldsymbol{a}_n\}$为一组点集。$\boldsymbol{x}$是质心时即$\boldsymbol{x} = \frac{1}{n}\sum_i \boldsymbol{a}_i$，点$\boldsymbol{a}_i$到$\boldsymbol{x}$的距离平方和是最小的。

一组n个数据点到它们质心的另一种表达方法是所有成对距离和的平方除以n。首先，一个简单的符号问题：对于一组数据点$\{\boldsymbol{a}_1, \boldsymbol{a}_2, \cdots, \boldsymbol{a}_n\}$，$\sum_{i=1}^{n}\sum_{j=i+1}^{n} |\boldsymbol{a}_i - \boldsymbol{a}_j|^2$对每个有序对$(i, j)$，$j > i$统计数量$|\boldsymbol{a}_i - \boldsymbol{a}_j|^2$一次。然而，$\sum_{i, j} |\boldsymbol{a}_i - \boldsymbol{a}_j|^2$统计了每个$|\boldsymbol{a}_i - \boldsymbol{a}_j|^2$两次，所以后一个总和是前一个总和的两倍。

引理 8.4 设$\{\boldsymbol{a}_1, \boldsymbol{a}_2, \cdots, \boldsymbol{a}_n\}$为一组数据点。所有成对数据点间的平方距

离和等于点数乘以点到质心的平方距离和。即 $\sum_i \sum_{j>i} |\boldsymbol{a}_i - \boldsymbol{a}_j|^2 = n\sum_i |\boldsymbol{a}_i - \boldsymbol{c}|^2$，其中 $\boldsymbol{c}$ 是这组点数的质心。

证明 引理 8.2 表明对任意 $\boldsymbol{x}$，

$$\sum_i |\boldsymbol{a}_i - \boldsymbol{x}|^2 = \sum_i |\boldsymbol{a}_i - \boldsymbol{c}|^2 + n|\boldsymbol{c} - \boldsymbol{x}|^2$$

让 $\boldsymbol{x}$ 取遍所有 $\boldsymbol{a}_j$，并且加和所有 n 个等式即有：

$$\begin{aligned}\sum_{i,j} |\boldsymbol{a}_i - \boldsymbol{a}_j|^2 &= n\sum_i |\boldsymbol{a}_i - \boldsymbol{c}|^2 + n\sum_j |\boldsymbol{c} - \boldsymbol{a}_j|^2 \\ &= 2n\sum_i |\boldsymbol{a}_i - \boldsymbol{c}|^2\end{aligned}$$

注意到

$$\sum_{i,j} |\boldsymbol{a}_i - \boldsymbol{a}_j|^2 = 2\sum_i \sum_{j>i} |\boldsymbol{a}_i - \boldsymbol{a}_j|^2$$

可以得到

$$\sum_i \sum_{j>i} |\boldsymbol{a}_i - \boldsymbol{a}_j|^2 = n\sum_i |\boldsymbol{a}_i - \boldsymbol{c}|^2$$

k 均值聚类算法

给出一个自然的 k 均值聚类算法如下。算法有两个方面没有指定。一个是起始中心的集合，另一个是停止条件。

k 均值算法

从 k 个中心开始，以离点最近的中心聚类每个点，查找每个聚类的质心，并用质心替换旧的中心点集合，重复以上两个步骤直到中心收敛(根据某个准则)。

k 均值算法总是收敛的，但可能达到一个局部最小值。为了证明收敛性，我们强调聚类的花费即各点到聚类中心距离的平方和总是提高的，每次迭代由两个步骤组成。首先考虑发现每个聚类的质心并用这个新的中心点代替旧的中心点这一步骤。由推论 8.3 知道，这一步提高了内部聚类距离的平方和。另一个步骤通过分配每个点到它最近的聚类中心点而再次聚类，这也能提高内部聚类距离。

8.4　通过奇异值分解的有意义聚类

优化某个准则比如 k 均值,往往不是目的本身。它是一种找到更好(有意义的)聚类的手段。怎样定义一个有意义的聚类？一个可能的答案是：一个优化的聚类如果是独一无二的就是有意义的,在这个意义上,任何其他相近的优化聚类在大多数的数据点上都与这相一致。下面我们将更形式化地说明这一点。但可惜的是,我们很快发现这个需求太严格了以至于很多常见数据集不满足这样一个聚类。同时幸运的是,这个讨论将使我们降低要求,从而很多数据集可以满足这种要求,且能够使用一个有效的(基于 SVD)算法以寻找聚类。我们开始会先引入一些符号。

我们用 n 表示被聚类的(数据)点数量。它们被表示为 $n\times d$ 矩阵 $\boldsymbol{A}$ 的第 A_i 行。数据点的聚类(划分)用聚类中心矩阵 $\boldsymbol{C}$ 表示。$\boldsymbol{C}$ 也是一个 $n\times d$ 矩阵,其第 i 行就是 A_i 所属的聚类中心。所以 $\boldsymbol{C}$ 只有 k 个不同的行。$\boldsymbol{A}$ 表示数据,$\boldsymbol{C}$ 表示聚类。

定义　聚类 $\boldsymbol{C}$ 的能耗是到聚类中心距离的平方和,所以,

$$\text{cost}(\boldsymbol{A},\ \boldsymbol{C}) = \|\boldsymbol{A}-\boldsymbol{C}\|_F^2$$

一个聚类 $\boldsymbol{C}$ 的均方距离(MSD)就是 $\dfrac{\text{cost}(\boldsymbol{A},\ \boldsymbol{C})}{n}$。

我们称 $\boldsymbol{A}$ 的两个聚类有 s 个不同点,如果 s 是从一个聚类重新分配给另一个聚类的数据点的最小个数。(注意：一个聚类由一个划分指定：聚类中心就是聚类里面数据的质心。)这是第一个尝试有意义聚类的定义：

一个 k 聚类$\boldsymbol{C}$ 是有意义的,如果对在至少 εn 个点上不同于$\boldsymbol{C}$ 的每个k 聚类 $\boldsymbol{C}'$而言,它的能耗至少为$(1+\Omega(\varepsilon))\text{cost}(C)$。($\varepsilon$ 是一个小的常数。)

声明 8.1　如果 $\boldsymbol{C}$ 根据这个定义是有意义的,并且每个聚类有 $\Omega(n)$个数据点,那么对于 $\boldsymbol{C}$ 的任何两个聚类中心 $\boldsymbol{\mu}$,$\boldsymbol{\mu}'$

$$|\boldsymbol{\mu}-\boldsymbol{\mu}'|^2 \geqslant \text{MSD}(\boldsymbol{C})$$

证明　我们将通过如下来证明这个声明：如果 $\boldsymbol{C}$ 里面两个聚类中心距离太近,那么我们需要在不增加大于 $(1+O(\varepsilon))$ 倍数能耗的条件下,从一个聚类移动 εn 个点到另一个聚类中去,这与 $\boldsymbol{C}$ 是有意义的相矛盾。

令 $\boldsymbol{T}$ 为以$\boldsymbol{\mu}$ 为聚类中心的聚类。将数据点 $\boldsymbol{A}_i\in\boldsymbol{T}$映射到通过$\boldsymbol{\mu}$,$\boldsymbol{\mu}'$ 两点的直线上,并让 d_i 为这个映射点到$\boldsymbol{\mu}$ 的距离。$\boldsymbol{T}_1$ 表示 $\boldsymbol{T}$的子集,其映射面在 $\boldsymbol{\mu}$ 的$\boldsymbol{\mu}'$

侧，$\boldsymbol{T}_2=\boldsymbol{T}\backslash\boldsymbol{T}_1$ 表示映射面另一半的数据点。因为 $\boldsymbol{\mu}$ 是 $\boldsymbol{T}$ 的质心，所以 $\sum_{i\in\boldsymbol{T}_1}d_i=\sum_{i\in\boldsymbol{T}_2}d_i$。因为 $\boldsymbol{A}_i\in\boldsymbol{T}$ 离 $\boldsymbol{\mu}$ 比离 $\boldsymbol{\mu}'$ 更近，对于 $i\in\boldsymbol{T}_1$，我们有 $d_i\leqslant|\boldsymbol{\mu}-\boldsymbol{\mu}'|/2$，所以 $\sum_{i\in\boldsymbol{T}_1}d_i\leqslant|\boldsymbol{T}||\boldsymbol{\mu}-\boldsymbol{\mu}'|/2$；因此也有，$\sum_{i\in\boldsymbol{T}_2}d_i\leqslant|\boldsymbol{T}||\boldsymbol{\mu}-\boldsymbol{\mu}'|/2$。所以

$$\sum_{i\in\boldsymbol{T}}d_i\leqslant|\boldsymbol{T}||\boldsymbol{\mu}-\boldsymbol{\mu}'|$$

现在从假设 $|\boldsymbol{T}|\in\Omega(n)$，我们知道 $|\boldsymbol{T}|\geqslant 2\varepsilon n$。所以，第 εn 个最小的 d_i 最多为 $\frac{|\boldsymbol{T}|}{|\boldsymbol{T}|-\varepsilon n}|\boldsymbol{\mu}-\boldsymbol{\mu}'|\leqslant 2|\boldsymbol{\mu}-\boldsymbol{\mu}'|$。现在我们能得到一个新的聚类 $\boldsymbol{C}'$ 如下：以最小距离 d_i 移动 $\boldsymbol{T}$ 中 $\varepsilon n\boldsymbol{A}_i$ 到以 $\boldsymbol{\mu}'$ 为中心的聚类。重新计算中心。中心的重新计算能够降低能耗（如推论 8.3 所示）。移动的情况又会怎样呢？此举仅仅能增加连线 $\boldsymbol{\mu}$, $\boldsymbol{\mu}'$ 方向的成本（距离平方），这个额外的成本最多为 $4\varepsilon n|\boldsymbol{\mu}-\boldsymbol{\mu}'|^2$。假设 $\boldsymbol{C}$ 是有意义的（在上面已经定义的假设下），因此我们有 $|\boldsymbol{\mu}-\boldsymbol{\mu}'|^2\geqslant \mathrm{MSD}(C)$。

但我们现在看到的状况是 $|\boldsymbol{\mu}-\boldsymbol{\mu}'|^2\geqslant\mathrm{MSD}(\boldsymbol{C})$ 这个条件对一些常见数据集来说，过强了。考虑两个 d-空间的球形高斯分布，在每个方向每一个都有方差为 1。显然，如果我们有从两个（同等重量）球产生的混合物中生成的数据，"正确"2-聚类的那个将他们分割成高斯。这正是以高斯分布的实际中心（或非常近的一个点）作为聚类中心生成它们的高斯分布。但这个聚类的 MSD 约等于 d。所以根据这个声明，要使 $\boldsymbol{C}$ 有意义，中心之间必须隔 $\Omega(d)$ 这么远。然而容易看到，如果间隔 $\Omega(\sqrt{\ln n})$ 的话，聚类是不同的：每个高斯分布在它们中心连线上的投影是方差为 1 的一维高斯，所以任何数据点到所在错误中心方向的十分之一以上概率最多达到 $O(1/n^2)$，所以通过统一的界定，所有的数据点到错误中心的距离是到正确中心距离的十倍以上，假如我们测量的距离仅仅是投影里面的话。由于每个方向的方差为 1，那么每个方向到集群中心的 MSD 仅仅为 $O(1)$。所以，在这个例子里，需要一个质心内部的从任一方向到集群中心的最大平均平方距离的分离是更有意义的。我们一般能够达到这个目标。

定义 $\boldsymbol{A}$, $\boldsymbol{C}$ 分别为数据和聚类中心矩阵。一个方向的平均平方距离（表示为 $\mathrm{MSDD}(\boldsymbol{A},\boldsymbol{C})$），是对数据点在方向 $\boldsymbol{v}$ 上到集群中心平均平方距离的单位长度向量 $\boldsymbol{v}$ 而言的最大值，即

$$\mathrm{MSDD}(\boldsymbol{A},\boldsymbol{C})=\frac{1}{n}\operatorname*{Max}_{\boldsymbol{v}:\,|\boldsymbol{v}|=1}|(\boldsymbol{A}-\boldsymbol{C})\boldsymbol{v}|^2=\frac{1}{n}\|\boldsymbol{A}-\boldsymbol{C}\|_2^2$$

这里，我们用到了最大奇异值的基本定义以得到最后一个表达式。

定理 8.5　假设存在一个数据点 $\boldsymbol{A}$ 的 k 聚类 $\boldsymbol{C}$：

(i) 每个聚类有 $\Omega(n)$ 个数据点，并且

(ii) 任意两聚类中心之间距离至少为 $\Omega(\sqrt{\text{MSDD}(\boldsymbol{A},\boldsymbol{C})})$。那么，如下简单算法返回的任意聚类（我们之后称之为 $\boldsymbol{A}$ 的 SVD 聚类）与 $\boldsymbol{C}$ 至少有 εn 个点不同（这里，Ω 中隐藏的常数取决于 ε）。

查找 $\boldsymbol{A}$ 的 SVD。投影数据点到 $\boldsymbol{A}$ 的前 k 个（右）奇异向量构成的空间。返回一个投影中 2-近似[①] k-均值的聚类。

说明　请注意，如果我们在整个空间（没有投影）做近似优化，一般不会成功。在上面两个球形高斯的例子里，对正确的集群 $\boldsymbol{C}$ 有 $\text{MSDD}(\boldsymbol{A},\boldsymbol{C})=O(1)$。但如果内部中心间的分离仅仅是 $O(1)$，在如我们讨论的增加成本仅为 $O(n)$ 的情况下（成本是整个空间的距离平方），那么第一个高斯 εn 个点能被放入第二个高斯里，然而，聚类 $\boldsymbol{C}$ 的成本是 $O(nd)$。

这个定理也意味着聚类 $\boldsymbol{C}$ 的一种唯一性分类，即任何同时满足(i)和(ii)的其他聚类最多在 $2\varepsilon n$ 点上与 $\boldsymbol{C}$ 不同。这从以下可以看出：这个定理也适用于其他聚类，这是因为它能够满足假设。所以，它也在最多 εn 点上不同于 SVD 聚类。因此，$\boldsymbol{C}$ 和其他聚类不能有多于 $2\varepsilon n$ 个点的不同。

这个定理的证明将使用如下两个引理，这说明了 SVD 的作用。第一个引理指，对于任何有 $\Omega(n)$ 个点的集群 $\boldsymbol{C}$，定理中描述的 SVD 集群能够找到相当接近集群 $\boldsymbol{C}$ 的中心的集群中心，这里，接近是用 $\text{MSDD}(\boldsymbol{A},\boldsymbol{C})$ 测量的。结论将是：在 SVD 投影中的一个候选聚类只要使用与 $\boldsymbol{C}$（投射的空间）相同的中心，并且如果 SVD 聚类没有一个接近特定的集群 $\boldsymbol{C}$ 的聚类中心的话，与候选聚类相比它将付出更多的代价从而无法是 2-最优的。

引理 8.6　假设数据矩阵 $\boldsymbol{A}$ 和 $\boldsymbol{C}$ 在每个集群有 $\Omega(n)$ 个点的聚类。[②] 假设 $\boldsymbol{C}'$ 是 $\boldsymbol{A}$ 的 SVD 聚类（如定理中表述）。那么对 $\boldsymbol{C}$ 的每个集群中心 $\boldsymbol{\mu}$，$\boldsymbol{C}'$ 有一个在距离 $O(\sqrt{\text{MSDD}(\boldsymbol{A},\boldsymbol{C})})$ 以内的聚类中心。

证明　使 $\alpha=\text{MSDD}(\boldsymbol{A},\boldsymbol{C})$。使 T 是集群 $\boldsymbol{C}$ 中的数据点集并反设：T 的重心 $\boldsymbol{\mu}$ 在距离 $O(\sqrt{k\alpha})$ 内没有 $\boldsymbol{C}'$ 的集群中心。设 $\overline{\boldsymbol{A}}_i$ 表示 $\boldsymbol{A}_i$ 到 SVD 子空间的投影；所以 SVD 聚类实际上对点 $\overline{\boldsymbol{A}}_i$ 进行了聚类。注意 $\boldsymbol{C}'_i$ 是最接近 $\overline{\boldsymbol{A}}_i$ 的 $\boldsymbol{C}'$ 的集群中心。在 SVD 解中一个数据点 $\boldsymbol{A}_i\in T$ 的成本是

① 一个 2-近似集群能耗最多是最优能耗的两倍。
② 注：没有假设 $\boldsymbol{C}$ 满足定理的条件(ii)。

$$|\bar{\boldsymbol{A}}_i-\boldsymbol{C}'_i|^2=|(\boldsymbol{\mu}-\boldsymbol{C}'_i)-(\boldsymbol{\mu}-\bar{\boldsymbol{A}}_i)|^2\geqslant\frac{1}{2}|\boldsymbol{\mu}-\boldsymbol{C}'_i|^2-|\boldsymbol{\mu}-\bar{\boldsymbol{A}}_i|^2$$
$$\geqslant\Omega(\alpha)-|\boldsymbol{\mu}-\bar{\boldsymbol{A}}_i|^2$$

这里,对任意两个向量 $\boldsymbol{a}$ 和 $\boldsymbol{b}$ 我们使用了 $|\boldsymbol{a}-\boldsymbol{b}|^2\geqslant\frac{1}{2}|\boldsymbol{a}|^2-|\boldsymbol{b}|^2$。

将 T 中所有点加起来后就得到:$\boldsymbol{C}'$的成本至少是$\Omega(n\alpha)-\|\bar{\boldsymbol{A}}-\boldsymbol{C}\|_F^2$。现在,对点$\bar{\boldsymbol{A}}_i$ 聚类的方法之一是只要使用和$\boldsymbol{C}$ 相同的聚类中心;集群的成本是 $\|\bar{\boldsymbol{A}}-\boldsymbol{C}\|_F^2$。所以点$\bar{\boldsymbol{A}}_i$ 最优聚类成本最多为 $\|\bar{\boldsymbol{A}}-\boldsymbol{C}\|_F^2$。由于算法找到 2-近似聚类,SVD 集群的成本最多为 $2\|\bar{\boldsymbol{A}}-\boldsymbol{C}\|_F^2$。所以我们得到

$$2\|\bar{\boldsymbol{A}}-\boldsymbol{C}\|_F^2\geqslant\Omega(n\alpha)-\|\bar{\boldsymbol{A}}-\boldsymbol{C}\|_F^2\Rightarrow\|\bar{\boldsymbol{A}}-\boldsymbol{C}\|_F^2\geqslant\Omega(n\alpha)$$

我们将要证明引理 8.7 中的 $\|\bar{\boldsymbol{A}}-\boldsymbol{C}\|_F^2\leqslant 5k\alpha n$。通过(i),我们有 $k\in O(1)$,所以 $\|\bar{\boldsymbol{A}}-\boldsymbol{C}\|_F^2=O(\alpha)$。从而得到一个矛盾(针对$\Omega$ 中的常数的合理选择而言)。

请注意下面的引理,主不等式在左边用到弗罗贝尼乌斯范数(Frobenius norm),在右边只用到算子范数。这使得它要强于同时在左右两边都用到弗罗贝尼乌斯范数或都用到算子范数。

引理 8.7 假设 $\boldsymbol{A}$ 是一个 $n\times d$ 矩阵,假设 $\boldsymbol{C}$ 是 $n\times d$ 的 k 阶矩阵。设$\bar{\boldsymbol{A}}$ 是由 SVD 方法找到的对 $\boldsymbol{A}$ 的最佳 k 阶近似。那么,$\|\bar{\boldsymbol{A}}-\boldsymbol{C}\|_F^2\leqslant 5k\|\boldsymbol{A}-\boldsymbol{C}\|_2^2$。

证明 设 $\boldsymbol{u}_1, \boldsymbol{u}_2, \cdots, \boldsymbol{u}_k$ 是$\boldsymbol{A}$ 的前k 个奇异向量。扩展这前 k 个奇异向量集合到一个由$\bar{\boldsymbol{A}}$ 和 $\boldsymbol{C}$ 的行扩张而来的向量空间的标准正交基 $\boldsymbol{u}_1, \boldsymbol{u}_2, \cdots, \boldsymbol{u}_p$。由于$\bar{\boldsymbol{A}}$ 是由 $\boldsymbol{u}_1, \boldsymbol{u}_2, \cdots, \boldsymbol{u}_k$ 扩张而来,$\boldsymbol{C}$ 最多为秩 k,因此 $p\leqslant 2k$, 从而

$$\|\bar{\boldsymbol{A}}-\boldsymbol{C}\|_F^2=\sum_{i=1}^{k}|(\bar{\boldsymbol{A}}-\boldsymbol{C})\boldsymbol{u}_i|^2+\sum_{i=k+1}^{k}|(\bar{\boldsymbol{A}}-\boldsymbol{C})\boldsymbol{u}_i|^2$$

因为 $\{\boldsymbol{u}_i\mid 1\leqslant i\leqslant k\}$ 是 $\boldsymbol{A}$ 的前k 个奇异向量,并且$\bar{\boldsymbol{A}}$ 是 $\boldsymbol{A}$ 的 k 阶近似,对 $1\leqslant i\leqslant k$, $\boldsymbol{A}\boldsymbol{u}_i=\bar{\boldsymbol{A}}\boldsymbol{u}_i$,因此有 $|(\bar{\boldsymbol{A}}-\boldsymbol{C})\boldsymbol{u}_i|^2=|(\boldsymbol{A}-\boldsymbol{C})\boldsymbol{u}_i|^2$。对 $i>k$, $\bar{\boldsymbol{A}}\boldsymbol{u}_i=0$,因此有 $|(\bar{\boldsymbol{A}}-\boldsymbol{C})\boldsymbol{u}_i|^2=|\boldsymbol{C}\boldsymbol{u}_i|^2$。因此有:

$$\|\bar{\boldsymbol{A}}-\boldsymbol{C}\|_F^2=\sum_{i=1}^{k}|(\boldsymbol{A}-\boldsymbol{C})\boldsymbol{u}_i|^2+\sum_{i=k+1}^{p}|\boldsymbol{C}\boldsymbol{u}_i|^2$$
$$\leqslant k\|\boldsymbol{A}-\boldsymbol{C}\|_2^2+\sum_{i=k+1}^{p}|\boldsymbol{A}\boldsymbol{u}_i+(\boldsymbol{C}-\boldsymbol{A})\boldsymbol{u}_i|^2$$

使用 $|\boldsymbol{a}+\boldsymbol{b}|^2\leqslant 2|\boldsymbol{a}|^2+2|\boldsymbol{b}|^2$:

$$\|\bar{\boldsymbol{A}}-\boldsymbol{C}\|_F^2 \leqslant k\|\boldsymbol{A}-\boldsymbol{C}\|_2^2+2\sum_{i=k+1}^{p}|\boldsymbol{A}\boldsymbol{u}_i|^2+2\sum_{i=k+1}^{p}|(\boldsymbol{C}-\boldsymbol{A})\boldsymbol{u}_i|^2$$

$$\leqslant k\|\boldsymbol{A}-\boldsymbol{C}\|_2^2+2(p-k-1)\sigma_{k+1}^2(\boldsymbol{A})+2(p-k-1)\|\boldsymbol{A}-\boldsymbol{C}\|_2^2$$

使用 $p\leqslant 2k$ 意味着 $k>p-k-1$

$$\|\bar{\boldsymbol{A}}-\boldsymbol{C}\|_F^2 \leqslant k\|\boldsymbol{A}-\boldsymbol{C}\|_2^2+2k\sigma_{k+1}^2(\boldsymbol{A})+2k\|\boldsymbol{A}-\boldsymbol{C}\|_2^2 \tag{8.1}$$

如我们在第 4 章所见，对任意 k 阶矩阵 $\boldsymbol{B}$，$\|\boldsymbol{A}-\boldsymbol{B}\|_2\geqslant\sigma_{k+1}(\boldsymbol{A})$。所以有 $\sigma_{k+1}(\boldsymbol{A})\leqslant\|\boldsymbol{A}-\boldsymbol{C}\|_2$，由此就得到了引理的证明。

证明　(定理 8.5)使 $\beta=\sqrt{\text{MSDD}(\boldsymbol{A},\boldsymbol{C})}$。我们使用引理 8.6。对于每个集群 $\boldsymbol{C}$ 的集群中心 $\boldsymbol{\mu}$，有一个在距离 $O(\beta)$ 以内的 SVD 聚类的集群中心 $\boldsymbol{v}$。此外，由于 $\boldsymbol{C}$ 满足定理第(ii) 条，从 $\boldsymbol{\mu}$ 到 $\boldsymbol{v}$ 的映射是 1-1。如果发生以下情况：A_i 属于集群 $\boldsymbol{C}$ 的集群中心 $\boldsymbol{\mu}$，其在 C' 中最近的聚类中心是 $\boldsymbol{v}$，但 $\bar{\boldsymbol{A}}_i$($\boldsymbol{A}_i$ 到 SVD 子空间的投射) 作为其最接近的 C' 中心存在某个 $\boldsymbol{v}'\neq\boldsymbol{v}$，则 $\boldsymbol{C}$ 和 SVD 聚类在数据点 A_i 上不同。假设 $\boldsymbol{\mu}'$ 是聚类 $\boldsymbol{C}$ 最接近 $\boldsymbol{v}'$ 的中心(见图 8.1)。这种情况下，我们有($\boldsymbol{x}=\bar{\boldsymbol{A}}_i$)

$$\begin{aligned}|\boldsymbol{x}-\boldsymbol{\mu}| &\geqslant |\boldsymbol{x}-\boldsymbol{v}|-|\boldsymbol{v}-\boldsymbol{\mu}|\geqslant|\boldsymbol{x}-\boldsymbol{v}'|-|\boldsymbol{v}-\boldsymbol{\mu}|\\ &\geqslant|\boldsymbol{x}-\boldsymbol{\mu}'|-|\boldsymbol{v}'-\boldsymbol{\mu}'|-|\boldsymbol{v}-\boldsymbol{\mu}|\\ &\geqslant|\boldsymbol{\mu}-\boldsymbol{\mu}'|-|\boldsymbol{\mu}-\boldsymbol{x}|-|\boldsymbol{v}'-\boldsymbol{\mu}'|-|\boldsymbol{v}-\boldsymbol{\mu}|\end{aligned}$$

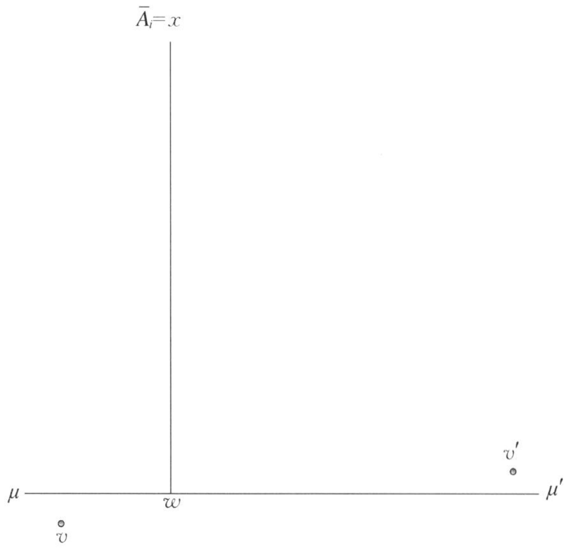

图 8.1　错误分类点成本的图示

于是，$|\boldsymbol{x}-\boldsymbol{\mu}| \geqslant \frac{1}{2}|\boldsymbol{\mu}-\boldsymbol{\mu}'|-O(\beta)$。

现在，通过使定理的条件(ii)中的隐藏常数足够大，我们有 $|\bar{\boldsymbol{A}}_i-\boldsymbol{\mu}| \geqslant \frac{\beta}{\sqrt{\varepsilon}}$。假设有 m 个这样的 $\boldsymbol{A}_i$(他们在 $\boldsymbol{C}$，$\boldsymbol{C}'$ 中被分为不同的聚类)，那么，将以上部分平方并且求和，得到 $\|\bar{\boldsymbol{A}}-\boldsymbol{C}\|_F^2 \geqslant \frac{m\beta^2}{\varepsilon}$。但另一方面，通过引理 8.7，我们知道 $\|\bar{\boldsymbol{A}}-\boldsymbol{C}\|_F^2 \leqslant O(k\|\boldsymbol{A}-\boldsymbol{C}\|_2^2)=O(kn\beta^2)$。所以，通过定理的条件(i)，$k \in O(1)$，有 $\|\bar{\boldsymbol{A}}-\boldsymbol{C}\|_F^2=O(n\beta^2)$。这意味着定理的结论 $m \leqslant \varepsilon n$ 成立。

8.5 基于稀疏削减的递归聚类

回到基于单一标准的最优化，前面考虑的准则是"全局最优标准"，如到集群中心距离总和最小化或距离平方总和的最小化。这个标准由于要事先固定聚类个数 k，所以也是比较有限的，虽然这可以通过尝试不同的 k 而放松这个限制。但是，全局标准有时会误导。考虑图 8.2 中的一个例子，其中的 2-中值标准给出了 2-聚类 $\boldsymbol{B}$。但是，两个对象之间的相似性定义为他们之间距离的倒数或其他一些距离的反函数，内圈中的点与周围其他的内圈中的点具有很高的相似性，而它们与外圈中所有点具有较低的相似性，所以 2-聚类 $\boldsymbol{A}$ 更自然。

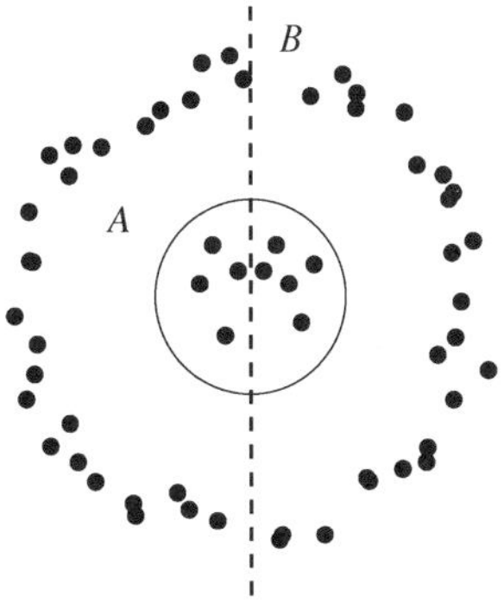

图 8.2 举例：不自然地被虚线表示的 2-均值集群 $\boldsymbol{B}$

在这些情况下，我们希望将对象划分成集群，使同一个集群内的对象高度相似并且不同集群之间的成对对象有低的总相似度。仅仅确保在一个簇中的对象之间的高度相似性总和是不够的，因为这会允许将集群分成两个派系(高成对相似性)，这两个派系是不相交的，并且互相之间没有相似性。这个集群应该真的被分成两个集群。因此，我们规定每个集群必须是一个不能被再分割的自然簇，或者换句话说，不存在一个集群能够被分裂成两个互相之间总相似性很低的集群。

这就需要给出一个递归聚类的程序，该程序以同一个集群中的所有对象为开始。如果有一些分裂成具有较低的总相似性的两个子集，然后继续分离每个子集，直到没有进一步分割的可能。不幸的是，如果相似性是均匀传播的，任何将一个子集分裂成的两部分且其中之一是单独的个体的分切方式将具有较低的总相似性，此过程将趋于细分子集到单独的个体或非常小的子集，这是没有用的。这里的困难是以下内容。使 $d_i = \sum_j a_{ij}$ 作为对象 i 到所有其他部分的总相似性。假设此时 d_i 是大致相等的。此外，假设对任一个有 s(s 很小)个对象的子集 S，在该子集中对象到子集之外的对象的总相似性即 $\sum_{i \in S} \sum_{j \in \overline{S}} a_{ij}$，大致是 sd_i。这样的总和对小的 s 有利，可帮助消除该子集。相反，它会使测量 S 到集合除以 s 剩余部分的总相似性更有意义，即："每个对象"和集合外面的很相似。请注意，这不利于单独个体分拆。但被 S 中对象的数量 s 切割，仅在相似性均匀分布时才有意义。在更一般的情况下，更好的方法是用 S 内对象到所有对象之间的总相似性对对象之间的总相似性来划分的，其中一个对象是在 S，另一种是在 $\overline{S}$。

我们现在解释本节的一些符号。$\boldsymbol{A}$ 为有成对相似性的 $n \times n$ 矩阵。$\boldsymbol{A}$ 是一个对称矩阵；$a_{ij} = a_{ji}$。$d_i = \sum_k a_{ik}$ 为 $\boldsymbol{A}$ 的行总和。同时，$d = \sum_i d_i$ 为所有相似性的总和。我们通过将 $\boldsymbol{A}$ 中所有行总和规范化为 1，得到另一个矩阵 $\boldsymbol{P}$：

$$p_{ij} = \frac{a_{ij}}{d_i}$$

注意，$\boldsymbol{P}$ 不一定是对称的。现在，我们有了一个基本的定义。

定义：对于行的一个子集 S，定义 S 的稀疏度 $\Phi(S)$ 为 S 中所有对象到 $\overline{S}$ 中所有对象的总的相似度除以 S 中对象到所有对象的总相似度；符号化如下：

$$\Phi(S)=\frac{\sum_{i\in S,\ j\in \overline{S}} a_{ij}}{\sum_{i\in S} d_i}$$

定义(总体)稀疏度(表示为 Φ)为[1]所有 S 中 $\Phi(S)$ 的最小值,且有

$$\sum_{i\in S} d_i \leqslant \frac{1}{2}\sum_j d_j$$

稀疏性测量一组集合和它的补集之间的相似性,但除以该集合的总体相似性。对最多$\frac{1}{2}$总体相似性集合的约束是很自然的。

利用马尔可夫链中的概念可以最好地理解这些定义。考虑转移概率矩阵为 $\boldsymbol{P}$ 的马尔可夫链。(在第 5 章中,我们有一个矩阵,它第 $i,\ j$ 个元素 a_{ij} 等于节点 i 和 j 之间的电导,我们作相似的规范化。$\boldsymbol{P}$ 不必是对称的,即使 $\boldsymbol{A}$ 是对称的)我们假设对应的图(由非零 p_{ij} 的边$(i,\ j)$构成)是连通的,所以根据定理 5.2,有固定概率 π_i。正如我们第 5 章描述的,检查固定概率 π_i 和 d_i 成正比是很容易的,换句话说,通过时间可逆性 $\pi_i=\frac{d_i}{\sum_k d_k}$: $\frac{d_i}{d}p_{ij}=\frac{d_j}{d}p_{ji}$。那么,我们很容易发现,我们称之为稀疏度的恰恰和最低逃生概率相同。

如果整个对象集合的稀疏度很小,这里就有在 S_1 和 $\overline{S}_1$ 之间较低总相似度(和 S_1 到所有对象的相似度相比)的一个疏切-$(S_1,\ \overline{S}_1)$。所以将集合分为 S_1 和 $\overline{S}_1$ 是合理的。显然,递归地重复这个过程也是合理的。但一个值得注意的问题是:我们如何在 S_1 中为下一步测量一个子集 $S\subseteq S_1$ 的稀疏度?有如下两种不同的定义:

$$\frac{S\text{ 和 }S_1\backslash S\text{ 的总体相似度}}{S\text{ 到所有 }n\text{ 个对象的相似度}}$$

$$\frac{S\text{ 和 }S_1\backslash S\text{ 的总体相似度}}{S\text{ 和 }S_1\text{ 的总体相似度}}$$

两定义分母不一样。我们将使用第一个(与第二个不同),优点是可以正确计算我们分裂集群所移动的边重量(p_{ij})(在这个例子中,是指 S 和 $S_1\backslash S$ 之间的边)。

---

① 这里定义的稀疏性和我们在第 5 章马尔可夫链中定义的最小逃生概率是一样的;在马尔可夫链描述中,它通常也被称为电导。

高层次描述的递归聚类算法如下。

递归聚类

如果一个(节点)集合有一个子集 S 满足 $\Phi(S)\leqslant\varepsilon$，将该集合分为两部分：$S$ 和剩余的部分。然后在每个部分里面重复。

在这里，ε 是 0 和 1 之间的一个实数，它是当我们完成时期望的各部分稀疏度下限。一个单一顶点没有适当的分区，根据定义，我们设定一个单一顶点的稀疏性为 1。

查找是否存在一个稀疏度最多为某个值的问题是 NP-hard 的。我们稍后解决这一问题。但首先我们说明，上述方案能够在可证明的意义上确保产生一个聚类。遗憾的是，这种一般性的证明比经验观察到的行为弱很多。

定理 8.8　假设我们运行上述算法，伴随一处修改：首先，将每个 $d_i\leqslant\varepsilon d/n$ 的顶点作为一个单独的集群。那么在结束的时候，i 和 j 属不同集群的所有边 (i,j) 的总相似性最多是所有边总相似性的 $O(\varepsilon\log(n/\varepsilon))$ 倍。此外，在结束时，每部分都有至少为 ε 的相似度。

证明　一开始将具有 $d_i\leqslant\varepsilon d/n$ 的边切割出来的过程切出了总体相似度最多为 εd 的边。假设在某些时候，算法切割一个子集 S，分为 W，R。在 $\sum_{i\in W}d_i\leqslant\sum_{j\in R}d_j$ 意义上我们说 W 是比较小的集合。我们如下计算所有被切出 $\sum_{i\in W,\ j\in R}a_{ij}$ 到 W 的顶点集的所有边的总相似度：对于 $k\in W$，我们添加费用 $d_k\dfrac{\sum_{i\in W,\ j\in R}a_{ij}}{\sum_{\ell\in W}d_\ell}$。由于我们仅当稀疏度最多为 ε 时才切割，添加到每个 $k\in W$ 的费用最多是 εd_k。一个顶点被计算了多少次呢？只在它为切下的较小部分的时候才为其计算。因此，在它被任意两次计算之间，由 $\sum_{\ell\in\text{包含}k\text{的部分}}d_\ell$ 所测量的尺寸以至少 2 的因子被削减。由于开始时全部 d_i 为 d，且对于任何参与切的顶点，该值永不少于 $\varepsilon d/n$，一个顶点最多可以计算 $O(\log(n/\varepsilon))$ 次。把所有过程相加，我们得到该定理。

但是，确定一个子集是否有小的稀疏度并找到一个稀疏切是 NP 困难的问题，所以定理不能被马上实施。幸运的是，特征值和特征向量(可快速计算)给我们一个稀疏度近似值。特征值和稀疏度之间的关系，称为 Cheeger 不等式，对马尔可夫链有深入的应用。这可以用证明第 5 章马氏链中的定理 5.13 的同样方法来证明。在这里，我们只说明结果。

假设 $\boldsymbol{v}$ 是 P 对应于第二个最大特征值的特征向量。如果有某个实数 α 使得

$S=\{i: v_i \geqslant \alpha\}$。就说 S 是 $\boldsymbol{v}$ 的一个水平集，Cheeger 不等式表明，有一个 v 的水平集 S 满足 $\Phi(S) \leqslant 4\sqrt{\Phi}$；换句话说，$\boldsymbol{v}$ 的一个水平集大约有最低稀疏度（在平方根的意义上）。可以发现特征向量，然后 n 个水平集可以被枚举，我们可以从中选取产生最稀疏切割的那个。我们将沿着这条切削减并继续递归。同样，这里我们不给出具体的细节。

8.6 核方法

k 均值标准不能分离在输入空间中不是线性可分的集群。这是因为，在最终的集群里，每个集群是由最靠近一个特定集群中心的数据点的集合定义的。事实上，到目前为止所有的方法，包括光谱方法，优化了一个良好定义的目标函数并假设已对问题进行了很好的规划，无论是从距离还是相似性的角度。在本节中，我们讨论了一种可以改变问题描述的方法，这样我们就可以得到所需的集群。

在学习算法的章节（第 6 章）中，我们看到了很多在原来的空间不是线性可分的例子，但使用一个称为内核的非线性函数映射到一个更高维空间后就是线性可分的。聚类情况下可以使用一种类似的技术，但有两点不同。

（1）可以有任意数量 k 的集群，而在知识学习上，只有两个类，正面和负面的例子。

（2）有未标记的数据，即我们没有给出每个数据点属于哪个集群，而在学习算法的情况下，每个数据点是被标记的。聚类的情况有时也被称为“无监督的”，而标记的学习算法的情况被称为“监督的”，原因是，就像是有监督者（人的判断）在供给标签一样。

这两个差异不会阻止核方法在聚类上的应用。事实上，这里也可以先使用高斯或其他内核在不同的空间嵌入数据，然后在嵌入的空间中运行 k 均值。同样，不需要明确地写下整个嵌入。但在学习算法中，因为只有一个线性分离器分成的两大类，我们能够写一个凸规划来找到正常的分离。当有 k 类时，可能有多达 $\binom{k}{2}$ 元超平面分离双类，所以计算问题变得困难，也没有简单的凸规划来解决这个问题。然而，我们仍然可以在嵌入的空间中运行 k-means 算法。一个集群的质心取作集群中的数据点的平均点。回想一下，我们只知道点积，而不是在高

维空间中的距离,但我们可以用 $|x-y|^2 = x \cdot x + y \cdot y + 2x \cdot y$ 这个关系来从点积过渡到距离。这里,我们不要纠缠在细节上。

有一些高维数据点位于低维流形中的情况。在这种情况下,高斯内核是非常有用的。比如我们有 R^d 中的 n 个点的集合 $S=\{\boldsymbol{s}_1, \boldsymbol{s}_2, \cdots, \boldsymbol{s}_n\}$,我们希望聚类到 k 个子集中。高斯内核使用一个近似测量措施,强调点密度并随点间隔变远而指数下降。我们通过如下来定义点 i 和 j 之间的"近似":

$$a_{ij} = \begin{cases} \mathrm{e}^{-\frac{1}{2\sigma^2}\|\boldsymbol{s}_i - \boldsymbol{s}_j\|^2}, & i \neq j \\ 0, & i = j \end{cases}$$

近似矩阵给出一种点的密度测量措施。这个测量随着距离指数下降,从而有利于接近点。点相距较远使得他们的密度缩小到零。我们举两个例子简要说明高斯核的使用方法。第一个例子是类似于图 8.2 的两个同心的环形通道上的点。假设环形离得很近,即它们之间的距离是 $\delta \ll 1$。即使我们使用对象之间的相似性,而不是说使用 k 中位数的标准,并不清楚,我们将得到正确的集群,即两个独立的圈子。相反,假设以一定的比例对圈子进行采样,使得相邻样点的间隔距离 $\varepsilon \ll \delta$。定义一个高斯内核,偏差为 ε^2。那么,如果采样 $\boldsymbol{s}_1$ 在圈 1 中,采样 $\boldsymbol{s}_2$ 在圈 2 中,$\mathrm{e}^{-|\boldsymbol{s}_1-\boldsymbol{s}_2|^2/2\varepsilon^2} \ll 1$,所以他们很可能会像所期望的那样被放置在独立的集群中。

我们的第二个例子中有三条曲线。假设两个不同的曲线中的两点间从来没有接近 δ。如果我们以一个足够高的比例进行采样,那么每一个样本将有许多来自同一曲线的其他相近示例,按照高斯内核,可以给出很高的相似性。但两个来自不同曲线的样本不会具有很高的相似性。这个例子可以概括为一种情况,其中点在不同"篇"或低维流形上。

我们用 KERNAL 方法是真正使用单链路到集群而不是 K 均值吗?答:不是的,我们没有指定在嵌入的空间使用什么方法。事实上,我们可以使用单链路或 K 均值。在理想化的例子中这两种方法都可以找到正确的集群。

另一个数据集

y 的行形成了两个非常紧的簇。

同一个圆上靠近对方的两点将有一个高近似值,即他们在测量中很靠近对方。对于正确的 sigma 值,这最接近的两个点,每个圈一个,将相距无限远。因此,近似值矩阵是一个带矩阵,由两个数据块组成。

8.7 凝聚聚类

凝聚聚类从一个单独的集群中的每个点开始，然后反复合并最接近的两个集群成一个。有很多不同的标准来确定在任何点合并哪两个集群。它们按照两点之间的距离第一次定义两个集群之间的距离。下面列出了四种可能性：

(1) 最近邻——集群 C_i 和 C_j 之间的距离是 C_i 和 C_j 中最接近的两点之间的距离。

$$d_{\min}(C_i, C_j) = \min_{\substack{x \in C_i \\ y \in C_j}} \| x - y \|$$

这项测量基本上建立了数据的最小代价生成树(每个集群一个节点)。

(2) 最远邻——集群 C_i 和 C_j 之间的距离是在 C_i 和 C_j 中相距最远的点之间的距离。

$$d_{\max}(C_i, C_j) = \max_{\substack{x \in C_i \\ y \in C_j}} \| x - y \|$$

(3) 中值(mean)——两个簇之间的距离是聚类的质心之间的距离。

(4) 均值(average)——两个簇之间的距离是在这两个集群点之间的平均距离。

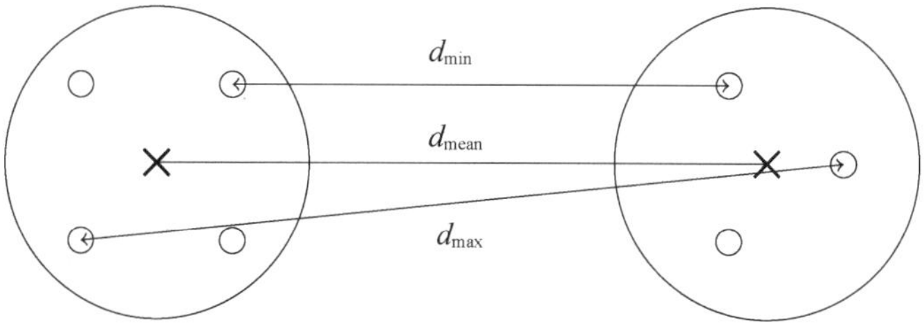

图 8.3 描述一组点的最大、最小和平均距离

中度和高维凝聚聚类往往造成一个非常不平衡的树。本节提供了一些洞察到这一现象的原因。我们首先考虑 1 维数据的凝聚聚类。1 维的情况下产生一个平衡树。

考虑使用一条直线上最近邻的 n 个点的凝聚聚类。假设相邻的点之间的距离是独立随机变量，通过最近邻点的距离来测量集群之间的距离。在这里很容易看到，每个集群始终是一个区间。在这种情况下，任何两个相邻的区间等可能地被合并。最后的合并可能会发生在遇到两个相邻点之间的最大距离的情况下。这对任意 i，$1 \leqslant i < n$，点 i 和 $i+1$ 之间的距离是等可能的。最终的合并树的高度将比两个子树中最大高度还要高。设 $h(n)$ 是一个有 n 片叶子的合并树的预期高度。那么

$$\begin{aligned} h(n) &= 1 + \frac{1}{n} \sum_{i=1}^{n} \max\{h(i),\ h(n-i)\} \\ &= 1 + \frac{2}{n} \sum_{i=\frac{n}{2}+1}^{n} h(i) \\ &= 1 + \frac{2}{n} \sum_{i=\frac{n}{2}+1}^{\frac{3}{4}n} h(i) + \frac{2}{n} \sum_{i=\frac{3}{4}n+1}^{n} h(i) \end{aligned}$$

因为 $h(i)$ 是单调函数，对于 $\frac{n}{2} < i \leqslant \frac{3}{4}n$，通过 $h\left(\frac{3}{4}n\right)$ 界定 $h(i)$。并且对于 $\frac{3}{4}n < i \leqslant n$，通过 $h(n)$ 界定 $h(i)$。因此，

$$\begin{aligned} h(n) &\leqslant 1 + \frac{2}{n}\ \frac{n}{4} h\left(\frac{3n}{4}\right) + \frac{2}{n}\ \frac{n}{4} h(n) \\ &\leqslant 1 + \frac{1}{2} h\left(\frac{3n}{4}\right) + \frac{1}{2} h(n) \end{aligned}$$

对足够大的 b 这个循环有解 $h(n) \leqslant b\log n$。因此，合并树没有长的路径并且很浓密。

如果 n 个点是高维的而不是约束在一条线上，那么任意两个点间的距离，而不是两个相邻的点，可以是最小的距离。我们可以认为每次增加一个边到数据中心形成一个生成树。只是现在，我们有一个任意的树，而不是一条直线。已加入边的顺序对应于所连接部件的顺序，这些部件是通过凝聚算法来连接的。生成树在两种极端的情况下对应的点集是直线，这给出了一个浓密的凝聚树或给出了一个星状的瘦小的高度为 n 的凝聚树。注意：这里涉及两种树：生成树和凝聚树。

现在的问题是生成树是什么形状？如果组件之间的距离是最近邻的距离，那么两个组件之间有边的概率是和组件的大小成比例的。因此，一旦一个大组件构成，它会吞下小的组件，并给出一种更加星状的生成树，因此得到一个高大

的瘦的凝聚树。请注意其与 $G(n, p)$问题的相似性。

如果我们定义两个集群之间的距离是集群中的任意两点之间的最大距离，那么我们更有可能获得一棵浓密的生成树和一棵瘦小的凝聚树。如果所有的点之间的距离是独立的,并且我们有两个大小为 k 的簇和一个单点,两个大小为 k 的簇的点之间的最大距离可能比单点到集群中的 k 个点的最大距离要更大一些。因此,在两个集群合并之前,单点可能会合并进一个集群,一般来说,就是小的群将被结合进较大的群,从而有了一个浓密的生成树和一个瘦小的凝聚树。

8.8 社区,密集的子矩阵

用 $n\times d$ 的矩阵 $\mathbf{A}$ 的行表示在 d 维空间的 n 个数据点。假设 $\mathbf{A}$ 有全部非负元素。这部分要记住的例子是文件项目矩阵和客户产品矩阵。我们解决的问题是如何定义并有效地找到一个统一的大的行子集。为此,矩阵 $\mathbf{A}$ 可以由一个二分图表示。一边有一个顶点对应每一行,另一边有一个顶点对应每一列。在行 i 的顶点和列 j 的顶点之间,有一个重量是 a_{ij} 的边。

我们希望有行顶点的子集 S 和列顶点的子集 T,使得由 S 行 T 列元素的总和定义的$A(S, T)$,即$A(S, T)=\sum_{i\in S,\ j\in T} a_{ij}$ 是高的。这个简单的定义是不好的,因为 $A(S, T)$ 将通过选取所有行和列被最大化。我们需要一个平衡的标准,确保 $A(S, T)$ 相对 S 和 T 是高的。一种可能性是最大化$\frac{A(S, T)}{|S||T|}$。这也不是一个很好的措施,因为它是由最高权重的单边最大化的。我们所使用的定义如下。令 $\mathbf{A}$ 是一个没有负项的矩阵。对于一个 S 行子集和一个 T 列子集, S 和 T 的密度 $d(S, T)$ 定义为 $d(S, T)=\frac{A(S, T)}{\sqrt{|S||T|}}$。$\mathbf{A}$ 的密度 $d(\mathbf{A})$ 定义为 $d(S, T)$ 在所有的行和列的子集上取的最大值。这个定义适用于二分图以及非二分图。图 8.4 是二分图的一个例子。

在 $\mathbf{A}$ 的行和列都代表相同子集,并且 a_{ij} 是对象 i 及 j 的相似度的情况下, $S=T$ 的情况显然是令人感兴趣的,此时有 $d(S, S)=\frac{A(S, S)}{|S|}$。如果 $\mathbf{A}$ 是一个 $n\times n$ 的 0-1 矩阵,它可以被认为是一个无向图的邻接矩阵,$d(S, S)$ 是 S 中一个顶点的平均度数。一个图中最大平均度的子图可以完全由网络流技术发现,我们

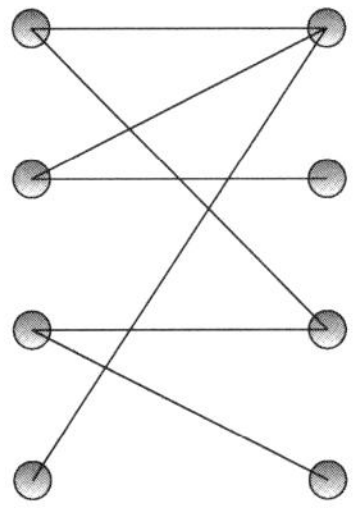

图 8.4 一个二分图的例子

将在下一节中做出说明。我们一般不知道精确寻找 $d(\mathbf{A})$ 的有效的(多项式时间)算法。然而,我们能够证明,假设对所有的 i 和 j 有 $|a_{ij}|\leqslant 1$, $d(\mathbf{A})$ 是 $\mathbf{A}$ 顶部奇异值的一个 $O(\log^2 n)$ 倍数。虽然这是一个理论的结果,对很多问题来说,这个倍数可能大大优于 $O(\log^2 n)$,使得奇异值和奇异向量相当有用。此外,满足 $d(S, T)\geqslant \Omega(d(\mathbf{A})/\log^2 n)$ 的 S 和 T 可以通过算法发现。

定理 8.9 假设 $\mathbf{A}$ 是一个 $n\times d$ 矩阵且里面每个元素均在 0 和 1 之间,那么对某个常数 c 有

$$\sigma_1(\mathbf{A})\geqslant d(\mathbf{A})\geqslant \frac{c\sigma_1(\mathbf{A})}{\log n\log d}$$

进一步,满足 $d(S, T)\geqslant \dfrac{c\sigma_1(\mathbf{A})}{\log n\log d}$ 的子集 S 和 T 可以从 $\mathbf{A}$ 的顶部奇异向量找到。

证明 令 S 和 T 为行和列的子集,其可以达到 $d(\mathbf{A})=d(S, T)$。考虑一个在 S 上为 $\dfrac{1}{\sqrt{|S|}}$ 的 n 维向量 $\boldsymbol{u}$ 且其他地方为 0,以及一个在 T 上为 $\dfrac{1}{\sqrt{|T|}}$ 的 d 维向量 $\boldsymbol{v}$ 且其他地方为 0。那么,

$$\sigma_1(\mathbf{A})\geqslant \sum_{ij} u_i v_j a_{ij}=d(S, T)=d(\mathbf{A})$$

这证明了第一个不等式。

为了证明第二个不等式,用第一左和右的奇异向量 $\boldsymbol{x}$ 和 $\boldsymbol{y}$ 来表示 $\sigma_1(\mathbf{A})$。

$$\sigma_1(\mathbf{A})=\boldsymbol{x}^{\mathrm{T}}\mathbf{A}\boldsymbol{y}=\sum_{i,j} x_i a_{ij} y_j \quad |\boldsymbol{x}|=|\boldsymbol{y}|=1$$

由于 $\mathbf{A}$ 中元素都为非负的,第一左和右的奇异向量的元素必须全是正的,也就是说对所有 i 和 j,有 $x_i\geqslant 0$ 和 $y_j\geqslant 0$。为了界定 $\sum_{i,j} x_i a_{ij} y_j$,将总和分成为

$O(\log n\log d)$ 部分。每个部分对应于一个给定的 α 和 β，并由满足 $\alpha\leqslant x_i<2\alpha$ 的所有 i 和满足 $\beta\leqslant y_j<2\beta$ 的所有 j 组成。

$\log n\log d$ 个部分通过将行分解为 $\log n$ 块、将列分解为 $\log d$ 块来定义，其中 α 等于 $\frac{1}{2}\frac{1}{\sqrt{n}}$，$\frac{1}{\sqrt{n}}$，$2\frac{1}{\sqrt{n}}$，$4\frac{1}{\sqrt{n}}$，…，1；其中 β 等于 $\frac{1}{2}\frac{1}{\sqrt{d}}$，$\frac{1}{\sqrt{d}}$，$\frac{2}{\sqrt{d}}$，$\frac{4}{\sqrt{d}}$，…，1。满足 $x_i<\frac{1}{2\sqrt{n}}$ 的 i 和满足 $y_j<\frac{1}{2\sqrt{d}}$ 的 j 以最多 $\frac{1}{4}\sigma_1(\mathbf{A})$ 的损失被忽略。

因为 $\sum_i x_i^2=1$，集合 $S=\{i\mid\alpha\leqslant x_i<2\alpha\}$ 有 $|S|\leqslant\frac{1}{\alpha^2}$。类似地，$T=\{j\mid\beta\leqslant y_j\leqslant 2\beta\}$ 有 $|T|\leqslant\frac{1}{\beta^2}$。于是

$$\sum_{\substack{i\\ \alpha\leqslant x_i\leqslant 2\alpha}}\sum_{\substack{j\\ \beta\leqslant y_j\leqslant 2\beta}}x_i y_j a_{ij}\leqslant 4\alpha\beta\mathbf{A}(S,T)\leqslant 4\alpha\beta d(S,T)\sqrt{|S||T|}$$
$$\leqslant 4d(S,T)\leqslant 4d(\mathbf{A})$$

从这一点有 $\sigma_1(A)\leqslant 4d(\mathbf{A})\log n\log d$ 或者 $d(\mathbf{A})\geqslant\frac{c\sigma_1(\mathbf{A})}{\log n\log d}$，证明了第二个不等式。注意在很多情况下，在把低元素归零后，x_i 的非零值将仅仅在 $\frac{1}{2}\frac{1}{\sqrt{n}}\sim\frac{c}{\sqrt{n}}$ 之间，y_j 的非零值仅仅在 $\frac{1}{2}\frac{1}{\sqrt{d}}\sim\frac{c}{\sqrt{d}}$ 之间，这是因为 a_{ij} 在 $0\sim1$ 之间从而奇异向量被平衡化了。这种情况下，仅仅有 $O(1)$ 个群且对数因子将消失。

密度的另一项测量是基于相似度。回想一下，由向量（$\mathbf{A}$ 的行）来表达的对象之间的相似度是通过它们的点积来定义的。因此，相似度是矩阵 $\mathbf{A}\mathbf{A}^{\mathrm{T}}$ 的元素。定义 $\mathbf{A}$ 的行组成的集合 S 的平均凝聚力 $f(S)$ 为 S 中所有成对点积的总和除以 $|S|$。$\mathbf{A}$ 的平均凝聚力是在子集的平均凝聚力的行子集上取值的最大值。

因为 $\mathbf{A}\mathbf{A}^{\mathrm{T}}$ 的奇异值是 $\mathbf{A}$ 的奇异值的平方，我们预期 $f(\mathbf{A})$ 与 $\sigma_1(A)^2$ 和 $d(A)^2$ 相关。事实上也是如此。我们在没有证明的情况下给出如下阐述。

引理 8.10　$d(\mathbf{A})^2\leqslant f(\mathbf{A})\leqslant d(\mathbf{A})\log n$。同时，$\sigma_1(\mathbf{A})^2\geqslant f(\mathbf{A})\geqslant\frac{c\sigma_1(\mathbf{A})^2}{\log n}$

$f(\mathbf{A})$ 能够通过使用流技术被精确发现，后面我们会讲到。

在本节中，我们介绍了如何找到一个大型的全局社区。另一问题是，如何找到一个包括给定顶点的小的局部社区。我们将在 8.10 节介绍这个问题。

8.9 流方法

8.6 节中,我们定义了密集子矩阵的概念。这里,我们发现可以通过网络流技术来找到一个有最大平均度的图的诱导子图(一个顶点子集的子图)。这是简单的最大化 8.6 节中图的所有子集 S 的 $d(S, S)$。首先要考虑的问题是,找到一个顶点的子集,对给定参数 λ,其诱导子图的平均度至少为 λ。然后做一个在值 λ 上的二分搜索,直到找到一个最大的 λ,对这个 λ 存在一个平均度至少为 λ 的子图。

给定一个图 G,我们想从中找到一个密集的子图,从给定的图中构建一个有向图 H,然后对 H 进行流量计算。H 对应原始图的每条边有一个节点,对应原始图上的每一个顶点有一个节点,外加两个额外的节点 s 和 t。从 s 到每个点的一定成本的有向边,对应于原始图的一条边。从每个点出发的无限成本的有向边,对应于原始图的一条边到这条边连接的两个顶点。最后,从每个点出来的成本为 λ 的有向边是对应于原始图的一个顶点到 t 点的边。

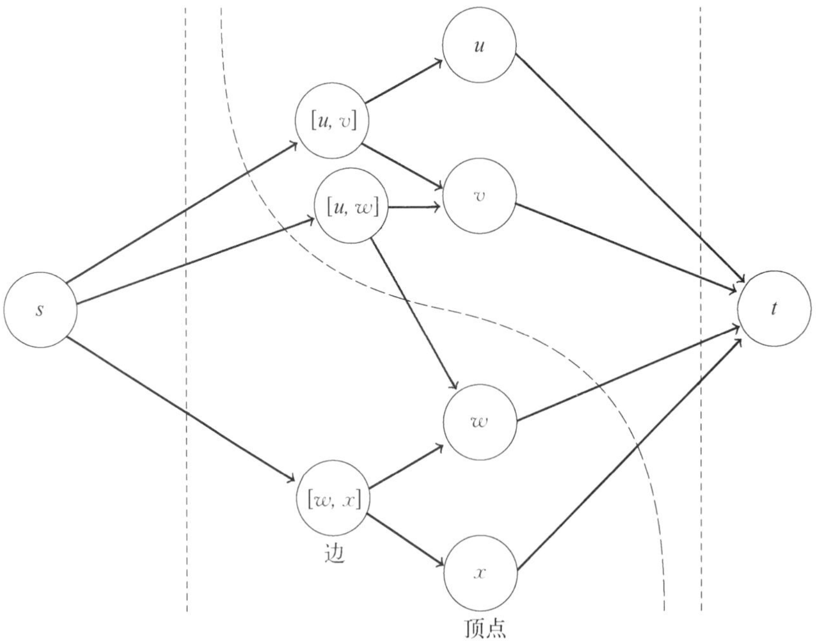

图 8.5 使用流技术寻找一个密集子图的有向图 *H*

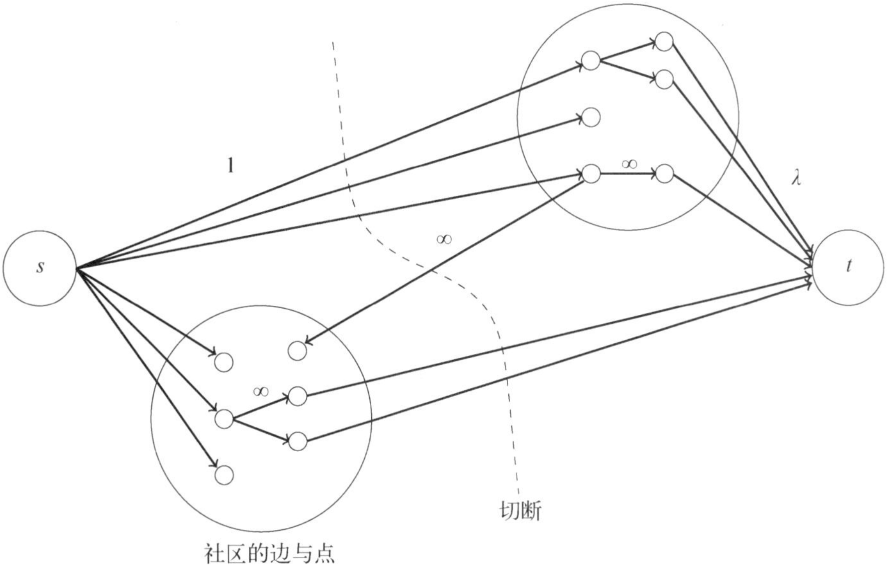

图 8.6 流图中的切

请注意,具有有限容量的有向图有三种类型的割集。第一个切了所有从源出发的弧。它有容量 e 和原始图边的数目。第二个切断所有的边成为节点。容量为 λv, v 是原始图的顶点数量。第三个切了从 s 发出的弧以及进入 t 的弧。它划分顶点集和原始图的边集为两个块。第一个块中包含源节点 s,一个边 e_s 的子集,以及一个由边子集定义的顶点子集 v_s。第一个块必须包含 e_s 中每条边的两个端点,否则一条无限的弧将在割集里。第二个块中包含 t 以及其余的边和顶点。在第二块中的边要么连接了第二块中的顶点要么在每个块中有一个端点。

割集将从边缘不是 e_s 中削减一些无限弧进入 v_s 的顶点。然而,这些弧从包含 t 的块中节点指向包含 s 的块中节点。需要注意的是,任意有限成本的离开连接到 s 的边节点的切一定会切到两个从 t 发出的相关顶点节点。因此,有一个成本为 $e-e_s+\lambda v_s$ 的切,其中 v_s 和 e_s 分别是子图的顶点和边。为了让这个切割是最小割,$e-e_s+\lambda v_s$ 必须在原始图中的顶点所有子集中是最小的,成本必须少于 e,也低于 λv。

如果一个子图有 v_s 个顶点和 e_s 条边,其中比率 $\frac{e_s}{v_s}$ 足够大,以至 $\frac{e_S}{v_S}>\frac{e}{v}$,则

对满足$\frac{e_S}{v_S}>\lambda>\frac{e}{v}$的$\lambda$有$e_s-\lambda v_s>0$和$e-e_s+\lambda v_s<e$。类似地，$e<\lambda v$，因此$e-e_s+\lambda v_s<\lambda v$。这意味着割$e-e_s+\lambda v_s$小于$e$也小于$\lambda v$，流算法能够找到一个非平凡的切割仅一个合适的子集。对于以上范围中λ的不同值，可能会有不同的非平凡切割。

注意对于一个给定的边密集度，边的条数随着顶点数目的平方增长，如果v_S很小，$\frac{e_s}{v_s}$不太可能超过$\frac{e}{v}$。因此，流方法在找大子集时会很好，因为它是用$\frac{e_S}{v_S}$计算的。为了找到更小的团体，需要使用一个基于$\frac{e_S}{v_S^2}$的方法，如以下例子所述。

例 考虑在有10^6个顶点和6×10^6条边的图中，找到有1 000个顶点和2 000个内部边的一个密集子图。为了具体起见，假定图按下面的方法产生。首先，产生一个有2 000条边、1 000个顶点的随机四度图。这1 000个顶点的图随后扩大到10^6个顶点，边随意添加直到所有顶点度数为12。注意首批1 000个顶点中每个顶点到首批1 000个顶点中的其他顶点有四条边、到其他顶点有8条边。1 000个顶点的图比整个图形在某种意义上更密集。虽然1 000个顶点诱导的子图的每个顶点有四个边且每个顶点的完整图有12条边，1 000个顶点中由边连接两个顶点的概率远高于作为一个整体的图。如果顶点形成一个完整的图形，概率由1 000个顶点中连接顶点的实际边的数量与可能边的数量之比给出。

$$p=\frac{e}{\binom{v}{2}}=\frac{2e}{v(v-1)}$$

对于1 000个顶点，$p=\frac{2\times2\,000}{1\,000\times999}\approx4\times10^{-3}$。对于整体图形，$p=\frac{2\times6\times10^6}{10^6\times10^6}=12\times10^{-6}$。两个连接顶点在概率上的差异应该可以使我们找到密集的子图。

在我们的例子中，s中所有的弧切割花费6×10^6，图中边的总数以及到t中所有切割弧花费是顶点数的λ倍或者$\lambda\times10^6$倍。将1 000个顶点和2 000条边分离的切割会花费$6\times10^6-2\,000+\lambda\times1\,000$。这个切割不可能对于$\lambda$的任意值均达到最小，这是因为$\frac{e_s}{v_s}=2$和$\frac{e}{v}=6$，因此$\frac{e_s}{v_s}<\frac{e}{v}$。关键是找到1 000个顶点，我们需要最大化$A(S,S)/|S|^2$而不是$A(S,S)/|S|$。注意$A(S,S)/|S|^2$对大的$|S|$惩罚更多，因此能找到1 000个点的“密集”子图。

8.10 线性规划

很难将形如 k-均值的聚类问题表示为一个线性或凸规划。这是因为需要变量来确定每个群集包含的点。聚类中心依赖这些变量。最后，到距离是一个非线性函数。聚类中心被限制在一个有限集(可能是点集本身)的问题是易于表示的。不难看出，对 k 均值来说，限制聚类中心为点中的一个，仅仅改变到最近的聚类中心距离的平方和为原来的 4 倍。由于线性规划和凸规划表示不受常数因子影响，这是没有问题的。

在这一节里，我们给出一组待聚类的 n 个点和一个可用作聚类中心的 m 个点的集合(可能相同的组集)。我们也给出第 i 个点和第 j 个中心之间的距离 d_{ij}。我们要打开 k 个潜在中心，以致最小化 n 个点到它们最近簇群中心的距离总和。我们引入 0-1 变量 x_{ij}，$1\leqslant i\leqslant n$，$1\leqslant j\leqslant m$，其中 $x_{ij}=1$，当且仅当第 i 个点被分配给第 j 个中心。我们也有 0-1 变量 y_j，$1\leqslant j\leqslant m$，其中 $y_j=1$，当且仅当第 j 个点被选为中心。然后，我们写下这个整体规划：最小化 $\sum_{ij} d_{ij}x_{ij}$，满足

$$\sum_{j=1}^{m} y_j = k$$

$$\sum_{j=1}^{m} x_{ij} = 1,\quad 1\leqslant i\leqslant n$$

$$x_{ij}\leqslant y_j,\ 1\leqslant i\leqslant n,\ 1\leqslant j\leqslant m$$

$$0\leqslant x_{ij},\ y_j\leqslant 1,\text{均为整数}$$

第一个约束确保 k 个中心精确地被打开。第二个约束确保每个点被分配到一个中心，第三个确保了我们只分配点到打开的中心。最后，因为我们执行的是最小化，整数规划将自动分配每个点到其最近的中心。整数约束使问题变得困难。标准的方法是在放松整数约束后开始求解相应的线性规划。这可能会打开小数中心，可能会使小数得到分配。同样，每个 i 将被分配给最近开放的中心范围内；则剩余的分配给下一个最近开放的中心范围内，等等，直到它被完全分配。四舍五入小数，从而获得可以做的一个接近最优的解，这牵涉面较广，也是目前的研究主题。

8.11　不检查全图地寻找本地群集

如果一个人希望在一个有10亿顶点的大图中找到一个包含顶点 v 的社区，找到社区的时间应与社区的大小成正比且独立于图形的大小。因此，我们想用不检查整个图形，只检查顶点 v 附近的本地方法。现在，我们给出几个这样的算法。

广度优先搜索

最简单的方法是做一个开始于 v 的广度优先搜索。显然，如果有一个小的包含 v 的连接成分，我们会在仅依赖于组件的大小(边数)的时间内及时发现它。在一个更微妙的情况中，每个边有一个表示两个端点之间的相似性的重量。如果有一包含 v 的小簇 C，每个从 C 到 $\bar{C}$ 的传出边重量小于某个 ε，C 也显然被与 C 大小成正比的广度优先搜索及时地发现。然而，在一般情况下，集群不可能有如此明显的边界迹象，它需要更复杂的技术，下面我们介绍其中一些技术。

通过最大流量

在一个有向图中给定一个顶点 v，我们要找到一个小的顶点集合 S，其边界是几个即将离开边的集合。假设我们正在寻找一个集合 S，其边界大小最多为 b，其基数最多为 k。显然，如果 $\deg(v) < b$，那么这个问题是平凡的，所以假设 $\deg(v) \geqslant b$。

思考一个流的问题，其中 v 是源。给图形的每个边一个为1的容量。创建一个sink的新顶点，从原始图的每一个顶点到新的sink顶点加一个容量 α 的边，其中 $\alpha = b/k$。如果有一个边界最多为 b 且包含 v 的大小最多为 k 的社区，则会有一个大小最多为 $k\alpha + b = 2b$ 的切，这是因为这个切将有 k 条从社区到sink点的边和 b 条从社区到剩下的图形的边。相反，如果有一个大小最多为 $2b$ 的切，那么含有 v 的社区的边界大小至多为 $2b$，并具有至多 $2k$ 个顶点，因为每个顶点到sink点有一个容量为 $\dfrac{b}{k}$ 的边。因此，为了得到结果中2的因子，所有需要做的就是确定是否有大小最多为 $2b$ 的切。如果流算法可以做多于 $2k$ 的流量扩增，则有最大流从而最小割规模超过 $2b$。如果不是这样，则最小割的大小至多为 $2b$。

在执行流算法中，找到一条从源到sink点的增广路径并扩充流。每次当一个之前没有见过的新顶点到达时，就有一条边到sink点，且流量可在从 v 到新的顶点到 sink 点的路径上被增强 α。因此，工作量是一个 b 和 k 的函数，而不是图中的顶点的总数。

稀疏度和本地社区

假设我们要确定是否一个给定的顶点在一个本地社区。本地社区的一个自然的定义为稀疏度小的一个本地最小的集合。更加正式的描述要回到 8.4 节的一些定义。假设 $\boldsymbol{P}$ 是一个随机矩阵(元素非负且行总和等于 1 的矩阵)。在这部分内容中，$\boldsymbol{P}$ 可以通过用行的和除以每个元素的方式从图的邻接矩阵 $\boldsymbol{A}$ 获得。如果是无向图，$\boldsymbol{A}$ 本来应该是对称的。但是，我们也允许有向图，其中 $\boldsymbol{A}$ 不一定是对称的。在任何情况下，我们可以忘记 $\boldsymbol{A}$ 且仅对 $\boldsymbol{P}$ 进行处理。我们假定 $\boldsymbol{P}$ 是时间可逆的，即这里一个向量 $\boldsymbol{\pi}$ 有如下关系：

$$\pi_i p_{ij} = \pi_j p_{ji}$$

如果 $\boldsymbol{P}$ 来自一个无向图，则令 π_i 等于顶点 i 的度，满足上述方程。对于图上的一个随机游走如果存在稳态概率的话，标准化 π 为加和到 1 就会得到稳态概率。通过注意到 $\pi_i p_{ij}$ 是从 $\boldsymbol{\pi}$ 分布开始的、逐步从 i 到 j 的概率，我们可以看出这一点。时间可逆性意味着流从 i 到 j 和从 j 到 i 是相等的。由于当一个节点的概率分布是 π 时每个节点出来的流等于进到这个节点的流，分布 $\boldsymbol{\pi}$ 得到保持且是稳定状态分布。

回顾 8.5 节稀疏度的定义，$\Phi(S) = \dfrac{\sum\limits_{i\in S,\, j\in \overline{S}} a_{ij}}{\sum\limits_{i\in S} d_i}$。本地社区的一个定义是一种低稀疏度的顶点的子集 S，这些顶点的每个子集 T 和 S 中其余的顶点具有很高的连接度。图 8.7 给出了示意。

比如说，我们有一个子集 S，其有最多一半的概率，使得小部分的边离开 S 以致其稀疏性小于某个值 α。进一步假定对于 S 的任意一个子集 T，其中 T 有不到 S 一半的概率，T 的稀疏性比 S 的大，比如 β，有 $\beta > \alpha$。所以，

$$\Phi(S) \leqslant \alpha$$

$$\forall\, T \subseteq S, \text{其中 } \pi(T) \leqslant \pi(S)/2;\ \sum_{i\in T;\ j\in S\setminus T} \pi_i p_{ij} \geqslant \beta \tag{8.2}$$

$\pi(T) \leqslant \pi(S)/2$ 的条件是必需的，因为如果 T 是 S 的大部分，那么它关于 S 的稀疏度将会非常低。给出 S 中的一个开始顶点 v，满足式(8.2)，我们希望用随机步发现 S。精确地找到 S 是非常困难的。如果随机步开始于 S 中的一个前沿顶

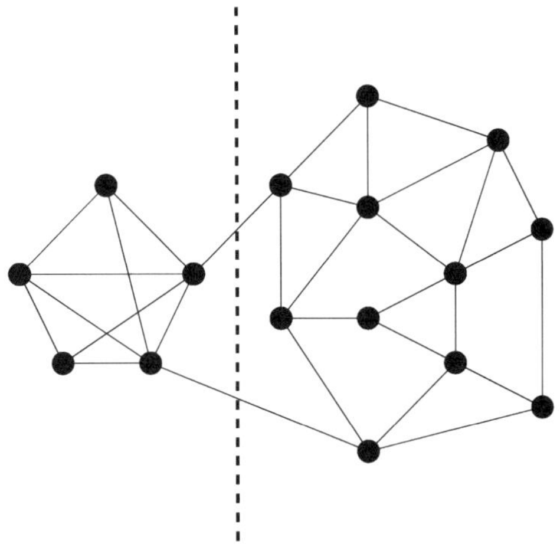

图 8.7 低稀疏但高度连接社区的例子

点，则直观上我们不能希望去发现 S，因为随机步可能很快退出 S。但如果随机步开始于 S 的内部，我们可能在某一步发现 S 吗?在 8.5 节我们可以看到如果随机步进行了 $O(1/\Phi^2)$ 步骤的运行，这里 Φ 是整个图的稀疏度，那么它将会和稳定状态 $\boldsymbol{\pi}$ 非常接近，也就是，届时，概率不仅仅超过 S，而且也超过 $\bar{S}$。这意味着，难以从长期概率中辨认 S。但是凭直觉，似乎如果步行跑了至少 $\Omega(1/\beta^2)$ 和至多 $O(1/\alpha)$ 步骤时，它应该接近单独 S 的稳态。由于在每个步骤中(我们将在下文正式阐述)最多 α 块从 S 大规模逃到 $\bar{S}$，大多数块仍在 S 中。这意味着，在 $\Omega\left(\frac{1}{\beta^2}\right)$ 步之后，我们应该能够发现 S。下面的定理表明确实对于 S 的一个大子集 S_0，其中大小通过 $\boldsymbol{\pi}$ 测量，如果我们在 S_0 中一个顶点开始随机游走，然后直觉是成立的，也就是说，经过一定步数，我们大致发现以 S 的顶点为集的高概率块。

定理指出，$\bar{S}$ 整体上的马尔可夫链的概率很小，其次，在 S 上，它接近稳态概率。应用该定理的一个问题是，我们怎么知道 S_0? 当然，我们不知道 S 和 S_0。但是，开始尝试一些接近给定顶点 v(它的本地社区是我们想要的)的不同顶点，我们可能会发现 S。请注意，我们不能保证从 v 本身开始会达到效果，因为可能 v 是 S 上的一个前沿顶点，且从 v 开始随机步行会很容易误闯 $\bar{S}$。直观地，从 S 深处的顶点开始就不会出现这样的问题，因为 S 作为一个整体的稀疏度很低。

这个定理本身并不能保证一个时间只依赖于 $|S|$ 而不是顶点总数的快速算法，但我们可以用截断法。不在整个图中运行马尔可夫链，我们跟踪每一步的概

率分布，除了概率是低于阈值 ε 的顶点。我们将这些顶点的概率设为零。因此，我们跟踪的非零概率的顶点数量是很小的。我们不在这里证明这一点。

定理 8.11 让 S 作为一个满足式(8.2)的顶点子集，其中 $\alpha < O(\beta^2)$。令 $t_0 \in \Omega(1/\beta^2)$。存在满足 $\pi(S_0) \geqslant \frac{\pi(S)}{2}$ 的 S 的一个子集 S_0 使得以 $\boldsymbol{P}$ 为转移概率矩阵的马尔克夫链，从任意 $i \in S_0$ 开始在 t_0 步后有：

(1) 在 $\bar{S}$ 中概率最多为 0.1；

(2) 对于 S 中的在 j 的概率最少为 $0.9\frac{\pi_j}{\pi(S)}$ 顶点 j 的集合 S_i，满足 $\pi(S_i) \geqslant 0.99\pi(S)$。

证明 令 $f(i, t)$为时间点 t 处，在 S 中的顶点 i 开始的马尔克夫链从 S 中的顶点到$\bar{S}$中的顶点执行一步的概率。我们要确定 $f(i, t)$的上限。如果随机步开始在稳定分布状态 π，那么它将保留在稳定分布状态，所以在时间点 t 上它从 S 中的顶点开始到$\bar{S}$中的顶点的概率就是 $\sum_{i\in S}\sum_{j\in \bar{S}}\pi_i p_{ij} = \Phi(S)\pi(S)$。通过线性化，这个概率为$\sum_{i\in S}\pi_i f(i, t)$，所以我们得到

$$\sum_{i\in S}\pi_i f(i, t) = \Phi(S)\pi(S) \leqslant \alpha\pi(S) \leqslant \alpha$$

这意味着 $\sum_{t=1}^{t_0}\sum_{i\in S}\pi_i f(i, t) \leqslant \alpha t_0\pi(S) \leqslant \varepsilon_1\pi(S)$，其中 $\varepsilon_1 \geqslant \alpha t_0$ 是一个小的正常数。

对于 $i \in S$，令 f_i 为链在 i 开始并在 t_0 步范围内步入到$\bar{S}$ 至少一次的概率。令 $S_0 = \{i \in S \mid f_i \leqslant 2\varepsilon_1\}$。我们首先证明$\pi(S_0) \leqslant \pi(S)/2$。对于 $i \in S\backslash S_0$，$\frac{f_i}{2\varepsilon_1} > 1$。因此这个链离开 S_0 的概率为

$$\pi(S\backslash S_0) = \sum_{i\in S\backslash S_0}\pi_i \leqslant \frac{1}{2\varepsilon_1}\sum_{i\in S\backslash s_0}\pi_i f \leqslant \frac{1}{2\varepsilon_1}\sum_{i\in S\backslash s_0}\pi_i f_i + \frac{1}{2\varepsilon_1}\sum_{i\in S_0}\pi_i f_i \leqslant \frac{1}{2\varepsilon_1}\sum_{i\in S}\pi_i f_i$$

$$\leqslant \frac{1}{2\varepsilon_1}\sum_{i\in S}\sum_{t=1}^{t_0}\pi_i f(i, t) \leqslant \pi(S)/2$$

得到 $\pi(S\backslash S_0) \leqslant \pi(S)/2$，这意味着 $\pi(S_0) \geqslant \pi(S)/2$。很明显，通过合理选择常数 ε_i 这个 $S_0 = \{i \in S \mid f_i \leqslant 2\varepsilon_i\}$ 能够满足(1)。

下一步，我们证明对于其在 j 点的概率至少为 $0.9\frac{\pi_j}{\pi(S)}$ 的 S 中顶点 j 的集

合S_i，满足$\pi(S_i)\geqslant 0.99\pi(S)$。假设链开始在某个$i\in S_0$。对于$j\in S$，令$g_{ij}$为我们不会进入$\bar{S}$中且$t_0$步之后在$j$点的概率。$\sum_{j\in S}g_{ij}$是在$i$点开始不进入$\bar{S}$的概率。由于我们进入$\bar{S}$的概率小于$\varepsilon\pi(S)$从而小于$\varepsilon$，因此$\sum_{j\in S}g_{ij}\geqslant 1-\varepsilon_1\quad\forall i\in S_0$。

我们现在得到g_{ij}的一个上限。令$\tilde{\boldsymbol{P}}$为一条在状态S的马尔克夫链的转移概率矩阵。定义$\tilde{p}_{ii}=1-\sum_{j\neq i}p_{ij}$。即，调整对角元素以使$\tilde{\boldsymbol{P}}$的行总和为1。我们发现$\tilde{\boldsymbol{P}}$在相同向量$\boldsymbol{\pi}$上也满足时间可逆性条件，现在仅限于$S$。进一步，$\tilde{\boldsymbol{P}}$的稀疏度至少为$\beta$。所以由第5章的定理5.2(随机步行)知，对于所有i和一个合适的常数ε_2，$\sum_{j\in S}\left|(\tilde{P})^t_{ij}-\frac{\pi_j}{\pi(S)}\right|\leqslant\varepsilon_2$成立，这意味着对于所有$i$的正项总和$\sum_{j\in S}\left((\tilde{P})^t_{ij}-\frac{\pi_j}{\pi(S)}\right)^+\leqslant\varepsilon_2$。因此可以认为$(\tilde{P}^t)_{ij}\approx\frac{\pi_j}{\pi(S)}$。但是，很容易发现$(\tilde{P}^t)_{ij}$大于或等于$g_{ij}$，这是因为对于链中每条长度为$t_0$的路径来说，有一个产品$\tilde{\boldsymbol{P}}$不损失的相应路径。因此，$\sum_{j\in S}\left(g_{ij}-\frac{\pi_j}{\pi(S)}\right)^+\leqslant\varepsilon_2$。但是

$$\sum_{j\in S}\left(g_{ij}-\frac{\pi_j}{\pi(S)}\right)=\sum_{j\in S}\left(g_{ij}-\frac{\pi_j}{\pi(S)}\right)^+ +\sum_{j\in S}\left(g_{ij}-\frac{\pi_j}{\pi(S)}\right)^-$$

且有

$$\sum_{j\in S}\left(g_{ij}-\frac{\pi_j}{\pi(S)}\right)\geqslant 1-2\varepsilon_1-1=-2\varepsilon_1$$

所以，$\sum_{j\in S}\left(g_{ij}-\frac{\pi_j}{\pi(S)}\right)^-\geqslant-\varepsilon_3$。现在，定义$\text{BAD}_i=\left\{j\in S\text{：}g_{ij}\leqslant(1-300\varepsilon_3)\frac{\pi_j}{\pi(S)}\right\}$。所以，对于$\text{BAD}_i$中的$j$，有$\left(g_{ij}-\frac{\pi_j}{\pi(S)}\right)^-\leqslant-300\varepsilon_3\pi_j/\pi(S)$。因此，

$$\sum_{j\in\text{BAD}_i}\frac{\pi_j}{\pi(S)}\leqslant-\frac{1}{300\varepsilon_3}\sum_{j\in\text{BAD}_i}\left(g_{ij}-\frac{\pi_j}{\pi(S)}\right)^-\leqslant 0.01$$

所以，由$S_i=S\backslash\text{BAD}_i$，我们得到(2)，结束证明。

模块化集群

将图分区的另一种方法是基于模块化的概念。这个方法对小图应用广泛。

考虑图顶点的分区。分区的模块化被定义为位于社区内的边减去位于一个具有同样度分布的随机图的社区内预期边的部分。令 $\mathbf{A}$ 是一个图的邻接矩阵，m 是总边数，d_v 是顶点 v 的度，令 i 索引是由顶点分区定义的社区。那么，模块化由下式给出：

$$Q = \frac{1}{2m}\sum_{i}\sum_{v,\ w\in i} a_{vw} - \sum_{i}\sum_{v,\ w\in i}\frac{d_v}{2m}\frac{d_w}{2m}$$

令 e_{ij} 表示连接社区 i 和 j 边的总集的分数，让 a_i 表示端点在社区 i 中的边的分数。那么

$$e_{ij} = \frac{1}{2m}\sum_{\substack{v\in i\\ w\in j}} a_{vw}$$

和

$$a_i = \frac{1}{2m}\sum_{v\in i} d_v$$

记

$$\begin{aligned} Q &= \sum_{i}\sum_{v,\ w\in i}\left(\frac{1}{2m}a_{vw} - \frac{d_v}{2m}\frac{d_w}{2m}\right) \\ &= \sum_{i}(e_{ij} - a_i^2) \end{aligned}$$

寻找社区的算法工作原理如下。开始于社区中的每个顶点，反复将 Q 中改变最大的社区对合并。这在时间 $O(m\log^2 n)$ 内是可以做到的，其中 n 是图中的顶点的数量，m 是边数，$m \geqslant n$。该算法在小图上行之有效，但在有几千个顶点的图形上是低效的。

8.12 聚类公理

每个聚类算法试图去优化一些标准，就像对所有可能的聚类，到最近的聚类中心的距离平方和一样。本章中，我们已经看到了很多不同的优化标准，并有更多的人使用。现在，我们后退一步，并询问希望的聚类准则特性是什么，以及是否有准则满足这些特性。我们提出的第一个结果是否定的。我们提出一种可测

量的三个看似可取的特性，然后说明没有方法满足他们。接下来，我们认为，这些要求过于严格，在更合理的要求下，对同一个集群内部所有点的欧氏距离平方的总和稍加修改，是一个满足所需特性的方法。

8.12.1 不可能的结果

设 $A(d)$ 表示聚类算法 A 使用集合 S 中的距离函数 d 找到的最优聚类。聚类簇 $A(d)$ 形成了集合 S 的分区 Γ。

聚类算法的第一个可取特性是尺度不变性。如果对任意 $\alpha>0$，$A(d)=A(\alpha d)$，则称聚类算法 A 尺度不变。也就是说，一些比例因子乘以所有的距离不改变最优聚类。在一般情况下，有可能是回复什么算法的关系，在这种情况下，我们采用的惯例是，$A(d)=A(\alpha d)$ 实际上意味着在距离 d 上由 A 返回的任何聚类，它也可以在距离 αd 上被 A 输出。

如果对于每一个划分 Γ，都存在一个距离函数 d 使得 $A(d)=\Gamma$，那么，一个聚类算法 A 是富余的(完备的)。也就是说，对于任意想要的划分，我们都能够找到一个距离函数集合，使得这个聚类算法返回的结果正是这个想要的划分。

如果增加属于不同集群的点与点之间的距离，同时减少属于同一集群中的点与点之间的距离不会改变聚类算法所产生的聚类结果，则一个聚类算法是一致的。

如果一个聚类算法是一致的，且 $A(d)=\Gamma$，那么我们就可以找到一个新的距离函数 d' 使得 $A(d')=\Gamma$，在新的距离函数中只有两种距离 a 和 b。其中 a 是同一集群内的点与点之间的距离，b 是在不同集群的点与点之间的距离。由聚类算法的一致性，我们可以通过减少集群内的所有距离，增加集群之间的距离，来得到两种距离 a 和 b，其中 $a<b$。在这里 a 为集群内的点与点之间的距离，b 则是在不同群集的点之间的距离。

存在自然聚类算法满足三个公理中的任意两个。单链接聚类算法首先在初始阶段将每个点都设为单个集群，然后合并两个距离最近集群。这个过程一直持续，直到满足某种停止条件为止。我们可以通过图模型来解释这一过程：聚类中的点是图模型中的顶点，而用顶点间的距离来标记边。合并两个距离最近的顶点并且合并平行的边，取两个距离中小的那个作为合并边的边长。

定理 8.12 (1) 具有 k 聚类停止条件，当有 k 个聚类时停止的单链接聚类算法满足尺度不变性和一致性。我们不能得到富余性，是因为我们只能得到 k 个集群的聚类结果。

(2) 具有尺度为 α 的停止条件的单链接聚类算法满足尺度不变性和富余性。尺度为 α 的停止条件是指算法在当最近的两个集群间的距离不小于 αd_{max} 时停止，其中 d_{max} 是最大的集群间的距离。在这里，我们不能得出一致性。如果我们将某一个集群间的距离大幅度地增大到 d_{max}，并且 αd_{max} 大于其他所有的距离，那么聚类结果将仅仅是包含了所有的点的单一集群。

(3) 满足距离 r 停止条件，即在类内距离至少为 r 时停止的单链接聚类算法，满足丰富性和一致性，但是不满足尺度不变性。

证明 (1) 尺度不变性是显而易见的。如果我们按某一尺度对所有距离进行放缩，那么在算法中的每一点，同一对集群将成为最近的集群对。对于一致性的论证则更为微妙一些。由于最优(最终)聚类的类内边只能被减少，并且类间的边只能被增加，因此导致两个集群合并的边比任何最终聚类的类间距离都小。又由于最终聚类的集群数目是固定的，这些相同的边将导致相同的合并，除非由于最终聚类的某条其他边已经被缩减的更短而导致该合并已经发生过了。最终聚类的类间边中没有能够在上面所述的边之前导致合并的。到那时最终的聚类集群数目已经达到了，并且合并过程也已停止了。

(2)和(3)是显然的。

接下来，我们将展示不存在聚类算法能够同时满足所有三个公理。一个距离函数 d，对于划分 Γ $(a-b)$ 一致是说所有的类内距离不超过 a，并且所有的类间距离不小于 b。对于某个聚类算法 A，如果对于所有距离函数 d，$(a-b)$ 对于 Γ 一致且有 $A(d)=\Gamma$，则称数对(a, b) 约束划分 Γ。

伴随一个聚类算法的是一组该算法在不同距离函数下所能产生的可行聚类结果。我们由一个定理开始展开，该定理表明尺度不变性和一致性蕴含了没有一个可行聚类能是另外一个可行聚类的细化。

定理 8.13 如果一个聚类算法满足尺度不变和一致性，则不存在两个聚类，其中之一是另一个的细化，可以同时都是算法返回的最优聚类。

证明 假设聚类算法 A 的值域包含两个聚类，Γ_0 和 Γ_1，其中 Γ_0 是 Γ_1 的细化。修改生成 Γ_0 和 Γ_1 的距离函数使得只有两种距离：Γ_0 有 a_0 和 b_0，Γ_1 有 a_1 和 b_1。Γ_0 的同一集群内点之间的距离是 a_0，不同集群的点间距离则为 b_0。同样，Γ_1 的类内距离为 a_1，类间距离为 b_1。

令 a_2 为任意小于 a_1 的数，然后选择 ε 使得 $0<\varepsilon<a_0a_2b_0^{-1}$。再令 d 为一个新的距离函数，其中：

$$d(i,j)=\begin{cases}\varepsilon, & \text{若 } i \text{ 和 } j \text{ 属于 } \Gamma_0 \text{ 的同一簇}\\ a_2, & \text{若 } i \text{ 和 } j \text{ 属于 } \Gamma_0 \text{ 的不同的簇，但属于 } \Gamma_1 \text{ 的相同的簇}\\ b_1, & \text{若 } i \text{ 和 } j \text{ 属于 } \Gamma_1 \text{ 的不同的簇}\end{cases}$$

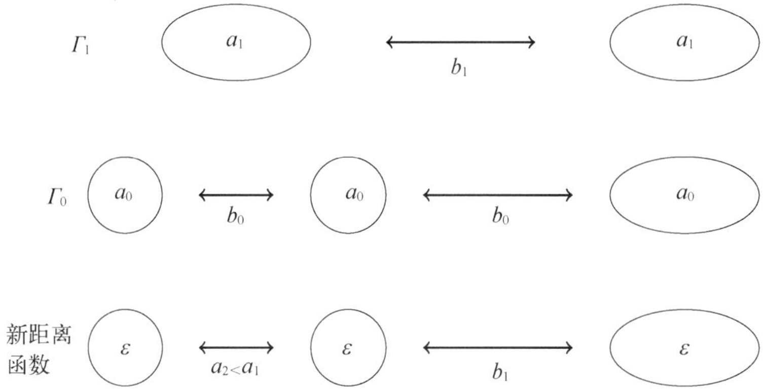

图 8.8 描述集合 Γ_0，Γ_1 和距离函数 d

由 $a_0<b_0$ 可推出 $a_0b_0^{-1}<1$。所以 $\varepsilon<a_0a_2b_0^{-1}<a_2<a_1$。又由于 ε 和 a_2 都小于 a_1，由一致性可知 $A(d)=\Gamma_1$。令 $\alpha=b_0a_2^{-1}$。因为 $\varepsilon<a_0a_2b_0^{-1}$ 和 $a_2<a_1<b_1$，推出 $a_2^{-1}>a_1^{-1}>b_1^{-1}$，所以

$$\alpha d(i,j)=\begin{cases}b_0a_2^{-1}\varepsilon<b_0a_2^{-1}a_0a_2b_0^{-1}=a_0 & \text{如果 } i \text{ 和 } j \text{ 属于 } \Gamma_0 \text{ 的同一个集群}\\ b_0a_2^{-1}a_2=b_0 & \text{如果 } i \text{ 和 } j \text{ 属于 } \Gamma_0 \text{ 的不同集群，但是属于 } \Gamma_1 \text{ 的同一个集群}\\ b_0a_2^{-1}b_1>b_0b_1^{-1}b_1=b_0 & \text{如果 } i \text{ 和 } j \text{ 属于 } \Gamma_1 \text{ 的不同集群}\end{cases}$$

因此，由一致性可得 $A(\alpha d)=\Gamma_0$。但是由尺度不变性得 $A(\alpha d)=A(d)=\Gamma_1$，矛盾。

推论 8.14 当 $n\geqslant 2$ 时，不存在聚类函数 f 满足尺度不变性、富余性和一致性。

事实证明，任何聚类的集合，如果集合中没有聚类是其他聚类的细化，那么该集合是满足尺度不变性和一致性的聚类算法的值域。为了证明这一点，我们使用双聚类算法的和。给定一个聚类的集合，双聚类和算法找到聚类，能够最大限度地减少在同一个集群的点与点之间的距离总和。

定理 8.15 每个聚类的集合,若集合中没有一个聚类是另外一个集合中的聚类的细化,那么该集合是某个满足尺度不变性和一致性的聚类算法 A 的值域。

证明 我们首先证明双聚类和算法满足尺度不变性和一致性。然后我们再证明每个聚类集合,若集合中没有一个聚类是另外一个集合中的聚类的细化,那么该集合能够由某个双聚类和算法得到。

令 A 为双聚类和算法。A 显然满足尺度不变性,这是因为对所有距离乘上某个常数,相当于对于每个聚类的总代价乘上了某个常数,因此最小代价聚类没有改变。

为了证明 A 满足一致性,令 d 是一个距离函数,Γ 是聚类的结果。增加 Γ 中属于不同集群的点与点之间的距离不影响 Γ 的代价值。如果我们只减少 Γ 中属于同一集群的点对间的距离,那么 Γ 的代价值所能减少的量比其他的聚类都要多。因此 Γ 依然是代价值最低的聚类。

考虑一个聚类的集合,该集合中没有一个元素是另一个的细化。我们还需证明该集合中每一个聚类是 A 的值域。在双聚类和算法中,最小值是对所有集合中的聚类而言的。我们现在证明对于任意聚类 Γ,如何去分配点对间的距离来使得 A 返回期望的结果。对于同一个集群内的点对,分配距离 $1/n^3$。对于不同集群间的点对,分配距离为 1。聚类 Γ 的代价值小于 1。任意不是 Γ 的细分聚类的代价值不小于 1。由于集合中不存在 Γ 的细分,所以 Γ 是代价值最小的聚类。

注意,人们可以对一致性公理和富余性公理存有疑问。接下来是两个对一致性公理可能的反例。考虑图 8.9 的两个聚类,如果我们减少了集群 B 中点间的距离,那么就可能得到一个集群数量为 3 的划分,而不是 2 的划分。

图 8.9 一致性公理反例图示,缩小一个聚类内点间的距离意味着聚类可以被分成 2 个

另外一项同时针对一致性和富余性的异议则是它们强制产生了许多不现实的距离。例如,假设点处于欧氏 d 维空间,且距离的定义为欧氏距离。那么只有

nd 自由度。但是在这里采用的抽象距离却有 $O(n^2)$ 自由度，这是因为 $O(n^2)$ 对点间的距离能够任意规定。除非 d 约等于 n，否则抽象的距离过于笼统。对于富余性的异议也类似。如果对欧氏 d 维空间内有 n 个点，集群由超平面形成（每个集群可能是 Voronoi 单元或者是某些其他的多面体），那么正如我们在 VC 维理论中指出的，只有 $\binom{n}{d}$ 个有趣的超平面，每个超平面由 n 个点中的 d 个确定。如果 k 个集群由点对的二等分超平面确定，则只存在 n^{dk^2} 个可能的聚类，而不是富余性所要求的 2^n。如果 d 和 k 远小于 n，那么富余性的要求并不必要。在下一部分，我们将看到一个与这个不可能性定理相反的概率的结果。

k-means 聚类算法是最广泛使用的聚类算法之一。我们现在证明任意基于中心的算法如 k-means 不满足一致性公理。

定理 8.16 基于中心的聚类算法如 k-means 算法不满足一致性公理。

证明 一个聚类的代价值为 $\sum_i (\boldsymbol{x}_i - \boldsymbol{u})^2$，其中 $\boldsymbol{u}$ 是中心。若聚类中点与点间的距离已知，则另一种计算聚类代价的方法是 $\frac{1}{n}\sum_{i\neq j}(\boldsymbol{x}_i - \boldsymbol{x}_j)^2$，其中 n 是聚类中点的数目。证明参见引理 8.3，考虑 7 个点，点 $\boldsymbol{y}$ 和两组三个点，分别记作 $\boldsymbol{X}_0$ 和 $\boldsymbol{X}_1$。令点 $\boldsymbol{y}$ 与 $X_0 \cup \boldsymbol{X}_1$ 的点间距离为 $\sqrt{5}$，并且令其他的所有点对间的距离为 $\sqrt{2}$。这些距离由将每个 $\boldsymbol{X}_0$ 和 $\boldsymbol{X}_1$ 内的点放在距离一个特殊坐标轴原点 1 的位置处，并将 $\boldsymbol{y}$ 放在另一个距坐标轴原点为 2 的位置处得到。考查一个有两个集群的聚类（见图 8.9）。代价仅仅与有多少点和 $\boldsymbol{y}$ 在同一集群有关。令那个数为 m，则代价为

$$\frac{1}{m+1}\left[2\binom{m}{2} + 5m\right] + \frac{2}{6-m}\binom{6-m}{2} = \frac{8m+5}{m+1}$$

该式在 $m=0$ 处取得最小值。也就是说，点 $\boldsymbol{y}$ 单独在一个集群中，而其他的点都在另外一个集群中。

如果我们现在缩小 $\boldsymbol{X}_0$ 内的点与 $\boldsymbol{X}_1$ 内的点之间的距离到零，那么最优的聚类将会改变。如果集群分别为 $\boldsymbol{X}_0 \cup \boldsymbol{X}_1$ 和 $\boldsymbol{y}$，那么距离将会是 $9 \times 2 = 18$，而若集群是 $\boldsymbol{X}_0 \cup \{\boldsymbol{y}\}$ 和 $\boldsymbol{X}_1$，距离将仅仅是 $3 \times 5 = 15$。因此，最优的聚类是 $\boldsymbol{X}_0 \cup \{\boldsymbol{y}\}$ 和 $\boldsymbol{X}_1$。所以 k-means 不满足一致性公理，这是因为缩小聚类内距离改变了最优聚类结果。

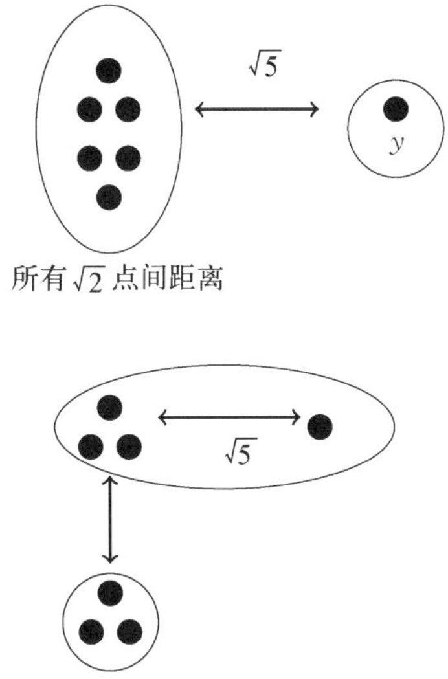

图 8.10 举例说明 *k*-means 不满足一致性公理

放宽公理

鉴于没有聚类算法能满足尺度不变性、丰富性和一致性，人们可能希望以某种方式来放松公理，然后得到以下的结果。

(1) 具有距离停止条件单链接满足一个弱尺度不变的属性，该属性指出对 $\alpha>1$，$f(\alpha d)$ 是 $f(d)$ 的一个细化。

(2) 定义细化一致性是在集群内通过缩短或放大类间距离来细化聚类。除了对所有由单点组成的平凡聚类，具有 α 停止条件的单链接满足尺度不变性、细化的一致性和富余性。

8.12.2 可满足集公理

在本节中，我们提出一组不同的公理，这些，公理对于欧氏空间中点间的距离来说是合适的。我们还将说明，通过稍微修改，原来同一集群中点对间的距离平方和的聚类衡量方式能够与新的公理一致。我们假设在本节中出现的所有点都在欧氏 d 空间中。如下是三个新的公理。

我们说一个聚类算法满足一致性条件，是说对于该算法在一组点上所得聚类结果，若移动一个点来使得从该点到该点所在集群中的其他点的距离没有增加，而且到不同集群的点的距离没有减少，那么在移动后算法依然得到相同的聚类结果。

备注：虽然与本文关系不大，很容易看到对 x 的一个无限小的扰动 $\mathrm{d}x$，扰动是一致的，当且仅当包含 x 的集群中的每个点在通过 x，以 $\mathrm{d}x$ 为法向量的半空间中，而其他集群中的点则在另一半空间。

如果所有的距离乘以一个正的常数不改变聚类结果，则称算法是尺度不变的。

如果任意在环绕空间中 k 个不同点的集合 K 中，存在某种 n 点集 S 能够被聚类，使得算法所得结果是一个由 K 中点作为中心的聚类，则称算法具有富余(richness)属性。所以存在 k 个集群，每个集群由所有 S 中距离相应 K 中点最近的点组成。

我们将证明下面的算法满足这三个公理。

平衡的 *k*-means 算法

在所有对输入 n 点集的分为每个大小为 n/k 的 k 个集合的划分中，返回具有最小类内距离平方和的那个。

定理 8.17　平衡的 k-means 算法满足一致性条件、尺度不变性和富余性。

证明　尺度不变性是显而易见的。富余性也很容易看到的。只需把 S 中的 n/k 个点去与 K 中每个点重合。为了证明一致性，定义 T 的代价为 T 中所有点与点间的距离平方和。

假设 S_1，S_2，…，S_k 是一个在 S 上由平衡 k-means 算法得到的最优聚类。移动一个点 $x \in S_1$ 到 z 使得它到 S_1 中的每一个点的距离都没有增加，且到 S_2，S_3，…，S_k 中的每一个点的距离都没有减少。假设 T_1，T_2，…，T_k 是移动后的最优聚类。在没有损失一般性的情况下假设 $z \in T_1$。定义 $\tilde{T}_1 = (T_1 \backslash \{z\}) \cup \{x\}$ 和 $\tilde{S}_1 = (S_1 \backslash \{x\}) \cup \{z\}$。注意 $\tilde{T}_1$，T_2，…，T_k 是移动前的聚类，并不一定是最优聚类。从而

$$\mathrm{cost}(\tilde{T}_1) + \mathrm{cost}(T_2) + \cdots + \mathrm{cost}(T_k) \geqslant \mathrm{cost}(S_1) + \mathrm{cost}(S_2) + \cdots + \mathrm{cost}(S_k)$$

如果 $\mathrm{cost}(T_1) - \mathrm{cost}(\tilde{T}_1) \geqslant \mathrm{cost}(\tilde{S}_1) - \mathrm{cost}(S_1)$，那么

$$\mathrm{cost}(T_1) + \mathrm{cost}(T_2) + \cdots + \mathrm{cost}(T_k) \geqslant \mathrm{cost}(\tilde{S}_1) + \mathrm{cost}(S_2) + \cdots + \mathrm{cost}(S_k)$$

由于 T_1，T_2，…，T_k 是移动后的最优聚类，所以也一定是 $\tilde{S}_1$，S_2，…，S_k，定理得证。

还需要证明 $\text{cost}(T_1)-\text{cost}(\widetilde{T}_1)\geqslant\text{cost}(\widetilde{S}_1)-\text{cost}(S_1)$。令 u 与 v 表示 S_1 与 T_1 中不同于 x 和 z 的元素。$|u-v|^2$ 和 T_1 与在左侧的 $\widetilde{T}_1$ 相同而抵消，右侧也一样。所以我们只需证明

$$\sum_{u\in T_1}(|\boldsymbol{z}-\boldsymbol{u}|^2-|\boldsymbol{x}-\boldsymbol{u}|^2)\geqslant\sum_{u\in S_1}(|\boldsymbol{z}-\boldsymbol{u}|^2-|\boldsymbol{x}-\boldsymbol{u}|^2)$$

对 $u\in S_1\cap T_1$，这些项在两边都出现，并且我们可以将它们抵消，所以还需证明

$$\sum_{u\in T_1\setminus S_1}(|\boldsymbol{z}-\boldsymbol{u}|^2-|\boldsymbol{x}-\boldsymbol{u}|^2)\geqslant\sum_{u\in S_1\setminus T_1}(|\boldsymbol{z}-\boldsymbol{u}|^2-|\boldsymbol{x}-\boldsymbol{u}|^2)$$

这是成立的，因为通过 x 到 z 的移动，每个在左边的项都是非负的并且右边的每一项是非正的。

练习

8.1 构造一些使用距离而不是距离的平方会给高斯密度带来坏的结果的例子。例如，从两个一维单位方差高斯中抽取样品，两者中心相距 10 个单位。首先根据 k-means，然后根据 k-median 的标准，将这些样品通过试验和错误分为两个集群。k-means 集群本质上应该产生高斯中心作为聚类中心。当你使用 k-median 标准时会得到什么样的集群中心？

8.2 令 $v=(1,3)$，v 的 L_1 范数是多少？L_2 范数呢？L_1 范数的平方呢？

8.3 证明在一维的情形下，极小化数据点到中心的距离之和的聚类的中心一般不是唯一的。假设我们现在要求该中心也成为一个数据点，证明它的元素是中位数（不是平均值）。另外，在一维中，如果中心最小化到数据点的平方距离和，证明它是唯一的。

8.4 第 8.2 节简单的贪婪算法假定我们知道聚类半径 r。假设我们不这样做，说明我们怎样到达正确的 r？

8.5 对于 k-median 的问题，当我们要么要求所有群集中心为数据点，要么允许任意点为中心时，证明在最优值间有一个为 2 的比值。

8.6 对于 k-means 问题，我们要么要求所有的集群中心数据点，要么允许任意点中心为数据点，证明在最优值间有一个最多为 4 的比值。

8.7 考虑依据 k-median 标准聚类平面中的点,其中聚类中心必须是数据点。枚举所有可能的聚类,并选择其中最小成本的聚类。每个点的标签从 $\{1, \cdots, k\}$ 中选取,标签 n 个点的可能方式有 k^n 种,这是极其困难的,证明我们能够以最多 $\binom{n}{k}+k^2$ 的常数倍时间找到最优聚类。需要注意的是,当 $k \ll n$ 时,$\binom{n}{k} \leqslant n^k$ 远小于 k^n。

8.8 假设在上一题中,我们允许任何空间一点(不一定是数据点)为聚类中心。证明最优聚类可能会在 n^{2k^2} 的常数倍时间内被发现。

8.9 推论 8.3 表明对于一组点的集合 $\{a_1, a_2, \cdots, a_n\}$,有一个唯一的点 x,称为他们的质心,其可以最小化 $\sum_{i=1}^{n} |a_i - x|^2$。给出最小化 $\sum_{i=1}^{n} |a_i - x|$ 的 x 不是唯一的例子。(考虑仅仅实线上的点) 给出如上定义的 x 相互之间相距较远的例子。

8.10 令 $\{a_1, a_2, \cdots, a_n\}$ 为一组集群中的单位向量。令 $c = \frac{1}{n}\sum_{i=1}^{n} a_i$ 为集群质心。一般来说质心 c 不是单位向量。定义两点 $\boldsymbol{a}_i$ 和 $\boldsymbol{a}_j$ 相似度为它们的点积。证明平均集群的相似度 $\frac{1}{n^2}\sum_{i,j} a_i a_j^{\mathrm{T}}$ 是相同的,不管它的计算是通过所有对平均还是通过计算集群质心与每个点相似度的平均。

8.11 对于一些合成的数据,使用生日估计来估计 k-means 的局部极小个数。你的估计是该数的无偏估计吗? 上限为多少? 下限为多少? 并给出理由。

8.12 检查图(见图 8.11)中的例子,并讨论如何修正它。根据 k-center 或 k-median 的标准优化,可能产生聚类 B(尽管聚类 A 看上去似乎更可取)。

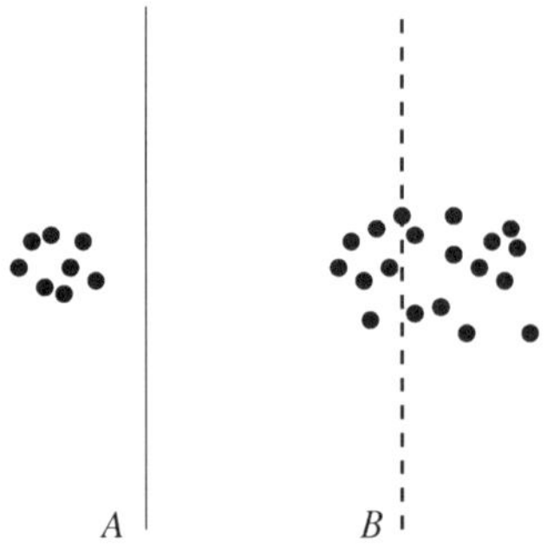

图 8.11 插入标题

8.13 证明对于任意两个向量 $\boldsymbol{a}$ 和 $\boldsymbol{b}$，有 $|\boldsymbol{a}-\boldsymbol{b}|^2 \geqslant \frac{1}{2}|\boldsymbol{a}|^2-|\boldsymbol{b}|^2$。

8.14 令 $\boldsymbol{A}$ 为一个 $n \times d$ 的数据矩阵，$\boldsymbol{B}$ 为它的最佳 k 秩近似，$\boldsymbol{C}$ 是 $\boldsymbol{A}$ 的行 k-means 集群的最优中心。怎样使 $\|\boldsymbol{A}-\boldsymbol{B}\|_F^2 < \|\boldsymbol{A}-\boldsymbol{C}\|_F^2$ 成为可能？

8.15 假设 S 为一个空间内的点的有限集，质心为 μ。如果一个点集 T 被添加到 S，证明 $S \cup T$ 的质心到 μ 的距离最多为 $\frac{|T|}{|S|+|T|}|m(T)-\mu|$。

8.16 上题中，如果我们放松这一限制会发生什么？例如，如果我们允许 S 为整个集合呢？

8.17 一个随机矩阵是一个非负元素矩阵，其中每个行加和为 1。阐述对于一个随机矩阵，最大特征值是 1。阐述特征值重数为 1 当且仅当相应的马尔可夫链是连通的。

8.18 使用时间可逆性，证明 $\boldsymbol{\pi}$ 是 $\boldsymbol{P}$ 特征值为 1 的左特征值，即 $\boldsymbol{\pi P}=\boldsymbol{\pi}$（$\boldsymbol{\pi}$ 视为一个行向量）。

8.19 证明 $\Phi(S, \bar{S})=\dfrac{\sum\limits_{i\in S;\, j\in \bar{S}} \pi_i p_{ij}}{\sum\limits_{i\in S}\pi_i}$。

8.20 阐述如果 $\boldsymbol{P}$ 是一个随机矩阵，$\boldsymbol{\pi}$ 满足 $\pi_i p_{ij}=\pi_j p_{ji}$，对于 $\boldsymbol{P}$ 任意左特征向量 $\boldsymbol{v}$，分量为 $u_i=\frac{v_i}{\pi_i}$ 的向量 $\boldsymbol{u}$ 是一个有相同特征值的右特征向量。

8.21 令 $\boldsymbol{D}$ 为对角矩阵，向量 $\boldsymbol{\pi}$ 在其对角线上。阐述 $\boldsymbol{P}$ 和 $\boldsymbol{D}^{1/2}\boldsymbol{P}\boldsymbol{D}^{-1/2}$ 是相似的，且有同样特征值。阐述 $\boldsymbol{D}^{1/2}\boldsymbol{P}\boldsymbol{D}^{-1/2}$ 是对称的。理由？— 时间可逆性。因此它的特征向量是正交的。使用这点来阐述若 $\boldsymbol{u}$ 是 $\boldsymbol{P}$ 的特征值小于 1 的右特征向量，那么 $\sum\limits_i u_i\pi_i=0$。

8.22 考虑一个产生于块概率矩阵的 0 - 1 矩阵。令 p 为对角线块的一个 1 的概率，q 是非对角线块的一个 1 的概率。给定 p 和 q 的比例，第一至第二特征值的比例是什么？第一到第二个本征值之比由 95％的测试稳定给出。

8.23 给出一个集群问题的例子，其中集群不是在原始空间中线性可分的，但在高维空间中是可分离的。

提示：看看知识学习的章节中高斯核的例子。

8.24 高斯核函数将点映射到一个更高维空间中。这映射是什么？

8.25 凝聚聚类需要计算所有配对点之间的距离。如果点的数目是一百万以上，那么这种计算是不切实际的。有人可能会在每单位时间内维持一百个簇以加快凝聚聚类算法：通过随机选择一百点，每个点放置在一个簇内；每次随机选择剩余的一个数据点进行簇合并，建立一个新的包含该点的簇。能否提出一些其他的解决方法？

8.26 令 $\boldsymbol{A}$ 为一个无向图的邻接矩阵。令 $d(S, S)=\frac{A(S, S)}{|S|}$ 为 S 的顶点集合的诱导子图密度，证明 $d(S, S)$ 是 S 中顶点的平均度。

8.27 假设 $\boldsymbol{A}$ 是元素非负的矩阵。阐述 $\boldsymbol{A}(S, T)/(|S||T|)$ 被有最高 a_{ij} 的单边最大化。

8.28 假设 $\boldsymbol{A}$ 是一个元素非负的矩阵，且

$$\sigma_1(\boldsymbol{A})=\boldsymbol{x}^{\mathrm{T}}\boldsymbol{A}\boldsymbol{y}=\sum_{i, j} x_i a_{ij} y_j, \quad |\boldsymbol{x}|=|\boldsymbol{y}|=1$$

归零所有小于 $1/2\sqrt{n}$ 的 x_i 和所有小于 $1/2\sqrt{d}$ 的 y_j。阐述损失不超过 $\sigma_1(A)$ 的 $\frac{1}{4}$。

8.29 如对不同 ρ 值的 $\frac{A(S, T)}{|S|^{\rho}|T|^{\rho}}$，考虑其他密度的测量方法。根据这些措施讨论最密集的子图的意义。

8.30 $\boldsymbol{A}$ 是一个无向图的邻接矩阵。令矩阵 $\boldsymbol{M}$ 的第 ij 个元素是 $a_{ij}-\frac{d_i d_j}{2m}$。把顶点分为两组 S 和 $\bar{S}$。设 $\boldsymbol{s}$ 是集合 S 的指示向量，$\bar{\boldsymbol{s}}$ 是 $\bar{S}$ 的指示变量。则 $\boldsymbol{s}^{\mathrm{T}}\boldsymbol{M}\boldsymbol{s}$ 是 S 中给定度分布大于期望数的边数，$\boldsymbol{s}^{\mathrm{T}}\boldsymbol{M}\bar{\boldsymbol{s}}$ 是给定的度分布的大于期望数的从 S 到 $\bar{S}$ 的边数。证明：如果 $\boldsymbol{s}^{\mathrm{T}}\boldsymbol{M}\boldsymbol{s}$ 为正，则 $\boldsymbol{s}^{\mathrm{T}}\boldsymbol{M}\bar{\boldsymbol{s}}$ 必须为负。

8.31 （思考题）：有效可计算密度的较好措施是什么？有经验/理论的证据表明某些比另一些更好吗？

第 9 章　图模型和信念传播

图模型是一种简洁的表示联合概率分布的方式。它是一个有向或无向的图，其顶点对应从特定集合中取值的（随机）变量，边表示变量之间的关系或约束。在本章中，我们仅考虑变量只有有限个可能的取值的情况，虽然图模型经常用来表示连续变量的概率分布。

有向图模型表示分解成条件概率乘积的变量的联合概率分布：

$$p(x_1, x_2, \cdots, x_n) = \prod_{i=1}^{n} p(x_i \mid x_i \text{ 的父节点})$$

这里假设有向图中没有环。有向图模型称为**贝叶斯网络**或**信念网络**。这种模型经常出现在人工智能和统计学的文献中。

无向图模型称为马尔可夫随机场。一个马尔可夫随机场对应一个无向图（可能含有环），与该图相对应的概率分布满足马尔可夫性质：对于在图中对应顶点不相邻的两个变量，在给定其他变量的取值时，它们互相独立，因此得名。马尔可夫随机场的一种特殊情况是，它对应的联合概率分布可以分解成一组函数的乘积，每个函数与图中的一个团相关联。例如，

$$p(x_1, x_2, \cdots, x_n) = \frac{1}{Z} \prod_{C} \Psi_C(x_C)$$

上式中，C 是图中的一个团，Ψ_C 是团 C 中的变量的函数，Z 是归一化常量。（我们很容易看出，如果联合概率可以这样分解，那么对于图中任何对应顶点不相邻的两个变量，它们都满足马尔可夫性质。）

图中没有大小为 3 的团的特殊情况经常发生。在这种情况下，联合概率分布可以分解为一组两个变量的函数的乘积，而图中的每条边对应两个变量之间

的约束。这里的顶点可以视为大小为 1 的团。

9.1 贝叶斯网络(信念网络)

贝叶斯网络是一个有向图,图中的顶点对应变量,y 到 x 的有向边表示条件概率 $p(x|y)$。如果顶点 x 有来自 y_1,y_2,…,y_k 的 k 条入边,则对应于 x 的条件概率为 $p(x|y_1, y_2, \cdots, y_k)$。如果顶点没有入边,则与之对应的是一个无条件概率分布。若对应某顶点的变量的值已知,则称该变量为证据。贝叶斯网络的一个重要性质是,联合概率分布可以由所有顶点关于其所有直接前驱的条件概率的乘积给出。

在图 9.1 所示的例子中,病人生病去看医生。医生查明病人的症状和可能的病因,如患者是否接触过农场动物,是否吃了某些食物,或是否有任何疾病的遗传倾向。医生可能会想要利用上述变量均取真/假值的贝叶斯网络确定这两件事(之一):病人患有某种疾病的边缘概率以及病人最可能患有哪一种或几种疾病。在确定患者最有可能患有的疾病这个问题中,已经给出病因和症状的真/假值,我们需要对每种疾病指定真/假值,使得联合概率最大。这称为最大后验估计(MAP)。

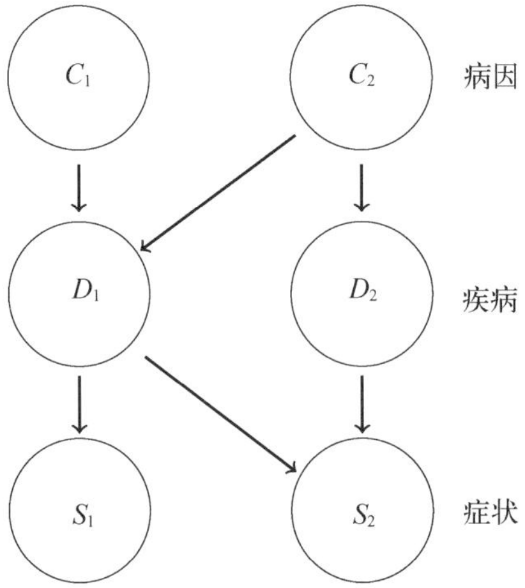

图 9.1 一个贝叶斯网络

在图 9.1 中,我们如果知道所有的条件概率以及概率 $p(C_1)p(C_2)$,就很容易算出 C_1, C_2, D_1, …取各种可能值的联合概率 $p(C_1, C_2, D_1, \cdots)$。我们可能会需要计算最大后验概率问题,即找到未知变量的最可能的取值,或者计算边缘概率 $p(D_1)$, $p(D_2)$。解决这两个问题的一种显而易见的算法是,对于变量的指数级数量的所有可能取值计算概率 $p(C_1, C_2, D_1, \cdots)$(对于 MAP 问题),或者对于除了要计算边缘概率的变量以外的变量的指数级数量的所有可能取值的概率 $p(C_1, C_2, D_1, \cdots)$全部求和。在联合概率分布可以写成一些因子的乘积的特定情况下,信念传播算法可以快速地解决最大后验概率问题和计算边缘概率。

9.2 马尔可夫随机场

一个马尔可夫随机场由一个无向图以及与该图对应的一个概率分布组成。这个概率分布可以分解为一组函数的乘积,每个函数与图中的一个团相关联。例如

$$p(x) = \frac{1}{Z}\prod_{C}\Psi_C(x_C)$$

上式中, C 是图中的一个团,Ψ_C 是团 C 中的变量 x_C 的函数。这个模型可以表示一个联合概率分布,也可以表示一个组合优化问题。

点对马尔可夫随机场经常用于表示以下问题中的联合概率分布: y_i 是已知量,x_i 是对应 y_i 的未知量,y_i 与 x_i 的关系由函数 $\phi_i(x_i, y_i)$表示(例如,y_i 是某个物理量的观测值,x_i 是其真实值)。由于 y_i 已知,所以 $\phi_i(x_i, y_i)$通常写作 $\phi_i(x_i)$,并称为 x_i 的置信度。另外,x_i 与 x_j 的关系由相容性函数 $\boldsymbol{\Psi}_{i,j}(x_i, x_j)$表示。联合概率分布可以表示为

$$p(x) = \frac{1}{Z}\prod_{ij}\psi_{ij}(x_i, x_j)\prod_{i}\phi(x_i)$$

我们经常需要计算每个未知节点 x_i 的边缘概率 $b(x_i) = \sum_{\sim x_i}\boldsymbol{p}(x)$,称为 x_i 的**信念**。(这里 x_i 表示所有第 i 维为 x_i 的 $\boldsymbol{x}$。)点对马尔可夫随机场也可以视为一个组合优化问题。在这个问题中,我们需要找到使得函数 $\prod_{ij}\Psi_{ij}(x_i, x_j)\prod_{i}\varphi(x_i)$ 取最大值时,各变量的取值。

图像增强是该模型的一个应用。y_i 表示观察到的图中的像素值，x_i 表示未知的该像素的真实像素值。函数 $\Psi_{ij}(x_i, x_j)$ 可以是相邻像素间的一些约束。例如，约束 $x_i = x_j$（其中 x_i, x_j 取 0 或 1）可以用函数 $\Psi_{ij}(x_i, x_j) = |x_i - x_j|^{-\lambda}$ 表达，其中 λ 是一个充分大的正常数。这样，要最大化乘积 $\prod_{ij} \Psi_{ij}(x_i, x_j)$，就需要满足约束 $x_i = x_j$。最大化某个函数等价于最大化其对数，因此这个问题也可以写成求和的形式，即最大化 $\sum_{ij} \log(\Psi_{ij}(x_i, x_j))$。

9.3　因子图

若关于变量 $\boldsymbol{x} = (x_1, x_2, \cdots, x_n)$ 的函数 f，可以表示成乘积形式：$f(\boldsymbol{x}) = \prod_{\alpha} f_{\alpha}(x_{\alpha})$，其中每个 f_{α} 只与 $\boldsymbol{x}$ 中的少数变量 x_{α} 相关，我们可以用因子图来表示函数 f。因子图是一个二分图，它的两个顶点集分别对应变量和因子。如果某个因子包含某个变量，则在对应的顶点间连一条边。如图 9.2 所示。

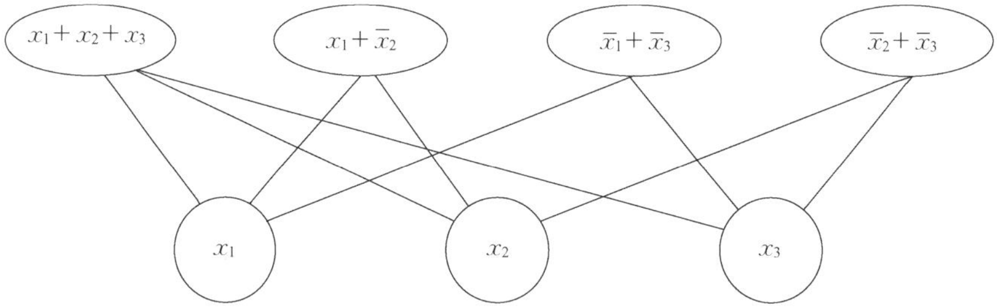

图 9.2　函数 $f(x_1, x_2, x_3) = (x_1 + x_2 + x_3)(x_1 + x_2)(x_1 + x_3)(x_2 + x_3)$ 的因子图

9.4　树算法

设 $f(\boldsymbol{x})$ 是一个表示成因子乘积的函数。当 f 的因子图是一棵树时，我们有解决某些问题的有效算法。将算法作轻微的修改，也能适用于问题中 f 不是因子的乘积而是一些项的和的情况。

我们首先考虑边缘化问题，即求出当一个变量 x_i 固定、其他变量变化时，函数值 $f()$的总和(和值是 x_i 的函数)。当 f 是概率分布时，该问题即转化为求边缘概率分布，因此称为边缘化问题。我们考虑的另一问题是，求出使 f 值最大时各个变量的取值。在 f 是概率分布时，该问题即最大后验概率(MAP)问题。如果因子图是一棵树，那么我们有解决这类问题的有效算法。注意这里有四种问题：f 可能是乘积或者和，我们可能需要解决边缘化问题或找到使 f 最大的变量的取值。这四种问题实质上都可以用相同的算法解决。这里我们用 f 是乘积形式时的边缘化问题来表述该算法。

考虑以下例子：

$$f = x_1(x_1 + x_2 + x_3)(x_3 + x_4 + x_5)x_4x_5$$

其中的变量取 0 或 1。在这个例子中，因子图即图 9.3 中的树。考虑对 f 计算边缘化问题

$$f(x_1) = \sum_{x_2x_3x_4x_5} x_1(x_1 + x_2 + x_3)(x_3 + x_4 + x_5)x_4x_5$$

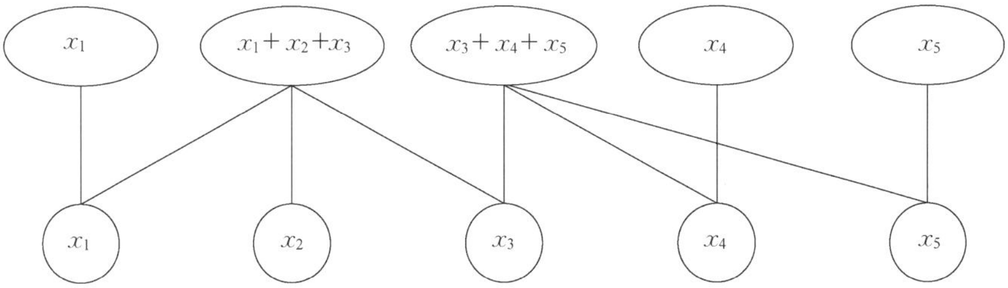

图 9.3　函数 $f = x_1(x_1 + x_2 + x_3)(x_3 + x_4 + x_5)x_4x_5$ 的因子图

我们可以把对 x_4 及 x_5 的求和移动到最前面，先对 x_4 及 x_5 求和。对 x_4 及 x_5 求和之后，式中的因子$(x_3 + x_4 + x_5)$就变成了一单变量函数 $x_3 + 2$。这样，得到了一个新的因子图，其中顶点 x_3 以下的子树被一个单一的因子节点 $x_3 + 2$ 替代。这对应于如下的计算：

$$\begin{aligned}
&\sum_{x_2x_3x_4x_5} x_1(x_1 + x_2 + x_3)(x_3 + x_4x_5)x_4x_5 \\
&= \sum_{x_2x_3} x_1(x_1 + x_2 + x_3) \sum_{x_4x_5}(x_3 + x_4 + x_5)x_4x_5 \\
&= \sum_{x_2x_3} x_1(x_1 + x_2 + x_3)(x_3 + 2)
\end{aligned}$$

我们可以将消息 x_3+2 从顶点 x_3 向因子节点 $x_1+x_2+x_3$ 传递，以表示对 x_3 以下的子树中所有变量求和的结果 x_3+2，而不是修改树的结构。相比改变树的结构，传递消息的优点在于，当对所有变量计算边缘化问题时，对一棵子树中所有变量只需进行一次求和，求和结果可以在所有需要用到该结果的边缘化问题中使用。

计算消息的规则如下：将该树视为有根树。当叶节点是变量时，对该变量的所有可能取值求和，并将求和结果传递给它的父节点。在这个例子中，x_2 对应的叶节点发送的消息为1，因为变量 x_2 的可能取值为0和1。当叶节点是因子时，它向它的父节点发送的消息是该节点对应的单变量函数(当因子节点为叶节点时，该因子必然只与一个变量相关)。内部节点需要等到它从所有子节点接

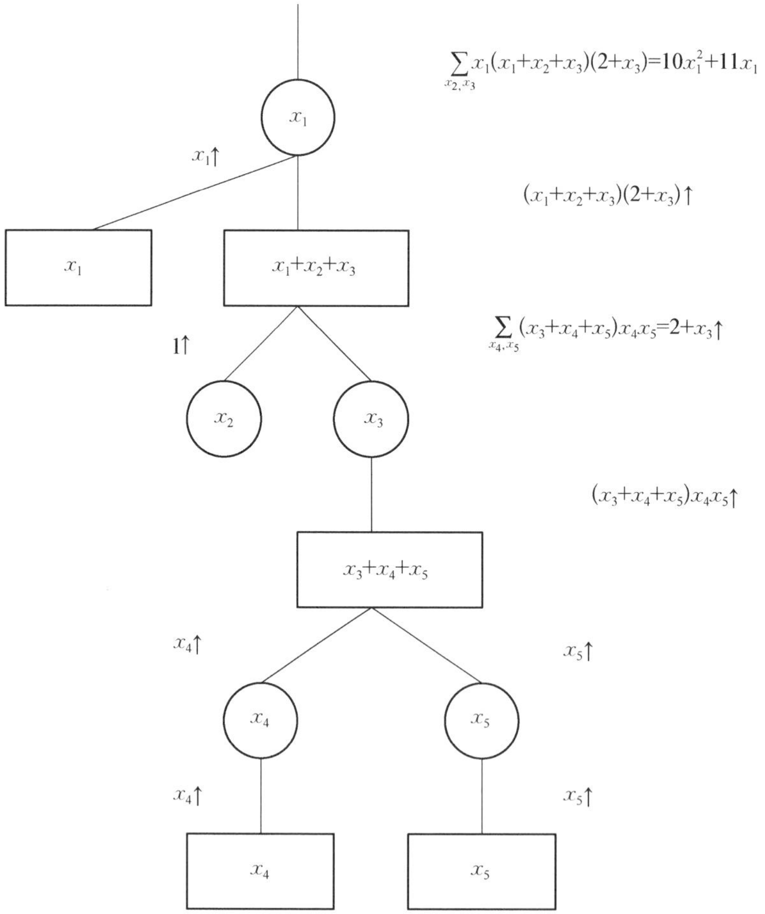

图9.4　传递消息

收到消息后，才计算它应该发送的消息。如果内部节点是变量节点，计算所有传入的消息(函数)的乘积函数，再对除该节点对应变量外乘积函数中其他变量的所有取值求和，将求和得到的单一变量函数传递给它的父节点。如果内部节点是因子节点，计算除父节点外，所有节点传入消息以及它自身的乘积函数，并将该乘积函数传送给它的父节点。对于一个变量节点，它发出的消息是它的子树对除它自身对应变量之外所有变量的所有取值求和的结果。传递消息如图 9.4 所示。

如果我们要找出使函数值 f 最大的变量取值而非计算边缘化问题，我们可以将这个过程中的求和操作改为最大化操作。当 $f(\boldsymbol{x})$ 是一组乘积的和的形式时，我们可以用一个很显而易见的改动来处理这种情况。

$$f(\boldsymbol{x}) = \sum_{x_1, \cdots, x_n} f(\boldsymbol{x})$$

9.5 消息传递算法

有两种消息传递算法可以用于解决两类问题。一种称为信念传播或信念更新，用于解决对变量的所有取值求和，即边缘化问题；另一种称为信念修正，用于解决使函数值最大的变量取值问题，即最大后验估计(MAP)分配问题。

在树中，该算法通过从叶子节点开始发送消息来计算边缘概率和 MAP 分配问题，可以保证得到正确结果。然而，我们也有理由在任意的因子图上使用消息传递算法。我们在每条边上放置一个初始消息，然后更新这些消息，并希望这一过程收敛。当然，即使当算法收敛时我们也不能保证收敛到正确的边缘概率或 MAP 赋值。一些研究人员已经利用消息传递算法解决了一些这类问题，并在含有环的图上取得了很好的表现。然而，对这种算法何时、为何有效的理论认识仍然是一个活跃的研究领域。

我们用一个点对马尔可夫随机场来说明图中含有环时算法的运行过程。有一个无向图，图上的顶点对应变量，每一条边上有一个约束函数。x 到 y 的边的约束函数为 $\Psi(x, y)$。注意，例如要求 $x = y$ 的约束条件可以用函数 $|x-y|^{\lambda}$ 来表示，其中 λ 是一个很大的正数。

为了确定 $\prod_{x, y} \Psi_{xy}(x, y)$ 取最大值时各变量的取值，我们为每条边分配一个初始消息。从 x 到 y 的消息是一个各分量为 x 的各个可能取值的向量。当这个图是一棵树时，为了确定上式的最大值，我们选取一个节点作为根，如果 x 是该点的变量，将其各子树的最大值与消息各分量相乘，得到 x 取每个值时对应的整棵树的最大值的向量。如果该图是一般的图，我们希望变量 x 顶点上的消息的各分量能够收敛，这样当消息的分量之间相乘时我们能得到 x 取所有值时图的最大值。但是，由于环的存在，这并不严格成立。

更新消息的过程如下：假设 x 已经从除 y 之外的所有邻接节点 z_1，z_2，…，z_k 接收到消息。为何是 $\boldsymbol{z}$ 而不是 $\boldsymbol{x}$？消息 $m_{z_i x}$ 对 x 的每个可能值都给出了一个值。我们把 x 接收到的所有消息以及函数 $\Psi_{xy}(x, y)$按分量相乘，并对 y 的每个可能取值，对 x 最大化该乘积的值，组成消息 m_{xy}。注意 $\Psi_{xy}(x, y)$是一个矩阵而非向量。只需将最大化操作改为求和操作，即可得到用于解决边缘化问题的类似算法。

9.6 单环图

消息传递算法可以在树和其他特定的图上给出正确答案。一种情况就是我们在本节中将要讨论的仅含有一个环的图。我们把讨论的问题换成最大后验(MAP)问题，因为对 MAP 问题证明正确性更简单。考虑含一个环的图 9.5(a)。消息传递算法，将对一些置信度进行多次计算。A 的置信度将会在环上依次传递，最终将回到 A。因此，A 将多次计算它的置信度。如果所有置信度被计算了同样多次，那么有可能虽然所有边缘概率的数值(信念)是错误的，该算法仍然收敛到正确的最大后验分配。

考虑上图的展开，如图 9.5(b)。假设该算法最终收敛，那么当节点离末端足够远时，在有环和展开后的版本上消息将收敛到相同的结果。在展开后的图上计算得到的这些信念是正确的，因为它是一棵树。唯一需要解决的问题是，它们与原图中的信念相似程度是多少。

将概率 $p(A, B, C)$ 写成 $p(A, B, C) = e^{\log p(A, B, C)} = e^{J(A, B, C)}$，其中 $J(A, B, C) = \log p(A, B, C)$。那么，展开后的图对应的概率会有 $e^{kJ(A, B, C)+J'}$ 的形式，其中 J' 与图的末端上还没有达到稳定的信念的顶点相关联，$kJ(A, B, C)$ 来自已经稳定的信念的 k 次环内的复制。注意最后一次对 J 的复制中，在展开后的图中 J 与 J' 有一条公共的边，这条边有一个与它相关的 Ψ。因此，改变 J 的变

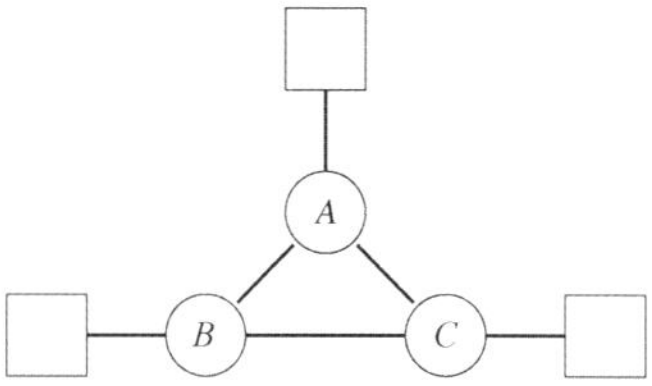

(a) 有一个环的图

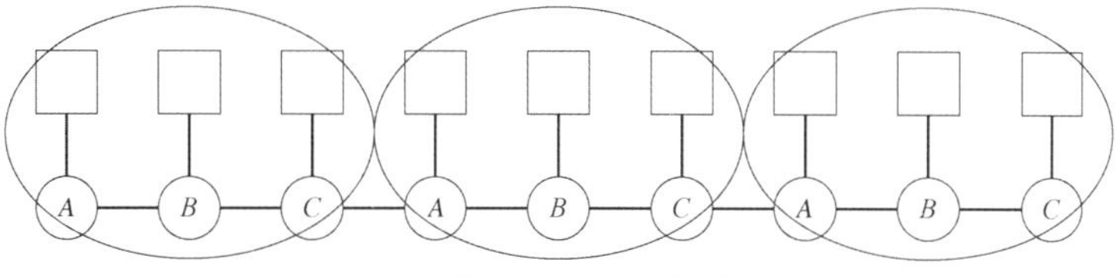

(b) 展开图的一部分

图 9.5 展开一个单环图

量值将通过函数 Ψ 来影响 J' 的值。由于这个算法对于任意的 k，都能最大化展开网络中的 $J_k = kJ(A, B, C) + J'$，所以它一定能最大化 $J(A, B, C)$。为了证明这一点，我们令 A, B, C 取使 J_k 最大的值。如果这个取值没有使 $J(A, B, C)$ 最大，那么我们改变 A, B, C 的值，使 $J(A, B, C)$ 最大。这个改动将使 J_k 增加一个与 k 成正比的量，然而，在 $J(A, B, C)$ 中出现的两个变量同样也出现在 J' 中，因此 J' 的值可能会减少。如果 J' 减少的值有限，那么我们可以通过足够多地增加 k 的值来使 J_k 增大。只要所有的 Ψ 均不为 0，J' 与 $\log \Psi$ 成正比，所以 J' 最多只能有有限值的变动。所以，对于有一个环的图，如果消息最终收敛，那么将一定收敛到最大后验分配。

9.7 单回路网络的信念更新

在上一节中，我们已经证明了在单回路网络中，如果消息最终收敛，消息传递算法可以解决 MAP 问题。在单回路网络中，消息传递算法也能对边缘化问题给出正确解答。考虑如图 9.6 所示，由变量 $x_1, x_2, \cdots, x_n$ 构成的环和证据 $y_1, y_2, \cdots, y_n$ 组成的单回路网络。x_i，y_i 由变量 x_i，y_i 的所有可能取值组成的向量表示。为简化讨论，假设所有 x_i 的可能取值为 $1, 2, \cdots, m$。

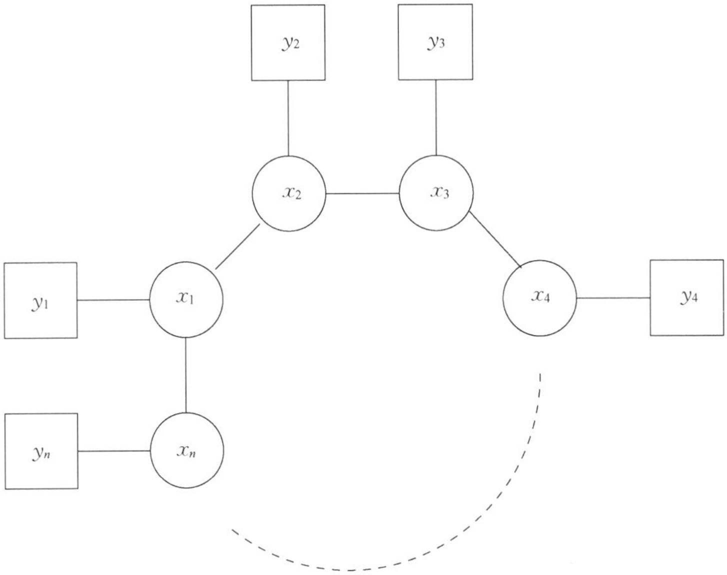

图 9.6　仅含一个环的马尔可夫随机场

设 m_i 是从顶点 i 传送到顶点 $i+1 \bmod n$ 的消息。在顶点 $i+1$，我们要给消息 m_i 的每个分量乘上证据 y_{i+1} 和约束函数 $\boldsymbol{\Psi}$，得到消息 m_{i+1}。我们可以通过构造对角矩阵 $\boldsymbol{D}_{i+1}$ 和矩阵 $\boldsymbol{M}_i$ 来实现这个操作。其中 $\boldsymbol{D}_{i+1}$ 的对角线元素即为证据，$\boldsymbol{M}_i$ 的第 r 行 s 列的元素为 $\boldsymbol{\Psi}(x_{i+1}=r,\ x_i=s)$。那么，消息 $m_{i+1}=\boldsymbol{M}_i\boldsymbol{D}_{i+1}m_i$。左乘对角矩阵 $\boldsymbol{D}_{i+1}$ 即把 m_i 的每个分量乘上了对应的证据；左乘 $\boldsymbol{M}_i$ 的操作给消息的向量的每个分量乘上了 $\boldsymbol{\Psi}$ 的对应值，并对这些乘积求和，得到的向量即为消息 m_{i+1}。当消息在环中循环一圈后，新的消息 m'_1 为：

$$m'_1 = M_n D_1 M_{n-1} D_n \cdots M_2 D_3 M_1 D_2 m_1$$

令 $M=M_n D_1 M_{n-1} D_n \cdots M_2 D_3 M_1 D_2 m_1$。假设 M 的主特征值唯一，传递的消息最终将收敛到 M 的主特征向量。收敛速度取决于 M 的第一特征值与第二特征值的比。

类似上面关于消息顺时针传递的讨论也可以解决消息逆时针传递的情况。要获得边缘概率 $p(x_1)$ 的估计，我们将两次传递到 x_1 的消息与证据 y_1 按分量相乘。这个估计不会给出真正的边缘概率，但真正的边缘概率可以使用线性代数根据估计值和收敛速度计算。

9.8 最大权重匹配

我们已经看到，信念传播算法在树和仅含一个环的图上收敛到正确的解。在其他一些问题中，它也可以收敛到正确的解。在这里，我们给出一个例子：有唯一解最大权重匹配问题。

我们可以用信念传播算法找到一个完全二分图的最大权重匹配(MWM)。如果该二分图中的 MWM 是唯一的，那么置信传播算法将收敛到它。

设 $G=(V_1, V_2, E)$ 是一个完全二分图，其中 $V_1=\{a_1, \cdots, a_n\}$，$V_2=\{b_1, \cdots, b_n\}$，$(a_i, b_j)\in E, \forall i, j, 1\leqslant i, j\leqslant n$。设 $\pi=\{\pi(1), \cdots, \pi(n)\}$ 是 $\{1, \cdots, n\}$ 的一个置换。边的集合

$$\{(a_1, b_\pi(1), \cdots, (a_n, b_{\pi(n)})\}$$

称为一个匹配，用 π 表示。设 w_{ij} 是边 (a_i, b_j) 的权重。匹配 π 的权重为 $w_\pi=\sum_{i=1}^{n} w_{i\pi(i)}$。最大权重匹配(MWM)$\pi^*$ 定义为 $\pi^*=\underset{\pi}{\operatorname{argmax}}\, w_\pi$。

第一步是对 MWM 问题构造因子图。二分图的每一条边用一个取值为 0 或 1 的变量 c_{ij} 表示。取 1 表示这条边在匹配中，取 0 表示这条边不在匹配中。接下来，我们用一组约束来使得取 1 的边的集合构成一个匹配。约束的形式为 $\sum_j c_{ij}=1$ 和 $\sum_i c_{ij}=1$。任何满足这一组约束的 c_{ij} 定义了一组匹配。此外，还有为边的权重给出的约束。

现在我们来构造因子图。它的一部分如图 9.7 所示。与因子图对应的函数 $f(c_{11}, c_{12}, \cdots)$ 由一些保证每个 c_{ij} 满足约束、并使最终结果为匹配中边权重总和的项组成。例如，与 c_{12} 对应的项是

$$-\lambda\left|\left(\sum_i c_{i2}\right)-1\right|-\lambda\left|\left(\sum_j c_{1j}\right)-1\right|+w_{12}c_{12}$$

式中 λ 是一个大正数，用于在最大化函数值时保证约束能够满足。找到使 f 最大的 $c_{11}, c_{12}, \cdots$ 的取值，也就找到了二分图的最大权重匹配。

如果因子图是一棵树，那么从变量节点传递到其父节点的消息就是对 x 取不同值时，其子树的最大值 $g(x)$。为了计算 $g(x)$，我们需要对传入 x 节点的所有消息求和。对于约束节点，我们对所有子树传入的消息求和，并对除了其父节点对应变量以外的所有变量在满足约束的前提下求出和的最大值。从变量 x 发出的消息包括两部分：x 取 0 和 1 时对应的值 $p(x=0)$ 和 $p(x=1)$。这可以编

码为 x 的线性函数

$$[p(x=1)-p(x=0)]x+p(x=0)$$

这样，这些消息就有 $ax+b$ 的形式。为了在算法收敛时确定最大后验估计下 x 的值，我们对传入 x 的所有消息求和，并计算 $x=1$ 或 $x=0$ 时和的最大值，以确定 x 的取值。由于对于线性形式 $ax+b$ 的最大化问题仅与 a 的正负有关，而最大化约束函数的取值又仅与变量的系数有关，所以我们可以只传递仅由各变量的系数组成的消息。

为了计算从恰有一个邻接节点的约束节点 b_2 向 c_{12} 发送的消息，我们要将从节点 c_{i2}，$i\neq 1$ 传入该节点的消息全部相加，然后在这些变量中只有一个取 1，其余都取 0 的约束条件下最大化这个和值。如果 $c_{12}=0$，那么 c_{i2}，$i\neq 1$ 中恰有一个取 1，这时的消息是 $\max\limits_{i\neq 1}\alpha(i,\ 2)$。如果 $c_{12}=1$，这个消息为 0。由此，我们得到：

$$-\max_{i\neq 1}\alpha(i,\ 2)x+\max_{i\neq 1}\alpha(i,\ 2)$$

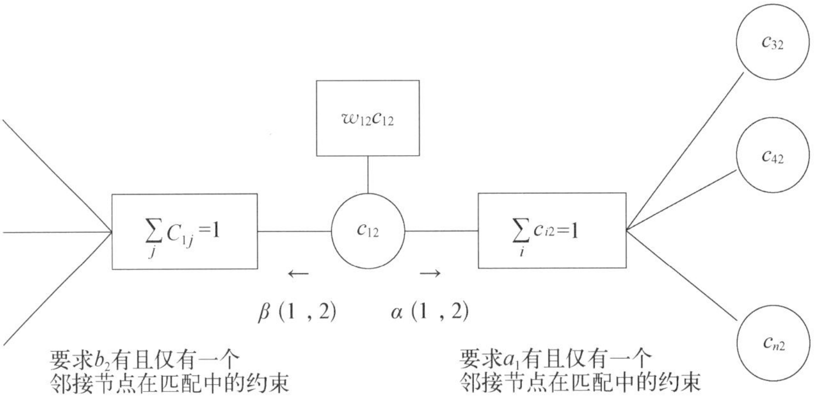

图 9.7　最大匹配问题的部分因子图

并且发送系数 $-\max\limits_{i\neq 1}\alpha(i,\ 2)$。这意味着 c_{12} 向其他约束节点发送的消息是 $\beta(1,\ 2)=w_{12}-\max\limits_{i\neq 1}\alpha(i,\ 2)$。

消息 α 计算方法是类似的。如果 $c_{12}=0$，那么 c_{1j} 中必然有一个为 1，消息就是 $\max\limits_{j\neq 1}\beta(1,\ j)$。如果 $c_{12}=1$，消息就为 0。所以，系数 $-\max\limits_{j\neq 1}\alpha(1,\ j)$ 将被送出。这意味着 $\alpha(1,\ 2)=w_{12}-\max\limits_{j\neq 1}\alpha(1,\ j)$。

为证明收敛性，我们将约束图展开成一棵树，将一个约束节点作为根。在展开后的约束图中，如 c_{12} 等变量节点会出现多次，出现的次数取决于树的深度。同一个变量，如 c_{12} 的每一次出现被视为不同的变量。图 9.7 为最大匹配问题的部分因子图。

引理　如果展开图得到的树的深度为 k，那么在 k 次迭代之后，发送到根的消息将会与原约束图中的消息相同。

证明　显而易见。树中的一个匹配定义为一组顶点，使得每一个约束节点恰好与匹配中的一个变量节点邻接。用 Λ 表示匹配的顶点集。加粗的圈中表示树中属于匹配 Λ 的顶点。

设 Π 为与二分图的最大权重匹配中的边相对应的一组顶点。注意，图 9.8 中的树的顶点对应原二分图中的边。Π 中的顶点在图 9.8 的树中用虚线圈表示。

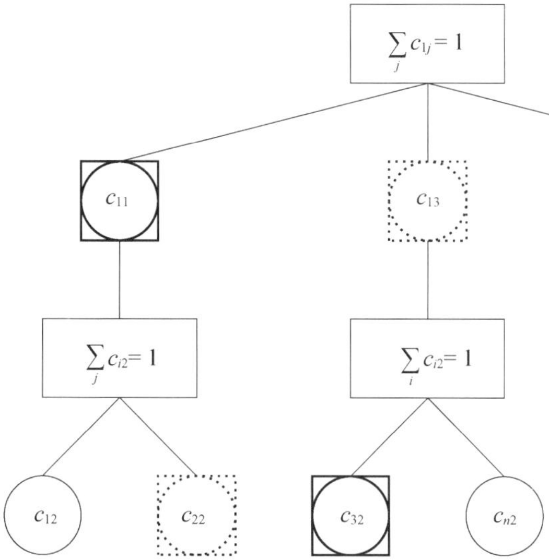

图 9.8　最大权重匹配问题对应的树

考虑一个树的集合，其中每一棵树的根对应一个约束。如果每一个根上的约束都能被 MWM 中的边满足，那么我们就找到了 MWM。假设有某棵树的根上的匹配与 MWM 不同，那么在这棵树中一定有一条长度为 $2k$，由 Π 和 Λ 中的边对应顶点组成的交错路径。将这条路径映射到原二分图中，该路径将由一些环加上一条简单路径组成。如果 k 足够大，那么该路径中将包含很多环，因为二分图中一个环的长度不超过 $2n$。令 m 为环的个数，有 $m\geqslant\frac{2k}{2n}=\frac{k}{n}$。

设 π^* 是二分图中的 MWM。找出图中的一个环作为交错路径，把 MWM 转变为另一个匹配。假设 MWM 唯一，且与它最接近的匹配的权值比它少 ε，则有 $W_{\pi^*} - W_\pi > \varepsilon$，其中 π 是新的匹配。

考虑树中的匹配。我们用由多个环及剩余的简单路径组成的交错路径来修改树中的匹配，我们可以通过添加两条边，使简单路径变成环。加入的这两条边的权重至多是 $2w^*$，其中 w^* 是原二分图中权重最大的边的权重。每一次通过交错环来修改匹配 Λ，匹配的总权重至少增加了 ε。当我们通过剩余的简单路径来修改 Λ 时，匹配的权值至少增加了 $\varepsilon - 2w^*$，由于我们为构成环添加的两条边实际上没有用到。因此，

$$\Lambda \text{ 的权重} - \Lambda' \text{ 的权重} \geqslant \frac{k}{n}\varepsilon - 2w^*$$

必然是负数，这是因为 Λ' 是树中的最优匹配。但是，如果 k 足够大，这个值就会成为正数，然而由于 Λ' 是最优的，这不可能。因为树中没有环，消息是沿着树向上传播的，而每棵子树上都达到了最优，整棵树也必然达到了最优。所以，如果最大权重匹配唯一，消息传递算法必然能找到二分图中的这个最大权重匹配。注意用交错路径中的一个环来修改匹配会使二分图中匹配的权重减少，但会使树中的值增加。但是，这样做并没有在树中得到一个更优的匹配，因为我们已经找到了最优匹配。造成这一点的原因是仅应用一个环来修改树中的匹配，得到的结果不是树中的合法匹配。必须应用整条交错路径来修改树中的匹配才能从一个匹配变成另一个。

9.9 警告传播

人们在应用类似于信念传播的方法解决 3-CNF 公式的可满足分配上已经有了很显著的进展。在此，我们用一节的内容来介绍一种能够相当有效地解决可满足分配的信念传播方法，称为警告传播(warning propagation, WP)。考虑一个 SAT 问题的因子图。设变量为 i, j, k，因子为 a, b, c。因子 a 向出现在 a 中的每一个变量 i 送出消息 m_{ai}，称为警告。警告取 0 或 1，其值取决于 a 认为 i 需要取的用以满足 a 的特定值(T/F)。因子 a 通过检测来自它所包含的其他变量发送过来的警告，来决定它要发给变量 i 的警告取值。图 9.9 为警告传播示意。

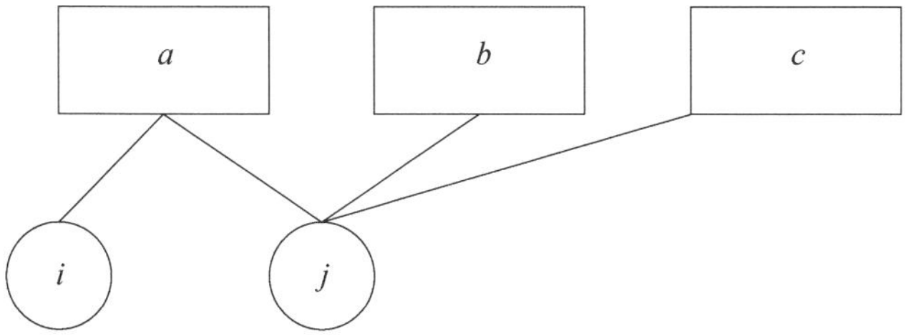

图 9.9 警告传播

a 对与他相关的每个变量 j，计算含有 j 的因子且要求它取 T 的警告数量减去要求它取 F 的警告数量。如果对于其他的所有变量 j，这个差值要求 j 取 T 或 F，而这个取值不能满足 a，a 就要向 i 发出警告，告知 i 的取值对因子 a 是关键的。

我们以 1/2 的概率随机地给每个警告赋初始值 1，然后通过迭代更新警告。如果警告传播算法收敛，计算 i 的局域场 h_i 和冲突数 c_i。h_i 是包含 i 且发送消息要求 i 取 T 的子句数量减去包含 i 且要求 i 取 F 的子句数量。如果 i 得到了相互冲突的警告，冲突数 c_i 为 1，否则为 0。如果因子图是一棵树，WP 算法将会收敛。如果有一个警告消息为 1，这个问题将是不可满足的；否则是可满足的。

9.10 变量之间的相关性

在许多情况下，我们会对变量之间的相关程度是如何随着某种度量(measure)距离增长而下降感兴趣。考虑 3 - CNF 公式的因子图。两个变量之间的距离为因子图中对应的最短路径。有人可能会提出问题，如果给定某一个变量的值为真，在满足整个公式的赋值中，有多大比例的赋值中另一个变量也为真。如果当第一个变量的值为假时，这个比例相同，那么我们说，这两个变量是不相关的。解决某个问题的难度与变量间相关程度随着距离下降的速度有关。

用来说明这个概念的另一个例子是完全匹配的计数。有人会关注所有匹配中一些边出现的比例是多少以及这个比例与和它距离为 d 的另一条边是否出现的相关度。进一步地，有人会关注相关性是否随着距离 d 下降。为了说明这个概念，我们以物理学中的伊辛模型为例。

伊辛模型(铁磁模型)是一个点对马尔可夫随机场。与之相关的图通常是一个格(lattice),每个顶点的变量取值为±1,称为自旋。一个给定的自旋组合的概率(吉布斯测度)与 $\exp(\beta\sum_{(i,j)\in E}x_ix_j)=\prod_{(i,j)\in E}e^{\beta x_ix_j}$ 成正比,其中 $x_i=\pm 1$ 是顶点 i 的取值。因此

$$p(x_1,x_2,\cdots,x_n)=\frac{1}{Z}\prod_{(i,j)\in E}\exp(\beta x_ix_j)=\frac{1}{Z}e^{\beta\sum_{(i,j)\in E}x_ix_j}$$

式中 Z 是归一化常量。

和式的值就是顶点自旋相同的边数减去顶点自旋不同的边数。常数 β 可以视为逆温。温度越高,β 越小。温度低时,β 大,相邻的顶点自旋相同;而温度高时,β 小,相邻顶点的自旋不相关。

一个有趣的问题是,给出如上概率分布的两个变量,例如 x_i 和 x_j 之间的相关程度有多大。为了回答这个问题,我们需要确定 $\text{Prob}(x_i=1)$ 关于 $\text{Prob}(x_j=1)$ 的函数关系。如果 $\text{Prob}(x_i=1)=\frac{1}{2}$ 与 $\text{Prob}(x_j=1)$ 的值独立,我们说这两个值不相关。

考虑图 G 是树的特殊情况。在这种情况下,相变(phase transition)发生时 $\beta=\beta_0=\frac{1}{2}\ln\frac{d-1}{d+1}$,其中 d 是树的度数。当树足够高且 $\beta>\beta_0$ 时,根取 $+1$ 的概率严格地大于或小于 $\frac{1}{2}$,不等号取决于多数的叶子节点取 $+1$ 或 -1。若 $\beta<\beta_0$,根取 $+1$ 的概率为 $\frac{1}{2}$,与叶子节点的取值独立。

考虑一棵高度为1,度数为 d 的树。如果有 i 个叶子节点自旋为 $+1$,$d-i$ 个自旋为 -1,那么根取 $+1$ 自旋的概率与

$$e^{i\beta-(d-i)\beta}=e^{(2i-d)\beta}$$

成正比。如果叶子节点为 $+1$ 的概率为 p,那么有 i 个叶子节点自旋为 $+1$,$d-i$ 个为 -1 的概率为

$$\binom{d}{i}p^i(1-p)^{d-i}$$

因此,根的自旋取 $+1$ 的概率与

$$\begin{aligned}A&=\sum_{i=1}^{d}\binom{d}{i}p^i(1-p)^{d-i}e^{(2i-d)\beta}=e^{-d\beta}\sum_{i=1}^{d}\binom{d}{i}(pe^{2\beta})^i(1-p)^{d-i}\\&=e^{-d\beta}[pe^{2\beta}+1-p]^d\end{aligned}$$

成正比，而取 −1 的概率与

$$B=\sum_{i=1}^{d}\binom{d}{i}p^{i}(1-p)^{d-i}\mathrm{e}^{-(2i-d)\beta}=\mathrm{e}^{-d\beta}\sum_{i=1}^{d}\binom{d}{i}(p)^{i}[(1-p)\mathrm{e}^{2\beta}]^{d-i}$$
$$=\mathrm{e}^{-d\beta}[p+(1-p)\mathrm{e}^{2\beta}]^{d}$$

成正比。所以，根的自旋取 +1 的概率为 $q=\dfrac{A}{A+B}=\dfrac{[p\mathrm{e}^{2\beta}+1-p]^{d}}{[p\mathrm{e}^{2\beta}+1-p]^{d}+[p+(1-p)\mathrm{e}^{2\beta}]^{d}}=\dfrac{C}{D}$，其中 $C=[p\mathrm{e}^{2\beta}+1-p]^{d}$，$D=[p\mathrm{e}^{2\beta}+1-p]^{d}+[p+(1-p)\mathrm{e}^{2\beta}]d$。

现在考虑一棵很高的树。如果根取+1 的概率为 p，我们可以重复迭代高度为 1 的情况下的方程，并观察到在温度低的情况下，根取 1 的概率收敛到某个值。当温度高时，根取 1 的概率为$\dfrac{1}{2}$，与 p 无关。在相变发生时，q 关于 p 的斜率在 $p=\dfrac{1}{2}$ 时为 1。

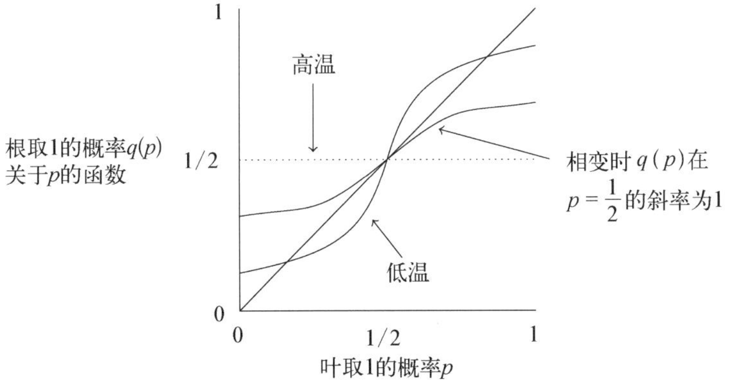

图 9.10 q 关于 p 的函数图像

在高度为 1 的树中，根取 1 的概率 q 关于叶节点取 1 的概率 p 的斜率为

$$\frac{\partial q}{\partial p}=\frac{D\dfrac{\partial C}{\partial p}-C\dfrac{\partial D}{\partial p}}{D^{2}}$$

因为当相变发生时 $q(p)$ 在 $p=\frac{1}{2}$ 斜率为1，我们可以通过求解 $\frac{\partial q}{\partial p}=1$，得出发生相变时 β 的值。首先，$\left.\frac{\partial D}{\partial p}\right|_{p=\frac{1}{2}}=0$。

$$D=[p\mathrm{e}^{2\beta}+1-p]^{d}+[p+(1-p)\mathrm{e}^{2\beta}]^{d}$$

$$\frac{\partial D}{\partial p}=d[p\mathrm{e}^{2\beta}+1-p]^{d-1}(\mathrm{e}^{2\beta}-1)+d[p+(1-p)\mathrm{e}^{2\beta}]^{d-1}(1-\mathrm{e}^{2\beta})$$

$$\left.\frac{\partial D}{\partial p}\right|_{p=\frac{1}{2}}=\frac{d}{2^{d-1}}[\mathrm{e}^{2\beta}+1]^{d-1}(\mathrm{e}^{2\beta}-1)+\frac{d}{2^{d-1}}[1+\mathrm{e}^{2\beta}]^{d-1}(1-\mathrm{e}^{2\beta})=0$$

因此，

$$\begin{aligned}\left.\frac{\partial q}{\partial p}\right|_{p=\frac{1}{2}}&=\left.\frac{D\frac{\partial C}{\partial p}-C\frac{\partial D}{\partial p}}{D^{2}}\right|_{p=\frac{1}{2}}=\left.\frac{\frac{\partial C}{\partial p}}{D}\right|_{p=\frac{1}{2}}\\&=\left.\frac{d[p\mathrm{e}^{2\beta}+1-p]^{d-1}(\mathrm{e}^{2\beta}-1)}{[p\mathrm{e}^{2\beta}+1-p]^{d}+[p+(1-p)\mathrm{e}^{2\beta}]^{d}}\right|_{p=\frac{1}{2}}\\&=\frac{d\left[\frac{1}{2}\mathrm{e}^{2\beta}+\frac{1}{2}\right]^{d-1}(\mathrm{e}^{2\beta}-1)}{\left[\frac{1}{2}\mathrm{e}^{2\beta}+\frac{1}{2}\right]^{d}+\left[\frac{1}{2}+\frac{1}{2}\mathrm{e}^{2\beta}\right]^{d}}=\frac{d(\mathrm{e}^{2\beta}-1)}{1+\mathrm{e}^{2\beta}}\end{aligned}$$

令

$$\frac{d(\mathrm{e}^{2\beta}-1)}{1+\mathrm{e}^{2\beta}}=1$$

并解出以上方程中的 β，得出

$$d(\mathrm{e}^{2\beta}-1)=1+\mathrm{e}^{2\beta}$$

$$\mathrm{e}^{2\beta}=\frac{d+1}{d-1}$$

$$\beta=\frac{1}{2}\ln\frac{d+1}{d-1}$$

在从 p 求 q 的迭代过程中，我们并不会得到各层节点的真正边缘概率，因为我们没有考虑到该层以上的树造成的影响，但是我们确实能通过这种迭代得到根的真实边缘概率。为求得内部节点的真正边缘概率，我们需要从根向下发送

消息。

注：整棵树的联合概率分布为 $e^{\beta\sum_{(ij)\in E}x_ix_j}=\prod_{(i,j)\in E}e^{\beta x_ix_j}$。假设 x_1 取 1 的概率为 p，定义函数 φ，称为置信度：

$$\varphi(x_1)=\begin{cases}p & x_1=1\\ 1-p & x_1=-1\end{cases}$$
$$=\left(p-\frac{1}{2}\right)x_1+\frac{1}{2}$$

用 φ 乘上联合概率。注意 x_1 的边缘概率并不是 p。实际上，在乘上条件概率函数 φ 之后，它可能离 p 更远。

练习

9.1 在伊辛模型中，如果树的度为 1，即退化成一条链，是否有使根与叶的取值变为相互独立的相变？用数学推导会发生什么。

9.2 考虑一个 $n\times n$ 个顶点的网格，每个顶点对应一个变量。关于赋值 r 的单环与树邻域(SLT)定义为：通过改变所有导出子图为若干棵树加上至多一个环的变量集的值所得到的所有不同于 r 的赋值。证明任何赋值都在某个赋值 v 的 SLT 邻域中，其中 v 在最优赋值的 SLT 邻域中。

9.3 如果习题 9.2 中的图是大小为 n 的团，会发生什么？如果是度数为 d 的正规图，会发生什么？

9.4 (思考题)对于二维网格，需要多少个解才能使每个解都处在它的一个 SLT 邻域中？

9.5 对于 CNF 范式的布尔函数，x_1 的边缘概率即为 x_1 取给定值时，可满足赋值的数量。怎样求 2 - CNF 公式的可满足赋值的数量？与第一句话不完全相关。

第 10 章　其他主题

10.1　排名

排名是很重要的。我们对电影、餐馆、学生、网页和许多其他项目排名。排名已经成为一个数十亿美元的产业，因为很多机构和组织想要努力提高在被搜索引擎查询返回网页时自己网页的位置。搜索引擎确保他们查询返回的网页的排名独立于上述机构和组织的努力，开发不可被人为操纵的排名方法是一项重要的任务。

排名是一个完整的排序，即对于任意一对项目 a 和 b，要么是 a 优先于 b 要么是 b 优先于 a。此外，排名是传递的，$a > b$ 和 $b > c$ 就意味着 $a > c$。

我们关心的关于排名问题之一是，结合许多单项排名生成一个全局性的排名。然而，如下面的示例所示，合并排序清单是非平凡的。

例　假设有三个人将条目 a，b，c 排序如下表中所示。假设我们的算法通过首先比较 a 和 b，然后比较 b 和 c 来试图对这些条目排名。

个　人	第一项	第二项	第三项
1	a	b	c
2	b	c	a
3	c	a	b

在比较 a 和 b 时，三人中有两个更喜欢 a 而不是 b，因此，我们的结论是 a 优于 b。在比较 b 和 c 时，又是三个人中两个更喜欢 b 而不是 c，我们得出结论 b 优

于 c。现在通过传递,得到期望是三人更喜欢 a 而不是 c,但情况并非如此,只有一人喜欢 a 优于 c,所以 c 比 a 受欢迎。这样就得到一个不合逻辑的结论,a 优于 b,b 优于 c,但 c 优于 a。

假设有一些个人或选民,还有一组等待被排名的候选人。每个选民给出一份候选人排名的名单。从这组排名名单中可以构建一个单一的排名吗?假定生成全局排名的方法是必需满足以下三个公理:

非独裁的——该算法不能总是简单地选择一个个人的排名。

一致同意——如果每一个个体都喜欢 a 要多于 b,那么全局排名必须是 a 高于 b。

独立于不相干的替换——如果个人修改自己的排名,但保持 a 和 b 的顺序不变,那么全局排名中 a 和 b 的顺序也不应该改变。

箭头(Arrow)法则——表明不存在排名算法满足上述公理。

定理 10.1 (箭头法则)任何一个针对三个或更多的元素以上的全局排名的算法,如果其满足一致性和独立于不相干替换性的,那么该算法必定是一个独裁算法。

证明 设 a, b, c 是不同的条目。考虑这样一组排名,其中每一个人对 b 的排名不是第一就是最后。有些人可能将 b 放第一,其他人可能将 b 放最后。对于这组排名,全局排名必须把 b 放第一或最后。对此我们进行反证,假设 b 在全局排名中既不是第一也不是最后。那么存在 a 和 c,使全局排名 $a>b$ 和 $b>c$。通过传递,全局排名中会有 $a>c$。请注意,在不影响 b 和 a 的顺序或者 b 和 c 的顺序的情况下,所有的个人都可以将 c 移到 a 前面。因为 b 是每个名单上的第一个或最后一个。因此,根据独立的不相干的替换性,全局的排名将继续保持 $a>b$ 和 $b>c$,即使所有个体移动 c 到 a 前面,因为这不会改变一个个体排名中 a 和 b 的相对顺序或 b 和 c 的相对顺序。但根据一致同意性公理,全局排名需要满足 $c>a$,这与之前得到的 $a>c$ 矛盾。因此我们得出结论,全局排名将把 b 放在第一个或最后一个。

若一组排名中,每个人将 b 放到最后。由于一致性,全局排名必须也将 b 排到最后。让个体一个接一个地将 b 从底部移到顶部,保持其他的排名不变。由于一致性,全局排名最终也必须将 b 从底部移到顶部。当第一次移动 b 时,必须如先前讨论的一样一直移到顶部。令 v 为第一个变化的个体,其变化导致了全局排名中 b 排名的改变。

我们现在论证 v 是一个独裁者。首先我们讨论 v 对不包含 b 的任意一对 ac 来说是独裁者。我们将以三种 v 的排名为例(见图 10.1)。v 的第一个排名是在 v 将 b

从底部移动到顶部之前的排名，第二个是 v 将 b 移到顶部之后的排名。选择任意一对 ac，满足在 v 的排名中，a 是在 c 前面的。v 的第三个排名是通过移动 a 到 b 之前来得到 $a>b>c$ 的排名。因为独立的不相干的替代性，在 v 切换到第三个排名后的全局排名中仍有 $a>b$，因为所有个体 ab 的票与在 v 将 b 移动到他的排名顶部之前一样。在全局排名中有 $a>b$ 的同时，在全局排名有 $b>c$，因为所有个体 bc 的票与 v 刚将 b 移动到顶部之后一样，这使得 b 在全局排名中移动到了顶部。通过传递性，全局排名必须有 $a>c$，因此全局排名中 a 和 c 的顺序与 v 中保持一致。

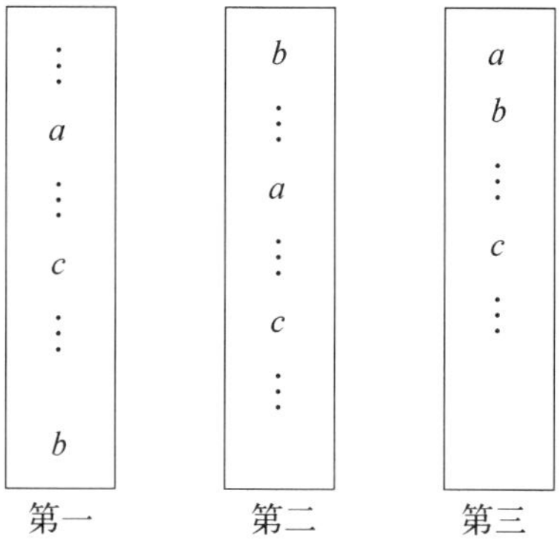

图 10.1 v 的排名

现在，所有除了 v 的个人可以任意地修改自己的排名并保持 b 在其极限位置，根据独立的不相干的替代性，这并不影响 a 和 b 或 c 和 b 在全局的排名。因此，通过传递，这并不影响 a 和 c 在全局的排名。接下来的所有除了 v 以外的个人可以移动 b 到任何位置，而不影响 a 和 c 在全局的排名。

此时我们已经论证了 a 和 c 的全局排名与 v 中的排名一致且独立于其他人的排名。现在 v 可以任意改变它的排名，只要它维持 a 和 c 的顺序，并且由于独立不相干性，全局排序中 a 和 c 的顺序将不会改变，会和 v 保持一致。因此，我们的结论是：对于所有 a 和 c，全局排名和 v 保持一致且独立于除了 b 位置以外的其他排名，然而其他排名可以在不改变其他元素全局顺序的前提下移动 b。因此，v 是对任意一对不包含 b 元素排名的独裁者。

注意，根据之前的讨论，当 v 将 b 从底部移动到顶部时，v 将改变 a 和 b 在全局排序中的相对顺序。我们将使用到这一结论。

个体 v 对每一对 ab 也是独裁者。重复上述过程表明 v 对每一对此次不包含 b 且放 c 在底部的 ac 是一个独裁者。必然存在有一个 v_c 对任意不包含 c 的

ab 是一个独裁者。因为 v_c 和 v 这两个独裁者能够相互独立地影响 a 和 b 的全局排名,那实际上 v_c 必须就是 v。因此,无论其他选民怎样修改自己的排名,全局排名与 v 一致。

10.2 野兔投票系统

有一种投票系统可以让每个人都为自己喜爱的候选人投票。如果一些候选人获得过半数票,他或她将被宣布为获胜者。如果没有候选人获得过半数票,得票最少的候选人被从候选板中删除,然后重复投票过程。

野兔系统通过让每个选民投票来排名所有候选人的方法实现了以上投票系统。然后计算每位候选人被排在第一的票数。如果没有候选人获得过半数票,得票最少的候选人将被从选民的投票排名中删除。如果删除的候选人是一些选民名单上的头号候选人,那么第二候选对象就成为该选民的头号选择。然后重复计数头号候选人排名的过程。

虽然野兔系统被广泛使用,但它不能满足所有投票系统必须满足的箭头法则。考虑如下情况,其中有 21 名选民分为四类。同一类中的选民的排序相同。

分　类	类中的选民数	偏　好
1	7	abcd
2	6	bacd
3	5	cbad
4	3	dcba

野兔系统将首先去除 d,因为 d 仅仅得到三张选票。然后,它会去除 b,因为 b 只得到六张选票,而 a 得了七个, c 得到八个。此时 a 被宣布为获胜者,因为 a 得到 13 张选票而 c 只有八票。

现在假设,比起 a 更喜欢 b 的第四类选民将 a 移动到第一名。选举过程如下:在第一轮比赛中, d 被淘汰,因为它没有被选民排在第一。然后得到五票的 c 被淘汰, b 以 11 票被宣布为获胜者。请注意,向上移动 a,第四类的选民们能够否认选 a 并让 b 取胜,因为他们更喜欢 b 多过 a。

10.3　压缩传感和稀疏向量

奈奎斯特采样定理指出，一个长度为 n 的离散时间序列 x 需要 n 个频域上的系数来表示，然而，如果信号 x 仅含有 s 个非零元素，甚至在不知道它们是哪些的情况下，也可以通过随机选取频域上一个较小子集的系数来恢复该信号。事实证明，人们可以通过远少于预期的采样数来重建稀疏信号，一个具有重要应用的被称为压缩采样的领域应运而生。

动机

$\boldsymbol{A}$ 是一个 $n\times 2n$ 矩阵，其中的元素由独立的高斯过程产生。$\boldsymbol{x}$ 是一个稀疏随机的 $2n$ 维向量，且最多有5个非零坐标。给 $\boldsymbol{x}$ 乘以 $\boldsymbol{A}$ 倍得到向量 $\boldsymbol{b}$。忘记原始的 $\boldsymbol{x}$ 并试着从等式 $\boldsymbol{Ax}=\boldsymbol{b}$ 中恢复 $\boldsymbol{x}$。因为 $\boldsymbol{A}$ 有 $2n$ 列且仅仅只有 n 行，所以期望的解分布在 n 维空间上。然而，如果方程的解被要求是稀疏的，那它是唯一解。如图10.2所示。

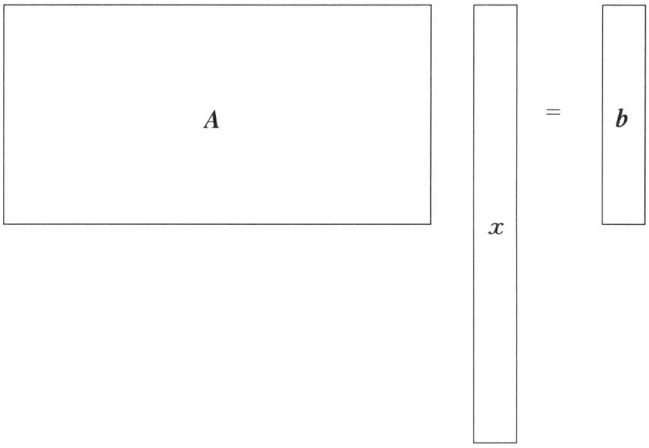

图 10.2　$\boldsymbol{Ax}=\boldsymbol{b}$ 有一个向量空间解，但可能只有一个稀疏解

这就提出了一些问题：

(1) 为什么稀疏解是唯一的？

(2) 如何才能找到唯一的稀疏解？

(3) 什么属性的矩阵会导致这样的情况？

(4) 是否有物理问题产生这种现象？

10.3.1 稀疏向量的唯一重建

如果一个向量最多有 s 个非零元素，那么我们称它是 s 稀疏的。对于一个 n 维 s 稀疏的向量 $\boldsymbol{x}$ 且满足 $s \ll n$。考虑求解 $\boldsymbol{Ax}=\boldsymbol{b}$ 中的 $\boldsymbol{x}$，其中 $\boldsymbol{A}$ 是 $n \times d$ 矩阵且 $n<d$。$\boldsymbol{Ax}=\boldsymbol{b}$ 的解的集合构成了一个子空间。然而，如果我们只关注稀疏解，在对 $\boldsymbol{A}$ 作一定限定的条件下稀疏解是唯一的。假设有两个 s 稀疏的解 x_1 和 x_2。那么 x_1-x_2 将是齐次方程组 $\boldsymbol{Ax}=0$ 的 $2s$ 稀疏解。齐次方程组 $\boldsymbol{Ax}=0$ 的 $2s$ 稀疏解要求 $\boldsymbol{A}$ 的某 $2s$ 个列是线性相关的。除非 $\boldsymbol{A}$ 有 $2s$ 个线性相关的列，否则它只有一个 s 稀疏解。

为了找到 $\boldsymbol{Ax}=\boldsymbol{b}$ 的一个稀疏解，在 $\{\boldsymbol{x} \mid \boldsymbol{Ax}=\boldsymbol{b}\}$ 之上最小化零范数 $\|\boldsymbol{x}\|_0$。困难点在于这是一个计算困难问题。在没有更多假设的情况下，那是一个 NP 困难问题。考虑到这一点，我们使用一范数作为零范数的代理，并在 $\{\boldsymbol{x} \mid \boldsymbol{Ax}=\boldsymbol{b}\}$ 之上最小化 $\|\boldsymbol{x}\|_1$。尽管这个问题看起来是非线性的，但它可以通过线性规划解决，通过 $\boldsymbol{x}=\boldsymbol{u}-\boldsymbol{v}$, $\boldsymbol{u}\geqslant 0$ 和 $\boldsymbol{v}\geqslant 0$，然后在 $\boldsymbol{Au}-\boldsymbol{Av}=\boldsymbol{b}$, $\boldsymbol{u}\geqslant 0$ 和 $\boldsymbol{v}\geqslant 0$ 的条件下最小化这个线性函数 $\sum\limits_i u_i+\sum\limits_i v_i$。

在何种条件下在 $\{\boldsymbol{x} \mid \boldsymbol{Ax}=\boldsymbol{b}\}$ 上最小化 $\|\boldsymbol{x}\|_1$ 将恢复得到 $\boldsymbol{Ax}=\boldsymbol{b}$ 的 s 稀疏解？如果 $g(\boldsymbol{x})$ 是一个凸函数，那么任何 g 的局部最小也是全局最小。如果 $g(\boldsymbol{x})$ 在它的最小值处可微，那么该处的梯度 ∇g 必须为零。然而，一范数在它的最小值处不可微。因此，我们引入凸函数子梯度的概念。当函数可微时，子梯度即是梯度。当函数不可微时，子梯度是任何一条在该点接触到函数且整个处于函数下方的直线。如图 10.3 所示。

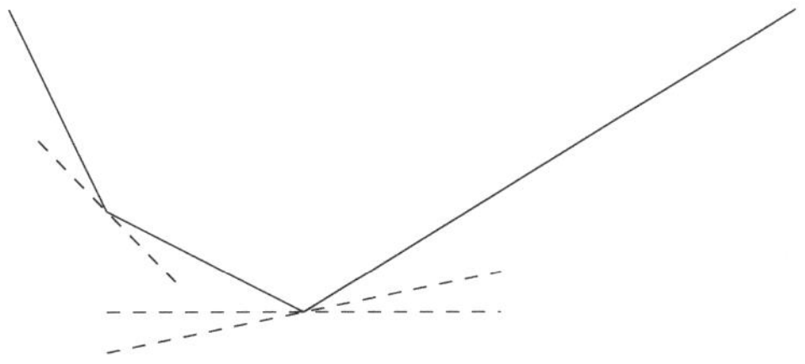

图 10.3 一个函数的有些子梯度不是处处可微

如果一个凸函数 g 在某点 $\boldsymbol{x}_0$ 上不是可微的，那么对于任意在 $\boldsymbol{x}_0$ 处的任意子梯度 ∇g，满足 $g(\boldsymbol{x}_0+\Delta\boldsymbol{x}) \geqslant g(\boldsymbol{x}_0)+(\nabla g)^{\mathrm{T}}\Delta\boldsymbol{x}$。如果某点上有斜度为零的子

梯度,那该点是凸函数的最小值。

考虑函数 $\|x\|_1$,其中 x 是一个实数变量。对于 $x<0$,子梯度等于梯度且值为 -1。对于 $x>0$,子梯度等于梯度且值为1。在 $x=0$,子梯度可以取在[-1, 1]范围内的任何值。下面的命题将以上的例子推广到了 d 空间的一范数函数。

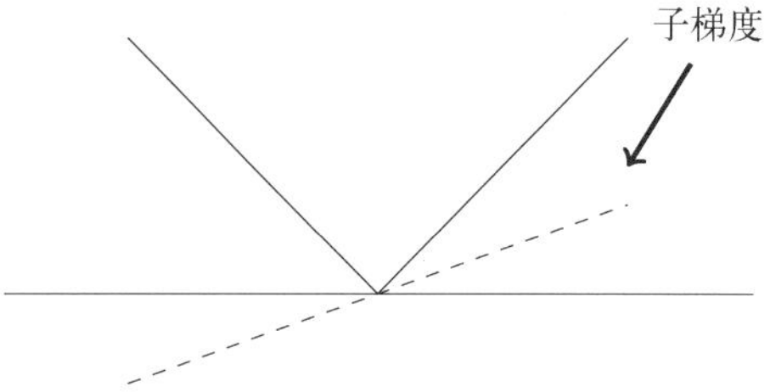

图 10.4　函数 $\|\boldsymbol{x}\|_1$ 在 $\boldsymbol{x}=\mathbf{0}$ 处的子梯度的示例

命题 10.2　若 $g(\boldsymbol{x})=\|\boldsymbol{x}\|_1$ 是一范数函数,子梯度 $\nabla g(\boldsymbol{x})$ 的第 i 个元素在 $\boldsymbol{x}$ 处的值如下:

(1) 若 $x_i<0$,其值为 -1。

(2) 若 $x_i>0$,其值为 1。

(3) 若 $x_i=0$,其值在[-1, 1]范围内。

为了刻画在 $\boldsymbol{A}\boldsymbol{x}=\boldsymbol{b}$ 条件下最小化 $\|\boldsymbol{x}\|_1$ 的 x 的特征,注意到在最小值 $\boldsymbol{x}_0$ 处,任何向下的方向都不可能与约束条件 $\boldsymbol{A}\boldsymbol{x}=\boldsymbol{b}$ 一致。因此,在 $\boldsymbol{x}_0$ 处的方向 $\Delta\boldsymbol{x}$ 与约束条件 $\boldsymbol{A}\boldsymbol{x}=\boldsymbol{b}$ 一致,即满足 $\boldsymbol{A}\Delta\boldsymbol{x}=0$ 使得 $\boldsymbol{A}(\boldsymbol{x}_0+\Delta\boldsymbol{x})=\boldsymbol{b}$,那么 $\|\boldsymbol{x}\|_1$ 在 $\boldsymbol{x}_0$ 处的任意子梯度必须满足 $\nabla^{\mathrm{T}}\Delta\boldsymbol{x}=0$。

使 $\boldsymbol{x}_0$ 为最小值的一个充分但不必要条件是存在 $\boldsymbol{w}$ 使在 $\boldsymbol{x}_0$ 处的子梯度为 $\nabla=\boldsymbol{A}^{\mathrm{T}}\boldsymbol{w}$。那么对于任何满足 $\boldsymbol{A}\Delta\boldsymbol{x}=0$ 的 $\Delta\boldsymbol{x}$,我们有 $\nabla^{\mathrm{T}}\Delta\boldsymbol{x}=\boldsymbol{w}^{\mathrm{T}}\boldsymbol{A}\Delta\boldsymbol{x}=\boldsymbol{w}^{\mathrm{T}}\cdot 0=0$。也就是说,对于任意与约束条件 $\boldsymbol{A}\boldsymbol{x}=\boldsymbol{b}$ 一致的方向,子梯度为零,因此 $\boldsymbol{x}_0$ 是最小值。

10.3.2　精确重建性

定理 10.3 给出了保证 $\boldsymbol{A}\boldsymbol{x}=\boldsymbol{b}$ 的解 $\boldsymbol{x}_0$ 是唯一最小化范数解的条件,这是一个充分但不必要条件。

定理 10.3 假设 $\boldsymbol{x}_0$ 满足 $\boldsymbol{A}\boldsymbol{x}_0=\boldsymbol{b}$。如果一范数函数在 $\boldsymbol{x}_0$ 处有子梯度 ∇ 且满足

(1) 存在一个 $\boldsymbol{w}$，满足 $\nabla=\boldsymbol{A}^{\mathrm{T}}\boldsymbol{w}$。

(2) 当 $\boldsymbol{x}_0$ 的第 i 个元素非零时，∇ 的第 i 个元素等于 $\boldsymbol{x}_0$ 的第 i 个元素的符号。

(3) 当 $\boldsymbol{x}_0$ 的第 i 个元素为零时，∇ 的第 i 个元素在 $(-1,\ 1)$ 范围内，且

(4) 对应于 $\boldsymbol{x}_0$ 非零元素的 $\boldsymbol{A}$ 的列是线性无关的，

那么，$\boldsymbol{x}_0$ 在 $\boldsymbol{A}\boldsymbol{x}=\boldsymbol{b}$ 的条件下最小化了 $\|\boldsymbol{x}\|_1$。进一步，这些条件蕴含了 $\boldsymbol{x}_0$ 是唯一最小值。

证明 首先我们证明 $\boldsymbol{x}_0$ 最小化 $\|\boldsymbol{x}\|_1$。假设 $\boldsymbol{y}$ 是 $\boldsymbol{A}\boldsymbol{x}=\boldsymbol{b}$ 的另一个解。我们需要证明 $\|\boldsymbol{y}\|_1\geqslant\|\boldsymbol{x}_0\|_1$。令 $\boldsymbol{z}=\boldsymbol{y}-\boldsymbol{x}_0$，那么 $\boldsymbol{A}\boldsymbol{z}=\boldsymbol{A}\boldsymbol{y}-\boldsymbol{A}\boldsymbol{x}_0=0$。因此，$\nabla^{\mathrm{T}}\boldsymbol{z}=(\boldsymbol{A}^{\mathrm{T}}\boldsymbol{w})^{\mathrm{T}}\boldsymbol{z}=\boldsymbol{w}^{\mathrm{T}}\boldsymbol{A}\boldsymbol{z}=0$。因为 ∇ 是一范数函数在 $\boldsymbol{x}_0$ 处的子梯度，

$$\|\boldsymbol{y}\|_1=\|\boldsymbol{x}_0+\boldsymbol{z}\|_1\geqslant\|\boldsymbol{x}_0\|_1+\nabla^{\mathrm{T}}\cdot\boldsymbol{z}=\|\boldsymbol{x}_0\|_1$$

所以我们得到结论 $\|\boldsymbol{x}_0\|_1$ 在所有 $\boldsymbol{A}\boldsymbol{x}=\boldsymbol{b}$ 的解的范围内最小化 $\|\boldsymbol{x}\|_1$。

假设 $\tilde{\boldsymbol{x}}_0$ 是另一个最小值。那么 ∇ 在 $\tilde{\boldsymbol{x}}_0$ 上也是一个子梯度，如它在 $\boldsymbol{x}_0$ 上一样。为了得到这一点，对于满足 $\boldsymbol{A}\Delta\boldsymbol{x}=0$ 的 $\Delta\boldsymbol{x}$

$$\|\tilde{\boldsymbol{x}}_0+\Delta\boldsymbol{x}\|_1=\|\boldsymbol{x}_0+\underbrace{\tilde{\boldsymbol{x}}_0-\boldsymbol{x}_0+\Delta\boldsymbol{x}}_{\alpha}\|_1\geqslant\|\boldsymbol{x}_0\|_1+\nabla^{\mathrm{T}}(\tilde{\boldsymbol{x}}_0-\boldsymbol{x}_0+\Delta\boldsymbol{x})$$

以上等式成立的依据是来自 ∇ 是一范数函数 $\|\ \|_1$ 在 $\boldsymbol{x}_0$ 的子梯度的定义。因此，$\|\tilde{\boldsymbol{x}}_0+\Delta\boldsymbol{x}\|_1\geqslant\|\boldsymbol{x}_0\|_1+\nabla^{\mathrm{T}}(\tilde{\boldsymbol{x}}_0-\boldsymbol{x}_0)+\nabla^{\mathrm{T}}\Delta\boldsymbol{x}$，但 $\nabla^{\mathrm{T}}(\tilde{\boldsymbol{x}}_0-\boldsymbol{x}_0)=\boldsymbol{w}^{\mathrm{T}}\boldsymbol{A}(\tilde{\boldsymbol{x}}_0-\boldsymbol{x}_0)=\boldsymbol{w}^{\mathrm{T}}(\boldsymbol{b}-\boldsymbol{b})=0$。因此 $\tilde{\boldsymbol{x}}_0$ 是最小值意味着 $\|\tilde{\boldsymbol{x}}_0\|_1=\|\boldsymbol{x}_0\|_1$，$\|\tilde{\boldsymbol{x}}_0+\Delta\boldsymbol{x}\|_1\geqslant\|\boldsymbol{x}_0\|_1+\nabla^{\mathrm{T}}\Delta\boldsymbol{x}=\|\tilde{\boldsymbol{x}}_0\|_1+\nabla^{\mathrm{T}}\Delta\boldsymbol{x}$，这意味着 ∇ 是 $\tilde{\boldsymbol{x}}_0$ 处的一个子梯度。

现在，∇ 是一个在 $\boldsymbol{x}_0$ 和 $\tilde{\boldsymbol{x}}_0$ 上的子梯度。由引理 10.2 得到，我们必须有 $(\nabla)_i=\mathrm{sgn}[(\boldsymbol{x}_0)_i]=\mathrm{sgn}[(\tilde{\boldsymbol{x}}_0)_i]$，无论是当有一个非零且 $|(\nabla)_i|<1$ 还是有一个为零的时候。因此 $\boldsymbol{x}_0$ 与 $\tilde{\boldsymbol{x}}_0$ 有相同的稀疏模式。因为 $\boldsymbol{A}\boldsymbol{x}_0=\boldsymbol{b}$，$\boldsymbol{A}\tilde{\boldsymbol{x}}_0=\boldsymbol{b}$，$\boldsymbol{x}_0$ 和 $\tilde{\boldsymbol{x}}_0$ 在相同的坐标上是非零的，根据定理的(4)得知，$\boldsymbol{A}$ 的对应于 $\boldsymbol{x}_0$ 和 $\tilde{\boldsymbol{x}}_0$ 的非零值的列是独立无关的，所以必有 $\boldsymbol{x}_0=\tilde{\boldsymbol{x}}_0$。

10.3.3 受限的等距属性

接下来我们介绍在精确重建稀疏向量中起关键作用的受限等距属性。一个矩阵 $\boldsymbol{A}$ 满足受限等距属性 RIP，如果存在 δ_s 使对于任意 s 稀疏的 $\boldsymbol{x}$ 满足

$$(1-\delta_s)\mid \boldsymbol{x}\mid^2 \leqslant \mid \boldsymbol{A}\boldsymbol{x}\mid^2 \leqslant (1+\delta_s)\mid \boldsymbol{x}\mid^2 \tag{10.1}$$

等距是一个数学概念：它指的是完全保留长度如旋转等的线性变换。所以，如果 $\boldsymbol{A}$ 是 $n\times n$ 的等距，那么其所有特征值是 1，且它代表了一个坐标系统。由于一对正交向量在所有坐标系中都是正交的，对于一个等距 $\boldsymbol{A}$ 和两个正交向量 $\boldsymbol{x}$ 和 $\boldsymbol{y}$，都有 $\boldsymbol{x}^{\mathrm{T}}\boldsymbol{A}^{\mathrm{T}}\boldsymbol{A}\boldsymbol{y}=0$。我们将证明对于满足受限等距属性的矩阵 $\boldsymbol{A}$ 也存在与以上属性近似的版本。这些近似的属性将在后续的章节中使用。

以下使用一些对证明有帮助的标记符号。对于 $\boldsymbol{A}$ 的列的某个子集 S，用 $\boldsymbol{A}_S$ 表示子集 S 中所有列构成的 $\boldsymbol{A}$ 的子矩阵。

引理 10.4 如果 $\boldsymbol{A}$ 满足受限等距属性，那么

(1) 对于任意满足 $|S|=s$ 的列的子集，$\boldsymbol{A}_S$ 的所有奇异值都在 $1-\delta_s$ 到 $1+\delta_s$ 之间。

(2) 对于任意两个支撑集大小分别为 s_1 和 s_2 的正交向量 $\boldsymbol{x}$ 和 $\boldsymbol{y}$，都有 $|\boldsymbol{x}^{\mathrm{T}}\boldsymbol{A}^{\mathrm{T}}\boldsymbol{A}\boldsymbol{y}|\leqslant 4\mid\boldsymbol{x}\mid\mid\boldsymbol{y}\mid\mid\delta_{s_1}+\delta_{s_2}\mid$。

证明 第(1)项直接根据定义就能推出。为了证明第(2)项，不失一般性地假设 $|\boldsymbol{x}|=|\boldsymbol{y}|=1$。因为 $\boldsymbol{x}$ 和 $\boldsymbol{y}$ 相互正交，所以有 $|\boldsymbol{x}+\boldsymbol{y}|^2=2$。考虑 $|\boldsymbol{A}(\boldsymbol{x}+\boldsymbol{y})|^2$，根据受限等距性其范围是在 $2(1-\delta_{s_1}+\delta_{s_2})^2$ 与 $2(1+\delta_{s_1}+\delta_{s_2})^2$ 之间。同时 $|\boldsymbol{A}\boldsymbol{x}|^2$ 也是在$(1-\delta_{s_1})^2$ 和$(1+\delta_{s_2})^2$ 之间，$|\boldsymbol{A}\boldsymbol{y}|^2$ 在$(1-\delta_{s_2})^2$ 和$(1+\delta_{s_2})^2$ 之间。由于

$$\begin{aligned}2\boldsymbol{x}^{\mathrm{T}}\boldsymbol{A}^{T}\boldsymbol{A}\boldsymbol{y} &= (\boldsymbol{x}+\boldsymbol{y})^{\mathrm{T}}\boldsymbol{A}^{\mathrm{T}}\boldsymbol{A}(\boldsymbol{x}+\boldsymbol{y})-\boldsymbol{x}^{\mathrm{T}}\boldsymbol{A}^{\mathrm{T}}\boldsymbol{A}\boldsymbol{x}-\boldsymbol{y}^{\mathrm{T}}\boldsymbol{A}^{\mathrm{T}}\boldsymbol{A}\boldsymbol{y}\\ &=|\boldsymbol{A}(\boldsymbol{x}+\boldsymbol{y})|^2-|\boldsymbol{A}\boldsymbol{x}|^2-|\boldsymbol{A}\boldsymbol{y}|^2\end{aligned}$$

可以得到

$$\begin{aligned}|2\boldsymbol{x}^{\mathrm{T}}\boldsymbol{A}^{\mathrm{T}}\boldsymbol{A}\boldsymbol{y}| &\leqslant 2(1+\delta_{S_1}+\delta_{S_2})^2-(1-\delta_{s_1})^2-(1-\delta_{s_2})^2\\ &\leqslant 4(\delta_{S_1}+\delta_{S_2})-(\delta_{S_1}-\delta_{S_2})^2\\ &\leqslant 4(\delta_{S_1}+\delta_{S_2})\end{aligned}$$

因此，对于任意 $\boldsymbol{x}$ 和 $\boldsymbol{y}$，$|\boldsymbol{x}^{\mathrm{T}}\boldsymbol{A}^{\mathrm{T}}\boldsymbol{A}\boldsymbol{y}|\leqslant 4\mid\boldsymbol{x}\mid\mid\boldsymbol{y}\mid(\delta_{s_1}+\delta_{s_2})$。

定理 10.5 假设 $\boldsymbol{A}$ 满足受限的等距属性，且有

$$\delta_{s+1}\leqslant\frac{1}{5\sqrt{s}}$$

假设 $\boldsymbol{x}_0$ 最多有 s 个非零坐标且满足 $\boldsymbol{A}\boldsymbol{x}=\boldsymbol{b}$，那么在 $\boldsymbol{x}_0$ 点存在一范数函数的子梯度 $\nabla\|(\boldsymbol{x}_0)\|_1$ 且满足定理 10.3 的条件，因此 $\boldsymbol{x}_0$ 是 $\boldsymbol{A}\boldsymbol{x}=\boldsymbol{b}$ 的唯一的最小一范

数解。

证明 令

$$S=\{i\mid(\boldsymbol{x}_0)_i\neq 0\}$$

为 $\boldsymbol{x}_0$ 的支撑集，并令 $\bar{S}=\{i\mid(\boldsymbol{x}_0)_i=0\}$ 为坐标的补集。为了找到一个在 $\boldsymbol{x}_0$ 处满足定理 10.3 的子梯度 $\boldsymbol{u}$，寻找满足 $\boldsymbol{u}=\boldsymbol{A}^{\mathrm{T}}\boldsymbol{w}$ 的 $\boldsymbol{w}$，其中对于 $\boldsymbol{x}_0\neq 0$ 的坐标满足 $\boldsymbol{u}=\operatorname{sgn}(\boldsymbol{x}_0)$ 且剩下的坐标中 $\boldsymbol{u}$ 的二范数被最小化。求解 $\boldsymbol{w}$ 是一个最小二乘问题。令 $\boldsymbol{z}$ 为支撑集为 S 的向量，且在 S 上有 $z_i=\operatorname{sgn}(\boldsymbol{x}_0)$。考虑如下定义的向量 $\boldsymbol{w}$

$$\boldsymbol{w}=\boldsymbol{A}_S(\boldsymbol{A}_S^{\mathrm{T}}\boldsymbol{A}_S)^{-1}\boldsymbol{z}$$

这恰好是最小二乘问题的解，但这里我们不需要这个事实。我们只是用它告诉读者我们是怎样得到这个表达式的。请注意根据引理 10.4 的第(2)部分，$\boldsymbol{A}_S$ 的列向量互相独立，因此 $\boldsymbol{A}_S^{\mathrm{T}}\boldsymbol{A}_S$ 是可逆的。首先，对 S 中的坐标，我们得到以下所需的结论

$$(\boldsymbol{A}^{\mathrm{T}}\boldsymbol{w})_S=(\boldsymbol{A}_S)^{\mathrm{T}}\boldsymbol{A}_S(\boldsymbol{A}_S^{\mathrm{T}}\boldsymbol{A}_S)^{-1}\boldsymbol{z}=\boldsymbol{z}$$

对于 $\bar{S}$ 中的坐标，我们有

$$(\boldsymbol{A}^{\mathrm{T}}\boldsymbol{w})_{\bar{S}}=(\boldsymbol{A}_{\bar{S}})^{\mathrm{T}}\boldsymbol{A}_S(\boldsymbol{A}_S^{\mathrm{T}}\boldsymbol{A}_S)^{-1}\boldsymbol{z}$$

现在，$\boldsymbol{A}_S^{\mathrm{T}}\boldsymbol{A}_S$ 的特征值是 $\boldsymbol{A}_S$ 奇异值的平方，在 $(1-\delta_s)^2$ 和 $(1+\delta_s)^2$ 之间。所以 $\|(\boldsymbol{A}_S^{\mathrm{T}}\boldsymbol{A}_S)^{-1}\|\leqslant\dfrac{1}{(1-\delta_S)^2}$。令 $\boldsymbol{p}=(\boldsymbol{A}_S^{\mathrm{T}}\boldsymbol{A}_S)^{-1}\boldsymbol{z}$，我们有 $|\boldsymbol{p}|\leqslant\dfrac{\sqrt{s}}{(1-\delta_S)^2}$。将 $\boldsymbol{A}_s\boldsymbol{p}$ 写为 $\boldsymbol{Aq}$，其中 $\boldsymbol{q}$ 有所有 $\bar{S}$ 中等于零的坐标。现在，对于 $j\in\bar{S}$

$$(\boldsymbol{A}^{\mathrm{T}}\boldsymbol{w})_j=\mathrm{e}_j^{\mathrm{T}}\boldsymbol{A}^{\mathrm{T}}\boldsymbol{Aq}$$

引理 10.4 的第(2)部分给出 $|u_j|\leqslant 8\delta_{s+1}\sqrt{s}\leqslant 1/2$ 使定理 10.3 的第(3) 部分成立。

高斯矩阵是一个其中每个元素都是一个独立的高斯变量的矩阵。高斯矩阵满足受限等距属性。

10.4 应用

10.4.1 在一些坐标基下的稀疏向量

考虑$\boldsymbol{A}\boldsymbol{x}=\boldsymbol{b}$,其中$\boldsymbol{A}$是一个$n\times n$方阵。我们可以认为$\boldsymbol{x}$和$\boldsymbol{b}$是同一数量的不同表示方法。例如$\boldsymbol{x}$可以是一个离散时间序列,$\boldsymbol{b}$是$\boldsymbol{x}$的频谱。$\boldsymbol{x}$的数量在时域上用$\boldsymbol{x}$表示,在频域上用它的傅里叶变换表示。实际上,任意正交矩阵都可以被看作是一个变换(transformation),除了傅里叶变换以外还有许多其他重要的变换。

考虑某种标准表示下的变换$\boldsymbol{A}$和信号$\boldsymbol{x}$。这时$\boldsymbol{y}=\boldsymbol{A}\boldsymbol{x}$将信号$\boldsymbol{x}$转换为另一种表示形式$\boldsymbol{y}$。如果$\boldsymbol{A}$将任意稀疏信号$\boldsymbol{x}$散布出来使得在标准基下的每个坐标中包含的信息都散布到第二个基的所有坐标中,那么这两种表示方法被称为是不相干的(incoherent)。不相干向量的一个例子是信号与它的傅里叶变换。这意味着如果$\boldsymbol{x}$是稀疏的,那么只需随机选取一些它的傅里叶变换的坐标来重建$\boldsymbol{x}$。下一节我们证明一个信号不可能在时域和频域上同时稀疏。

10.4.2 一种表示方法不可能在时域和频域上同时稀疏

我们现在给出一个不确定性原理,即一个时间信号不能被同时在时域和频域稀疏。如果该信号是长度为n的,在时域非零坐标的数量和在频域非零坐标的数量的乘积必须至少为n。我们先证明两个技术引理。

引理 10.6　两个数值a和b的算术平均$\dfrac{a+b}{2}$大于等于这两个数的几何平均数$\sqrt{ab}$。

证明

$$
\begin{aligned}
&(a-b)^2\geqslant 0\\
&a^2-2ab+b^2\geqslant 0\\
&a^2+2ab+b^2\geqslant 4ab\\
&(a+b)^2\geqslant 4ab\\
&a+b\geqslant 2\sqrt{ab}
\end{aligned}
$$

在处理傅里叶变换时，使用下标从 0 到 $n-1$ 比从 1 到 n 方便很多。x_0，x_1，…，x_{n-1} 是一个序列，f_0，f_1，…，f_{n-1} 是它的离散傅里叶变换。令 $\mathrm{i}=\sqrt{-1}$，那么 $f_j=\frac{1}{\sqrt{n}}\sum_{k=0}^{n-1}x_k\mathrm{e}^{-\frac{2\pi\mathrm{i}}{n}jk}$，$j=0$，…，$n-1$。这能被写为矩阵形式 $\boldsymbol{f}=\boldsymbol{Zx}$，其中 $z_{jk}=\mathrm{e}^{-\frac{2\pi\mathrm{i}}{n}jk}$。

$$\begin{pmatrix} f_0 \\ f_1 \\ \vdots \\ f_{n-1} \end{pmatrix} = \frac{1}{\sqrt{n}} \begin{pmatrix} 1 & 1 & \cdots & 1 \\ \mathrm{e}^{-\frac{2\pi\mathrm{i}}{n}} & \mathrm{e}^{-\frac{2\pi\mathrm{i}}{n}2} & \cdots & \mathrm{e}^{-\frac{2\pi\mathrm{i}}{n}(n-1)} \\ \vdots & \vdots & & \vdots \\ \mathrm{e}^{-\frac{2\pi\mathrm{i}}{n}(n-1)} & \mathrm{e}^{-\frac{2\pi\mathrm{i}}{n}2(n-1)} & \cdots & \mathrm{e}^{-\frac{2\pi\mathrm{i}}{n}(n-1)^2} \end{pmatrix} \begin{pmatrix} x_0 \\ x_1 \\ \vdots \\ x_{n-1} \end{pmatrix}$$

如果 $\boldsymbol{x}$ 中的一些元素是零，则从矩阵中删除相应的列。为了维持一个方阵，设 n_x 为 $\boldsymbol{x}$ 中非零元素的值，并选 Z 的 n_x 个连续行。通过一列中的每个元素除以第一行中的列元素归一化得到子矩阵的列。所得子矩阵是一个 Vandermonde 矩阵，表示如下

$$\begin{pmatrix} 1 & 1 & 1 & 1 \\ a & b & c & d \\ a^2 & b^2 & c^2 & d^2 \\ a^3 & b^3 & c^3 & d^3 \end{pmatrix}$$

该矩阵为非奇异的。

引理 10.7 如果 x_0，x_1，…，x_{n-1} 有 n_x 个非零元素，那么 f_0，f_1，…，f_{n-1} 不能有 n_x 个连续零值。

证明 令 i_1，i_2，…，i_{n_x} 为 $\boldsymbol{x}$ 的非零元素的下标。那么在 $k=m+1$，$m+2$，…，$m+n_x$ 范围内进行傅里叶变换后得到的元素是

$$f_k=\frac{1}{\sqrt{n}}\sum_{j=1}^{n_x}x_{i_j}\mathrm{e}^{\frac{-2\pi\mathrm{i}}{n}k i_j}$$

注意指数被乘以 i_j 用以反映元素在序列中的实际位置。通常情况下，如果序列每个元素都包括在内，我们只需乘以下标总和。

通过定义 $z_{kj}=\frac{1}{\sqrt{n}}\exp\left(-\frac{2\pi\mathrm{i}}{n}k i_j\right)$来将等式转换为矩阵形式 $\boldsymbol{f}=\boldsymbol{Zx}$。实际上，使用 $\boldsymbol{x}$ 的非零元素构成的向量来取代 $\boldsymbol{x}$ 本身，那么根据此定义 $\boldsymbol{x}\neq 0$。为了证明引理我们需要证明 $\boldsymbol{f}$ 非零。这在 $\boldsymbol{Z}$ 是非奇异的条件下是成立的。如果我们通过

将每一列的元素除以第一项来按比例缩放 $\boldsymbol{Z}$，那么就得到了非奇异的 Vandermonde 行列式。

定理 10.8 令 n_x 为 $\boldsymbol{x}$ 中非零元素个数，令 n_f 为 $\boldsymbol{x}$ 傅里叶变换后非零的元素个数。n_x 整除 n，那么 $n_x n_f \geqslant n$。

证明 若 $\boldsymbol{x}$ 有 n_x 个非零元素，$\boldsymbol{f}$ 不能有一个 n_x 个连续零值。由于 n_x 整除以 n 有 $\dfrac{n}{n_x}$ 个块，每个包含至少一个非零元素。因此，$\boldsymbol{x}$ 和 $\boldsymbol{f}$ 中非零元素的乘积至少为 n。

$$
\begin{matrix}
1 & 1 & 1 & 1 & 1 & 1 & 1 & 1 & 1 \\
1 & z & z^2 & z^3 & z^4 & z^5 & z^6 & z^7 & z^8 \\
1 & z^2 & z^4 & z^6 & z^8 & z & z^3 & z^5 & z^7 \\
1 & z^3 & z^6 & 1 & z^3 & z^6 & 1 & z^3 & z^6 \\
1 & z^4 & z^8 & z^3 & z^7 & z^2 & z^6 & z & z^5 \\
1 & z^5 & z & z^6 & z^2 & z^7 & z^3 & z^8 & z^4 \\
1 & z^6 & z^3 & 1 & z^6 & z^3 & 1 & z^6 & z^3 \\
1 & z^7 & z^5 & z^3 & z & z^8 & z^6 & z^4 & z^2 \\
1 & z^8 & z^7 & z^6 & z^5 & z^4 & z^3 & z^2 & z
\end{matrix}
$$

图 10.5 $n=9$ 的矩阵 $\boldsymbol{Z}$

尖峰的傅里叶变换证明上述下界是紧致的

为了显示定理 10.8 中的下界是紧致的，我们给出了长度为 n 且由 $\sqrt{n}$ 个 1 组成的序列的傅里叶变换是序列本身，其中每个被 $\sqrt{n}-1$ 个零分隔。例如，序列 100100100 的傅里叶变换是 100100100。因此，对于这一类的序列，$n_x n_f = n$。傅里叶变换是 $y_j = \dfrac{1}{\sqrt{n}} \sum\limits_{k=0}^{n-1} z^{jk}$。

定理 10.9 令 $\boldsymbol{S}(\sqrt{n}, \sqrt{n})$ 为一个由 1 和 0 组成的序列，其中包含 $\sqrt{n}$ 个 1，且两两间隔为 $\sqrt{n}$。那么 $\boldsymbol{S}(\sqrt{n}, \sqrt{n})$ 傅里叶变换后就是它本身。

证明 考虑下标为 $0, \sqrt{n}, 2\sqrt{n}, \cdots, (\sqrt{n}-1)\sqrt{n}$ 的列，在这些列上 $\boldsymbol{S}(\sqrt{n}, \sqrt{n})$ 取值为 1。矩阵 $\boldsymbol{Z}$ 的第 $j\sqrt{n}$ 行第 $k\sqrt{n}$ 列的元素是 $z^{nkj}=1$，其中 $0 \leqslant k < \sqrt{n}$。因此，将这些行乘以向量 $\boldsymbol{S}(\sqrt{n}, \sqrt{n}) = \sqrt{n}$，然后乘以 $1/\sqrt{n}$ 归一化得到 $f_{j\sqrt{n}} = 1$。

对于下标不是 $j\sqrt{n}$ 形式的行，即行 b，$b\neq j\sqrt{n}$，$j\in\{0,\sqrt{n},\cdots,\sqrt{n}-1\}$，列 $0,\sqrt{n},2\sqrt{n},\cdots,(\sqrt{n}-1)\sqrt{n}$ 中行 b 的元素是 $1,z^b,z^{2b},\cdots,z^{(\sqrt{n}-1)b}$，因此 $f_b=\frac{1}{\sqrt{n}}(1+z^b+z^{2b}+\cdots+z^{(\sqrt{n}-1)b})=\frac{1}{\sqrt{n}}\frac{z^{\sqrt{n}b}-1}{z-1}=0$，因为 $z^{b\sqrt{n}}=1$ 以及 $z\neq 1$。图 10.5 为 $n=9$ 的矩阵 $\boldsymbol{Z}$ 的示意。

l_1 优化的唯一性

考虑序列的冗余表示。一个这样的例子是将一个序列表示为两个序列的串联，第一个由其坐标表示，第二个由它的傅里叶变换给出。假设某个序列可用序列坐标和傅里叶系数这两种不同的方式稀疏地表示。那么通过减法，零序列可以由稀疏序列表示。零序列不能仅由坐标或傅里叶系数单一地表示。如果 y 代表零序列的坐标序列，那么该零序列表示的傅里叶系数部分必须代表 $-y$。那么 y 和它的傅里叶变换具有稀疏的表示，这与 $n_x n_f\geqslant n$ 相矛盾。注意这里因子 2 是由减法产生的。

假设两个稀疏信号的傅里叶变换几乎在所有坐标上都一致。那么，它们的差值将是一个稀疏信号并且其傅里叶变换也是稀疏的。这是不可能的，因此，如果选择 $\log n$ 个变换后的元素应当可以将这两个信号区分开来。

10.4.3 生物

有许多场合会用到线性系统并且含有唯一稀疏解。一个例子就是植物育种。假设一个育种员有一定数量的苹果树并负责观察每一棵树的某些优质特性的强度。他希望找出哪些基因是决定哪个特性，以帮助杂交出更好地表示该优质特性的树。这样就产生了一组方程 $\boldsymbol{Ax}=\boldsymbol{b}$，其中矩阵 $\boldsymbol{A}$ 每一行对应一棵树，每一列对应于基因上一个位置。如图 10.6 所示。向量 $\boldsymbol{b}$ 对应于树中每个理想特征的强度。解 $\boldsymbol{x}$ 告诉我们基因组上哪个位置的基因是对应这个特性的。如果有两个独立的少量基因组成的集合都可以解释这个优质特性，这将是令人感到意外的。因此，矩阵必须具有的一个属性是它仅允许一个稀疏解。

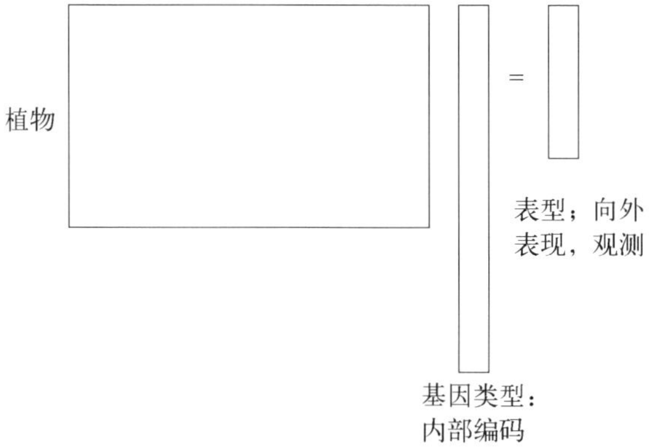

图 10.6　用于寻找某些可观察现象内部编码的线性方程系统

10.4.4　寻找重叠团或团体

考虑由几个团构成的图。假设我们只能观察边这一类低层的信息，我们希望从中确定团。这个问题的一个实例是如何通过只观察球员两两之间的交互来确定 10 个球员中哪 5 名属于一个球队，哪 5 名属于另外一个。两个球员之间有互动当且仅当他们属于同一个球队。在这种情况下，我们有一个 $\binom{10}{2}$ 行 $\binom{10}{5}$ 列的矩阵。列表示可能的球队，行表示可能的两两组合。令 $\boldsymbol{x}$ 是 $\boldsymbol{A}\boldsymbol{x}=\boldsymbol{b}$ 的解。该方程有一个稀疏解 $\boldsymbol{x}$，$\boldsymbol{x}$ 几乎全为零，除了有两个 1 分别对应 12345 和 678910，这里两个球队分别是$\{1, 2, 3, 4, 5\}$和$\{6, 7, 8, 9, 10\}$这两个集合。问题是我们能否从 $\boldsymbol{b}$ 恢复 $\boldsymbol{x}$。如果矩阵 $\boldsymbol{A}$ 满足受限的等距属性，那么我们确定可以这样做。即使 $\boldsymbol{A}$ 不满足保证可以恢复所有稀疏向量的受限等距属性，我们仍能恢复稀疏向量，在当球队是不重叠或几乎不重叠的情况下。如果 $\boldsymbol{A}$ 满足受限等距属性，我们应当在满足 $\boldsymbol{A}\boldsymbol{x}=\boldsymbol{b}$ 的前提下最小化 $\|\boldsymbol{x}\|_1$。类似地，当我们能够找到错误上界 $\|\boldsymbol{A}\boldsymbol{x}-\boldsymbol{b}\|_\infty\leqslant\varepsilon$ 的条件下，我们也可以最小化对应的 $\|\boldsymbol{x}\|_1$。

10.4.5　低秩矩阵

假设有一个已被噪声损坏的低秩矩阵 $\boldsymbol{L}$。也即是说 $\boldsymbol{M}=\boldsymbol{L}+\boldsymbol{R}$。如果 $\boldsymbol{R}$ 是

高斯噪声，那么主要成分分析(principle component analysis)可以从 $\boldsymbol{M}$ 中恢复出 $\boldsymbol{L}$。然而，如果 $\boldsymbol{L}$ 是由于多个元素丢失或是被大噪声叠加而超出正常范围而破坏，那么主要成分分析将无能为力。但是如果同时满足 $\boldsymbol{L}$ 是低秩且 $\boldsymbol{R}$ 是稀疏的，那么我们能有效地从 $\boldsymbol{L}+\boldsymbol{R}$ 中恢复 $\boldsymbol{L}$。为了做到这点，我们找到可以最小化 $\|\boldsymbol{L}\|_*+\lambda\|\boldsymbol{R}\|_1$ 的 $\boldsymbol{L}$ 和 $\boldsymbol{R}$。这里 $\|\boldsymbol{L}\|_*$ 是 $\boldsymbol{L}$ 的奇异值总和。注意我们不需要知道 $\boldsymbol{L}$ 的秩或是哪些元素被损坏了。我们所需要的是低秩矩阵 $\boldsymbol{L}$ 是不稀疏的且稀疏矩阵 $\boldsymbol{R}$ 的秩不低。我们把相应的证明留作习题。

可能会出现的低秩矩阵被损坏的例子是一个路口的航拍照片。如果有一系列这些照片，它们将几乎是相同的，除了路上的车和人。如果每一张照片被转换为一个向量，且向量被用作矩阵的一列，那么该矩阵将是由低秩矩阵被路上交通损坏过后得到的。找出原有的低秩矩阵将可以把车和人从背景中分离出来。

练习

10.1 选择一种将个人排名与全局排名相结合的方法。考虑一组排名，其中每个个体排名 b 为最后。从底部到顶部一个接一个地移动 b，保持其他排名不变。如定理 10.1 中一样确定 v_b，其中 b_b 是导致 b 在全局排名中从底部向顶部移动的排名。

10.2 证明三个公理：非独裁者、一致以及独立的不相干的替换是相互独立的。

10.3 不相干的替换独立性公理有意义吗？如果有 3 个对 5 个项目的排名，前 2 个排名中，A 排第 1，B 排第 2。在第 3 排名中，B 排第 1，A 排第 5。如果我们计算平均分，其中分值越低越好。A 的得分是 $1+1+5=7$ 分，B 的得分 $2+2+1=5$ 分，B 在全局排名中排第一。如果第 3 个排名中把 A 移到第 2，那么 A 的得分变为 $1+1+2=4$ 分，A 和 B 的全局排名发生了改变，即使它们的个人排名没变。有没有其他公理可以取代独立不相干替换公理？

10.4 证明即使 b 在列 v_b 中下移后，全局排名仍与 v_b 一致。

10.5 创建一个随机的 100×100 的归一正交矩阵和一个稀疏的 100 维向量 $\boldsymbol{b}$，计算 $\boldsymbol{y}=\boldsymbol{A}\boldsymbol{x}$。随机选取 $\boldsymbol{y}$ 的一些坐标，使用 10.3.1 节中的最小化一范数技术从 $\boldsymbol{y}$ 的采样中重建 $\boldsymbol{x}$。可以恢复 $\boldsymbol{x}$ 吗？

10.6 令 $\boldsymbol{A}$ 为低秩 $n\times m$ 矩阵，令 r 为 $\boldsymbol{A}$ 的秩，令 $\tilde{\boldsymbol{A}}$ 为被高斯噪声干扰的 $\boldsymbol{A}$。证

明对$\tilde{A}$作秩 r 的 SVD 近似将最小化$|A-\tilde{A}|_F$。

10.7　证明在 $Ax=b$ 的前提下最小化 $\|x\|_0$ 是 NP 完全问题。

10.8　令 A 是一个高斯矩阵，它的每个元素都是一个具有零均值和方差 1 的随机高斯变量，证明 A 具有受限等距属性。

10.9　生成秩分别为 20，40，60，80，100 的 100×100 系列矩阵。在每个矩阵中随机减少 50，100，200 或 400 个条目，在每个情况下试图恢复原矩阵，你在每种情况下分别能做到多好？

10.10　重复前面的练习，但不要删除元素，通过加入合适大小的破坏噪声到随机选择的矩阵条目中，从而破坏元素。

10.11　计算序列 1000010000 的傅里叶变换。

10.12　循环移位的傅里叶变换是什么？

10.13　数 $n=6$ 是可分解因式的，但不是一个平方数。$F(2, 3)$的傅里叶变换是什么？是 100100，101010 的变换吗？

10.14　令 Z 是 1 的 n 次方根。证明 $\{z^{bi} \mid 0 \leqslant i < n\} = \{z^i \mid 0 \leqslant i < n\}$，其中 b 不能整除 n。

10.15　范德蒙行列式的形式为

$$\begin{pmatrix} 1 & 1 & 1 & 1 \\ a & b & c & d \\ a^2 & b^2 & c^2 & d^2 \\ a^3 & b^3 & c^3 & d^3 \end{pmatrix}$$

请说明，如果 a，b，c 和 d 是不同的，那么范德蒙行列式是非奇异的。提示：每给定 n 个点的值，有且仅有一个多项式在这些点取对应的值。

10.16　很多问题都可以归结为找到 x 满足 $Ax=b+r$，其中 r 是观测值与实际值之间的误差。讨论下列三种情况的问题的优点和缺点。

(1) 令 $r=0$ 并找到 $x=\text{argmin}\|x\|_1$ 满足 $Ax=b$；

(2) 套索(Lasso)：找到 $x=\text{argmin}(\|x\|_1+\alpha\|r\|_2^2)$ 满足 $Ax=b$；

(3) 找到 $x=\text{argmin}\|x\|_1$ 使得 $\|r\|_2<\varepsilon$。

10.17　创建包含重叠团体的图如下：令 $n=1000$，把它分成 10 个大小为 100 的块。第一个块是{1，2，…，100}，第二个是{100，101，…，200}，如此类推，在图中加入一些边使得块中的顶点构成团。现在随机打乱顺序，并把打乱后的顶点重新分成 10 个大小为 100 的块。同样加入一些边使新的块中产生团。再次打乱顺序并重复加入边的操作。最后得到的图中每个顶点都属于 3 个团。说明如何在图中找到这些团。

10.18 重复上述练习，但不是通过增加边来形成团，用每个块来形成一个 $G(100, P)$ 图。在 p 为多小的情况下你能恢复这些块？如果添加 $G(1\,000, q)$ 图进入这个图，其中 q 取某个较小值，情况又是怎样？

10.19 构造一个 $n\times m$ 的矩阵 $\boldsymbol{A}$，其中的 m 列是取值为 0 或 1 的向量，且约 $\frac{1}{4}$ 的元素为 1。那么 $\boldsymbol{B}=\boldsymbol{A}\boldsymbol{A}^{\mathrm{T}}$ 是对称矩阵，且可看作有 n 个顶点的图的邻接矩阵。有些边的权重大于 1。该图包含了一些可能互相重叠的团。为了在给定 $\boldsymbol{B}$ 的条件下，找到这些团。你的任务是通过下面线性规划找出 b 和 x，并在 $\boldsymbol{B}$ 的列空间中找出对应的 0－1 向量。

$$b = \operatorname{argmin} \| \boldsymbol{b} \|_1$$

满足

$$\begin{aligned}&\boldsymbol{B}\boldsymbol{x} = \boldsymbol{b}\\&b_1 = 1\\&0\leqslant b_i\leqslant 1 \quad 2\leqslant i\leqslant n\end{aligned}$$

然后从 $\boldsymbol{B}$ 中减去 $\boldsymbol{b}\boldsymbol{b}^{\mathrm{T}}$ 并重复该过程。

10.20 构造一个满足以下条件的矩阵

(1) $\boldsymbol{A}$ 的列是 0－1 向量，没有任何两列重叠超过 50%以上；

(2) 没有列被包含在另一列中；

(3) 在 $\boldsymbol{A}$ 的列空间中最小化的一范数向量不是一个 0－1 向量。

10.21 设 $\boldsymbol{M}=\boldsymbol{L}+\boldsymbol{R}$，其中 $\boldsymbol{L}$ 是一个低秩矩阵，被一个稀疏噪声矩阵 $\boldsymbol{R}$ 所破坏。如果 $\boldsymbol{R}$ 是低秩的或者 $\boldsymbol{L}$ 是稀疏的，为什么我们不能从 $\boldsymbol{M}$ 恢复 $\boldsymbol{L}$？

10.22 练习在 LASSO 上计算 $\min(\|\boldsymbol{A}\boldsymbol{x}-\boldsymbol{b}\|^2+\lambda\|\boldsymbol{x}\|_1)$。

附录

附录 1　渐近符号

我们首先介绍符号 O 的含义。一个典型的例子是对算法运算时间的分析。算法的运算时间与执行算法所需的计算量成正比例，该计算量是问题规模 n 的复杂函数，如 $5n^3+25n^2\ln n-6n+22$。渐近分析关心的是当 $n\to\infty$ 时多项式的性质，而这是由高阶项 $5n^3$ 决定的。再者，高阶项 $5n^3$ 的系数 5 并不重要，因为它的数值变化最终由幂数决定。由此我们可以说函数是 $O(n^3)$。符号 O 适用于变量是正整数的正实值函数。

定义　对于自变量为自然数的正实值函数 f 和 g，如果存在常数 $c>0$ 使得对于任意的 n 有 $f(n)\leqslant cg(n)$，则记 $f(n)$ 为 $O(g(n))$。

因此 $f(n)=5n^3+25n^2\ln n-6n+22$ 是 $O(n^3)$。上界未必唯一。例如，$f(n)$ 也可以表示为 $O(n^4)$。注意对于所有的 n，$g(n)$ 必须严格大于 0。

为了表示 $f(n)$ 的增长速度至少与 $g(n)$ 一样快，我们使用记号 $\Omega(n)$。对于正实值函数 f 和 g，如果存在常数 $c>0$ 使得对于任意的 n，$f(n)\geqslant cg(n)$，则记 $f(n)$ 为 $\Omega(g(n))$。如果 $f(n)$ 既是 $O(g(n))$ 又是 $\Omega(g(n))$，则将 $f(n)$ 记为 $\Theta(g(n))$。当两个函数有相同的渐近增长速度时，我们将使用 n 的 δ 函数。

渐近上界

$f(n)=O(g(n))$，若存在常数 $c>0$，使得对任意的 n 有，$f(n)\leqslant cg(n)$。　$\leqslant$

渐近下界

$f(n)=\Omega(g(n))$，若存在常数 $c>0$，使得对任意的 n 有，$f(n)\geqslant cg(n)$。　$\geqslant$

渐近等式	
$f(n)=\Theta(g(n))$，若存在常数 $c>0$，使得 $f(n)=O(g(n))$ 且 $f(n)=\Omega(g(n))$。	$=$
$f(n)=o(g(n))$，若 $\lim\limits_{n\to\infty}\dfrac{f(n)}{g(n)}=0$。	$<$
$f(n)\sim g(n)$，若 $\lim\limits_{n\to\infty}\dfrac{f(n)}{g(n)}=1$。	$=$
$f(n)=\omega(g(n))$ 若 $\lim\limits_{n\to\infty}\dfrac{f(n)}{g(n)}=\infty$。	$>$

很多时候我们想要限制低阶项，为此引进记号 o。如果 $\lim\limits_{n\to\infty}\dfrac{f(n)}{g(n)}=0$，那么记 $f(n)$ 为 $o(g(n))$。注意，$f(n)=O(g(n))$ 意味着在渐近意义下 $f(n)$ 不会比 $g(n)$ 增长更快，而 $f(n)=o(g(n))$ 表明 $f(n)/g(n)$ 渐近趋于零。如果 $f(n)=2n+\sqrt{n}$，那么 $f(n)$ 为 $O(n)$，但为了限制较低阶项，我们将其记为 $f(n)=2n+o(n)$。最后，如果 $\lim\limits_{n\to\infty}\dfrac{f(n)}{g(n)}=1$，则记 $f(n)\sim g(n)$；如果 $\lim\limits_{n\to\infty}\dfrac{f(n)}{g(n)}=\infty$，则记 $f(n)$ 为 $\omega(g(n))$。记号 $f(n)=\Theta(g(n))$ 与 $f(n)\sim g(n)$ 的不同在于对于前者，$f(n)$ 和 $g(n)$ 可能相差一个常数因子。

附录 2　有用的不等式

$1+x\leqslant e^x,\ \forall x\in R$

我们通常通过等式两边的不同而建立不等式，如 $e^x-(1+x)$ 总是非负的，则可以建立不等式 $1+x\leqslant e^x$。该结论可通过求导得出。$e^x-(1+x)$ 的一阶、二阶导数分别为 e^x-1，e^x。因 e^x 恒为正的，故 e^x-1 是单调的且 $e^x-(1+x)$ 为凸函数。又因为 e^x-1 具有单调性，它仅可能在一个点处取零值，且其零点为 $x=0$。因此，$e^x-(1+x)$ 的最小值在 $x=0$ 时取得，且最小值为零，故不等式成立。

$(1-x)^n\geqslant 1-nx,\ 0\leqslant x\leqslant 1$

令 $g(x)=(1-x)^n-(1-nx)$，我们用求导来证明 $g(x)\geqslant 0$，$\forall x\in[0,1]$。

$$g'(x)=-n(1-x)^{n-1}+n=n[1-(1-x)^{n-1}]\geqslant 0,\ x\in[0,\ 1]$$

因此，在区间[0, 1]上，g 在 $x=0$ 处取最小值，最小值为 $g(0)=0$，不等式得证。

$(x+y)^2\leqslant 2x^2+2y^2$

由 $(x+y)^2+(x-y)^2=2x^2+2y^2$ 可直接得到该不等式。

三角不等式

对任意向量 $\boldsymbol{x}$ 和 $\boldsymbol{y}$，$|\boldsymbol{x}+\boldsymbol{y}|\leqslant|\boldsymbol{x}|+|\boldsymbol{y}|$。

因为 $\boldsymbol{x}\cdot\boldsymbol{y}\leqslant|\boldsymbol{x}||\boldsymbol{y}|$，

$$\begin{aligned}|\boldsymbol{x}+\boldsymbol{y}|^2&=(\boldsymbol{x}+\boldsymbol{y})^{\mathrm{T}}\cdot(\boldsymbol{x}+\boldsymbol{y})=|\boldsymbol{x}|^2+|\boldsymbol{y}|^2+2\boldsymbol{x}^{\mathrm{T}}\cdot\boldsymbol{y}\\&\leqslant|\boldsymbol{x}|^2+|\boldsymbol{y}|^2+2|\boldsymbol{x}||\boldsymbol{y}|=(|\boldsymbol{x}|+|\boldsymbol{y}|)^2\end{aligned}$$

两边取平方根，不等式成立。

Stirling 逼近

$1+x\leqslant e^x$，$\forall x\in R$。

$(1-x)^n\geqslant 1-nx$，$0\leqslant x\leqslant 1$。

$(x+y)^2+(x-y)^2=2x^2+2y^2$。

三角不等式 $\boldsymbol{x}$ and $\boldsymbol{y}$，$|\boldsymbol{x}+\boldsymbol{y}|\leqslant|\boldsymbol{x}|+|\boldsymbol{y}|$。

Cauchy-Schwartz 不等式 $|\boldsymbol{x}||\boldsymbol{y}|\geqslant\boldsymbol{x}^{\mathrm{T}}\boldsymbol{y}$。

Young's 不等式 设 p，q 为实数，且 $\frac{1}{p}+\frac{1}{q}=1$，对正实数 x，y，

$$xy\leqslant\frac{1}{p}x^p+\frac{1}{q}y^q$$

Hölder's 不等式 设 p，q 为正实数，且 $\frac{1}{p}+\frac{1}{q}=1$，

$$\sum_{i=1}^{n}|x_i y_i|\leqslant\left(\sum_{i=1}^{n}|x_i|^p\right)^{1/p}\left(\sum_{i=1}^{n}|y_i|^q\right)^{1/q}$$

Jensen's 不等式 若 f 为凸函数，则

$$f\left(\sum_{i=1}^{n}\alpha_i x_i\right)\leqslant\sum_{i=1}^{n}\alpha_i f(x_i)$$

$$n! \approx \left(\frac{n}{\mathrm{e}}\right)^n \sqrt{2\pi n} \qquad \binom{2n}{n} \approx \frac{1}{\sqrt{\pi n}} 2^{2n}$$

$$\sqrt{2\pi n}\,\frac{n^n}{\mathrm{e}^n} < n! < \sqrt{2\pi n}\,\frac{n^n}{\mathrm{e}^n}\left(1+\frac{1}{12n-1}\right)$$

不考虑常数因子，我们来证明该不等式。即证

$$1.4\left(\frac{n}{\mathrm{e}}\right)^n \sqrt{n} \leqslant n! \leqslant \mathrm{e}\left(\frac{n}{\mathrm{e}}\right)^n \sqrt{n}$$

考虑自然对数 $\ln(n!) = \ln 1 + \ln 2 + \cdots + \ln n$。该求和的近似值为 $\int_{x=1}^{n} \ln x \mathrm{d}x$。不定积分 $\int \ln x \mathrm{d}x = (x\ln x - x)$ 给出了一个近似值，但没有 $\sqrt{n}$ 项。为得到 $\sqrt{n}$ 项，进行二次求导并注意到 $\ln x$ 是凹函数。也即，对任意的正数 x_0，

$$\frac{\ln x_0 + \ln(x_0+1)}{2} \leqslant \int_{x=x_0}^{x_0+1} \ln x \mathrm{d}x$$

当 $x \in [x_0,\ x_0+1]$ 时，曲线 $\ln x$ 总是位于端点为 $(x_0,\ \ln x_0)$ 和 $(x_0+1,\ \ln(x_0+1))$ 的线段上方。因此，

$$\begin{aligned}\ln(n!) &= \frac{\ln 1}{2} + \frac{\ln 1 + \ln 2}{2} + \frac{\ln 2 + \ln 3}{2} + \cdots + \frac{\ln(n-1) + \ln n}{2} + \frac{\ln n}{2} \\ &\leqslant \int_{x=1}^{n} \ln x \mathrm{d}x + \frac{\ln n}{2} = [x\ln x - x]_1^n + \frac{\ln n}{2} \\ &= n\ln n - n + 1 + \frac{\ln n}{2}\end{aligned}$$

因此，$n! \leqslant n^n \mathrm{e}^{-n} \sqrt{n}\mathrm{e}$。对于 $n!$ 的下界，注意，对于任意的 $x_0 \geqslant 1/2$。

$$\ln x_0 \geqslant \frac{1}{2}(\ln(x_0+\rho) + \ln(x_0-\rho)) \Rightarrow \ln x_0 \geqslant \int_{x=x_0-0.5}^{x_0+0.5} \ln x \mathrm{d}x$$

所以，

$$\ln(n!) = \ln 2 + \ln 3 + \cdots + \ln n \geqslant \int_{x=1.5}^{n+0.5} \ln x \mathrm{d}x$$

由此积分可得下界。

二项式系数的 Stirling 逼近

$$\binom{n}{k} \leqslant \left(\frac{\mathrm{e}n}{k}\right)^k$$

对于 $k!$ 应用 Stirling 逼近：

$$\binom{n}{k} = \frac{n!}{(n-k)!k!} \leqslant \frac{n^k}{k!} \approx \left(\frac{\mathrm{e}n}{k}\right)^k$$

gamma 函数

$$\Gamma(a) = \int_0^{\infty} x^{a-1}\mathrm{e}^{-x}\mathrm{d}x$$

$\Gamma\left(\frac{1}{2}\right) = \sqrt{\pi}$，$\Gamma(1) = \Gamma(2) = 1$，对于所有 $n \geqslant 2$，$\Gamma(n) = (n-1)\Gamma(n-1)$。

最后一个结论对 n 用归纳法即可证明。易知 $\Gamma(1) = 1$。而对于 $n \geqslant 2$，可用分部积分进行证明。

分部积分

$$\int f(x)g'(x)\mathrm{d}x = f(x)g(x) - \int f'(x)g(x)\mathrm{d}x$$

记 $\Gamma(n) = \int_{x=0}^{\infty} f(x)g'(x)\mathrm{d}x$，其中，$f(x) = x^{n-1}$，$g'(x) = \mathrm{e}^{-x}$。因此，

$$\Gamma(n) = [f(x)g(x)]_{x=0}^{\infty} + \int_{x=0}^{\infty}(n-1)x^{n-2}\mathrm{e}^{-x}\mathrm{d}x = (n-1)\Gamma(n-1)$$

证毕。

Cauchy-Schwartz 不等式

$$\left(\sum_{i=1}^{n} x_i^2\right)\left(\sum_{i=1}^{n} y_i^2\right) \geqslant \left(\sum_{i=1}^{n} x_i y_i\right)^2$$

这一不等式用向量表示：$|\boldsymbol{x}||\boldsymbol{y}| \geqslant \boldsymbol{x}^{\mathrm{T}}\boldsymbol{y}$，该不等式表明，两个向量的内积不超过它们长度的乘积。Cauchy-Schwartz 不等式是 Hölder 不等式在 $p = q = 2$ 时的特殊情形。

Young 不等式

设 p, q 为正实数,且 $\frac{1}{p}+\frac{1}{q}=1$。对于正实数 x, y

$$\frac{1}{p}x^p+\frac{1}{q}y^q\geqslant xy$$

$\frac{1}{p}$ 与 $\frac{1}{q}$ 的和为 1,因此 Young 不等式的左边 $\frac{1}{p}x^p+\frac{1}{q}y^q$ 是关于 x^p 和 y^q 的凸组合。函数值 ln 的凸组合大于等于 ln 关于自变量作同样的凸组合的取值,即

$$\ln\left(\frac{1}{p}x^p+\frac{1}{q}y^p\right)\geqslant\frac{1}{p}\ln(x^p)+\frac{1}{q}\ln(y^q)=\ln(xy)$$

当 $x\geqslant 0$ 时, $\ln x$ 是单调增的,于是 $\frac{1}{p}x^p+\frac{1}{q}y^q\geqslant xy$。

Hölder 不等式

对于正实数 p, q,且 $\frac{1}{p}+\frac{1}{q}=1$

$$\sum_{i=1}^{n}|x_iy_i|\leqslant\left(\sum_{i=1}^{n}|x_i|^p\right)^{1/p}\left(\sum_{i=1}^{n}|y_i|^q\right)^{1/q}$$

令 $x'_i=x_i\Big/\left(\sum_{i=1}^{n}|x_i|^p\right)^{1/p}$, $y'_i=y_i\Big/\left(\sum_{i=1}^{n}|y_i|^q\right)^{1/q}$。分别用 x'_i, y'_i 代替 x_i, y_i,不等式仍然成立。已有 $\sum_{i=1}^{n}|x'_i|^p=\sum_{i=1}^{n}|y'_i|^q=1$,因此只用证明 $\sum_{i=1}^{n}|x'_iy'_i|\leqslant 1$。应用 Young 不等式可得 $|x'_iy'_i|\leqslant\frac{|x'_i|^p}{p}+\frac{|y'_i|^q}{q}$。对 i 求和,右边即为 $\frac{1}{p}+\frac{1}{q}=1$,证毕。

对于实数 a_1, a_2, …, a_n 以及正整数 k,

$$(a_1+a_2+\cdots+a_n)^k\leqslant n^{k-1}(|a_1|^k+|a_2|^k+\cdots+|a_n|^k)$$

应用 Hölder's 不等式,其中 $p=k$ 及 $q=k/(k-1)$,

$$\begin{aligned}|a_1+a_2+\cdots+a_n|&\leqslant|a_1\cdot 1|+|a_2\cdot 1|+\cdots+|a_n\cdot 1|\\&\leqslant\left(\sum_{i=1}^{n}|a_i|^k\right)^{1/k}(1+1+\cdots+1)^{(k-1)/k}\end{aligned}$$

上述不等式得证。

算术和几何平均数

一列非负实数的算术平均数总是大于等于其几何平均数。即，a_1，a_2，…，$a_n > 0$

$$\frac{1}{n}\sum_{i=1}^{n} a_i \geqslant \sqrt[n]{a_1 a_2 \cdots a_n}$$

假定 $a_1 \geqslant a_2 \geqslant \cdots \geqslant a_n$。对于简单的 a_i 相等的情形，这时，不等式的等号成立。假设 $a_1 > a_2$，令 ε 为一个足够小的正数，将 a_2 加上 ε，a_1 减去 ε（为了让二者近似相等）。这样，左边的$\frac{1}{n}\sum_{i=1}^{n} a_i$ 不变。对于足够小的 $\varepsilon > 0$，有

$$\begin{aligned}(a_1 - \varepsilon)(a_2 + \varepsilon)a_3 a_4 \cdots a_n &= a_1 a_2 \cdots a_n + \varepsilon(a_1 - a_2)a_3 a_4 \cdots a_n + O(\varepsilon^2)\\ &> a_1 a_2 \cdots a_n\end{aligned}$$

因此，该变换使得$\sqrt[n]{a_1 a_2 \cdots a_n}$变大。因此如果不等式在该变换后成立，则它变换前也成立。继续该过程，可使得所有的 a_i 都相等。

积分近似求和

对于单调递减的函数 $f(x)$，

$$\int_{x=m}^{n+1} f(x)\mathrm{d}x \leqslant \sum_{i=m}^{n} f(i) \leqslant \int_{x=m-1}^{n} f(x)\mathrm{d}x$$

如图 1 所示。

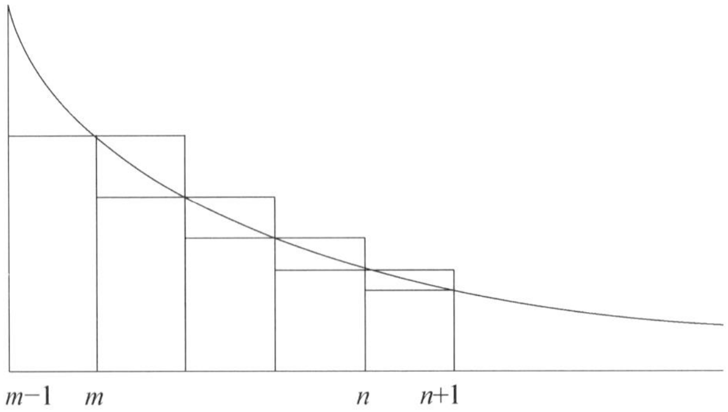

图 1　积分近似求和

因此，

$$\int_{x=2}^{n+1}\frac{1}{x^2}\mathrm{d}x\leqslant\sum_{i=2}^{n}\frac{1}{i^2}=\frac{1}{4}+\frac{1}{9}+\cdots+\frac{1}{n^2}\leqslant\int_{x=1}^{n}\frac{1}{x^2}\mathrm{d}x$$

即可得 $\frac{3}{2}-\frac{1}{n+1}\leqslant\sum_{i=1}^{n}\frac{1}{i^2}\leqslant 2-\frac{1}{n}$。

Jensen 不等式

对于凸函数 f，

$$f\left(\frac{1}{2}(x_1+x_2)\right)\leqslant\frac{1}{2}(f(x_1)+f(x_2))$$

更一般地，对于凸函数 f，

$$f(\sum_{i=1}^{n}\alpha_i x_i)\leqslant\sum_{i=1}^{n}\alpha_i f(x_i)$$

式中 $0\leqslant\alpha_i\leqslant 1$，并且 $\sum_{i=1}^{n}\alpha_i=1$。由此，对任意凸函数 f 及任意随机变量 x，

$$E(f(x))\geqslant f(E(x))$$

我们只给出 x 是离散的情形的证明，即 a_1，a_2，…满足 $\mathrm{Prob}(x=a_i)=\alpha_i$。

$$E(f(x))=\sum_i\alpha_i f(a_i)\geqslant f(\sum_i\alpha_i a_i)=f(E(x))$$

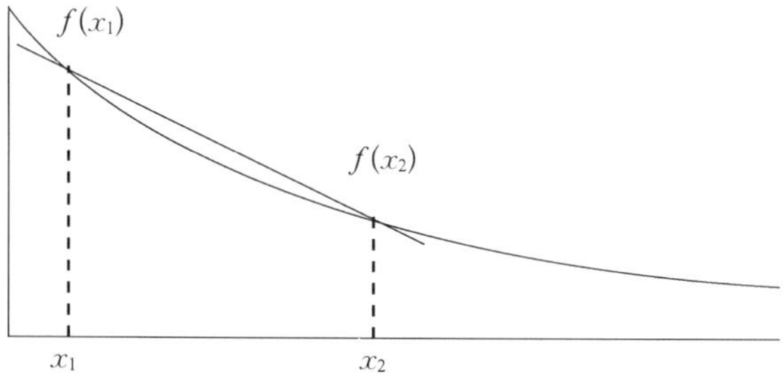

图 2　对于凸函数 f，$f\left(\frac{x_1+x_2}{2}\right)\leqslant\frac{1}{2}(f(x_1)+f(x_2))$

例 1　令 $f(x)=x^k$，其中 k 是正的偶数。有 $f''(x)=k(k-1)x^{k-2}$，因为 $k-2$ 是偶数且非负，于是对于任意的 x，f 是凸的。因此

$$E(x) \leqslant \sqrt[k]{E(x^k)}$$

因为 $t^{\frac{1}{k}}$ 关于 $t(t>0)$ 单调。显然，不等式当 k 是奇数的时候未必成立；实际上，对于奇数 k，x^k 不是凸函数。

高斯分布尾概率

为了估计高斯分布的尾概率，下述不等式非常有用。证明过程中用到了一个常用的技巧。对于 $t>0$，

$$\int_{x=t}^{\infty} \mathrm{e}^{-x^2}\,\mathrm{d}x \leqslant \frac{\mathrm{e}^{-t^2}}{2t}$$

证明 首先，当 $x \geqslant t$ 时，$\int_{x=t}^{\infty} \mathrm{e}^{-x^2}\,\mathrm{d}x \leqslant \int_{x=t}^{\infty} \frac{x}{t}\mathrm{e}^{-x^2}\,\mathrm{d}x$。由 $\mathrm{d}(\mathrm{e}^{-x^2}) = (-2x)\mathrm{e}^{-x^2}$ 即完成证明。

用类似的方法可得到

$$\int_{x=\beta}^{1} (1-x^2)^{\alpha}\,\mathrm{d}x$$

的一个上界，其中 $\beta \in [0,1]$ 且 $\alpha>0$。对 $(1-x^2)^{\alpha} \leqslant \frac{x}{\beta}(1-x^2)^{\alpha}$ 在区域中积分，即可得

$$\int_{x=\beta}^{1} (1-x^2)^{\alpha}\,\mathrm{d}x \leqslant \int_{x=\beta}^{1} \frac{x}{\beta}(1-x^2)^{\alpha}\,\mathrm{d}x = \frac{-1}{2\beta(\alpha+1)}(1-x^2)^{\alpha+1}\Big|_{x=\beta}^{1}$$
$$= \frac{(1-\beta^2)^{\alpha+1}}{2\beta(\alpha+1)}$$

附录 3 级数求和

求和

$$\sum_{i=0}^{n} a^i = 1 + a + a^2 + \cdots = \frac{1-a^{n+1}}{1-a}$$

$$\sum_{i=0}^{\infty} a^i = 1 + a + a^2 + \cdots = \frac{1}{1-a}, \ |a| < 1$$

$$\sum_{i=0}^{\infty} ia^i = a + 2a^2 + 3a^3 \cdots = \frac{a}{(1-a)^2}, \ |a| < 1$$

$$\sum_{i=0}^{\infty} i^2 a^i = a + 4a^2 + 9a^3 \cdots = \frac{a(1+a)}{(1-a)^3}, \ |a| < 1$$

$$\sum_{i=1}^{n} i = \frac{n(n+1)}{2}$$

$$\sum_{i=1}^{n} i^2 = \frac{n(n+1)(2n+1)}{6}$$

$$\sum_{i=1}^{\infty} \frac{1}{i^2} = \frac{\pi^2}{6}$$

我们来证明一个等式

$$\sum_{i=0}^{\infty} ia^i = a + 2a^2 + 3a^3 \cdots = \frac{a}{(1-a)^2}, \text{其中 } |a| < 1$$

记 $S = \sum_{i=0}^{\infty} ia^i$,则有

$$aS = \sum_{i=0}^{\infty} ia^{i+1} = \sum_{i=1}^{\infty} (i-1)a^i$$

因此,

$$S - aS = \sum_{i=1}^{\infty} ia^i - \sum_{i=1}^{\infty} (i-1)a^i = \sum_{i=1}^{\infty} a^i = \frac{a}{1-a}$$

由此可得该等式。级数和 $\sum_i i^2 a^i$ 也可以通过该方法的一个推广证明(留给读者)。应用母函数,我们可通过求导得到这两个等式的另一种证明。

$$\sum_{i=1}^{\infty} \frac{1}{i} = 1 + \frac{1}{2} + \left(\frac{1}{3} + \frac{1}{4}\right) + \left(\frac{1}{5} + \frac{1}{6} + \frac{1}{7} + \frac{1}{8}\right) + \cdots \geqslant 1 + \frac{1}{2} + \frac{1}{2} + \cdots$$

因此是发散的。因为 $\sum_{i=1}^{n} \frac{1}{i} \approx \int_{x=1}^{n} \frac{1}{x} \mathrm{d}x$,级数和 $\sum_{i=1}^{n} \frac{1}{i}$ 以 $\ln n$ 的速度增长。实际上,$\lim_{i\to\infty}\left(\sum_{i=1}^{n} \frac{1}{i} - \ln(n)\right) = \gamma$,其中 $\gamma \approx 0.577\,2$ 是欧拉常数。因此,对于较大的

n，$\sum_{i=1}^{n} \frac{1}{i} \approx \ln(n) + \gamma$。

截断的 Maclaurin 级数

如果 $f(x)$的任意阶导数存在，则有

$$f(x) = f(0) + f'(0)x + f''(0)\frac{x^2}{2} + \cdots$$

则该级数可以被截断。实际上，在 0 和 x 之间存在 y，使得

$$f(x) = f(0) + f'(y)x$$

同理，在 0 和 x 之间存在 z，使得

$$f(x) = f(0) + f'(0)x + f''(z)\frac{x^2}{2}$$

依次类推可得到包含更高阶导数的公式，这有助于推导得到一些不等式。例如，如果 $f(x) = \ln(1+x)$，那它的导数为

$$f'(x) = \frac{1}{1+x}, \quad f''(x) = -\frac{1}{(1+x)^2}, \quad f'''(x) = \frac{2}{(1+x)^3}$$

因此，对于任意的 z，有 $f''(z) < 0$，故而对于任意的 x，$\ln(1+x) \leqslant x$(也可由不等式 $1+x \leqslant e^x$ 得到)。同样，当 $z > -1$ 时，$f'''(z) > 0$，所以当 $x > -1$ 时，有

$$\ln(1+x) > x - \frac{x^2}{2}$$

指数和对数

$$e^x = 1 + x + \frac{x^2}{2!} + \frac{x^3}{3!} + \cdots, \quad e = 2.718\,2, \ \frac{1}{e} = 0.367\,9$$

令 $x = 1$，由 $e^x = 1 + x + \frac{x^2}{2!} + \frac{x^3}{3!} + \cdots$ 得，$e = \sum_{i=0}^{\infty} \frac{1}{i!}$。

$$\lim_{n \to \infty}\left(1 + \frac{a}{n}\right)^n = e^a$$

$$\ln(1+x) = x - \frac{1}{2}x^2 + \frac{1}{3}x^3 - \frac{1}{4}x^4 \cdots, \quad |x| < 1$$

在上式中用 $-x$ 代替 x 即可得到

$$\ln(1-x) < -x$$

$\ln(1-x)$ 对于 $x \in (0, 1)$ 为单调函数,因此上式也可通过 $1-x \leqslant e^{-x}$ 得到。

当 $0 < x < 0.69$ 时,有 $\ln(1-x) > -x-x^2$。

三角恒等式

$$\begin{aligned}
&\sin(x \pm y) = \sin(x)\cos(y) \pm \cos(x)\sin(y)\\
&\cos(x \pm y) = \cos(x)\cos(y) \mp \sin(x)\sin(y)\\
&\cos(2\theta) = \cos^2\theta - \sin^2\theta = 1 - 2\sin^2\theta\\
&\sin(2\theta) = 2\sin\theta\cos\theta\\
&\sin^2\frac{\theta}{2} = \frac{1}{2}(1-\cos\theta)\\
&\cos^2\frac{\theta}{2} = \frac{1}{2}(1+\cos\theta)
\end{aligned}$$

高斯及相关的积分

$$\begin{aligned}
&\int x e^{ax^2}\,dx = \frac{1}{2a}e^{ax^2}\\
&\int \frac{1}{a^2+x^2}\,dx = \frac{1}{a}\arctan\frac{x}{a},\text{因而}\int_{-\infty}^{\infty}\frac{1}{a^2+x^2}\,dx = \frac{\pi}{a}\\
&\int_{-\infty}^{\infty} e^{-\frac{a^2x^2}{2}}\,dx = \frac{\sqrt{2\pi}}{a},\text{因而}\frac{a}{\sqrt{2\pi}}\int_{-\infty}^{\infty} e^{-\frac{a^2x^2}{2}}\,dx = 1\\
&\int_0^{\infty} x^2 e^{-ax^2}\,dx = \frac{1}{4a}\sqrt{\frac{\pi}{a}}\\
&\int_0^{\infty} x^{2n} e^{-ax^2}\,dx = \frac{1\cdot 3\cdot 5\cdots(2n-1)}{2^{n+1}a^n}\sqrt{\frac{\pi}{a}}\\
&\int_{-\infty}^{\infty} e^{-x^2}\,dx = \sqrt{\pi}
\end{aligned}$$

为了证明 $\int_{-\infty}^{\infty} e^{-x^2}\,dx = \sqrt{\pi}$,考虑到 $\left(\int_{-\infty}^{\infty} e^{-x^2}\,dx\right)^2 = \int_{-\infty}^{\infty}\int_{-\infty}^{\infty} e^{-(x^2+y^2)}\,dx dy$。令 $x = r\cos\theta,\ y = r\sin\theta$。该变换的雅可比系数为

$$J(r,\theta)=\begin{vmatrix}\dfrac{\partial x}{\partial r} & \dfrac{\partial x}{\partial \theta}\\ \dfrac{\partial y}{\partial r} & \dfrac{\partial y}{\partial \theta}\end{vmatrix}=\begin{vmatrix}\cos\theta & -r\sin\theta\\ \sin\theta & r\cos\theta\end{vmatrix}=r$$

因此

$$\begin{aligned}\left(\int_{-\infty}^{\infty}\mathrm{e}^{-x^2}\,\mathrm{d}x\right)^2 &=\int_{-\infty}^{\infty}\int_{-\infty}^{\infty}\mathrm{e}^{-(x^2+y^2)}\,\mathrm{d}x\mathrm{d}y=\int_0^{\infty}\int_0^{2\pi}\mathrm{e}^{-r^2}J(r,\theta)\mathrm{d}r\mathrm{d}\theta\\ &=\int_0^{\infty}\mathrm{e}^{-r^2}r\mathrm{d}r\int_0^{2\pi}\mathrm{d}\theta\\ &=-2\pi\left[\frac{\mathrm{e}^{-r^2}}{2}\right]_0^{\infty}=\pi\end{aligned}$$

所以有 $\int_{-\infty}^{\infty}\mathrm{e}^{-x^2}\,\mathrm{d}x=\sqrt{\pi}$。

二项式系数

二项式系数 $\binom{n}{k}=\dfrac{n!}{(n-k)!k!}$ 是从 n 个对象中选出 k 个的选择方式的个数。

$$\binom{n}{d}+\binom{n}{d+1}=\binom{n+1}{d+1}$$

从 $2n$ 项中挑选出 k 项的选择方式的个数等于从第一个 n 项中挑选出 i 项、从第二个 n 中挑选出 $k-i$ 项，再对 i，$0\leqslant i\leqslant k$，累积求和的值。由此，有恒等式

$$\sum_{i=0}^{k}\binom{n}{i}\binom{n}{k-i}=\binom{2n}{k}$$

上式中，令 $k=n$，并注意到 $\binom{n}{i}=\binom{n}{n-i}$，因此

$$\sum_{i=0}^{n}\binom{n}{i}^2=\binom{2n}{n}$$

更一般地，$\sum_{i=0}^{k}\binom{n}{i}\binom{m}{k-i}=\binom{n+m}{k}$。

- **样本空间 Ω：** 一个概率实验所有可能结果的集合。
  例：抛 n 次硬币，Ω 为 2^n 种正反面结果的集合，正、反面朝上分别记为 H，T。
- **实值随机变量 X：** 定义在 Ω 上的实值函数①。
  例：抛 n 次硬币中出现正面朝上的次数。
- **事件：** Ω 的子集。
  例：抛掷二次硬币，事件为 $=\{HHT, HTH, THH, TTT\}$。通常，我们会用一个名称来表示某事件，而不是列出表示某事件的集合。例如，对于上面的集合，我们可以称为“正面朝上的次数”。
- **条件概率：** 在事件 G 发生的条件下事件 F 发生的概率：$\text{Prob}(F \mid G) = \text{Prob}(F \cap G)/\text{Prob}(G)$。
- **示性变量：** 如果事件发生了，示性函数的值取 1，否则为 0。
- **X, Y 的独立性：** 对任意实数集合 A, B，$\text{Prob}(X \in A; Y \in B) = \text{Prob}(X \in A)\text{Prob}(Y \in B)$。
- **X_1, X_2, X_3, …, X_k 的相互独立性：** 对任意实数 a_1, a_2, …, a_k，$\text{Prob}(X_1 = a_1, X_2 = a_2, \cdots, X_k = a_k) = \text{Prob}(X_1 = a_1)\cdots\text{Prob}(X_k = a_k)$。
- **事件的独立：** 与其示性变量的独立性一致。
  例：当 $n \geqslant 2$ 时，事件“奇数次正面”和“第一次为正面”是独立的。
- **广义随机变量：** 从 Ω 到任意集合的函数。例：随机图 $G(n, p)$，试验结果的集合：抛掷 $\binom{n}{2}$ 次硬币。通过抛硬币可定义随机图 $G(n, p)$。

附录 4　概率

现在考虑随机试验，此类试验的结果是随机的，如抛掷硬币。为了讨论一个特定实验的结果，我们引入随机变量的概念来表示实验的结果。所有可能结果的集合称为样本空间。如果样本空间有限，我们就可为每种可能结果的出现分配一个概率。在一些情形下，样本空间是无限的，我们也可定义事件发生的概率。例如概率 $p(i) = \frac{6}{\pi^2}\frac{1}{i^2}$，$i \geqslant 1$。我们把描述事件发生概率的函数称为概率分布函数。

很多情况下，如区间 $[0, 1]$ 上的均匀分布，任何一个特定值的概率都是零。这时我们可以定义一个概率密度函数 $p(x)$，使得

① 方便起见，在表中我们主要处理离散随机变量。

$$\mathrm{Prob}(a < x < b) = \int_a^b p(x)\mathrm{d}x$$

如果 x 是连续型随机变量,其密度函数存在,则累积分布函数 $f(a)$定义为:

$$f(a) = \int_{-\infty}^{a} p(x)\mathrm{d}x$$

$f(a)$给出了 $x \leqslant a$ 的概率。

- **均值,期望:** 随机变量 X 的期望$E(X)$:变量的取值乘以对应的概率,再累积求和。(对于连续型随机变量,则是求积分。)
- **方差:** 随机变量 X 的方差 $\mathrm{var}(X)$:$E((X-E(X))^2)$。
- **期望的线性性质:** 随机变量和的期望等于期望的和。(并不需要随机变量相互独立)
- **独立随机变量和的方差:** 即方差之和。(需要独立性)
- **Markov 不等式:** 对任意非负随机变量 X,$\mathrm{Prob}(X \geqslant t) \leqslant E(X)/t$。
- **Chebychev 不等式:** 对任意非负随机变量 X,$\mathrm{Prob}(|X-E(X)| \geqslant t) \leqslant \mathrm{var}(X)/t^2$。
- **i. i. d:** (相互)独立且分布相同的随机变量。
- **中心极限定理:** X_1, X_2, …, i. i. d. , $E(X_i) = \mu$; $\mathrm{var}(X_i) = \sigma^2$, $(X_1 + X_2 + \cdots + X_n - n\mu)/\sqrt{n}$ 的分布函数收敛到均值为 0,方差为 σ^2 的正态分布。

1) 样本空间、事件、独立性

有些情况下,我们可能碰到不止一个随机变量。比如,我们抛 n 次硬币,便有 n 个随机变量 x_1, x_2, …, x_n,每一个随机变量取值为 0 或 1,其中 1 代表正面,0 代表反面。所有可能结果的集合(样本空间)为$\{0, 1\}^n$。事件为样本空间的一个子集。例如,出现奇数次正面事件由$\{0, 1\}^n$ 中所有奇数个 1 的结果构成。

两个事件 A 和 B,在 B 已经发生的条件下,A 的条件概率记为 $P(A \mid B)$:

$$\mathrm{Prob}(A \mid B) = \frac{\mathrm{Prob}(A \cap B)}{\mathrm{Prob}(B)}$$

如果 $\mathrm{Prob}(A, B) = \mathrm{Prob}(A)\mathrm{Prob}(B)$,或者等价地 $\mathrm{Prob}(A \mid B) = \mathrm{Prob}(A)$,则事件 A 和 B 独立。如果对于任意取 x 值的集合 A 和任意取 y 值的集合 B,事件 $x \in A$ 和 $y \in B$ 是独立的,那么两个随机变量 x, y 独立。

例 2 (相依随机变量)考虑独立随机变量 x, y。变量 $\dfrac{x}{x+y}$ 与 $\dfrac{y}{x+y}$ 是相

依的,因为它们的和为1。若知道$\frac{x}{x+y}$的值,$\frac{y}{x+y}=1-\frac{x}{x+y}$也就被唯一确定了。

例3 考虑独立的随机变量x_1, x_2和x_3,它们每个都以概率$\frac{1}{2}$为零。令$S=x_1+x_2+x_3$, F为事件$S\in\{1, 2\}$。给定S的条件下,变量x_1, x_2和x_3仍然以概率$\frac{1}{2}$为零,但它们却不再独立。

$$\frac{1}{4}=\mathrm{Prob}(x_1=0\mid S)\mathrm{Prob}(x_2=0\mid S)\neq\mathrm{Prob}(x_1=0, x_2=0\mid S)=1/6$$

n个随机变量x_1, x_2, …, x_n是相互独立的,如果对分别取x_1, x_2, …, x_n值的任意可能的集合A_1, A_2, …, A_n都有

$$\begin{aligned}&\mathrm{Prob}(x_1\in A_1, x_2\in A_2, \cdots, x_n\in A_n)\\=&\mathrm{Prob}(x_1\in A_1)\mathrm{Prob}(x_2\in A_2)\cdots\mathrm{Prob}(x_n\in A_n)\end{aligned}$$

考虑离散随机变量,则对于任意实数a_1, a_2, …, a_n,

$$\begin{aligned}&\mathrm{Prob}(x_1=a_1, x_2=a_2, \cdots, x_n=a_n)\\=&\mathrm{Prob}(x_1=a_1)\mathrm{Prob}(x_2=a_2)\cdots\mathrm{Prob}(x_n=a_n)\end{aligned}$$

相互独立比两两独立要强很多。例如,考虑在第7章中讨论过的二维泛hash函数。令M为一个素数,在$[0, M-1]$中取整数对a, b,定义函数

$$h_{ab}(x)=(ax+b)\bmod(M)$$

式中$x\in\{0, 1, 2,\cdots, m\}$。假设$M>m$,考虑任意的两个数$r$, s作为hash函数值以及任意的辐角x, y。设h为从函数族$\{h_{ab}, a, b\in[0, M-1]\}$中均匀随机挑选的哈希函数,则$h(x)=r$和$h(y)=s$当且仅当

$$\begin{pmatrix}x & 1\\ y & 1\end{pmatrix}\begin{pmatrix}a\\ b\end{pmatrix}=\begin{pmatrix}r\\ s\end{pmatrix}\bmod(M)$$

如果$x\neq y$,则矩阵$\begin{pmatrix}x & 1\\ y & 1\end{pmatrix}$在$M$模下为可逆的,因此$a$, b有唯一解。因此,如果a, b为随机取值,方程成立的概率即为$\frac{1}{M^2}$。故值$h(x)$与$h(y)$两两独立。

$h_{ab}(x)$与$h_{ab}(y)$在两个不同点x, y的值唯一地确定了a和b。这也表明对

于 x, y 和 z 并没有相互独立的 $h(x)$, $h(y)$ 和 $h(z)$。因此, $h(x)$, $h(y)$ 和 $h(z)$ 两两独立,却并不互相独立。

期望的线性性质

另一个重要的概念是随机变量的期望。在离散情形下, x 的期望值 $E(x)$ 定义为 $E(x)=\sum_x xp(x)$;在连续情形下, $E(x)=\int_{-\infty}^{\infty} xp(x)\mathrm{d}x$。随机变量和的期望等于随机变量期望的和。期望的线性性质直接从定义得来,与随机变量间的独立性无关。

定理 1 $E\left(\sum x_i\right)=\sum E(x_i)$

证明 只要证明结论对于两个随机变量成立即可。

$$\begin{aligned}
E(x_1+x_2) &= \sum_{x_1}\sum_{x_2}(x_1+x_2)p(x_1, x_2) \\
&= \sum_{x_1}\sum_{x_2}x_1p(x_1, x_2)+\sum_{x_1}\sum_{x_2}x_2p(x_1, x_2) \\
&= \sum_{x_1}x_1p(x_1)+\sum_{x_2}x_2p(x_2) \\
&= E(x_1)+E(x_2)
\end{aligned}$$

示性变量

示性变量用 0 或 1 来表示某些性质是否满足,它是一个非常有用的工具。示性变量在决定子集的期望大小时非常有用。给定整数集 $\{1, 2, \cdots, n\}$ 的一个随机子集,该子集的期望大小便是 $x_1+x_2+\cdots+x_n$ 的期望值,其中 x_i 为示性变量,当 i 在此子集中时 x_i 取值为 1。

例 4 考虑 n 个整数的随机排列,定义示性函数 $x_i=1$, 如果第 i 个整数为 i,则 $\sum_{i=1}^{n}x_i$ 表示能够"对号入座"的数的个数,其期望为

$$E\left(\sum_{i=1}^{n}x_i\right)=\sum_{i=1}^{n}E(x_i)=n\frac{1}{n}=1$$

注意 x_i 不是独立的,但期望的线性性依然成立。

例 5 在随机图 $G(n, p)$ 中,现需要求度为 d 的顶点个数的期望。度为 d 的顶点个数为 n 个示性变量的和,若某顶点的度为 d,则该顶点对应的示性变量取

值为1。其期望也就是 n 个示性变量的期望的和，由对称性，这也是其中一个示性变量期望的 n 倍。

2) 方差

随机变量除了期望，方差也是另一个重要的参数。随机变量 x 的方差是 $E(x-E(x))^2$，常常记为 $\sigma^2(x)$。其刻画了随机变量的值离期望的偏离程度。标准差 σ 是方差的平方根，σ 与 x 有相同的单位。

由期望的线性性质，有

$$\sigma^2 = E(x-E(x))^2 = E(x^2)-2E(x)E(x)+E^2(x) = E(x^2)-E^2(x)$$

3) 独立随机变量和的方差

若 x，y 独立，则 $E(xy)=E(x)E(y)$ 且 $\mathrm{cov}(x,\ y)$ 为0，这一等式由定义马上得到。因此，

$$\mathrm{var}(x+y) = \mathrm{var}(x)+\mathrm{var}(y)$$

更一般的情形下，如果 x_1，x_2，…，x_n 两两独立，则

$$\mathrm{var}(x_1+x_2+\cdots+x_n) = \mathrm{var}(x_1)+\mathrm{var}(x_2)+\cdots+\mathrm{var}(x_n)$$

因此和的方差等于方差的和只要求两两独立而不要求相互独立。

4) 协方差

协方差描述的是两个随机变量的相关度。x 和 y 为随机变量，定义

$$\mathrm{cov}(x,\ y) = E[(x-E(x))(y-E(y))] = E(xy)-E(x)E(y)$$

x 与 y 的协方差与 $x+y$ 的方差相关：

$$\begin{aligned}\mathrm{var}(x+y) &= E[(x+y)^2]-E^2(x+y)\\ &= E(x^2)-E^2(x)+E(y^2)-E^2(y)+2E(xy)-2E(x)E(y)\\ &= \mathrm{var}(x)+\mathrm{var}(y)+2\mathrm{cov}(x,\ y)\end{aligned}$$

5) 中心极限定理

令 $s=x_1+x_2+\cdots+x_n$ 为 n 个独立随机变量之和，其中 x_i 的概率分布

$$x_i=\begin{cases}0, & \dfrac{1}{2}\\ 1, & \dfrac{1}{2}\end{cases}$$

x_i 的期望为$\dfrac{1}{2}$，方差为

$$\sigma_i^2=\left(\frac{1}{2}-0\right)^2\frac{1}{2}+\left(\frac{1}{2}-1\right)^2\frac{1}{2}=\frac{1}{4}$$

因为变量相互独立，s 的期望为 $n/2$，和的方差等于方差的和，也就是 $n/4$。s 在均值附近的集中度取决于它的标准差，也就是$\dfrac{\sqrt{n}}{2}$。因此，当 n 为 100 时，s 的期望为 50，标准差为 5，是均值的 10%。当 $n=10\,000$，s 的期望为 5 000，标准差为 50，是均值的 1%。注意到随着 n 的增加，标准差也在增加，但标准差与均值的比例却趋向于零。中心极限定理也证实了该结论。

定理 2 设 x_i，$i=1, 2, \cdots$，为一列独立同分布的随机变量，均值为 μ，方差为 σ^2。随机变量

$$\frac{1}{\sqrt{n}}(x_1+x_2+\cdots+x_n-n\mu)$$

的分布趋近于均值为 0，方差为 σ^2 的正态分布。

$x_1+x_2+\cdots+x_n$ 的方差是 $n\sigma^2$，因为它是 n 个独立随机变量的和，而每个随机变量的方程为 σ^2。将 $x_1+x_2+\cdots+x_n$ 除以$\sqrt{n}$，这样就使得方差有界(回顾一下，极限存在要求极限值有界)。需要注意的是，定理假定 μ，σ^2 都是固定的(与 n 无关)。

6) 中位数

通常人们会通过计算一个随机变量或一列数据的平均值来估计该变量的大小。如果该变量的概率分布为正态分布，或者方差很小，则这种方法是可行的。但如果有一些离群值，或者其概率分布不集中于均值附近，则平均值可能受到少数离群值较大的影响。此时，我们可以考虑中位数，其含义为随机变量取值以 50%的概率大于中位数，以 50%的概率小于中位数。

7) 无偏估计

设从均值为 μ，方差为 σ 的正态分布中抽取 n 个样本 x_1，x_2，$\cdots$，x_n。对正态

分布而言，$m=\frac{x_1+x_2+\cdots+x_n}{n}$ 是 μ 的一个无偏估计，$\frac{1}{n}\sum_{i=1}^{n}(x_i-\mu)^2$ 是 σ^2 的一个无偏估计。然而，若 μ 未知，可用 m 估计 μ，则 $\frac{1}{n-1}\sum_{i=1}^{n}(x_i-m)^2$ 为 σ^2 的一个无偏估计。

给定一个分布，样本均值 $m=\frac{x_1+x_2+\cdots+x_n}{n}$ 为均值 μ 的一个无偏估计。对于方差，我们可以用 $s^2=\frac{1}{n-1}\sum_{i=1}^{n}(x_i-m)^2$ 估计；或者，如果 μ 已知，则用 $s^2=\frac{1}{n}\sum_{i=1}^{n}(x_i-\mu)^2$ 估计。如果分布是对称的，则中位数也是均值的一个无偏估计。

8）概率分布

伯努利（Bernoulli）试验与二项分布

Bernoulli 试验中有两个可能的结果，也即成功和失败，它们发生的概率分别为 p 和 $1-p$。进行 n 次独立的 Bernoulli 试验，有 k 次成功的概率服从二项分布

$$B(n,\ p)=\binom{n}{k}p^k(1-p)^{n-k}$$

二项分布 $B(n,\ p)$ 的均值和方差分别为 np 和 $np(1-p)$，通过期望的线性性容易得出，二项分布 $B(n,\ p)$ 的均值为 np。同理，由独立随机变量和的方差等于方差的和容易得出，二项分布 $B(n,\ p)$ 的方差为 $np(1-p)$。

令 x_1 为 n_1 次试验中成功的次数，x_2 为 n_2 次试验中成功的次数。则试验成功次数之和 x_1+x_2 的概率分布与 n_1+n_2 次试验中成功次数 x_1+x_2 的概率分布相同。因此，$B(n_1,\ p)+B(n_2,\ p)=B(n_1+n_2,\ p)$。

泊松（Poisson）分布

Poisson 分布描述了单位时间内事件发生 k 次的概率，其单位时间内平均发生 λ 次。将单位时间分成 n 段，当 n 足够大时，每一段时间足够小，以至于在每一小段时间内发生两个事件的概率可以忽略不计。Poisson 分布描述的是单位时间内事件发生 k 次的概率，且其可通过二项分布当 $n\to\infty$ 时的概率导出。

令 $p=\dfrac{\lambda}{n}$，则

$$\begin{aligned}
&\text{Prob(单位时间内成功 } k \text{ 次)}\\
&=\lim_{n\to\infty}\binom{n}{k}\left(\frac{\lambda}{n}\right)^k\left(1-\frac{\lambda}{n}\right)^{n-k}\\
&=\lim_{n\to\infty}\frac{n(n-1)\cdots(n-k+1)}{k!}\left(\frac{\lambda}{n}\right)^k\left(1-\frac{\lambda}{n}\right)^n\left(1-\frac{\lambda}{n}\right)^{-k}\\
&=\lim_{n\to\infty}\frac{\lambda^k}{k!}\mathrm{e}^{-\lambda}
\end{aligned}$$

在二项分布中，$p(k)=\binom{n}{k}p^k(1-p)^{n-k}$。令 n 趋于无穷，则得到 Poisson 分布 $p(k)=\mathrm{e}^{-\lambda}\dfrac{\lambda^k}{k!}$。其均值和方差均为 λ。如果 x，y 分别为服从均值为 λ_1，λ_2 的 Poisson 分布的随机变量，则 $x+y$ 服从均值为 m_1+m_2 的 Poisson 分布。当 n 较大且 p 较小时，二项分布可用 Poisson 分布的近似。

正态分布

一维正态分布的密度函数为

$$\frac{1}{\sqrt{2\pi}\sigma}\mathrm{e}^{-\frac{1}{2}\frac{(x-m)^2}{\sigma^2}}$$

其中 m 是均值，σ^2 是方差。系数 $\dfrac{1}{\sqrt{2\pi}\sigma}$ 使得概率密度函数的积分为 1。标准化后的密度函数为

$$\phi(x)=\frac{1}{\sqrt{2\pi}}\mathrm{e}^{-\frac{1}{2}x^2}$$

以下标准正态分布密度函数的积分被编制成表

$$\int_0^t \phi(x)\,\mathrm{d}x$$

通过查表，可进一步算出均值为 m，方差为 σ^2 的概率密度的积分值，从而算得概率。

“在正态分布中，偏离一倍标准差的事件发生的概率为二分之一，偏离两倍

标准差事件发生的概率为二十分之一,偏离二倍时的概率为一百分之一。按一年有 250 个工作日计算,八倍偏离标准差的事件每三万亿年发生一次,二十五倍偏离标准差的事件应该就不会发生。”David F. Swensen 在“Unconventional Success A Fundamental Approach to Personal Investment”中谈论 1987 股票市场崩溃时写道。

由中心极限定理可知,均值为 np,方差为 $np(1-p)$ 的二项分布可由均值为 np,方差为 $np(1-p)$ 的正态分布近似得到。当 np 和 $n(1-p)$ 都大于 10,k 非极端的情形下该近似有好的效果。因此,

$$\binom{n}{k}\left(\frac{1}{2}\right)^k\left(\frac{1}{2}\right)^{n-k} \approx \frac{1}{\sqrt{\pi n/2}}\mathrm{e}^{-\frac{(n/2-k)^2}{\frac{1}{2}n}}$$

当 k 是 $\Theta(n)$ 时,该近似的效果更好。即使 $p = 1/2$,Poisson 逼近

$$\binom{n}{k}p^k(1-p)^k \approx \mathrm{e}^{-np}\frac{(np)^k}{k!}$$

对于中间和尾部的值估计失效。而对于逼近

$$\binom{n}{k}p^k(1-p)^{n-k} \approx \frac{1}{\sqrt{\pi pn}}\mathrm{e}^{-\frac{(pn-k)^2}{pn}}$$

当 $p = 1/2$ 时较好,但当 p 取其他值时效果很差。

高维空间的乘积分布

考虑随机向量 $\boldsymbol{x} = (x_1, x_2, \cdots, x_d)$。如果 x_i 独立,则联合概率分布可表示为单个随机变量分布的乘积,

$$p(\boldsymbol{x}) = p_1(x_1)p_2(x_2)\cdots p_n(x_n)$$

这样的分布称为乘积分布。例如,若

$$p(x_i) = \frac{1}{\sqrt{2\pi}}\mathrm{e}^{-\frac{x_i^2}{2}}$$

则

$$p(x_1, x_2, \cdots, x_d) = \prod_{i=1}^{d}p(x_i) = \frac{1}{(2\pi)^{\frac{d}{2}}}\mathrm{e}^{-\frac{x_1^2+x_2^2+\cdots+x_d^2}{2}}$$

如果每个维度上都是具有相同方差的正态分布，则相应的联合分布 $p(x)$ 是球面对称的。我们可以对轴坐标做任意正交变化，得到的结果相同。如果它的每个坐标不服从正态分布，而是 Cauchy 分布，则相应的分布将不是球面对称的。例如，定义

$$p(x_i) = \frac{1}{1+x_i^2}$$

及

$$p(\boldsymbol{x}) = \frac{1}{\pi^d}\frac{1}{(1+x_1^2)\cdots(1+x_d^2)}$$

该 d 维分布不是球面对称的。对称的分布应该是

$$p(\boldsymbol{x}) = \frac{1}{\pi^d}\frac{1}{1+(x_1^2+x_2^2+\cdots+x_d^2)}$$

如果我们得到了一个 d 维分布，每个坐标变量为 $p(x_i)=\dfrac{1}{1+x_i^2}$，且每个坐标变量独立，那么它离球面有多远？考虑半径为 1 的球面，在球面上最大的概率出现在点 $x_1=1$，$x_2=x_3=\cdots=x_d=0$，该点的函数值为$\dfrac{1}{2\pi}$。最小的概率出现在点 $x_1=x_2=\cdots=x_d=\dfrac{1}{\sqrt{d}}$，其值为$\dfrac{1}{\pi}\dfrac{1}{\left(1+\dfrac{1}{d}\right)^d}$，该式对于较大的 d 趋近于$\dfrac{1}{\pi e}$。因此，球面上从最大到最小的比率为$\dfrac{e}{2}\approx 1.36$。

坐标变换

独立的随机变量变换坐标后未必依然保持独立性。令

$$x,\ y=\begin{cases}1, & \text{Prob}\ \dfrac{1}{2}\\[2ex] 0, & \text{Prob}\ \dfrac{1}{2}\end{cases}$$

将坐标旋转 30°。则

$$\begin{aligned}x_1 &= x\sin\theta + y\cos\theta\\ y_1 &= -x\cos\theta + y\sin\theta\end{aligned}$$

给定 x_1 的值,我们可以求出 x 和 y,也就可以求出 y_1。因此,x_1 的值唯一确定了 y_1 的值,x_1 与 y_1 不独立。然而,对于正态分布,坐标变换并不会丧失原有的独立性。

坐标相关的随机向量

这时的联合密度函数不是分量密度函数的乘积。其中最常用到的联合分布是非球面正态分布。在非球面正态分布中,随机向量 $\boldsymbol{x}$ 的分量 x_i 不是相互独立的,它们之间的协方差不为零。这些协方差决定了正态分布。

d 维正态分布的方差—协方差矩阵 $\boldsymbol{S}$ 是一个 $d\times d$ 的矩阵,其 S_{ij} 等于 x_i 和 x_j 当 $i\neq j$ 时的协方差,S_{ii} 是 x_i 的方差。可以很容易地证明 $\boldsymbol{S}$ 一定是半正定的,且除平凡情形外,是正定的,故 $\boldsymbol{S}^{-1}$ 存在。正态分布的概率密度为

$$F(\boldsymbol{x})=\frac{1}{(2\pi)^{d/2}\sqrt{\det(\boldsymbol{S})}}\exp\left(-\frac{1}{2}(\boldsymbol{x}-\boldsymbol{\mu})^{\mathrm{T}}\boldsymbol{S}^{-1}(\boldsymbol{x}-\boldsymbol{\mu})\right)$$

根据概率分布生成随机数

我们希望可以通过概率密度函数 $p(x)$ 生成随机数,其中 $p(x)$ 连续。令 $P(x)$ 为 x 的累积概率分布函数,u 为区间[0, 1]上均匀分布的随机变量。则随机变量 $x=P^{-1}(u)$ 有概率密度函数 $p(x)$。

例 6 对 Cauchy 密度函数

$$P(x)=\int_{t=-\infty}^{x}\frac{1}{\pi}\frac{1}{1+t^2}\mathrm{d}t=\frac{1}{2}+\frac{1}{\pi}\arctan x$$

令 $u=P(x)$,解 x 得 $x=\tan\left(\pi\left(u-\frac{1}{2}\right)\right)$。累积分布函数为

$$\frac{1}{2}+\int_0^y p(x)\mathrm{d}x=\frac{1}{2}+\frac{2}{\pi}\int_0^y\frac{1}{1+x^2}\mathrm{d}x=\frac{1}{2}+\frac{1}{\pi}\arctan y$$

因此,为了生成 Cauchy 分布的随机数 $x\geqslant 0$,先生成均匀分布随机数 u, $0\leqslant u\leqslant 1$,然后计算 $\tan\left[\pi\left(u-\frac{1}{2}\right)\right]$。$x$ 值的变化范围从 $-\infty$ 到 ∞,当 $u=1/2$ 时, $x=0$。

9) 极大似然估计 MLE

假设随机变量 x 的概率分布函数包含参数 r。将记号做个小改变(因为 r 是

一个参数而不是随机变量)，我们将 x 的概率分布记为 $p(x|r)$；$p(x|r)$ 为在给定参数 r 的条件下，观察到随机变量取值为 x 的可能性大小。极大似然估计(MLE)就是在观察到 x 的取值之后找到最好的参数 r。给定观测值 x 可得到 r 的似然函数，记为 $L(r|x)$，它是观测到 x 的概率，也是参数 r 的函数。极大似然估计是使得函数 $L(r|x)$ 达到最大值的 r。

扔 100 次硬币，假设我们观测到 62 次正面和 38 次反面。那扔硬币出现正面的概率最有可能是多少？在该例中，$r = 0.62$。如果在一次试验中出现正面的概率为 r，我们观测到 62 次正面的概率为

$$\text{Prob}(62\text{ 次正面} \mid r) = \binom{100}{62} r^{62}(1-r)^{38}$$

当 $r = 0.62$ 时，上式取到最大。为证明这一事实，对 r 取对数得 $\ln\binom{100}{62} + 62\ln r + 38\ln(1-r)$。再对 r 求导，可知导数在 $r = 0.62$ 时为零，而二阶导数告诉我们这是个最大值。因此，该 $r = 0.62$ 就是一次试验中出现正面概率的极大似然估计。

Bayes 法则

给定联合概率分布 $\text{Prob}(A, B)$，Bayes 定律将已知 B 时 A 的条件概率和已知 A 时 B 的条件概率联系起来。

$$\text{Prob}(A \mid B) = \frac{\text{Prob}(B \mid A)\text{Prob}(A)}{\text{Prob}(B)}$$

假设我们知道 A 的概率分布，我们想知道这个概率在 B 已经发生的情况下有什么变化。$\text{Prob}(A)$ 称为先验概率。条件概率 $\text{Prob}(A|B)$ 称为后验概率，因为这是已知 B 发生后 A 发生的概率。

下述例子表明，如果一种情形很罕见，那对此高精度的检验经常会给出错误的结果。

例 7　设事件 A：产品有缺陷，事件 B：检测出该产品有缺陷。令 $\text{Prob}(B|A)$ 为产品有缺陷的条件下检测出其有缺陷的概率，而 $\text{Prob}(B|\bar{A})$ 是产品没有缺陷的条件下检测出其有缺陷的概率。

当产品有缺陷时能够检测出来的概率 $\text{Prob}(A|B)$ 有多少？设 $\text{Prob}(A) = 0.001$，$\text{Prob}(B \mid A) = 0.99$ 以及 $\text{Prob}(B \mid \bar{A}) = 0.02$。那么

$$\begin{aligned}\text{Prob}(B) &= \text{Prob}(B \mid A)\text{Prob}(A) + \text{Prob}(B \mid \bar{A})\text{Prob}(\bar{A}) \\ &= 0.99 \times 0.001 + 0.02 \times 0.999 \\ &= 0.020\,87\end{aligned}$$

以及

$$P(A \mid B) = \frac{P(B \mid A)P(A)}{P(B)} \approx \frac{0.99 \times 0.001}{0.021\,0} = 0.047\,1$$

即便产品有缺陷而没能检测出来的概率仅为 1%，且产品有缺陷而能检测出来的概率为 2%，当检测结果显示为产品有缺陷时，其结果准确的概率仅为 4.7%。这种结果出现的原因在于有缺陷的产品出现的频率较低。

先验，后验以及似然的叫法都来自 Bayes 定理。

$$\text{后验概率} = \frac{\text{似然} \times \text{先验概率}}{\text{标准化常数}}$$

$$P(A \mid B) = \frac{P(B \mid A)P(A)}{P(B)}$$

后验概率就是给定 B 时 A 的条件概率。条件概率 $P(B|A)$称为似然。

10) 尾部估计

Markov 不等式

一个非负随机变量超过 a 的概率，我们可用随机变量的期望除以 a 来控制。

定理 3 (Markov 不等式)设 x 是非负随机变量，则对于 $a > 0$ 时有

$$p(x \geqslant a) \leqslant \frac{E(x)}{a}$$

证明

$$\begin{aligned}E(x) &= \int_0^\infty xp(x)\mathrm{d}x = \int_0^a xp(x)\mathrm{d}x + \int_a^\infty xp(x)\mathrm{d}x \geqslant \int_a^\infty xp(x)\mathrm{d}x \\ &\geqslant \int_a^\infty ap(x)\mathrm{d}x = a\int_a^\infty p(x)\mathrm{d}x = ap(x \geqslant a)\end{aligned}$$

因此，$p(x \geqslant a) \leqslant \dfrac{E(x)}{a}$。

推论 $p[x \geqslant \alpha E(x)] \leqslant \dfrac{1}{\alpha}$

证明 用 $\alpha E(x)$ 替换 a 即得。

Chebyshev 不等式

Markov 不等式在控制分布的尾部时只用了期望这一个信息，利用方差可得到一个更好的界。

定理 4 (Chebyshev 不等式)若随机变量 x 的均值为 m，方差为 σ^2。则

$$p(\mid x-m \mid \geqslant a\sigma) \leqslant \frac{1}{a^2}$$

证明 $p(\mid x-m \mid \geqslant a\sigma)=p((x-m)^2 \geqslant a^2\sigma^2)$。注意到 $(x-m)^2$ 是非负随机变量，所以我们可以应用 Markov 不等式，从而得到

$$p((x-m)^2 \geqslant a^2\sigma^2) \leqslant \frac{E((x-m)^2)}{a^2\sigma^2}=\frac{\sigma^2}{a^2\sigma^2}=\frac{1}{a_2}$$

因此，$p(\mid x-m \mid \geqslant a\sigma) \leqslant \frac{1}{a^2}$。

11) Chernoff 界：大偏差的界

Chebyshev 不等式给出了随机变量偏离期望一个给定值或更多的概率的估计，它对任意的概率分布均成立。而对某些特定的分布，我们可得到更好的界。例如，正态随机变量偏离均值的概率随着偏离距离的增大而呈指数级减小。这里我们主要关心 n 个独立随机变量和的情形，该情形下我们也可以得到比 Chebyshev 不等式更好的界。这里仅考虑 n 个随机变量服从二项分布且相互独立的情形，但对于任意具有有限方差的分布的随机变量，都有相似的结论。

$x_1, x_2, \cdots, x_n$ 为独立随机变量，其中

$$x_i=\begin{cases}0, \text{Prob}(1-p)\\1, \text{Prob}\, p\end{cases}$$

考虑和 $s=\sum_{i=1}^{n} x_i$。这里每个 x_i 的均值为 p，因此和的期望为 $m=np$。

定理 5 对任意的 $\delta>0$，$\text{Prob}[s>(1+\delta)m]<\left[\frac{e^{\delta}}{(1+\delta)(1+\delta)}\right]^m$

证明 对任意的 $\lambda>0$，函数 $e^{\lambda x}$ 单调。因此，$\text{Prob}[s>(1+\delta)m]=\text{Prob}[e^{\lambda s}>e^{\lambda(1+\delta)m}]$。

对所有的 x，$e^{\lambda x}$ 非负，因此我们应用 Markov 不等式可得

$$\text{Prob}[e^{\lambda s} > e^{\lambda(1+\delta)m}] \leqslant e^{-\lambda(1+\delta)m} E[e^{\lambda s}]$$

因为 x_i 相互独立

$$E(e^{\lambda s}) = E(e^{\lambda \sum_{i=1}^{n} x_i}) = E(\prod_{i=1}^{n} e^{\lambda x_i}) = \prod_{i=1}^{n} E(e^{\lambda x_i})$$

$$= \prod_{i=1}^{n} (e^{\lambda} p + 1 - p) = \prod_{i=1}^{n} (p(e^{\lambda} - 1) + 1)$$

应用不等式 $1 + x < e^x$，取 $x = p(e^{\lambda} - 1)$ 得

$$E(e^{\lambda s}) < \prod_{i=1}^{n} e^{p(e^{\lambda}-1)}$$

因此，对于所有的 $\lambda > 0$

$$\text{Prob}[s > (1+\delta)m] \leqslant \text{Prob}[e^{\lambda s} > e^{\lambda(1+\delta)m}]$$

$$\leqslant e^{-\lambda(1+\delta)m} E[e^{\lambda s}] \leqslant e^{-\lambda(1+\delta)m} \prod_{i=1}^{n} e^{p(e^{\lambda}-1)}$$

令 $\lambda = \ln(1+\delta)$ 则

$$\text{Prob}[s > (1+\delta)m] \leqslant (e^{-\ln(1+\delta)})^{(1+\delta)m} \prod_{i=1}^{n} e^{p(e^{\ln(1+\delta)}-1)}$$

$$\leqslant \left(\frac{1}{1+\delta}\right)^{(1+\delta)m} \prod_{i=1}^{n} e^{p\delta}$$

$$\leqslant \left(\frac{1}{(1+\delta)}\right)^{(1+\delta)m} e^{np\delta}$$

$$\leqslant \left(\frac{e^{\delta}}{(1+\delta)^{(1+\delta)}}\right)^{m}$$

为了简化定理 5 中的界，注意

$$(1+\delta)\ln(1+\delta) = \delta + \frac{\delta^2}{2} - \frac{\delta^3}{6} + \frac{\delta^4}{12} - \cdots$$

因此

$$(1+\delta)^{(1+\delta)} = e^{\delta + \frac{\delta^2}{2} - \frac{\delta^3}{6} + \frac{\delta^4}{12} - \cdots}$$

故

$$\frac{e^{\delta}}{(1+\delta)^{(1+\delta)}}=e^{-\frac{\delta^2}{2}+\frac{\delta^3}{6}-\cdots}$$

因此,该界可简化为

$$\text{Prob}[s<(1+\delta)m]\leqslant e^{-\frac{\delta^2}{2}m+\frac{\delta^3}{6}m-\cdots}$$

对于小的 δ,该概率按 δ^2 的指数减小。

当 δ 较大时,我们可以做另一种简化。首先

$$\text{Prob}(s>(1+\delta)m)\leqslant\left(\frac{e^{\delta}}{(1+\delta)^{(1+\delta)}}\right)^m\leqslant\left(\frac{e}{1+\delta}\right)^{(1+\delta)m}$$

如果 $\delta>2e-1$,在分母上用 $2e-1$ 替换 δ 就得到

$$\text{Prob}(s>(1+\delta)m)\leqslant 2^{-(1+\delta)m}$$

定理 5 给出了随机变量和大于均值的概率的界。我们现在估计随机变量的和小于其均值的概率。

定理 6 令 $0<\gamma\leqslant 1$,则 $\text{Prob}[s<(1-\gamma)m]<\left[\frac{e^{-\gamma}}{(1+\gamma)^{(1+\gamma)}}\right]^m<e^{-\frac{\gamma^2 m}{2}}$

证明 对任意的 $\lambda>0$

$\text{Prob}[s<(1-\gamma)m]=\text{Prob}[-s>-(1-\gamma)m]=\text{Prob}[e^{-\lambda s}>e^{-\lambda(1-\gamma)m}]$。

应用 Markov 不等式

$$\text{Prob}(s<(1-\gamma)m)<\frac{E(e^{-\lambda x})}{e^{-\lambda(1-\gamma)m}}<\frac{\prod_{i=1}^{n}E(e^{-\lambda x_i})}{e^{-\lambda(1-\gamma)m}}$$

现在

$$E(e^{-\lambda x_i})=pe^{-\lambda}+1-p=1+p(e^{-\lambda}-1)+1$$

因此

$$\text{Prob}(s<(1-\gamma)m)<\frac{\prod_{i=1}^{n}[1+p(e^{-\lambda}-1)]}{e^{-\lambda(1-\gamma)m}}$$

因为 $1+x<e^x$,则

$$\text{Prob}[s<(1-\gamma)m]<\frac{e^{np(e^{-\lambda}-1)}}{e^{-\lambda(1-\gamma)m}}$$

令 $\lambda=\ln\frac{1}{1-\gamma}$，则

$$\text{Prob}[s<(1-\gamma)m]<\frac{e^{np(1-\gamma-1)}}{(1-\gamma)^{(1-\gamma)m}}<\left[\frac{e^{-\gamma}}{(1-\gamma)^{(1-\gamma)}}\right]^m$$

但当 $0<\gamma\leqslant 1$ 时，$(1-\gamma)^{(1-\gamma)}>e^{-\gamma+\frac{\gamma^2}{2}}$。为此，注意

$$\begin{aligned}(1-\gamma)\ln(1-\gamma)&=(1-\gamma)\left(-\gamma-\frac{\gamma^2}{2}-\frac{\gamma^3}{3}-\cdots\right)\\&=-\gamma-\frac{\gamma^2}{2}-\frac{\gamma^3}{3}-\cdots+\gamma^2+\frac{\gamma^3}{2}+\frac{\gamma^4}{3}+\cdots\\&=-\gamma+\left(\gamma^2-\frac{\gamma^2}{2}\right)+\left(\frac{\gamma^3}{2}-\frac{\gamma^3}{3}\right)+\cdots\\&=-\gamma+\frac{\gamma^2}{2}+\frac{\gamma^3}{6}+\cdots\\&\geqslant-\gamma+\frac{\gamma^2}{2}\end{aligned}$$

因此有

$$\text{Prob}[s<(1-\gamma)m]<\left[\frac{e^{-\gamma}}{(1-\gamma)^{(1-\gamma)}}\right]^m<e^{-\frac{m\gamma^2}{2}}$$

12）Hoeffding 不等式

Markov 不等式估计了随机变量大于某常数倍均值的概率，Chebyshev 不等式估计了随机变量超过某常数倍标准差的概率。如果我们知道更多关于分布形状信息，则可能作出更精确的估计。特别地，如果随机变量是一些方差有限的独立随机变量的和，我们可以找出更好的界。

Chernoff 估计了二项分布随机变量的和偏离其均值的概率。Hoeffding (1963)将该结论推广到了有界的随机变量和上。

定理 7　设 $x_1, x_2, \cdots, x_n$ 是独立的有界随机变量，每个 x_i 以概率 1 落入区间$[a_i, b_i]$。令 $S_n=\sum_{i=1}^{n}x_i$，则 $\forall\varepsilon>0$

$$\text{Prob}[(S_n-E(S_n))\geqslant\varepsilon]\leqslant e^{-2\varepsilon^2/\sum_{i=1}^{n}(b_i-a_i)^2}$$

$$\text{Prob}[(S_n-E(S_n))\leqslant\varepsilon]\leqslant e^{-2\varepsilon^2/\sum_{i=1}^{n}(b_i-a_i)^2}$$

该结果可以进一步拓展到鞅差序列。如果以概率1有 $E(z_{i+1} \mid z_1, \cdots, z_i) = z_i$,随机变量序列 $z_1, z_2, \cdots, z_n$ 被称为鞅。

例 8 令 S_n=(正面次数)−(反面次数),则 $S_1, S_2, \cdots, S_n$ 是鞅。

Hoeffding 界

在 n 次实验中,每次实验成功的概率为 p,那总的成功次数 x 比均值 pn 大 ε 的概率为多少? Hoeffding 界表明

$$\text{Prob}(x - pn \geqslant \varepsilon) \leqslant \mathrm{e}^{-\frac{2\varepsilon^2}{n}}$$

因此,如果 $p = \dfrac{1}{2}$,那超过 $0.5n$ 至少 $\sqrt{n}$ 的概率至多为 e^{-2}。如果 $p = \dfrac{1}{n}$,则比1大 $\log n$ 的概率至多为 $\mathrm{e}^{-\frac{2\log^2 n}{n}}$,该概率趋于1,因此该界其实没有提供多少信息。

重尾分布

从经济学的角度,如果货架很贵,那么零售员只会在这上面放需求量很大的商品。然而,如果货架变成免费的,那就可能放任何东西。给定一个重尾分布,尽管尾部的商品几乎卖不动,这样的商品依然很多,以至于他们的数量占了整个销售商品的固定的一部分。现今互联网已经让货架实际上完全免费了,而这已成改变世界的驱动力之一。

附录 5 母函数

给定序列 $a_0, a_1, \cdots$,考虑相应的母函数 $g(x) = \sum_{i=0}^{\infty} a_i x^i$。母函数的好处在于,它以解析的方式抓住了整体序列的特性,使得我们对序列可以作整体处理。例如,如果 $g(x)$ 是序列 $a_0, a_1, \cdots$ 的母函数,那么 $x \dfrac{\mathrm{d}}{\mathrm{d}x} g(x)$ 便是序列 $0, a_1, 2a_2, 3a_3, \cdots$ 的母函数。同理可以注意到 $x^2 g''(x) + x g'(x)$ 是序列 $0, a_1, 4a_2, 9a_3, \cdots$ 的母函数。

例 9 序列 $1, 1, \cdots$ 的母函数为 $\sum_{i=0}^{\infty} x^i = \dfrac{1}{1-x}$。而序列 $0, 1, 2, 3, \cdots$ 的母

函数为

$$\sum_{i=0}^{\infty} ix^i = \sum_{i=0}^{\infty} x \frac{\mathrm{d}}{\mathrm{d}x} x^i = x \frac{\mathrm{d}}{\mathrm{d}x} \sum_{i=0}^{\infty} x^i = x \frac{\mathrm{d}}{\mathrm{d}x} \frac{1}{1-x} = \frac{x}{(1-x)^2}$$

例 10 如果 A 可以被选 0 或 1 次，B 可被选 1 或 2 次，C 可被选 0，1，2 或 3 次，那我们有多少种方法可以选到 5 个物体？考虑选择物体的方法个数的母函数。仅选 A 的母函数为 $1+x$，仅选 B 的为$(1+x+x^2)$，仅选 C 的是$(1+x+x^2+x^3)$。选择 A，B 和 C 的母函数为三者的乘积。

$$(1+x)(1+x+x^2)(1+x+x^2+x^3) = 1+3x+5x^2+6x^3+5x^4+3x^5+x^6$$

式中 x^5 的系数是 3，因此我们选到 5 个物体有 3 种方法：ABBCC，ABCCC 或 BBCCC。

例 11 假设有一批一分、五分和十分硬币，有多少种方法可以找出 23 分的零钱？考虑找出 i 分钱的方法的母函数。使用一分、五分、十分时的母函数分别为

$$(1+x+x^2+\cdots)$$
$$(1+x^5+x^{10}+\cdots)$$
$$(1+x^{10}+x^{20}+\cdots)$$

因此，使用一分、五分、十分找零钱的方法的母函数为

$$\begin{aligned}&(1+x+x^2+\cdots)(1+x^5+x^{10}+\cdots)(1+x^{10}+x^{20}+\cdots)\\ =\ &1+x+x^2+x^3+x^4+2x^5+2x^6+2x^7+2x^8+2x^9+4x^{10}+\\ &4x^{11}+4x^{12}+4x^{13}+4x^{14}+6x^{15}+6x^{16}+6x^{17}+6x^{18}+\\ &6x^{19}+9x^{20}+9x^{21}+9x^{22}+9x^{23}+\cdots\end{aligned}$$

由此可知，找 23 分零钱有 9 种方法。

母函数的乘积

令 $f(x) = \sum_{i=0}^{\infty} p_i x^i$ 是一取整数值的随机变量的母函数，其中 p_i 是随机变量取值为 i 的概率。设 $g(x) = \sum_{i=0}^{\infty} q_i x^i$ 是一个与其独立的整数随机变量的母函数，其中 q_i 是随机变量取值为 i 的概率。则这两个随机变量的和有母函数 $f(x)g(x)$，也就是两个随机变量母函数的乘积。这是因为乘积 $f(x)g(x)$ 中 x^i

的系数是$\sum_{k=0}^{i} p_k q_{k-i}$，这很显然也是两个随机变量的和取值为 i 的概率。重复这一过程，可以得到，独立且取非负整数值的随机变量和的母函数等于各自母函数的乘积。

1）由递推关系生成序列的母函数

现在我们介绍一个求由递推关系生成序列的母函数的技巧。考虑 Fibonacci 序列

$$0, 1, 1, 2, 3, 5, 8, 13, 21, 34, 55, 89, \cdots$$

上述序列由如下递推关系式确定

$$f_0 = 0$$
$$f_1 = 1$$
$$f_i = f_{i-1} + f_{i-2}, i \geqslant 2$$

将递推式两边乘以 x^i，然后对 i 从 2 到∞求和。

$$\begin{aligned}&\sum_{i=2}^{\infty} f_i x^i = \sum_{i=2}^{\infty} f_{i-1} x^i + \sum_{i=2}^{\infty} f_{i-2} x^i \\ &f_2 x^2 + f_3 x^3 + \cdots = f_1 x^2 + f_2 x^3 + \cdots + f_0 x^2 + f_1 x^3 + \cdots \\ &f_2 x^2 + f_3 x^3 + \cdots = x(f_1 x + f_2 x^2 + \cdots) + x^2 (f_0 + f_1 x + \cdots)\end{aligned} \tag{11.1}$$

令

$$f(x) = \sum_{i=0}^{\infty} f_i x^i \tag{11.2}$$

将式(11.2)代入式(11.1)得

$$f(x) - 0 - x = x(f(x) - 0) + x^2 f(x)$$
$$f(x) - x = x f(x) + x^2 f(x)$$
$$f(x)(1 - x - x^2) = x$$

因此 $f(x) = \dfrac{x}{1 - x - x^2}$ 是 Fibonacci 序列的母函数。

注意到母函数是形式上的处理方法，在收敛区域以外并不要求必须收敛。这解释了为什么即使 $f(x) = \sum_{i=0}^{\infty} f_i x^i = \dfrac{x}{1 - x - x^2}$，但对 $f(x) = \sum_{i=0}^{\infty} f_i x^i$，有

$f(1)=\sum_{i=0}^{\infty}f_i=f_0+f_1+f_2\cdots=\infty$，而对 $f(x)=\frac{x}{1-x-x^2}$，却有 $f(1)=\frac{1}{1-1-1}=-1$。

渐近行为

为了给出 Fibonacci 序列的渐近行为，首先

$$f(x)=\frac{x}{1-x-x^2}=\frac{\frac{\sqrt{5}}{5}}{1-\phi_1 x}+\frac{-\frac{\sqrt{5}}{5}}{1-\phi_2 x}$$

其中 $\phi_1=\frac{1+\sqrt{5}}{2}$ 和 $\phi_1=\frac{1-\sqrt{5}}{2}$ 是二次方程 $1-x-x^2=0$ 的两个根。然后

$$f(x)=\frac{\sqrt{5}}{5}[1+\phi_1 x+(\phi_1 x)^2+\cdots-(1+\phi_2 x+(\phi_2 x)^2+\cdots)]$$

因此

$$f_n=\frac{\sqrt{5}}{5}(\phi_1^n-\phi_2^n)$$

因为 $\phi_2<1$，$\phi_1>1$，对于较大的 n，$f_n\approx\frac{\sqrt{5}}{5}\phi_1^n$。实际上，因为 $f_n=\frac{\sqrt{5}}{5}(\phi_1^n-\phi_2^n)$ 是整数，$\phi_2<1$，因此对所有的 n，必然有 $f_n=\left\lfloor f_n+\frac{\sqrt{5}}{5}\phi_2^n\right\rfloor=\left\lfloor\frac{\sqrt{5}}{5}\phi_1^n\right\rfloor$。

序列的均值与标准差

母函数对于计算序列的均值和标准差非常有用。令 z 为整数值随机变量，p_i 是 z 取值为 i 的概率。z 的期望为 $m=\sum_{i=0}^{\infty}ip_i$。令 $p(x)=\sum_{i=0}^{\infty}p_i x^i$ 为序列 p_1，p_2，$\cdots$ 的母函数。则 p_1，$2p_2$，$3p_3$，$\cdots$ 的母函数为

$$x\frac{\mathrm{d}}{\mathrm{d}x}p(x)=\sum_{i=0}^{\infty}ip_i x^i$$

因此，随机变量 z 的均值为 $m=xp'(x)\,|_{x=1}=p'(1)$。如果 p 不是概率函数，均

值则为$\frac{p'(1)}{p(1)}$，因为我们需要将 p 标准化为 1。z 的二阶矩可以通过 $g''(x)=\sum_{i=2}^{\infty}i(i-1)x^i p_i=\sum_{i=2}^{\infty}i^2-\sum_{i=2}^{\infty}ip_i$ 得到。因此，z 的二阶矩为 $\sum_{i=2}^{\infty}i^2 p_i=g''(1)+p_1+\sum_{i=2}^{\infty}ip_i=g''(1)+g'(1)=\mathrm{e}$。

2) 指数型母函数

除了普通的母函数外，还有其他一些特殊的母函数，其中之一便是指数型母函数。给定序列 a_0，a_1，…，相应的指数型母函数为 $g(x)=\sum_{i=0}^{\infty}a_i\frac{x^i}{i!}$。

矩母函数

随机变量 x 在点 b 附近的 k 阶矩为 $E((x-b)^k)$。通常，我们说的矩是在 0 点或者均值附近的矩。下文中，我们讨论的矩都是原点矩。

随机变量的矩母函数 x 定义为

$$\Psi(t)=E(\mathrm{e}^{tx})=\int_{-\infty}^{\infty}\mathrm{e}^{tx}p(x)\mathrm{d}x$$

将 e^{tx} 替换为它的幂级数展开 $1+tx+\frac{(tx)^2}{2!}\cdots$ 就有

$$\Psi(t)=\int_{-\infty}^{\infty}\left(1+tx+\frac{(tx)^2}{2!}+\cdots\right)p(x)\mathrm{d}x$$

因此，x 的 k 阶原点矩为 $k!$ 乘以矩母函数展成幂级数后 t^k 的系数。因此，矩母函数是原点矩序列的指数型母函数。

矩母函数将概率分布 $p(x)$ 变换为关于 t 的函数 $\Psi(t)$。注意到 $\Psi(0)=1$，也是 $p(x)$ 的积分或面积。矩母函数与特征函数关系紧密，特征函数可在上述积分用 e^{itx} 替换 e^{tx} 得到，其中 $i=\sqrt{-1}$。此外，矩母函数还与 Fourier 变换相关联，用 e^{-itx} 替换 e^{tx} 即可得 Fourier 变换。

$\Psi(t)$ 与 Fourier 变换紧密相关，它们的性质在本质上也一样。特别地，$p(x)$ 可由 $\Psi(t)$ 作逆变换唯一得到。进一步，如果所有的矩 m_i 都有限，和 $\sum_{i=0}^{\infty}\frac{m_i}{i!}t^i$ 在原点附近绝对收敛，则 $p(x)$ 唯一被确定。

零均值、单位方差的正态分布的概率密度为 $p(x)=\frac{1}{\sqrt{2\pi}}e^{-\frac{x^2}{2}}$。它的矩为

$$u_n=\frac{1}{\sqrt{2\pi}}\int_{-\infty}^{\infty}x^n e^{-\frac{x^2}{2}}\mathrm{d}x=2\begin{cases}\dfrac{n!}{2^{\frac{n}{2}}\left(\dfrac{n}{2}\right)!}, & n\text{ 为偶数}\\ 0, & n\text{ 为奇数}\end{cases}$$

为了得到上述结果，由分部积分可得 $u_n=(n-1)u_{n-2}$，且 $u_0=1$, $u_1=0$。步骤如下：令 $u=e^{-\frac{x^2}{2}}$, $v=x^{n-1}$，则 $u'=-xe^{-\frac{x^2}{2}}$, $v'=(n-1)x^{n-2}$。于是 $uv=\int u'v+\int uv'$，或者

$$e^{-\frac{x^2}{2}}x^{n-1}=\int x^n e^{-\frac{x^2}{2}}\mathrm{d}x+\int(n-1)x^{n-2}e^{-\frac{x^2}{2}}\mathrm{d}x$$

由此

$$\int x^n e^{-\frac{x^2}{2}}\mathrm{d}x=(n-1)\int x^{n-2}e^{-\frac{x^2}{2}}\mathrm{d}x-e^{-\frac{x^2}{2}}x^{n-1}$$

$$\int_{-\infty}^{\infty}x^n e^{-\frac{x^2}{2}}\mathrm{d}x=(n-1)\int_{-\infty}^{\infty}x^{n-2}e^{-\frac{x^2}{2}}\mathrm{d}x$$

因此 $u_n=(n-1)u_{n-2}$。

矩母函数由下式给出：

$$g(s)=\sum_{n=0}^{\infty}\frac{u_n s^n}{n!}=\sum_{\substack{n=0\\ n\text{为偶数}}}^{\infty}\frac{n!}{2^{\frac{n}{2}}\dfrac{n!}{2}}\frac{s^n}{n!}=\sum_{i=0}^{\infty}\frac{s^{2i}}{2^i i!}\sum_{i=0}^{\infty}\frac{1}{i!}\left(\frac{s^2}{2}\right)^i=e^{\frac{s^2}{2}}$$

对于一般的正态分布，矩母函数为

$$g(s)=e^{su+\left(\frac{\sigma^2}{2}\right)s^2}$$

因此，给定两个独立的正态分布，均值分别为 u_1, u_2，方差分别为 σ_1^2, σ_2^2，它们矩母函数的乘积为

$$e^{s(u_1+u_2)+(\sigma_1^2+\sigma_2^2)s^2}$$

这也是均值为 u_1+u_2，方差为 $\sigma_1^2+\sigma_2^2$ 正态分布的矩母函数。因此，两个正态分布的卷积是正态分布，两个正态分布的和也是正态分布。

附录 6 特征值与特征向量

1) 特征值与特征向量

设 $\boldsymbol{A}$ 为 $n\times n$ 的实矩阵。量 λ 称为 $\boldsymbol{A}$ 的特征值，如果存在非负的向量 $\boldsymbol{x}$ 满足方程 $\boldsymbol{Ax}=\lambda\boldsymbol{x}$。向量 $\boldsymbol{x}$ 称为 $\boldsymbol{A}$ 关于 λ 的特征向量。给定一个特征值，它所有的特征向量和零向量一起构成了一个子空间。方程 $\boldsymbol{Ax}=\lambda\boldsymbol{x}$ 关于 $\boldsymbol{x}$ 有非平凡解仅当 $\det(\boldsymbol{A}-\lambda\boldsymbol{I})=0$。方程 $\det(\boldsymbol{A}-\lambda\boldsymbol{I})=0$ 称为特征方程，它有 n 个可能相同的根。

矩阵 $\boldsymbol{A}$ 和 $\boldsymbol{B}$ 相似，如果存在可逆矩阵 $\boldsymbol{P}$ 使得 $\boldsymbol{A}=\boldsymbol{P}^{-1}\boldsymbol{BP}$。相似矩阵 $\boldsymbol{A}$ 和 $\boldsymbol{B}$ 可被看成在不同基底下相同的线性表示。

定理 8 如果 $\boldsymbol{A}$ 和 $\boldsymbol{B}$ 相似，那它们有相同的特征值。

证明 令 $\boldsymbol{A}$ 和 $\boldsymbol{B}$ 相似。则存在可逆阵 $\boldsymbol{P}$ 使得 $\boldsymbol{A}=\boldsymbol{P}^{-1}\boldsymbol{BP}$。所以，对 $\boldsymbol{A}$ 特征值为 λ 的特征向量 $\boldsymbol{x}$，有 $\boldsymbol{Ax}=\lambda\boldsymbol{x}$，也就是 $\boldsymbol{P}^{-1}\boldsymbol{BPx}=\lambda\boldsymbol{x}$ 或者 $\boldsymbol{B}(\boldsymbol{Px})=\lambda(\boldsymbol{Px})$。因此，$\boldsymbol{Px}$ 是 $\boldsymbol{B}$ 的特征值为 λ 的特征向量。同理可知，反过来也成立。定理得证。

即使两个相似矩阵 $\boldsymbol{A}$ 和 $\boldsymbol{B}$ 有相同的特征值，他们的特征向量一般是不同的。如果 $\boldsymbol{A}$ 相似于一个对角矩阵，我们称 $\boldsymbol{A}$ 可对角化。

定理 9 $\boldsymbol{A}$ 可对角化当且仅当它有 n 个线性无关的特征向量。

证明 (必要性)设 $\boldsymbol{A}$ 是可对角化的。那么存在 $\boldsymbol{P}$ 和 $\boldsymbol{D}$，使得 $\boldsymbol{P}^{-1}\boldsymbol{AP}=\boldsymbol{D}$。因此 $\boldsymbol{AP}=\boldsymbol{PD}$。设 $\boldsymbol{D}$ 的对角元为 $\lambda_1,\lambda_2,\cdots,\lambda_n$。令 $p_1,p_2,\cdots,p_n$ 是 $\boldsymbol{P}$ 的列向量。那么 $\boldsymbol{AP}=[\boldsymbol{A}p_1,\boldsymbol{A}p_2,\cdots,\boldsymbol{A}p_n]$，$\boldsymbol{PD}=[\lambda_1 p_1,\lambda_2 p_2,\cdots,\lambda_n p_n]$，则 $\boldsymbol{A}\boldsymbol{p}_i=\lambda_i\boldsymbol{p}_i$。也即说 λ_i 是 $\boldsymbol{A}$ 的特征值，而 $\boldsymbol{p}_i$ 是相应的特征向量。因为 $\boldsymbol{P}$ 可逆，因此 $\boldsymbol{p}_i$ 线性无关。

(充分性)设 $\boldsymbol{A}$ 有 n 个线性无关的特征向量 $\boldsymbol{p}_1,\boldsymbol{p}_2,\cdots,\boldsymbol{p}_n$，相应的特征值为 $\lambda_1,\lambda_2,\cdots,\lambda_n$。那么 $\boldsymbol{Ap}_i=\lambda_i\boldsymbol{p}_i$，逆推上述步骤

$$\boldsymbol{AP}=[\boldsymbol{Ap}_1,\boldsymbol{Ap}_2,\cdots,\boldsymbol{Ap}_n]=[\lambda_1\boldsymbol{p}_1,\lambda_2\boldsymbol{p}_2,\cdots,\lambda_n\boldsymbol{p}_n]=\boldsymbol{PD}$$

因此 $\boldsymbol{AP}=\boldsymbol{DP}$。因为 $\boldsymbol{p}_i$ 线性无关，则 $\boldsymbol{P}$ 可逆，因此 $\boldsymbol{A}=\boldsymbol{P}^{-1}\boldsymbol{DP}$。

从定理的证明中可以看到，如果 $\boldsymbol{A}$ 可对角化，有 k 重特征值 λ，则特征值 λ 有 k 个线性无关的特征向量。

如果 $\boldsymbol{P}$ 可逆，并且 $\boldsymbol{P}^{-1}=\boldsymbol{P}^{\mathrm{T}}$，矩阵 $\boldsymbol{P}$ 为正交矩阵。如果有正交阵 $\boldsymbol{P}$ 使得 $\boldsymbol{P}^{-1}\boldsymbol{AP}=\boldsymbol{D}$ 为对角阵，则矩阵 $\boldsymbol{A}$ 可正交对角化。如果 $\boldsymbol{A}$ 可正交对角化，则 $\boldsymbol{A}=\boldsymbol{PDP}^{\mathrm{T}}$。也即 $\boldsymbol{AP}=\boldsymbol{PD}$，因此 $\boldsymbol{P}$ 的列是 $\boldsymbol{A}$ 的特征向量，且 $\boldsymbol{D}$ 的对角元就是相应的

特征值。

2）对称矩阵

任给一个矩阵，它可能有复的特征值。然而，对称矩阵的特征值全都是实的。任意一个矩阵，它的特征值的个数，如果计重数，等于矩阵的维数。给定一个特征值，其特征向量的集合构成了向量空间。对于非对称的矩阵，特征向量的空间维数可能比特征值的重数要小。因此，非对称矩阵可能不可对角化。然而，对实对称矩阵，一个特征值相应的特征向量构成的向量空间的维数和该特征值的重数相等。因此，所有的对称矩阵均可对角化。上述关于实对称矩阵的结论总结在如下定理中。

定理 10 （实谱定理）令 $\boldsymbol{A}$ 为实对称矩阵，则

(1) 所有特征值都是实的；

(2) 如果 λ 是 k 重特征根，则 λ 有 k 个线性无关的特征向量；

(3) $\boldsymbol{A}$ 可正交对角化。

证明 令 λ 为 $\boldsymbol{A}$ 的一个特征值，$\boldsymbol{x}$ 为相应的特征向量。则 $\boldsymbol{Ax}=\lambda\boldsymbol{x}$，$\boldsymbol{x}^c\boldsymbol{Ax}=\lambda\boldsymbol{x}^c\boldsymbol{x}$。(这里上标 c 表示转置) 设 $\boldsymbol{x}$ 已经标准化，因此 $\boldsymbol{x}^c\boldsymbol{x}=1$。那么

$$\lambda=\boldsymbol{x}^c\boldsymbol{Ax}=(\boldsymbol{x}^c\boldsymbol{Ax})^{cc}=(\boldsymbol{x}^c\boldsymbol{Ax})^c=\lambda^c$$

因此，λ 是实的。

因为 λ 是实的，$(\boldsymbol{A}-\lambda)\boldsymbol{x}=0$ 有非平凡解意味着存在有实部的非平凡解。

令 $\boldsymbol{x}$ 是矩阵 $\boldsymbol{A}$ 的有实部的特征值 λ 的特征向量，令 $\boldsymbol{P}$ 为实对称矩阵，且 $\boldsymbol{Px}=\boldsymbol{e}_1$，其中 $\boldsymbol{e}_1=(1, 0, 0, \cdots, 0)^{\mathrm{T}}$，$\boldsymbol{P}^{-1}=\boldsymbol{P}^{\mathrm{T}}$。我们一会儿将构造 $\boldsymbol{P}$。

因为 $\boldsymbol{Ax}=\lambda\boldsymbol{x}$，$\boldsymbol{PAP}^{\mathrm{T}}\boldsymbol{e}_1=\lambda\boldsymbol{e}_1$。条件 $\boldsymbol{PAP}^{\mathrm{T}}\boldsymbol{e}_1=\lambda\boldsymbol{e}_1$ 加上对称性表明 $\boldsymbol{PAP}^{\mathrm{T}}=\begin{pmatrix}\lambda & 0\\ 0 & \boldsymbol{A}'\end{pmatrix}$，其中 $\boldsymbol{A}'$ 是 $(n-1)\times(n-1)$ 的对称阵。由归纳法，$\boldsymbol{A}'$ 是可正交对角化的。令 $\boldsymbol{Q}$ 为正交矩阵，且 $\boldsymbol{QA}'\boldsymbol{Q}^{\mathrm{T}}=\boldsymbol{D}'$，$\boldsymbol{D}'$ 是对角阵。$\boldsymbol{Q}$ 是 $(n-1)\times(n-1)$ 的。在 $\boldsymbol{Q}$ 中添加一行和一列，其 $(1, 1)$ 位置是1，第一行与第一列的其他位置是0，这样 $\boldsymbol{Q}$ 就被扩充为一个 $n\times n$ 的矩阵，记为 $\boldsymbol{R}$；它也是正交的。并有

$$\boldsymbol{R}\begin{pmatrix}\lambda & 0\\ 0 & \boldsymbol{A}'\end{pmatrix}\boldsymbol{R}^{\mathrm{T}}=\begin{pmatrix}\lambda & 0\\ 0 & \boldsymbol{D}'\end{pmatrix}\Rightarrow\boldsymbol{RPAP}^{\mathrm{T}}\boldsymbol{R}^{\mathrm{T}}=\begin{pmatrix}\lambda & 0\\ 0 & \boldsymbol{D}'\end{pmatrix}$$

由于两个正交矩阵的乘积还是正交矩阵，至此，除了构造 $\boldsymbol{P}$ 外，我们已经完成了(3)的证明。令 $|\boldsymbol{x}|=1$，注意到 $\boldsymbol{Ix}=\boldsymbol{x}$ 以及 $(\boldsymbol{xx}^{\mathrm{T}})\boldsymbol{x}=\boldsymbol{x}$，因此 $(\boldsymbol{I}-\boldsymbol{xx}^{\mathrm{T}})\boldsymbol{x}=0$。

再令 $\boldsymbol{P}=\boldsymbol{I}-\dfrac{2\boldsymbol{v}\boldsymbol{v}^{\mathrm{T}}}{\boldsymbol{v}^{\mathrm{T}}\boldsymbol{v}}$，其中 $\boldsymbol{v}=\boldsymbol{x}-\boldsymbol{e}_1$。则 $\boldsymbol{v}^{\mathrm{T}}\boldsymbol{v}=\boldsymbol{x}^{\mathrm{T}}\boldsymbol{x}-2\boldsymbol{x}_1+1=2(1-\boldsymbol{x}_1)$。因此

$$\boldsymbol{P}\boldsymbol{x}=\boldsymbol{x}-\frac{\boldsymbol{v}\boldsymbol{v}^{\mathrm{T}}\boldsymbol{x}}{1-\boldsymbol{x}_1}=\boldsymbol{x}-\frac{(\boldsymbol{x}-\mathrm{e}_1)(1-\boldsymbol{x}_1)}{1-\boldsymbol{x}_1}=\boldsymbol{e}_1$$

还需表明 $\boldsymbol{P}$ 是可逆的：

$$\boldsymbol{P}\boldsymbol{P}^{\mathrm{T}}=\left(\boldsymbol{I}-2\frac{\boldsymbol{v}\boldsymbol{v}^{\mathrm{T}}}{\boldsymbol{v}^{\mathrm{T}}\boldsymbol{v}}\right)\left(\boldsymbol{I}-2\frac{\boldsymbol{v}\boldsymbol{v}^{\mathrm{T}}}{\boldsymbol{v}^{\mathrm{T}}\boldsymbol{v}}\right)^{\mathrm{T}}=\boldsymbol{I}-4\frac{\boldsymbol{v}\boldsymbol{v}^{\mathrm{T}}}{\boldsymbol{v}^{\mathrm{T}}\boldsymbol{v}}+4\frac{\boldsymbol{v}\boldsymbol{v}^{\mathrm{T}}\boldsymbol{v}\boldsymbol{v}^{\mathrm{T}}}{\boldsymbol{v}^{\mathrm{T}}\boldsymbol{v}\boldsymbol{v}^{\mathrm{T}}\boldsymbol{v}}=\boldsymbol{I}-4\frac{\boldsymbol{v}\boldsymbol{v}^{\mathrm{T}}}{\boldsymbol{v}^{\mathrm{T}}\boldsymbol{v}}+4\frac{\boldsymbol{v}\boldsymbol{v}^{\mathrm{T}}}{\boldsymbol{v}^{\mathrm{T}}\boldsymbol{v}}=\boldsymbol{I}$$

定理 11　(对称矩阵基本定理)实矩阵 $\boldsymbol{A}$ 可正交对角化当且仅当 $\boldsymbol{A}$ 是对称的。

证明　(充分性)设 $\boldsymbol{A}$ 可正交对角化。则存在 $\boldsymbol{P}$，使得 $\boldsymbol{D}=\boldsymbol{P}^{-1}\boldsymbol{A}\boldsymbol{P}$。因为 $\boldsymbol{P}^{-1}=\boldsymbol{P}^{\mathrm{T}}$ 我们有

$$\boldsymbol{A}=\boldsymbol{P}\boldsymbol{D}\boldsymbol{P}^{-1}=\boldsymbol{P}\boldsymbol{D}\boldsymbol{P}^{\mathrm{T}}$$

这表明

$$\boldsymbol{A}^{\mathrm{T}}=(\boldsymbol{P}\boldsymbol{D}\boldsymbol{P}^{\mathrm{T}})^{\mathrm{T}}=\boldsymbol{P}\boldsymbol{D}\boldsymbol{P}^{\mathrm{T}}=\boldsymbol{A}$$

因此 $\boldsymbol{A}$ 对称。

(必要性)已证。

注意到非对称矩阵可能不可对角化，它可能有非实的特征值，特征向量的空间维数可能比特征值的重数要少。例如，矩阵 $\begin{pmatrix}1&1&0\\0&1&1\\1&0&1\end{pmatrix}$ 有特征值 2，$\dfrac{1}{2}+\mathrm{i}\dfrac{\sqrt{3}}{2}$ 及 $\dfrac{1}{2}-\mathrm{i}\dfrac{\sqrt{3}}{2}$。矩阵 $\begin{pmatrix}1&2\\0&1\end{pmatrix}$ 有特征方程 $(1-\lambda)^2=0$，特征值 1 有重数 2，但关于特征值 1 的特征向量空间是一维的，即 $\boldsymbol{x}=c\begin{pmatrix}1\\0\end{pmatrix}c\neq 0$。但对于对称矩阵来讲，这些情形都是不可能的。

3) 特征值的极限性质

这一节我们将得到特征值的最小最大特征，该特性表明对称矩阵 $\boldsymbol{A}$ 的最大特征值与 $\boldsymbol{x}^{\mathrm{T}}\boldsymbol{A}\boldsymbol{x}$ 关于所有单位向量 $\boldsymbol{x}$ 的最大值相同。如果 $\boldsymbol{A}$ 实对称，有正交矩阵 $\boldsymbol{P}$ 将 $\boldsymbol{A}$ 对角化。因此

$$\boldsymbol{P}^{\mathrm{T}}\boldsymbol{A}\boldsymbol{P}=\boldsymbol{D}$$

式中 $\boldsymbol{D}$ 是对角阵，对角元为 $\boldsymbol{A}$ 的特征值，$\lambda_1 \geqslant \lambda_2 \geqslant \cdots \geqslant \lambda_n$。相比处理 $\boldsymbol{A}$，当然处理对角阵 $\boldsymbol{D}$ 更为方便。这也是简化很多证明的重要技巧。

在下述条件下求 $\boldsymbol{x}^{\mathrm{T}}\boldsymbol{A}\boldsymbol{x}$ 的最大值：

(1) $\sum x_i^2 = 1$；

(2) $\boldsymbol{r}_i^{\mathrm{T}}\boldsymbol{x} = 0$。

式中 $\boldsymbol{r}_i$ 是任意一个非零向量的集合。我们现在想问，对于所有可能的 s 个向量，该最大值的最小值是多少？

定理 12 （极小极大定理） $\boldsymbol{A}$ 为对称矩阵，则 $\min\limits_{r_1,\cdots,r_s} \max\limits_{\substack{x \\ \boldsymbol{r}_i \perp \boldsymbol{x}}} \boldsymbol{x}'\boldsymbol{A}\boldsymbol{x} = \lambda_{s+1}$，其中最小值是对所有非零向量，最大值是对所有正交于 s 个非零向量的单位向量 $\boldsymbol{x}$ 所取。

证明 $\boldsymbol{A}$ 可正交对角化。令 $\boldsymbol{P}$ 满足 $\boldsymbol{P}^{\mathrm{T}}\boldsymbol{P}=\boldsymbol{I}$ 及 $\boldsymbol{P}^{\mathrm{T}}\boldsymbol{A}\boldsymbol{P}=\boldsymbol{D}$，$\boldsymbol{D}$ 为对角阵。令 $\boldsymbol{y}=\boldsymbol{P}^{\mathrm{T}}\boldsymbol{x}$，那么 $\boldsymbol{x}=\boldsymbol{P}\boldsymbol{y}$ 及

$$\boldsymbol{x}^{\mathrm{T}}\boldsymbol{A}\boldsymbol{x}=\boldsymbol{y}^{\mathrm{T}}\boldsymbol{P}^{\mathrm{T}}\boldsymbol{A}\boldsymbol{P}\boldsymbol{y}=\boldsymbol{y}^{\mathrm{T}}\boldsymbol{D}\boldsymbol{y}=\sum_{i=1}^{n}\lambda_i \boldsymbol{y}_i^2$$

因为从单位向量 $\boldsymbol{x}$ 到 $\boldsymbol{y}$ 上存在一一对应关系，在 $\sum x_i^2=1$ 条件下求 $\boldsymbol{x}^{\mathrm{T}}\boldsymbol{A}\boldsymbol{x}$ 的最大值，等于在 $\sum y_i^2=1$ 下求 $\sum\limits_{i=1}^{n}\lambda_i y_i^2$ 的最大值。因为 $\lambda_1 \geqslant \lambda_i$，$2 \leqslant i \leqslant n$，$y=(1, 0, \cdots, 0)$ 在 λ_1 处 $\sum\limits_{i=1}^{n}\lambda_i y_i^2$ 取得最大值。那么 $\boldsymbol{x}=\boldsymbol{P}\boldsymbol{y}$ 是 $\boldsymbol{P}$ 的第一列，也是 $\boldsymbol{A}$ 的第一个特征向量。类似地，在相同条件下 λ_n 是 $\boldsymbol{x}^{\mathrm{T}}\boldsymbol{A}\boldsymbol{x}$ 的最小值。

现在考虑在下述条件下求 $\boldsymbol{x}^{\mathrm{T}}\boldsymbol{A}\boldsymbol{x}$ 的最大值：

(1) $\sum x_i^2 = 1$；

(2) $\boldsymbol{r}_i^{\mathrm{T}}\boldsymbol{x} = 0$。

式中 $\boldsymbol{r}_i$ 是任意非零向量的集合。我们想知道，对于所有可能的 s，该最大值的最小可能值是多少？

$$\min_{r_1,\cdots,r_s}\ \max_{\substack{x \\ \boldsymbol{r}_i^t\boldsymbol{x}=0}} \boldsymbol{x}^{\mathrm{T}}\boldsymbol{A}\boldsymbol{x}$$

类似于上面的内容，我们可将约束条件处理成针对 $\boldsymbol{y}$ 的。条件为：

(1) $\sum y_i^2 = 1$；

(2) $\boldsymbol{q}_i^{\mathrm{T}}\boldsymbol{y}=0 \quad \boldsymbol{q}_i^{\mathrm{T}}=\boldsymbol{r}_i^{\mathrm{T}}P$。

现在考虑向量 $\boldsymbol{r}_1$, $\boldsymbol{r}_2$, …, $\boldsymbol{r}_s$ 的所有选择,这给出了 $\boldsymbol{q}_i$ 的相应的集合。$\boldsymbol{y}_i$ 因此满足 s 个线性齐次方程。如果再加上 $y_{s+2}=y_{s+3}=\cdots=y_n=0$,我们就有 $n-1$ 个齐次方程, n 个未知数 y_1, …, y_n,至少有一个解可标准化,也即有 $\sum y_i^2=1$。此时的 y 满足

$$\boldsymbol{y}^{\mathrm{T}}\boldsymbol{D}\boldsymbol{y}=\sum\lambda_i y_i^2\geqslant\lambda_{s+1}$$

因为一些大于等于 $s+1$ 的系数是非零的。因此,对任意的 r_i 均存在 y,使得

$$\max_{\substack{\boldsymbol{y}\\ \boldsymbol{r}_i^{\mathrm{T}}\boldsymbol{y}=0}}(\boldsymbol{y}^{\mathrm{T}}\boldsymbol{P}^{\mathrm{T}}\boldsymbol{A}\boldsymbol{P}\boldsymbol{y})\geqslant\lambda_{s+1}$$

因此

$$\min_i\max_{\substack{\boldsymbol{y}\\ \boldsymbol{r}_i^{\mathrm{T}}\boldsymbol{y}=0}}(\boldsymbol{y}^{\mathrm{T}}\boldsymbol{P}^{\mathrm{T}}\boldsymbol{A}\boldsymbol{P}\boldsymbol{y})\geqslant\lambda_{s+1}$$

然而,也存在一些限制条件使得最小值小于等于 λ_{s+1}。如,若有约束条件: $y_i=0$, $1\leqslant i\leqslant s$。这里有 s 个方程, n 个未知数,对满足这些条件的 y,有

$$\boldsymbol{y}^{\mathrm{T}}\boldsymbol{D}\boldsymbol{y}=\sum_{s+1}^{n}\lambda_i y_i^2\leqslant\lambda_{s+1}$$

综上可得 $\min\max\boldsymbol{y}^{\mathrm{T}}\boldsymbol{D}\boldsymbol{y}=\lambda_{s+1}$。

上述定理告诉我们,在限制条件 $|\boldsymbol{x}|^2=1$ 下, $\boldsymbol{x}^{\mathrm{T}}\boldsymbol{A}\boldsymbol{x}$ 的最大值为 λ_1。如果限制条件再加上 $\boldsymbol{x}$ 与第一个特征向量正交,我们考虑此时 $\boldsymbol{x}^{\mathrm{T}}\boldsymbol{A}\boldsymbol{x}$ 的最大值。这相当于在 $\boldsymbol{y}$ 垂直于(1, 0, …, 0)条件下,也即 $\boldsymbol{y}$ 的第一个分量为零时,求 $\boldsymbol{y}^{\mathrm{T}}\boldsymbol{P}^{\mathrm{T}}\boldsymbol{A}\boldsymbol{P}\boldsymbol{y}$ 的最大值。该最大值显然为 λ_2,当 $\boldsymbol{y}=(0, 1, 0, \cdots, 0)$ 时取得。相应的 $\boldsymbol{x}$ 是 $\boldsymbol{P}$ 的第二列或 $\boldsymbol{A}$ 的第二特征向量。

类似我们可以求得 $\boldsymbol{x}^{\mathrm{T}}\boldsymbol{A}\boldsymbol{x}$ 在 $\boldsymbol{p}_1^{\mathrm{T}}\boldsymbol{x}=\boldsymbol{p}_2^{\mathrm{T}}\boldsymbol{x}=\cdots=\boldsymbol{p}_s^{\mathrm{T}}\boldsymbol{x}=0$ 下的最大值。该最大值为 λ_{s+1},当 $\boldsymbol{x}=\boldsymbol{p}_{s+1}^{\mathrm{T}}$ 时取到。

4) 两个对称矩阵和的特征值

在证明其他结论时极小极大原理是很有用的。下述定理告诉我们当矩阵 $\boldsymbol{B}$ 加到 $\boldsymbol{A}$ 时, $\boldsymbol{A}$ 特征值的变化。定理对于我们了解小扰动下 $\boldsymbol{A}$ 的特征值的变化有所帮助。

定理 13 令 $\boldsymbol{C}=\boldsymbol{A}+\boldsymbol{B}$。设 α_i, β_i, γ_i 分别表示 $\boldsymbol{A}$, $\boldsymbol{B}$ 和 $\boldsymbol{C}$ 的特征值。那么 α_s+

$\beta_1 \geqslant \gamma_s \geqslant \alpha_s + \beta_n$。

证明 由最小最大值定理

$$\gamma_s = \min \max(\boldsymbol{x}^{\mathrm{T}}\boldsymbol{C}\boldsymbol{x})$$

其中最大值是取遍与某个满足 $s-1$ 个线性关系的集合正交的单位向量而得，而最小值是取遍满足 $s-1$ 个线性关系的所有集合而得。选择任意 $s-1$ 个关系，有

$$\gamma_s \leqslant \max(\boldsymbol{x}^{\mathrm{T}}\boldsymbol{C}\boldsymbol{x}) = \max(\boldsymbol{x}^{\mathrm{T}}\boldsymbol{A}\boldsymbol{x} + \boldsymbol{x}^{\mathrm{T}}\boldsymbol{B}\boldsymbol{x})$$

令 $\boldsymbol{P}^{\mathrm{T}}\boldsymbol{A}\boldsymbol{P} = \boldsymbol{D}$，设 $s-1$ 个关系满足 $p_i x = 0$，$1 \leqslant i \leqslant s-1$。这意味着 $\boldsymbol{e}_i^{\mathrm{T}}\boldsymbol{y} = 0$。也就是说，$\boldsymbol{y}$ 的前 $s-1$ 个分量为零。因此

$$\gamma_s \leqslant \max\left(\sum_{i=s}^{n}\alpha_i y_i^2 + \boldsymbol{x}^{\mathrm{T}}\boldsymbol{B}\boldsymbol{x}\right)$$

然而，对所有的 $\boldsymbol{x}$

$$\sum_{i=s}^{n}\alpha_i y_i^2 \leqslant \alpha_s \text{ 以及 } \boldsymbol{x}^{\mathrm{T}}\boldsymbol{B}\boldsymbol{x} \leqslant \beta_1$$

因此，$\gamma_s \leqslant \alpha_s + \beta_1$。

因为 $\boldsymbol{A} = \boldsymbol{C} + (-\boldsymbol{B})$，刚刚证明的结论告诉我们 $\alpha_s \leqslant \gamma_s - \beta_n$。$-\boldsymbol{B}$ 的特征值是负的 $\boldsymbol{B}$ 的特征值，因此 $-\beta_n$ 是最大特征值。因此有 $r_s \geqslant \alpha_s + \beta_n$，结合不等式得到 $\alpha_s + \beta_1 \geqslant \gamma_s \geqslant \alpha_s + \beta_n$。

引理 1 $\gamma_{r+s-1} \leqslant \alpha_r + \beta_s$。

证明 存在 $r-1$ 个关系，使得对所有满足这 $r-1$ 个关系的 $\boldsymbol{x}$

$$\max(\boldsymbol{x}^{\mathrm{T}}\boldsymbol{A}\boldsymbol{x}) = \alpha_r$$

也存在 $s-1$ 个关系，使得对满足这 $s-1$ 个关系的 x

$$\max(\boldsymbol{x}^{\mathrm{T}}\boldsymbol{B}\boldsymbol{x}) = \beta_r$$

考虑所有满足这 $r+s-2$ 个关系的 $\boldsymbol{x}$，对任意这样的 $\boldsymbol{x}$

$$\boldsymbol{x}^{\mathrm{T}}\boldsymbol{C}\boldsymbol{x} = \boldsymbol{x}^{\mathrm{T}}\boldsymbol{A}\boldsymbol{x} + \boldsymbol{x}^{\mathrm{T}}\boldsymbol{B}\boldsymbol{x} \leqslant \alpha_r + \beta_s$$

故对所有这样的 $\boldsymbol{x}$

$$\max(\boldsymbol{x}^{\mathrm{T}}\boldsymbol{C}\boldsymbol{x}) \leqslant \alpha_s + \beta_r$$

因此，对于所有 $r+s-2$ 关系的集合取最小值，我们有

$$\gamma_{r+s-1} = \min \max(\boldsymbol{x}^{\mathrm{T}}\boldsymbol{C}\boldsymbol{x}) \leqslant \alpha_r + \beta_s + 1$$

5) 范数

矩阵的种类

如果当 $i \neq j$ 时，$\boldsymbol{x}_i\boldsymbol{x}_j^{\mathrm{T}} = 0$，向量$\{\boldsymbol{x}_1, \cdots, \boldsymbol{x}_n\}$ **正交**。如果对任意的 i，还有 $|\boldsymbol{x}_i| = 1$，则向量组是**标准正交**。如果 $\boldsymbol{A}^{\mathrm{T}}\boldsymbol{A} = \boldsymbol{I}$，矩阵 $\boldsymbol{A}$ **标准正交**。如果 $\boldsymbol{A}$ 是标准正交方阵，那行和列都是正交的。换句话说，如果 $\boldsymbol{A}$ 是标准正交的方阵，那么 $\boldsymbol{A}^{\mathrm{T}}$ 也是。对于复矩阵的情形，标准正交矩阵的概念可以推广为酉矩阵。$\boldsymbol{A}^*$ 是 $\boldsymbol{A}$ 的共轭转置，如果 $a_{ij}^* = \bar{a}_{ji}$，其中 a_{ij}^* 是$\boldsymbol{A}^*$ 的第 ij 个元素，$\bar{a}^*$ 是 $\boldsymbol{A}$ 的第 ij 个元素的共轭转置。如果 $\boldsymbol{A}\boldsymbol{A}^* = \boldsymbol{I}$，复数域上的矩阵 $\boldsymbol{A}$ 称为**酉矩阵**。

因为 $(\boldsymbol{A}\boldsymbol{B})^{\mathrm{T}} = \boldsymbol{B}^{\mathrm{T}}\boldsymbol{A}^{\mathrm{T}}$，则 $\boldsymbol{A}\boldsymbol{B}$ 的对角元和 $\boldsymbol{B}^{\mathrm{T}}\boldsymbol{A}^{\mathrm{T}}$ 的一样，故 $\mathrm{tr}(\boldsymbol{A}\boldsymbol{B}) = \mathrm{tr}(\boldsymbol{A}^{\mathrm{T}}\boldsymbol{B}^{\mathrm{T}})$。

范数

对于很多问题我们都要去测量两个向量或矩阵之间的距离。为此引出范数的概念，**范数**是满足以下性质的函数：

(1) $f(x) \geqslant 0$；

(2) $f(x+y) \leqslant f(x) + f(y)$；

(3) $f(\alpha x) = |\alpha| f(x)$。

向量空间的范数定义了一个距离函数

$$d(x, y) = (x - y) \text{ 的范数。}$$

一个重要的向量范数是 p 范数，定义为

$$|\boldsymbol{x}|_p = (|\boldsymbol{x}_1|^p + \cdots + |\boldsymbol{x}_n|^p)^{\frac{1}{p}}$$

重要的特殊情形为

$|\boldsymbol{x}|_0$：非零元素个数

$$|\boldsymbol{x}|_1 = |\boldsymbol{x}_1| + \cdots + |\boldsymbol{x}_n|$$

$$|\boldsymbol{x}|_2 = \sqrt{|\boldsymbol{x}_1|^2 + \cdots + |\boldsymbol{x}_n|^2}$$

$$|\boldsymbol{x}|_\infty = \max |\boldsymbol{x}_i|$$

引理 2　对任意 $1 \leqslant p < q$，有 $|\boldsymbol{x}|_q \leqslant |\boldsymbol{x}|_p$。

证明　需证明

$$|\boldsymbol{x}|_q^q = \sum_i |x_i|^q \leqslant \left(\sum_i |x_i|^p\right)^{q/p}$$

利用不等式可以很容易证明，对任意正实数 $a_1, a_2, \cdots, a_n$ 以及任意 $\rho \in (0, 1)$，$\left(\sum_{i=1}^{n} a_i\right)^{\rho} \leqslant \sum_{i=1}^{n} a_i^{\rho}$。

有两种重要的矩阵范数：p 范数

$$\|\boldsymbol{A}\|_P = \max_{|\boldsymbol{x}|=1} \|\boldsymbol{A}\boldsymbol{x}\|_p$$

和 Frobenius 范数

$$\|\boldsymbol{A}\|_F = \sqrt{\sum_{ij} a_{ij}^2}$$

设 a_i 是 $\boldsymbol{A}$ 的第 i 列，那么 $\|\boldsymbol{A}\|_F^2 = \sum_i a_i^T a_i = \text{tr}(\boldsymbol{A}^T\boldsymbol{A})$。对行作相似处理得到 $\|\boldsymbol{A}\|_F^2 = \text{tr}(\boldsymbol{A}\boldsymbol{A}^T)$。所以 $\|\boldsymbol{A}\|_F^2 = \text{tr}(\boldsymbol{A}^T\boldsymbol{A}) = \text{tr}(\boldsymbol{A}\boldsymbol{A}^T)$。

向量范数

$$|\boldsymbol{x}|_2 = \sqrt{|\boldsymbol{x}_1|^2 + \cdots + |\boldsymbol{x}_n|^2}$$

矩阵范数

$$\|\boldsymbol{A}\|_2 = \max_{|\boldsymbol{x}|=1} |\boldsymbol{A}\boldsymbol{x}|_2 \qquad \|\boldsymbol{A}\|_F = \sqrt{\sum_{i,\ j} a_{ij}^2}$$

$$\|\boldsymbol{A}\boldsymbol{B}\|_2 \leqslant \|\boldsymbol{A}\|_2 \|\boldsymbol{B}\|_2 \qquad \|\boldsymbol{A}\boldsymbol{B}_F\| \leqslant \|\boldsymbol{A}\|_F \|\boldsymbol{B}\|_F$$

如果 $\boldsymbol{A}$ 对称，且秩为 k，则

$$\|\boldsymbol{A}\|_2^2 \leqslant \|\boldsymbol{A}\|_F^2 \leqslant k\|\boldsymbol{A}\|_2^2$$

6) 重要的范数及其性质

引理 3　$\|\boldsymbol{A}\boldsymbol{B}\|_2 \leqslant \|\boldsymbol{A}\|_2 \|\boldsymbol{B}\|_2$。

证明　$\|\boldsymbol{A}\boldsymbol{B}\|_2 = \max_{|\boldsymbol{x}|=1} |\boldsymbol{A}\boldsymbol{B}\boldsymbol{x}|$。设 $\boldsymbol{y}$ 是满足该等式的 $\boldsymbol{x}$ 值，且令 $\boldsymbol{z} = \boldsymbol{B}\boldsymbol{y}$。那么

$$\| \boldsymbol{AB} \|_2 = | \boldsymbol{ABy} | = | \boldsymbol{Az} | = \left| \boldsymbol{A} \frac{\boldsymbol{z}}{|\boldsymbol{z}|} \right| |\boldsymbol{z}|$$

但 $\left| \boldsymbol{A} \frac{\boldsymbol{z}}{|\boldsymbol{z}|} \right| \leqslant \max\limits_{|\boldsymbol{x}|=1} |\boldsymbol{Ax}| = \|\boldsymbol{A}\|_2$ 以及 $|\boldsymbol{z}| \leqslant \max\limits_{|\boldsymbol{x}|=1} |\boldsymbol{Bx}| = \|\boldsymbol{B}\|_2$。因此 $\|\boldsymbol{AB}\|_2 \leqslant \|\boldsymbol{A}\|_2 \|\boldsymbol{B}\|_2$。

设 $\boldsymbol{Q}$ 是标准正交矩阵。

引理 4 对所有的 $\boldsymbol{x}$，$|\boldsymbol{Qx}| = |\boldsymbol{x}|$。

证明 $|\boldsymbol{Qx}|_2^2 = \boldsymbol{x}^{\mathrm{T}}\boldsymbol{Q}^{\mathrm{T}}\boldsymbol{Qx} = \boldsymbol{x}^{\mathrm{T}}\boldsymbol{x} = |\boldsymbol{x}|_2^2$。

引理 5 $\|\boldsymbol{QA}\|_2 = \|\boldsymbol{A}\|_2$。

证明 对所有的 $\boldsymbol{x}$，$|\boldsymbol{Qx}| = |\boldsymbol{x}|$。用 $\boldsymbol{Ax}$ 来代替 $\boldsymbol{x}$，$|\boldsymbol{QAx}| = |\boldsymbol{Ax}|$，因此 $\max\limits_{|\boldsymbol{x}|=1} |\boldsymbol{QAx}| = \max\limits_{|\boldsymbol{x}|=1} |\boldsymbol{Ax}|$。

引理 6 $\|\boldsymbol{AB}\|_{\mathrm{F}}^2 \leqslant \|\boldsymbol{A}\|_{\mathrm{F}}^2 \|\boldsymbol{B}\|_{\mathrm{F}}^2$。

证明 设 a_i 是 $\boldsymbol{A}$ 的第 i 列，b_j 是 $\boldsymbol{B}$ 的第 j 列。由 Cauchy-Schwartz 不等式 $\|a_i^{\mathrm{T}} b_j\| \leqslant \|a_i\| \|b_j\|$。因此 $\|\boldsymbol{AB}\|_{\mathrm{F}}^2 = \sum\limits_i \sum\limits_j |a_i^{\mathrm{T}} b_j|^2 \leqslant \sum\limits_i \sum\limits_j \|a_i\|^2 \|b_j\|^2 = \sum\limits_i \|a_i\|^2 \sum\limits_j \|b_j\|^2 = \|\boldsymbol{A}\|_{\mathrm{F}}^2 \|\boldsymbol{B}\|_{\mathrm{F}}^2$。

引理 7 $\|\boldsymbol{QA}\|_{\mathrm{F}} = \|\boldsymbol{A}\|_{\mathrm{F}}$。

证明 因为 $\mathrm{tr}(\boldsymbol{A}^{\mathrm{T}}\boldsymbol{A}) = \mathrm{tr}(\boldsymbol{AA}^{\mathrm{T}})$，我们有

$$\|\boldsymbol{A}\|_{\mathrm{F}} = \sqrt{\mathrm{tr}(\boldsymbol{A}^{\mathrm{T}}\boldsymbol{A})} = \sqrt{\mathrm{tr}(\boldsymbol{AQQ}^{\mathrm{T}}\boldsymbol{A}^{\mathrm{T}})} = \sqrt{\mathrm{tr}(\boldsymbol{Q}^{\mathrm{T}}\boldsymbol{A}^{\mathrm{T}}\boldsymbol{AQ})} = \|\boldsymbol{QA}\|_{\mathrm{F}}$$

因为有 $\|\boldsymbol{QA}\|_2 = \|\boldsymbol{A}\|_2$，$\|\boldsymbol{QA}\|_{\mathrm{F}} = \|\boldsymbol{A}\|_{\mathrm{F}}$。矩阵 $\boldsymbol{A}$ 的 2 范数和 Frobenius 等于对角阵 $\Sigma = \boldsymbol{Q}^{\mathrm{T}}\boldsymbol{AQ}$ 的 2 范数和 Frobenius 范数。

引理 8 对实对称矩阵 $\boldsymbol{A}$ 有，$\|\boldsymbol{A}\|_2^2 = \lambda_1^2$ 以及 $\|\boldsymbol{A}\|_{\mathrm{F}}^2 = \lambda_1^2 + \lambda_2^2 + \cdots + \lambda_n^2$。

证明 可从上面叙述中立即得到。

如果 $\boldsymbol{A}$ 是实对称矩阵，秩为 k。则 $\|\boldsymbol{A}\|_2^2 \leqslant \|\boldsymbol{A}\|_{\mathrm{F}}^2 \leqslant k\|\boldsymbol{A}\|_2^2$。

定理 14 $\|\boldsymbol{A}\|_2^2 \leqslant \|\boldsymbol{A}\|_{\mathrm{F}}^2 \leqslant k\|\boldsymbol{A}\|_2^2$。

证明 对称矩阵显然有 $\|\boldsymbol{D}\|_2^2 \leqslant \|\boldsymbol{D}\|_{\mathrm{F}}^2 \leqslant k\|\boldsymbol{D}\|_2^2$。令 $\boldsymbol{D} = \boldsymbol{Q}^{\mathrm{T}}\boldsymbol{AQ}$，式中 $\boldsymbol{Q}$ 是标准正交的。结论立即成立，因为对于标准正交阵 $\boldsymbol{Q}$ 有，$\|\boldsymbol{QA}\|_2 = \|\boldsymbol{A}\|_2$ 以及 $\|\boldsymbol{QA}\|_{\mathrm{F}} = \|\boldsymbol{A}\|_{\mathrm{F}}$。

注意：实对称性对于其中有些定理是必需的。有这样的条件才有 $\Sigma = \boldsymbol{Q}^{\mathrm{T}}\boldsymbol{AQ}$。例如，$\boldsymbol{A} = \begin{pmatrix} 1 & 1 & \\ 1 & 1 & \\ \vdots & \vdots & 0 \\ 1 & 1 & \end{pmatrix}$。$\|\boldsymbol{A}\|_2 = 2$，$\|\boldsymbol{A}\|_{\mathrm{F}} = \sqrt{2n}$ 但 $\boldsymbol{A}$ 的秩为 2，且当

$n > 8$ 时,有 $\| \boldsymbol{A} \|_{\mathrm{F}} > 2 \| \boldsymbol{A} \|_2$。

引理 9 $\boldsymbol{A}$ 是对称矩阵,那么 $\| \boldsymbol{A} \|_2 = \max\limits_{|\boldsymbol{x}|=1} | \boldsymbol{x}^{\mathrm{T}} \boldsymbol{A} \boldsymbol{x} |$。

证明 由定义,$\boldsymbol{A}$ 的 2 范数为 $\| \boldsymbol{A} \|_2 = \max\limits_{|\boldsymbol{x}|=1} |\boldsymbol{A}\boldsymbol{x}|$。因此,

$$\| \boldsymbol{A} \|_2 = \max_{|\boldsymbol{x}|=1} | \boldsymbol{A}\boldsymbol{x} | = \max_{|\boldsymbol{x}|=1} \sqrt{\boldsymbol{x}^{\mathrm{T}} \boldsymbol{A}^{\mathrm{T}} \boldsymbol{A} \boldsymbol{x}} = \sqrt{\lambda_1^2} = \lambda_1 = \max_{|\boldsymbol{x}|=1} | \boldsymbol{x}^{\mathrm{T}} \boldsymbol{A} \boldsymbol{x} |$$

矩阵 $\boldsymbol{A}$ 的 2 范数大于等于它任何一列的 2 范数。

引理 10 设 $\boldsymbol{A}_u$ 是 $\boldsymbol{A}$ 的一列,$| \boldsymbol{A}_u | \leqslant \| \boldsymbol{A} \|_2$。

证明 设 $\boldsymbol{e}_u$ 是第 u 个分量为 1,其余分量为零的单位向量。注意到 $\lambda = \max\limits_{|\boldsymbol{x}|=1} | \boldsymbol{A}\boldsymbol{x} |$,设 $\boldsymbol{x} = \boldsymbol{e}_u$, $\boldsymbol{a}_u$ 是第 u 列,那么 $| \boldsymbol{a}_u | = | \boldsymbol{A}\boldsymbol{e}_u | \leqslant \max\limits_{|\boldsymbol{x}|=1} | \boldsymbol{A}\boldsymbol{x} | = \lambda$。

最佳 k 秩估计

令 $\boldsymbol{A}^{(k)}$ 为 $\boldsymbol{A}$ 的 k 秩估计,其只用到了前 k 个特征向量。

定理 15 $\| \boldsymbol{A} - \boldsymbol{A}^{(k)} \|_2 \leqslant \min \| \boldsymbol{A} - \boldsymbol{B} \|_2$,等式右边是针对所有秩小于等于 k 的矩阵 $\boldsymbol{B}$ 取最小值。

证明 假设有秩至多为 k 的矩阵 $\boldsymbol{B}$ 使得 $\| \boldsymbol{A} - \boldsymbol{B} \|_2 < \| \boldsymbol{A} - \boldsymbol{A}^{(k)} \|_2$。那么存在秩为 $n-k$ 的子空间 $\boldsymbol{W}$ 使得 $\forall \boldsymbol{w} \in \boldsymbol{W}$,有 $\boldsymbol{B}\boldsymbol{w} = 0$。因此 $\boldsymbol{A}\boldsymbol{w} = (\boldsymbol{A} - \boldsymbol{B})\boldsymbol{w}$ 以及

$$\begin{aligned} | \boldsymbol{A}\boldsymbol{w} |_2 &= | (\boldsymbol{A} - \boldsymbol{B})\boldsymbol{w} |_2 \leqslant \| \boldsymbol{A} - \boldsymbol{B} \|_2 \, | \boldsymbol{w} |_2 < \| \boldsymbol{A} - \boldsymbol{A}^{(k)} \|_2 \, | \boldsymbol{w} |_2 \\ &= \lambda_{k+1} \, | \boldsymbol{w} |_2 \text{。} \end{aligned}$$

但对于由 $\boldsymbol{A}$ 的前 $k+1$ 个特征向量扩张成的 $k+1$ 维子空间,$| \boldsymbol{A}\boldsymbol{w} |_2 \geqslant \lambda_{k+1} | \boldsymbol{w} |_2$。因为这两个空间的维数和超过了 n,则必然存在平凡的 $\boldsymbol{w} \neq 0$,由此我们得到了矛盾的结果。

当我们记 $\lambda_1 = \min\limits_{|\boldsymbol{x}|=1} \boldsymbol{x}^{\mathrm{T}} \boldsymbol{A} \boldsymbol{x}$,总假定最小值存在。读者可以想象,$\lambda_1$ 取值的无穷序列越来越小,但极限不存在。但有 x 可以给出 λ_1 的极限。这一点在下一个证明中是个关键,在该证明过程中,设 $\boldsymbol{X}$ 是使 $\| \boldsymbol{A} - \boldsymbol{S} \|_{\mathrm{F}}$ 取到最小值的矩阵。我们需要证明这样的矩阵确实存在,而不是有一列矩阵使取值越来越小并趋于一个极限,但没有矩阵可以达到该极限值的情形。

定理 16 $\| \boldsymbol{A} - \boldsymbol{A}^{(k)} \|_{\mathrm{F}} \leqslant \min \| \boldsymbol{A} - \boldsymbol{B} \|_{\mathrm{F}}$,最小值是对所有秩小于等于 k 的 $\boldsymbol{B}$ 取得的。

证明 设 $\boldsymbol{X}$ 为使得 $\| \boldsymbol{A} - \boldsymbol{S} \|_{\mathrm{F}}$ 达最小的矩阵。于是,我们可令 $\boldsymbol{X} = \boldsymbol{A}^{(k)}$,因此显然有 $\| \boldsymbol{A} - \boldsymbol{X} \|_{\mathrm{F}} \leqslant \| \boldsymbol{A} - \boldsymbol{A}^{(k)} \|_{\mathrm{F}} \leqslant (\lambda_{k+1}^2 + \lambda_{k+2}^2 + \cdots + \lambda_n^2)$。现在需证明 $\| \boldsymbol{A} - \boldsymbol{X} \|_{\mathrm{F}} \geqslant (\lambda_{k+1}^2 + \lambda_{k+2}^2 + \cdots + \lambda_n^2)$。令 $\boldsymbol{Q}\boldsymbol{\Omega}\boldsymbol{P}^{\mathrm{T}}$ 为 $\boldsymbol{X}$ 的奇异值分解。定义 $\boldsymbol{B} =$

$\boldsymbol{Q}^{\mathrm{T}}\boldsymbol{AP}$，则 $\boldsymbol{A}=\boldsymbol{QBP}^{\mathrm{T}}$。可得到

$$\|\boldsymbol{A}-\boldsymbol{X}\|_{\mathrm{F}}=\|\boldsymbol{Q}(\boldsymbol{B}-\boldsymbol{\Omega})\boldsymbol{P}^{\mathrm{T}}\|_{\mathrm{F}}=\|\boldsymbol{B}-\boldsymbol{\Omega}\|_{\mathrm{F}}$$

因为 $\boldsymbol{X}$ 秩为 k，$\boldsymbol{\Omega}$ 是秩为 k 的对角矩阵，可将其记为

$$\boldsymbol{\Omega}=\begin{pmatrix}\boldsymbol{\Omega}_k & 0\\ 0 & 0\end{pmatrix}$$

式中 $\boldsymbol{\Omega}_k$ 是 $k\times k$ 的对角矩阵。将 $\boldsymbol{B}$ 以和 $\boldsymbol{\Omega}$ 同样的方式分离。

$$\boldsymbol{B}=\begin{pmatrix}\boldsymbol{B}_{11} & \boldsymbol{B}_{12}\\ \boldsymbol{B}_{21} & \boldsymbol{B}_{22}\end{pmatrix}$$

因此

$$\|\boldsymbol{A}-\boldsymbol{X}\|_{\mathrm{F}}=\|\boldsymbol{B}_{11}-\boldsymbol{\Omega}\|_{\mathrm{F}}+\|\boldsymbol{B}_{12}\|_{\mathrm{F}}+\|\boldsymbol{B}_{21}\|_{\mathrm{F}}+\|\boldsymbol{B}_{22}\|_{\mathrm{F}}$$

我们需要证明 $\boldsymbol{B}_{12}$ 和 $\boldsymbol{B}_{21}$ 必为零，否则存在秩为 k 的矩阵 $\boldsymbol{Y}$，使得 $\|\boldsymbol{A}-\boldsymbol{Y}\|_k<\|\boldsymbol{A}-\boldsymbol{X}\|_k$，这样就矛盾了。定义 $\boldsymbol{Y}=\boldsymbol{Q}\begin{pmatrix}\boldsymbol{B}_{11} & \boldsymbol{B}_{12}\\ 0 & 0\end{pmatrix}\boldsymbol{P}^{\mathrm{T}}$。则 $\|\boldsymbol{A}-\boldsymbol{Y}\|_{\mathrm{F}}^2=\|\boldsymbol{B}_{22}\|_{\mathrm{F}}^2\leqslant\|\boldsymbol{B}_{11}-\boldsymbol{\Omega}\|_{\mathrm{F}}^2+\|\boldsymbol{B}_{22}\|_{\mathrm{F}}^2=\|\boldsymbol{A}-\boldsymbol{X}\|_{\mathrm{F}}^2$。

于是有 $\boldsymbol{B}_{11}=\boldsymbol{\Omega}$，否则 $\|\boldsymbol{A}-\boldsymbol{Z}\|_{\mathrm{F}}^2<\|\boldsymbol{A}-\boldsymbol{X}\|_{\mathrm{F}}^2$。设 $\boldsymbol{B}_{22}$ 有奇异值分解 $\boldsymbol{B}_{22}=\boldsymbol{U\Lambda V}_1^{\mathrm{T}}$。那么 $\|\boldsymbol{A}-\boldsymbol{X}\|_{\mathrm{F}}=\|\boldsymbol{B}_{22}\|_{\mathrm{F}}=\|\boldsymbol{\Lambda}\|_{\mathrm{F}}$。设 $\boldsymbol{U}_2=\begin{pmatrix}\boldsymbol{I}_k & 0\\ 0 & \boldsymbol{U}_1\end{pmatrix}$ 以及 $\boldsymbol{V}_2=\begin{pmatrix}\boldsymbol{I}_k & 0\\ 0 & \boldsymbol{V}_1\end{pmatrix}$。

则

$$\boldsymbol{U}_2^{\mathrm{T}}\boldsymbol{Q}^{\mathrm{T}}\boldsymbol{APV}_2=\begin{pmatrix}\boldsymbol{\Omega}_k & 0\\ 0 & \boldsymbol{\Lambda}\end{pmatrix}$$

或

$$\boldsymbol{A}=\boldsymbol{QU}_2\begin{pmatrix}\boldsymbol{\Omega}_k & 0\\ 0 & \boldsymbol{\Lambda}\end{pmatrix}(\boldsymbol{PV}_2)^{\mathrm{T}}$$

因此 $\boldsymbol{\Lambda}$ 的对角元是 $\boldsymbol{A}$ 的特征值。这样，$\|\boldsymbol{A}-\boldsymbol{X}\|_{\mathrm{F}}=\|\boldsymbol{\Lambda}\|\geqslant(\sigma_{k+1}^2+\cdots+\sigma_n^2)^{\frac{1}{2}}$。（这里的“$\geqslant$”是因为我们不知道是哪个特征值）因此 $\|\boldsymbol{A}-\boldsymbol{X}\|_{\mathrm{F}}=(\sigma_{k+1}^2+\cdots+\sigma_n^2)^{\frac{1}{2}}=(\boldsymbol{A}-\boldsymbol{A}^{(k)})_{\mathrm{F}}$。

7) 线性代数

我们讨论的是奇异值还是特征值?

引理 11　设 $\boldsymbol{A}$ 为 $n \times n$ 对称矩阵,则 $\det(\boldsymbol{A}) = \lambda_1\lambda_2\cdots\lambda_n$。

证明　$\det(\boldsymbol{A}-\lambda\boldsymbol{I})$ 是关于 λ 的度为 n 的多项式。λ^n 的系数将是 ± 1,取决于 n 是奇数还是偶数。设多项式的根为 λ_1, λ_2, $\cdots$, λ_n。那么 $\det(\boldsymbol{A}-\lambda\boldsymbol{I}) = (-1)^n \prod_{i=1}^{n}(\lambda-\lambda_i)$。因此

$$\det(\boldsymbol{A}) = \det(\boldsymbol{A}-\lambda\boldsymbol{I})\mid_{\lambda=0} = (-1)^n \prod_{i=1}^{n}(\lambda-\lambda_i)\mid_{\lambda=0} = \lambda_1\lambda_2\cdots\lambda_n$$

矩阵的迹定义为对角元的和。也就是,$\mathrm{tr}(\boldsymbol{A}) = a_{11}+a_{22}+\cdots+a_{nn}$。

引理 12　$\mathrm{tr}(\boldsymbol{A}) = \lambda_1+\lambda_2+\cdots+\lambda_n$。

证明　考虑 $\det(\boldsymbol{A}-\lambda\boldsymbol{I}) = (-1)^n \prod_{i=1}^{n}(\lambda-\lambda_i)$ 中项 λ^{n-1} 的系数。则有 $\boldsymbol{A}-\lambda\boldsymbol{I} = \begin{pmatrix} a_{11}-\lambda & a_{12} & \cdots \\ a_{21} & a_{22}-\lambda & \cdots \\ \vdots & \vdots & \vdots \end{pmatrix}$。按第一列展开估计 $\det(\boldsymbol{A}-\lambda\boldsymbol{I})$,展开式的每一项都包含大小为 $n-1$ 的行列式,除了主子式那一项 λ 的度为 $n-1$,其余项都是关于 λ 的度为 $n-2$ 的多项式。度为 $n-1$ 的项来自

$$(a_{11}-\lambda)(a_{22}-\lambda)\cdots(a_{nn}-\lambda)$$

λ^{n-1} 的系数为 $(-1)^{n-1}(a_{11}+a_{22}+\cdots+a_{nn})$。又因 $(-1)^n \prod_{i=1}^{n}(\lambda-\lambda_i) = (-1)^n(\lambda-\lambda_1)(\lambda-\lambda_2)\cdots(\lambda-\lambda_n) = (-1)^n[\lambda^n-(\lambda_1+\lambda_2+\cdots+\lambda_n)\lambda^{n-1}+\cdots]$,因此,$\lambda_1+\lambda_2+\cdots+\lambda_n = a_{11}+a_{22}+\cdots+a_{nn} = \mathrm{tr}(\boldsymbol{A})$。

注意到 $(\mathrm{tr}(\boldsymbol{A}))^2 \neq \mathrm{tr}(\boldsymbol{A}^2)$。例如 $\boldsymbol{A} = \begin{pmatrix} 1 & 0 \\ 0 & 2 \end{pmatrix}$ 有迹 3,$\boldsymbol{A}^2 = \begin{pmatrix} 1 & 0 \\ 0 & 4 \end{pmatrix}$ 有迹 $5 \neq 9$。然而 $\mathrm{tr}(\boldsymbol{A}^2) = \lambda_1^2+\lambda_2^2+\cdots+\lambda_n^2$。为此,注意到 $\boldsymbol{A}^2 = (\boldsymbol{V}^{\mathrm{T}}\boldsymbol{D}\boldsymbol{V})^2 = \boldsymbol{V}^{\mathrm{T}}\boldsymbol{D}^2\boldsymbol{V}$。因此,$\boldsymbol{A}^2$ 的特征值是 $\boldsymbol{A}$ 的特征值的平方。

另外可证明 $\mathrm{tr}(\boldsymbol{A}) = \lambda_1+\lambda_2+\cdots+\lambda_n$。

引理 13　$\boldsymbol{A}$ 是 $n \times m$ 矩阵,$\boldsymbol{B}$ 是 $m \times n$ 矩阵,则 $\mathrm{tr}(\boldsymbol{AB}) = \mathrm{tr}(\boldsymbol{BA})$。

可参考 Wikipedia 上关于代数的一些好的例子。然后证明引理:

$$\boldsymbol{A} = \boldsymbol{U\Sigma V}$$

$$\mathrm{tr}(\boldsymbol{A}) = \mathrm{tr}(\boldsymbol{U\Sigma V}) = \mathrm{tr}(\boldsymbol{UV\Sigma}) = \mathrm{tr}(\boldsymbol{\Sigma}) = \lambda_1 + \lambda_2 + \cdots + \lambda_n$$

$$\mathrm{tr}(\boldsymbol{AB}) = \sum_{i=1}^{n}\sum_{j=1}^{n} a_{ij}b_{ji} = \sum_{j=1}^{n}\sum_{i=1}^{n} b_{ji}a_{ij} = \mathrm{tr}(\boldsymbol{BA})$$

另外,用到了 $\boldsymbol{U}$ 和 $\boldsymbol{V}$ 是正交的。

例 12 在讨论特征值时我们通常会用下面的有趣例子。考虑有 1 000 个顶点的随机图。将其中的 100 个顶点指派为一个聚类,为使得所有顶点的度为 8。首先,增加该聚类中顶点之间的边,直到聚类中所有顶点的度为 6。至此,有 300 条这样的边;然后增加连接该聚类中的点与聚类之外的点的边,直到聚类中所有点的度为 8。至此,又多了 200 条边;最后,在聚类外的点之间增加边,使得所有的顶点度为 8。至此,又多了 3 500 条边,因此我们总共有 4 000 条边。该图的主特征向量应当有相等的系数。

现在考虑两个顶点的 $\boldsymbol{A}$ 和 $\boldsymbol{B}$ 的 Markov 过程,$\boldsymbol{A}$ 和 $\boldsymbol{B}$ 分别为聚类内和聚类外的点。转移概率为矩阵 $\boldsymbol{m} = \begin{bmatrix} 0.75 & 0.0278 \\ 0.25 & 0.9722 \end{bmatrix}$。由 $\boldsymbol{v} = \begin{bmatrix} -0.7071 & -0.1105 \\ 0.7071 & -0.9939 \end{bmatrix}$ 与 $\boldsymbol{d} = \begin{bmatrix} 0.7222 & 0 \\ 0 & 1.0000 \end{bmatrix}$ 可知该矩阵的特征值和特征向量。

问题: 如果我们开始随机漫步,我们停留在聚类内的顶点的频率为多少?主特征向量告诉我们一个随机漫步将有 10%的时间在聚类内的顶点上。1105/(1105+9939)=0.10。

Wielandt-Hoffman 定理

$$\sum_{i=1}^{n}(\lambda_i(\boldsymbol{A}+\boldsymbol{E}) - \lambda_i(\boldsymbol{A}))^2 \leqslant \|\boldsymbol{E}\|_F^2$$

Wielandt-Hoffman 定理的另一种表述

$$\sum_{i=1}^{n}(\sigma_i(\boldsymbol{A}) - \sigma_i(\boldsymbol{B}))^2 \leqslant \|\boldsymbol{A}-\boldsymbol{B}\|_F^2$$

从该定理可得,$\boldsymbol{A}^{(k)}$ 是最佳 k 秩估计,因为

$$\sum_{i=1}^{n}(\sigma_i(\boldsymbol{A}) - \sigma_i(\boldsymbol{B}))^2 \geqslant \sum_{i=1}^{k}(\sigma_i(\boldsymbol{A}) - \sigma_i(\boldsymbol{B}))^2 + \sum_{i=k+1}^{n}\sigma_i^2 \geqslant \sum_{i=k+1}^{n}\sigma_i^2$$

Pseudo 逆

设 $\boldsymbol{A}$ 是 $n \times m$ 矩阵,秩为 r。设 $\boldsymbol{A} = \boldsymbol{U\Sigma V}^{\mathrm{T}}$ 是 $\boldsymbol{A}$ 的奇异值分解。设

$$\boldsymbol{\Sigma}' = \mathrm{diag}\left(\frac{1}{\sigma_1}, \cdots, \frac{1}{\sigma_1}, 0, \cdots, 0\right)$$

其中 $\sigma_1, \cdots, \sigma_r$ 是 $\boldsymbol{A}$ 的奇异值。那么 $\boldsymbol{A}' = \boldsymbol{V}\boldsymbol{\Sigma}'\boldsymbol{U}^{\mathrm{T}}$ 称为 $\boldsymbol{A}$ 的 pseudo 逆。有唯一的 $\boldsymbol{X}$ 使得 $\|\boldsymbol{AX}-\boldsymbol{I}\|_{\mathrm{F}}$ 取最小。

第二特征向量

第二特征向量在图论中有重要的作用。注意到它与 $\boldsymbol{A}$ 的绝对值第二大的特征值对应的特征向量不一定相同,并且它是大于0的最小特征向量。第二特征值 λ_{ij},是特征值序列 $\lambda_1 \geqslant \lambda_2 \geqslant \cdots$ 中的第二个值,然而可能有 $|\lambda_n| > |\lambda_2|$。

第二特征值为何重要?考虑将图 $G=(V, E)$ 中度为 d 的顶点分成数量相等的两部分,并且使两部分之间的边数最少。将第一部分的顶点赋值+1,第二部分的顶点赋值 -1。设 $\boldsymbol{x}$ 为一向量,其第 i 个顶点在第一部分,则 $x_i=+1$,否则 $x_i=-1$。如果顶点 i 和 j 在同一部分,那么 x_i 和 x_j 同为 $+1$ 或者都是 -1,且 $(x_i-x_j)^2=0$。如果顶点 i 和 j 在不同部分,则 $(x_i-x_j)^2=4$。因此,将顶点等分成两部分且使得两部分之间的边数最少的分割相当于寻找向量 $\boldsymbol{x}$,其分量的取值一半 $+1$,一半 -1,并使

$$E_{\mathrm{cut}} = \frac{1}{4}\sum_{ij\in E}(x_i-x_j)^2$$

取到最小。设 $\boldsymbol{A}$ 为 G 的邻接矩阵。那么

$$\begin{aligned}\boldsymbol{x}^{\mathrm{T}}\boldsymbol{A}\boldsymbol{x} &= \sum_{ij} a_{ij}x_i x_j = 2\sum_{\text{边}} x_i x_j \\ &= 2\times\begin{pmatrix}\text{部分之内}\\\text{的边数}\end{pmatrix} - 2\times\begin{pmatrix}\text{部分之间}\\\text{的边数}\end{pmatrix} \\ &= 2\times\begin{pmatrix}\text{总的}\\\text{边数}\end{pmatrix} - 4\times\begin{pmatrix}\text{部分之间}\\\text{的边数}\end{pmatrix}\end{aligned}$$

让两部分顶点之间的边数最小,等价于求 $\boldsymbol{x}^{\mathrm{T}}\boldsymbol{A}\boldsymbol{x}$ 的最大值,其中要求 $\boldsymbol{x}$ 的分量有一半为+1,一半为−1。

因为计算这样的 $\boldsymbol{x}$ 很困难,将 $\boldsymbol{x}$ 的上述条件替换为 $\sum_{i=1}^{n} x_i^2 = 1$ 以及 $\sum_{i=1}^{n} x_i = 0$。找到的最优的 $\boldsymbol{x}$ 就给出了第二特征值

$$\lambda_2 = \max_{\boldsymbol{x}\perp \boldsymbol{v}_1} \frac{\boldsymbol{x}^{\mathrm{T}}\boldsymbol{A}\boldsymbol{x}}{\sum x_i^2}$$

实际上我们应当使用条件 $\sum_{i=1}^{n} x_i^2 = n$，而不是$\sum_{i=1}^{n} x_i^2 = 1$。因此，$n\lambda_2$ 应当大于 $2\times$ $\begin{pmatrix}\text{总的}\\\text{边数}\end{pmatrix} - 4\times \begin{pmatrix}\text{部分之间}\\\text{的边数}\end{pmatrix}$，因为最大值是在更大的 $\boldsymbol{x}$ 的集合中取得的。λ_2 给出了最小交叉边数的界，这一事实使其非常重要。

8）子空间的距离

定义两个子空间距离的平方为

$$d^2(\boldsymbol{X}_1,\ \boldsymbol{X}_2) = \| \boldsymbol{X}_1 - \boldsymbol{X}_2\boldsymbol{X}_2^{\mathrm{T}}\boldsymbol{X}_1 \|_{\mathrm{F}}^2$$

因为 $\boldsymbol{X}_1 - \boldsymbol{X}_2\boldsymbol{X}_2^{\mathrm{T}}\boldsymbol{X}_1$ 和 $\boldsymbol{X}_2\boldsymbol{X}_2^{\mathrm{T}}\boldsymbol{X}_1$ 正交

$$\| \boldsymbol{X}_1 \|_{\mathrm{F}}^2 = \| \boldsymbol{X}_1 - \boldsymbol{X}_2\boldsymbol{X}_2^{\mathrm{T}}\boldsymbol{X}_1 \|_{\mathrm{F}}^2 + \| \boldsymbol{X}_2\boldsymbol{X}_2^{\mathrm{T}}\boldsymbol{X}_1 \|_{\mathrm{F}}^2$$

因此

$$d^2(\boldsymbol{X}_1,\ \boldsymbol{X}_2) = \| \boldsymbol{X}_1 \|_{\mathrm{F}}^2 - \| \boldsymbol{X}_2\boldsymbol{X}_2^{\mathrm{T}}\boldsymbol{X}_1 \|_{\mathrm{F}}^2$$

直观上，$\boldsymbol{X}_1$ 和 $\boldsymbol{X}_2$ 的距离是 $\boldsymbol{X}_1$ 不在 $\boldsymbol{X}_2$ 的列扩成的空间的那部分的 Frobenius 范数。

如果 $\boldsymbol{X}_1$ 和 $\boldsymbol{X}_2$ 是一维单位向量，$d^2(\boldsymbol{X}_1,\ \boldsymbol{X}_2)$是两个空间夹角平方的正弦。

例 13　考虑四维向量的两个子空间

$$\boldsymbol{X}_1 = \begin{pmatrix} \frac{1}{\sqrt{2}} & 0 \\ 0 & \frac{1}{\sqrt{3}} \\ \frac{1}{\sqrt{2}} & \frac{1}{\sqrt{3}} \\ 0 & \frac{1}{\sqrt{3}} \end{pmatrix} \quad \boldsymbol{X}_2 = \begin{pmatrix} 1 & 0 \\ 0 & 1 \\ 0 & 0 \\ 0 & 0 \end{pmatrix}$$

这里

$$d^2(\boldsymbol{X}_1, \boldsymbol{X}_2) = \left\| \begin{pmatrix} \frac{1}{\sqrt{2}} & 0 \\ 0 & \frac{1}{\sqrt{3}} \\ \frac{1}{\sqrt{2}} & \frac{1}{\sqrt{3}} \\ 0 & \frac{1}{\sqrt{3}} \end{pmatrix} - \begin{pmatrix} 1 & 0 \\ 0 & 1 \\ 0 & 0 \\ 0 & 0 \end{pmatrix} \begin{pmatrix} 1 & 0 & 0 & 0 \\ 0 & 1 & 0 & 0 \end{pmatrix} \begin{pmatrix} \frac{1}{\sqrt{2}} & 0 \\ 0 & \frac{1}{\sqrt{3}} \\ \frac{1}{\sqrt{2}} & \frac{1}{\sqrt{3}} \\ 0 & \frac{1}{\sqrt{3}} \end{pmatrix} \right\|_F^2$$

$$= \left\| \begin{pmatrix} 0 & 0 \\ 0 & 0 \\ \frac{1}{\sqrt{2}} & \frac{1}{\sqrt{3}} \\ 0 & \frac{1}{\sqrt{3}} \end{pmatrix} \right\|_F^2 = \frac{7}{6}$$

本质上，我们将 $\boldsymbol{X}_1$ 的每一列投影到 $\boldsymbol{X}_2$ 上，再计算 $\boldsymbol{X}_1$ 减去投影的 Frobenius 范数。每列的 Frobenius 范数是原始 $\boldsymbol{X}_1$ 的列空间与 $\boldsymbol{X}_2$ 列空间夹角平方的正弦值。

附录 7　其他内容

Wigner 半圆律

如果 $\boldsymbol{A}$ 是对称的、$n\times n$ 的随机矩阵，其元素相互独立，均值为零，方差为 σ^2，且绝对值小于 1，那么特征值小于 $\pm 2\sqrt{n}\sigma$ 的概率会很高。

TD-IDF

TD-IDF 表示(词频) * (逆向文件频率)，是一项对文件中关键字的赋权的技术。设

w_{ik} 是文件 i 中关键字 k 的权重；

n_k 是包含关键字 k 的文档数目；

tf_{ik}是关键字 k 在文件 i 中的出现次数。

则 $w_{ik}=tf_{ik}\log\dfrac{\text{文档数}}{n_k}$。有时词频 tf 会用词数标准化，以免它偏向长的文件。

对数凹性

对于正态或者对数凸分布，已经有了相当可观的研究工作。如果 $\ln(f(x))$ 是凹函数，称 $f(x)$ 是对数凹的。也就是，$\dfrac{\mathrm{d}^2}{\mathrm{d}x^2}\ln(f(x))\leqslant 0$。例如，$\dfrac{\mathrm{d}^2}{\mathrm{d}x^2}\ln(\mathrm{e}^{-x^2})=-2$。这里我们将此推广至重尾分布，例如有无穷方差的 Cauchy 分布$\dfrac{1}{\pi(1+x^2)}$。

主元分析(PCA)

PCA 将 SVD 应用到 $\boldsymbol{X}-E(\boldsymbol{X})$，而潜在语义索引(LSI)则是将 SVD 应用到 $\boldsymbol{X}$ 本身。

非负矩阵分解(NMF)

NMF 将 $\boldsymbol{X}$ 分解为 $\boldsymbol{YZ}$，其中 $\boldsymbol{Y}$ 和 $\boldsymbol{Z}$ 所有元素非负。$\boldsymbol{Y}$ 是从 $\boldsymbol{X}$ 中抽取的因子的集合，而 $\boldsymbol{Z}$ 则表明这些因子应当如何组合。$\boldsymbol{Y}$ 的元素是非负的，这使得他们比通过 SVD 得到的因子更容易解释。

最大化

在条件 $a^2+b^2=1$ 下最大化 $f=a+2b$。

$$
\begin{aligned}
&f=a+2b=a+2\sqrt{1-a^2}\\
&\frac{\partial f}{\partial a}=1-(1-a^2)^{\frac{1}{2}}2a=0\\
&\frac{2a}{\sqrt{1-a^2}}=1\\
&4a^2=1-a^2\\
&a=\frac{1}{\sqrt{5}}
\end{aligned}
$$

我们应当算出对 $\sum_{i=1}^{n}a_i x_i$ 在一般情况下的结论。

Lagrange 乘子

Lagrange 乘子可以将带约束条件的最优化问题转变为无约束条件的最优化问题。设我们想在条件 $g(x, y)=c$ 下求函数 $f(x, y)$ 的最大值。如果沿着条件 $g(x, y)=c$ 走，$f(x, y)$ 的函数值可能是先增后减的，在 $f(x, y)$ 停止增加、开始减少的点，$f(x, y)$ 的等高线与限制 $g(x, y)=c$ 相切，从另一个角度来讲，$f(x, y)$ 和 $g(x, y)$ 的梯度平行。

通过引入变量 λ，我们可以将条件表示为 $\nabla_{xy}f=\lambda\nabla_{xy}g$ 以及 $g=c$。这两个条件成立当且仅当

$$\nabla_{xy\lambda}[f(x, y)+\lambda(g(x, y)-c)]=0$$

（对 λ 求偏导便有 $g(x, y)=c$）这样，我们就把关于 x 和 y 的条件约束优化问题转换为关于 x，y 和 λ 的无条件约束优化问题。

1）变分法

对数函数表示为最小值问题

函数 $\ln(x)$ 是凹的，因此，对于斜率为 λ 的直线 λx，存在截距 c 使得 $\lambda x+c$ 与曲线 $\ln(x)$ 相切于一点，c 的值为 $-\ln\lambda-1$。为得到此结果，只需注意 $\ln(x)$ 的斜率是 $1/x$，在切点处曲线斜率相等，因此 $1/x=\lambda$，也即两曲线在点 $x=\dfrac{1}{\lambda}$ 处相切。在切点处两函数值相等，因此当 $x=\dfrac{1}{\lambda}$ 时，$\lambda x+c=\ln(x)$，可得 $c=\ln\left(\dfrac{1}{\lambda}\right)-1=-\ln\lambda-1$。

现在对于任意的 λ 和任意的 x，$\ln(x)\leqslant(\lambda x-\ln\lambda-1)$，且对于任意的 x，存在一个 λ 使得等式成立。因此

$$\ln(x)=\min_{\lambda}(\lambda x-\ln\lambda-1)$$

logistic 函数 $f(x)=\dfrac{1}{1+\mathrm{e}^{-x}}$ 不是凸的，但我们可以通过对 $f(x)$ 取 ln，将它变换为定义域上的凸函数。

$$g(x)=-\ln(1+\mathrm{e}^{-x})$$

因此我们可以用线性函数来估计对数 logistic 函数的界

$$g(x) = \min_{\lambda}\{\lambda x - H(\lambda)\}$$

两边取自然指数

$$f(x) = \min_{\lambda}\{e^{\lambda x - H(\lambda)}\}$$

凸对偶

凸函数 $f(x)$可通过共轭函数或对偶函数表示为

$$f(x) = \min_{\lambda}(\lambda x - f^*(\lambda))$$

共轭函数 $f^*(x)$可从对偶表达式中得到

$$f^*(\lambda) = \min_{x}(\lambda x - f(x))$$

2) 哈希函数

设 $M = \{1, 2, \cdots, m\}$, $N = \{1, 2, \cdots, n\}$,其中 $m \geqslant n$。现有哈希函数族 H,其中 $h \in H$ 为映射 $h: M \to N$。H 被称为是 2-泛的,如果对 M 中任意的 x 和 y,有 $x = y$,且对从 H 中随机选择的 h,有

$$\text{Prob}[h(x) = h(y)] \leqslant \frac{1}{n}$$

注意到,如果 H 是 M 到 N 所有映射的集合,那么 H 是 2-泛的。实际上 $\text{Prob}[h(x) = h(y)] = \frac{1}{n}$。让 H 包含所有可能函数的困难在于从 H 中随机取得的 h 没有简短的表达。我们想要的是一个小集合 H,其中每个 $h \in H$ 有简短的表达式,且便于计算。

注意到在一个 2-泛的 H 中,对任意两个元素 x 和 y, $h(x)$和 $h(y)$是独立的随机变量。对于随机的 f 和任意 X 的集合,集合$\{f(x) \mid x \in X\}$中的随机变量相互独立。

例 14 下述变量集合是两两独立的,但却不是相互独立的,因为 001 的情形不会发生。

x	y	z
0	0	0
0	1	1
1	0	1
1	1	0

3）Catalan 数

我们用母函数的方法来产生 Catalan 数，以此表明母函数的重要性。Catalan 数的表示方式可由如下方式更简易地获得。长度为 $2n$ 且左括号和右括号的数目相等的字符的个数为 $\binom{2n}{n}$。每一个这样的字符中，括号都是匹配的，除非存在右括号与左括号多一个的前缀。考虑这种括号不匹配的字符，找到前缀中多出来的右括号，将其随后的括号进行翻转，也就是左括号翻转为右括号，反之亦然。这就生成了一个有 $n-1$ 个左括号和 $n+1$ 个右括号的字符串，这种字符串有 $\binom{2n}{n-1}$ 种。这样就使得长度为 $2n$、左右括号相等但不匹配的字符串与长度为 $2n$、左括号 $n-1$ 个，右括号 $n+1$ 个的字符串之间存在一一对应的关系。

我们已经了解了长度为 $2n$ 左右括号相等但不匹配的字符串与长度为 $2n$，其中左括号 $n-1$ 个的字符串之间的对应关系。为了从另一个方面来看该对应关系，我们取总长 $2n$，右括号为 $n+1$ 个的字符串。找到右括号比左括号多的第一个位置，从这点向后翻转所有括号，显然这生成了一个不匹配的字符串。因此，

$$c_n = \binom{2n}{n} - \binom{2n}{n-1} = \frac{1}{n+1}\binom{2n}{n}$$

4）Sperner 引理

考虑一个二维单纯形的三角划分。令单纯形的顶点颜色为红、黑或绿。如果单纯性的每条边的顶点都有颜色，但如果末点处只有两种颜色，则这个三角划分中，必存在一个三角形，其三个顶点为三种不同的颜色。实际上它必须有奇数个这样的点。该定理的高维推广也成立。

创建一个图，其顶点对应于三角划分中的三角形，再附加上代表外部区域的

一个顶点。如果对应于两个顶点的三角形有公共边，两端颜色为红、黑，则在新建的图中连接两点。原始单纯性必然有奇数个这样的三角形的边。因此该图的外部顶点的度数必然是奇数。该图必然有偶数个奇数度的顶点。每个奇数顶点的度为 0，1 或 2，则奇数度顶点，也即度为 1 的顶点，对应于有三种颜色的三角形。

练习

渐近符号

1. "$f(n)$为$O(n^3)$"与"$f(n)$为$o(n^3)$"的区别是什么？

2. 如果 $f(n)\sim g(n)$，则对 $f(n)+g(n)$ 和 $f(n)-g(n)$ 有什么结论？

3. $\sim$和Θ的区别是什么？

4. 如果 $f(n)$为 $O(g(n))$，请问 $g(n)$是 $\Omega(f(n))$吗？

有用的不等式

求和

5. $\lim\limits_{k\to\infty}\left(\dfrac{k-1}{k-2}\right)^{k-2}$ 等于多少？

6. $e^{-\frac{x^2}{2}}$ 在 $x=0$ 处有值 1，当 x 增加时函数值下降速度非常快。如果我们希望用函数 $f(x)$ 来估计 $e^{-\frac{x^2}{2}}$，其中

$$f(x)=\begin{cases}1, & |x|\leqslant a\\ 0, & |x|>a\end{cases}$$

我们应当取 a 的值为多少？$f(x)$与 $e^{-\frac{x^2}{2}}$之间的误差的积分为多少？

7. 证明存在一个 y，$0\leqslant y\leqslant x$，使得 $f(x)=f(0)+f'(y)x$。

8. 设 $\mathbf{A}$ 是无向图 G 的邻接矩阵。证明 $\mathbf{A}$ 的特征值 λ_1 最少为 G 的平均度数。

概率

9. 从$[0, 1]$中随机选择 a，b 和 c。$b<a$ 的概率为 1/2。$c<a$ 的概率为 1/2。然而

b 和 c 都小于 a 的概率为 1/3，而不是 1/4。为什么会这样？注意到 6 种可能的排列 abc，acb，bac，cab，bca 和 cba 是等可能的。假设 a，b 和 c 是从区间 $(0, 1]$ 中抽取的，给定 $b < a$，$c < a$ 的概率是多少？

10. 给出中位数≫均值的非负随机变量的例子。可以举出中位数≪均值的例子吗？

11. 考虑从均值 μ，方差 σ 的正态分布中抽取 n 个样本 x_1，x_2，…，x_n。对该分布，$m = \dfrac{x_1 + x_2 + \cdots + x_n}{n}$ 是 μ 的无偏估计。如果 μ 已知，那么 $\dfrac{1}{n}\sum_{i=1}^{n}(x_i - \mu)^2$ 是 σ^2 的无偏估计。试证明，若用 m 估计 μ，则 $\dfrac{1}{n-1}\sum_{i=1}^{n}(x_i - m)^2$ 是 σ^2 的无偏估计。

12. 已知分布 $\dfrac{1}{3\sqrt{2\pi}}e^{-\frac{1}{2}\left(\frac{x}{3}\right)^2}$，$x > 1$ 的概率是多少？

13. 已知两个集合中有红球和黑球，每个集合中红球和黑球的数目由以下表格给出。

	红	黑
集合 1	40	60
集合 2	50	50

从其中的一个集合中随机拿出一个球。假设是红球，问有多大的概率该红球来自集合 1？

14. 为什么不能证明 $p(x \leqslant a) \leqslant \dfrac{E(x)}{a}$？

15. 对下面的概率分布，比较其 Markov 界和 Chebyshev 界

(1) $p(x) = \begin{cases} 1, & x = 1 \\ 0, & \text{其他} \end{cases}$

(2) $p(x) = \begin{cases} 1/2, & 0 \leqslant x \leqslant 2 \\ 0, & \text{其他} \end{cases}$

16. (1) 如果要使 $\text{Prob}(s < (1-\delta)m) < \varepsilon$，$\delta$ 的值必须多大？

(2) 如果要使 $\text{Prob}(s > (1+\delta)m) < \varepsilon$，$\delta$ 需要多大呢？

17. 假设每次扔硬币出现正面的概率为 p，那么直到第一次正面出现，所扔硬币的次数的期望是多少？如果 $p = 1/2$，结果是多少？

18. 已知两个事件 A 和 B，定义联合概率密度分布，其给出了两个事件同时发生的概率。A 的边际概率是仅有 A 发生的概率，在下面例子中可以通过对列求和得到。

$$P(A) = (5/16,\ 11/16)$$

条件概率 $P(A|B)$ 是给定 B，A 发生的概率分布。条件概率可通过对联合概率分布的每一行进行标准化得到。

$P(A,\ B)$	$A=0$	$A=1$
$B=0$	1/16	1/8
$B=1$	1/4	9/16

$P(B\|A)$	$A=0$	$A=1$
$B=0$	1/3	2/3
$B=1$	4/13	9/13

例 考虑掷两个骰子 A 和 B。点数和 S 为 9 的概率是多少？所有 36 个结果中，有 4 个结果加起来是 9。因此，和 $S=9$ 的概率为 1/9。一旦 A 掷过了，我们就有了新的信息。假设 A 是 3，那对 B 只有一个结果可使 A，B 点数和为 9，因此现在和为 9 的概率为 1/6。1/9 是先验概率，而 1/6 是后验概率。给定和为 9 而 A 等于 3 的似然为 1/4。由 Bayes 法则

$$P(S=9/A=3) = \frac{P(A=3 \mid S=9)P(S=9)}{P(A=3)} = \frac{\frac{1}{4} \times \frac{1}{9}}{\frac{1}{6}} = \frac{1}{6}$$

未知 A 时，$S=9$ 的先验概率为 1/9，而已知 $A=3$ 后，$S=9$ 的后验概率为 1/6。

序列的母函数

19. 骰子有六个面，每一面有 1 到 6 中的一个数字。掷骰子的结果是骰子上面显示的数字。掷两次骰子，对每个整数 1，2，3，…，有多少种组合可使它为两次掷骰子的结果之和？

20. 如果 $a(x)$ 是序列 a_0，a_1，a_2，… 的母函数，那哪个序列的母函数是

$a(x)(1-x)$?

21. 抽取 n 个 $a's$ 和 $b's$,有多少种方法可使得 $a's$ 的个数为偶数?

22. 通过递推得到序列 $a_i = 2a_{i-1} + i$,其中 $a_0 = 1$,求该序列的母函数。

23. 对无穷平方数序列 1, 4, 9, 16, 25, …, 求出其母函数的解析表示。

24. 已知$\frac{1}{1-x}$是序列 1, 1, …的母函数,那什么序列的母函数是$\frac{1}{1-2x}$?

25. 求完全平方数 1, 4, 9, 16, 25, …的指数型母函数的解析表示。

26. Catalan 数的母函数为 $c(x) = \frac{1-\sqrt{1-4x}}{2x}$。通过将$\sqrt{1-4x}$ 展开为二项式形式,并利用 Sterling 估计来估计 $n!$给出 c_n 的一个估计。

27. 考虑生成一个随机图,每次添加一条边。设 $N(i, t)$为 t 时刻大小为 i 的元件数。

$$N(1, 1) = n$$

$$N(1, t) = 0, t > 1$$

$$N(i, t) = N(i, t-1) + \sum \frac{j(i-j)}{n^2} N(j, t-1) N(i-j, t-1) - \frac{2i}{n} N(i)$$

对一些 i 和 t,计算 $N(i, t)$的值。有没有什么规律? 固定 t, $N(i, t)$对所有 i 求和为多少? 可以写出 $N(i, t)$的母函数吗?

28. 通过增加成对点之间的边可将 $n+2$ 个顶点的凸多边形分割成三角形,证明 C_n 分割方法的个数。

29. 证明 C_n 满足递推关系 $C_{n+1} = \frac{2(2n+1)}{n+2} C_n$。

特征向量

30. 证明$(a_1, a_2, \cdots, a_n)$的 L_2 范数小于等于它的 L_1 范数。

31. 证明:如果 $\boldsymbol{A}$ 是对称矩阵,λ_1 和 λ_2 是不等的特征值,则它们相应的特征向量 x_1 和 x_2 正交。

32. 证明:如果一个矩阵的所有特征值都不相等,那么特征向量必然线性无关。

33. 证明:矩阵的秩为 k 当且仅当它有 k 个非零特征值,$n-k$ 个零特征值。

34. 证明:求 $\frac{\boldsymbol{x}^{\mathrm{T}}\boldsymbol{A}\boldsymbol{x}}{\boldsymbol{x}^{\mathrm{T}}\boldsymbol{x}}$ 的最大值等价于在 $\boldsymbol{x}$ 为单位长度的条件下,求 $\boldsymbol{x}^{\mathrm{T}}\boldsymbol{A}\boldsymbol{x}$ 的最大值。

35. 设 $\boldsymbol{A}$ 为对称矩阵,最小的特征值为 $\lambda_{\min}$,给出 $\boldsymbol{A}^{-1}$最大元素的界。

36. 设 $\boldsymbol{A}$ 是 n 个顶点无自循环最大团的邻接矩阵。除了对角元为零的行,因此 $\boldsymbol{A}$ 的每一行都是 1。A 的谱为多少?

37. 设 $\boldsymbol{A}$ 是无向图 G 的邻接矩阵。证明 $\boldsymbol{A}$ 的特征值 λ_1 大于等于 G 的度的平均值。

其他内容

38. 已知两个随机向量 $\boldsymbol{x}$ 和 $\boldsymbol{y}$ 的分布,我们希望拉伸空间来使得它们之间距离的期望最大化。因此将每个分量都乘以数 a_i,同时限制 $\sum_{i=1}^{d} a_i^2 = d$。这样,如果我们将一些分量增加 a_i 倍,$a_i > 1$,必有其他的分量缩小。给定随机向量 $\boldsymbol{x}=(x_1, x_2, \cdots, x_d)$以及 $\boldsymbol{y}=(y_1, y_2, \cdots, y_d)$,我们如何选择 a_i 来最大化 $E(|\boldsymbol{x}-\boldsymbol{y}|^2)$? a_i 拉伸了不同的分量。假设

$$y_i = \begin{cases} 0, & \frac{1}{2} \\ 1, & \frac{1}{2} \end{cases}$$

并且 x_i 分布任意。

$$E(|\boldsymbol{x}-\boldsymbol{y}|^2) = E\sum_{i=1}^{d}[a_i^2(x_i - y_i)^2] = \sum_{i=1}^{d} a_i^2 E(x_i^2 - 2x_i y_i + y_i^2)$$
$$= \sum_{i=1}^{d} a_i^2 E\left(x_i^2 - x_i + \frac{1}{2}\right)$$

假设 $\sum_{i=1}^{d} a_i^2 = 1$,又有 $E(x_i^2) = E(x_i)$,此时,对向量分量赋权没有任何影响。为什么会这样?因为 $E(y_i) = \frac{1}{2}$。

$E(|\boldsymbol{x}-\boldsymbol{y}|^2)$与 x_i 的值独立,因此与它的分布也独立。

如果 $y_i = \begin{cases} 0, & \frac{3}{4} \\ 1, & \frac{1}{4} \end{cases}$ 且 $E(y_i) = \frac{1}{4}$,结果又会怎么样?那么

$$E(|\boldsymbol{x}-\boldsymbol{y}|^2) = \sum_{i=1}^{d} a_i^2 E(x_i^2 - 2x_i y_i + y_i^2) = \sum_{i=1}^{d} a_i^2 E\left(x_i - \frac{1}{2}x_i + \frac{1}{4}\right)$$
$$= \sum_{i=1}^{d} a_i^2 \left(\frac{1}{2}E(x_i) + \frac{1}{4}\right)$$

为了最大化,以概率 1 对 $\boldsymbol{x}$ 的各分量赋权。如果我们用 1 范数替代 2 范数结果会如何?

$$E(|\boldsymbol{x}-\boldsymbol{y}|)=E\sum_{i=1}^{d}a_i|x_i-y_i|=\sum_{i=1}^{d}a_iE|x_i-y_i|=\sum_{i=1}^{d}a_ib_i$$

其中 $b_i=E(x_i-y_i)$。如果 $\sum_{i=1}^{d}a_i^2=1$,那么为了最大化,设 $a_i=\dfrac{b_i}{b}$。当 a 和 b 在同一方向时,其点积最大。

39. 在条件 $x^2+y^2=1$ 下求 $x+y$ 的最大值。

参考文献

[1] G. Salton, A. Wong, and C. S. Yang. A vector space model for automatic indexing. *Commun. ACM*, 18: 613 - 620, November 1975.

[2] E. T. Whittaker and G. N. Watson. *A course of modern analysis*. Cambridge Mathematical Library. Cambridge University Press, Cambridge, 1996. An introduction to the general theory of infinite processes and of analytic functions; with an account of the principal transcendental functions, Reprint of the fourth (1927) edition.

[3] Michael Mitzenmacher and Eli Upfal. *Probability and computing — randomized algorithms and probabilistic analysis*. Cambridge University Press, 2005.

[4] Rajeev Motwani and Prabhakar Raghavan. *Randomized Algorithms*. Cambridge University Press, 1995.

[5] Ravindran Kannan. A new probability inequality using typical moments and concentration results. In *FOCS*, pages 211 - 220, 2009.

[6] Santosh Vempala. *The Random Projection Method*. DIMACS, 2004.

[7] Sanjoy Dasgupta and Anupam Gupta. An elementary proof of the Johnson-Lindenstrauss lemma. 99(006), 1999.

[8] Paul Erdös and Alfred Rényi. On the evolution of random graphs. *Publication of the Mathematical Institute of the Hungarian Academy of Sciences*, 5: 17 - 61, 1960.

[9] Edgar M. Palmer. *Graphical evolution*. Wiley-Interscience Series in Discrete Mathematics. John Wiley & Sons Ltd. , Chichester, 1985. An

introduction to the theory of random graphs, A Wiley-Interscience Publication.

[10] Svante Janson, Tomasz Łuczak, and Andrzej Ruciński. *Random Graphs*. John Wiley and Sons, Inc, 2000.

[11] Béla Bollobás. *Random Graphs*. Cambridge University Press, 2001.

[12] Béla Bollobás and Andrew Thomason. Threshold functions. *Combinatorica*, 7(1): 35-38, 1987.

[13] Ming-Te Chao and John V. Franco. Probabilistic analysis of two heuristics for the 3-satisfiability problem. *SIAM J. Comput.*, 15(4): 1106-1118, 1986.

[14] Alan M. Frieze and Stephen Suen. Analysis of two simple heuristics on a random instance of k-sat. *J. Algorithms*, 20(2): 312-355, 1996.

[15] Dimitris Achlioptas and Yuval Peres. The threshold for random k-sat is $2^k(\ln 2 - o(k))$. In *STOC*, pages 223-231, 2003.

[16] Friedgut. Sharp thresholds of graph properties and the k-sat problem. *Journal of the American Math. Soc.*, 12, no 4: 1017-1054, 1999.

[17] 33rd Annual Symposium on Foundations of Computer Science, *24-27 October 1992, Pittsburgh, Pennsylvania, USA*. IEEE, 1992.

[18] Richard M. Karp. The transitive closure of a random digraph. *Random Structures and Algorithms*, 1(1): 73-94, 1990.

[19] Svante Janson, Donald E. Knuth, Tomasz Luczak, and Boris Pittel. The birth of the giant component. *Random Struct. Algorithms*, 4(3): 233-359, 1993.

[20] Krishna Athreya and P. E. Ney. *Branching Processes*, volume 107. Springer, Berlin, 1972.

[21] Michael Molloy and Bruce A. Reed. A critical point for random graphs with a given degree sequence. *Random Struct. Algorithms*, 6(2/3): 161-180, 1995.

[22] Duncan S. Callaway, John E. Hopcroft, Jon M. Kleinberg, M. E. J. Newman, and Steven H. Strogatz. Are randomly grown graphs really random? *Phys. Rev. E*, 64(041902), 2001.

[23] Albert-László Barabási and Réka Albert. Emergence of scaling in random networks. *Science*, 286(5439), 1999.

[24] Jon M. Kleinberg. The small-world phenomenon: an algorithm perspective. In *STOC*, pages 163 - 170, 2000.

[25] D. J. Watts and S. H. Strogatz. Collective dynamics of 'small-world' networks. *Nature*, 393 (6684), 1998.

[26] Gene H. Golub and Charles F. van Loan. *Matrix computations (3. ed.)*. Johns Hopkins University Press, 1996.

[27] Santosh Vempala and Grant Wang. A spectral algorithm for learning mixtures of distributions. *Journal of Computer and System Sciences*, pages 113 - 123, 2002.

[28] Sanjoy Dasgupta and Leonard J. Schulman. A probabilistic analysis of em for mixtures of separated, spherical Gaussians. *Journal of Machine Learning Research*, 8: 203 - 226, 2007.

[29] Sanjeev Arora and Ravindran Kannan. Learning mixtures of separated nonspherical Gaussians. *Annals of Applied Probability*, 15(1A): 69 - 92, 2005.

[30] Dimitris Achlioptas and Frank McSherry. On spectral learning of mixtures of distributions. In *COLT*, pages 458 - 469, 2005.

[31] Ankur Moitra and Gregory Valiant. Settling the polynomial learnability of mixtures of Gaussians. In *FOCS*, pages 93 - 102, 2010.

[32] Alan M. Frieze and Ravindan Kannan. Quick approximation to matrices and applications. *Combinatorica*, 19(2): 175 - 220, 1999.

[33] Jon M. Kleinberg. Authoritative sources in a hyperlinked environment. *JOURNAL OF THE ACM*, 46(5): 604 - 632, 1999.

[34] Sergey Brin, Rajeev Motwani, Lawrence Page, and Terry Winograd. What can you do with a web in your pocket? *Data Engineering Bulletin*, 21: 37 - 47, 1998.

[35] Peter G. Doyle and J. Laurie Snell. *Random walks and electric networks*, volume 22 of *Carus Mathematical Monographs*. Mathematical Association of America, Washington, DC, 1984.

[36] *Markov Chains and Mixing Times*. American Mathematical Society, 2010.

[37] Mark Jerrum. Mathematical foundations of the Markov Chain Monte Carlo method. In Dorit Hochbaum, editor, *Approximation Algorithms*

for NP-hard Problems, 1998.

[38] Jun Liu. *Monte Carlo Strategies in Scientific Computing*. Springer, 2001.

[39] Alistair Sinclair and Mark Jerrum. Approximate counting, uniform generation and rapidly mixing Markov chains. *Information and Computation*, 82: 93 - 133, 1989.

[40] Noga Alon. Eigenvalues and expanders. *Combinatorica*, 6: 83 - 96, 1986.

[41] Martin Dyer, Alan Frieze, and Ravindran Kannan. A random polynomial time algorithm for approximating the volume of convex bodies. *Journal of the Association for Computing Machinary*, 1991.

[42] Leslie G. Valiant. A theory of the learnable. In *STOC*, pages 436 - 445, 1984.

[43] A. Blumer, A. Ehrenfeucht, D. Haussler, and M. K. Warmuth. Learnability and the Vapnik-Chervonenkis dimension. *Journal of the Association for Computing Machinary*, 36(4), 1989.

[44] V. Vapnik and A. Chervonenkis. On the uniform convergence of relative frequencies of events to their probabilities. *Theory of Probability and its Applications*, 16(2): 264 - 280, 1971.

[45] Rob Schapire. Strength of weak learnability. *Machine Learning*, 5: 197 - 227, 1990.

[46] Tom M. Mitchell. *Machine Learning*. McGraw-Hill, New York, 1997.

[47] Michael Kearns and Umesh Vazirani. *An introduction to Computational Learning Theory*. MIT Press, 1995.

[48] Bernhard Scholkopf and Alexander J. Smola. *Learning with Kernels: Support Vector Machines, Regularization, Optimization, and Beyond*. MIT Press, Cambridge, MA, USA, 2001.

[49] Multiplicative weights method: a meta-algorithm and its applications. *Theory of Computing Journal — to appear*, 2011.

索引

T

W

X

Y

Z